从新手到高手

# Excel 2013 商务办公从新手到高手

吴桂华 编著

清华大学出版社
北京

## 内 容 简 介

本书由10个章节组成，共制作了64个案例。第1章主要对Excel进行初步认识；第2～4章主要介绍Excel在行政文秘领域的应用，如员工档案表、固定资产管理表、住宿人员资料表等；第5～7章主要介绍Excel在人力资源领域的应用，如人力资源规划表、员工培训流程图、绩效考核流程图等；第8～10章主要介绍Excel在财务会计工作中的应用，如收付款单据、员工薪酬表、产品出入库数据查询表等。本书结合具体的实例，在制作实用电子表格的同时，详细介绍Excel的操作与功能。

本书内容详细、实例丰富，在介绍电子表格制作的过程中，采用一图一步骤的形式，详细介绍操作过程，步骤清晰、排版整齐，在学习的同时不会觉得枯燥。本书可以作为相关高等院校的教材，也可以作为企业办公人员学习Excel的参考资料。



图书在版编目（CIP）数据

Excel 2013商务办公从新手到高手 / 吴桂华编著. — 北京：清华大学出版社, 2018

（从新手到高手）

ISBN 978-7-302-48499-8

Ⅰ. ①E… Ⅱ. ①吴… Ⅲ. ①表处理软件 Ⅳ. ①TP391.13

中国版本图书馆CIP数据核字(2017)第227462号

责任编辑：陈绿春
封面设计：潘国文
责任校对：徐俊伟
责任印制：杨 艳

出版发行：清华大学出版社
网址：http://www.tup.com.cn，http://www.wqbook.com
地址：北京清华大学学研大厦A座　　邮　编：100084
社总机：010-62770175　　邮　购：010-62786544
投稿与读者服务：010-62776969, c-service@tup.tsinghua.edu.cn
质量反馈：010-62772015, zhiliang@tup.tsinghua.edu.cn

印 装 者：北京密云胶印厂
经　　销：全国新华书店
开　　本：188mm×260mm　　印　张：21　　字　数：480千字
版　　次：2018年2月第1版　　印　次：2018年2月第1次印刷
印　　数：1～2000
定　　价：59.00 元

---

产品编号：073034-01

# 前言
PREFACE

有些人认为Microsoft Excel仅仅只能用来统计一下数据、制作简单的表格，根本没有必要出书来对Excel进行介绍，这只能说你只看到了Excel强大功能的冰山一角。Excel提供的报表制作、表格美化、公式、函数、图表等功能，使其在办公管理过程中可以执行计算、分析信息、管理电子表格、制作数据资料图表、分析数据变化趋势等操作，广泛应用于管理、财经、金融等众多领域。在现代职场上，高超的Excel技能水平能帮助办公人员快速解决工作中的问题，提高工作效率，达到事半功倍的效果。

## 1. 本书主要内容

本书主要针对行政管理、人力资源管理和财务会计管理三个领域，全程图解讲述Excel工作簿，在愉快学习Excel操作内容的同时，也能对办公所需电子表格有一定的了解，既提高了Excel的应用水平，又积累了办公经验。

全书共10章，结合工作中的案例，介绍Excel的基本功能，帮助提高企业办公人员的Excel技能。

第1章，从零开始认识Excel，介绍Excel的基本操作及主要功能；

第2章，介绍行政文秘人员对基本办公事务的管理，包括员工档案表、通信费报销单、会议计划表等内容；

第3章，介绍行政文秘人员对物资费用的管理，包括行政费用计划表、办公用品登记表、固定资产管理表等内容；

第4章，介绍行政文秘人员对后勤事务的管理，包括住宿人员资料表、卫生状况检查表、安全检查报告表等内容；

第5章，介绍人力资源职员对人力资源的规划，包括人力资源规划表、人员流动分析表、人事信息月报动态图表等；

第6章，介绍人力资源职员对人事动态的把握，包括面试成绩统计表、员工胸卡、员工培训流程图等内容；

第7章，介绍人力资源职员对绩效福利的管理，包括绩效考核流程图、考核评分系统、销售业绩统计表等内容；

第8章，介绍会计财务人员对日常财务的管理，包括收付款单据、工会收支预算表、企业费用支出记录表等内容；

第9章，介绍会计财务人员对薪酬成本的管理，包括员工薪酬表、员工工资条、年度生产成本分析表等内容；

第10章，介绍会计财务人员对采购投资的管理，包括产品出入库数据查询表、库存汇总表、投资静态制表评价模型等内容。

## 2. 本书主要特色

特色一：内容全面、涉及面广，本书提供64个实例，汇集行政文秘、人力资源、会计财务于一体，详细讲解Excel在这些领域的应用。

特色二：图文并茂、轻松有趣，在用文字描述具体操作步骤的同时，采用图解的方式，对步骤进行说明，使读者阅读轻松、学习愉快。

特色三：知识拓展、高效技巧，本书各章节中穿插着多个Excel操作提示，利用这些内容快速完成工作内容，实现高效办公。

特色四：附录中提供了会计财务常用公式及函数，了解基本函数及计算公式，为财务会计人员提供便利。

## 3. 本书配套资源

本书素材文件下载地址：

链接：https://pan.baidu.com/s/1bqOQair 密码：u80r

扫描右侧二维码，同样可以下载本书的素材文件。

## 4. 本书创建团队

本书由吴桂华主笔，参与编写的还包括陈志民、胡淑芳、江凡、张洁、马梅桂、戴京京、骆天、胡丹、陈运炳、申玉秀、李红萍、李红艺、李红术、陈云香、陈文香、陈军云、彭斌全、林小群、刘清平、钟睦、刘里峰、朱海涛、廖博、喻文明、易盛、陈晶、张绍华、陈文轶、杨少波、杨芳、刘有良、刘珊、赵祖欣、毛琼健、江涛、张范、田燕等。

由于编者水平有限，书中疏漏与不妥之处在所难免。在感谢您选择本书的同时，也希望您能够把对本书的意见和建议告诉我们。

联系信箱：lushanbook@qq.com

读者QQ群：327209040

作者

2018年1月

# 目录
CONTENTS

# 第 1 章

## 认识 Excel：带你从零开始

本章内容

Excel 2013 是微软办公套装软件 Microsoft Office 2013 的重要组成部分，可以进行各种数据处理、统计分析和辅助决策操作，广泛应用于办公、人事、财经等众多领域。本章主要介绍 Excel 2013 的工作界面、功能特点、表格分类及其在职场中的一系列应用。

# 1.1 学习 Excel 基本操作

Excel 是目前使用最广泛的电子表格程序，可以完成表格制作、数据统计、图表分析等多项工作。

## 1.1.1 认识工作界面

打开 Excel 2013 软件后，从图 1-1 可以看到其工作界面主要由 5 部分组成，包括标题栏、功能区、编辑栏、工作表区和状态栏。

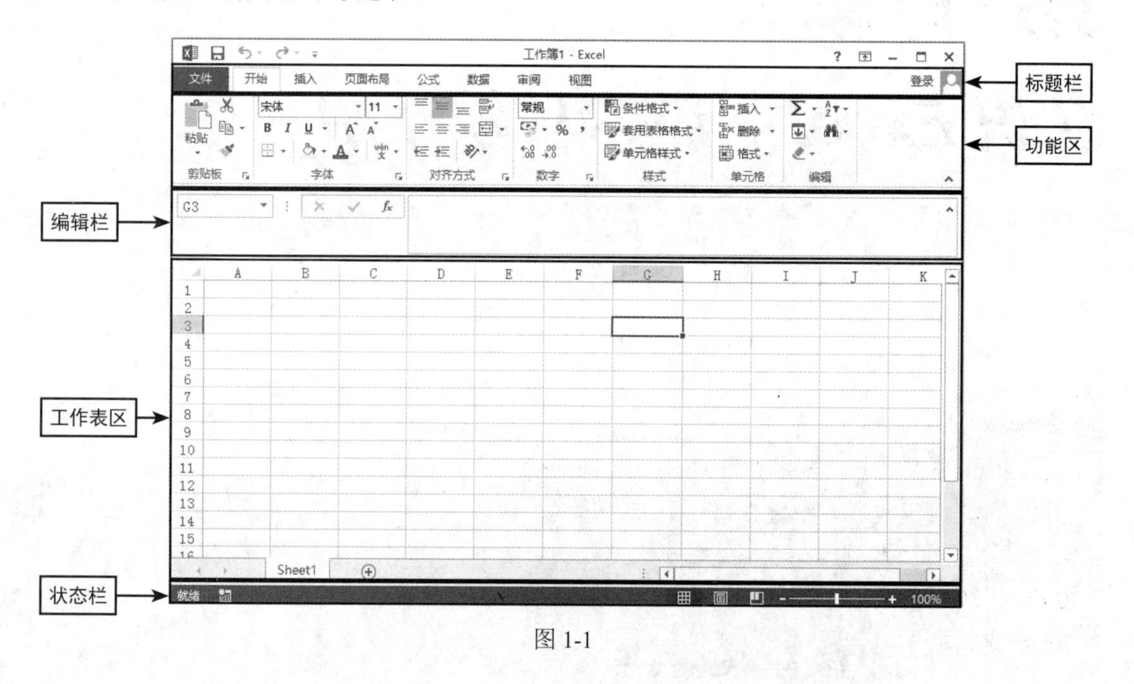


图 1-1

### 1. 标题栏

如图 1-2 所示，标题栏显示了当前工作簿文件的名称，其默认名称为“工作簿 1”。标题栏的左侧为快速访问工具栏，预设的快速启动栏中只有“保存”“撤销”“恢复”3 个常用按钮，用户可通过“自定义快速访问工具栏”添加常用命令图标，减少操作量。用户可通过标题栏右侧的“功能区显示选项”对功能区进行显示或隐藏，也可对工作窗口进行最小化、最大化、关闭等操作。

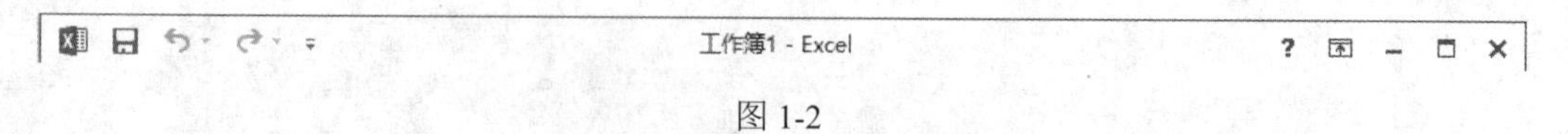


图 1-2

**提示：**

选择“文件”|“选项”命令，打开“Excel 选项”对话框，切换至“快速访问工具栏”选项面板，可以选择需要添加的快速访问工具栏按钮，并调整工具栏中各命令按钮的位置。

## 2．功能区

功能区位于标题栏的下方，分别为“开始”“插入”“页面布局”“公式”“数据”“审阅”“视图”7 个选项卡。当切换至不同的选项卡时，会打开对应的选项组，单击选项组中的按钮，即可执行相应操作。用户也可以通过“自定义功能区”来添加或删除选项卡。

**提示：**

选择“文件”|“选项”命令，打开“Excel 选项”对话框，切换至“自定义功能区”选项面板，可对选项卡进行添加与删除操作，其中的“开发工具”选项卡，在录制宏、插入窗体控件等方面应用广泛。

❐ “开始”选项卡

如图 1-3 所示，“开始”选项卡包括“剪贴板”“字体”“对齐方式”“数字”“样式”“单元格”“编辑”7 个选项组，主要针对 Excel 中的文字和单元格进行格式设置。

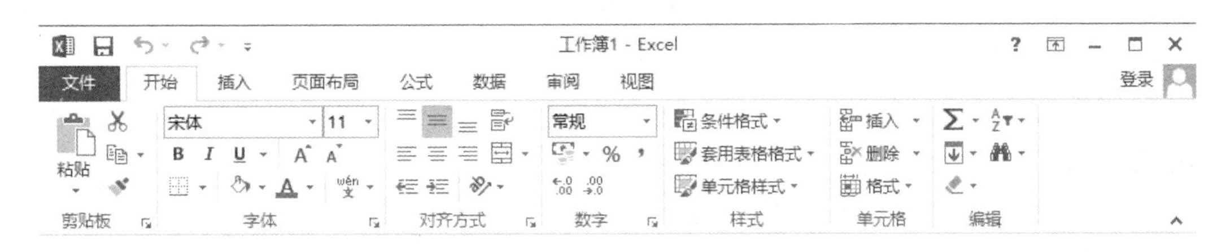


图 1-3

❐ “插入”选项卡

如图 1-4 所示，“插入”选项卡包括“表格”“插图”“应用程序”“图表”“报告”“迷你图”“筛选器”“链接”“文本”“符号”10 个选项组，帮助用户插入各种对象。

图 1-4

❐ “页面布局”选项卡

如图 1-5 所示，“页面布局”选项卡包括“主题”“页面设置”“调整为合适大小”“工作表选项”“排列”5 个选项组，主要帮助用户设置表格页面的样式。

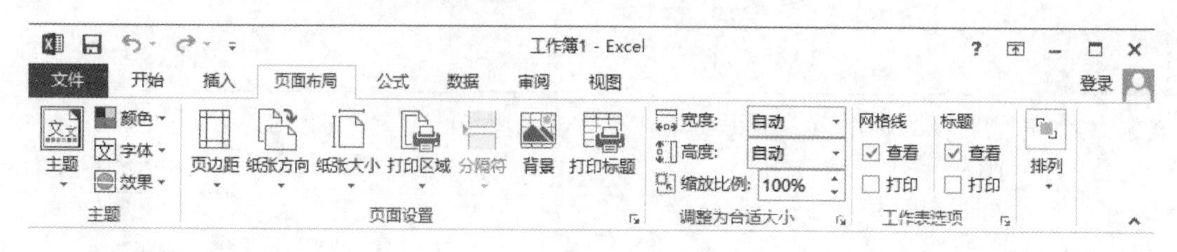


图 1-5

❒ “公式”选项卡

如图 1-6 所示，“公式”选项卡包括“函数库”“定义的名称”“公式审核”“计算”4 个选项组，主要帮助用户在 Excel 中利用公式函数实现各种数据计算。

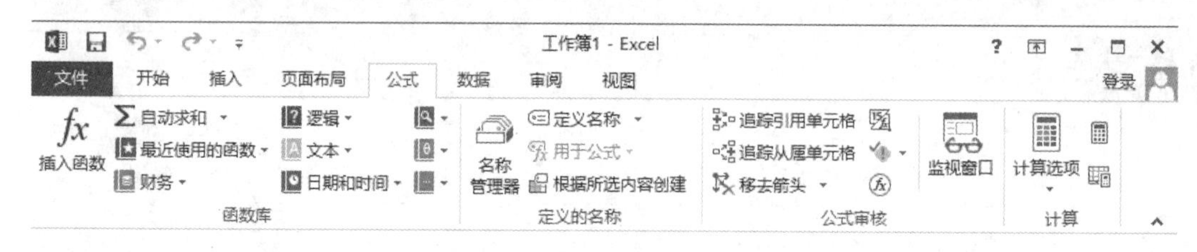


图 1-6

❒ “数据”选项卡

如图 1-7 所示，“数据”选项卡包括“获取外部数据”“连接”“排序和筛选”“数据工具”“分级显示”5 个选项组，帮助用户在 Excel 中进行数据处理工作。

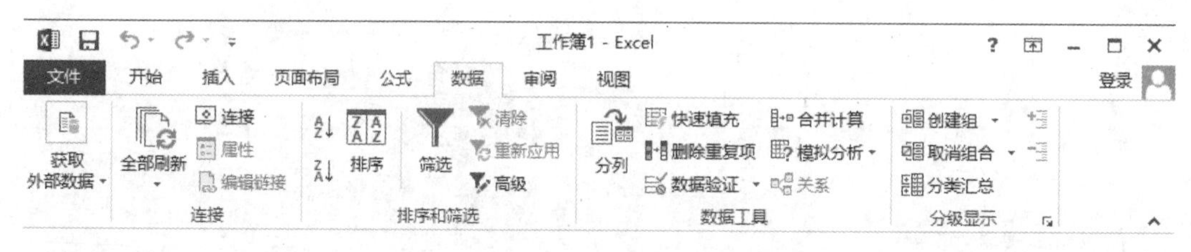


图 1-7

❒ “审阅”选项卡

如图 1-8 所示，“审阅”选项卡包括“校对”“中文简繁转换”“语言”“批注”“更改”5 个选项组，主要帮助用户进行校对和修订等操作。

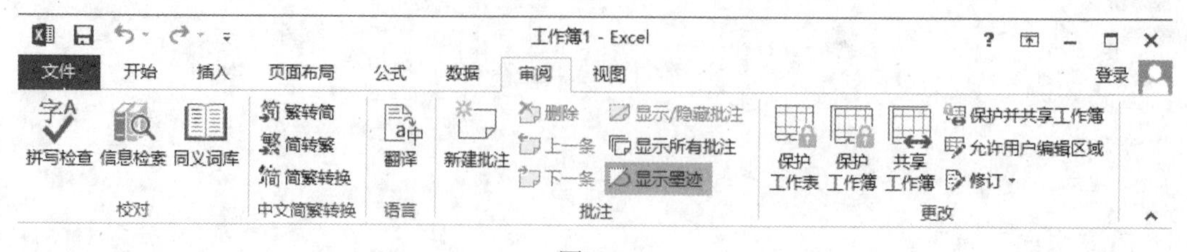


图 1-8

❒ “视图”选项卡

如图 1-9 所示，“视图”选项卡包括“工作簿视图”“显示”“显示比例”“窗口”“宏”5

个选项组，帮助用户设置 Excel 表格窗口的视图类型。

图 1-9

**提示：**

单击功能区右下角的“折叠功能区”按钮，或按【Ctrl+F1】组合键可折叠功能区，仅显示选项卡名称。双击选项卡名称也可实现功能区的隐藏与显示。

### 3．编辑栏

编辑栏位于功能区下方，左侧是名称框，用来显示单元格名称，用户也可以在名称框中定义单元格区域的名称；右侧可以输入计算单元格所需的公式及函数并显示单元格中的内容；中间部分是“取消”“输入”“插入函数”按钮，如图 1-10 所示。

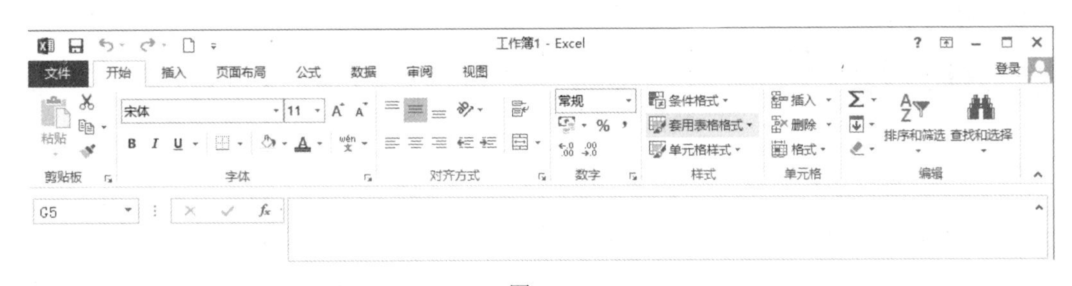


图 1-10

**提示：**

用户可通过编辑框右上角的折叠按钮▲对编辑栏的大小进行调整。

### 4．工作表区

如图 1-11 所示，工作表区是当前工作表的整个区域，主要由单元格、行号、列标和工作表标签等组成。行号显示在工作表区的左侧，依次用数字 1，2，3…表示；列标显示在工作表区的上方，依次用字母 A，B，C…表示。单元格是 Excel 工作簿的最小组成单位，所有的数据都存储在单元格中。每个单元格都可用其所在的行号和列标表示。初始状态下的工作表区只有一个工作表。在工作表区可以进行建立表格、插入图表、数据计算等操作。

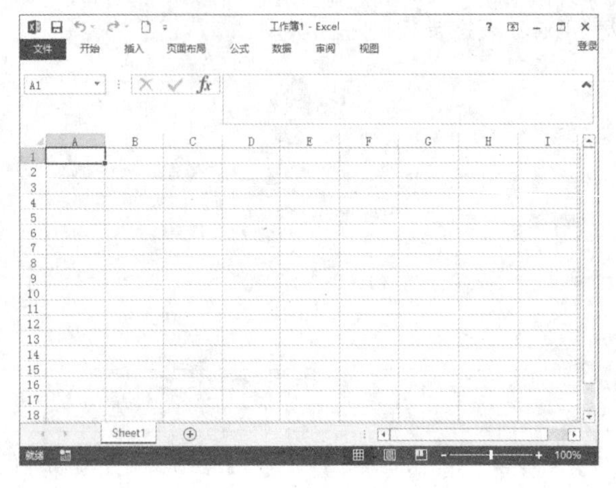


图 1-11

### 5. 状态栏

状态栏位于 Excel 工作窗口的最下方，左侧的“就绪模式”“输入模式”图标用来显示当前的工作状态，以及一些操作提示信息。中间的空白区域会显示“平均值”“计数”“求和”等快速统计结果。右侧图标为切换页面视图方式的图标（如“普通”“页面布局”“分类预览”）以及缩放滑块与缩放级别，如图 1-12 所示。

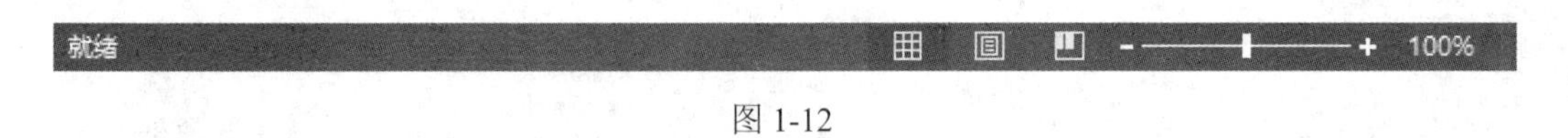


图 1-12

## 1.1.2 工作簿的创建与保存

工作簿是在 Excel 环境中用来储存并处理工作数据的文件，是 Excel 中一个或多个工作表的集合，扩展名为 .xlsx。通常所说的 Excel 文件就是工作簿文件。

工作簿不仅提供了完整的计算功能，还结合了数据筛选、图表制作、统计分析等数据处理功能，在各行各业都有广泛的应用。

### 1. 创建工作簿

启动 Excel 2013 后，将自动创建一个名为“工作簿 1”的新工作簿，新工作簿是基于默认模板创建的，内含一张空白工作表。若要创建新工作簿，用户可使用空白工作簿模板或基于现有模板来创建新工作簿。有如下几种方法。

- 单击快速访问工具栏中的“新建”按钮，或按【Ctrl+N】组合键。
- 进入“文件”选项卡，选择“新建”命令，选择“空白工作簿”，或选择 Excel 2013 工作簿模板，如图 1-13 所示。

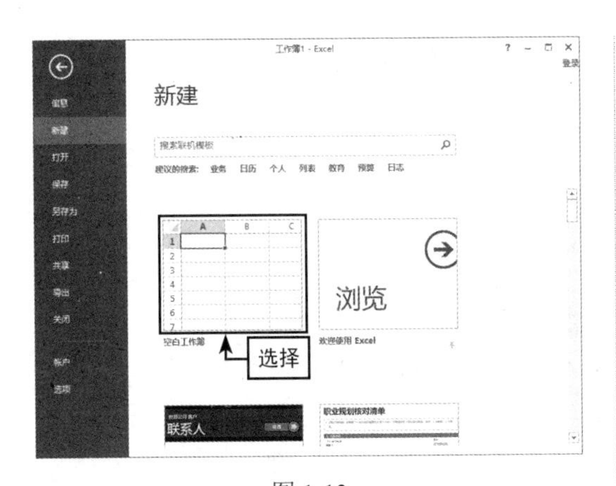


图 1-13

### 2．保存工作簿

对于经常使用工作簿的用户来说，良好的文件保存习惯，可以避免因不小心关闭工作簿、系统崩溃等造成的损失。保存工作簿有如下几种方法。

（1）保存新建工作簿

- 单击快速访问工具栏中的“保存”按钮 ，或按【Ctrl+S】组合键。
- 进入“文件”选项卡，选择“保存”命令，设置工作簿的保存路径，在弹出的“另存为”对话框中设置文件名及保存类型，单击“保存”按钮即可，如图 1-14 所示。

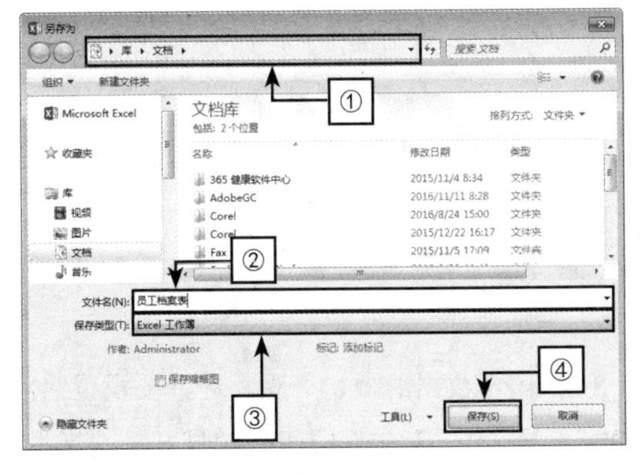


图 1-14

（2）另存为工作簿

进入“文件”选项卡，选择“另存为”命令，或按 F12 键，设置工作簿的保存路径，在弹出的“另存为”对话框中设置文件名及保存类型，单击“保存”按钮。

**提示：设置自动保存**

为了在断电、死机等导致 Excel 工作窗口非正常关闭的意外情况下，最大限度地减小损失，Excel 2013 提供了“自动保存”功能。

单击“文件”选项卡，执行“选项”命令，打开“Excel 选项”对话框，切换至“保存”选项卡，选择“保存自动恢复信息时间间隔”及“如果我没保存就关闭，请保留上次自动保留的版本”复选框，用户可自行设置“保护自动恢复信息时间间隔”来修改自动保存的时间，如图 1-15 所示。

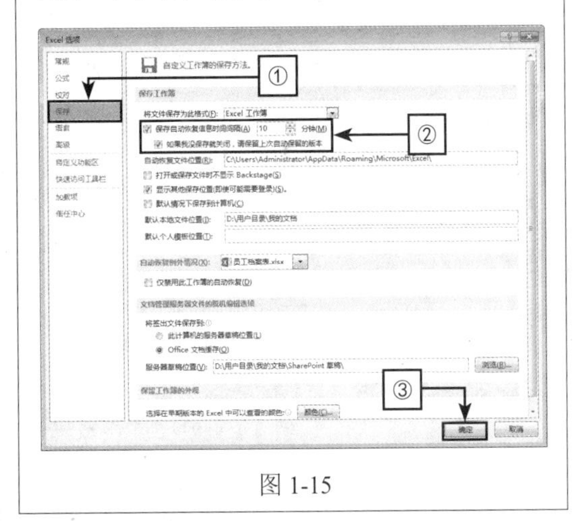


图 1-15

## 1.1.3　打开和关闭工作簿

创建及保存工作簿后，用户可根据需要打开及关闭现有工作簿。

### 1．打开工作簿

打开工作簿有如下几种方法。

- 双击工作簿文件直接打开。

- ❒ 进入“文件”选项卡，选择“打开”命令，单击所需要的文件。
- ❒ 按【Ctrl+O】组合键。

### 2. 关闭工作簿

关闭工作簿有如下几种方法。

- ❒ 单击标题栏上的“关闭”按钮×。
- ❒ 右击标题栏，在快捷菜单中选择“关闭”命令，或按【Alt+F4】组合键。
- ❒ 进入“文件”选项卡，选择“关闭”命令。

# 1.2 熟知 Excel 八大招

Excel 拥有强大的图表制作、数据分析等功能，能充分利用计算机自动、快速地进行数据处理，帮助用户精简繁杂的数据。下面将介绍 Excel 2013 的主要功能。

## 1.2.1 报表制作

作为一款电子表格软件，数据将以表格的形式被记录下来并加以整理，避免了数据过多时难以理清的情况，这是 Excel 最基本的功能，如图 1-16 所示的“饮料销量统计表”中记录了不同品牌下不同产品的销售单价与销量，用户可以根据已有数据计算销售金额、绘制销量情况图表、插入数据透视表等。

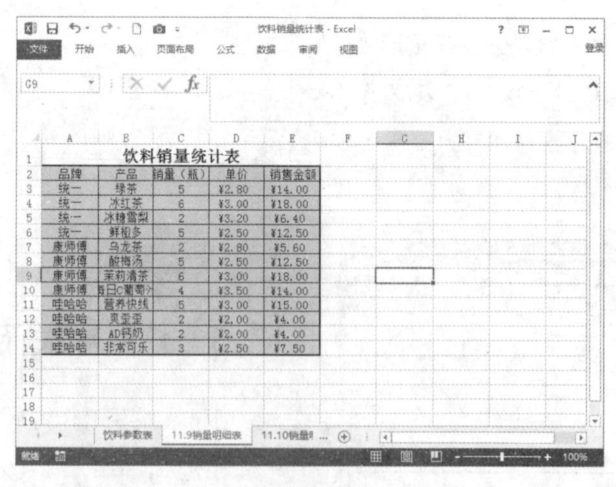

图 1-16

工作表创建完成后，可对单元格格式进行设置，使工作表数据清晰、美观。选择要设置的区域后右击，在弹出的快捷菜单中选择“设置单元格格式”命令，或按【Ctrl+1】组合键打开该对话框，如图 1-17 所示，“设置单元格格式”对话框中主要包括“数字”选项卡、“对齐”选项卡、“字体”选项卡、“边框”选项卡、“填充”选项卡和“保护”选项卡。

### 1. “数字”选项卡

如图 1-17 所示，在“数字”选项卡的“分类”列表中显示了系统内置的 12 种数字格式，单击每种格式类型后，在对话框右侧就会显示相应的设置选项。

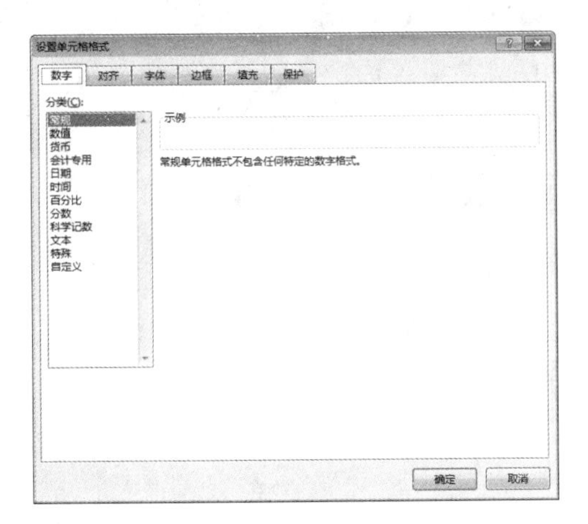


图 1-17

**提示：**

如图 1-18 所示，选择 D3:E14 单元格区域，进入“开始”选项卡，在“数字”选项组中单击“数字格式”下拉按钮，选择“货币”选项，可将单元格数据设置为“货币”类数字格式。

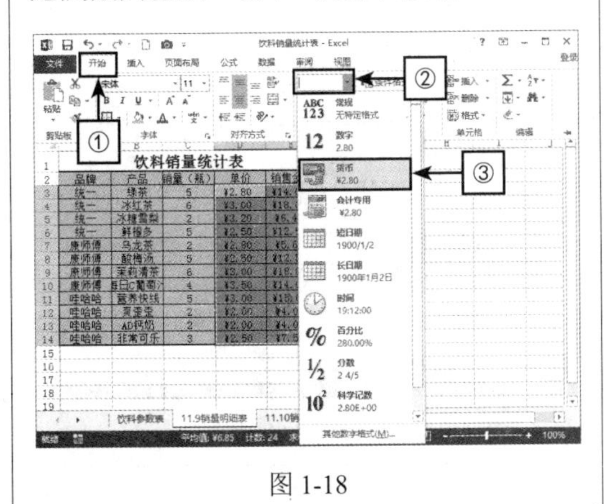


图 1-18

### 2. “对齐”选项卡

如图 1-19 所示，在“对齐”选项卡中，用户可以设置文字的对齐方向，包括“水平对齐”和“垂直对齐”，也可进行文本控制，如“自动换行”“缩小字体填充”“合并单元格”，还可以设置文字排列方向。

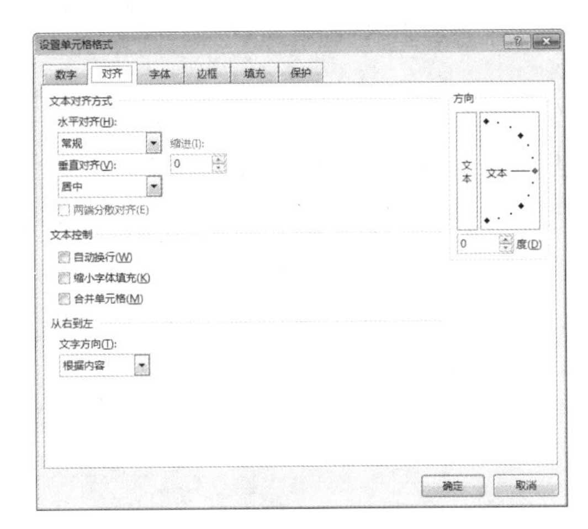


图 1-19

**提示：**

单击“对齐方式”选项组中的按钮，也可达到“对齐”选项卡中同样的效果。

### 3. “字体”选项卡

如图 1-20 所示，在“字体”选项卡中，用户可设置文本的字体、字号和颜色等。

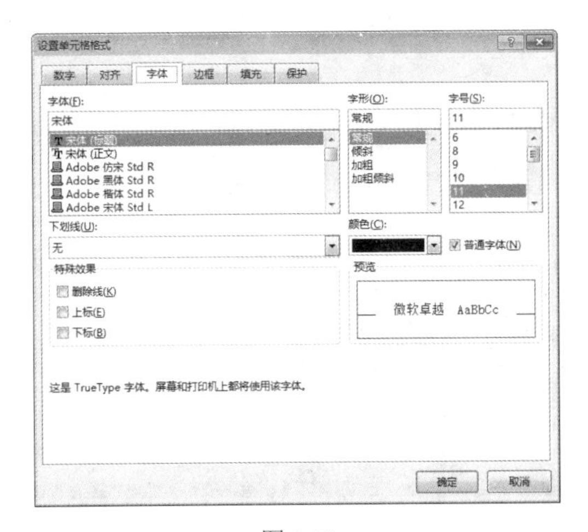


图 1-20

**提示：**

选择“开始”选项卡，在“字体”选项组中，也可以设置文本格式。

### 4. “边框”选项卡

如图 1-21 所示，在“边框”选项卡中，通过“线条”区域中的“样式”列表和“颜色”下拉列表并结合“预设”区域下的边框设置按钮，可进行边框样式的设置。

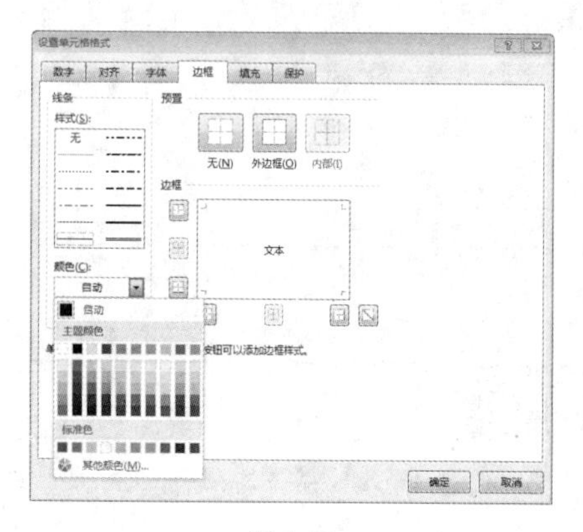

图 1-21

**提示：**

如图 1-22 所示，选择 A2:E14 单元格区域，进入“开始”选项卡，在“字体”选项组中单击“下框线”下拉按钮，选择“粗匣框线”选项，为单元格区域设置外边框样式。

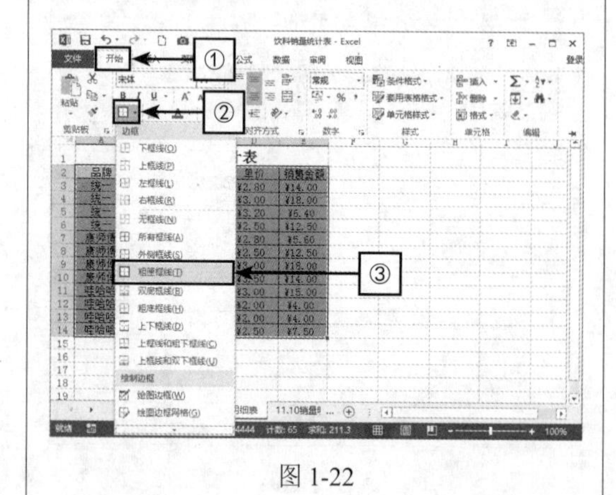

图 1-22

### 5. “填充”选项卡

如图 1-23 所示，在“填充”选项卡中，选择相应的颜色或填充效果，即可对单元格进行填充设置。

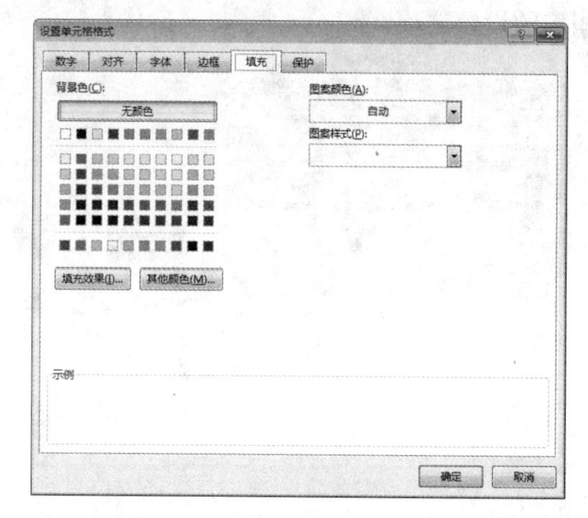

图 1-23

**提示：**

如图 1-24 所示，进入“开始”选项卡，在“字体”选项组中单击“填充颜色”下拉按钮，也可为单元格填充不同的颜色。选择不同的填充颜色时，在工作表区可以看到预览效果。

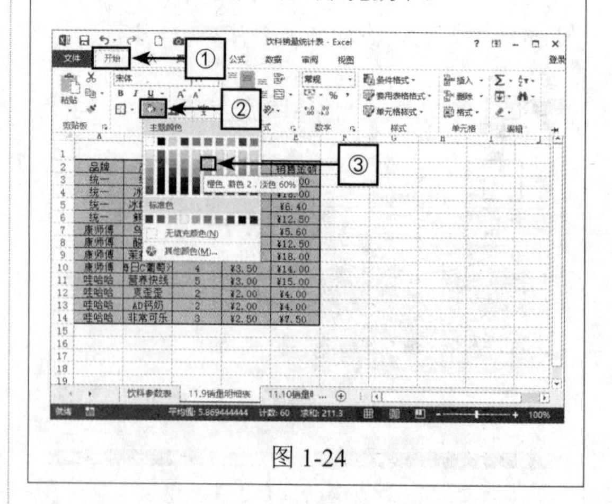

图 1-24

## 1.2.2 表格美化

一份完美的工作表，不仅要有完善的数据

处理功能，还应给阅读者以美的感受。用户可根据不同的需求，套用已有的表格格式，设置单元格样式，为工作表中的数据配以相关的形状或图片，以及 SmartArt 图形进行说明。

### 1. 插入图片

Excel 2013 提供了插入图片文件的功能，可以在工作表中插入样式多、质量好的图片文件。进入“插入”选项卡，在“插图”选项组中单击“图片”按钮，在“插入图片”对话框中，从计算机中选择合适的图片，单击“插入”按钮即可，如图 1-25 所示。

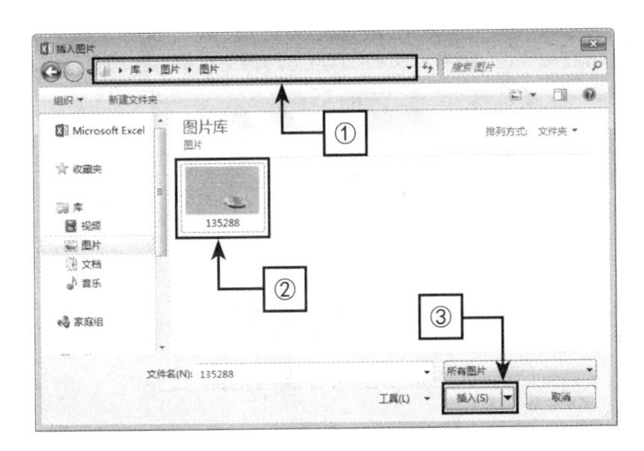

图 1-25

**提示：**

在打开的“插入图片”对话框中，按住 Ctrl 键的同时选择多张图片，单击“插入”按钮，即可同时插入多张图片。

插入图片后，用户可以通过更改图片形状、调整图片颜色、设置边框和特殊效果等操作对插入的图片进行进一步美化设置。

### 2. 插入形状

Excel 2013 中的形状是指一组综合在一起的线条、矩形、基本形状、箭头总汇、公式形状、流程图、星与旗帜以及标注。进入“插入”选项卡，在“插图”选项组中单击“形状”下拉按钮，在下拉列表中选择所需的形状，可以绘制出形式丰富的指示图形，如图 1-26 所示，插入形状命令在绘制流程图时应用广泛。

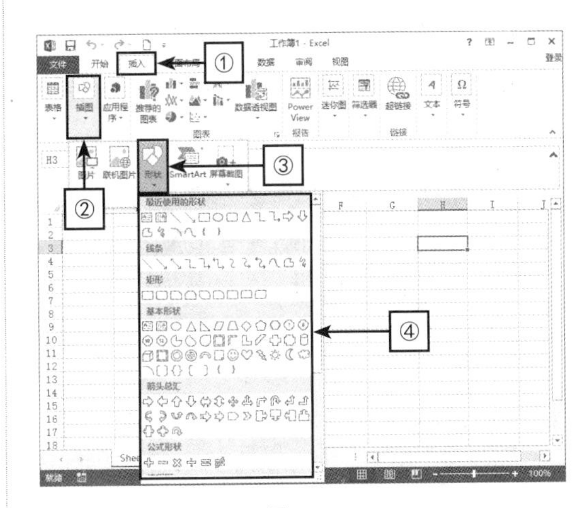

图 1-26

对于创建的形状，用户可以根据实际需要，在形状中进行文字编辑，并对形状填充、形状轮廓、形状效果等进行编辑。

**提示：**

在使用 Excel 绘制流程图、模型图的过程中，需要重复使用“插入形状”命令，右击“形状”下拉按钮，从弹出的快捷菜单中执行“添加到快速访问工具栏”命令，用户可直接单击“快速访问工具栏”中的“形状”按钮，插入形状。

### 3. 插入 SmartArt 图形

SmartArt 图形是信息和观点的视觉表示形式，可以通过从多种不同布局中进行选择来创建 SmartArt 图形，从而快速、轻松、有效地传达信息。使用 SmartArt 图形可方便用户在工作表中制作演示流程、层次结构、循环关系等精美图形，只需单击几下鼠标，即可创建具有设计师水准的插图。

进入“插入”选项卡，在“插图”选项组中单击 SmartArt 按钮，打开“选择 SmartArt 图形”对话框，选择合适的图形类型，单击“确定”按钮，如图 1-27 所示。返回工作表，可看到新建的图形，单击图形中的“文本”，输入相应文本，完成 SmartArt 图形的插入与创建，如图 1-28 所示。

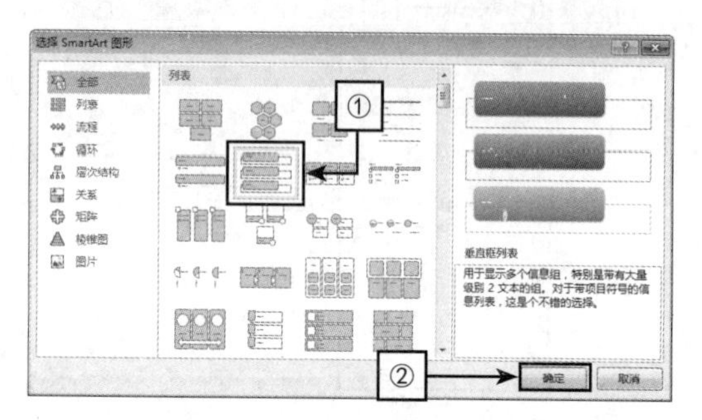


图 1-27

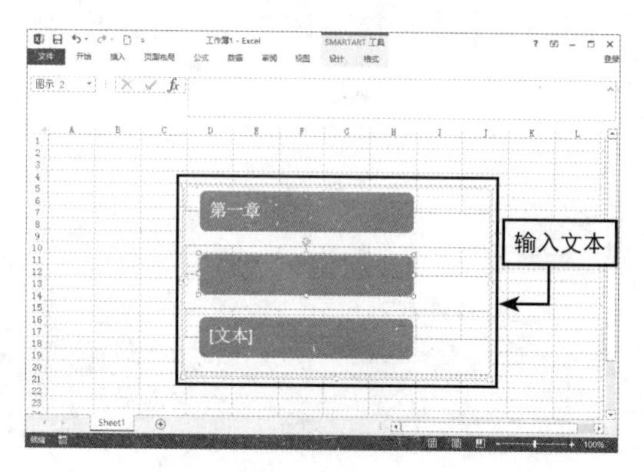


图 1-28

在 Excel 中，用户可以对插入的 SmartArt 图形的布局及样式进行设置，也可针对形状和文本设置形状样式和艺术字样式。

### 4．插入艺术字

艺术字是一组自定义样式的文字，具有美观有趣、易认易识、醒目张扬等特性，能美化工作表，增强视觉效果。Excel 2013 中预设了多种样式的艺术字可供选择，如图 1-29 所示，进入“插入”选项卡，在“文本”选项组中单击“艺术字”下拉按钮，在下拉列表中选择一种艺术字样式，进入艺术字格式编辑状态。在编辑栏中输入文字即可完成艺术字的插入，如图 1-30 所示。

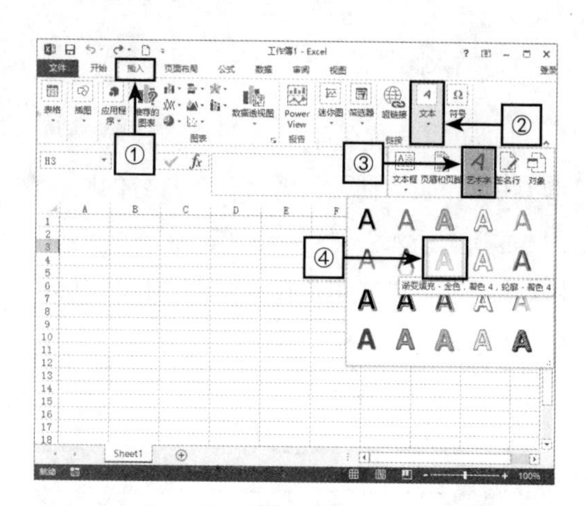


图 1-29

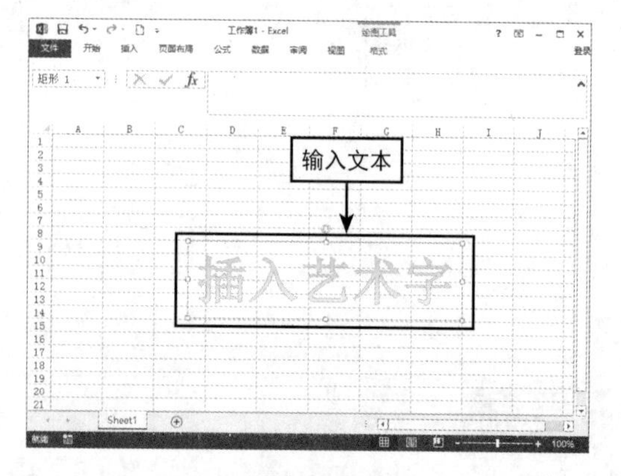


图 1-30

在 Excel 中，艺术字被当作一种图形对象而不是文本对象来处理。用户可通过“格式”选项卡来设置艺术字的形状填充、形状轮廓、形状效果等。

## 1.2.3　数据分析

Excel 的“分析工具库”实际上是一个外部宏（程序）模块，专门为用户提供一些高级统计函数和实用的数据分析工具。

### 1．加载“分析工具库”

在默认情况下，Excel 2013 并没有加载数据分析工具，因此，需要手工加载该工具才能使用，步骤如下。

**step 01** 执行“文件”|“选项”命令，打开“Excel 选项”对话框；选择“加载项”选项，在“管理”右侧的下拉列表中选择“Excel 加载项”，单击“转到”按钮，如图 1-31 所示。

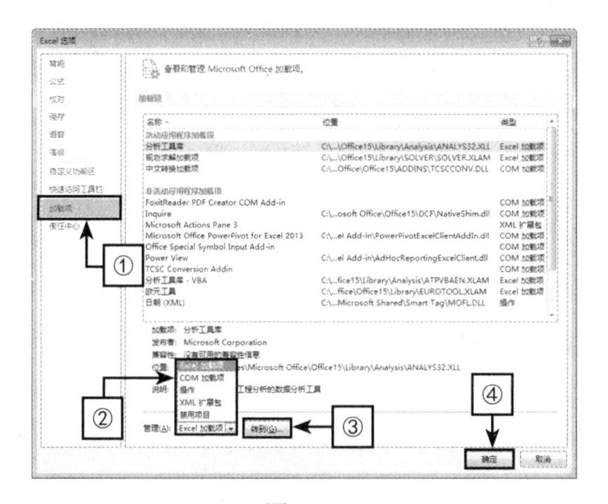


图 1-31

**step 02** 在弹出的“加载宏”对话框中选择“分析工具库”复选框，如图 1-32 所示。单击“确定”按钮后，即可在“数据”选项卡中找到“数据分析”功能。

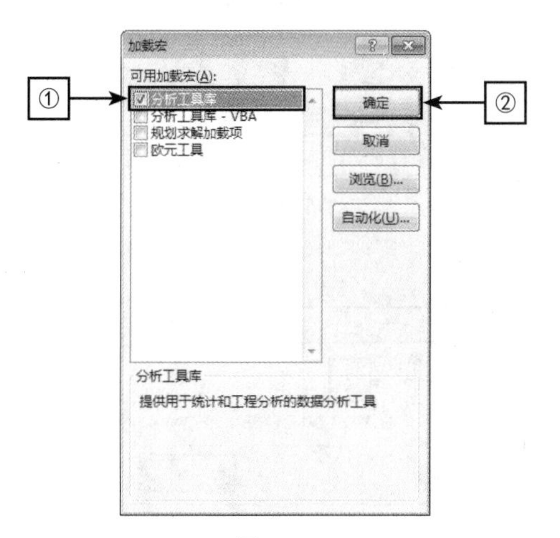


图 1-32

### 2．“数据分析”简介

如图 1-33 和图 1-34 所示，在“数据分析”对话框中提供了十几种分析工具，分别为“方差分析”工具、“相关系数”工具、“协方差”工具、“描述统计”工具、“指数平滑”工具、“F- 检验 双样本方差”工具、“傅里叶分析”工具、“直方图”工具、“移动平均”工具、“随机数发生器”工具、“排位与百分比排位”工具、“回归”工具、“抽样”工具、“t- 检验”工具和“z- 检验”工具。只需为每一个分析工具提供必要的数据和参数，该工具就会使用适宜的统计或工程函数，在工作表中显示相应的结果，直观易懂，为用户带来了极大的方便。

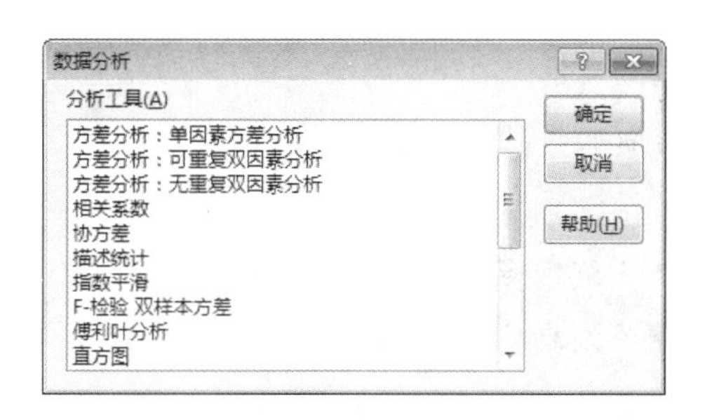


图 1-33

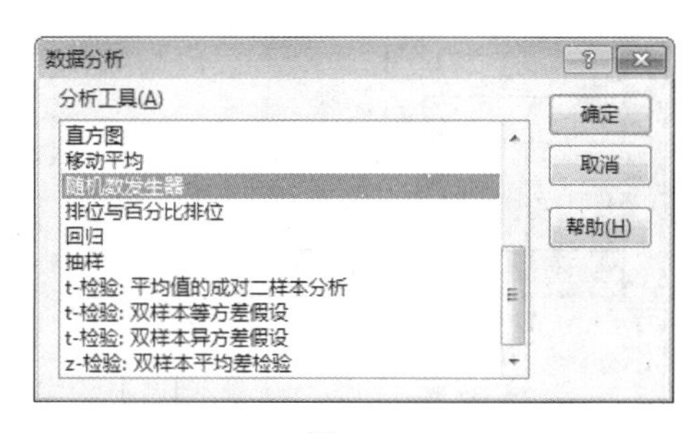


图 1-34

## 1.2.4　数据验证

为了在输入数据时尽量减少错误，保证数据准确、快速录入，可以通过 Excel 2013 的

“数据验证”功能来设置单元格中允许输入的数据类型或有效数据的取值范围。本节将通过两个示例来介绍数据验证功能的使用方法。

### 1．示例一：限制单元格中的数据

用户可通过“数据验证”制作下拉列表，直接从下拉列表中选择内容，以免出现不规范的填写，并提高录入速度。具体步骤如下。

**step 01** 双击打开本节素材文件“学生成绩单”，选择C3单元格，切换至“数据”选项卡，在“数据工具”选项组中，单击“数据验证”下拉按钮，从下拉列表中选择“数据验证”命令。

**step 02** 打开“数据验证”对话框，如图1-35所示，在“设置”选项卡的“允许”下拉列表中选择“序列”选项；在“来源”文本框中输入相关文本，比如“测绘工程，地理信息系统，计算机软件”，其中各专业名称之间用英文（半角）逗号隔开，单击“确定”按钮，即可得到如图1-36所示的下拉列表，在下拉列表中选择相关文本，即可完成数据的输入。

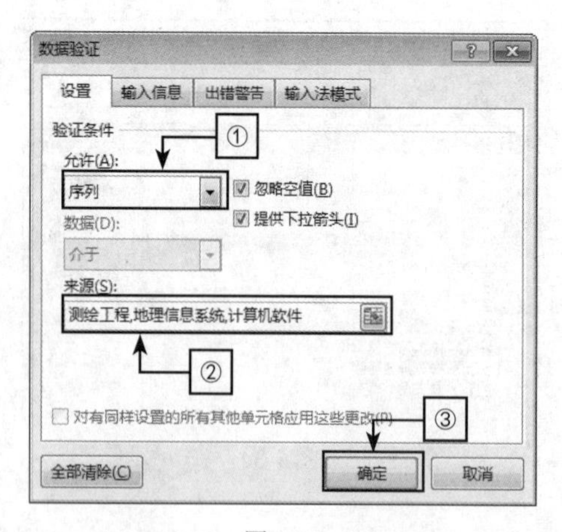


图 1-35

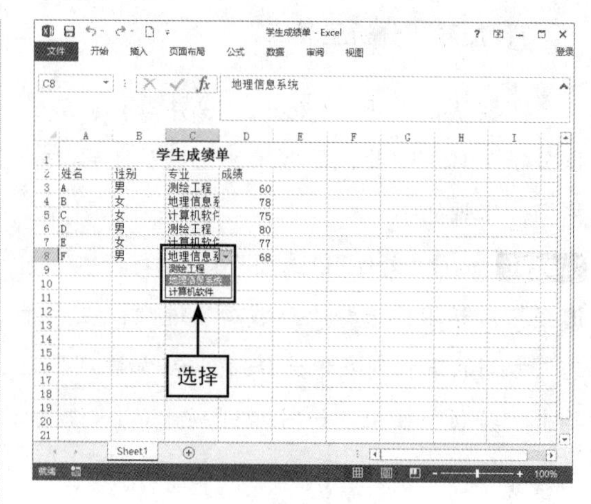


图 1-36

### 2．示例二：圈释无效数据

用户可通过“数据验证”设置有效性验证条件，并圈释无效数据。

**step 01** 选择D3:D8单元格区域，进入“数据”选项卡，在“数据工具”选项组中单击“数据验证”下拉按钮，从下拉列表中选择“数据验证”命令。

**step 02** 打开“数据验证”对话框，如图1-37所示，在“设置”选项卡的“允许”下拉列表中选择“整数”选项；在“数据”下拉列表中选择“小于”选项，在“最大值”文本框中输入数值70，单击“确定”按钮。

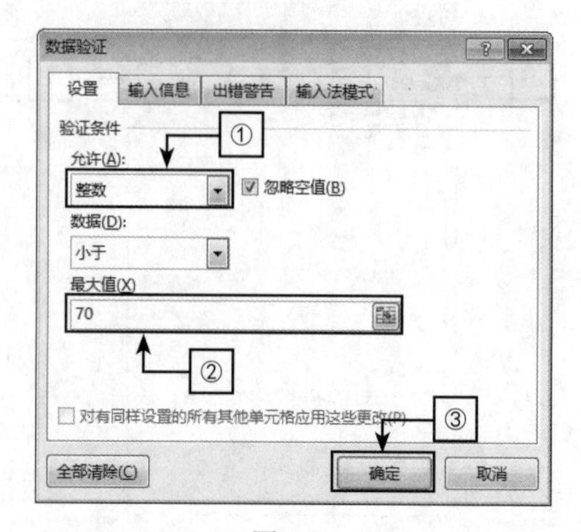


图 1-37

**step 03** 进入“数据”选项卡，在“数据工具”选项组中单击“数据验证”下拉按钮，从下拉列表中选择“圈释无效数据”命令，即可将成绩大于 70 的数据作为无效数据圈释出来，得到的结果如图 1-38 所示。

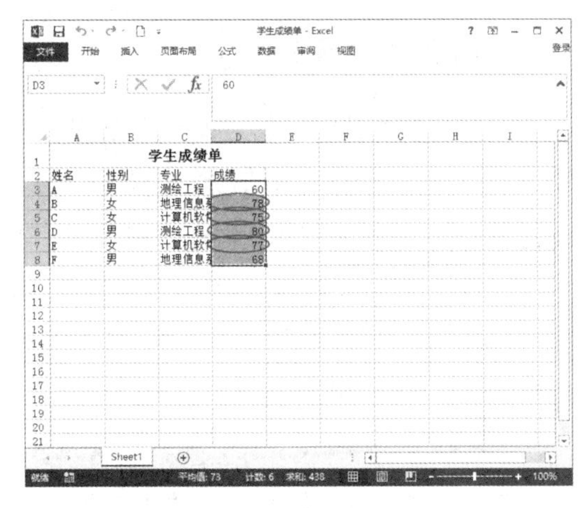


图 1-38

**提示：**

进入“数据”选项卡，在“数据工具”选项组中单击“数据验证”下拉按钮，从下拉列表中选择“清除验证标识圈”选项，即可去除标识圈。

## 1.2.5　数据透视表

数据透视表是 Excel 2013 提供的一种数据汇总、优化数据显示和数据处理的强大工具，能较快地将所需数据呈现在表格或图形中，帮助用户分析、组织数据，之所以称为“数据透视表”，是因为可以动态地改变版面布置，以便按照不同方式分析数据，每一次改变版面布置时，数据透视表便会按照新的布置重新计算数据。

### 1. 创建数据透视表

如图 1-39 所示的工作表是某超市部分商品的销售情况表，将根据此表中的数据创建一张数据透视表，以了解不同品牌商品的销量，具体步骤如下。

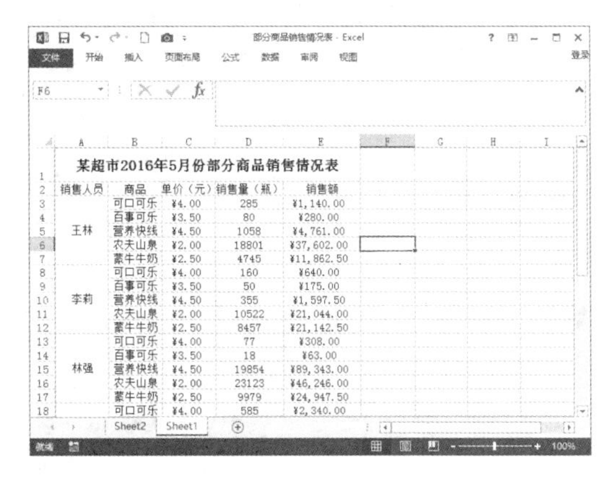


图 1-39

**step 01** 双击打开本节示例文件“部分商品销售情况表”，单击工作表中的任意单元格，切换至“插入”选项卡，在“表格”选项组中执行“数据透视表”命令，如图 1-40 所示。

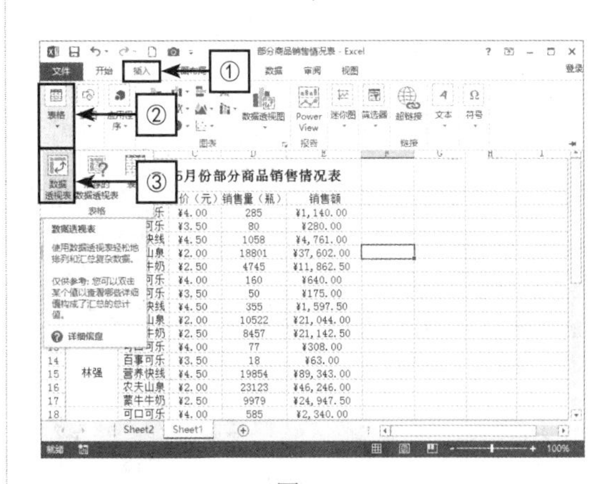


图 1-40

**step 02** 在弹出的“创建数据透视表”对话框中，Excel 已自动选择需要分析的表格区域，将数据透视表放置在“新工作表”中，单击“确定”按钮，如图 1-41 所示。

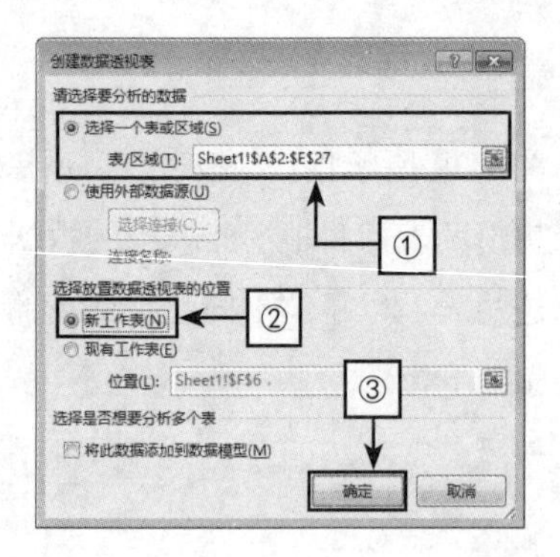


图 1-41

**step 03** 进入数据透视表的视图界面，如图 1-42 所示。

图 1-42

**step 04** 在右侧的“数据透视表字段”窗格中，勾选“商品”“销售量（瓶）”复选框作为添加到报表的字段，数据透视表即可快速统计出不同品牌的商品对应的销量，如图 1-43 所示。

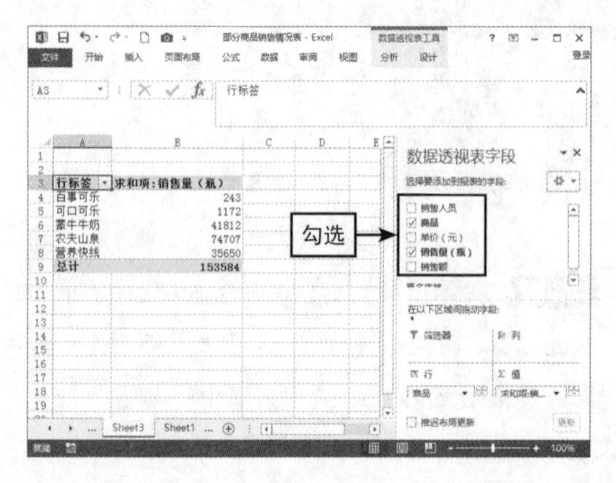


图 1-43



单击数据透视表中的任意单元格，切换至“分析”选项卡，在“数据”选项组的“刷新”下拉列表中选择“刷新”命令，或按【Alt+F5】组合键获取最新数据。

### 2. 删除数据透视表

下面以上述示例中创建的数据透视表为例，介绍删除数据透视表的操作步骤。

**step 01** 单击数据透视表中的任意单元格，进入“分析”选项卡，在“操作”选项组中单击“选择”下拉按钮，从下拉列表中选择“整个数据透视表”选项，如图 1-44 所示。

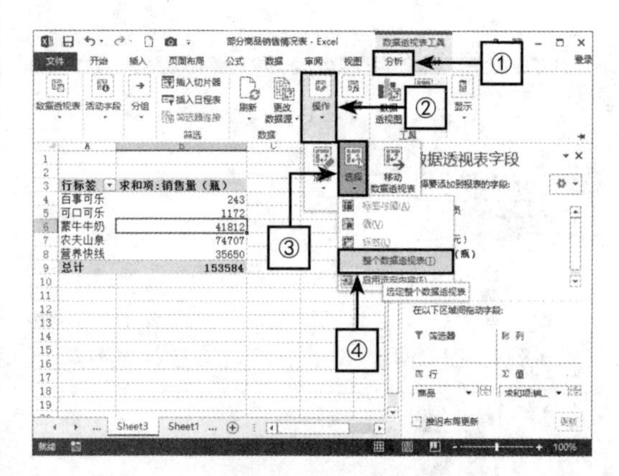


图 1-44

**step 02** 选中整个数据透视表，返回工作表区，按 Delete 键，删除数据透视表。

## 1.2.6 条件格式

在 Excel 中，“条件格式”功能可以根据单元格满足的条件不同，将单元格设置为不同的格式。条件格式的应用主要分为以下 3 块。

### 1. 凸显指定条件的单元格

以显示商品价格等于 $3.50 的条件为例，

凸显指定条件的单元格。

**step 01** 选中“单价”列，进入“开始”选项卡，在“样式”选项组中单击“条件格式”下拉按钮，并单击“突出显示单元格规则”下拉按钮，执行“等于”命令，如图 1-45 所示。

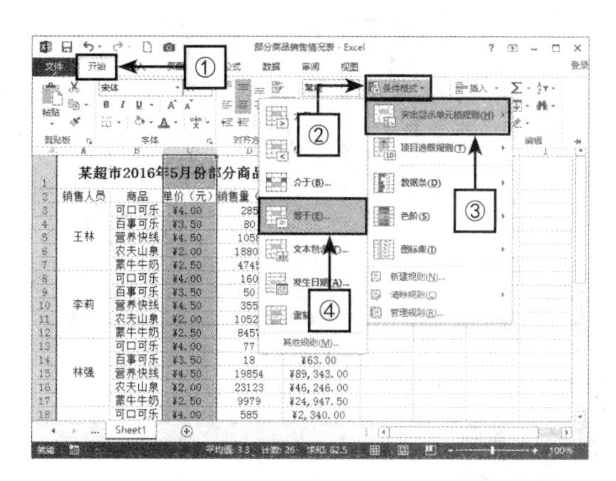

图 1-45

**step 02** 在弹出的“等于”对话框中输入指定数值，在“设置为”下拉列表中设置特殊格式，单击“确定”按钮，如图 1-46 所示。

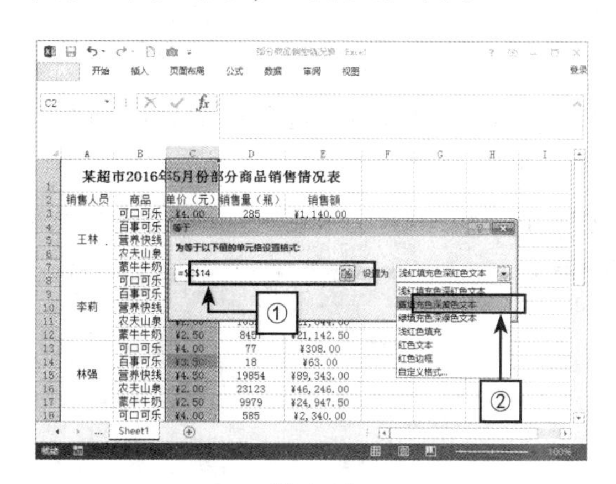

图 1-46

**提示：**

在“设置为”下拉列表中选择“自定义格式”选项，弹出“设置单元格格式”对话框，用户可自定义单元格字体、边框、填充等格式。

### 2．突出显示指定条件范围的单元格

下面以突出显示销售量（瓶）为前十的单元格为例，为满足指定条件范围的单元格区域设置单元格格式。

**step 01** 选中“销售量（瓶）”列，在“样式”选项组中单击“条件格式”下拉按钮，并单击“项目选取规则”下拉按钮，从中执行“前 10 项”命令，如图 1-47 所示。

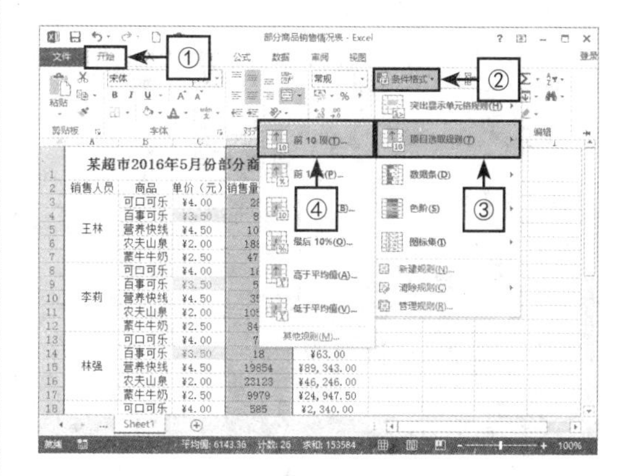

图 1-47

**step 02** 在弹出的“前 10 项”对话框中输入 10，在“设置为”下拉列表中设置特殊格式，单击“确定”按钮，如图 1-48 所示。

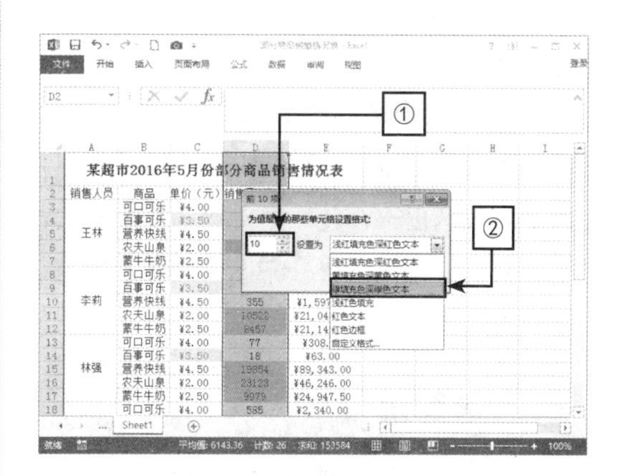

图 1-48

### 3．使用数据条、色阶及图标集

Excel 2013 在条件格式功能中提供了“数

据条”“色阶”“图标集”3种内置的单元格图形效果样式。三者的使用方法完全一致，下面以设置“数据条”为例进行讲解。

选中“销售额”列，在“样式”选项组中单击“条件格式”下拉按钮，并单击“数据条”下拉按钮，在展开的列表中选择合适的样式，在工作表中可以看到预览效果，设置单元格格式，如图1-49所示。

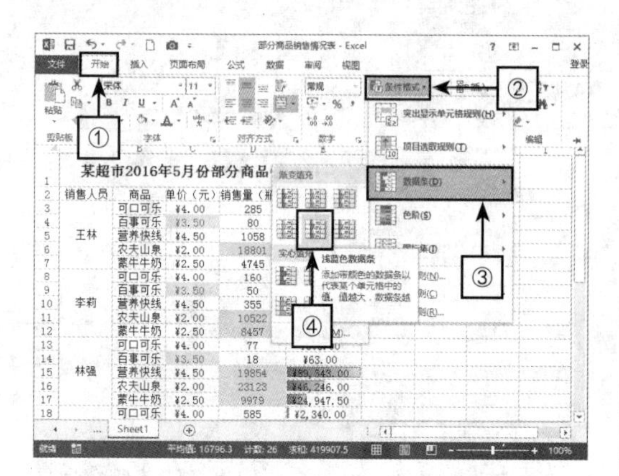

图 1-49

## 1.2.7 图表

Excel表格有时包含了特别多的数据，对于用户来说，想记住这一连串数据，并分析它们之间的关系和趋势想必非常困难，运用Excel 2013图表功能，将工作表中的数据以图表的形式表示出来，使数据对比和变化趋势一目了然，提高信息价值，帮助用户更加准确、直观地表达信息和观点。

### 1. 创建图表

创建一张完美的图表可方便用户查看数据之间的差异。

双击打开本节素材文件“简单工资表”，选择A1:E6单元格区域，进入“插入”选项卡，在“图表”选项组中单击“插入柱形图”下拉按钮，从下拉列表中执行“簇状柱形图”命令，在工作表中可以看到预览效果，创建数据图表，如图1-50所示。

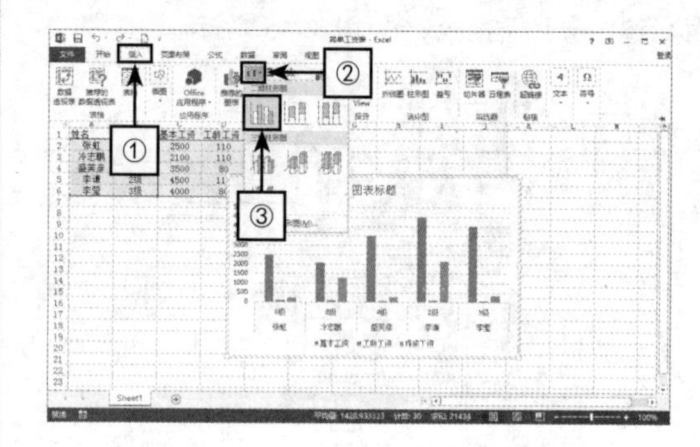

图 1-50

**提示：**

选择A1:E6单元格区域，按【Alt+F1】组合键，可快速创建默认的柱形图。

### 2. 更改图表类型

创建新图表后，用户可对图表的类型、布局、样式、文本格式等进行编辑修改，使图表满足用户的表现需求。

**step 01** 选中创建的图表并右击，在快捷菜单中选择“更改图表类型”选项，如图1-51所示。

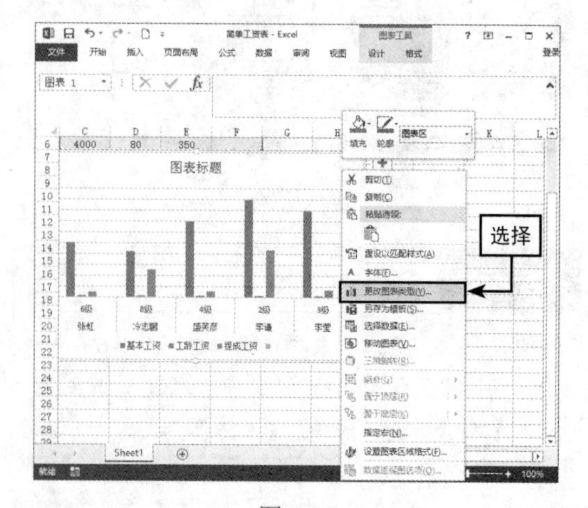


图 1-51

**step 02** 或者选中图表，切换至“设计”选项卡，在“类型”选项组中单击“更改图表类型”按钮，如图 1-52 所示。

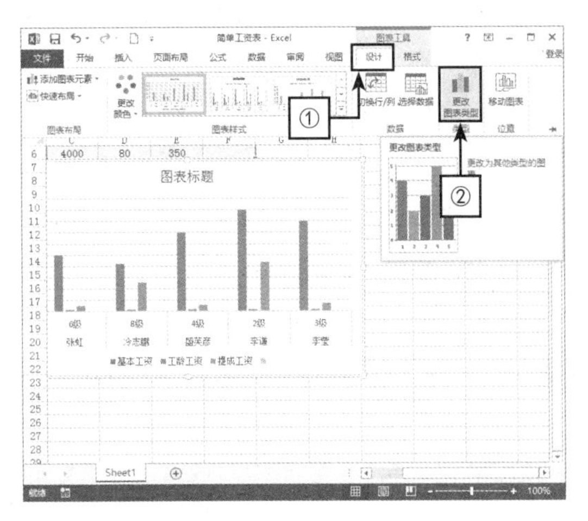


图 1-52

**step 03** 打开“更改图表类型”对话框，在“所有图表”选项卡中选择“折线图”，并在右侧选择需要的折线图类型，单击“确定”按钮，如图 1-53 所示。

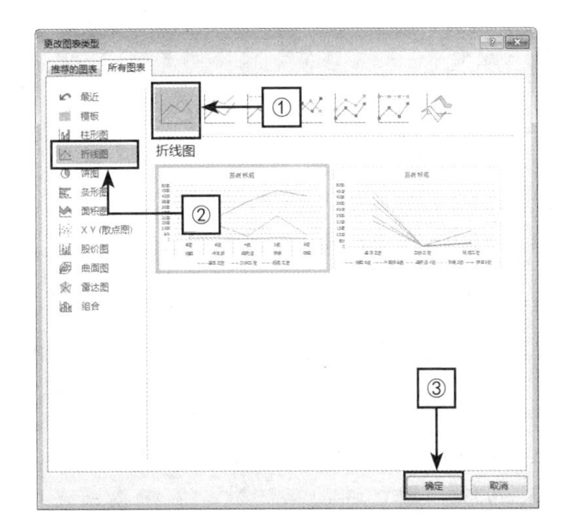


图 1-53

### 3. 更改图表数据源

数据源就是生成图表所需要的数据，如果数据源区域发生改变，就需要对数据源进行修改，具体步骤如下。

**step 01** 选中图表并右击，在快捷菜单中选择“选择数据”选项，如图 1-54 所示。

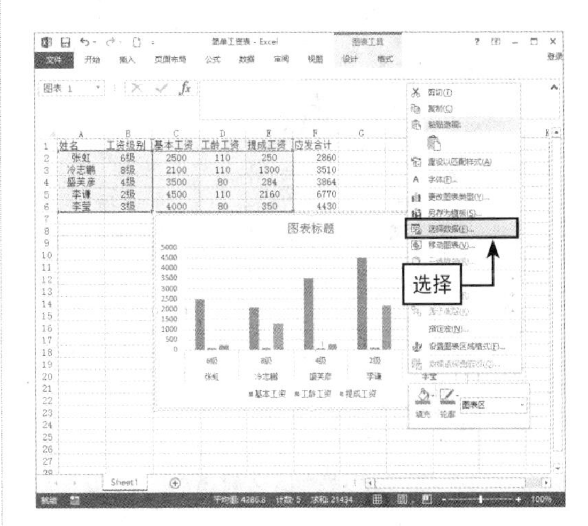


图 1-54

**step 02** 或者选中图表，切换至“设计”选项卡，在“数据”选项组中单击“选择数据”按钮，如图 1-55 所示。

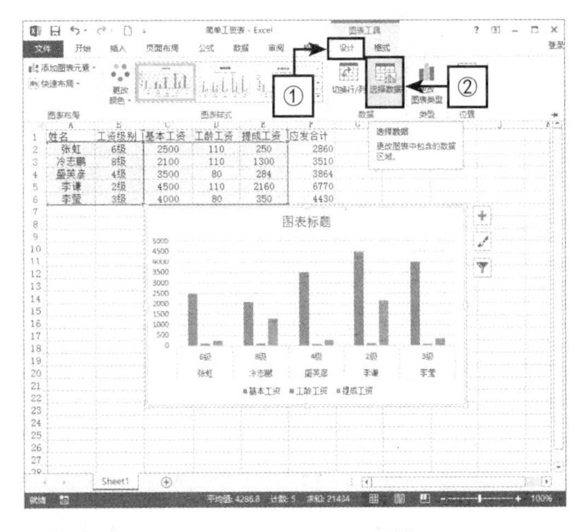


图 1-55

**step 03** 如图 1-56 所示，在打开的“选择数据源”对话框中，单击“图表数据区域”文本框右侧的折叠按钮，如图 1-57 所示，在工作表中选择新的数据源区域。

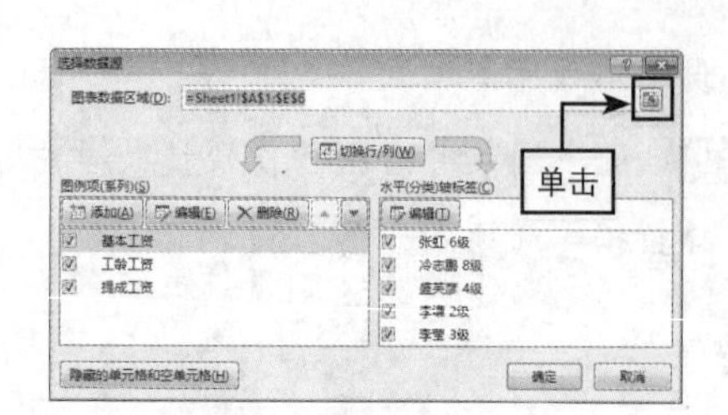


图 1-56

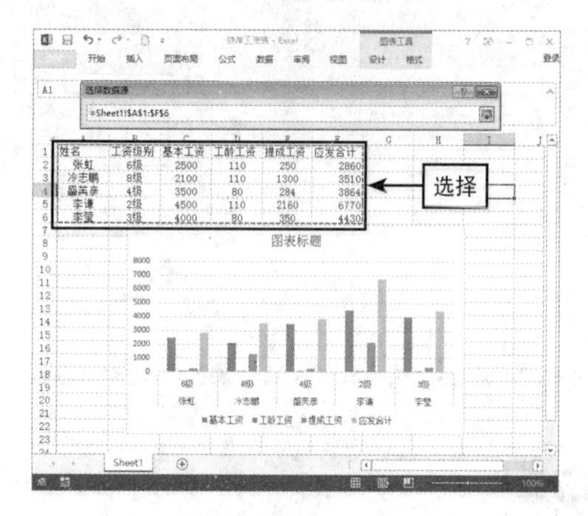


图 1-57

**step 04** 返回“选择数据源”对话框，单击“确定”按钮，结果如图 1-58 所示。

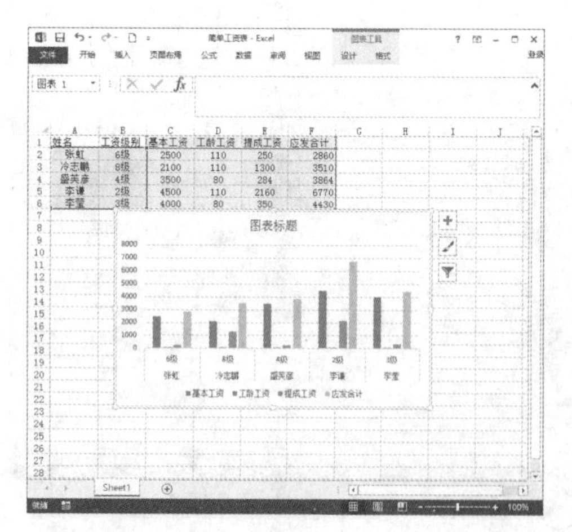


图 1-58

**提示：**

选择需要添加的数据，按【Ctrl+C】组合键进行复制，单击图表，按【Ctrl+V】组合键进行粘贴，将添加的数据添加到图表中。

## 1.2.8 函数

函数作为 Excel 2013 处理数据的重要手段，功能十分强大。函数是 Excel 提供的一些预定义的公式，它们使用一些称为“参数”的特定数值，按特定的顺序或结构进行计算，可以对一个或多个值执行运算，并返回一个或多个值。函数在生活和工作实践中可以有多种应用，如分析和处理日期值和时间值、确定贷款的支付额、确定单元格中的数据类型、计算平均值、排序显示和运算文本数据等，甚至可以用 Excel 函数来设计复杂的统计管理表格或者小型的数据库系统。

### 1. 函数类型

根据函数涉及的内容和使用方法的不同，函数可分为 11 种不同的类型。分别是数据库函数、日期与时间函数、工程函数、财务函数、信息函数、逻辑函数、查询和引用函数、数学与三角函数、统计函数、文本函数，以及用户自定义函数。

❒ 数据库函数

当需要分析数据清单中的数值是否符合特定条件时，可以使用数据库函数。Microsoft Excel 共有 12 个工作表函数用于对存储在数据清单或数据库中的数据进行分析，这些函数的统一名称为 Dfunctions，也称为 “D 函数”，每个函数均有 3 个相同的参数：database、field 和 criteria。这些参数指向数据库函数所使用的工作表区域。其中参数 database 为工作表上包含数据清单的区域；参数 field 为需要汇总的列的标志；参数 criteria 为工作表上包含指定条件的区域。常用的函数有：AVERAGE、COUNT、COUNTA、DGET、MAX、MIN 等。

❐ 日期与时间函数

通过日期与时间函数，可以在公式中分析和处理日期值和时间值。函数符号主要有：DATE、NOW、TIME、TODAY 等。

❐ 工程函数

工程函数主要用于工程分析。这类函数中大多数可分为 3 种类型：对复数进行处理的函数、在不同的数字系统（如十进制系统、十六进制系统、八进制系统和二进制系统）间进行数值转换的函数、在不同的度量系统中进行数值转换的函数。函数符号主要有：BESSELJ、BIN2DEC、COMPLEX、IMAGINARY、IMREAL 等。

❐ 财务函数

财务函数可以进行一般的财务数据计算，如确定贷款的支付额、投资的未来值或净现值，以及债券或息票的价值，主要包括折旧计算函数、本金和利息计算函数、投资计算函数、报酬计算函数和证券计算函数等。财务函数符号中常见的参数有：

未来值 (fv)——在所有付款发生后的投资或贷款的价值。

期间数 (nper)——投资的总支付期间数。

付款 (pmt)——对于一项投资或贷款的定期支付数额。

现值 (pv)——在投资初期的投资或贷款的价值。例如，贷款的现值为所借入的本金数额。

利率 (rate)——投资或贷款的利率或贴现率。

类型 (type)——付款期间内进行支付的间隔，如在月初或月末。

❐ 信息函数

信息函数是指用来获取单元格内容信息的函数，可以使单元格在满足条件时返回逻辑值，从而获取单元格信息。还可以确定存储在单元格中的内容格式、位置、错误类型等信息。函数符号主要有：CELL 、INFO、ISBLANK、ISERROR、NA、SITEXT 等。

❐ 逻辑函数

使用逻辑函数可以进行真假值判断，或者进行复合检验。函数符号主要有：AND、IF、NOT、OR、TRUE 等。

❐ 查询和引用函数

当需要在数据清单或表格中查找特定数值，或者需要查找某一单元格的引用时，可以使用查询和引用函数。函数符号主要有：ADDERSS、HLOOKUP、INDIRECT、MATCH、VLOOKUP 等。

❐ 数学与三角函数

通过数学与三角函数，可以处理简单的计算，例如对数字取整、计算单元格区域中的数值总和或复杂计算。函数符号主要有： INT、PRODUCT、ROUNED、ROUNDUP、SIGN、SUM 等。

❐ 统计函数

统计函数用于对数据区域进行统计分析。例如，统计工作表函数可以提供由一组给定值绘制出的直线的相关信息，如直线的斜率和 $y$ 轴截距，或构成直线的实际点数值。也可以用来求数值的平均值、中值、众数等。函数符号主要有：AVERAGE、MEDIAN、MODE、RANK 等。

❐ 文本函数

通过文本函数，可以在公式中处理文字串。例如，可以改变大小写或确定文字串的长度。可以将日期插入文字串或连接在文字串上。函数符号主要有：ASC、LEFT、LEN、LOWER、MID、RIGHT、UPPER 等。

❑ 用户自定义函数

如果要在公式或计算中使用特别复杂的计算，而工作表函数又无法满足需要，则需要创建用户自定义函数。这些函数，称为“用户自定义函数”，可以通过使用 Visual Basic for Applications 来创建。

## 2. 输入函数

在工作表中，对于函数的输入可以采取以下几种方法。

❑ 手动输入函数

选中要使用函数的单元格，在编辑栏或单元格中输入“=”，其后输入函数即可。例如在编辑栏中输入函数：“=SQRT(B1)”“=SUM(C2:E2)”。

❑ 使用“插入函数”按钮输入

对于一些比较复杂的函数，可以通过“插入函数”功能正确输入函数表达式，完成函数的输入，具体步骤如下。

**step 01** 进入“公式”选项卡，在“函数库”选项组中单击“插入函数”按钮，如图 1-59 所示。

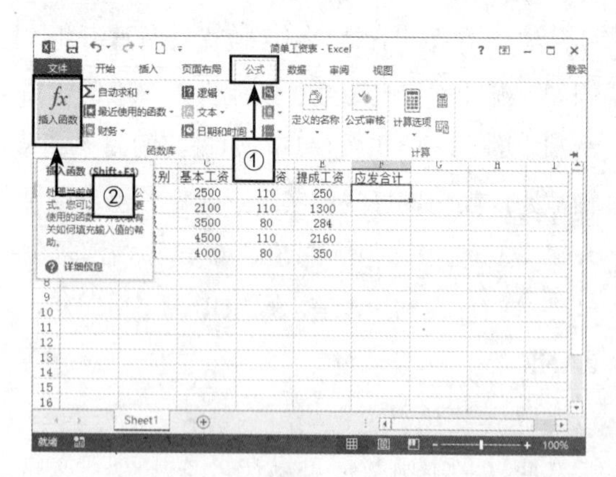


图 1-59

**step 02** 如图 1-60 所示，打开“插入函数”对话框，在“选择类别”列表中选择函数类别，如“常用函数”“全部”“财务”“日期与时间”等，在“选择函数”列表中选择具体的函数，单击“确定”按钮。

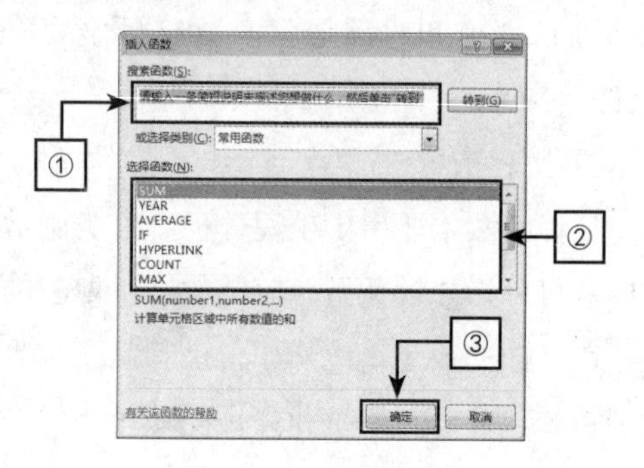


图 1-60

**step 03** 在打开的“函数参数”对话框中输入参数值或单击其右侧的折叠按钮，选取对应单元格区域，在其右侧将显示所输入的参数值，如图 1-61 所示。

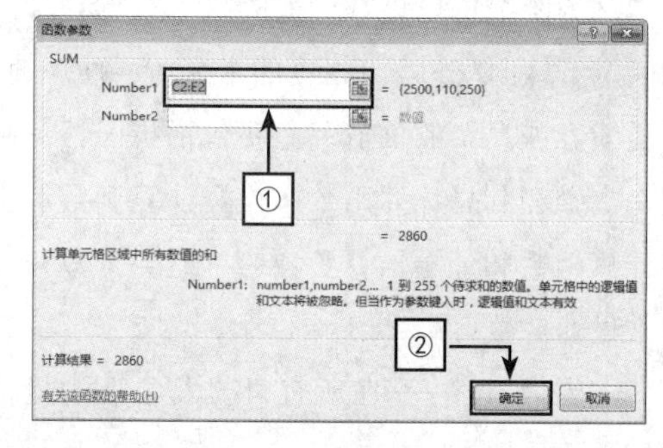


图 1-61

**step 04** 单击“确定”按钮，在单元格中得出计算结果，如图 1-62 所示。

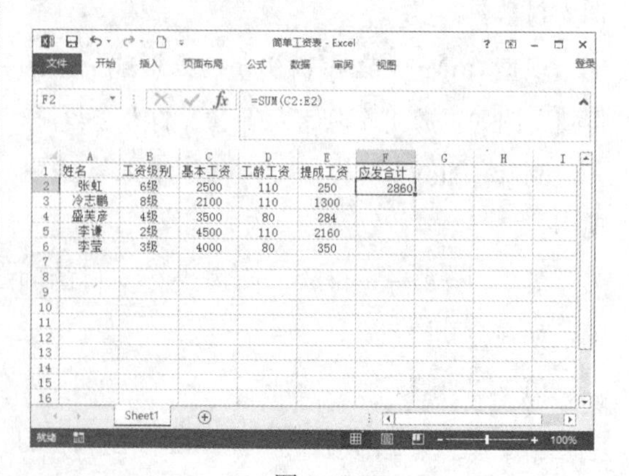

图 1-62

**提示：**

选中要使用函数的单元格，单击编辑栏左侧的“插入函数”按钮 *fx*，并在“插入函数”对话框中选择所需的函数，也可完成函数的插入。

# 1.3　Excel 的四类表格

在实际的工作生活中，根据表格包含的内容及用途，将 Excel 分为四类表格，即参数表、明细表、汇总表和过渡表。以下将以某超市中饮料的销售情况对这 4 种类型的 Excel 表格进行介绍。

## 1.3.1　参数表

如图 1-63 所示，参数表记录了产品的相关信息，如产品名称、单价、品牌等。前期设置好后，有新产品就添加进去，模式基本上不会变动。用户在制作明细表和汇总表时可以直接引用参数表中的数据，方便快捷，平常接触的概率很低。

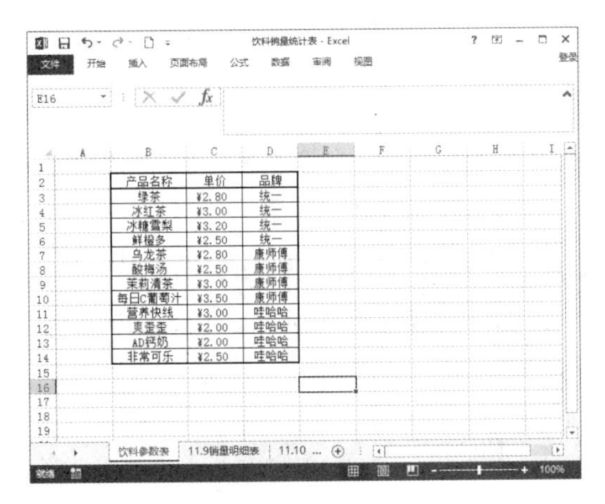

| 产品名称 | 单价 | 品牌 |
|---|---|---|
| 绿茶 | ¥2.80 | 统一 |
| 冰红茶 | ¥3.00 | 统一 |
| 冰糖雪梨 | ¥3.20 | 统一 |
| 鲜橙多 | ¥2.50 | 统一 |
| 乌龙茶 | ¥2.80 | 康师傅 |
| 酸梅汤 | ¥2.50 | 康师傅 |
| 茉莉清茶 | ¥3.00 | 康师傅 |
| 每日C葡萄汁 | ¥3.50 | 康师傅 |
| 营养快线 | ¥3.00 | 哇哈哈 |
| 爽歪歪 | ¥2.00 | 哇哈哈 |
| AD钙奶 | ¥2.00 | 哇哈哈 |
| 非常可乐 | ¥2.50 | 哇哈哈 |

图 1-63

## 1.3.2　明细表

如图 1-64 和图 1-65 所示就是销量明细表，分别记录不同日期各产品的销售情况。每一列都有标题，但标题无重复，没有多行标题。同一列为同一数据类型，各列数字格式规范统一。各记录之间没有空行、小计与合计行。表格纵向发展，行数可达几十万行，列数控制在 10 列以内。

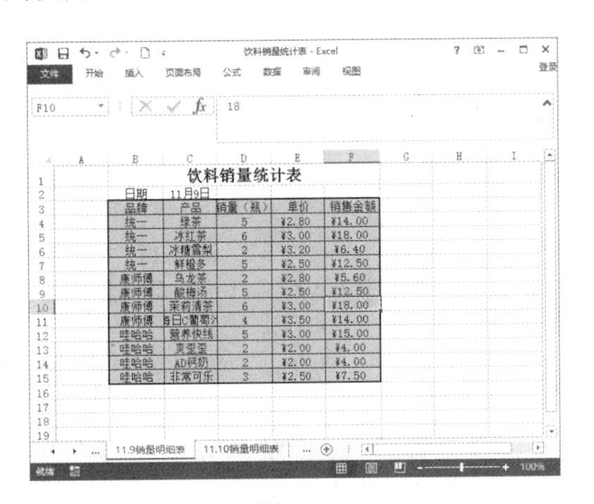

饮料销量统计表

日期　11月9日

| 品牌 | 产品 | 销量（瓶） | 单价 | 销售金额 |
|---|---|---|---|---|
| 统一 | 绿茶 | 5 | ¥2.80 | ¥14.00 |
| 统一 | 冰红茶 | 6 | ¥3.00 | ¥18.00 |
| 统一 | 冰糖雪梨 | 2 | ¥3.20 | ¥6.40 |
| 统一 | 鲜橙多 | 5 | ¥2.50 | ¥12.50 |
| 康师傅 | 乌龙茶 | 2 | ¥2.80 | ¥5.60 |
| 康师傅 | 酸梅汤 | 5 | ¥2.50 | ¥12.50 |
| 康师傅 | 茉莉清茶 | 6 | ¥3.00 | ¥18.00 |
| 康师傅 | 每日C葡萄汁 | 4 | ¥3.50 | ¥14.00 |
| 哇哈哈 | 营养快线 | 5 | ¥3.00 | ¥15.00 |
| 哇哈哈 | 爽歪歪 | 2 | ¥2.00 | ¥4.00 |
| 哇哈哈 | AD钙奶 | 2 | ¥2.00 | ¥4.00 |
| 哇哈哈 | 非常可乐 | 3 | ¥2.50 | ¥7.50 |

图 1-64

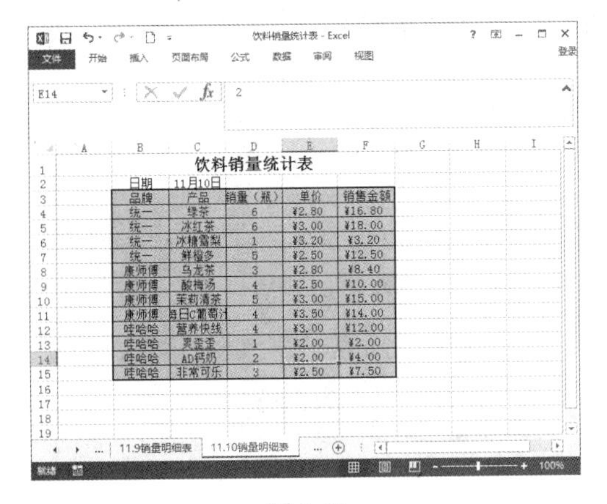

饮料销量统计表

日期　11月10日

| 品牌 | 产品 | 销量（瓶） | 单价 | 销售金额 |
|---|---|---|---|---|
| 统一 | 绿茶 | 6 | ¥2.80 | ¥16.80 |
| 统一 | 冰红茶 | 6 | ¥3.00 | ¥18.00 |
| 统一 | 冰糖雪梨 | 1 | ¥3.20 | ¥3.20 |
| 统一 | 鲜橙多 | 5 | ¥2.50 | ¥12.50 |
| 康师傅 | 乌龙茶 | 3 | ¥2.80 | ¥8.40 |
| 康师傅 | 酸梅汤 | 4 | ¥2.50 | ¥10.00 |
| 康师傅 | 茉莉清茶 | 5 | ¥3.00 | ¥15.00 |
| 康师傅 | 每日C葡萄汁 | 4 | ¥3.50 | ¥14.00 |
| 哇哈哈 | 营养快线 | 4 | ¥3.00 | ¥12.00 |
| 哇哈哈 | 爽歪歪 | 1 | ¥2.00 | ¥2.00 |
| 哇哈哈 | AD钙奶 | 2 | ¥2.00 | ¥4.00 |
| 哇哈哈 | 非常可乐 | 3 | ¥2.50 | ¥7.50 |

图 1-65

### 1.3.3 汇总表

如图 1-66 所示是各品牌产品销量汇总表，汇总了 11 月 9 日与 10 日饮料的销售情况。汇总表不需要用户自己录入数据，明细表通过引用参数表的数据，并对数据进行相关计算即可得到汇总表。

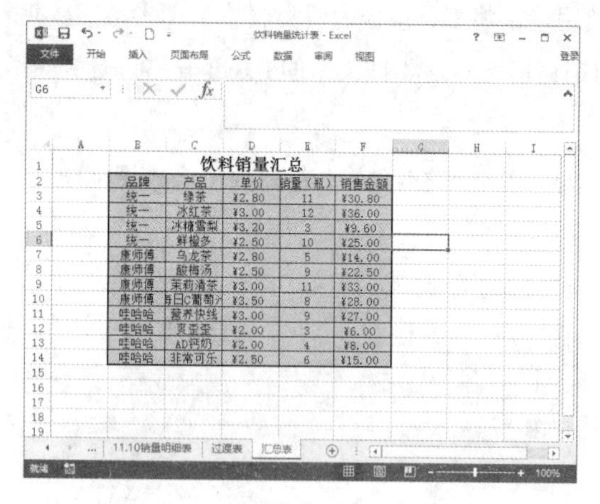

饮料销量汇总

| 品牌 | 产品 | 单价 | 销量（瓶） | 销售金额 |
| --- | --- | --- | --- | --- |
| 统一 | 绿茶 | ¥2.80 | 11 | ¥30.80 |
| 统一 | 冰红茶 | ¥3.00 | 12 | ¥36.00 |
| 统一 | 冰糖雪梨 | ¥3.20 | 3 | ¥9.60 |
| 统一 | 鲜橙多 | ¥2.50 | 10 | ¥25.00 |
| 康师傅 | 乌龙茶 | ¥2.80 | 5 | ¥14.00 |
| 康师傅 | 酸梅汤 | ¥2.50 | 9 | ¥22.50 |
| 康师傅 | 茉莉清茶 | ¥3.00 | 11 | ¥33.00 |
| 康师傅 | 每日C葡萄汁 | ¥3.50 | 8 | ¥28.00 |
| 哇哈哈 | 营养快线 | ¥3.00 | 9 | ¥27.00 |
| 哇哈哈 | 爽歪歪 | ¥2.00 | 3 | ¥6.00 |
| 哇哈哈 | AD钙奶 | ¥2.00 | 4 | ¥8.00 |
| 哇哈哈 | 非常可乐 | ¥2.50 | 6 | ¥15.00 |



图 1-66

### 1.3.4 过渡表

Excel 中还存在一种表格——过渡表。很多时候，通过明细表并不一定能够直接得到汇总表，需要经过一系列的过渡才能真正转换成汇总表。

Excel 四类表格之间存在着关联。明细表就是日常登记数据详细信息的记录表，用户需要在明细表中录入产品名称及数量等信息，由于每种产品的单价、类型及单位等信息基本固定，存在一部分参数是固定不变的，这样就可以设参数表，直接引用参数表中的数据。最后根据明细表中所列详细内容按要求得出用户所需要的汇总表结果。

## 1.4 了解 Excel 在职场的应用

在日常办公中，行政与文秘、人力资源管理、财务与会计等几个领域都会涉及大量的数据录入、管理、编辑、整合、查询、分析和统计工作。为了提高办公效率，常常还需要使用公式和函数，对录入的基础数据进行计算处理。一般还要制作图表或者流程图，插入其他办公文档并最终发布。上述操作涉及 Excel 软件的多种功能，也是本书的主要介绍内容。制作一些常见的 Excel 电子表格，将给办公事务的管理提供便利，加快办公进程，提高工作效率。

### 1.4.1 常见行政文秘办公工作表

公司行政文秘员工，通常要协助领导处理公司日常事务、为领导提供参谋建议，并在领导与员工之间进行有效的沟通协调。将 Excel 应用于行政文秘办公方面，工作效率将事半功倍。

如图 1-67 所示是一张员工档案表，记录了员工的姓名、性别、出生年月、入职部门、入职时间等信息，运用 Excel 的函数功能，用户可根据出生日期快速准确地计算提取员工年龄等信息。

员工档案表

| 姓名 | 性别 | 出生日期 | 年龄 | 部门 | 入职时间 |
|---|---|---|---|---|---|
| 张齐 | 男 | 1989/11/5 | 27 | 后勤部 | 2015/10/1 |
| 刘强 | 男 | 1985/5/10 | 31 | 策划部 | 2014/5/1 |
| 李丽 | 女 | 1990/1/28 | 26 | 行政部 | 2015/11/28 |
| 夏清 | 女 | 1992/7/24 | 24 | 人事部 | 2014/6/30 |
| 宋家辉 | 男 | 1983/10/9 | 33 | 销售部 | 2015/1/25 |
| 丁旭 | 男 | 1989/6/15 | 27 | 策划部 | 2015/12/5 |
| 杨兰 | 女 | 1988/9/29 | 28 | 策划部 | 2015/6/7 |
| 李英 | 女 | 1991/8/25 | 25 | 销售部 | 2015/7/26 |
| 张小平 | 男 | 1989/3/16 | 27 | 销售部 | 2016/3/20 |
| 王芬芳 | 女 | 1990/12/28 | 25 | 人事部 | 2016/5/29 |

图 1-67

如图 1-68 所示是一张印章使用范围表，将印章分为公司名称印章、职务名章、专用章等，使用范围分为支票及银行兑现凭证、对外文件、定货单及日常业务文件、各类对内文件、各类合同及协议、收据、人事关系及有关证明等。运用 Excel 将文字版的使用范围制成表格，印章的使用范围一目了然。利用 Excel 的复选框（窗体控件），用户可以选择对应的使用范围。

印章使用范围表

| 区分 | 股票公司债券 | 支票及银行兑现凭证 | 合同及其他重要文件 | 定货单及日常业务文件 | 各类对外文件 | 辞令 | 请示 | 收据 | 人事关系及有关证明 | 员工存款账目 | 委任状 |
|---|---|---|---|---|---|---|---|---|---|---|---|
| 集团公司名章 | ☑ | ☑ | ☐ | ☑ | ☑ | ☑ | ☑ | ☑ | ☑ | ☑ | ☑ |
| 分公司名章 | ☑ | ☑ | ☐ | ☑ | ☑ | ☑ | ☑ | ☑ | ☑ | ☑ | ☑ |
| 部门名章 | ☐ | ☐ | ☐ | ☑ | ☐ | ☑ | ☑ | ☑ | ☐ | ☑ | ☑ |
| 董事长名章 | ☑ | ☑ | ☐ | ☐ | ☐ | ☐ | ☐ | ☐ | ☐ | ☐ | ☐ |
| 总裁名章 | ☐ | ☐ | ☐ | ☐ | ☑ | ☑ | ☑ | ☐ | ☐ | ☐ | ☑ |
| 总经理名章 | ☐ | ☐ | ☐ | ☐ | ☑ | ☑ | ☑ | ☐ | ☐ | ☐ | ☑ |
| 财务部经理名章 | ☐ | ☑ | ☐ | ☐ | ☐ | ☐ | ☐ | ☑ | ☐ | ☑ | ☐ |
| 会计、出纳名章 | ☐ | ☑ | ☐ | ☐ | ☐ | ☐ | ☐ | ☑ | ☐ | ☑ | ☐ |
| 财务专用印章 | ☐ | ☑ | ☐ | ☐ | ☐ | ☐ | ☐ | ☑ | ☐ | ☑ | ☐ |
| 合同专用章 | ☐ | ☐ | ☑ | ☐ | ☐ | ☐ | ☐ | ☐ | ☐ | ☐ | ☐ |

图 1-68

如图 1-69 所示是一张通信费用报销单，是员工报销通信费用的单据，记录员工所在部门、通信工具类别、号码、费用等。与此相类似的还有招待费用报销单、行政费用报销单等。

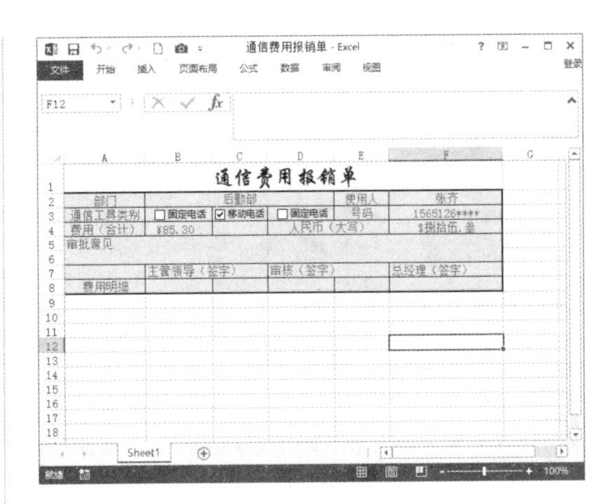

通信费用报销单

| 部门 | 后勤部 | | | 使用人 | 张齐 |
|---|---|---|---|---|---|
| 通信工具类别 | ☐固定电话 | ☑移动电话 | ☐固定电话 | 号码 | 1565126**** |
| 费用（合计） | ¥85.30 | | 人民币（大写） | | $捌拾伍.叁 |
| 审批意见 | | | | | |
| | 主管领导（签字） | | 审核（签字） | | 总经理（签字） |
| 费用明细 | | | | | |

图 1-69

如图 1-70 所示是一张固定资产管理表，主要记录如房屋、办公设备、运输设备、生产设备等固定资产的规格型号、使用状态、增加方式、可使用年限、资产原值等。用户可对各形态类别的固定资产进行汇总，计算汇总资产原值。

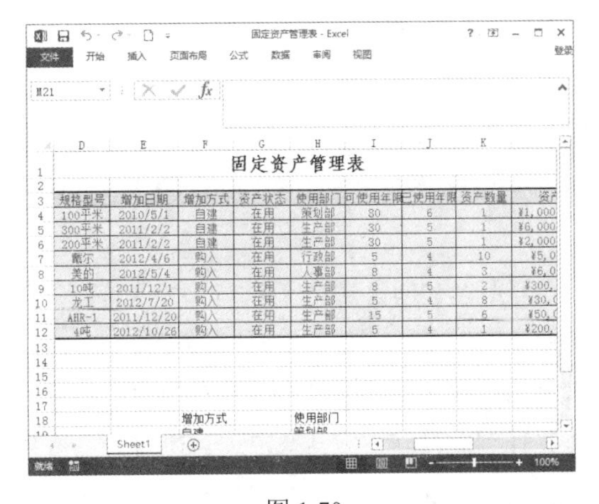

固定资产管理表

| 规格型号 | 增加日期 | 增加方式 | 资产状态 | 使用部门 | 可使用年限 | 已使用年限 | 资产数量 | 资产 |
|---|---|---|---|---|---|---|---|---|
| 100平米 | 2010/5/1 | 自建 | 在用 | 策划部 | 30 | 6 | 1 | ¥1,000 |
| 300平米 | 2011/2/2 | 自建 | 在用 | 生产部 | 30 | 5 | 1 | ¥6,000 |
| 200平米 | 2011/2/2 | 自建 | 在用 | 生产部 | 30 | 5 | 1 | ¥2,000 |
| 戴尔 | 2012/4/6 | 购入 | 在用 | 行政部 | 5 | 4 | 10 | ¥5,0 |
| 美的 | 2012/5/4 | 购入 | 在用 | 人事部 | 8 | 4 | 3 | ¥6,0 |
| 10吨 | 2011/12/1 | 购入 | 在用 | 生产部 | 8 | 5 | 2 | ¥300, |
| 龙工 | 2012/7/20 | 购入 | 在用 | 生产部 | 5 | 4 | 8 | ¥30, |
| AHR-1 | 2011/12/20 | 购入 | 在用 | 生产部 | 15 | 5 | 6 | ¥50, |
| 4吨 | 2012/10/26 | 购入 | 在用 | 生产部 | 5 | 4 | 1 | ¥200, |

增加方式　使用部门

图 1-70

如图 1-71 所示是一张车辆管理表，记录了不同公司编号车辆的类别、购买日期、购买价格、车牌号、使用人等信息，对公司车辆进行有效管理。

如图 1-72 所示是一张安全检查报告表，记录了对各项目，比如机器设备、作业环境、消防等，进行检查的结果，对于检查发现存在安全隐患的地方需要进行整改。

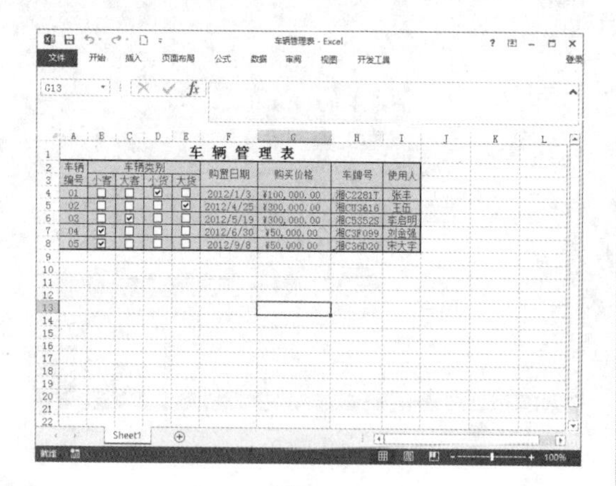

车 辆 管 理 表

| 车辆编号 | 车辆类别 | | | | 购置日期 | 购买价格 | 车牌号 | 使用人 |
|---|---|---|---|---|---|---|---|---|
| | 小客 | 大客 | 小货 | 大货 | | | | |
| 01 | ☐ | ☐ | ☑ | ☐ | 2012/1/3 | ¥100,000.00 | 湘C2281T | 张丰 |
| 02 | ☐ | ☐ | ☐ | ☑ | 2012/4/25 | ¥300,000.00 | 湘CU3616 | 王伍 |
| 03 | ☐ | ☑ | ☐ | ☐ | 2012/5/19 | ¥300,000.00 | 湘C5352S | 李启明 |
| 04 | ☑ | ☐ | ☐ | ☐ | 2012/6/30 | ¥50,000.00 | 湘C3F099 | 刘金强 |
| 05 | ☑ | ☐ | ☐ | ☐ | 2012/9/8 | ¥50,000.00 | 湘C36D20 | 宋大宇 |

图 1-71

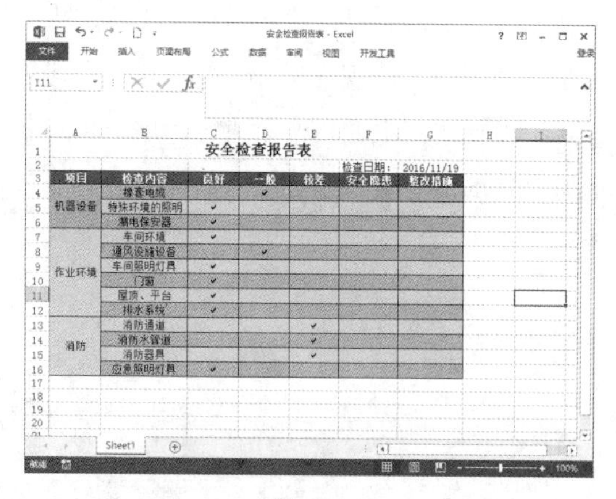

安全检查报告表

检查日期：2016/11/19

| 项目 | 检查内容 | 良好 | 一般 | 较差 | 安全隐患 | 整改措施 |
|---|---|---|---|---|---|---|
| 机器设备 | 橡套电缆 | | ✔ | | | |
| | 特殊环境的照明 | ✔ | | | | |
| | 漏电保安器 | ✔ | | | | |
| 作业环境 | 车间环境 | ✔ | | | | |
| | 通风设施设备 | | ✔ | | | |
| | 车间照明灯具 | ✔ | | | | |
| | 门窗 | ✔ | | | | |
| | 屋顶、平台 | ✔ | | | | |
| | 排水系统 | ✔ | | | | |
| 消防 | 消防通道 | | | ✔ | | |
| | 消防水管道 | | | ✔ | | |
| | 消防器具 | | | ✔ | | |
| | 应急照明灯具 | ✔ | | | | |

图 1-72

行政文秘的工作范围比较广，既包含人力资源方面的内容，又涉及会计财务方面的知识。常见的行政文秘办公工作表还有档案调阅单、会议计划表、办公用品登记表、住宿人员资料表、卫生状况检查表、安保工作日报表等。

## 1.4.2 常见人力资源管理工作表

人力资源就是管理公司员工的部门，也是公司不可或缺的部门之一。主要围绕人力资源规划、人员招聘与配置、培训开发与实施、绩效考核与实施、薪酬福利、员工关系管理、人事管理和职业生涯管理等工作进行。以下将介绍一些常见的人力资源管理工作表。

如图 1-73 所示是一张人力资源规划表，记录了往年各类别职位人员、各部门人员的计划招聘人数，用户可以以往年的招聘计划人数为参考，预测将来的人员需求。

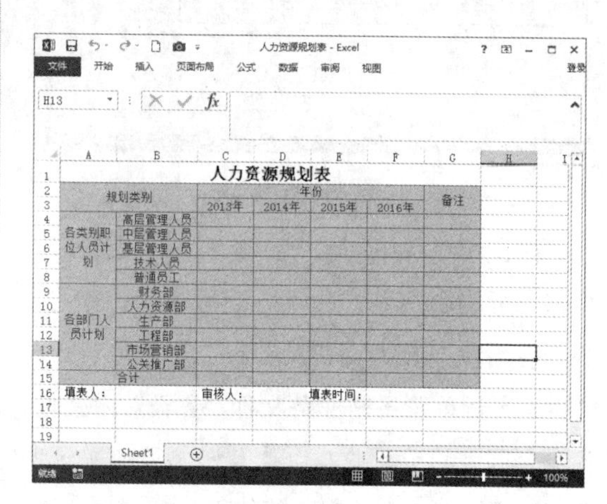

人力资源规划表

| 规划类别 | | 年份 | | | | 备注 |
|---|---|---|---|---|---|---|
| | | 2013年 | 2014年 | 2015年 | 2016年 | |
| 各类别职位人员计划 | 高层管理人员 | | | | | |
| | 中层管理人员 | | | | | |
| | 基层管理人员 | | | | | |
| | 技术人员 | | | | | |
| | 普通员工 | | | | | |
| 各部门人员计划 | 财务部 | | | | | |
| | 人力资源部 | | | | | |
| | 生产部 | | | | | |
| | 工程部 | | | | | |
| | 市场营销部 | | | | | |
| | 公关推广部 | | | | | |
| 合计 | | | | | | |

填表人： 审核人： 填表时间：

图 1-73

如图 1-74 所示是一张人员流动分析表，详细记录了公司一年内员工的流动情况，包括招募人数、离退休人数、年初员工数等。用户可根据已有数据计算保留人数、年末员工数以及保留概率。

人员流动分析表

| 部门 | 年初员工数 | 招募人数 | 离退休人数 | 保留人数 | 年末员工数 | 保留概率 |
|---|---|---|---|---|---|---|
| 衡阳 | 60 | 20 | 10 | 50 | 70 | 83.33% |
| 长沙 | 160 | 40 | 20 | 140 | 180 | 87.50% |
| 益阳 | 40 | 10 | 15 | 25 | 35 | 62.50% |
| 岳阳 | 50 | 15 | 15 | 35 | 50 | 70.00% |
| 永州 | 45 | 15 | 10 | 35 | 50 | 77.78% |
| 株洲 | 120 | 30 | 15 | 105 | 135 | 87.50% |
| 湘潭 | 130 | 30 | 10 | 120 | 150 | 92.31% |
| 合计 | 605 | 160 | 95 | 510 | 670 | 84.30% |

图 1-74

如图 1-75 所示是一张员工胸卡，利用邮件合并的功能，结合 Excel 和 Word 软件，可以实现员工胸卡的批量制作。

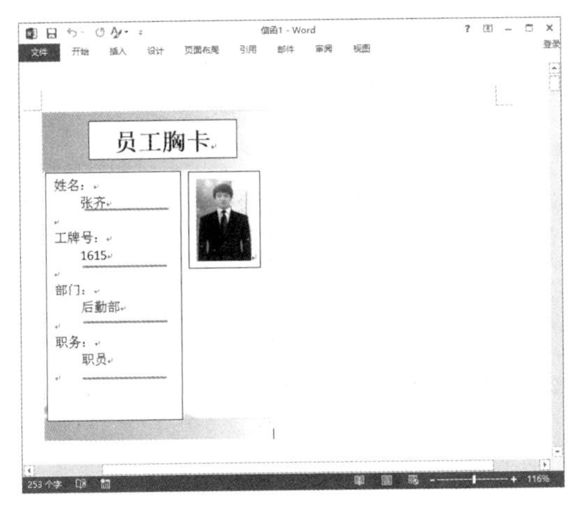


图 1-75

如图 1-76 所示是一张实施模型图，将企业组织员工培训的步骤以图形的形式表示出来，增强表现力。

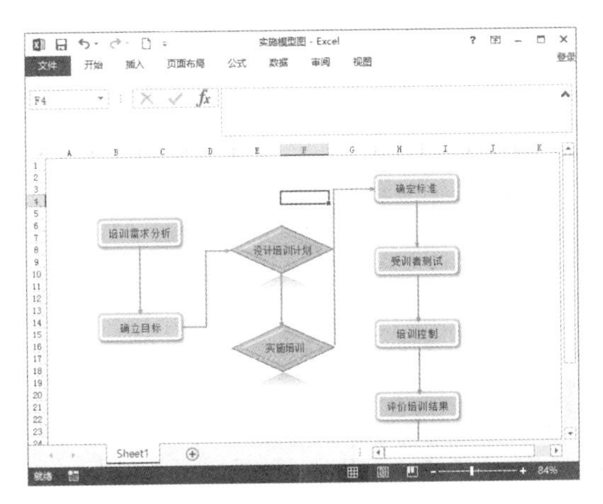


图 1-76

如图 1-77 所示是一张销售业绩统计表，统计各部门的销售额、奖金、销售排名等数据，并将各部门的销售业绩之间的差异以折线图的形式直观地表示出来。

如图 1-78 所示是一张职工退休年龄统计表，根据员工性别及法定退休年龄规定，计算员工的退休日期，为办理退休手续提取做好准备。

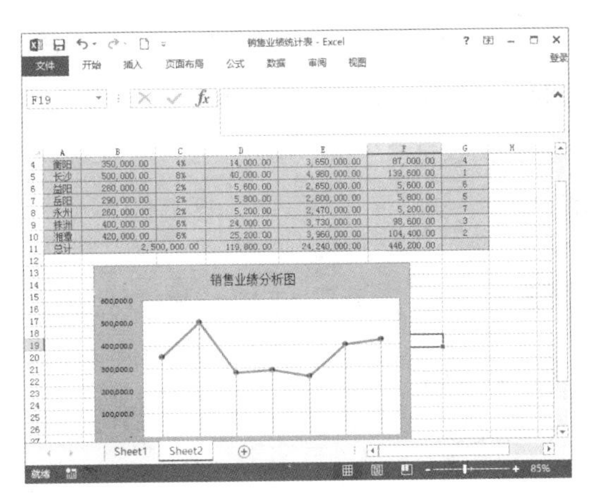


图 1-77

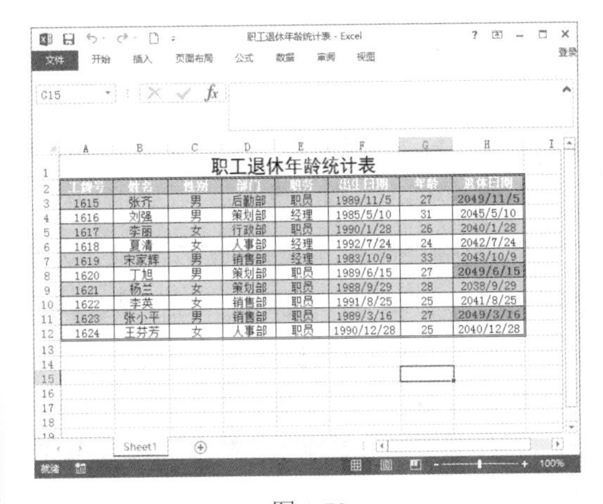


图 1-78

除以上介绍的工作表以外，利用 Excel 还可以制作如人事信息月报动态图表、人力资源规划图、员工培训流程图、考核评分系统、基本医疗保险基金补缴表等电子表格，帮助人力资源部职员有效进行员工及绩效管理。

## 1.4.3　常见会计财务管理工作表

会计财务工作最经常面对的就是数字，而表格是数字的最直观表现形式。Excel 中的财务函数也为会计财务工作提供了极大的便利，熟练掌握 Excel 软件，能让工作变得更加轻松、愉快。

如图 1-79 所示是一张收付款单据，对于收付款原始单据的管理是财务会计人员的基本工作。在收付款单据工作簿中还包含收款单、付款单、应付单、应收单等工作表。

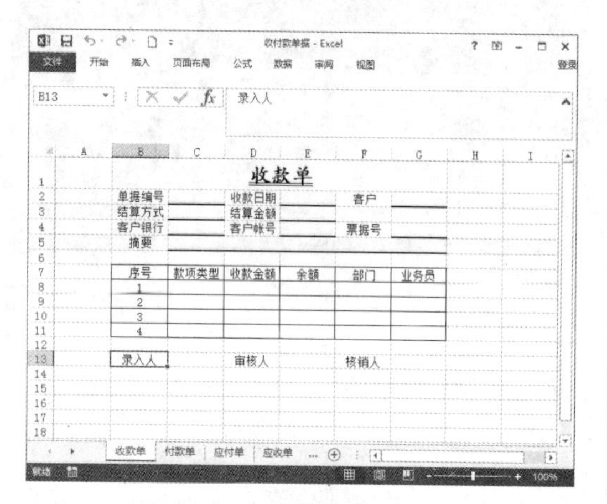


图 1-79

如图 1-80 所示是一张各类别费用支出分析透视图，利用原始日常费用支出统计表中的数据制成数据透视表，再利用数据透视表工具制作透视图，清晰表现出各类别费用的支出情况。

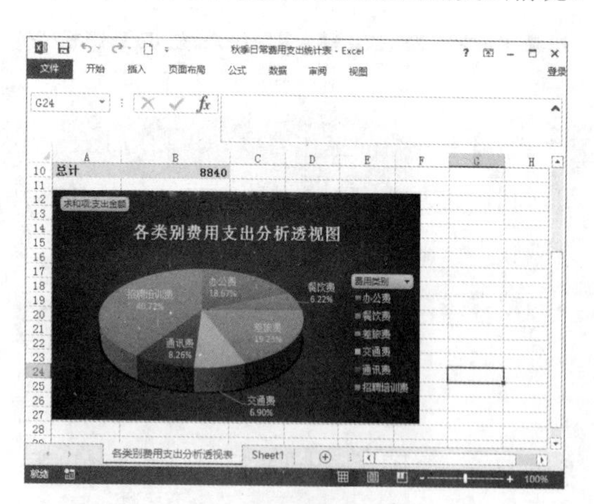


图 1-80

如图 1-81 所示是一张员工薪酬表，并依据薪酬表制作薪酬查询表及工资条，记录各员工的应付工资和实付工资。

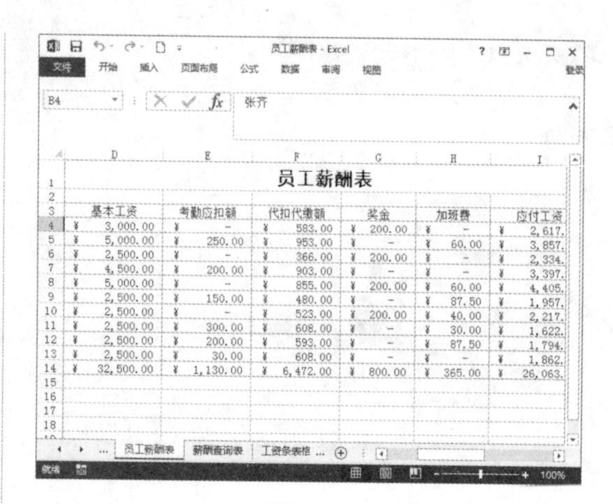


图 1-81

如图 1-82 所示是一张年度生产成本趋势分析图表，根据公司各月份的直接材料费用、直接人工费以及制作费用、其他费用等数据，计算生产成本合计值，并制作成折线图，反映公司一年来的生产成本趋势，分析公司生产的高峰期和低谷期。

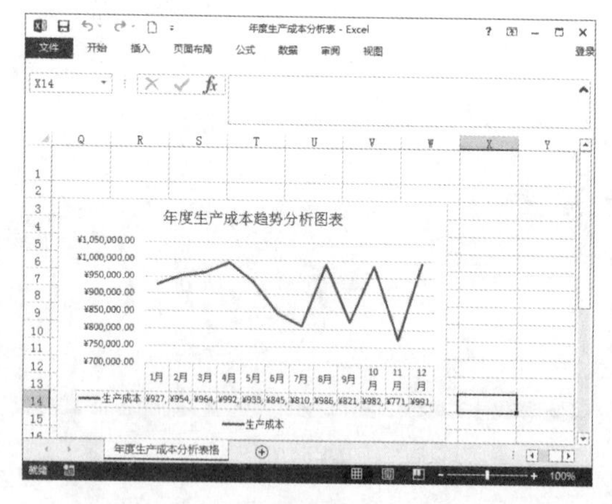


图 1-82

如图 1-83 所示是一张出入库数据查询表，由产品一览表及出入库数据记录表汇总而成，查询不同的日期可以返回不同的查询结果。

如图 1-84 所示是投资静态制表评价模型，根据初期投入金额和平均年净现金流量计算投资回收期和收益率，分析判断投资的可行性，进行科学的投资、决策。

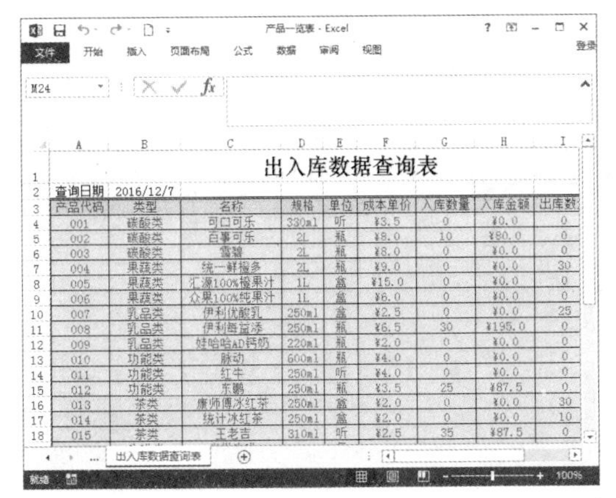

出入库数据查询表

查询日期 2016/12/7

| 产品代码 | 类型 | 名称 | 规格 | 单位 | 成本单价 | 入库数量 | 入库金额 | 出库数 |
|---|---|---|---|---|---|---|---|---|
| 001 | 碳酸类 | 可口可乐 | 330ml | 听 | ¥3.5 | 0 | ¥0.0 | 0 |
| 002 | 碳酸类 | 百事可乐 | 2L | 瓶 | ¥8.0 | 10 | ¥80.0 | 0 |
| 003 | 碳酸类 | 雪碧 | 2L | 瓶 | ¥8.0 | 0 | ¥0.0 | 0 |
| 004 | 果蔬类 | 统一鲜橙多 | 2L | 瓶 | ¥9.0 | 0 | ¥0.0 | 30 |
| 005 | 果蔬类 | 汇源100%橙果汁 | 1L | 盒 | ¥15.0 | 0 | ¥0.0 | 0 |
| 006 | 果蔬类 | 众果100%纯果汁 | 1L | 盒 | ¥6.0 | 0 | ¥0.0 | 0 |
| 007 | 乳品类 | 伊利优酸乳 | 250ml | 盒 | ¥2.5 | 0 | ¥0.0 | 25 |
| 008 | 乳品类 | 伊利每益添 | 250ml | 瓶 | ¥6.5 | 30 | ¥195.0 | 0 |
| 009 | 乳品类 | 娃哈哈AD钙奶 | 220ml | 瓶 | ¥2.0 | 0 | ¥0.0 | 0 |
| 010 | 功能类 | 脉动 | 600ml | 瓶 | ¥4.0 | 0 | ¥0.0 | 0 |
| 011 | 功能类 | 红牛 | 250ml | 听 | ¥4.0 | 0 | ¥0.0 | 0 |
| 012 | 功能类 | 东鹏 | 250ml | 瓶 | ¥3.5 | 25 | ¥87.5 | 0 |
| 013 | 茶类 | 康师傅冰红茶 | 250ml | 盒 | ¥2.0 | 0 | ¥0.0 | 30 |
| 014 | 茶类 | 统计冰红茶 | 250ml | 盒 | ¥2.0 | 0 | ¥0.0 | 10 |
| 015 | 茶类 | 王老吉 | 310ml | 听 | ¥2.5 | 35 | ¥87.5 | 0 |

图 1-83

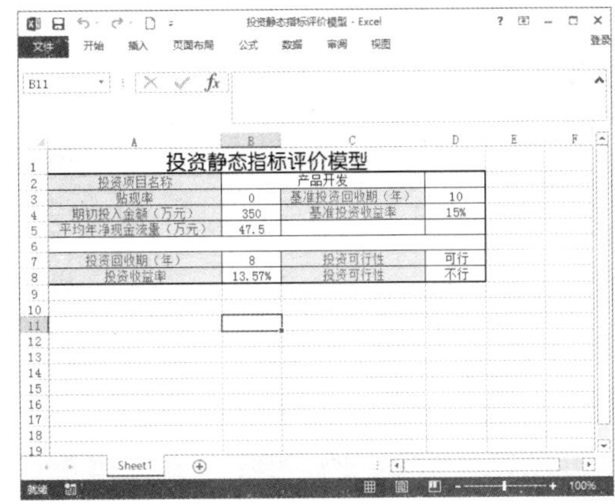

投资静态指标评价模型

| 投资项目名称 | 产品开发 | | |
|---|---|---|---|
| 贴现率 | 0 | 基准投资回收期（年） | 10 |
| 期初投入金额（万元） | 350 | 基准投资收益率 | 15% |
| 平均年净现金流量（万元） | 47.5 | | |
| | | | |
| 投资回收期（年） | 8 | 投资可行性 | 可行 |
| 投资收益率 | 13.57% | 投资可行性 | 不行 |

图 1-84

常见的会计财务管理工作表还有很多种，比如会计财务表单、现金流量表、公司短期负债结构分析表、固定资产清单、安全库存量预警、生产利润最大化求解等。会计财务管理工作表的制作中会用到很多 Excel 的公式和函数，这些将在以后的章节中详细介绍。

# 第 2 章

## 行政文秘：抓住办公事务的尾巴

本章内容

行政文秘的工作内容以公司运营保障为主，工作内容较多元化。行政文秘工作人员在工作中使用 Excel 2013 软件，可以更方便地对员工、档案、会议等办公事务进行管理。本章主要介绍员工档案表、档案调阅单、通信费报销单、会议计划表、印章使用范围表、会议使用安排表，以及一些其他办公事务管理表的制作与编辑方法。

# 2.1　制作员工档案表

员工是公司最重要的组成部分，公司内部存储着大量内部员工的个人档案，这些档案在公司管理过程中是非常重要的文件，使用 Excel 软件统计和管理这些数据是非常便捷的。

## 2.1.1　创建并保存工作簿

双击打开 Excel 2013 软件，选择空白工作簿。按【Ctrl+S】组合键，在弹出的“另存为”对话框中设置工作簿的保存路径、文件名及保存类型，单击“保存”按钮。

## 2.1.2　设置表格标题

设置表格标题主要包括合并单元格、设置字体格式等操作。

**step 01** 选择 A1 单元格，输入表格标题文本。

**step 02** 选择 A1:F1 单元格区域，在“对齐方式”选项组中，单击“合并后居中”按钮，如图 2-1 所示。

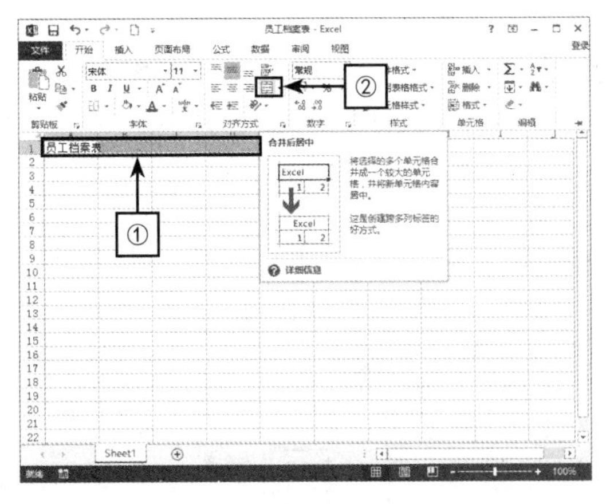


图 2-1

**step 03** 选择合并后的 A1 单元格，在“字体”选项组中，将标题文本“加粗”，将字号设置为 20，如图 2-2 所示。

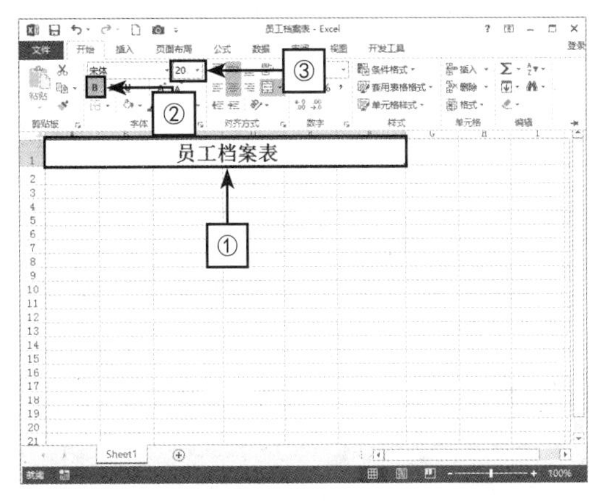


图 2-2

## 2.1.3　制作基础表格

制作基础表格主要包括输入员工档案基础内容、设置单元格格式、设置表格边框格式等内容。

**step 01** 选择第二行单元格，根据需要输入列标题内容，结果如图 2-3 所示。

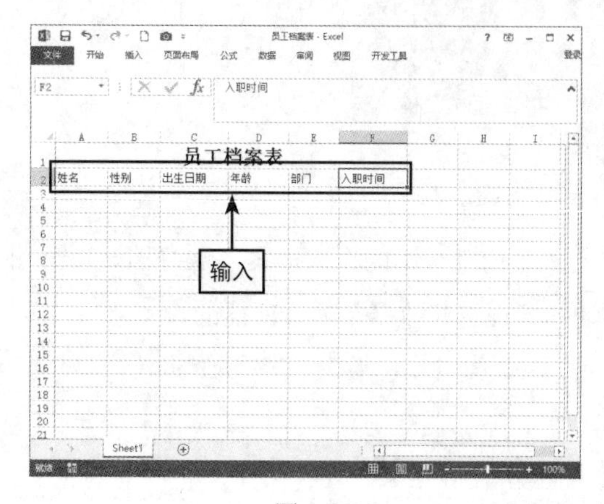


图 2-3

**step 02** 根据需要输入“姓名”一列，如图 2-4 所示。

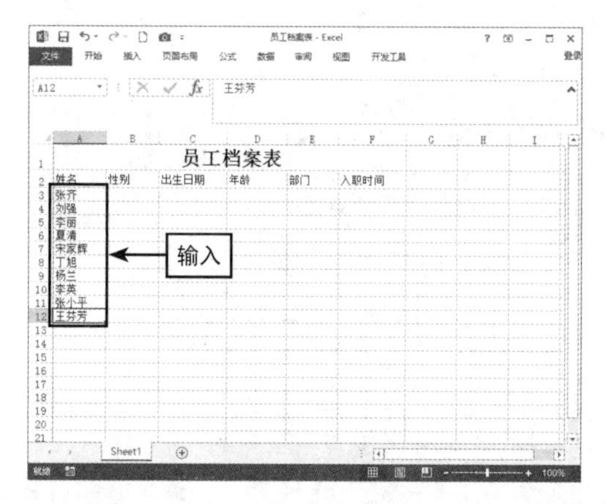


图 2-4

**step 03** 在“性别”一列中，按住 Ctrl 键，选择多个单元格，如图 2-5 所示。

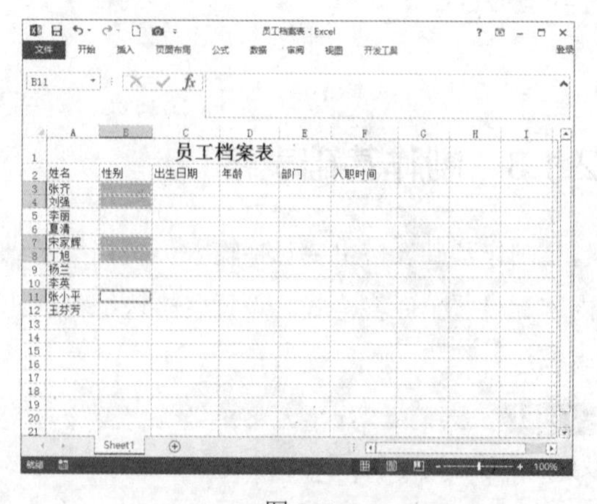


图 2-5

**step 04** 在编辑栏中输入相关文本，按【Ctrl+Enter】组合键，统一输入文本内容，如图 2-6 所示。

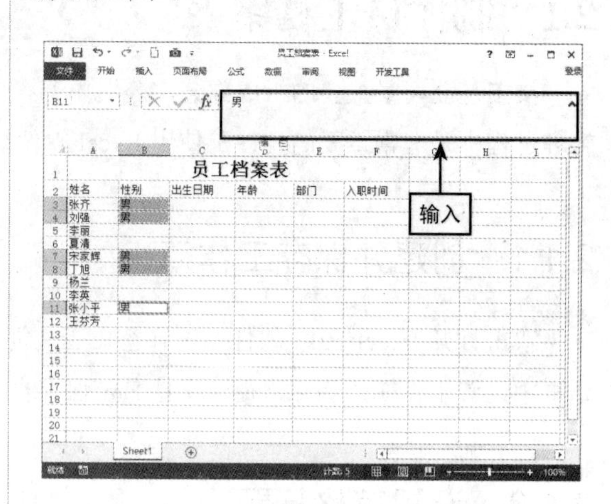


图 2-6

**提示：**

当需要选择连续单元格区域时，单击起始单元格，按住 Shift 键同时单击结束单元格，即可快速选择连续单元格区域。

**step 05** 按照相同的方法，输入“性别”一列的其他单元格文本。

**step 06** 选择“出生日期”一列相关单元格，并输入对应日期型数据，如 1989/11/5，如图 2-7 所示。

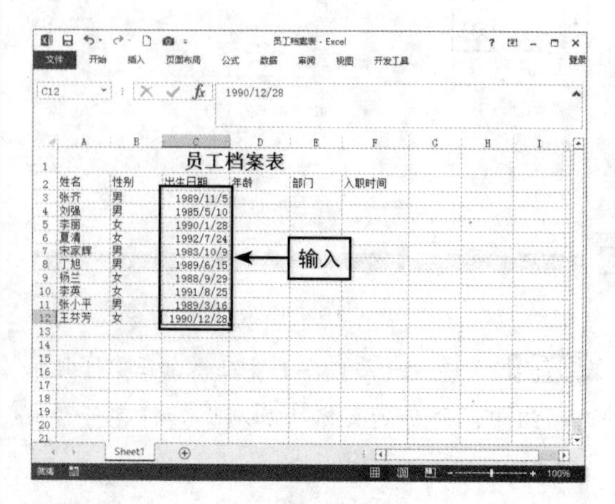


图 2-7

**step 07** 选择E3单元格，切换至“数据”选项卡，在“数据工具”选项组中单击“数据验证”下拉按钮，从下拉列表中执行“数据验证”命令。打开“数据验证”对话框，在“设置”选项卡的“允许”列表中选择“序列”选项，在“来源”文本框中输入相关文本，如图 2-8 所示。

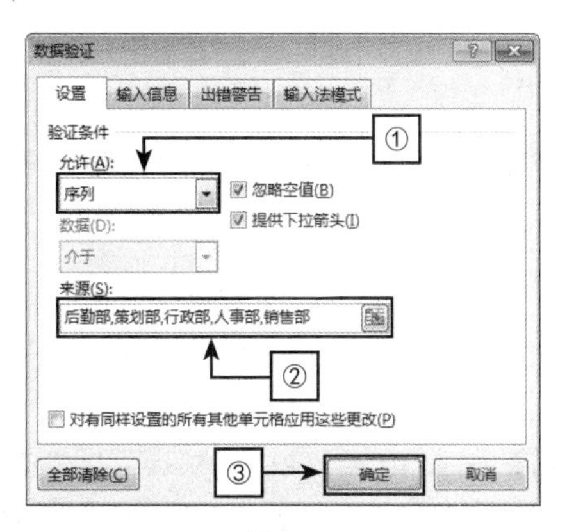


图 2-8

**step 08** 单击“确定”按钮，此时 E3 单元格已添加数据验证功能，如图 2-9 所示。

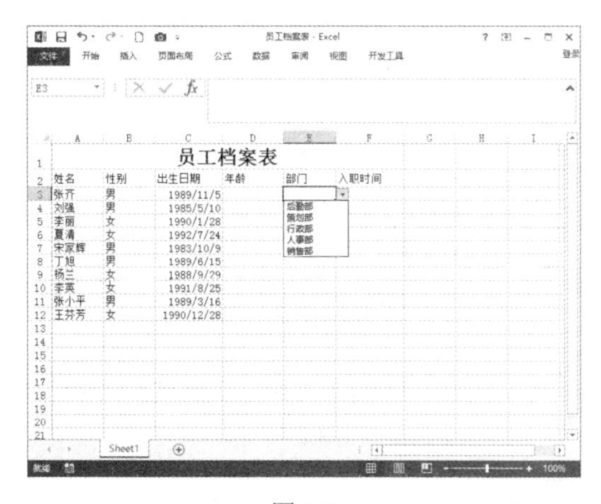


图 2-9

**step 09** 按住 E3 单元格右下角的填充手柄，将其拖曳至 E12 单元格中，将数据验证功能复制到其他单元格中，如图 2-10 所示。

**step 10** 单击添加的下拉按钮，打开相关单元格下拉列表，选择所需的数据内容，完成快速输入，如图 2-11 所示。

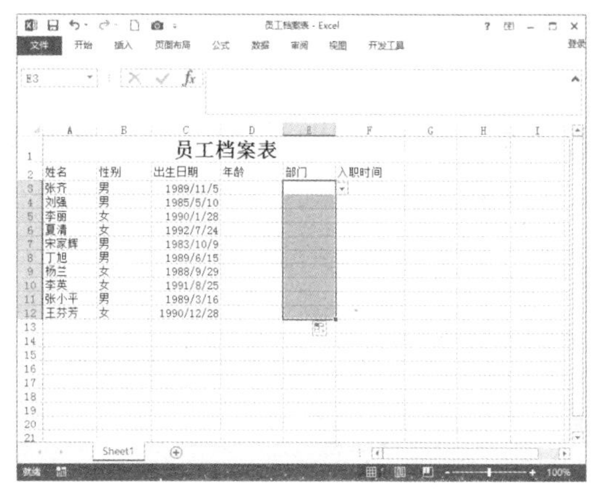


图 2-10

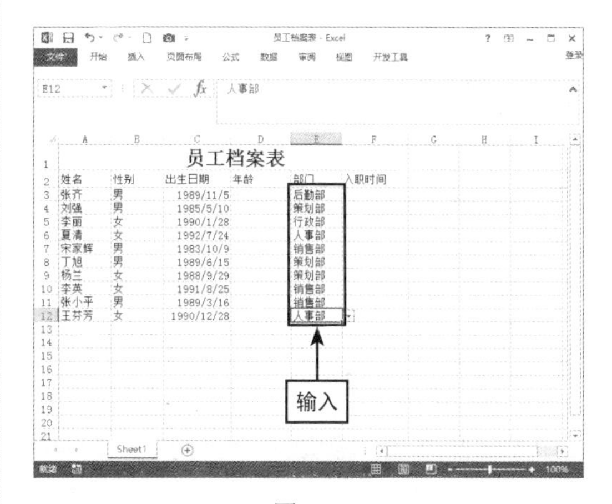


图 2-11

**step 11** 选择“入职时间”一列的相关单元格，并输入日期型数据，如图 2-12 所示，完成基础数据的输入。

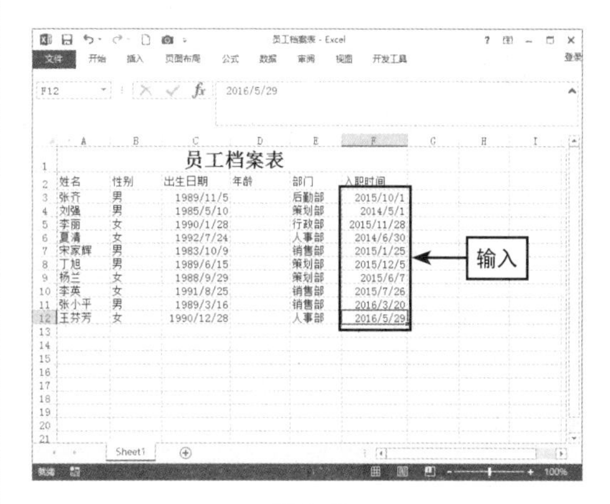


图 2-12

使用“日期与时间”函数，可以快速计算员工的年龄值，具体步骤如下。

**step 01** 选择 D3 单元格，将光标定位至编辑栏中，输入计算公式 =DATEDIF(C3,TODAY(),"Y")，如图 2-13 所示。

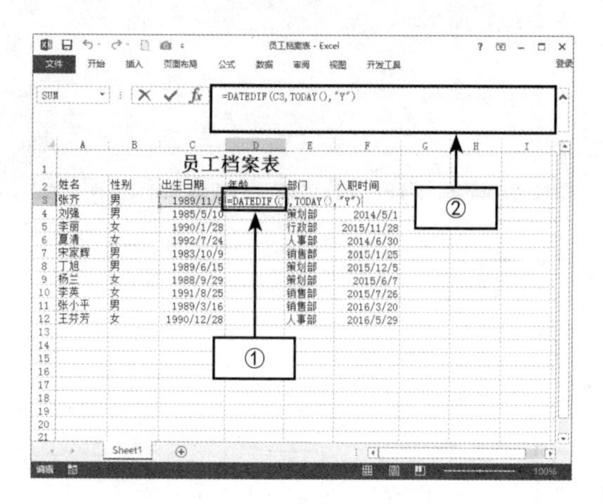


图 2-13

**提示：**

DATEDIF(start_date,end_date,unit) 返回两个日期之间的年\月\日间隔数。

Start_date 为一个日期，它代表时间段内的第一个日期或起始日期。

End_date 为一个日期，它代表时间段内的最后一个日期或结束日期。

Unit 为所需信息的返回类型。

**提示：**

Excel 中的函数名称都是大写字母，用户可在输入函数时使用小写字母，按下 Enter 键后如果输入函数名称有误，Excel 不会自动将小写转换为大写，以此来检查函数输入是否正确。

**step 02** 按 Enter 键，返回 D3 单元格年龄值。单击按住 D3 单元格右下角的填充手柄，将其拖曳至 D12 单元格中，将公式复制到其他单元格，如图 2-14 所示。

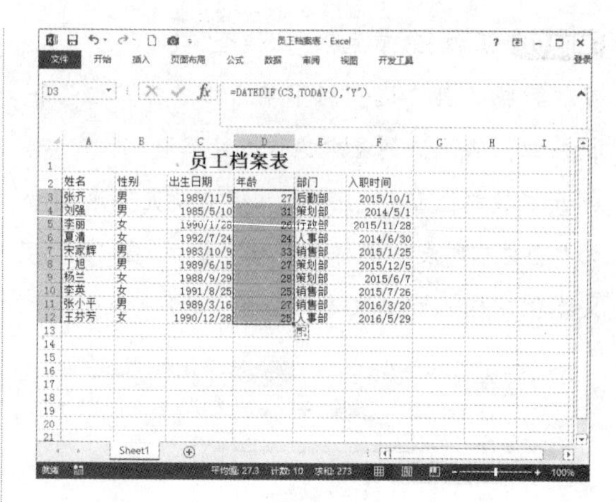


图 2-14

表格所有数据内容输入完毕后，用户可以根据需要对表格的样式进行调整，具体步骤如下。

**step 01** 选择 A2:F12 单元格区域，切换至“开始”选项卡，在“对齐方式”选项组中单击“居中”按钮，将单元格中的文本居中，如图 2-15 所示。

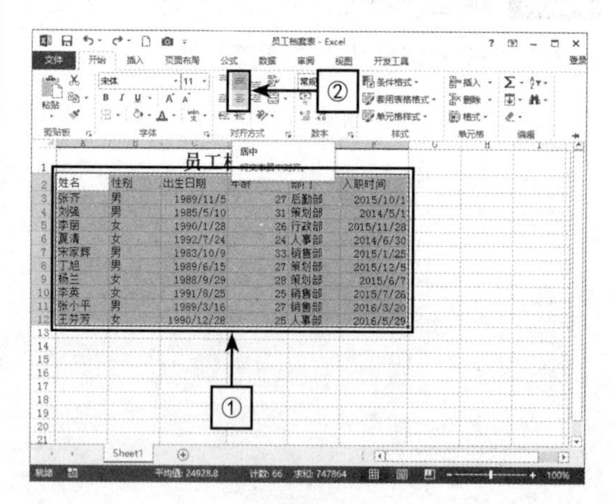


图 2-15

**step 02** 选择 A2:F12 单元格区域并右击，在弹出的快捷菜单中选择“设置单元格格式”命令，切换至“边框”选项卡，如图 2-16 所示，在打开的对话框中，设置好外框线、内框线样式，单击“确定”按钮。

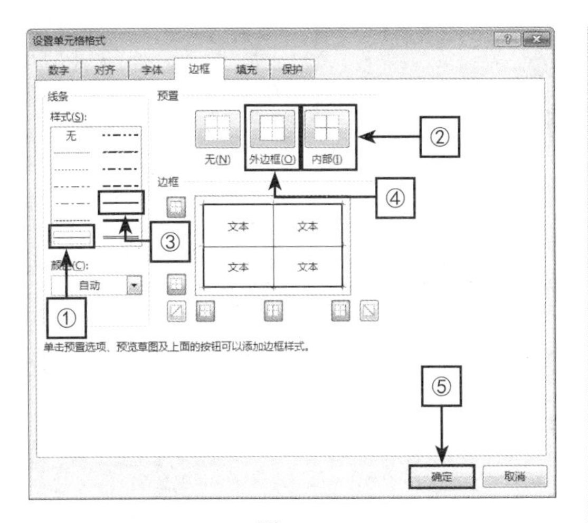


图 2-16

**step 03** 最终制作的表格效果如图 2-17 所示。

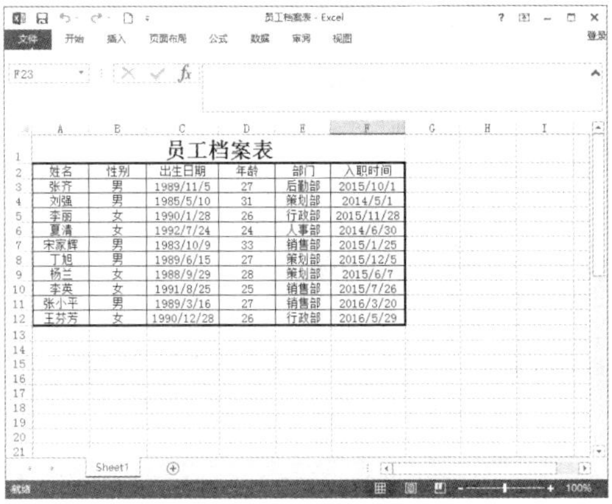

图 2-17

## 2.2　制作档案调阅单

公司存储着大量的档案，如行政类档案、财务类档案、人事类档案、业务类档案、工程类档案、拓展类档案等。当公司员工对这些档案进行调阅时，行政文秘人员需要对调阅的档案制作档案调阅单，清晰、明确地记录档案的调阅人、调阅时间等，明确档案去向，从而对公司档案进行管理。

### 2.2.1　设置表格标题

双击打开本节素材文件“档案调阅单 .xlsx”，对表格的标题进行设置，具体步骤如下。

**step 01** 选择 A1:E1 单元格区域，在“对齐方式”选项组中，单击“合并后居中”按钮，如图 2-18 所示。

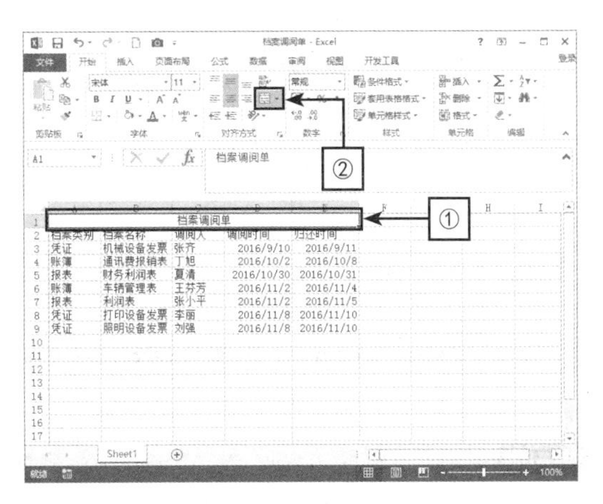

图 2-18

**step 02** 选择合并后的 A1 单元格，在“字体”选项组中，将标题设置为“加粗”，将字号设置为 20，如图 2-19 所示。

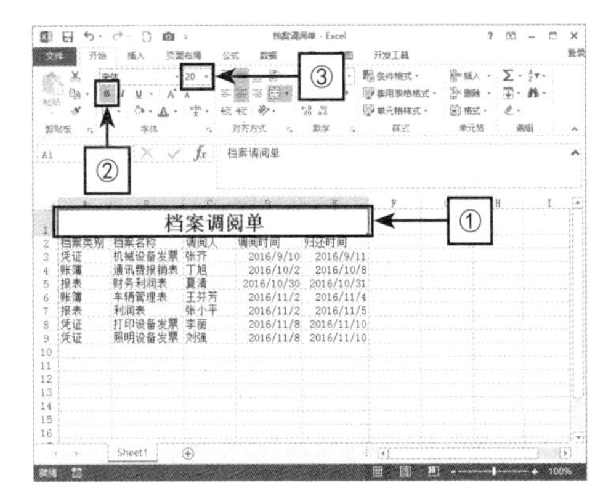

图 2-19

**提示：**

选择要删除数据的单元格区域，按住鼠标将填充手柄向上或向左拖动，释放鼠标即可删除单元格内容。

## 2.2.2 对齐文本

对齐方式主要包括顶端对齐、垂直居中、底端对齐、左对齐、居中、右对齐等。为了使表格统一，通常将单元格设置为居中对齐方式。有时也会根据需要，设置其他对齐方式。

选择 A2:E9 单元格区域，进入“开始”选项卡，在“对齐方式”选项组中单击“居中”按钮，将单元格中的数据内容居中显示，如图 2-20 所示。

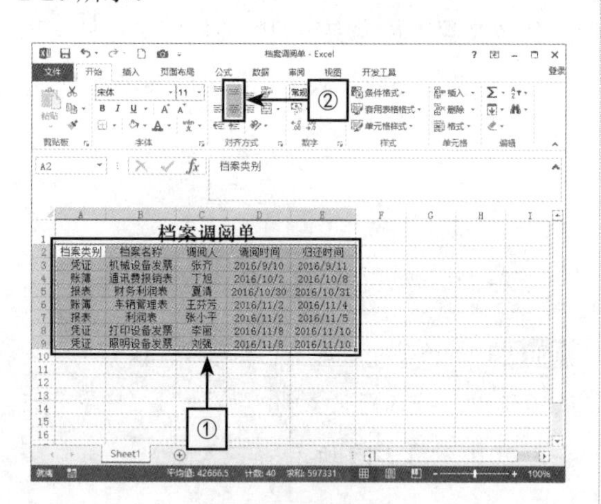


图 2-20

## 2.2.3 添加下画线

根据表格所含数据的重要程度，可以为文本添加下画线来突出强调特定的文本内容。

选择 A2:E2 单元格区域，进入“开始”选项卡，在“字体”选项组中单击“下画线”下拉按钮，设置“下画线”与“双下画线”类型，如图 2-21 所示。

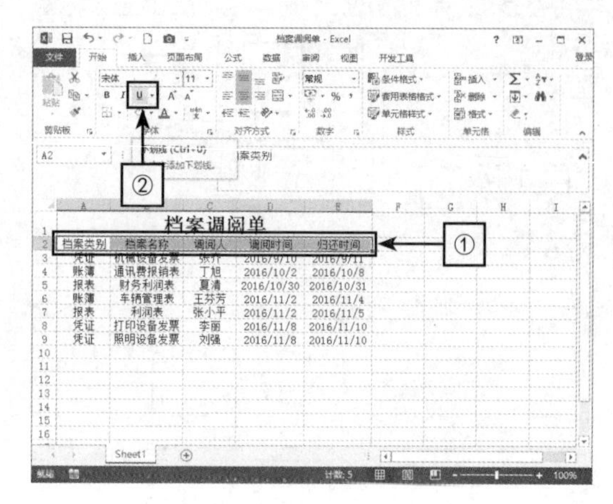


图 2-21

## 2.2.4 设置不同的背景颜色

为使工作表更加美观，用户可以为不同的单元格设置不同的颜色，具体步骤如下。

**step 01** 选择 A2:E2 单元格区域，进入“开始”选项卡，在“字体”选项组中单击“填充颜色”下拉按钮，选择“橙色，着色 2，淡色 40%”，在工作表中可以看到预览效果，如图 2-22 所示。

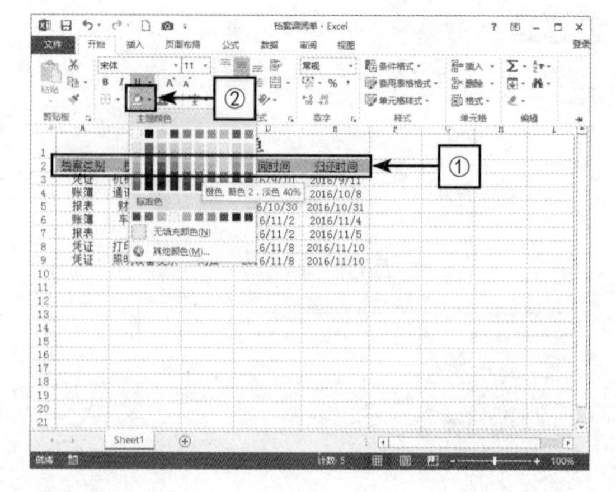


图 2-22

**step 02** 按照相同的方法，为 A3:E9 单元格区域填充“蓝色，着色 1，淡色 40%”，如图 2-23

所示，完成背景颜色的设置。

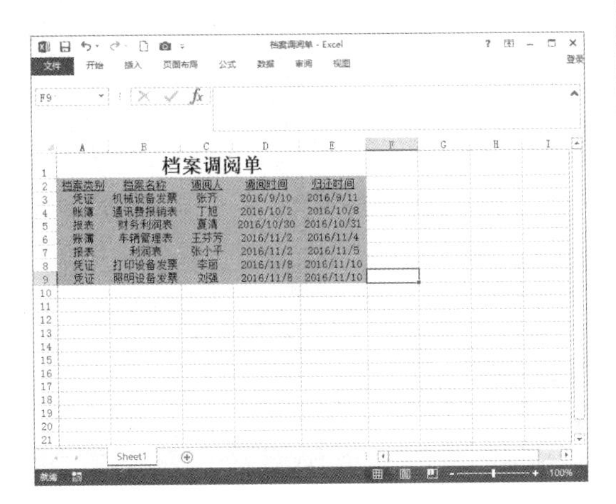


| 档案类别 | 档案名称 | 调阅人 | 调阅时间 | 归还时间 |
|---|---|---|---|---|
| 凭证 | 机械设备发票 | 张齐 | 2016/9/10 | 2016/9/11 |
| 账簿 | 通讯费报销表 | 丁旭 | 2016/10/2 | 2016/10/8 |
| 报表 | 财务利润表 | 夏清 | 2016/10/30 | 2016/10/31 |
| 账簿 | 车辆管理表 | 王芬芳 | 2016/11/2 | 2016/11/4 |
| 报表 | 利润表 | 张小平 | 2016/11/2 | 2016/11/5 |
| 凭证 | 打印设备发票 | 李丽 | 2016/11/8 | 2016/11/10 |
| 凭证 | 照明设备发票 | 刘强 | 2016/11/8 | 2016/11/10 |

图 2-23

## 2.2.5　自定义边框格式

接下来将对工作表的边框格式进行设置，具体步骤如下。

**step 01** 选择 A2:E9 单元格区域并右击，在弹出的快捷菜单中选择“设置单元格格式”命令，打开“设置单元格格式”对话框，如图 2-24 所示，切换至“边框”选项卡，设置内外边框线条样式，单击“确定”按钮。

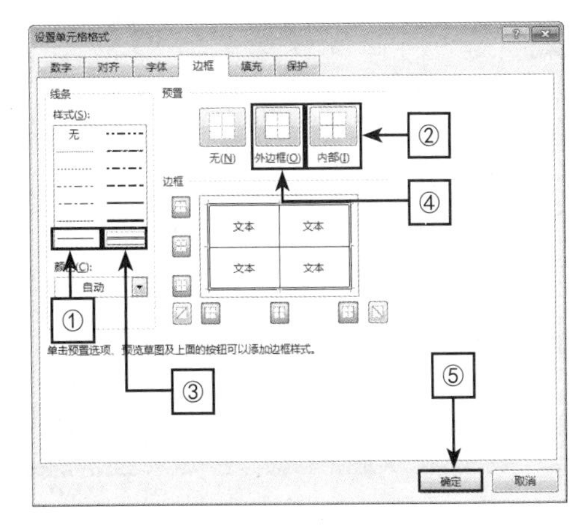


图 2-24

**step 02** 最终制作的表格效果如图 2-25 所示。

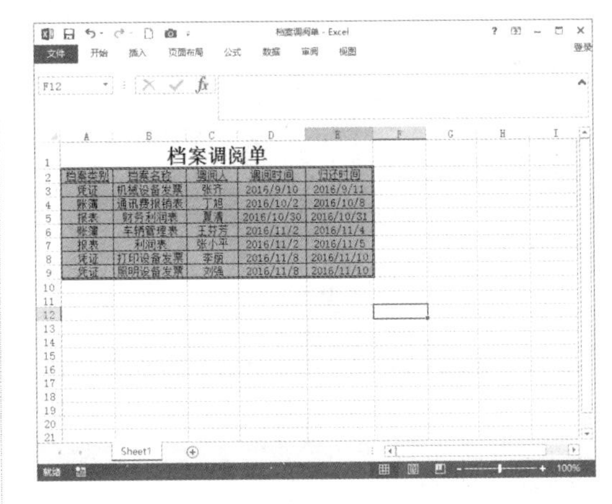


| 档案类别 | 档案名称 | 调阅人 | 调阅时间 | 归还时间 |
|---|---|---|---|---|
| 凭证 | 机械设备发票 | 张齐 | 2016/9/10 | 2016/9/11 |
| 账簿 | 通讯费报销表 | 丁旭 | 2016/10/2 | 2016/10/8 |
| 报表 | 财务利润表 | 夏清 | 2016/10/30 | 2016/10/31 |
| 账簿 | 车辆管理表 | 王芬芳 | 2016/11/2 | 2016/11/4 |
| 报表 | 利润表 | 张小平 | 2016/11/2 | 2016/11/5 |
| 凭证 | 打印设备发票 | 李丽 | 2016/11/8 | 2016/11/10 |
| 凭证 | 照明设备发票 | 刘强 | 2016/11/8 | 2016/11/10 |

图 2-25

# 2.3　制作通信费报销单

报销单一般用于直接费用的报销，包括通信费、交通费、差旅费、招待费、办公用品费等。本节以通信费报销单为例进行报表制作。

## 2.3.1　制作基础表格

制作基础表格，主要包括制作表格标题、输入基础数据、设置表格样式等操作。

**step 01** 启动 Excel 2013 软件，创建并保存“通信费报销单”。

**step 02** 选择 A1 单元格，输入标题文本内容，如图 2-26 所示。

**step 03** 选择 A2 单元格，根据需要输入表格基础数据内容，如图 2-27 所示。

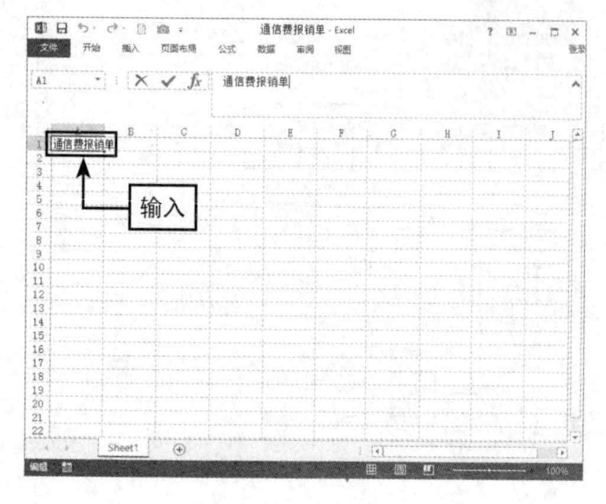


图 2-26

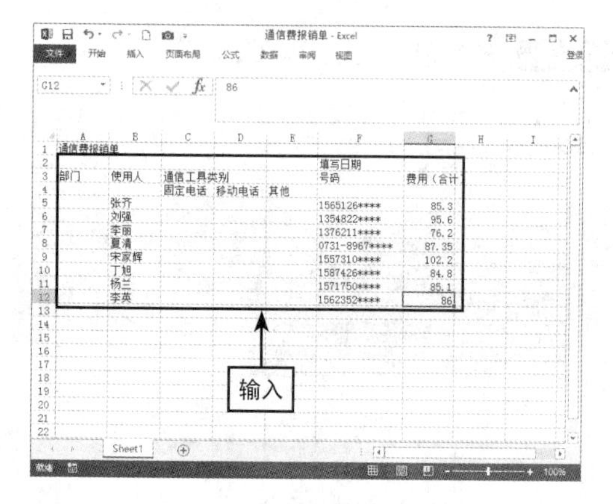


图 2-27

**step 04** 选择A5单元格，切换至“数据”选项卡，在“数据工具”选项组中单击“数据验证”下拉按钮，从下拉列表中执行“数据验证”命令。打开“数据验证”对话框，在“设置”选项卡的“允许”列表中选择“序列”选项，在“来源”文本框中输入相关文本，如图 2-28 所示。

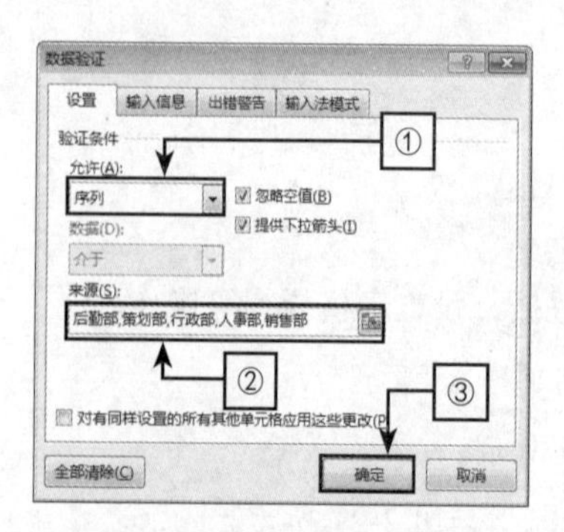


图 2-28

**step 05** 单击“确定”按钮，单击A5单元格右下角的填充手柄，将其拖曳至A12单元格中，将数据验证功能复制到其他单元格中，如图 2-29 所示。

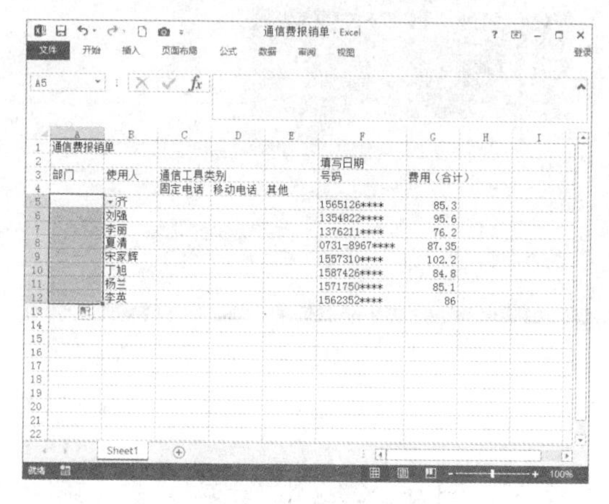

图 2-29

**step 06** 单击添加的下拉按钮，打开相关单元格下拉列表，选择所需的数据内容，完成“部门”一列数据的输入，如图 2-30 所示。

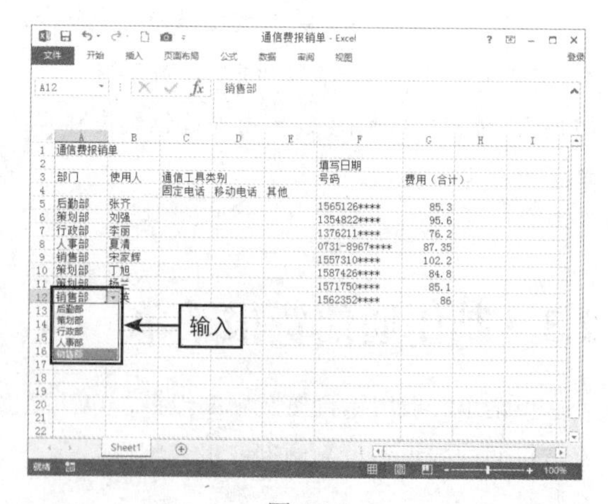


图 2-30

**step 07** 选择G5:G12单元格区域，切换至“开始”选项卡，在“数字”选项组的“数字格式”下拉列表中选择“货币”选项，将“费用（合计）”一列数字的格式设置为“货币”，如图 2-31 所示。

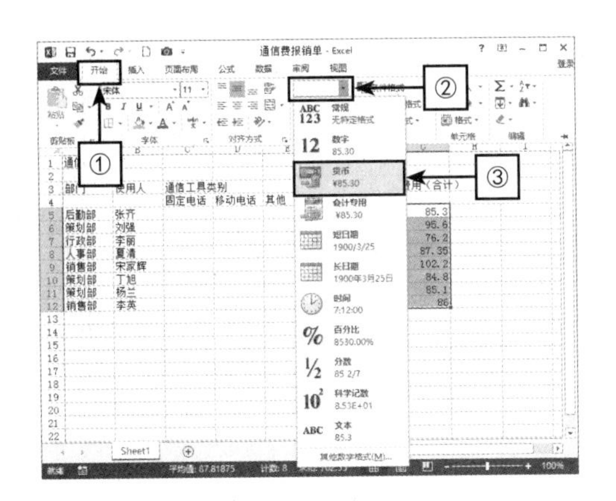

图 2-31

**step 08** 选择 G2 单元格，在编辑栏中输入公式，返回当前日期，如图 2-32 所示。

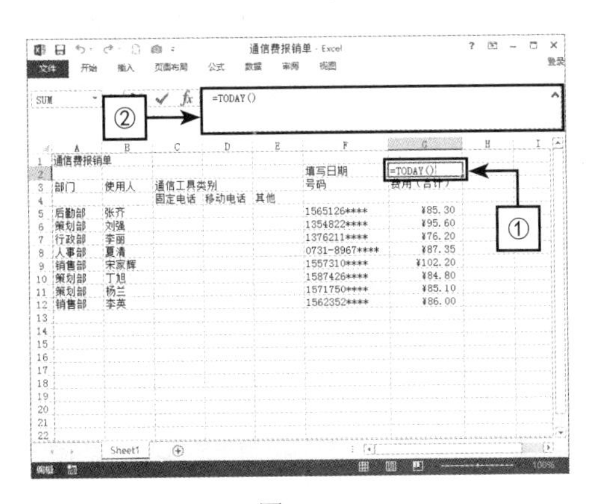

图 2-32

**step 09** 选择 A1:G1 单元格区域，在“对齐方式”选项组中，单击“合并后居中”按钮，如图 2-33 所示。

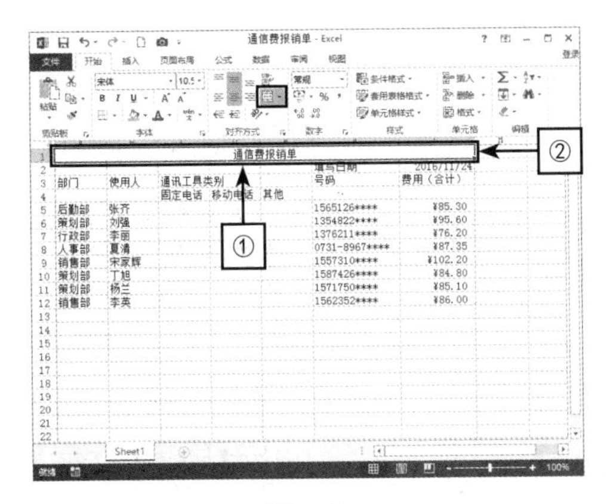

图 2-33

**step 10** 选择合并后的单元格，在“字体”选项组中，将标题文本“加粗”，将字号设置为 20，如图 2-34 所示。

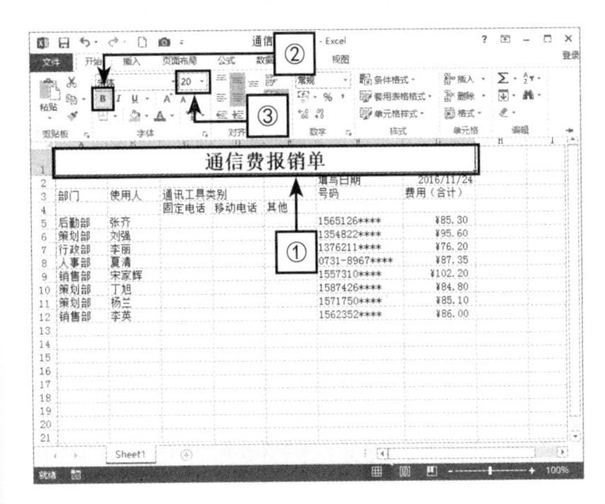

图 2-34

**step 11** 选择 C3:E3 单元格区域，单击“合并后居中”按钮，如图 2-35 所示。

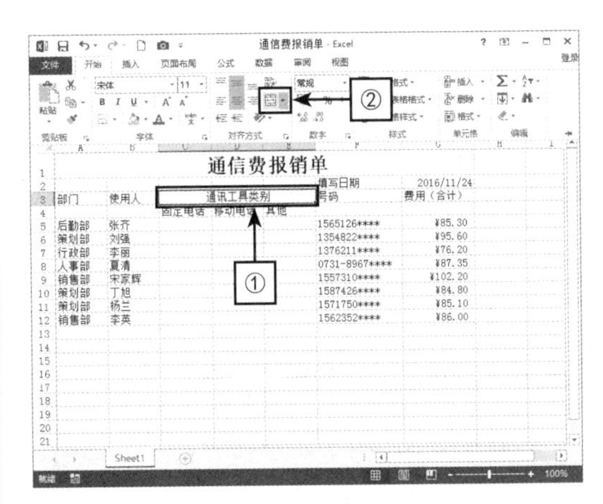

图 2-35

**step 12** 按照相同的方法，分别对 A3:A4、B3:B4、C3:E3、F3:F4、G3:G4 单元格区域，在“对齐方式”选项组中，执行“合并后居中”命令，如图 2-36 所示。

**step 13** 选择 A2:G12 单元格区域，单击“居中”按钮，如图 2-37 所示。

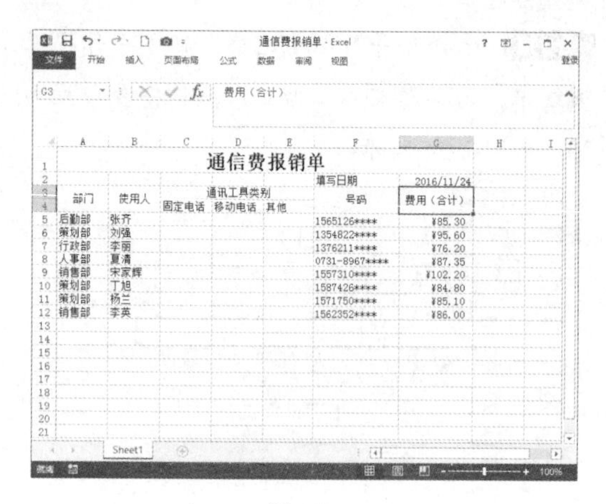

图 2-36

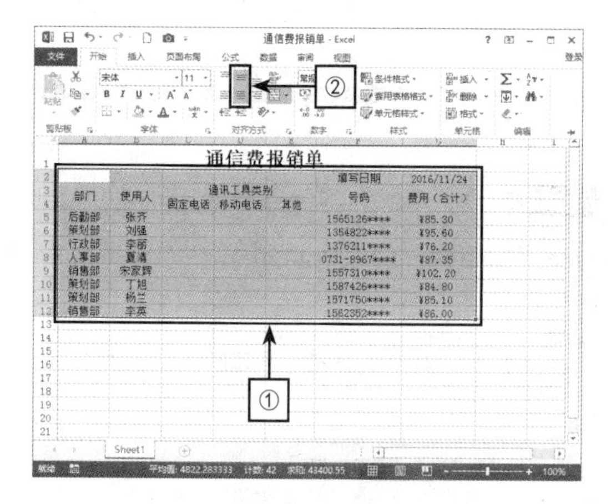

图 2-37

## 2.3.2 插入方框符号

在制作 Excel 的某些申请表或调查表时，某些类别包含许多选项，需要插入方框供用户选择。插入方框主要有两种方法。

（1）插入符号

Excel 2013 的符号库提供键盘上没有的符号，从各种选项中（包括各种字体、特殊字符等）进行选择，用户可以从符号库中插入方框符号。

**step 01** 选择要插入符号的 C5 单元格，切换至“插入”选项卡，在“符号”选项组中单击“符号”按钮，如图 2-38 所示。

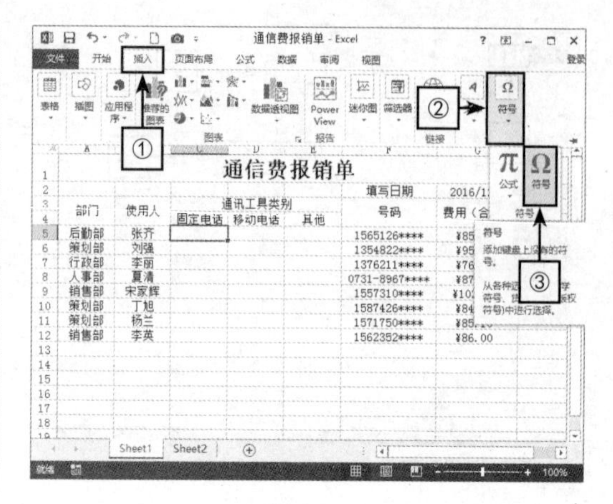

图 2-38

**step 02** 打开“符号”对话框，在“字体”下拉列表中选择 Wingdings2 字体，如图 2-39 所示。

图 2-39

**step 03** 在符号框中找到□，单击“插入”按钮，如图 2-40 所示。

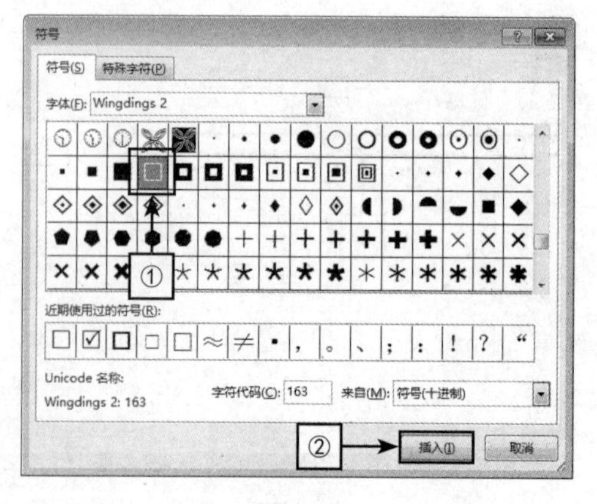

图 2-40

**提示：**

当需要用 Excel 对选项进行选择确认时，也可以采用相同的方法，在符号库中找到 ☑，单击“插入”按钮，如图 2-41 所示。

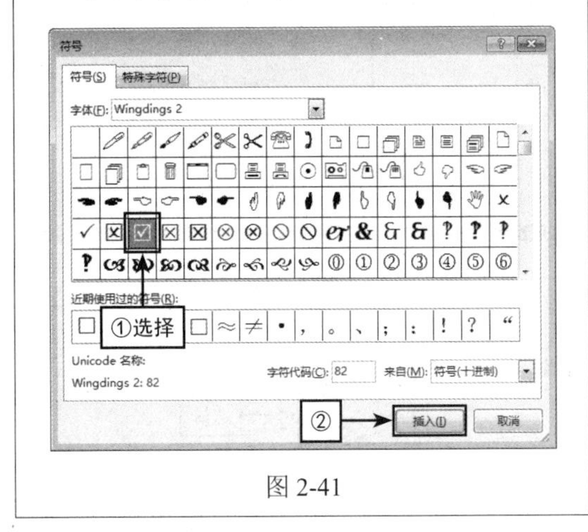


图 2-41

（2）插入表单控件

通过插入方框符号的方法，☐ 和 ☑ 是分开插入的，不能实现先插入方框后在方框上勾选的操作，通过插入表单控件，可以插入方框，并在方框上单击就能达到勾选的效果，具体插入表单控件的步骤如下。

**step 01** 在功能区右击，从快捷菜单中选择“自定义功能区”命令，打开“Excel 选项”对话框，如图 2-42 所示。

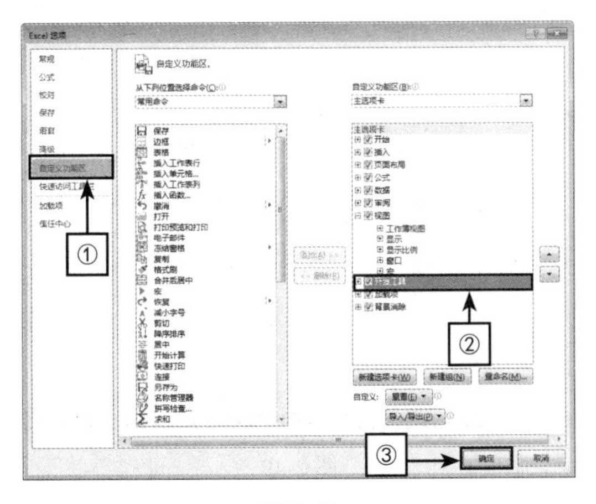


图 2-42

**step 02** 在“Excel 选项”对话框右侧的主选项卡中勾选“开发工具”选项，单击“确定”按钮，将“开发工具”选项卡添加至功能区，如图 2-43 所示。“开发工具”选项卡主要包括“代码”“加载项”“控件”“XML”和“修改”选项组，帮助用户编写代码并插入控件等。

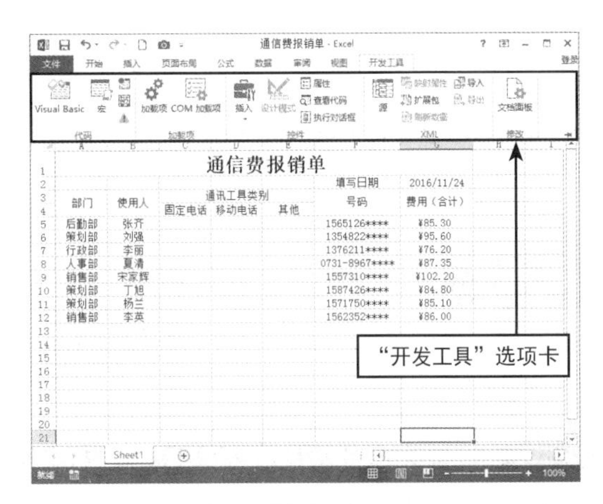


图 2-43

**step 03** 单击任意单元格，切换至“开发工具”选项卡，在“控件”选项组中单击“插入”下拉按钮，从中执行“复选框（窗体控件）”命令，此时光标变成十字形，如图 2-44 所示。

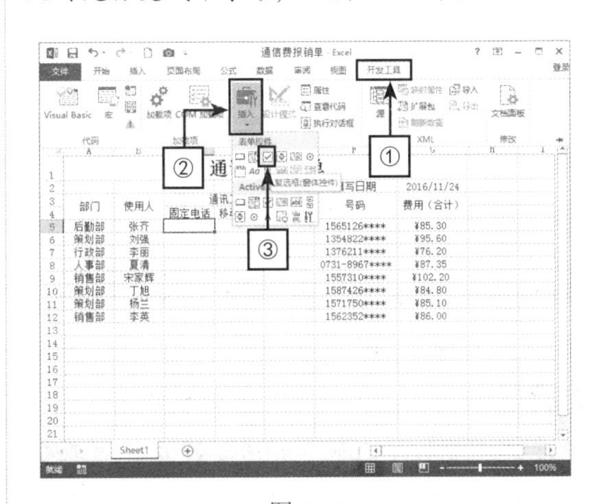


图 2-44

**step 04** 单击任意单元格，添加窗体控件，对插入的控件进行文本编辑，并调整控件的大小和位置，如图 2-45 所示。

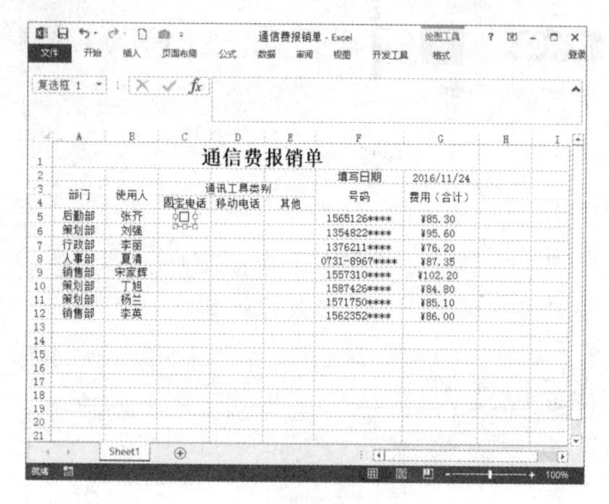

图 2-45

**提示：**

通过键盘上的↑、↓、←、→键可以精确调整控件位置。

**step 05** 单击其他单元格，或按 Esc 键取消选择控件，单击添加的控件即可选择通信工具类型，再次单击即可取消选择，如图 2-46 所示。

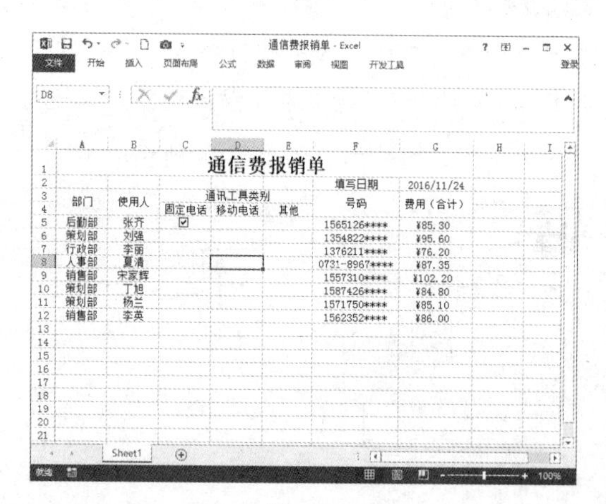

图 2-46

**step 06** 右击插入的控件，在弹出的快捷菜单中选择“复制”选项，如图 2-47 所示。或按【Ctrl+C】组合键复制控件。

**step 07** 单击任意单元格并右击，在弹出的快捷菜单中选择“粘贴选项”下的“粘贴”选项，将控件粘贴至新的位置，如图 2-48 所示。

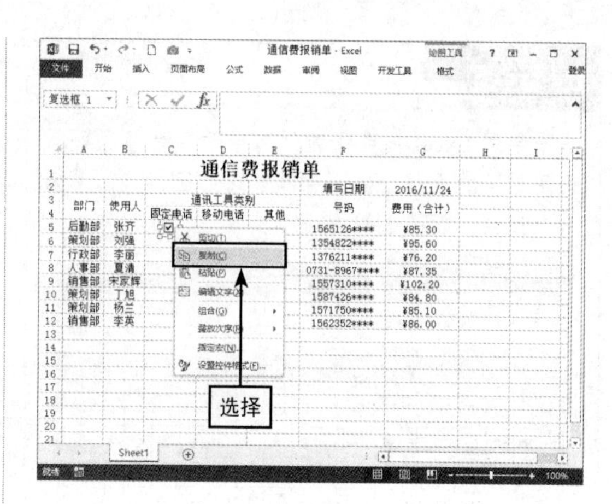


图 2-47

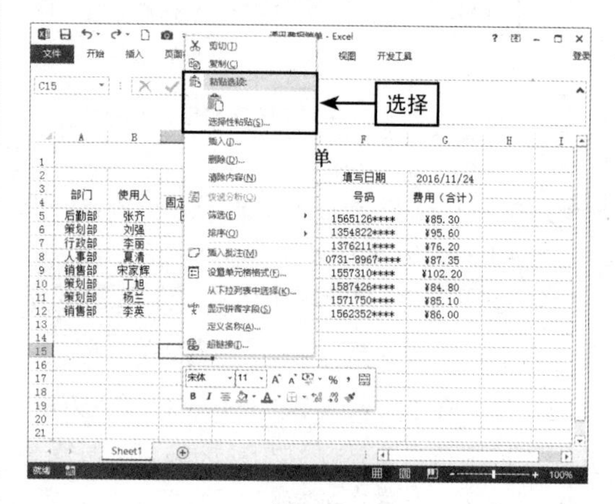


图 2-48

**step 08** 对粘贴的控件进行位置调整，并勾选对应通信工具类别，最终结果如图 2-49 所示。

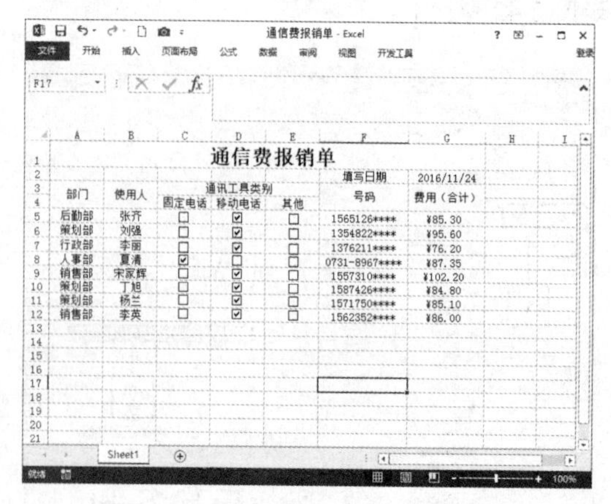

图 2-49

方框符号不能实现先插入方框，后在方框

上打勾的操作，只能将“□”“✓”“☑”作为3个单独的符号进行插入。复选框（窗体控件）对于选择等操作来讲比较简便，但需对其位置和大小进行调整。用户可以自行选择适合的插入方法进行插入。

## 2.3.3　隐藏工作表元素

Excel 2013 提供的隐藏功能可以很好地保护用户的隐私。隐藏工作表元素主要分为隐藏工作表、隐藏行与列、隐藏单元格内容三部分。

### 1. 隐藏工作表

为了防止他人查看工作表中的数据，可将工作表隐藏。隐藏后的工作表并不会影响公式的链接。用户也可以根据需要将已隐藏的工作表显示出来。如果要隐藏、删除或移动选定的工作表，必须先插入一张新工作表或重新显示一张被隐藏的工作表。单击“新工作表”按钮⊕，在工作表 Sheet1 的右侧添加新工作表 Sheet2，如图 2-50 所示。隐藏工作表的方法有两种。

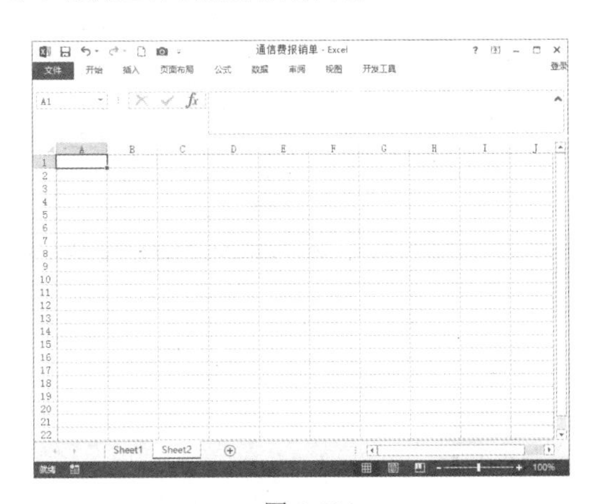


图 2-50

- 选择要隐藏的工作表标签 Sheet1，右击，在弹出的快捷菜单中选择“隐藏”命令，如图 2-51 所示。

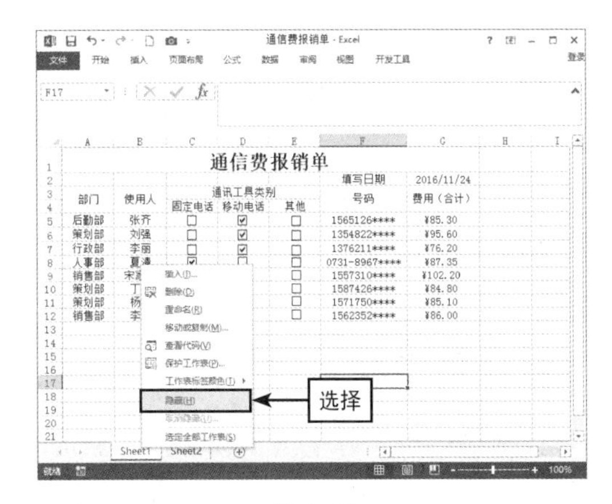


图 2-51

- 切换至“开始”选项卡，在“单元格”选项组中单击“格式”下拉按钮，从下拉列表中执行“隐藏和取消隐藏”→“隐藏工作表”命令，如图 2-52 所示。

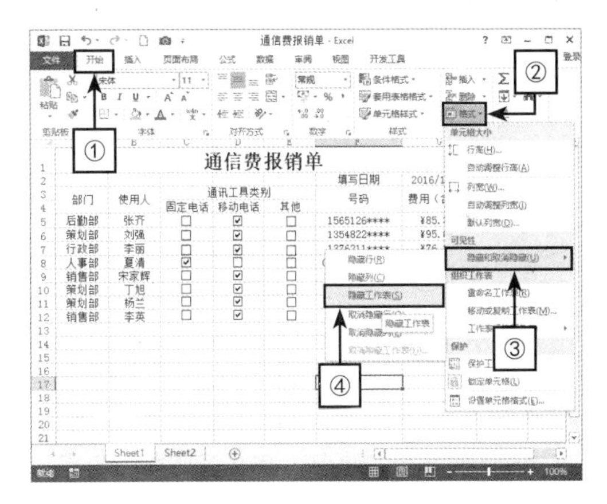


图 2-52

此时，工作表“Sheet1”就被隐藏了起来。

当需要取消隐藏工作表时，可通过右击工作表标签，从弹出的快捷菜单中选择“取消隐藏”选项，或在“单元格”选项组中单击“格式”下拉按钮，从下拉列表中执行“隐藏和取消隐藏”→“取消隐藏工作表”命令，在弹出的“取消隐藏”对话框中，如图 2-53 所示，选择需要取消隐藏的工作表名称，单击“确定”按钮，即可显示被隐藏的工作表。

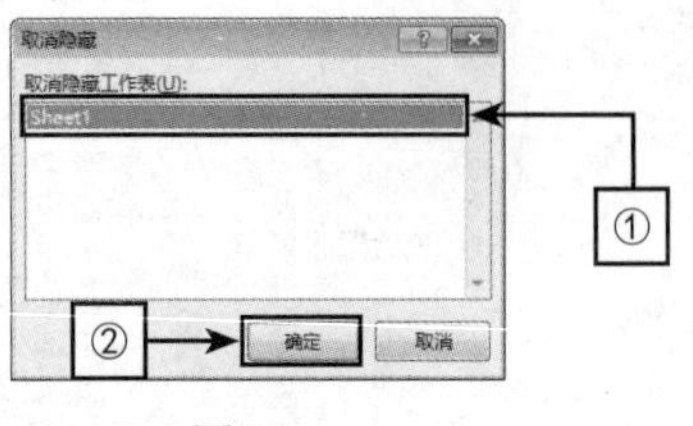


图 2-53

## 2. 隐藏行与列

有时用户为了方便浏览或保护隐私的需求，可以对行或列数据进行隐藏。选择第 5 至 6 行单元格区域，在行标签处右击，从弹出的快捷菜单中选择“隐藏”命令，如图 2-54 所示；或在“单元格”选项组中单击“格式”下拉按钮，从下拉列表中执行“隐藏和取消隐藏”→“隐藏行”命令，如图 2-55 所示。多行的数据连同行数一起被隐藏。

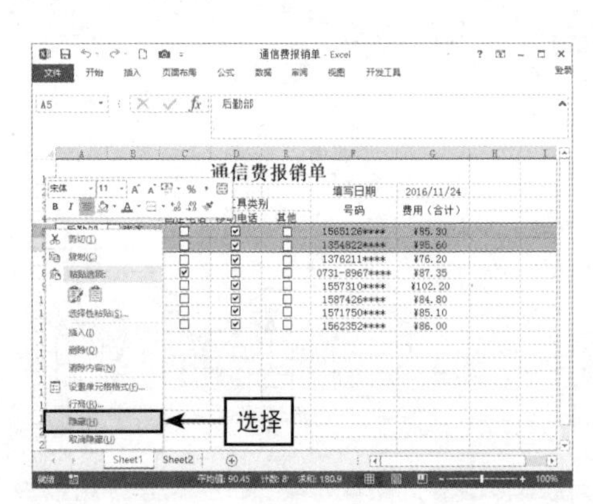


图 2-54

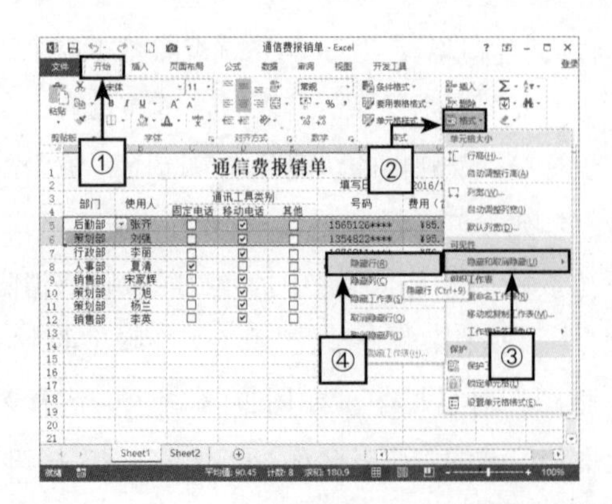


图 2-55

如果需要取消隐藏行，选择包含隐藏行的多个连续行并右击，在弹出的快捷菜单中选择“取消隐藏”选项，如图 2-56 所示。或在“单元格”选项组中单击“格式”下拉按钮，从下拉列表中执行“隐藏和取消隐藏”→“取消隐藏行”命令，如图 2-57 所示。

图 2-56

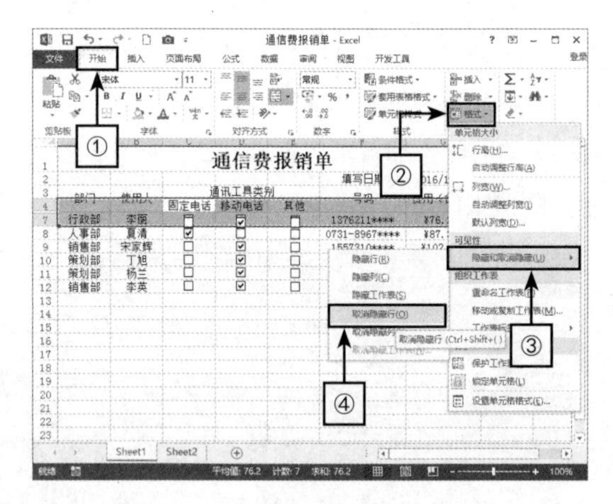


图 2-57

列的隐藏与显示的方法与之类似。

**提示：**

使用功能区命令隐藏行或列时，不用选择整行或整列，而使用快捷菜单隐藏行或列时，必须选择整行或整列，快捷菜单中才会出现“隐藏”命令。

### 3. 隐藏单元格内容

如果工作表部分单元格中的内容不想让浏览者查阅，可单独对该单元格的内容进行隐藏。具体的操作步骤如下。

**step 01** 选择 F8 单元格并右击，在弹出的快捷菜单中选择“设置单元格格式”命令，打开“设置单元格格式”对话框。

**step 02** 在“数字”选项卡的分类列表框中选择“自定义”选项，在“类型”文本框中输入 3 个英文状态下的分号“;;;”，如图 2-58 所示。

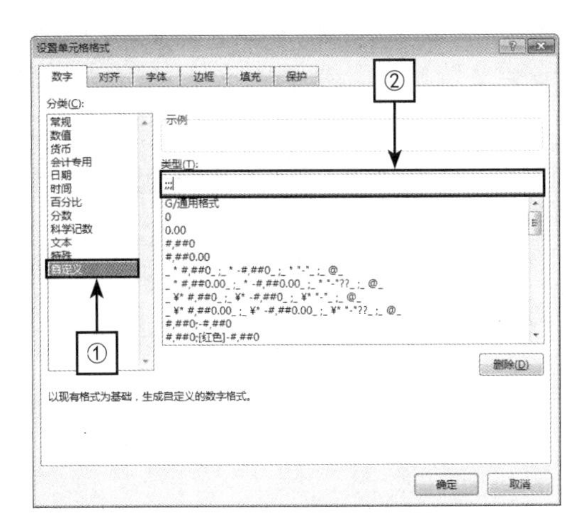


图 2-58

**step 03** 切换至“保护”选项卡，勾选“隐藏”复选框，单击“确定”按钮，如图 2-59 所示。

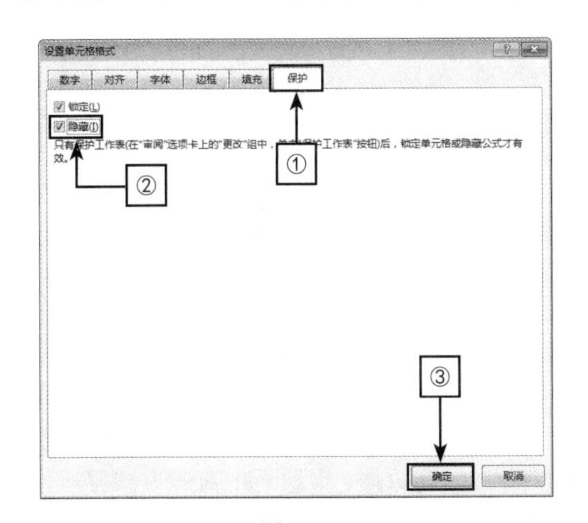


图 2-59

**step 04** 此时单元格中的内容是看不到的，但是选择单元格，在编辑栏中仍然可以看到单元格包含的内容，如图 2-60 所示。

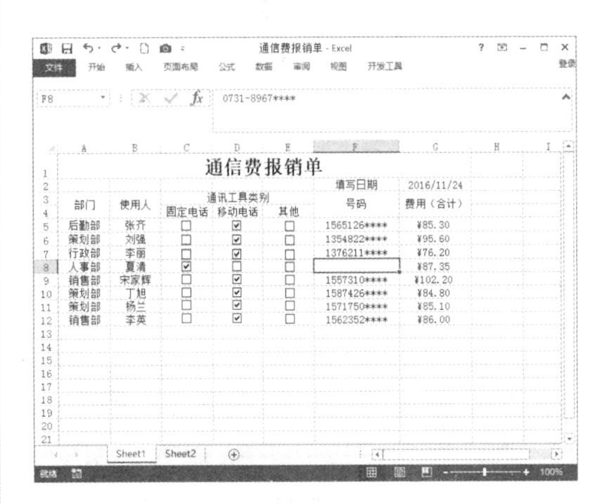


| 通信费报销单 | | | | | | |
|---|---|---|---|---|---|---|
| | | | | | 填写日期 | 2016/11/24 |
| 部门 | 使用人 | 通讯工具类别 | | | 号码 | 费用（合计） |
| | | 固定电话 | 移动电话 | 其他 | | |
| 后勤部 | 张齐 | ☐ | ☑ | ☐ | 1565126**** | ¥85.30 |
| 策划部 | 刘强 | ☐ | ☑ | ☐ | 1354822**** | ¥95.60 |
| 行政部 | 李丽 | ☐ | ☑ | ☐ | 1376211**** | ¥76.20 |
| 人事部 | 夏清 | ☑ | ☐ | ☐ | | ¥87.35 |
| 销售部 | 宋家辉 | ☐ | ☑ | ☐ | 1557310**** | ¥102.20 |
| 策划部 | 丁旭 | ☐ | ☑ | ☐ | 1587426**** | ¥84.80 |
| 策划部 | 杨兰 | ☐ | ☑ | ☐ | 1571750**** | ¥85.10 |
| 销售部 | 李英 | ☐ | ☑ | ☐ | 1562352**** | ¥86.00 |

图 2-60

**step 05** 切换至“审阅”选项卡，在“更改”选项组中，执行“保护工作表”命令，如图 2-61 所示。

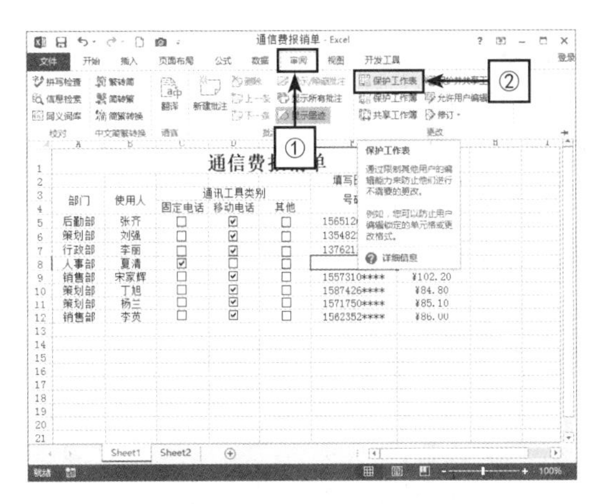


图 2-61

**step 06** 弹出“保护工作表”对话框，输入设定的密码，单击“确定”按钮，如图 2-62 所示。

**step 07** 弹出“确认密码”对话框，再次输入设定的密码，单击“确定”按钮，如图 2-63 所示。

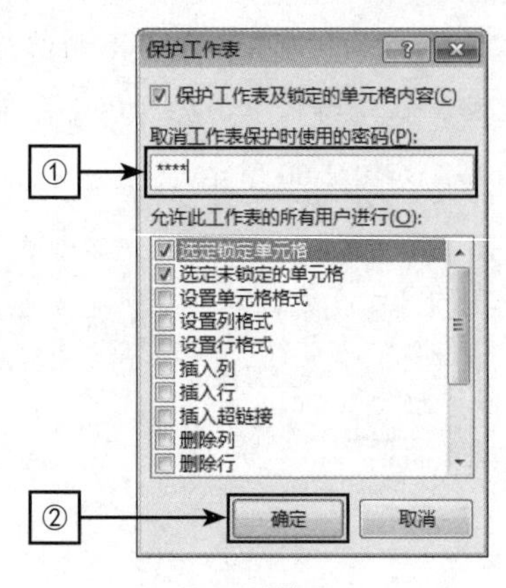


图 2-62

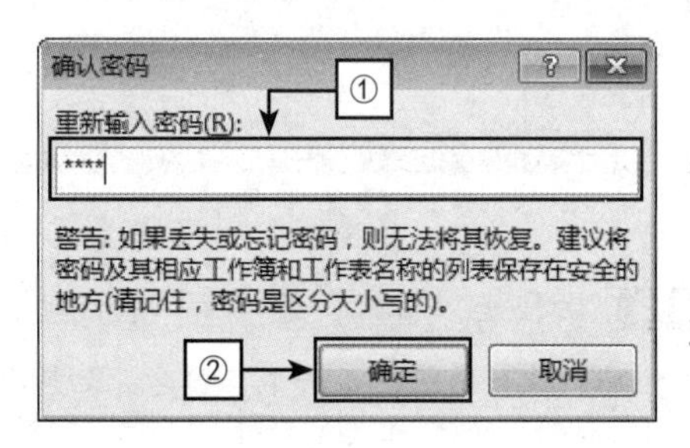


图 2-63

**step 08** 经过这样的设置后，上述单元格中的内容在编辑栏中不再显示，如图 2-64 所示。

**step 09** 若想显示隐藏的单元格数据，选择“审阅”选项卡，在“更改”选项组中，执行“撤销工作表保护”命令，如图 2-65 所示。在弹出的“撤销工作表保护”对话框中输入设定的密码，单击“确定”按钮，即可回到设置工作表保护之前的状态。然后更改数字格式设置，即可显示隐藏的单元格数据。

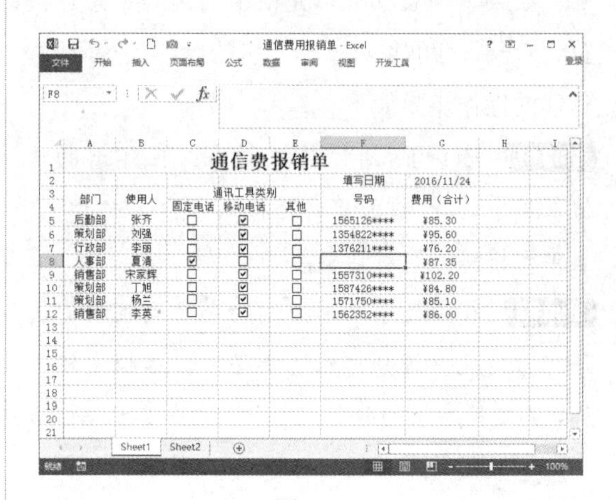


图 2-64

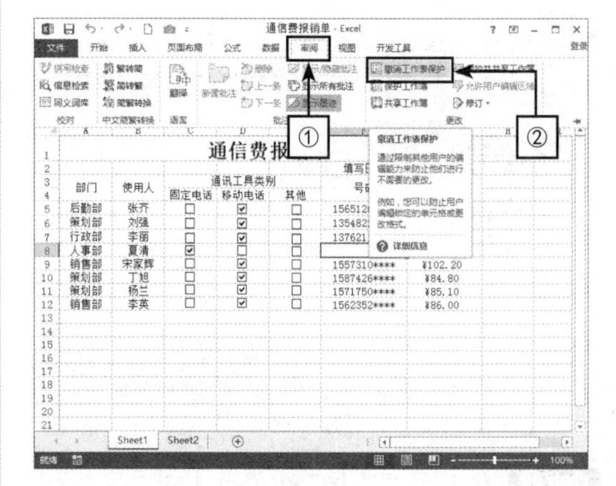


图 2-65

# 2.4 制作会议计划表

制作一个准确的会议计划表可以对公司下一月或下一季度甚至下一年的重要会议进行规划，使会议能有条不紊地进行。

## 2.4.1 制作基础表格

制作基础表格主要包括制作表格标题、输入基础数据、填充数据、设置居中对齐方式等操作。

**step 01** 启动 Excel 2013 软件，创建并保存“会议计划表”。

**step 02** 选择 A1:H1 单元格区域，在“对齐方式”选项组中，单击“合并后居中”按钮。

**step 03** 输入表格标题文本，在“字体”选项组中，将标题文本加粗，将“字体”设置为“华文细黑”，字号设置为 18，如图 2-66 所示。

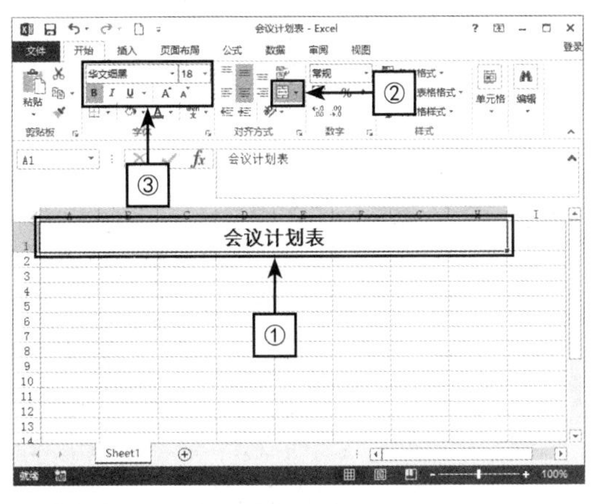

图 2-66

**step 04** 选择 A2:H2 单元格区域，根据需要输入表格文本内容；在“字体”选项组中，将列标题文本加粗，如图 2-67 所示。

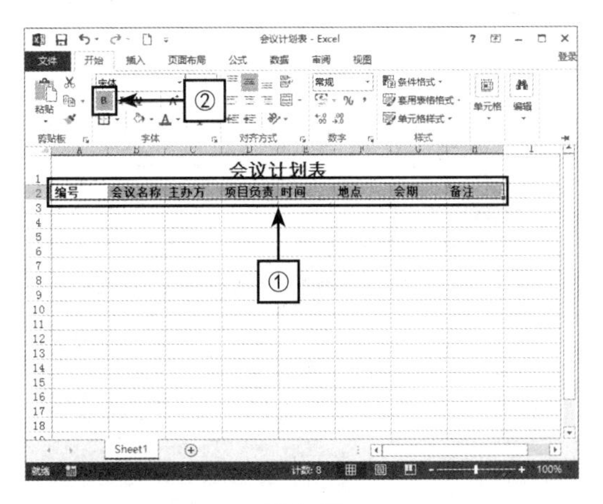

图 2-67

**step 05** 选择 A3:A12 单元格区域并右击，在弹出的快捷菜单中选择“设置单元格格式”命令，在“数字”选项卡的分类列表框中选择“自定义”选项，在“类型”文本框中输入自定义代码 160#，单击“确定”按钮，如图 2-68 所示。

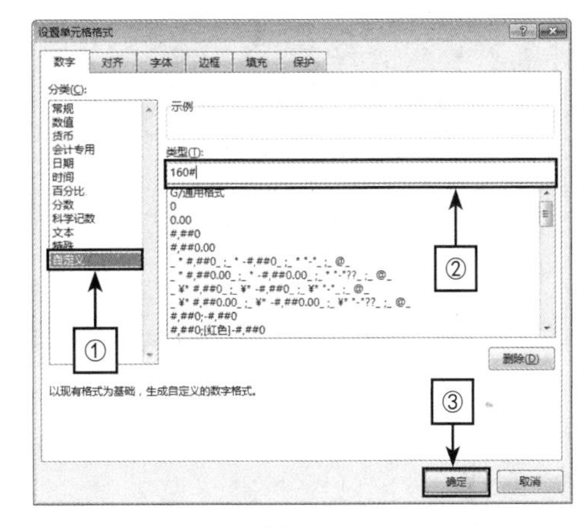

图 2-68

**step 06** 在 A3 单元格中输入会议编号 1，单击 A3 单元格右下角的填充手柄，按住 Ctrl 键的同时，将其拖曳至 A12 单元格中，如图 2-69 所示，完成“编号”一列相关内容的输入。

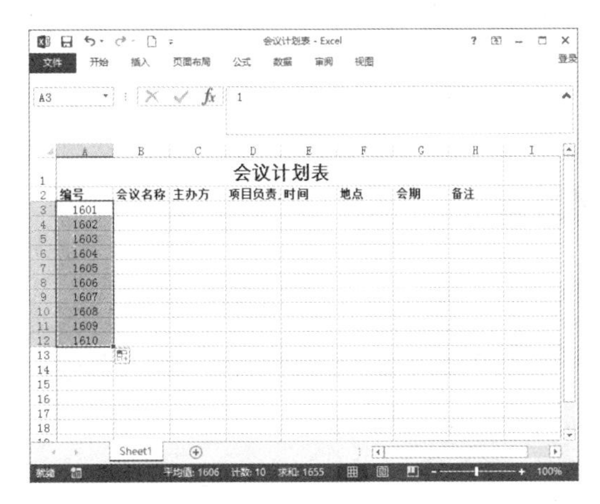

图 2-69

**step 07** 选择 A2:H12 单元格区域，在“对齐方式”选项组中单击“居中”按钮，如图 2-70 所示。

**step 08** 选择第 2~12 行单元格区域并右击，如图 2-71 所示，在弹出的快捷菜单中选择“行高”选项，在打开的“行高”对话框中输入行高值为 20，单击“确定”按钮，完成行高的设置。

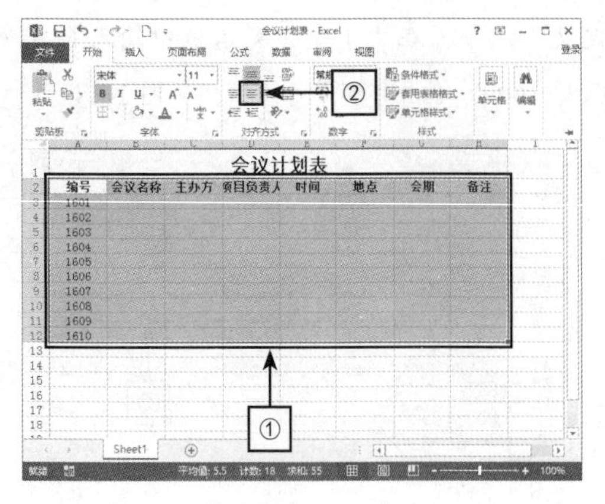

图 2-70

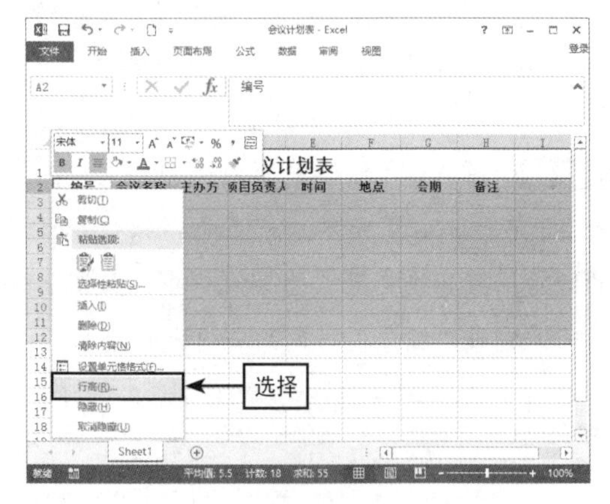

图 2-71

step 09 选择第 A 至 H 列单元格区域并右击，在弹出的快捷菜单中选择“列宽”选项，如图 2-72 所示，在打开的“列宽”对话框中输入列宽值为 10，单击“确定”按钮，完成列宽的设置。

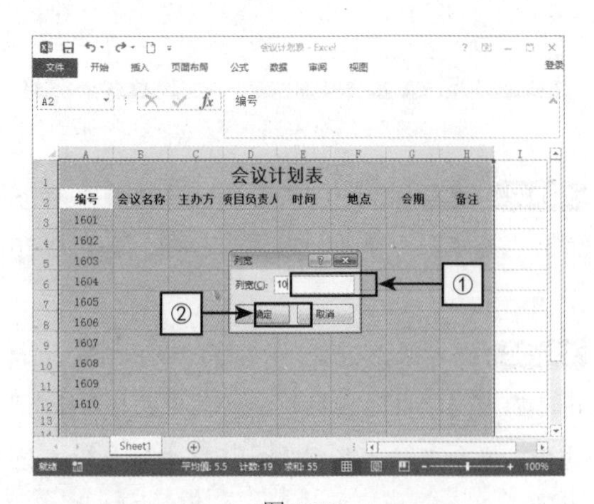

图 2-72

## 2.4.2 美化表格

对表格的美化主要包括设置表格边框格式、套用表格格式等内容。

step 01 选择 A2:H12 单元格区域，进入“开始”选项卡，在“字体”选项组中单击“下框线”下拉按钮，选择“所有框线”选项，为单元格区域设置内边框格式，如图 2-73 所示。

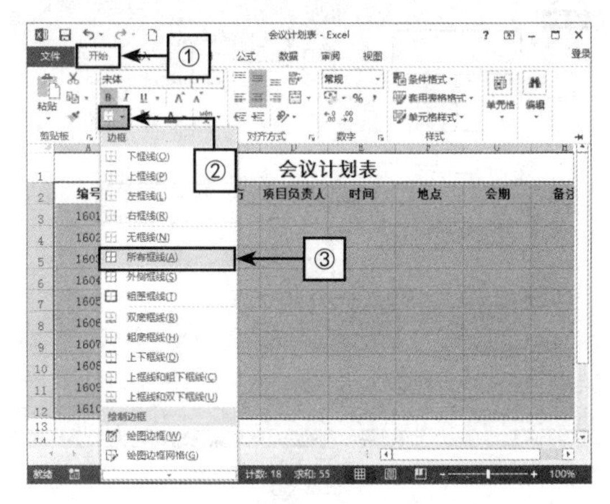

图 2-73

step 02 选择 A2:H12 单元格区域，进入“开始”选项卡，在“字体”选项组中单击“所有框线”下拉按钮，选择“粗匣框线”选项，为单元格区域设置外边框格式，如图 2-74 所示。

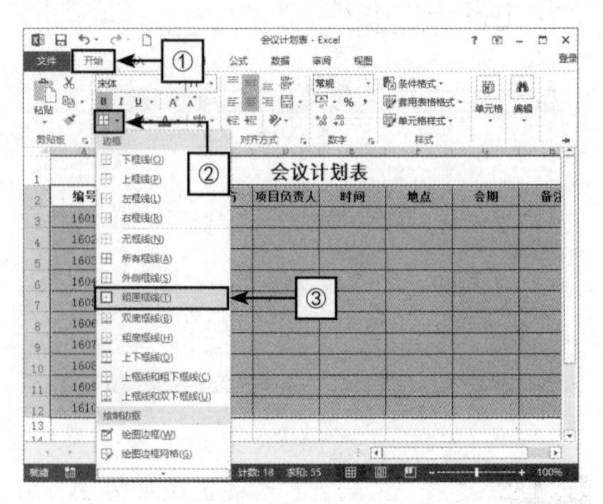

图 2-74

**step 03** 选择 A2:H12 单元格区域，进入“开始”选项卡，在“样式”选项组中单击“套用表格格式”下拉按钮，如图 2-75 所示。

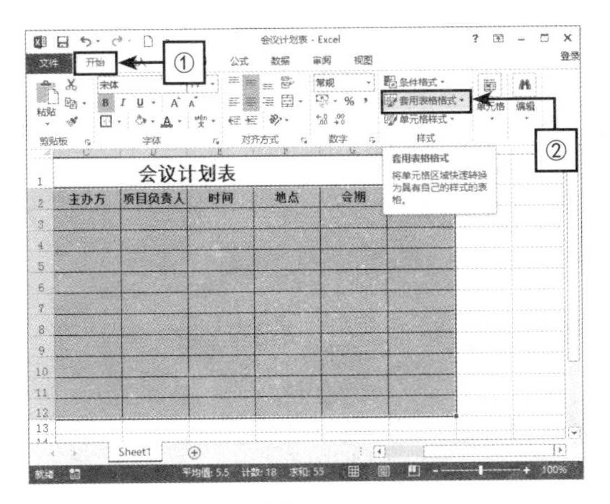

图 2-75

**step 04** 在“套用表格格式”下拉列表中选择合适的表样式，如“表样式中等深浅 10”，如图 2-76 所示。

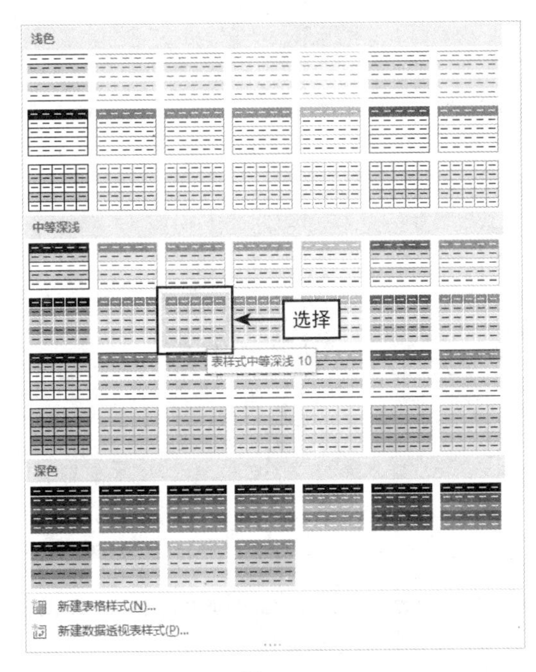

图 2-76

**step 05** 在弹出的“套用表格式”对话框中勾选“表包含标题”复选框，如图 2-77 所示。

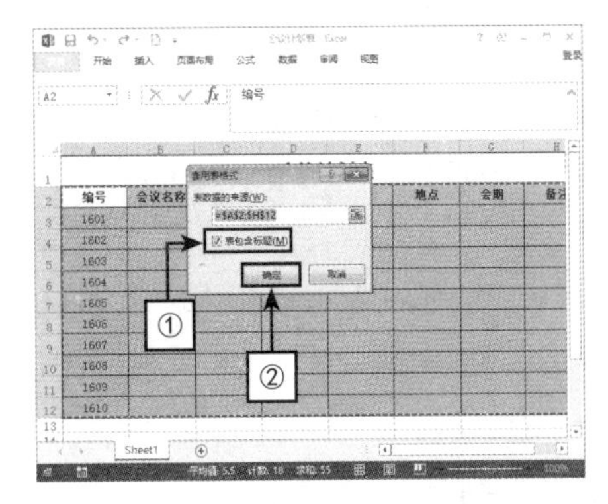

图 2-77

**step 06** 选择表格，如图 2-78 所示，进入“设计”选项卡，在“工具”选项组中单击“转换为区域”按钮，在弹出的对话框中单击“是”按钮，完成表格格式的套用操作。

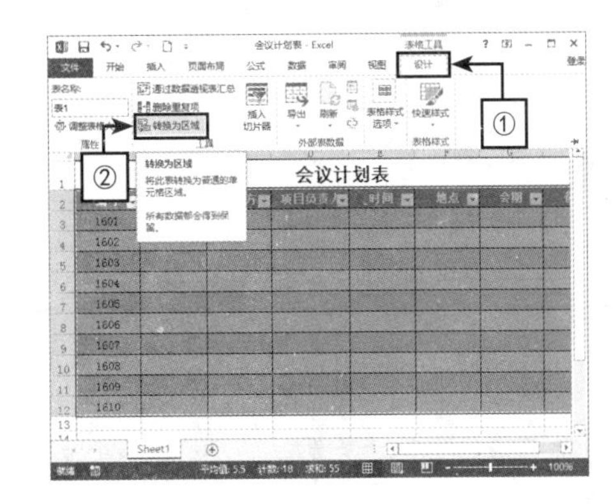

图 2-78

**step 07** 切换至“视图”选项卡，在“显示”选项组中取消勾选“网格线”复选框，增强表格整体的美观性，如图 2-79 所示。

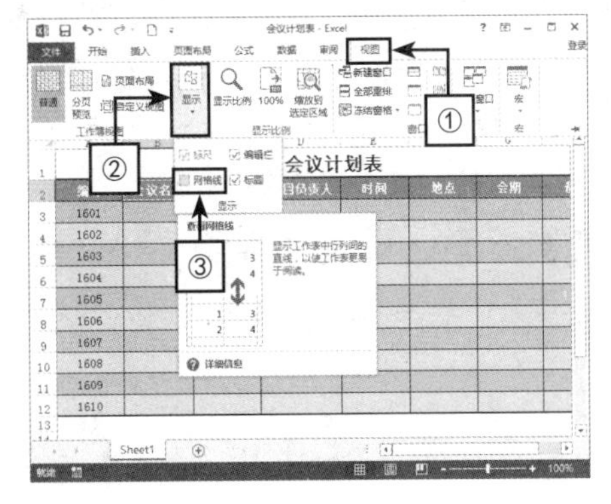

图 2-79

# 2.5 制作印章使用范围表

公司印章有规定的使用范围及使用程序，将印章使用范围制作成 Excel 表格，相比纯文字的 Word 文档更加直观。接下来就来制作“印章使用范围表”。

## 2.5.1 制作列标题

列标题是表格的表头，“印章使用范围表”的列标题主要记录了印章的不同使用范围。

**step 01** 启动 Excel 2013 软件，创建并保存“印章使用范围表”。

**step 02** 选择第 2 行单元格，并输入列标题文本内容，如图 2-80 所示。

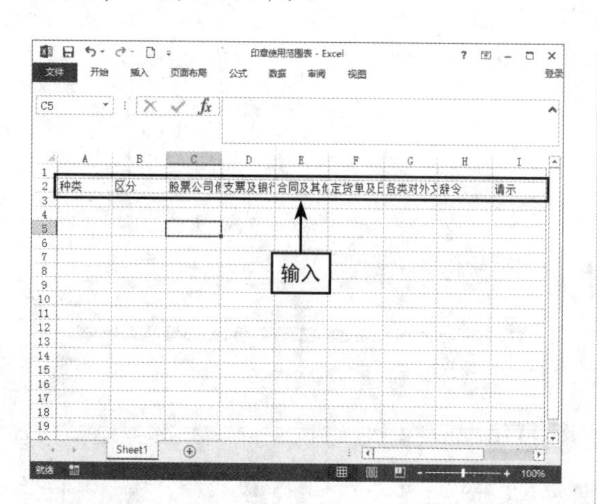


图 2-80

**step 03** 选择第 2 行单元格区域并右击，在弹出的快捷菜单中选择“行高”选项，在打开的“行高”对话框中输入行高值为 40.5，单击“确定”按钮，得到的结果如图 2-81 所示。

**step 04** 选择 A2:M2 单元格区域，在“对齐方式”选项组中单击“居中”按钮，如图 2-82 所示。

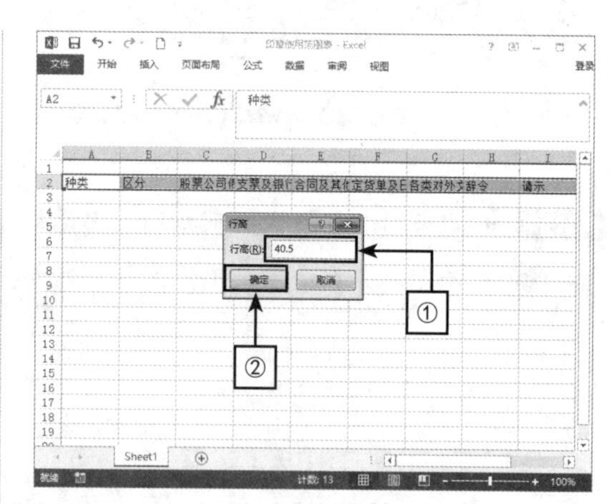


图 2-81

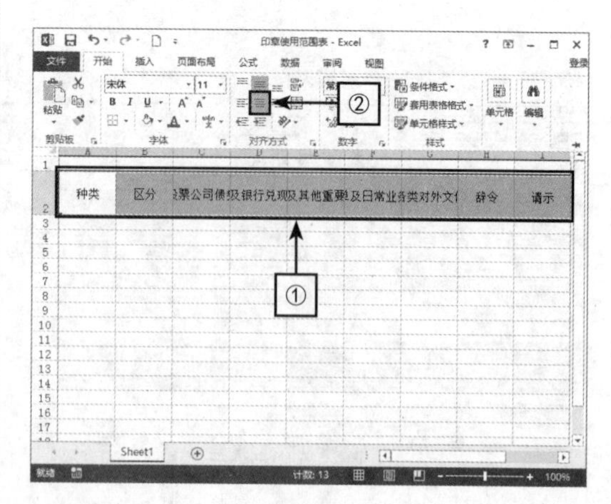


图 2-82

**step 05** 选择 A2:M2 单元格区域，在“对齐方式”选项组中单击“自动换行”按钮，如图 2-83 所示。

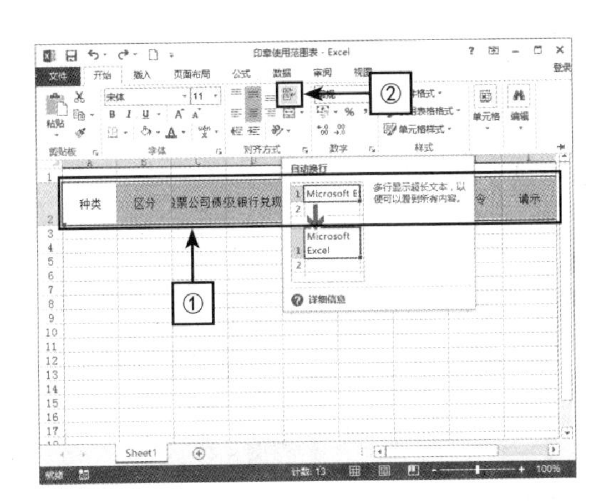


图 2-83

**step 06** 选择第 A 列单元格区域并右击，在弹出的快捷菜单中选择“列宽”选项，在打开的“列宽”对话框中输入列宽值为 2，单击“确定”按钮，得到的结果如图 2-84 所示。

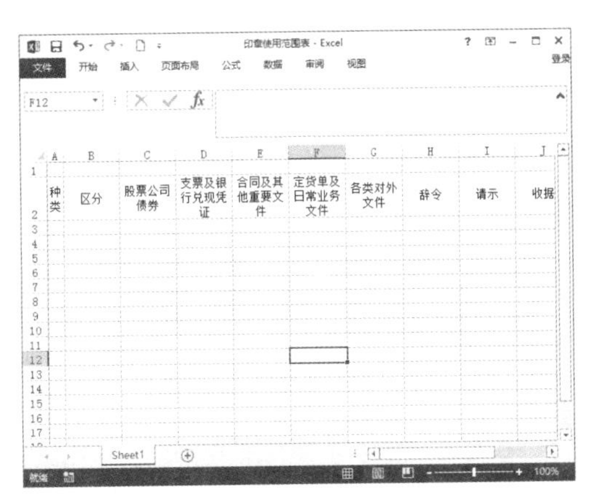


图 2-84

## 2.5.2 制作表格内容

列标题制作完成之后，可进行表格内容的制作，主要包括输入基础内容、设置单元格格式、插入控件等步骤。

**step 01** 选择“种类”一列的相关单元格，输入文本内容。

**step 02** 选择“区分”一列的相关单元格，输入文本内容，如图 2-85 所示。

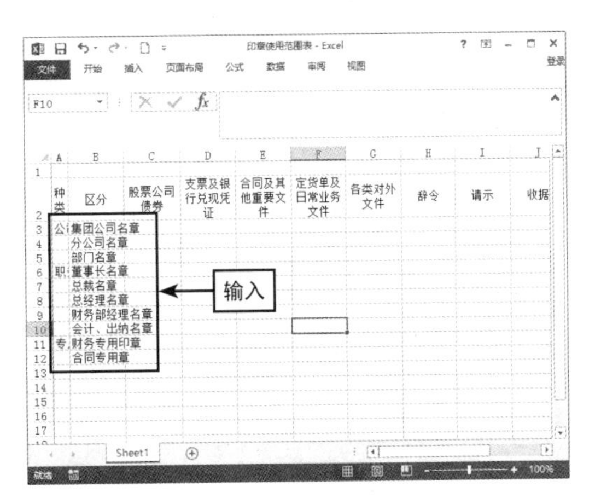


图 2-85

**step 03** 选择 B3:B12 单元格区域，在“对齐方式”选项组中，先后单击“居中”和“自动换行”按钮，得到如图 2-86 所示的结果。

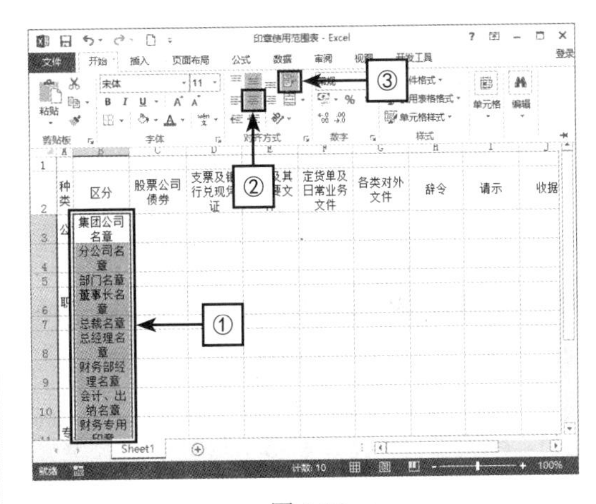


图 2-86

**step 04** 为增强表格的美观性，将表格设置为同样的行高。选择第 3 行单元格区域并右击，在弹出的快捷菜单中选择“行高”选项，在打开的对话框中获取第 3 行的行高值为 27，将第 5 行与第 7 行单元格区域的行高值设置为 27，完成行高的设置，如图 2-87 所示。

**step 05** 选择 A3:A5 单元格区域，单击“合并后居中”“自动换行”按钮，如图 2-88 所示。

**step 06** 采取相同的方法，对 A6:A10 和 A11:A12 单元格区域进行设置。

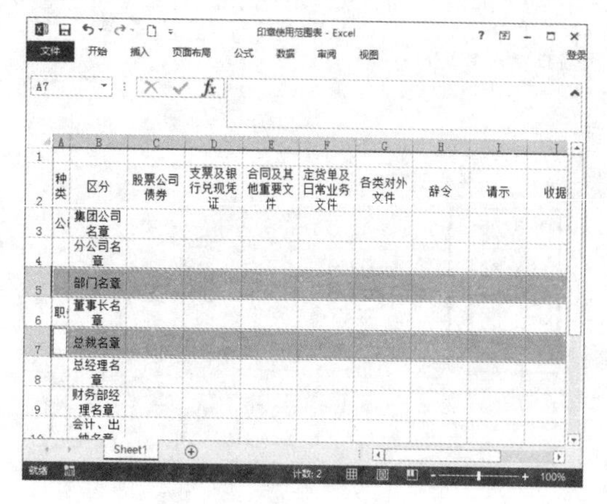


图 2-87

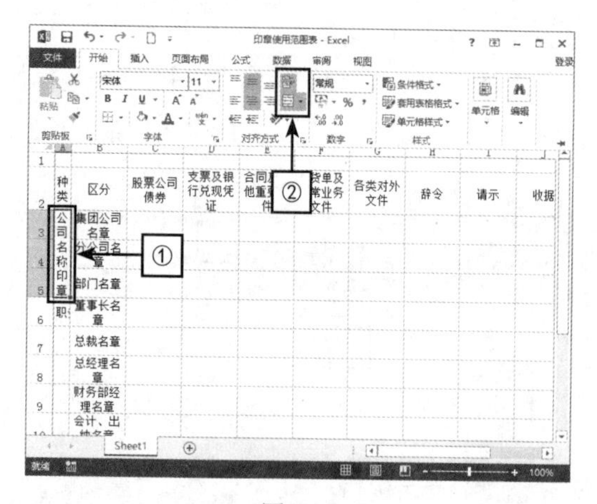


图 2-88

一种印章分别对应几种不同的使用范围，在这里，用户可以采取插入复选框（窗体控件）的方法制作表格内容，具体步骤如下。

**step 01** 执行“文件”→“选项”命令，打开“Excel 选项”对话框，并将“开发工具”选项卡添加至功能区。

**step 02** 切换至“开发工具”选项卡，在“控件”选项组中单击“插入”下拉按钮，从中执行“复选框（窗体控件）”命令，单击任意单元格，添加控件，如图 2-89 所示。

**step 03** 对插入的控件进行文本编辑，调整控件的大小和位置。

**step 04** 按【Ctrl+C】组合键复制控件，按【Ctrl+V】组合键将复制的控件粘贴到合适的位置。按照相同的方法插入其他控件，并根据印章的使用范围单击对应控件，完成效果如图 2-90 所示。

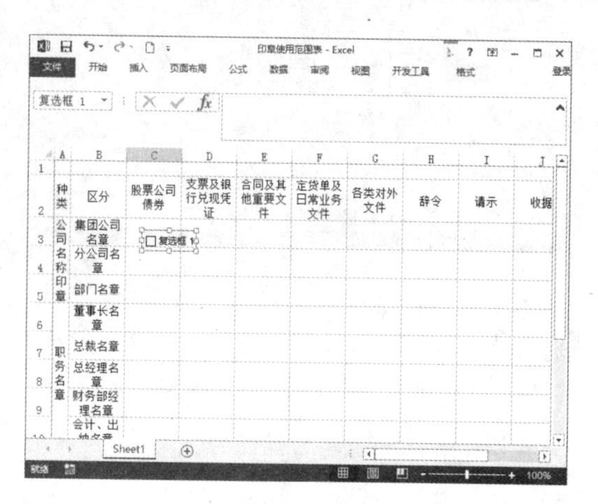


图 2-89

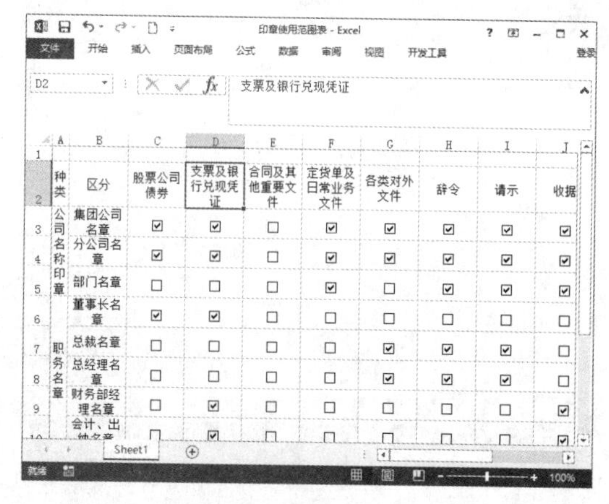


图 2-90

## 2.5.3 制作标题

制作标题主要包括标题文本的输入及格式设置，具体的制作步骤如下。

**step 01** 选择 A1:M1 单元格区域，在“对齐方式”选项组中单击“合并后居中”按钮，如图 2-91 所示。

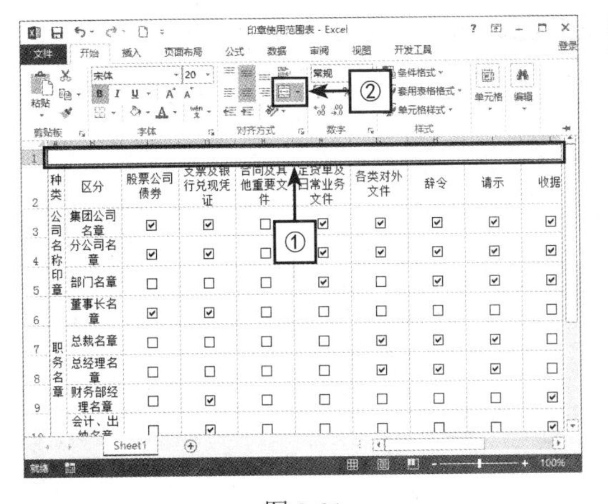


图 2-91

**step 02** 选择合并后的 A1 单元格，输入标题文本，在“字体”选项组中，将字体设置为“华文行楷”，将字号设置为 22，完成表格标题的制作，得到的结果如图 2-92 所示。

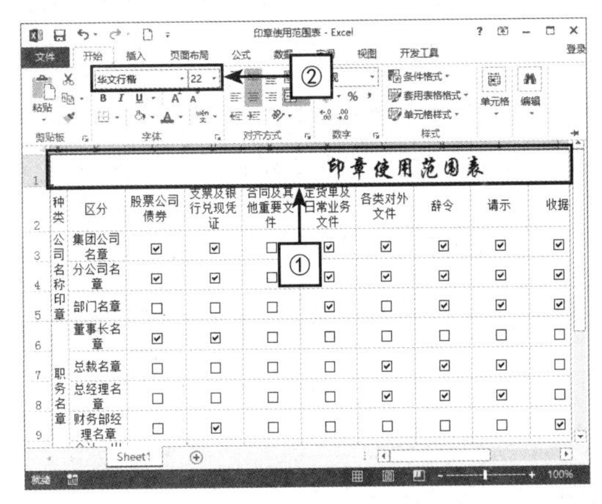


图 2-92

# 2.6　制作会议室使用安排表

在 2.4 节中制作了会议计划表，但其计划的时间和地点范围比较广，“会议室使用安排表”主要针对会议室的使用情况进行安排，将会议室的使用时间段、会议场地、使用部门等具体安排，减少会议时间及会议场地的冲突，保证会议准确、有效地进行。

## 2.6.1　制作表格标题

制作表格标题的具体步骤如下。

**step 01** 启动 Excel 2013 软件，创建并保存“会议室使用安排表”。

**step 02** 选择 A1 单元格，输入表格标题文本。

**step 03** 选择 A1:H1 单元格区域，在“对齐方式”选项组中单击“合并后居中”按钮。

**step 04** 选择合并后的 A1 单元格，在“字体”选项组中，将标题文本加粗，将字号设置为 20，如图 2-93 所示。

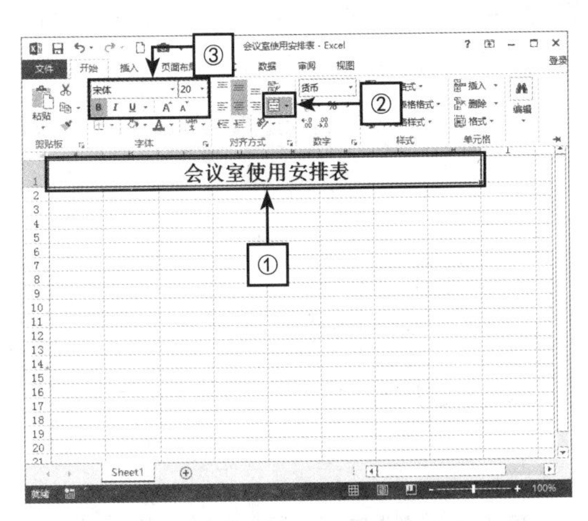


图 2-93

## 2.6.2 设置数字格式

Excel 2013 能够处理各种各样的数字格式，如文本型、数值型、日期型等。针对不同的数据，可以采用不同的输入方法，也可以在“设置单元格格式”对话框中对数字格式进行修改。

### 1. 输入文本型数据

文本通常指一些非数值型的文字、符号和数字等，如姓名、部门、职务、地址等。具体的操作步骤如下。

**step 01** 选择 A2:H2 单元格区域，输入列标题文本内容，如图 2-94 所示。

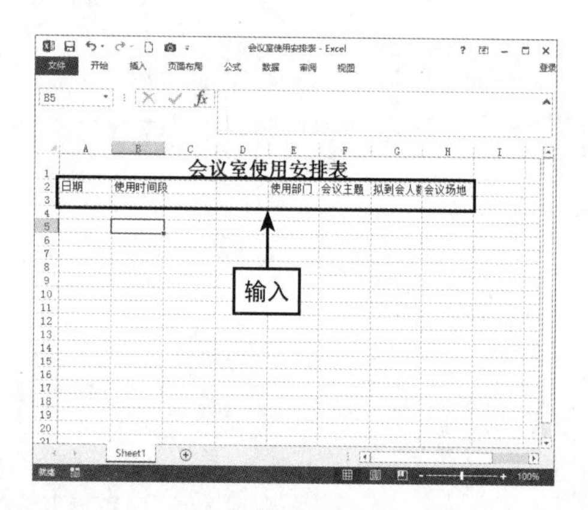


图 2-94

**step 02** 选择“使用时间段”一列单元格区域，输入文本内容，如图 2-95 所示。

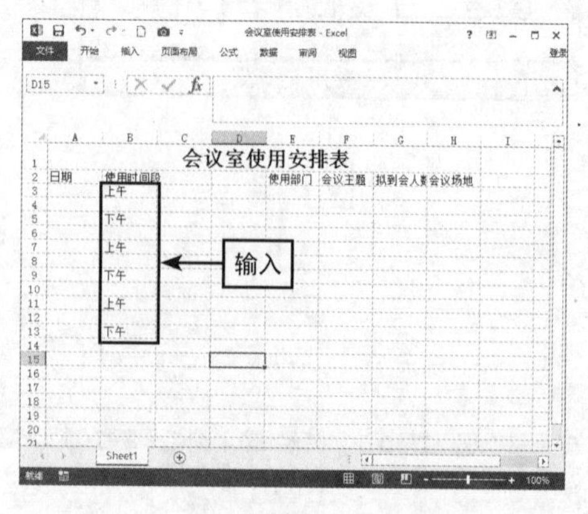


图 2-95

**step 03** 选择“使用部门”一列单元格区域，输入文本内容，如图 2-96 所示。

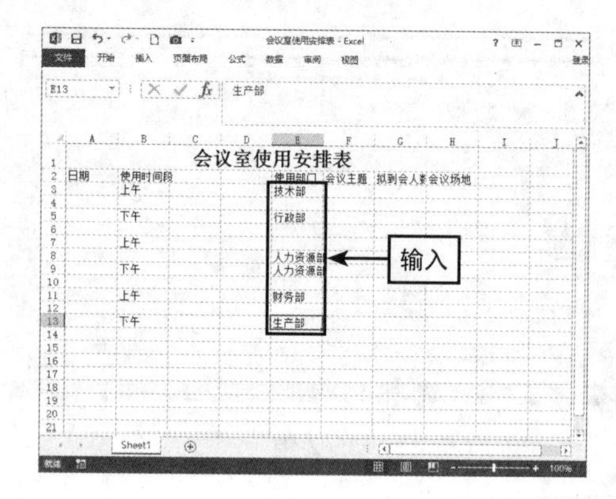


图 2-96

**step 04** 选择“会议主题”一列单元格区域，输入文本内容，如图 2-97 所示。

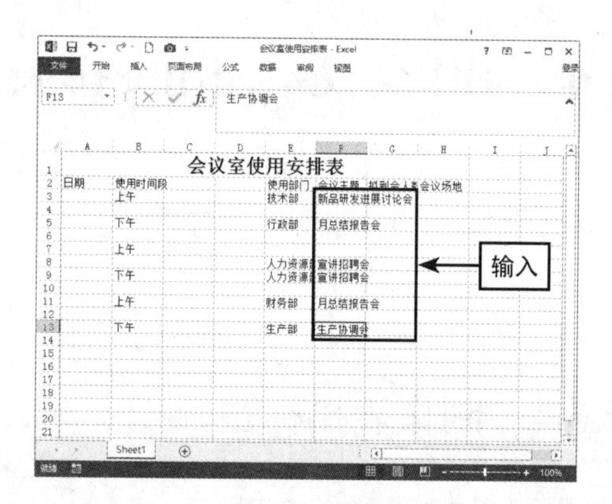


图 2-97

**step 05** 选择“会议场地”一列单元格区域，输入文本内容，如图 2-98 所示。

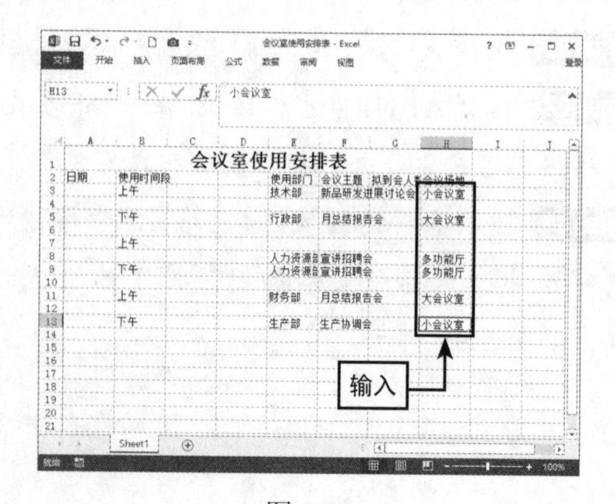


图 2-98

## 2. 输入数值型数据

在 Excel 中，数值型数据是使用最多，也最复杂的数字格式。数值型数据由数字 0~9、正号、负号、小数点、分数号“/”、百分号“%”、指数负号“E”或“e”、货币符号“$”或“￥”和千位分隔符“，”等组成。输入数值型数据时，Excel 会自动将其沿单元格右侧对齐。

（1）输入普通数值

输入普通数值的方法与输入文本的方法相同，选择“拟到会人数”一列单元格区域，输入普通数值，如图 2-99 所示。

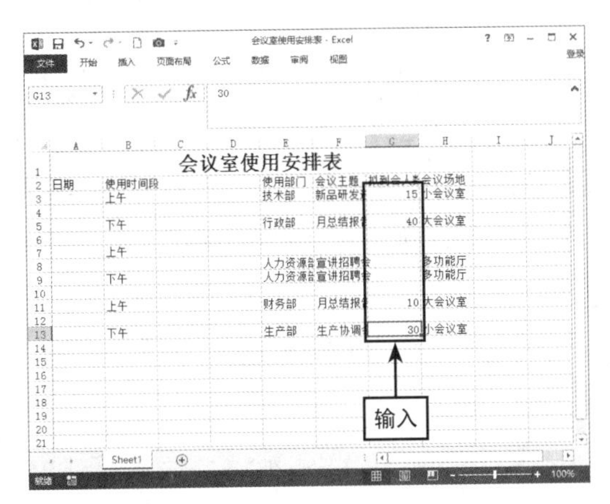


图 2-99

在 Excel 中输入的数值有一定的限制，Excel 可以表示和存储的数字最大精确到 15 位有效数字，如图 2-100 所示，当输入 123456789123456 时，Excel 会使用科学计数法，将输入的数据显示为 1.23457E+14。

**提示：**

当输入身份证号等内容时，需要显示全部的数字，用户可以将普通数值转换为文本型数据。但文本不能用于数值的计算，只能比较数值间的大小。

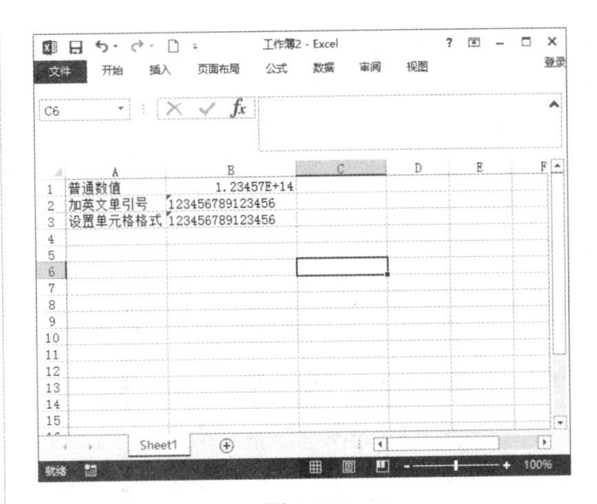


图 2-100

**step 01** 先输入一个英文的单引号，然后再输入数值。

**step 02** 选择要输入的单元格并右击，打开“设置单元格格式”对话框，在该对话框中，选择“数字”列表下的“文本”选项，单击“确定”按钮，然后再在单元格中输入。两种方法的结果如图 2-100 所示。

（2）输入负数

要输入负数，必须在数字前加一个负号“-”，或者给数字加上小括号。如输入 –2 或者（2），都可在单元格中得到 –2。

（3）输入分数

如果要在单元格中输入分数，如 1/5，应该按照“分子 + 空格 + 分母”的形式进行输入，输入 0 和一个空格，再输入 1/5。如不输入 0 和空格，Excel 会把该数据当作日期格式处理，存储为“1 月 5 日”。

**提示：**

在“设置单元格格式”对话框中自定义数字格式为“?/?”，快速输入分数数据。

### 3. 输入日期和时间

在 Excel 中输入日期和时间可以用下列输入方式。

- 一般情况下，日期分隔符用“/”或“-”，如输入“2016/11/15”“2016-11-15”“15-Nov/16”“2016/11-15”和“2016 年 11 月 15 日”等都可被识别为“2016/11/15”。
- 在 Excel 中输入时间，可用“：”分开时间的时、分、秒。系统默认输入时间是按 24 小时制方式输入的。若要按 12 小时制输入时间，需要在时间数字后输入一个空格，然后输入 AM 或 PM（也可以只输入 A 或 P），分别表示上午和下午。

**提示：**

如果要输入当前日期，可以按【Ctrl+; 】组合键，或在编辑栏中输入 =TODAY(); 。如果要输入当前时间，则按【Ctrl+Shift+; 】组合键，或在编辑栏中输入 =NOW(); 。

以下接着输入会议室使用安排表的其他内容，具体步骤如下。

**step 01** 选择“日期”一列单元格区域，输入日期型数据，如图 2-101 所示。

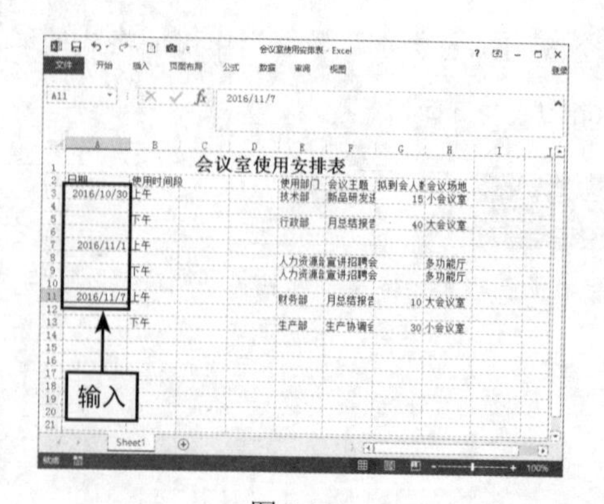


图 2-101

**step 02** 选择 C3:D14 单元格区域，输入时间型数据，如图 2-102 所示。

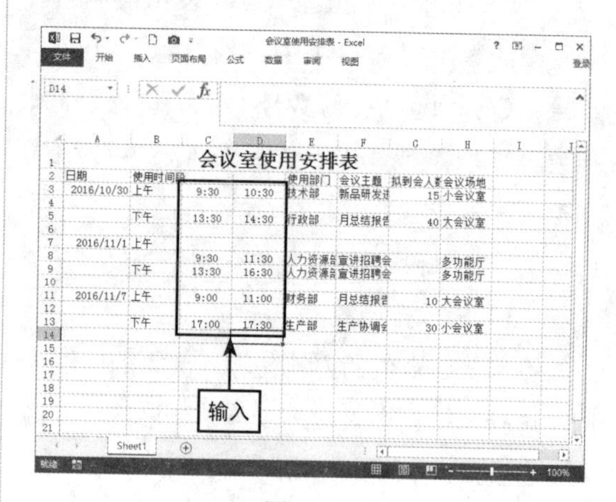


图 2-102

用户也可以通过“设置单元格格式”对话框对数字格式进行设置，具体步骤如下。

**step 01** 如图 2-103 所示，选择 C3:D14 单元格区域并右击，在弹出的快捷菜单中选择“设置单元格格式”命令，在“设置单元格格式”对话框中，目前所选单元格中的数据属于自定义类型。

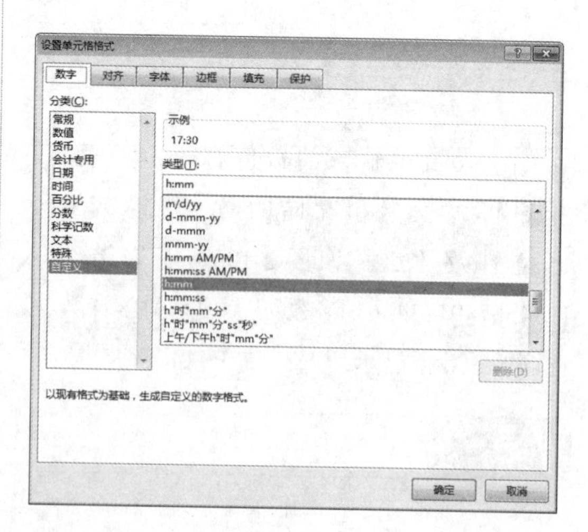


图 2-103

**step 02** 选择“分类”列表下的“时间”选项，在“类型”列表框中选择合适的类型，单击“确定”按钮，设置数字格式，如图 2-104 所示。

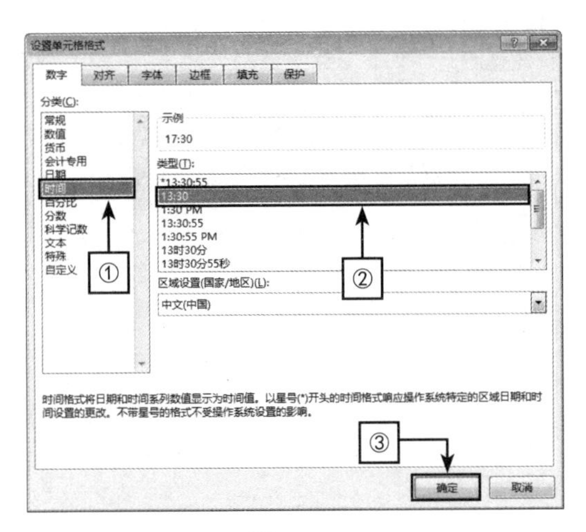


图 2-104

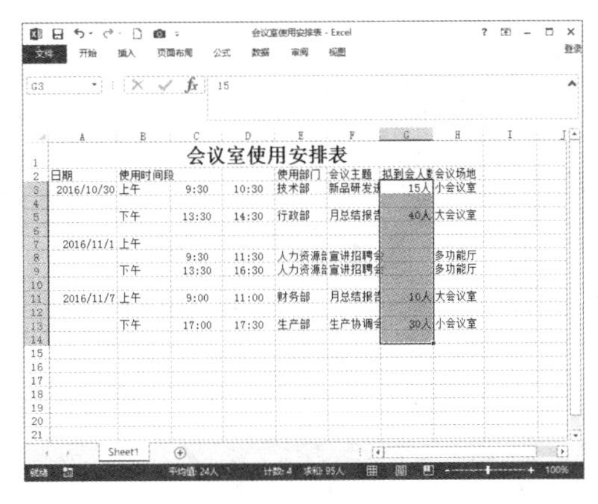

图 2-106

通过自定义单元格格式的方法，可以为数字自动添加上单位（如“人”）。

选择 G3:G14 单元格区域，打开“设置单元格格式”对话框，如图 2-105 所示，在“数字”选项卡的“分类”列表框中选择“自定义”选项，在“类型”文本框中输入自定义代码“#" 人 "”，单击“确定”按钮，得到如图 2-106 所示的结果。

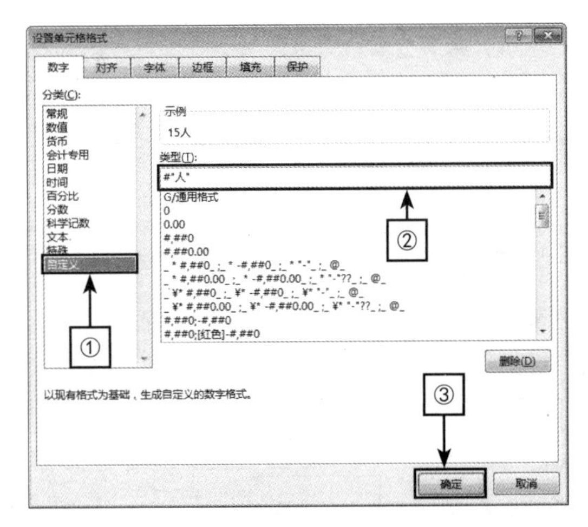


图 2-105

## 2.6.3　美化工作表

至此，所有表格数据输入完毕，接下来进行单元格格式设置及工作表美化，具体步骤如下。

**step 01** 选择 B2:D2 单元格区域，在“对齐方式”选项组中，单击“合并后居中”按钮。

**step 02** 按照相同的方法，根据需要对其他单元格进行设置，如图 2-107 所示。

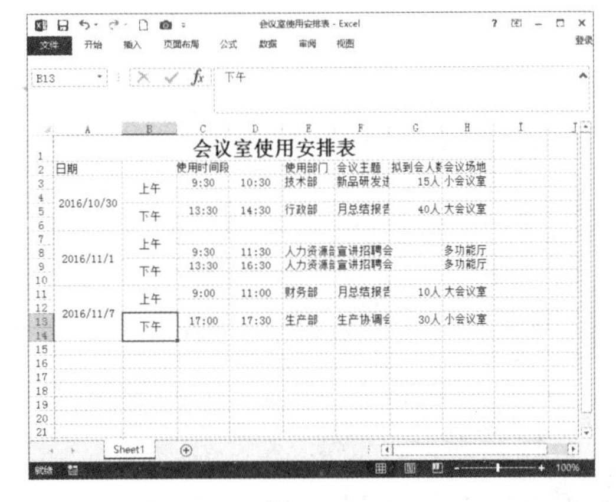

图 2-107

**step 03** 选择 A2:H2 单元格区域，在“字体”选项组中，将字体设置为“楷体”，“字号”设置为 14 并加粗，单击“居中”按钮，如图 2-108 所示。

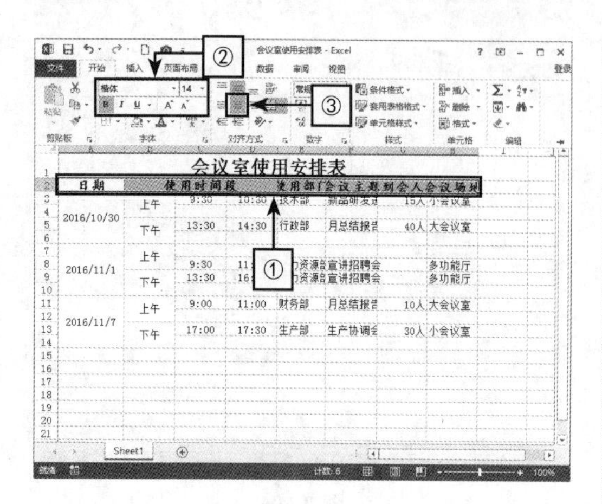

图 2-108

**step 04** 选择第 2 行单元格区域并右击，在弹出的快捷菜单中选择“行高”选项，将行高值设置为 27，如图 2-109 所示。

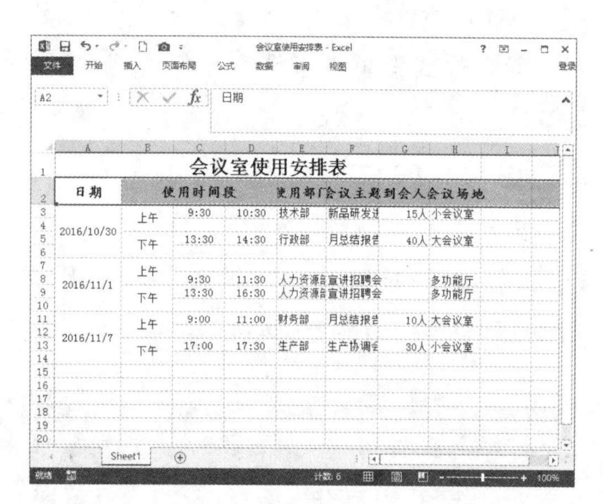

图 2-109

**step 05** 选择 A3:A14 和 C3:D14 单元格区域，进入“开始”选项卡，在“字体”选项组中单击“填充颜色”下拉按钮，选择“绿色，着色 6，60%”选项，在工作表区可以看到预览效果，如图 2-110 所示。

**step 06** 选择 A2:H14 单元格区域，进入“开始”选项卡，在“单元格”选项组中单击“格式”下拉按钮，执行“自动调整列宽”命令”，自动设置最佳列宽，并单击“居中”按钮，如图 2-111 所示。

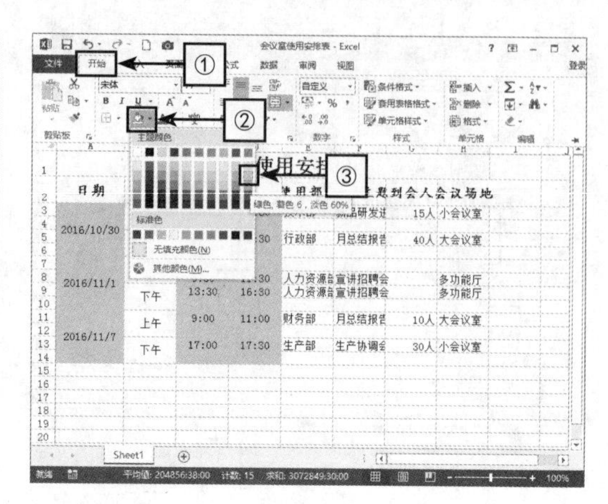

图 2-110

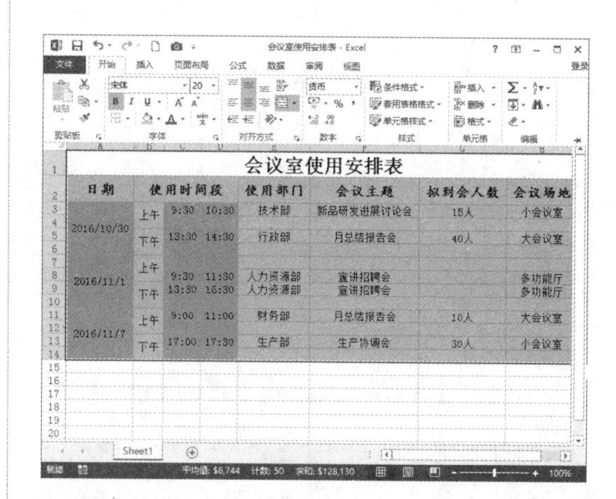

图 2-111

**step 07** 选择 A2:H12 单元格区域，打开“设置单元格格式”对话框，切换到“边框”选项卡，按照如图 2-112 所示设置内、外边框格式。

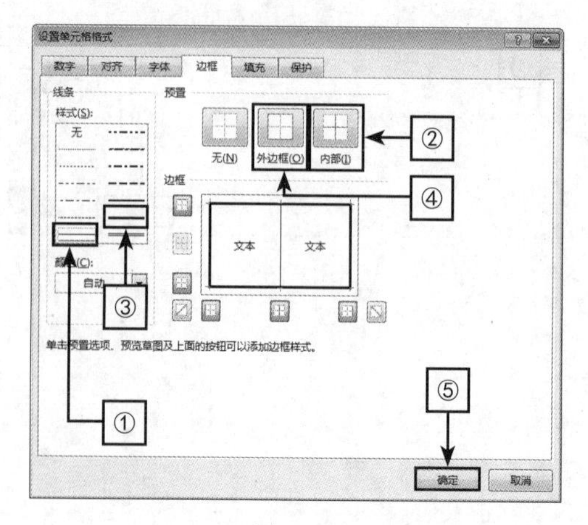

图 2-112

**step 08** 选择 A3:H14 单元格，打开“设置单元格格式”对话框，切换到“边框”选项卡，按照如图 2-113 所示设置内外边框格式。得到的结果如图 2-114 所示。

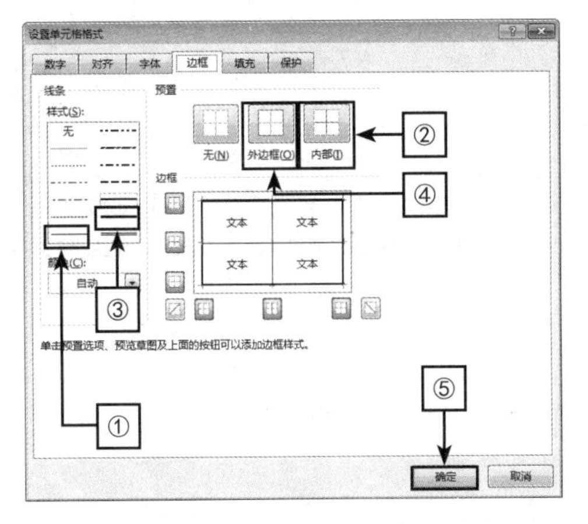


图 2-113

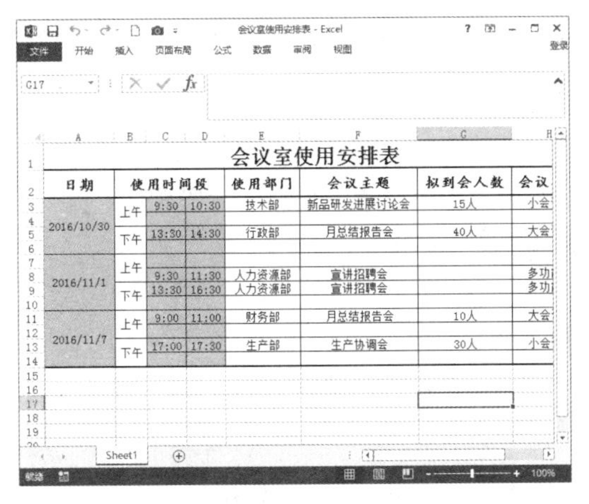

| 会议室使用安排表 | | | | | | | |
|---|---|---|---|---|---|---|---|
| 日期 | 使用时间段 | | | 使用部门 | 会议主题 | 拟到会人数 | 会议 |
| 2016/10/30 | 上午 | 9:30 | 10:30 | 技术部 | 新品研发进展讨论会 | 15人 | 小会 |
| | 下午 | 13:30 | 14:30 | 行政部 | 月总结报告会 | 40人 | 大会 |
| 2016/11/1 | 上午 | 9:30 | 11:30 | 人力资源部 | 宣讲招聘会 | | 多功 |
| | 下午 | 13:30 | 16:30 | 人力资源部 | 宣讲招聘会 | | 多功 |
| 2016/11/7 | 上午 | 9:00 | 11:00 | 财务部 | 月总结报告会 | 10人 | 大会 |
| | 下午 | 17:00 | 17:30 | 生产部 | 生产协调会 | 30人 | 小会 |

图 2-114

**提示：**

进入“开始”选项卡，在“编辑”选项组中单击“清除”下拉按钮，在下拉列表中可执行“清除格式”“清除内容”“全部清除”等命令。

### 2.6.4　保存为模板

用户可将制作的Excel工作簿保存为模板，方便以后直接套用模板中设置的单元格格式。

按 F12 键，如图 2-115 所示，在弹出的“另存为”对话框中设置保存路径、文件名，在“保存类型”下拉列表中选择“Excel 模板”，单击“保存”按钮。双击打开保存的模板，对模板进行编辑后保存，此时会出现“另存为”对话框。

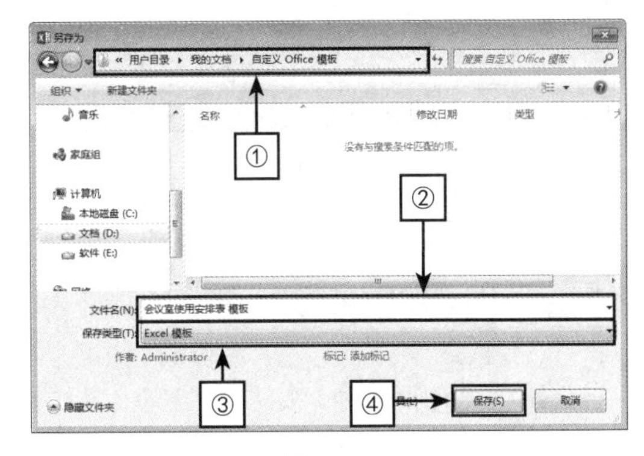


图 2-115

## 2.7　其他办公事务管理表

办公事务管理涵盖了公关接待管理、会议管理、印章管理、文书管理、档案管理与信件管理等工作，是一种包含多种工作类型的特色工作。除了上述几种办公事务管理表外，还有如参观许可证、档案明细表、公文会签单、外发信件登记表、发文登记表、档案索引表等，这些内容将在这一节中举例介绍。

## 2.7.1 参观许可证

当外来人员要对公司或工厂进行参观、学习时，通过参观许可证，可以帮助行政文秘人员记录与统计进入企业参观人员的具体情况，以便与参观企业进行沟通与协调工作。

如图 2-116 所示，许可证上需要填写参观者的相关信息，并且需要相关部门盖章。

| 参观许可证 | | | | | | | |
|---|---|---|---|---|---|---|---|
| 许可编号 | 161101 | | | 发证日期 | 2016/1/1 | 印章 | |
| 参观单位 | 湖南湘益电子有限公司 | | | 参观日期 | 2016/11/16 | | |
| 参观者姓名 | 王勇 | 职务 | 技术员 | 单位 | 湖南华纳电子有限公司 | | |
| 参观区域 | 车间 | | | 参观内容 | 员工工作、机器运作 | | |
| 参观目的 | 了解最新机器运作 | | | 参观路线 | | | |
| 相关部门签章 | | | | | | | |
| 主管副总 | | 生产部 | 行政部 | | 营销部 | 公关主管 | |

图 2-116

## 2.7.2 档案明细表

公司档案有很多种，如员工档案、器械档案、人事档案等。每种档案又有许多内容需要归档，对这些档案制作明细表进行管理，使档案的管理有条理、清晰化。

如图 2-117 所示是一张公司档案管理明细表。此表记录包括公司重大事项类、A 类勘察设计监理、B 类工程施工合同等类别在内，记录档案类别代码、文号、归档内容、提交部门、提交方式等档案信息，方便档案的管理与查询。

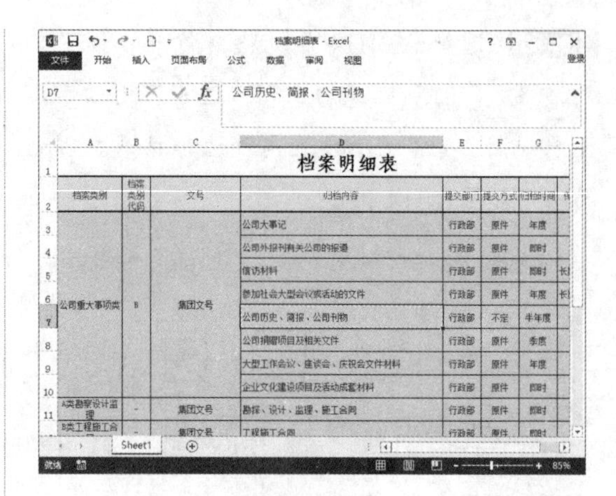

档案明细表

| 档案类别 | 档案类别代码 | 文号 | 归档内容 | 提交部门 | 提交方式 | 归档时间 |
|---|---|---|---|---|---|---|
| 公司重大事项类 | B | 集团文号 | 公司大事记 | 行政部 | 原件 | 年度 |
| | | | 公司外报刊有关公司的报道 | 行政部 | 原件 | 即时 |
| | | | 信访材料 | 行政部 | 原件 | 即时 |
| | | | 参加社会大型会议或活动的文件 | 行政部 | 原件 | 年度 |
| | | | 公司历史、简报、公司刊物 | 行政部 | 不定 | 半年度 |
| | | | 公司捐赠项目及相关文件 | 行政部 | 原件 | 季度 |
| | | | 大型工作会议、座谈会、庆祝会文件材料 | 行政部 | 原件 | 年度 |
| | | | 企业文化建设项目及活动成套材料 | 行政部 | 原件 | 即时 |
| A类勘察设计监理 | - | 集团文号 | 勘探、设计、监理、施工合同 | 行政部 | 原件 | 即时 |
| B类工程施工合 | - | 集团文号 | 工程施工合同 | 行政部 | 原件 | 即时 |

图 2-117

## 2.7.3 公文会签单

当公文内容涉及其他部门职权范围时，要与这些部门进行协商，部门的领导要对文稿进行审核，并会同签发，此时就需要填写公文会签单。

如图 2-118 所示，公文会签单里记录了要签发的文件、时限、密级、会签顺序、接交文时间等。

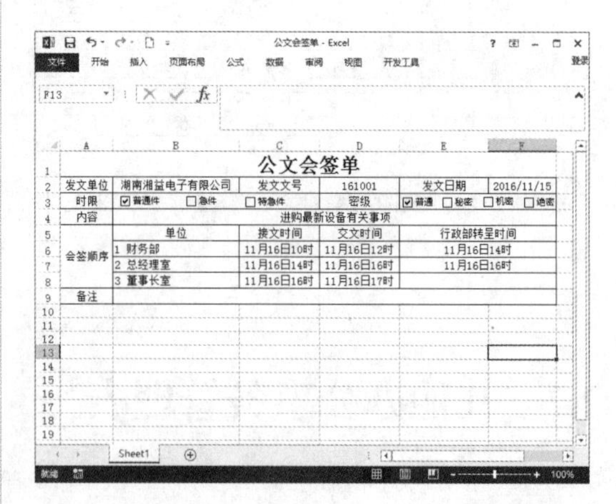

| 公文会签单 | | | | | |
|---|---|---|---|---|---|
| 发文单位 | 湖南湘益电子有限公司 | 发文文号 | 161001 | 发文日期 | 2016/11/15 |
| 时限 | ☑普通件 □急件 | □特急件 | 密级 | ☑普通 □秘密 □机密 □绝密 | |
| 内容 | 进购最新设备有关事项 | | | | |
| 会签顺序 | 单位 | 接文时间 | 交文时间 | 行政部转呈时间 | |
| | 1 财务部 | 11月16日10时 | 11月16日12时 | 11月16日14时 | |
| | 2 总经理室 | 11月16日14时 | 11月16日16时 | 11月16日16时 | |
| | 3 董事长室 | 11月16日16时 | 11月16日17时 | | |
| 备注 | | | | | |

图 2-118

## 2.7.4　外发信件登记表

当公司需要向外发送信件时，需要填写外发信件登记表，便于公司对外发信件进行管理。

如图 2-119 所示，登记表上记录了外发时间、信件信息、发信人信息等。

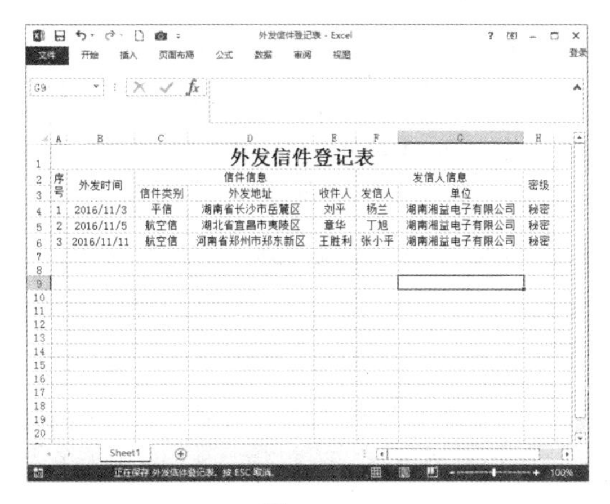

外发信件登记表

| 序号 | 外发时间 | 信件信息 | | | | 发信人信息 | 密级 |
|---|---|---|---|---|---|---|---|
| | | 信件类别 | 外发地址 | 收件人 | 发信人 | 单位 | |
| 1 | 2016/11/3 | 平信 | 湖南省长沙市岳麓区 | 刘平 | 杨兰 | 湖南湘益电子有限公司 | 秘密 |
| 2 | 2016/11/5 | 航空信 | 湖北省宜昌市夷陵区 | 章华 | 丁旭 | 湖南湘益电子有限公司 | 秘密 |
| 3 | 2016/11/11 | 航空信 | 河南省郑州市郑东新区 | 王胜利 | 张小平 | 湖南湘益电子有限公司 | 秘密 |

图 2-119

## 2.7.5　发文登记表

当公司发布各种文件时，需要对发布的文件进行登记并管理。

如图 2-120 所示，主要记录发文日期、文件标题等内容。

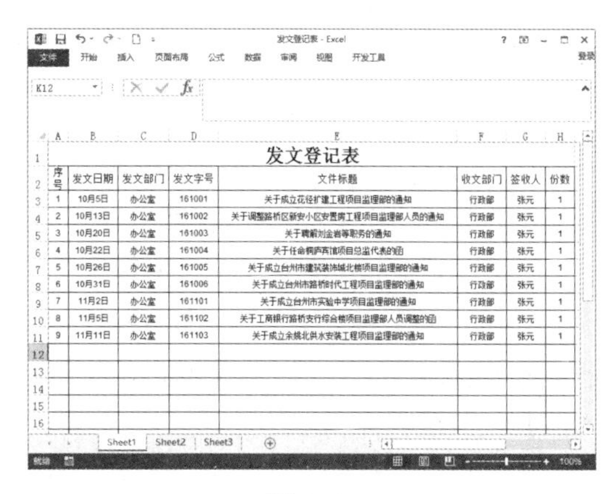

发文登记表

| 序号 | 发文日期 | 发文部门 | 发文字号 | 文件标题 | 收文部门 | 签收人 | 份数 |
|---|---|---|---|---|---|---|---|
| 1 | 10月5日 | 办公室 | 161001 | 关于成立花径扩建工程项目监理部的通知 | 行政部 | 张元 | 1 |
| 2 | 10月13日 | 办公室 | 161002 | 关于调整路桥区新安小区安置房工程项目监理部人员的通知 | 行政部 | 张元 | 1 |
| 3 | 10月20日 | 办公室 | 161003 | 关于聘解刘金岩等职务的通知 | 行政部 | 张元 | 1 |
| 4 | 10月22日 | 办公室 | 161004 | 关于任命桐庐宾馆项目总监代表的函 | 行政部 | 张元 | 1 |
| 5 | 10月26日 | 办公室 | 161005 | 关于成立台州市建筑装饰城北楼项目监理部的通知 | 行政部 | 张元 | 1 |
| 6 | 10月31日 | 办公室 | 161006 | 关于成立台州市路桥时代工程项目监理部的通知 | 行政部 | 张元 | 1 |
| 7 | 11月2日 | 办公室 | 161101 | 关于成立台州市实验中学项目监理部的通知 | 行政部 | 张元 | 1 |
| 8 | 11月5日 | 办公室 | 161102 | 关于工商银行路桥支行综合楼项目监理部人员调整的函 | 行政部 | 张元 | 1 |
| 9 | 11月11日 | 办公室 | 161103 | 关于成立余姚北供水安装工程项目监理部的通知 | 行政部 | 张元 | 1 |

图 2-120

## 2.7.6　档案索引表

档案索引表即是将档案内容及存储位置等做成 Excel 表格，方便对档案的查找与管理。

如图 2-121 所示，用户可根据存档号，查询档案名称、档案内容、对档案的处理情况等，如有需要，可从存储位置将档案调出。

档案索引表

| 存档号 | 档案名称 | 建档日期 | 存储位置 | 档案内容 | 处理 |
|---|---|---|---|---|---|
| GLB20161115-1 | 合同评审表 | 2016/11/15 | 1 | 合同评审 | 保存 |
| YW20161125-2 | 估价表 | 2016/11/25 | | 模具估价 | |
| GCB20161116-1 | 文件目录 | 2016/11/16 | 2 | 模具设计图纸目录 | |
| GCB20161130-2 | 图纸 | 2016/11/30 | | 模具设计图纸 | |
| 2016-120-2-11 | 文件分发记录 | 2016/11/23 | 3 | 图纸分发签收 | |
| GCB20161225-1 | 质量计划 | 2016/12/25 | | 模具质量计划 | |
| GCB20161120-1 | 模具检讨书 | 2016/11/20 | 4 | 模具改善 | |

图 2-121

# 2.8　本章小结与职场感悟

❑ 本章小结

行政文秘担负着上情下达、下情上报、对外交往和后勤服务等工作，处于协调公司各部门、连接领导和员工的枢纽地位，需要认真做好信息收集管理工作。作为行政文秘人员，必须时刻注意信息资料的收集与存档工作，熟练掌握 Excel 软件是有必要的。本章通过一系列实例，主要介绍了一些常用办公事务管理表格的创建、数据的录入、整理、表格美化等内容，囊括文秘与行政办公应用的多个方面，包括员工档案管理、会议及会议室管理、信息文档管理等。

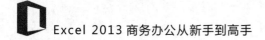

❐ 职场感悟——职场生涯扬帆于选择

人生中最大的幸福莫过于选对两件事，一是找对单位、找对老板、找对上司；二是找对爱人。

正确的选择是非常重要的，然而现实生活中很多人面临选择时竟会非常草率。有的人在面对选择影响自己未来命运的工作上懒得花太多的时间和精力，竟然比花在购买衣服上的心思要少。几乎没有人认为自己是错误的，没有人会故意做出一个不利于自己的决定。之所以选错，往往是由于不清楚自己的定位，不懂得如何选择。很多人无法很好地认识自己，不清楚自己的长处所在，不清楚自己想要做什么，又迫于生存压力，抱着试一试的心态，先随便找一份工作干下去，并通过不断变换工作，在各种职位上适应、磨合，希望在跳槽的过程中，找到自己的兴趣所在，最终找到合适自己的工作，在工作岗位上实现自己的价值。但是，自己没有明确的目标，像无头苍蝇一样到处乱飞，先做几个月销售，又做几个月文职工作，天下工作数不尽数，能恰好碰到合适的发展环境谈何容易。随着时间的逝去，到头来自己还是碌碌无为。就算不能明确终点目标，也要缩小自己希望从事工作的范围，并在这个范围内摸索寻找，这样到了新的工作单位，之前的努力仍不算白费，所积累的经验也会变成人生的助力。

对于工作的选择，其实就是选择了自己将要过怎样的人生。各大人才市场、各种招聘单位、各种高薪职业，对于工作的选择要有自己的标准，要从自己的兴趣爱好、理想追求出发，把工作当成人生来选择。在职业生涯开始之前，多花心思去思考自己未来的方向，找到适合自己生长的那片土地，在没有选对明确的方向以前，单纯地谈速度是没有太大意义的，甚至有时思考等待优于行动。

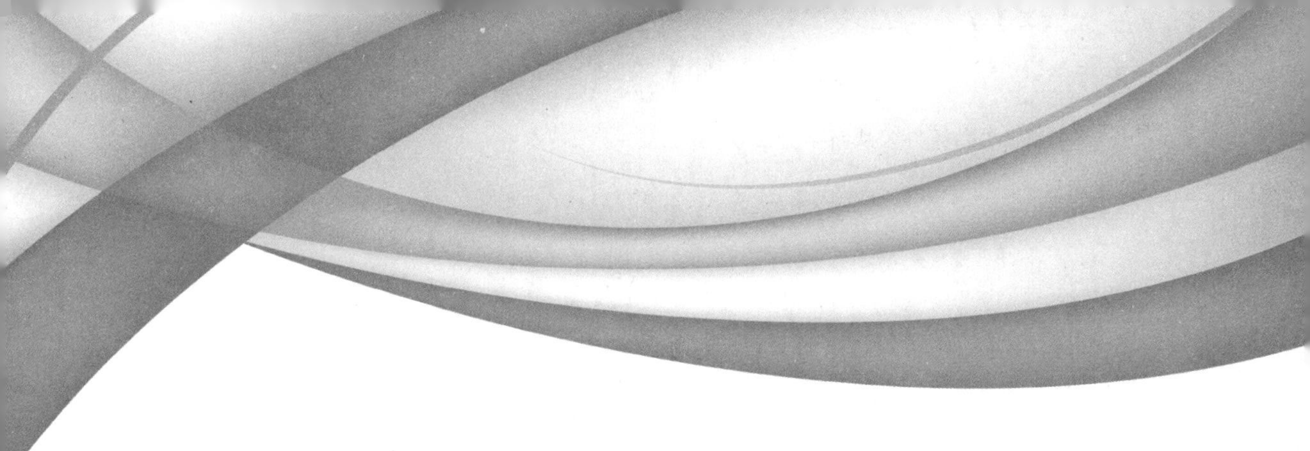

# 第 3 章

## 行政文秘：按住物资费用的肩膀

本章内容

公司的行政文秘除了管理公司的办公事务外，还需要管理一部分物资费用，如通信费用、招待费用、行政费用、固定资产、办公用品费用和其他物资费用等。在本章中，将运用 Excel 2013 将上述物资费用制作成电子表格，从而方便管理工作的进行。

# 3.1 制作通信费用报销单

利用 Excel 制作通信费用报销单，通过部门下拉列表，同时为若干不同部门使用，方便企业统一管理报销单据。

## 3.1.1 制作基础内容

制作基础内容主要包括输入基础内容、设置数字格式、制作表格标题、设置居中对齐方式等操作。

step 01 启动 Excel 2013 软件，创建并保存“通信费用报销单”。

step 02 选择 A1 单元格，输入标题文本内容，如图 3-1 所示。

step 03 选择 A2 单元格，根据需要输入相关文本内容，如图 3-2 所示。

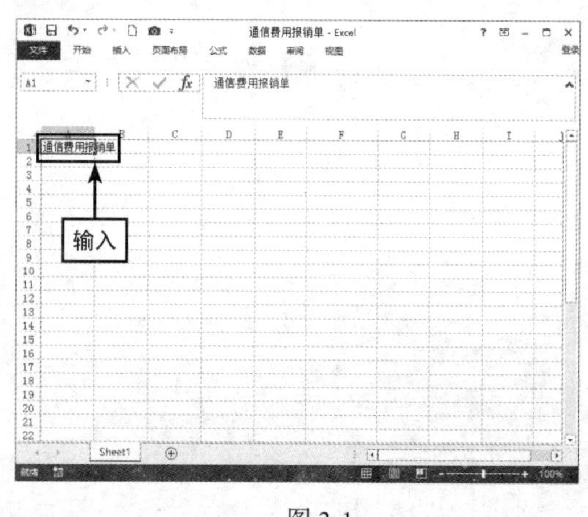


图 3-1

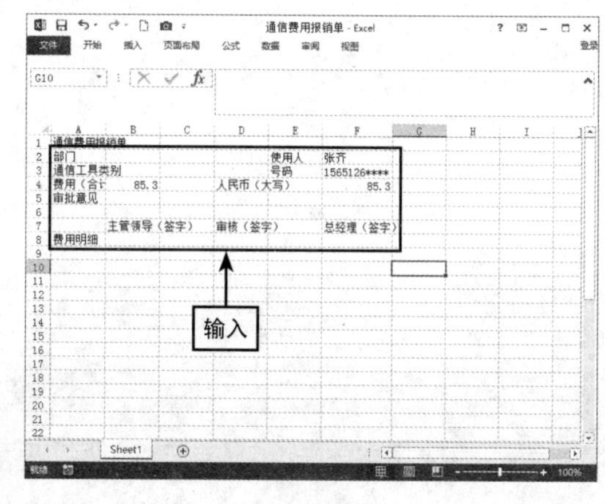


图 3-2

step 04 选中 B4 单元格，在“数字”选项组中单击“数字格式”下拉按钮，在弹出的下拉列表中选择“货币”选项，如图 3-3 所示。

step 05 选中 F4 单元格并右击，从弹出的快捷菜单中选择“设置单元格格式”命令，打开“设置单元格格式”对话框，在“数字”选项卡的“分类”列表中选择“特殊”选项，在“类型”列表框中选择“中文大写数字”选项，如图 3-4 所示，单击“确定”按钮。

**提示：**

进入“开始”选项卡，单击“数字”选项组的对话框启动器按钮，或按【Ctrl+1】组合键，打开“设置单元格格式”对话框。

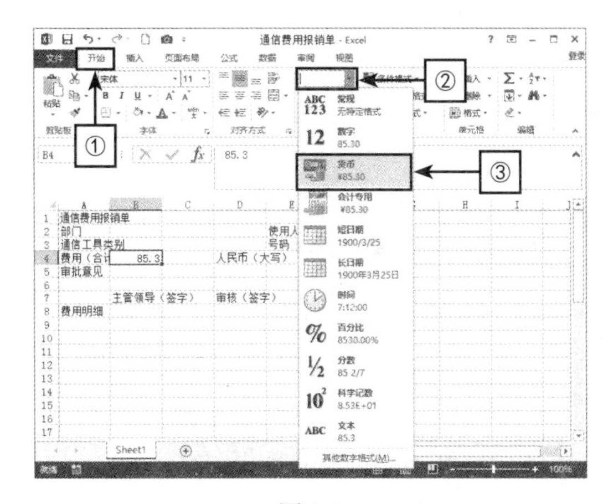

图 3-3

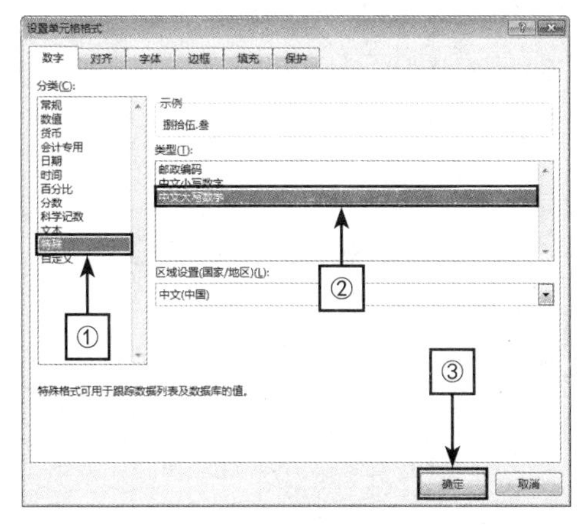

图 3-4

**step 06** 再次打开“设置单元格格式”对话框，在“分类”列表中选择“自定义”选项，在“类型”文本框最前面添加“$”符号，如图 3-5 所示。

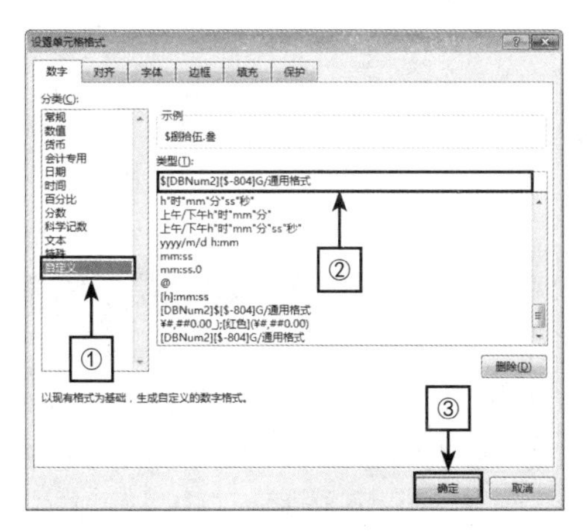

图 3-5

**提示：**

在中文输入法状态下，按【Shift+4】组合键，可输入￥符号；在英文输入法状态下，按【Shift+4】组合键，可输入 $ 符号。

**step 07** 合并并居中排列 A1:F1 单元格区域，在“字体”选项组中，将字体设置为“华文行楷”，“字号”设置为 20，如图 3-6 所示。

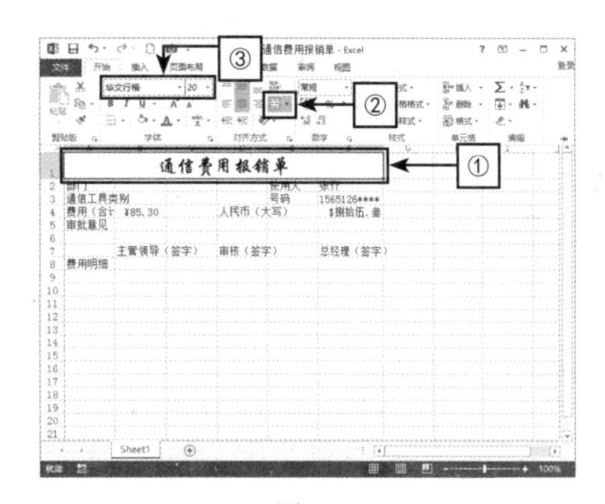

图 3-6

**step 08** 根据需要，对表格中的单元格区域执行“合并后居中”命令，结果如图 3-7 所示。

图 3-7

**step 09** 选中 A2:F8 单元格区域，单击“居中”按钮，如图 3-8 所示。

**step 10** 选择合并后的 A5 单元格，在“对齐方式”选项组中，单击“顶端对齐”“左对齐”按钮，如图 3-9 所示。

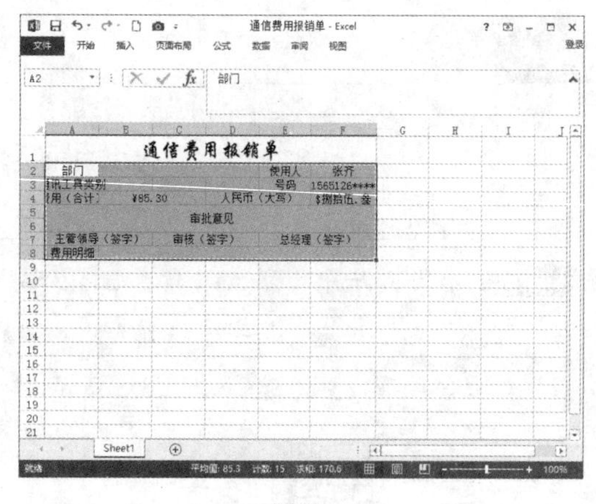

图 3-8

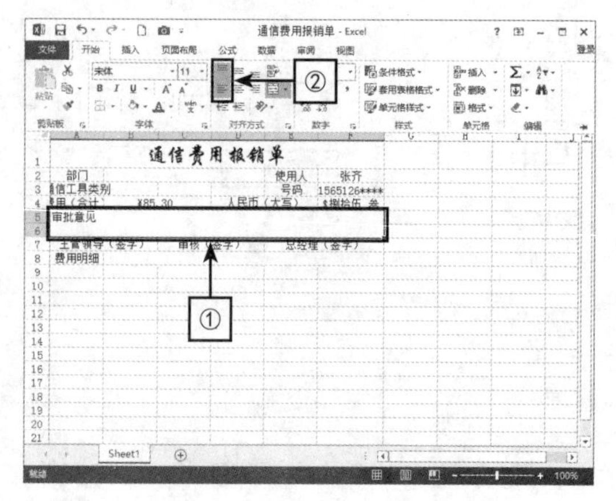

图 3-9

**step 11** 选择 A7:F7 单元格区域，单击“左对齐”按钮，如图 3-10 所示。

**step 12** 选择第 A 至 F 列单元格区域，如图 3-11 所示，在“单元格”选项组中单击“格式”下拉按钮，在弹出的下拉列表中选择“自动调整列宽”命令，完成表格基础内容的制作。

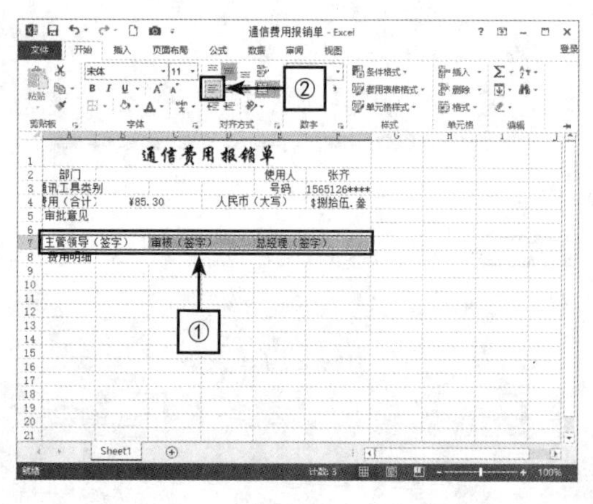

图 3-10

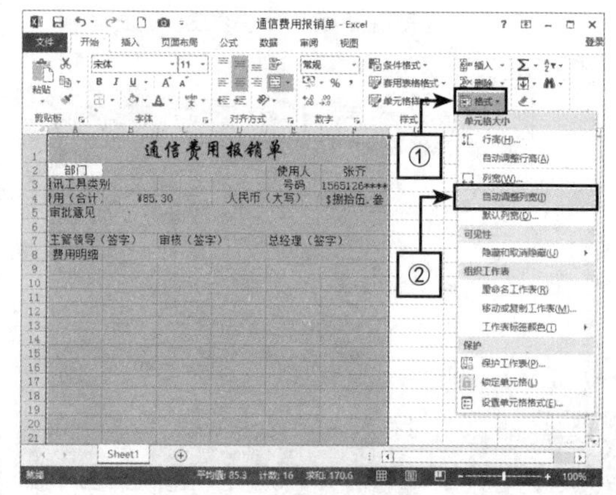

图 3-11

## 3.1.2 插入并复制控件

### 1. 插入表单控件

通过插入表单控件可以插入方框，在方框上单击就能达到打钩的效果，具体插入表单控件的步骤如下。

**step 01** 在功能区右击，在快捷菜单中选择“自定义功能区”选项，打开“Excel 选项”对话框。

**step 02** 在打开的“Excel 选项”对话框右侧的主选项卡中选择“开发工具”选项，单击“确定”按钮，如图 3-12 所示，将“开发工具”选项卡添加至功能区，如图 3-13 所示。

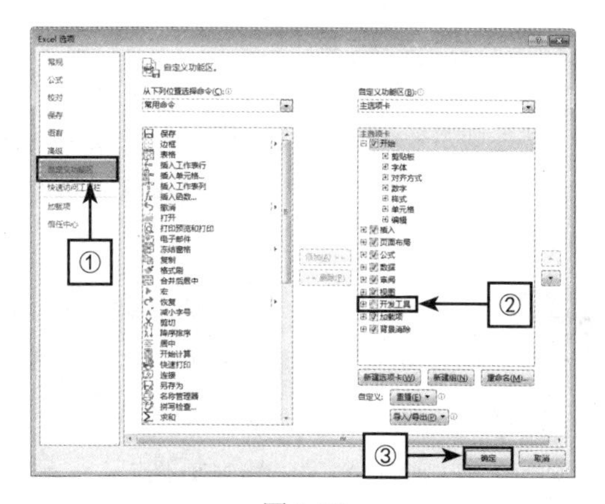


图 3-12

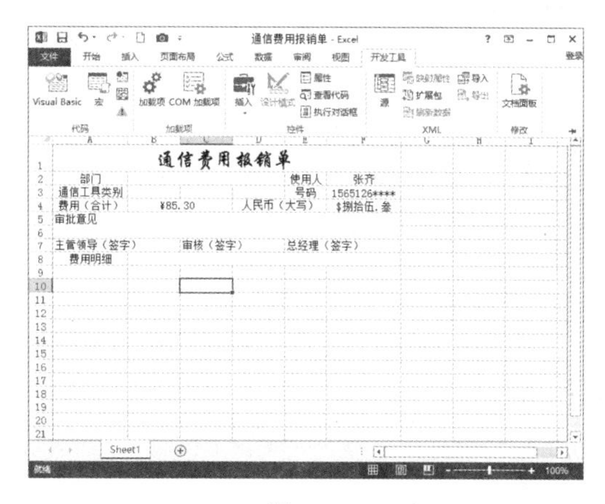


图 3-13

**step 03** 进入“开发工具”选项卡，在“控件”选项组中单击“插入”下拉按钮，在弹出的下拉列表中单击“复选框（窗体控件）”按钮，单击任意单元格，添加控件，如图 3-14 所示。

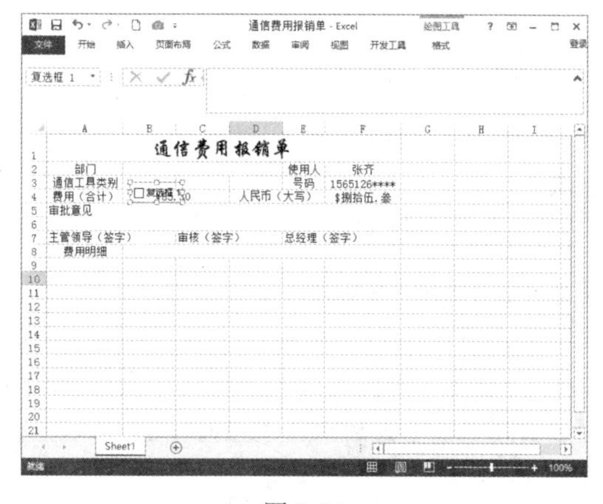


图 3-14

**step 04** 对插入的控件进行文本编辑，并调整控件的大小和位置，如图 3-15 所示。

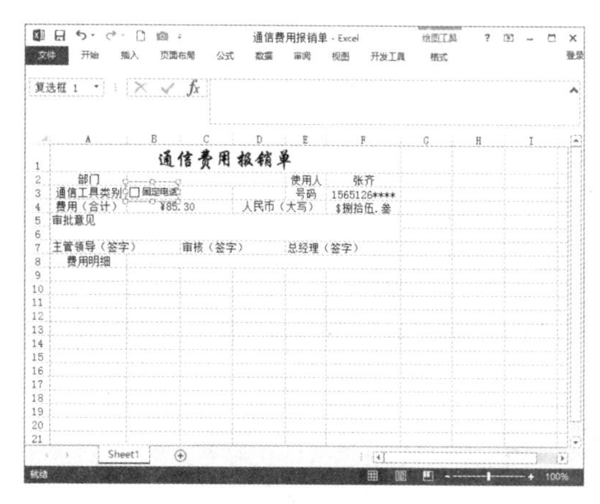


图 3-15

## 2. 复制表单控件

**step 01** 右击控件，在弹出的快捷菜单中选择“复制”选项，或按【Ctrl+C】组合键复制控件，如图 3-16 所示。

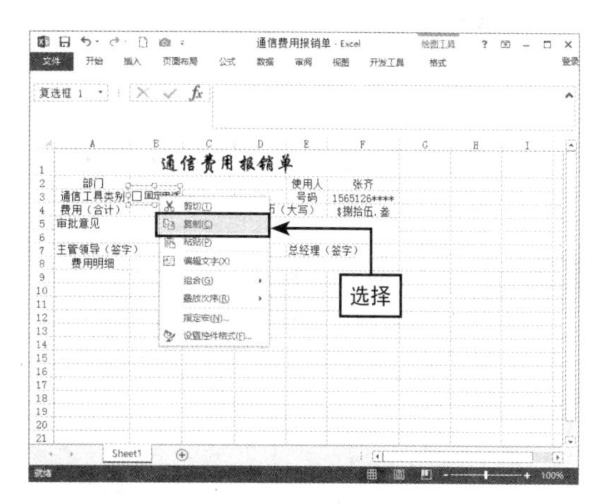


图 3-16

**step 02** 单击任意单元格并右击，在弹出的快捷菜单中选择“粘贴选项”下的“粘贴”按钮，将控件粘贴至新的位置，如图 3-17 所示。或按【Ctrl+V】组合键粘贴控件。

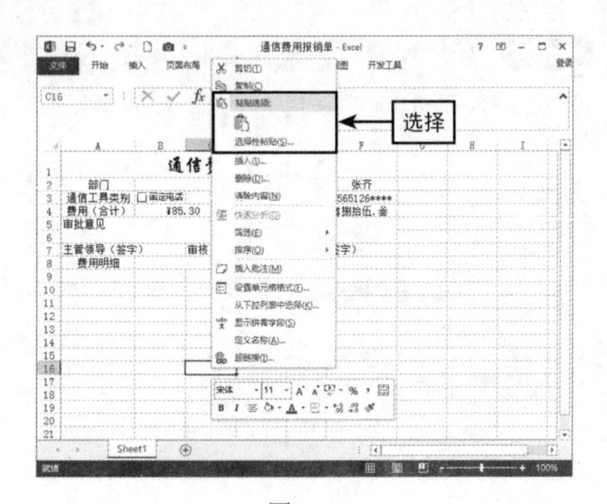

图 3-17

**step 03** 编辑控件文本，并根据需要调整粘贴控件至合适的位置，如图 3-18 所示。

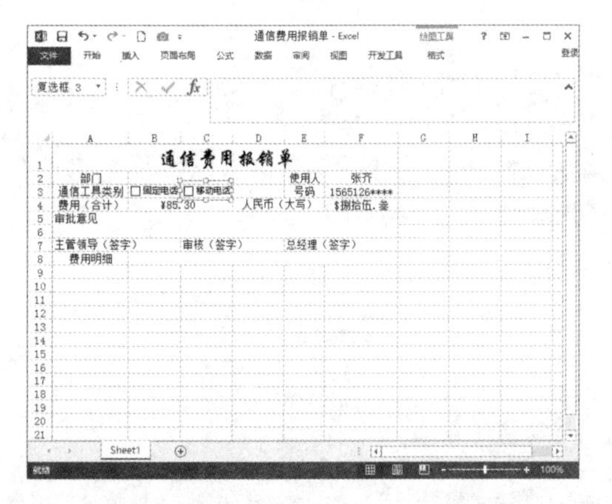

图 3-18

**step 04** 重复步骤 02 和 03，复制并调整控件位置，并勾选相应的控件，最终结果如图 3-19 所示。

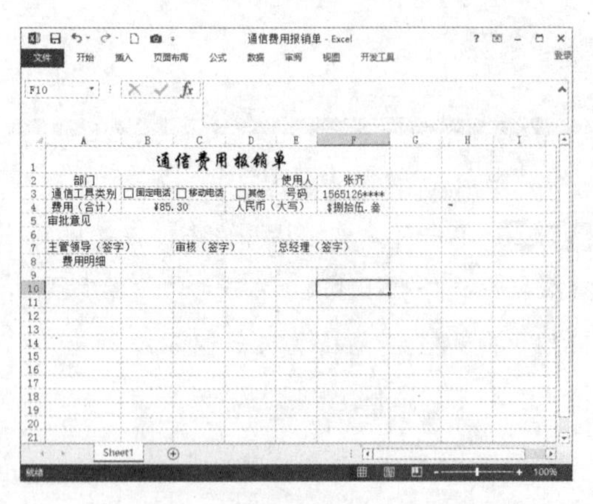

图 3-19

## 3.1.3 美化表格

表格内容输入完成后，用户可对表格的样式进行设置，具体包括设置边框格式、设置单元格样式等操作。

**step 01** 选中 A2:F8 单元格区域，进入“开始”选项卡，在“字体”选项组中单击“下框线”下拉按钮，选择“所有框线”选项，为单元格区域设置内边框格式，如图 3-20 所示。

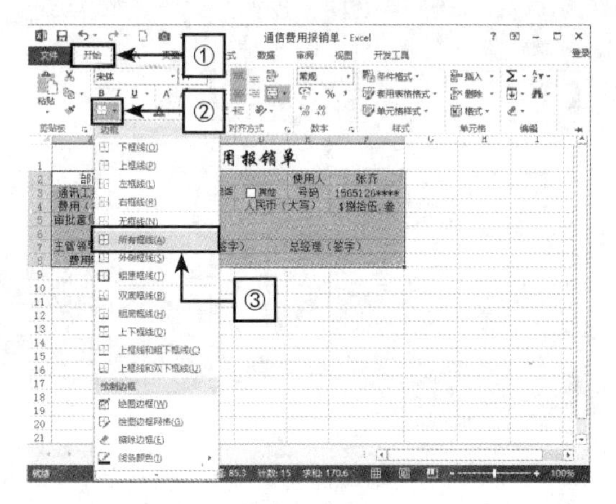

图 3-20

**step 02** 选中 A2:F8 单元格区域，进入“开始”选项卡，在“字体”选项组中单击“所有框线”下拉按钮，选择“粗匣框线”选项，为单元格区域设置外边框格式，如图 3-21 所示。

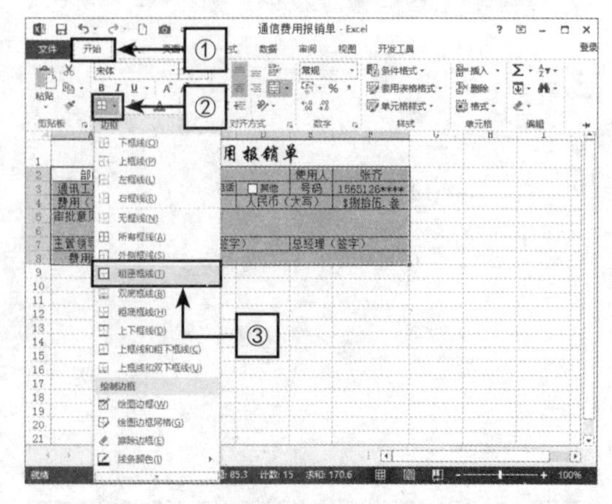

图 3-21

**step 03** 选中 A2:F8 单元格区域，如图 3-22 所示，进入“开始”选项卡，在“样式”选项组中单击“单元格样式”下拉按钮，选择“适中”选项，在工作表区可以看到预览效果，设置表格单元格样式，最终效果如图 3-23 所示。

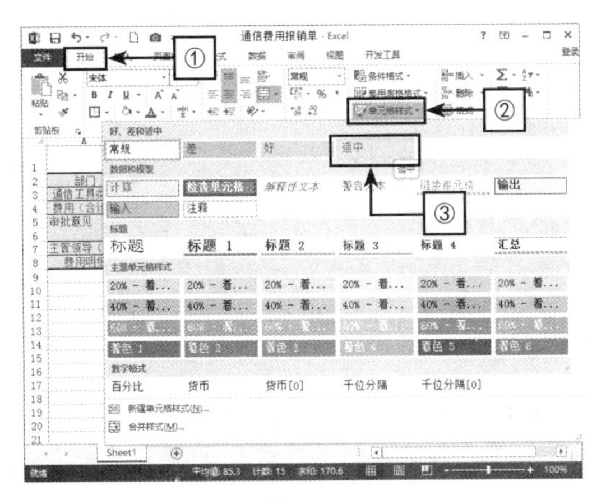


图 3-22

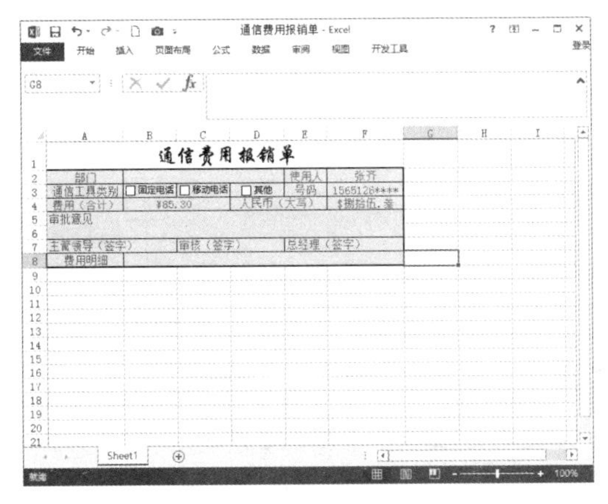


图 3-23

## 3.1.4　制作部门下拉列表

从表格中可以看到，“部门”包含的内容为空。为了方便填写同时减少数据输入失误的次数，可以制作“部门”下拉列表，具体制作步骤如下。

**step 01** 选择合并后的 B2 单元格，进入“数据”选项卡，在“数据工具”选项组单击“数据验证”下拉按钮，执行“数据验证”命令。

**step 02** 打开“数据验证”对话框，在“设置”选项卡的“允许”列表中选择“序列”选项，在“来源”文本框中输入相关文本，如图 3-24 所示。

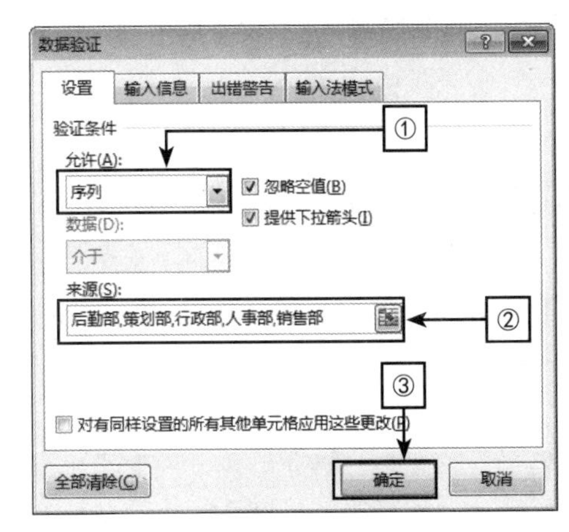


图 3-24

**step 03** 单击“确定”按钮，完成数据验证的设置操作，为 B2 单元格添加数据验证功能，单击下拉按钮，选择所需数据内容即可快速输入，如图 3-25 所示。

图 3-25

# 3.2 制作招待费用报销单

招待费用是指公司为业务经营的需要而支付的各种交际应酬费，列入管理费用账户。当需要向公司报销招待费用时，首先要填写招待费用报销单。

## 3.2.1 制作基础表格

制作基础表格主要包括输入基础内容，设置数字格式等步骤。

**step 01** 启动 Excel 2013 软件，创建并保存“招待费用报销单”。

**step 02** 根据需求输入表格基础内容，如图 3-26 所示。

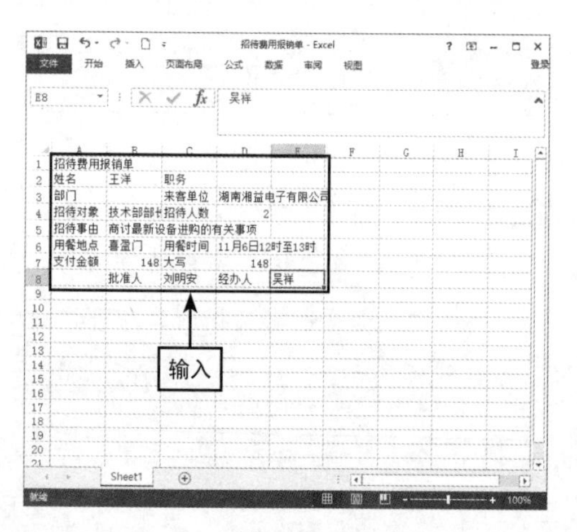


图 3-26

**step 03** 选中 B7 单元格并右击，选择“设置单元格格式”选项，打开“设置单元格格式”对话框，如图 3-27 所示。在“数字”选项卡的“分类”列表中选择“货币”选项，单击“确定”按钮。

**step 04** 选中 D7 单元格并右击，选择“设置单元格格式”选项，打开“设置单元格格式”对话框，如图 3-28 所示，在“数字”选项卡的“分类”列表中选择“特殊”选项，在“类型”列表框中选择“中文大写数字”选项，单击“确定”按钮。

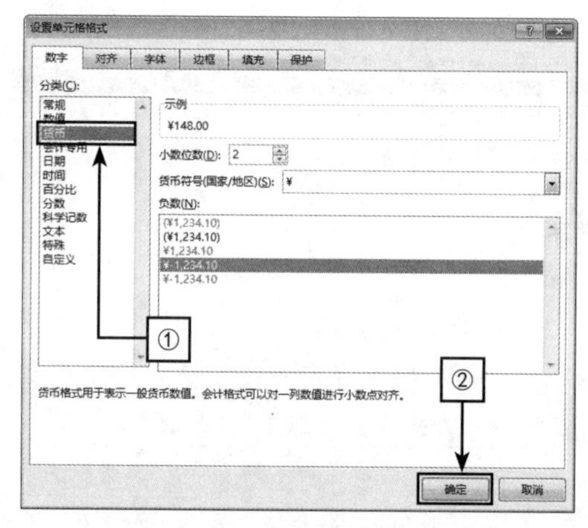


图 3-27

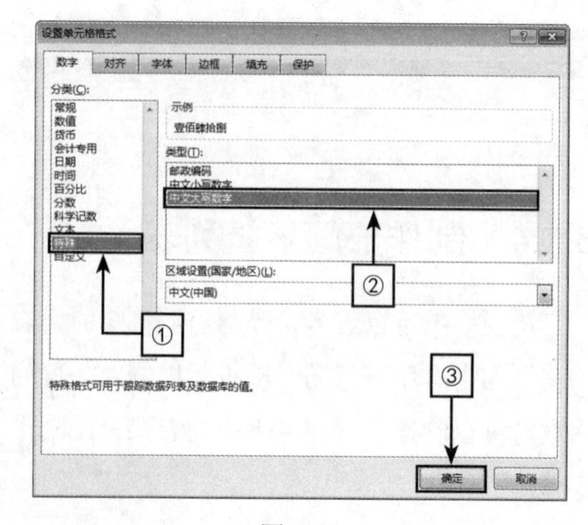


图 3-28

**step 05** 再次打开“设置单元格格式”对话框，在“分类”列表中选择“自定义”选项，在其“类型”文本框最前面添加 $ 符号，单击“确定”按钮，如图 3-29 所示。

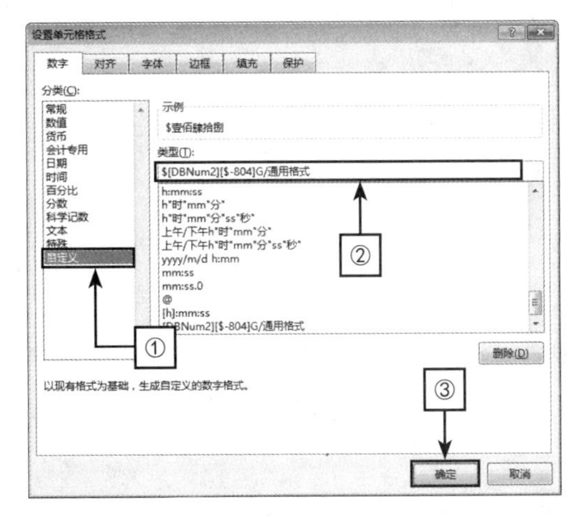


图 3-29

## 3.2.2　制作职务选择列表

为了减轻每次录入数据时的工作量，同时避免数据录入出错，可将“职务”一栏做成选择列表，具体步骤如下。

**step 01** 如果选择项很多，可以在工作表中创建职务列表，如图 3-30 所示。

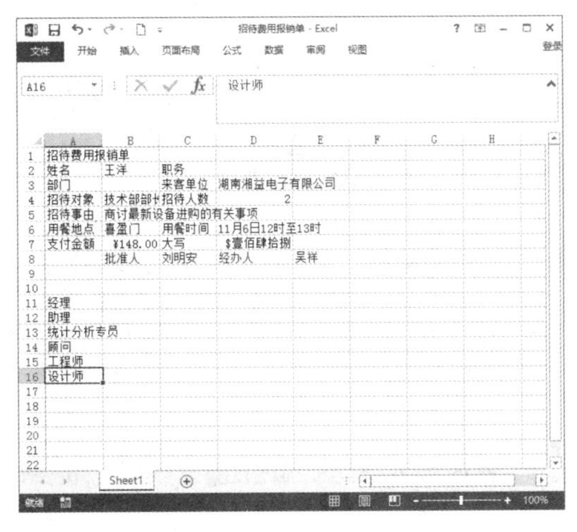


图 3-30

**step 02** 选择 D2 单元格，进入“数据”选项卡，在“数据工具”选项组中单击“数据验证”下拉按钮，执行“数据验证”命令。

**step 03** 打开“数据验证”对话框，在“设置”选项卡的“允许”列表中选择“序列”选项。单击“来源”文本框右侧的折叠按钮，引用提前添加的列表，如图 3-31 所示。

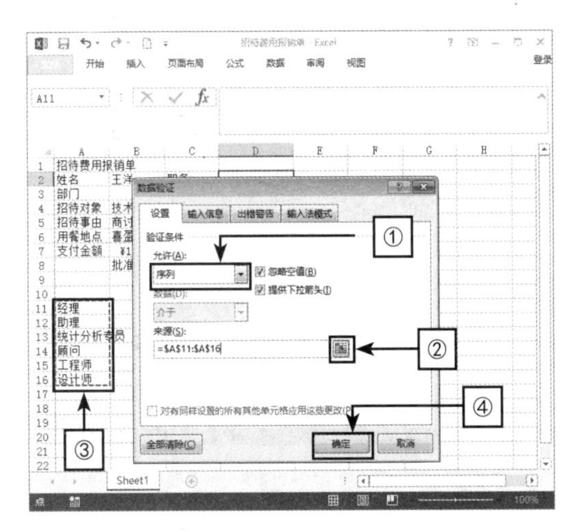


图 3-31

**step 04** 单击“确定”按钮，完成数据验证的设置操作，为 B2 单元格添加数据验证功能，单击下拉按钮，选择所需数据内容即可快速输入，如图 3-32 所示。

图 3-32

## 3.2.3 制作部门选择列表

采用与制作职务选择列表相同的方法，即可制作部门选择列表。

**step 01** 在工作表中创建部门选择项列表，如图 3-33 所示。

图 3-33

**step 02** 选择 B3 单元格，在“数据验证”对话框中将新添加的部门列表引用到“来源”文本框中，如图 3-34 所示。

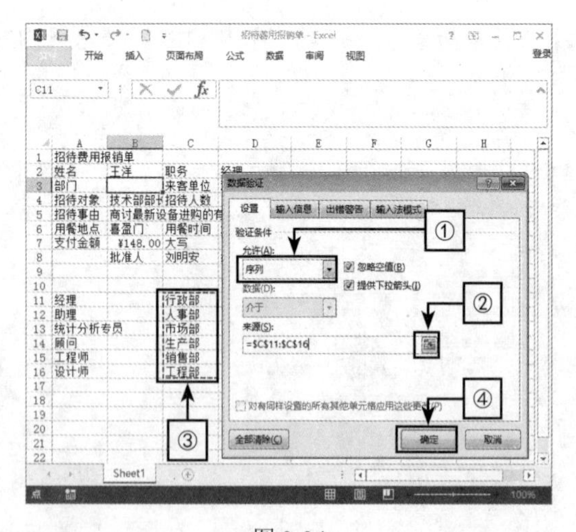


图 3-34

**step 03** 单击“确定”按钮，完成数据验证的设置操作，为 B3 单元格添加数据验证功能，单击下拉按钮，选择所需数据内容完成快速输入，最终结果如图 3-35 所示。

图 3-35

## 3.2.4 美化工作表

从制作的表格中可以看到，数据堆积在一起，不够大方、美观，需对工作表样式进行美化，具体步骤包括设置标题文本格式、设置居中对齐方式、设置表格边框格式、套用单元格样式等。

**step 01** 合并并居中 A1:E1 单元格区域，在“字体”选项组中，将字号设置为 20 并加粗，如图 3-36 所示。

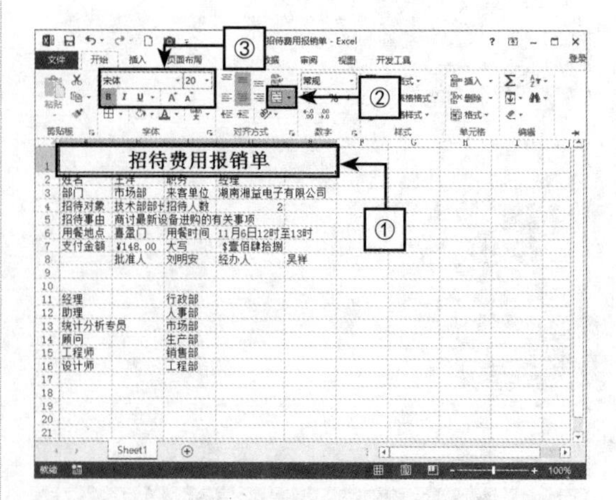


图 3-36

**step 02** 选择 A2:E8 单元格区域，单击"居中"按钮，如图 3-37 所示。

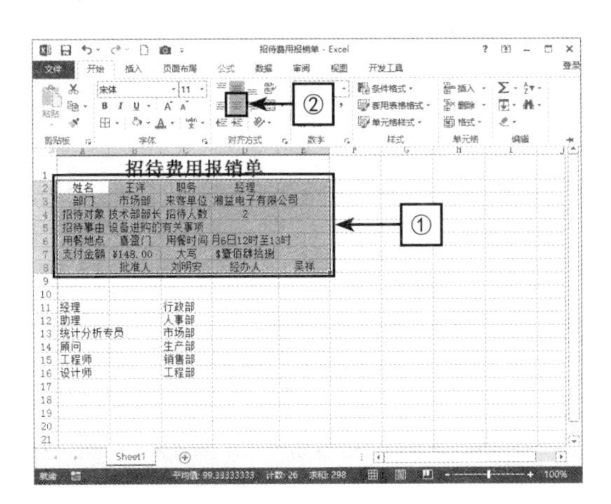

图 3-37

**step 03** 根据需要合并单元格区域。

**step 04** 选择 B 列单元格区域并右击，如图 3-38 所示，从快捷菜单中选择"列宽"选项，在打开的"列宽"对话框中输入行高值为 10。

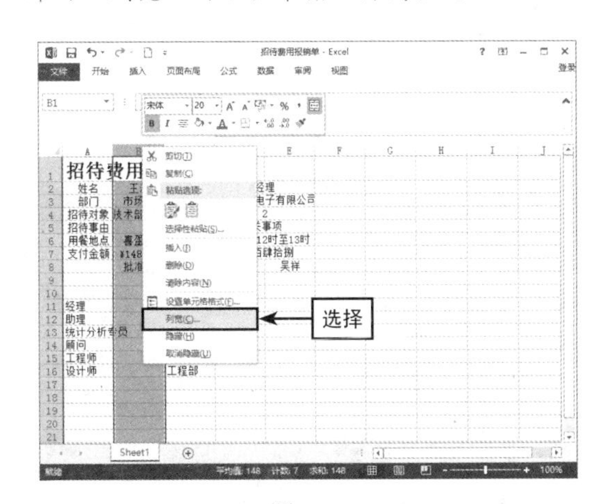


图 3-38

**step 05** 选择第 2 至 8 行单元格区域，在行标签处右击，选择"行高"选项，在打开的"行高"对话框中输入行高值为 16，如图 3-39 所示。

**step 06** 选择 A2:E8 单元格区域，进入"开始"选项卡，在"字体"选项组中单击"下框线"下拉按钮，选择"所有框线"选项，为单元格区域设置边框格式，如图 3-40 所示。

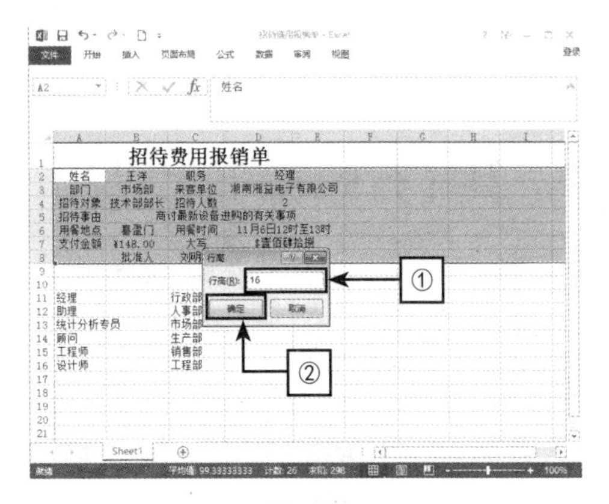

图 3-39

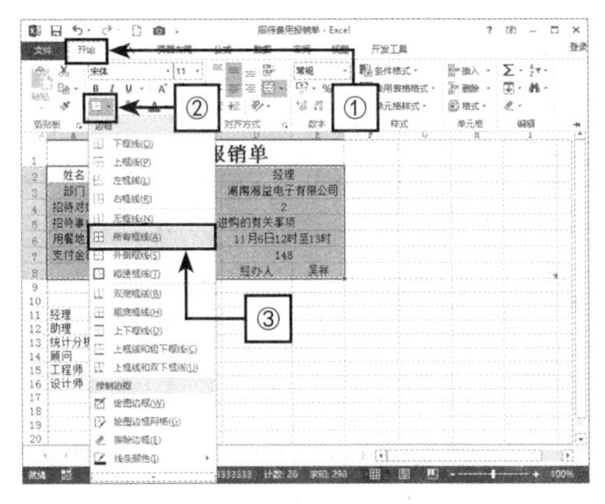

图 3-40

**step 07** 选中 A2:E8 单元格区域，进入"开始"选项卡，在"样式"选项组中单击"单元格样式"下拉按钮，选择"好"选项，在工作表区可以看到预览效果，设置表格单元格样式，最终结果如图 3-41 所示。

图 3-41

# 3.3 制作行政费用计划表

行政费用计划表是统计各项行政费用的表格，主要包括各费用科目的上年度平均数、本年度各季度预算数、变动量、变动率与排名等数据。通过行政费用计划表，行政文秘人员可以严格控制行政费用的支出情况。

## 3.3.1 创建费用计划表

创建行政费用计划表主要包括输入基础内容、填充数据、自定义数字格式等操作，具体步骤如下。

**step 01** 启动 Excel 2013，创建并保存“行政费用计划表”。

**step 02** 根据需要输入表格基础内容，如图 3-42 所示。

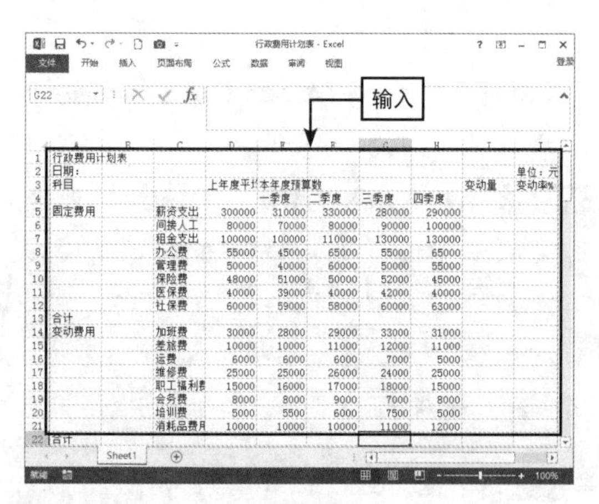


图 3-42

**step 03** 合并并居中 A1:K1 单元格区域，在“字体”选项组中，将字号设置为 16，并加粗，如图 3-43 所示。

**step 04** 根据需要合并所需单元格区域。

**step 05** 选择 A3:K23 单元格区域，进入“开始”选项卡，在“字体”选项组中单击“下框线”下拉按钮，选择“所有框线”选项，为单元格区域设置边框格式，如图 3-44 所示。

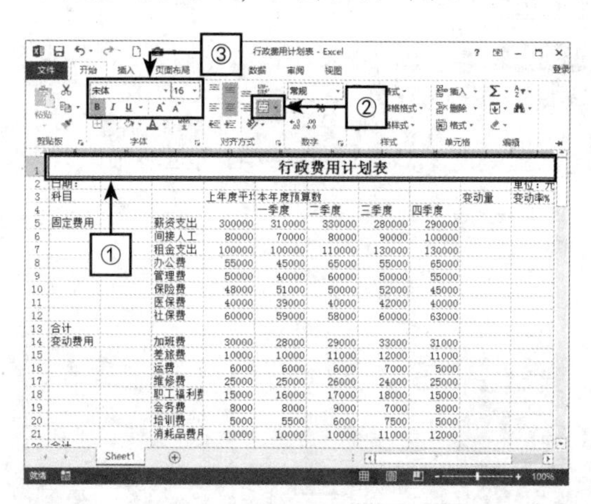


图 3-43

行政费用计划表

| 日期： | | | | | | | | | 单位：元 |
|---|---|---|---|---|---|---|---|---|---|
| 科目 | | | 上年度平均 | 本年度预算数 | | | | 变动量 | 变动率% |
| | | | | 一季度 | 二季度 | 三季度 | 四季度 | | |
| 固定费用 | | 薪资支出 | 300000 | 310000 | 330000 | 280000 | 290000 | | |
| | | 间接人工 | 80000 | 70000 | 80000 | 90000 | 100000 | | |
| | | 租金支出 | 100000 | 100000 | 110000 | 130000 | 130000 | | |
| | | 办公费 | 55000 | 45000 | 65000 | 55000 | 65000 | | |
| | | 管理费 | 50000 | 40000 | 60000 | 50000 | 55000 | | |
| | | 保险费 | 48000 | 51000 | 50000 | 52000 | 45000 | | |
| | | 医保费 | 40000 | 39000 | 40000 | 42000 | 40000 | | |
| | | 社保费 | 60000 | 59000 | 58000 | 60000 | 63000 | | |
| | 合计 | | | | | | | | |
| 变动费用 | | 加班费 | 30000 | 28000 | 29000 | 33000 | 31000 | | |
| | | 差旅费 | 10000 | 10000 | 11000 | 12000 | 11000 | | |
| | | 运费 | 6000 | 6000 | 6000 | 7000 | 5000 | | |
| | | 维修费 | 25000 | 25000 | 26000 | 24000 | 25000 | | |
| | | 职工福利费 | 15000 | 16000 | 17000 | 18000 | 15000 | | |
| | | 会务费 | 8000 | 8000 | 9000 | 7000 | 8000 | | |
| | | 培训费 | 5000 | 5500 | 6000 | 7500 | 5000 | | |
| | | 消耗品费用 | 10000 | 10000 | 10000 | 11000 | 12000 | | |
| | 合计 | | | | | | | | |

图 3-44

**step 06** 在单元格 B5 中输入 1，按住 Ctrl 键的同时，拖曳 B5 单元格右下角的填充手柄至 B12 单元格中，完成数据填充。按照同样的方法填充其他数据，如图 3-45 所示。

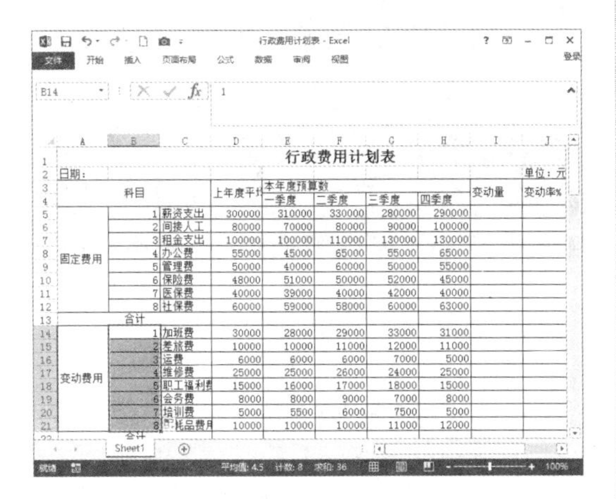


图 3-45

## 提示：

在单元格 B5 中输入 1，选择 B5:B12 单元格区域，按【Ctrl+D】组合键可在单元格区域中输入相同的数据“1”。

**step 07** 选择合并后的 A5 和 A14 单元格，进入“开始”选项卡，在“对齐方式”选项组中单击“方向”下拉按钮，选择“竖排文字”选项，如图 3-46 所示。

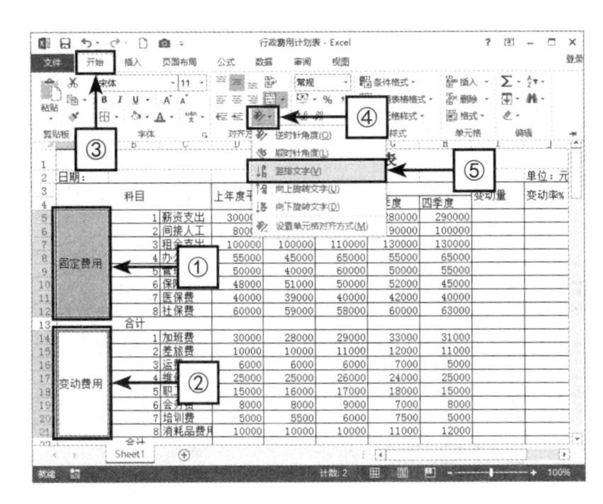


图 3-46

**step 08** 选择 D5:I23 单元格区域，右击“设置单元格格式”命令，打开“设置单元格格式”对话框，在“分类”列表框中选择“会计专用”选项，单击“确定”按钮，如图 3-47 所示。

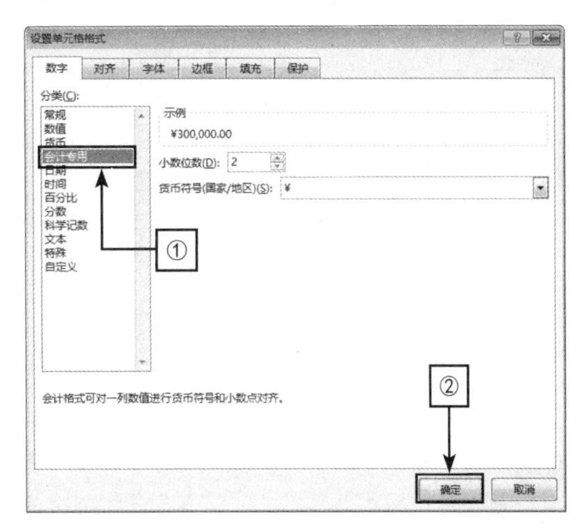


图 3-47

**step 09** 选择 J5:J23 单元格区域，右击“设置单元格格式”命令，弹出“设置单元格格式”对话框，在“分类”列表框中选择“百分比”选项，并将“小数位数”设置为 2，单击“确定”按钮，如图 3-48 所示。

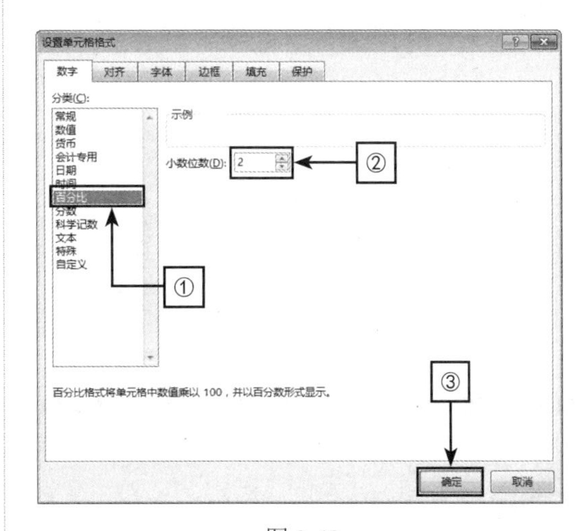


图 3-48

**step 10** 选择整个表格区域，进入“开始”选项卡，在“单元格”选项组中单击“格式”下拉按钮，执行“自动调整列宽”命令，自动设置最佳列宽，如图3-49所示。

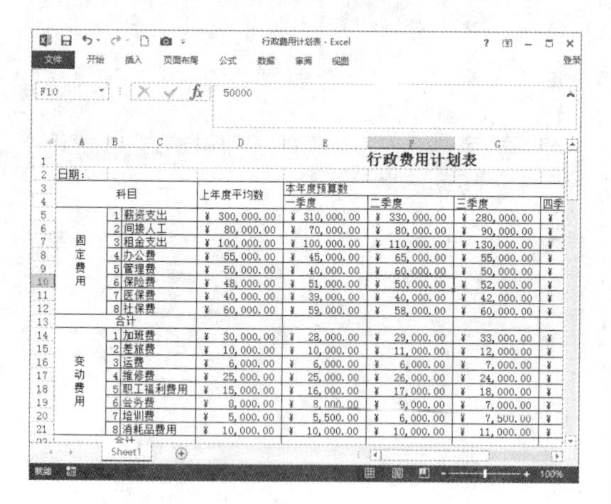

图3-49

**提示：**

如果想快速选择整个表格区域，而不是全选，可以按【Ctrl+Shift+*】组合键，方便在数据量很多的情况下快速选择表格内容。

**step 11** 选择合并后的B2单元格，在编辑栏中输入公式，返回当前日期，如图3-50所示。

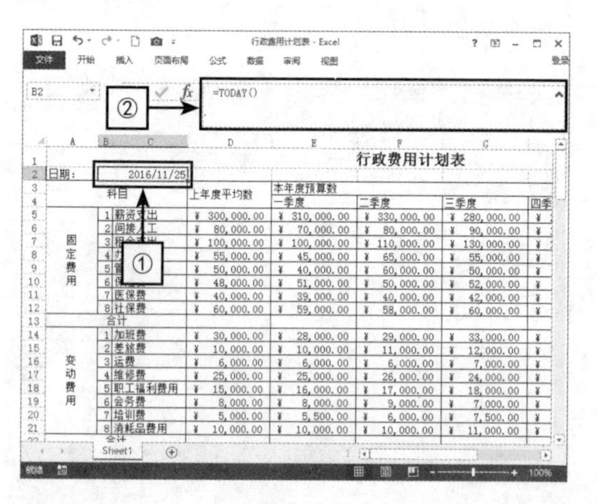


图3-50

**step 12** 选择A2:K23单元格区域，单击“居中”按钮，如图3-51所示。

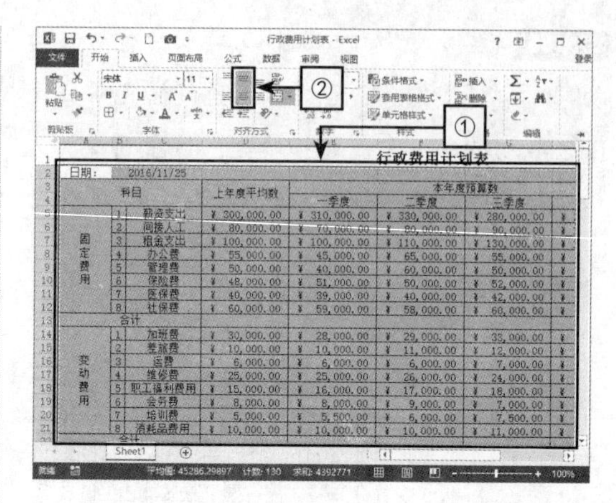


图3-51

## 3.3.2 计算合计值

计算合计值是指运用求和函数计算固定费用与变动费用的总额，并运用普通公式计算费用总计值，具体步骤如下。

**step 01** 选择D13单元格，在编辑栏中输入求和公式，单击“确定”按钮，如图3-52所示。

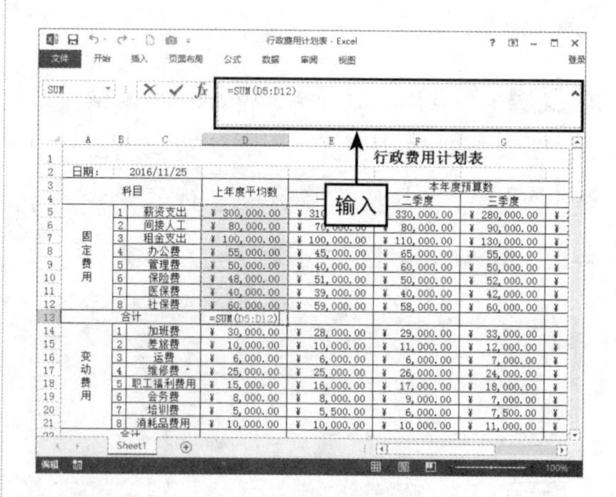


图3-52

**step 02** 选择D22单元格，在编辑栏中输入求和公式，单击“确定”按钮，如图3-53所示。

**step 03** 选择D23单元格，在编辑栏中输入计算公式，如图3-54所示。

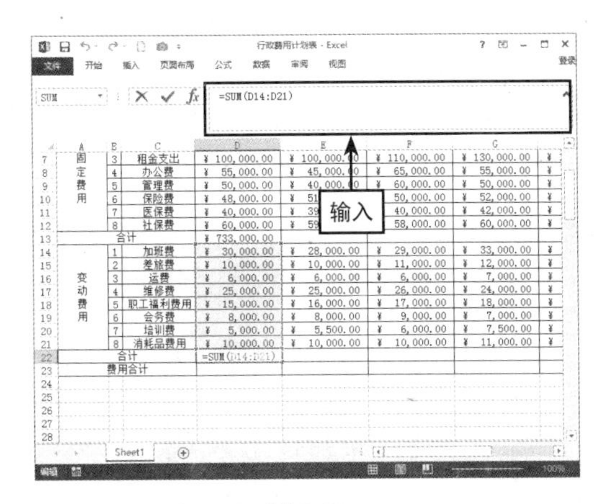


图 3-53

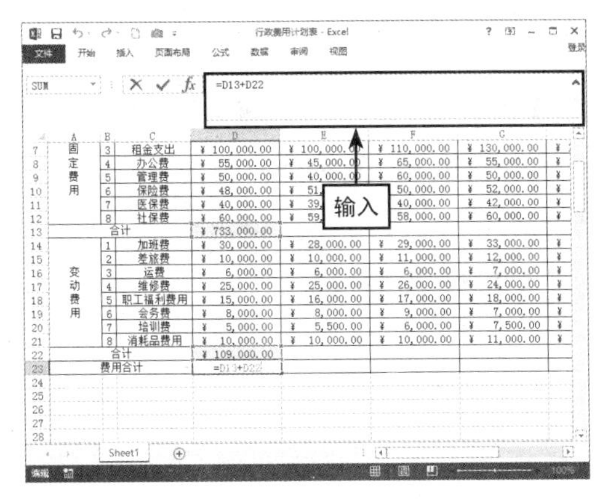


图 3-54

**step 04** 选择 D13:H13 和 D22: H23 单元格区域，如图 3-55 所示，进入“开始”选项卡，在“编辑”选项组中单击“填充”下拉按钮，执行“向右”命令，向右填充计算公式。

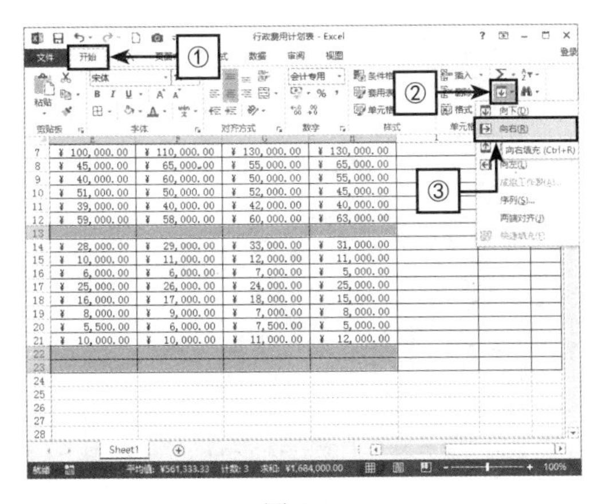


图 3-55

### 3.3.3 计算增减变动率

增减变动率是当前项目的变动量与总体变动量的比值，所以在计算增减变动率之前，还需先计算本年度预算平均值相对于上年度平均值的增减变动量，具体步骤如下。

**step 01** 选择 I5 单元格，在编辑栏中输入计算公式，如图 3-56 所示。

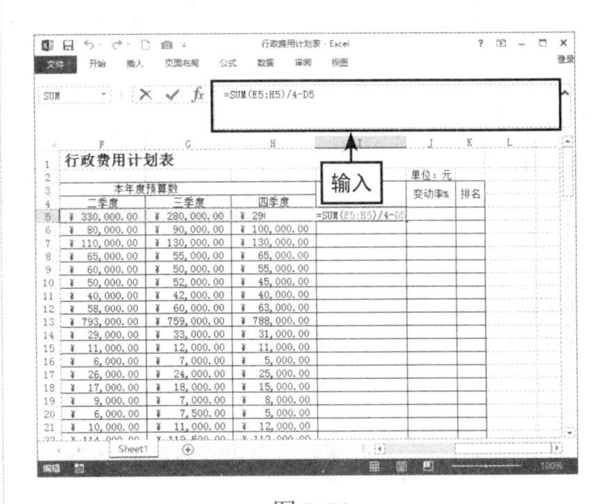


图 3-56

**step 02** 选择 I5 单元格右下角的填充手柄，向下拖曳至 I23 单元格，计算其他增减变动量，如图 3-57 所示。

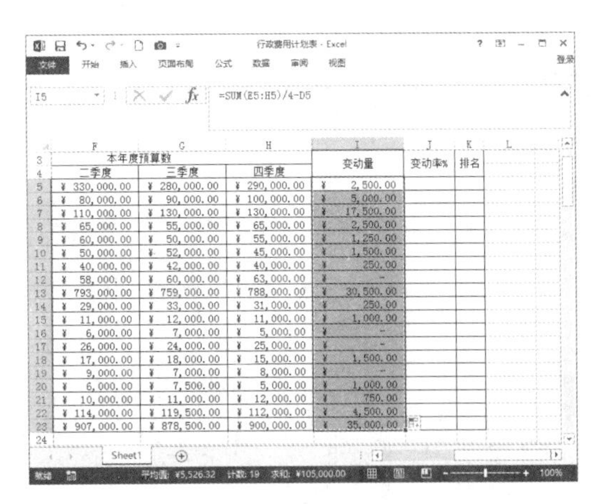

图 3-57

**step 03** 选择 J5 单元格，在编辑栏中输入计算公式，如图 3-58 所示。

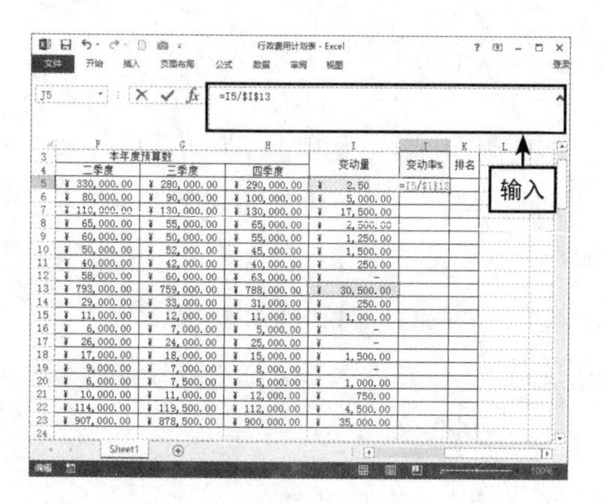


图 3-58

**step 04** 按住 J5 单元格右下角的填充手柄，并向下拖曳至 J12 单元格，计算其他变动率，如图 3-59 所示。

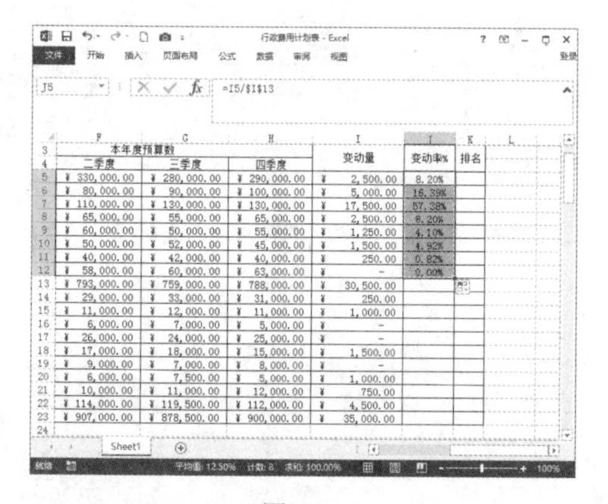

图 3-59

**step 05** 选择 J14 单元格，在编辑栏中输入计算公式，如图 3-60 所示。

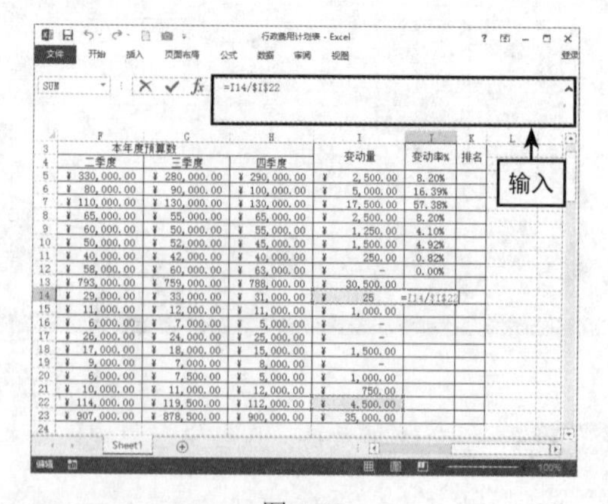


图 3-60

**step 06** 按住 J14 单元格右下角的填充手柄，向下拖曳至 J21 单元格，计算其他变动率，如图 3-61 所示。

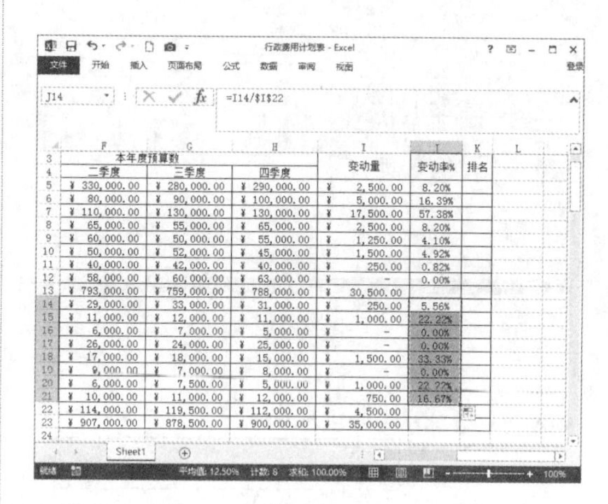

图 3-61

## 3.3.4 计算排名

计算出变动率之后，可以根据变动率来计算行政费用排名，分析具体数据的变动趋势，具体步骤如下。

**step 01** 选择 K5 单元格，单击编辑栏中的“插入函数”按钮。

**step 02** 在打开的“插入函数”对话框中，选择“统计”函数类别，选择 RANK.EQ 函数，单击“确定”按钮，如图 3-62 所示。

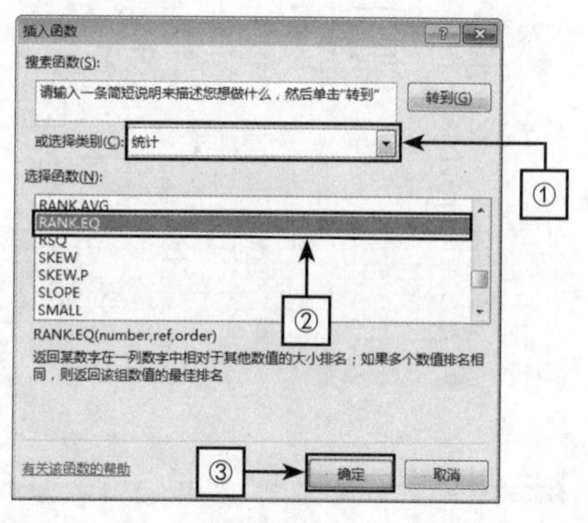


图 3-62

**step 03** 如图3-63所示，在弹出的“函数参数”对话框中，输入各项参数值，单击“确定”按钮，返回计算结果。

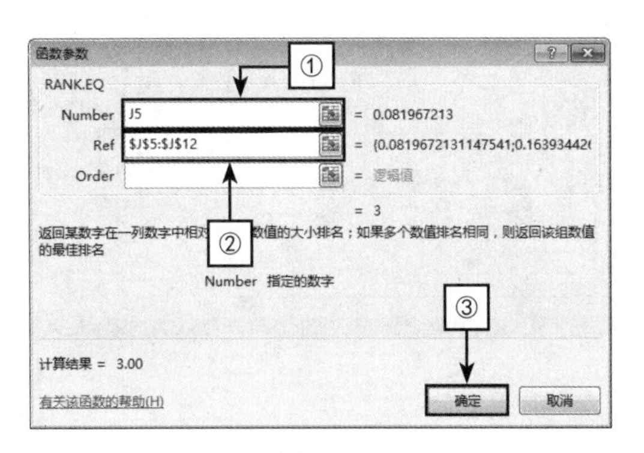


图3-63

**提示：**

单击任意空白单元格，在编辑栏中输入=J14，每按一次F4键，单元格中的内容会在$J$14、J$14、$J14、J14之间切换。

**step 04** 按住K5单元格右下角的填充手柄，向下拖曳至K12单元格，填充计算公式，如图3-64所示。

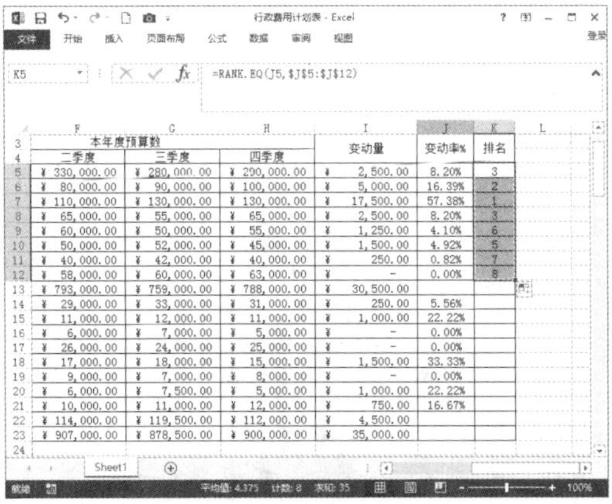

图3-64

**step 05** 选择K14单元格，在编辑栏中输入计算公式=RANK.EQ(J14,$J$14:$J$21)，并向下填充至K21单元格，同样能返回排名结果，如图3-65所示。

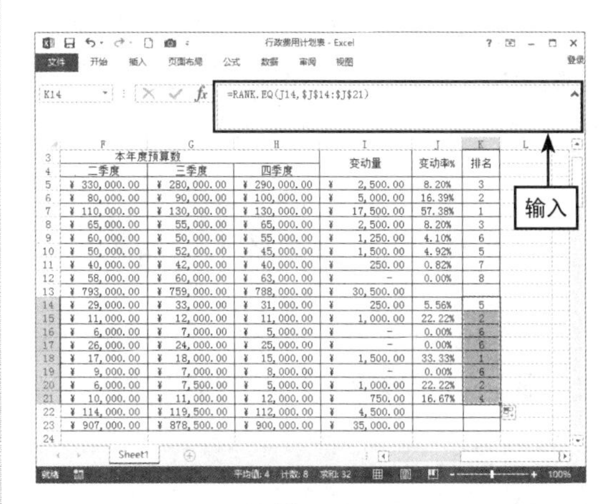


图3-65

**提示：**

RANK.EQ(number,ref,[order]) 返回一列数字的数字排位。

number 为要找到其排位的数字。

ref 为数字列表的数组，对数字列表的引用。ref 中的非数字值会被忽略。

order 可选。一个指定数字排位方式的数字。

如果 Order 为 0（零）或省略，Excel 对数字的排位是基于 Ref 按降序排列的列表。

如果 Order 不为 0（零），Excel 对数字的排位是基于 ref 按照升序排列的列表。

## 3.4 制作固定资产保管记录卡

固定资产是指使用期限超过一年的房屋、建筑物、机器、机械、运输工具，以及其他与生产经营有关的设备、器具、工具等，是企业财务管理的重要组成部分。固定资产保管记录卡是记录固定资产基本信息、增加资本支出，以及资产的使用情况等信息的表格。通过固定资产保管记录卡，可以详细记录资产的基本信息、使用情况与接管情况，以便企业查询与掌握资产数据。

## 3.4.1 创建固定资产保管记录卡

创建固定资产保管记录卡主要包括输入基础内容、设置文本格式、设置边框格式、设置单元格样式等操作，具体步骤如下。

**step 01** 启动 Excel 2013 软件，创建并保存“固定资产保管记录卡”。

**step 02** 合并并居中 A1:F1 单元格区域，输入标题文本，在“字体”选项组中，将字体设置为“华文行楷”，将字号设置为 20，如图 3-66 所示。

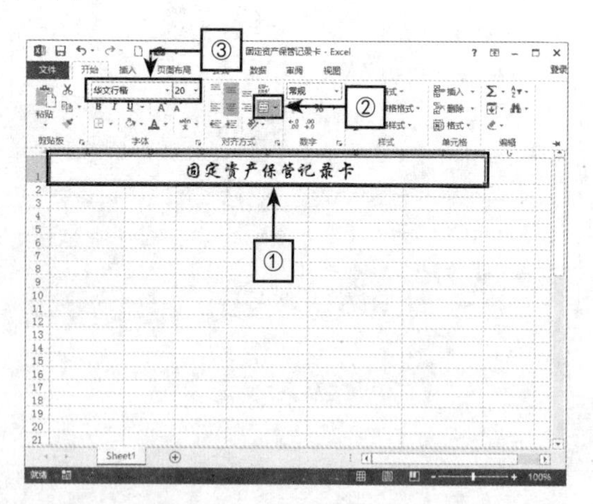


图 3-66

**step 03** 根据需要在工作表中输入基础内容，如图 3-67 所示。

**step 04** 根据需要合并所需单元格，如图 3-68 所示。

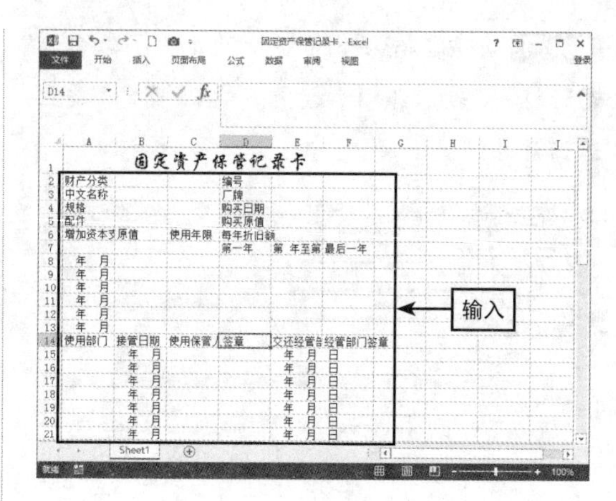


图 3-67

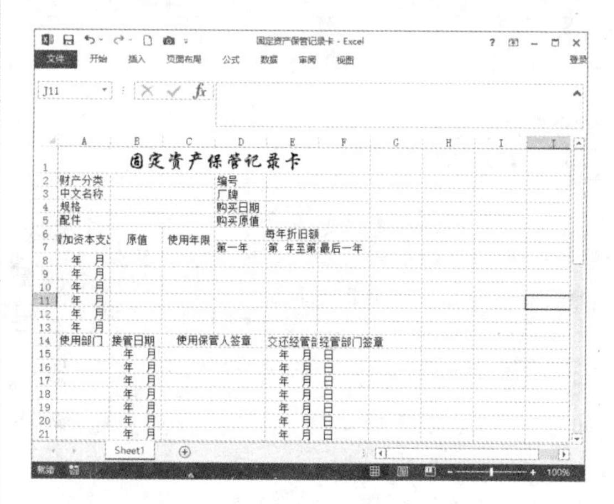


图 3-68

**step 05** 选择 A2:F21 单元格区域，单击“居中”按钮，如图 3-69 所示。

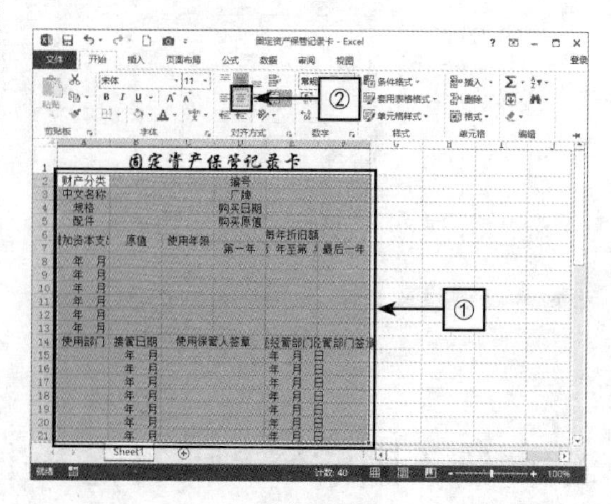


图 3-69

**step 06** 选择 A2:F21 单元格区域，进入“开始”选项卡，在“单元格”选项组中单击“格式”下拉按钮，执行“自动调整列宽”命令，自动设置最佳列宽，结果如图 3-70 所示。

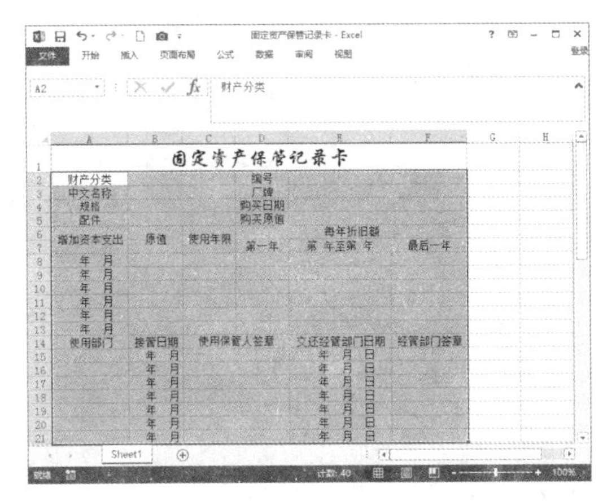


图 3-70

**step 07** 选择 A2:F21 单元格区域，进入“开始”选项卡，在“字体”选项组中单击“下框线”下拉按钮，选择“所有框线”选项，为单元格区域设置边框格式，如图 3-71 所示。

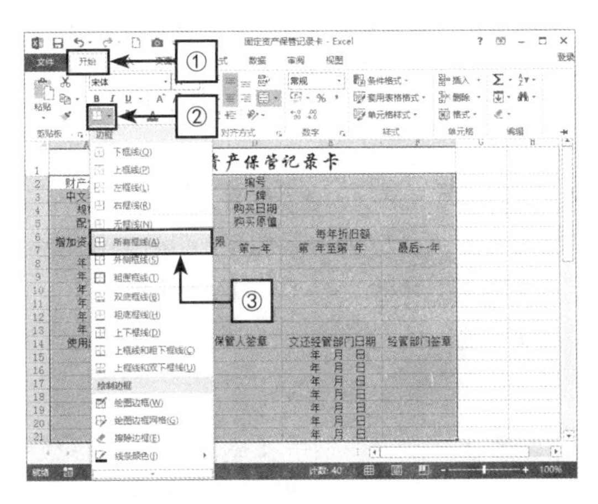


图 3-71

**step 08** 选择 A2:F5、A6:F13、A14:F21 单元格区域，进入“开始”选项卡，在“字体”选项组中单击“所有框线”下拉按钮，选择“粗匣框线”选项，所得结果如图 3-72 所示。

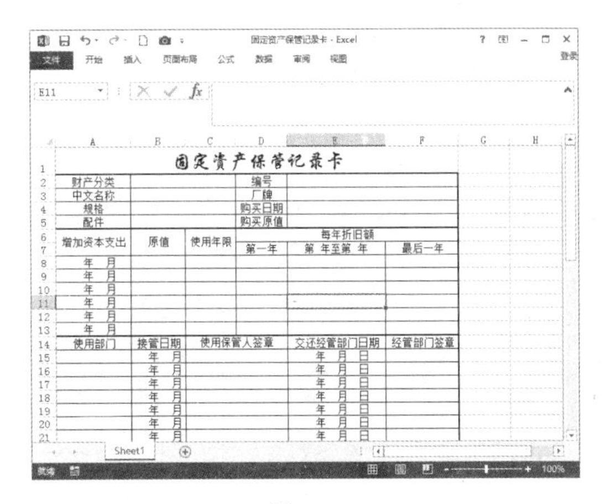


图 3-72

**step 09** 选择 A2:F21 单元格区域，进入“开始”选项卡，在“样式”选项组中单击“单元格样式”下拉按钮，选择“好”选项，在工作表区可以看到预览效果，设置表格单元格样式，如图 3-73 所示。

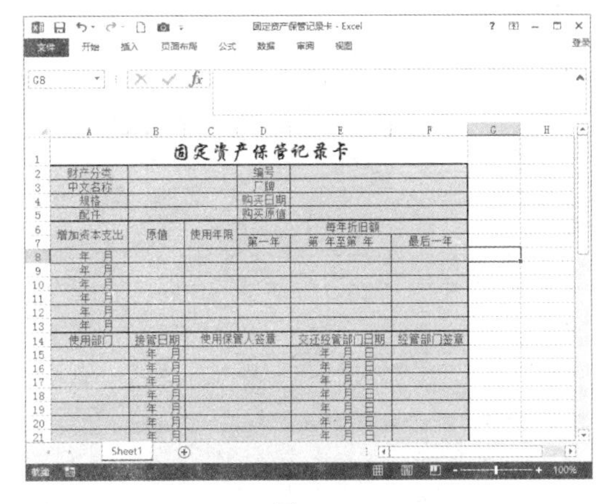


图 3-73

## 3.4.2 设置数字格式

用户可对 Excel 中的数字格式进行设置，凸显工作表中不同类型的数据。

**step 01** 选择 E2 单元格，打开“设置单元格格式”对话框，在“数字”选项卡的“分类”列表中，选择“自定义”选项，在“类型”文本框中输入自定义代码 0#，如图 3-74 所示。当在单元格中输入 1 时，Excel 将显示 01，如图 3-75 所示。

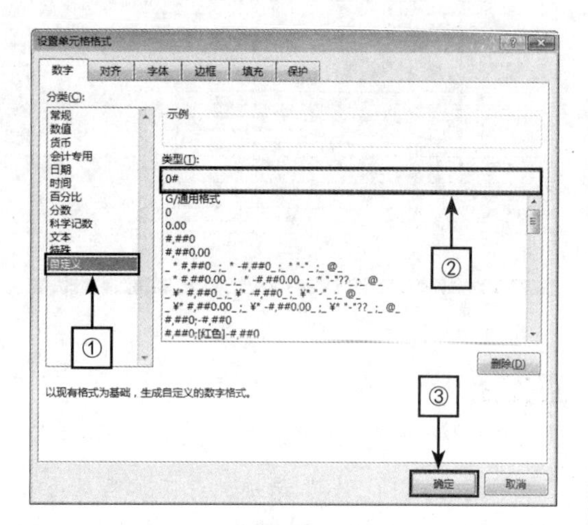


图 3-74

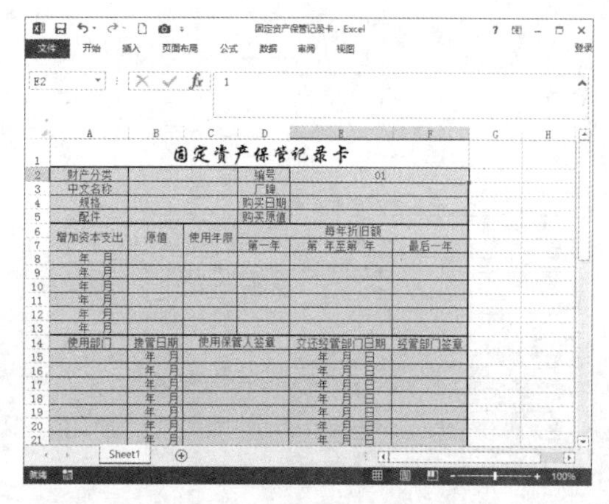


图 3-75

**step 02** 选择合并后的 E5 单元格、B8:B13、D8:F13 单元格区域，进入“开始”选项卡，在“数字”选项组中单击“数字格式”下拉按钮，选择“货币”选项，如图 3-76 所示。

**step 03** 选择合并后的 E4 单元格，进入“开始”选项卡，在“数字”选项组中单击“数字格式”下拉按钮，选择“长日期”选项，如图 3-77 所示。

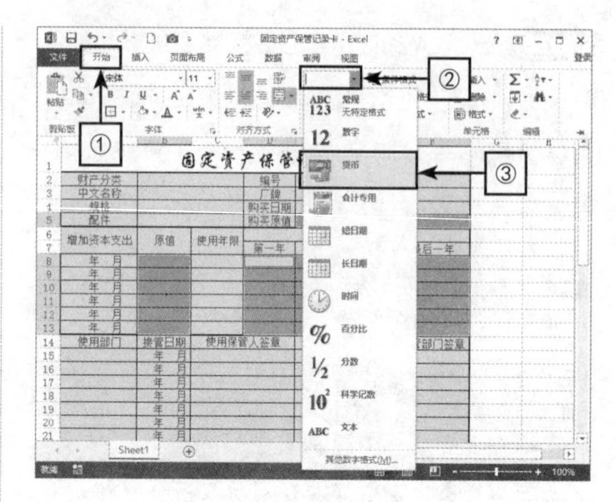


图 3-76

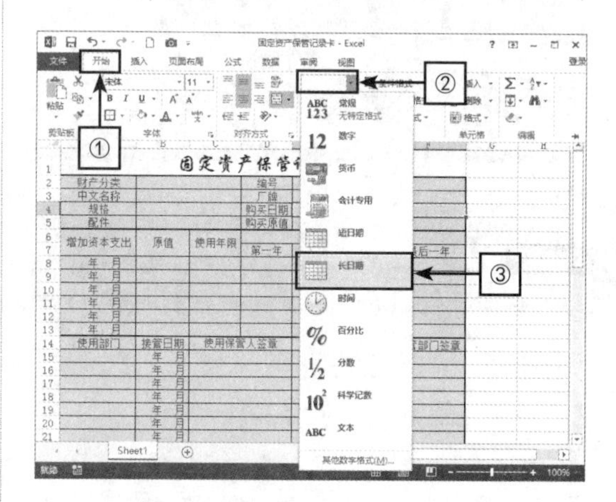


图 3-77

## 3.4.3 制作下拉列表

为了达到快速输入的目的，同时减少数据输入时的错误，还可以使用数据验证功能来制作下拉列表，具体步骤如下。

**step 01** 选中合并后的单元格 B2，进入“数据”选项卡，在“数据工具”选项组中单击“数据验证”下拉按钮，执行“数据验证”命令。

**step 02** 打开“数据验证”对话框，在“设置”选项卡的“允许”列表中选择“序列”选项，在“来源”文本框中输入列表内容，如图 3-78 所示。

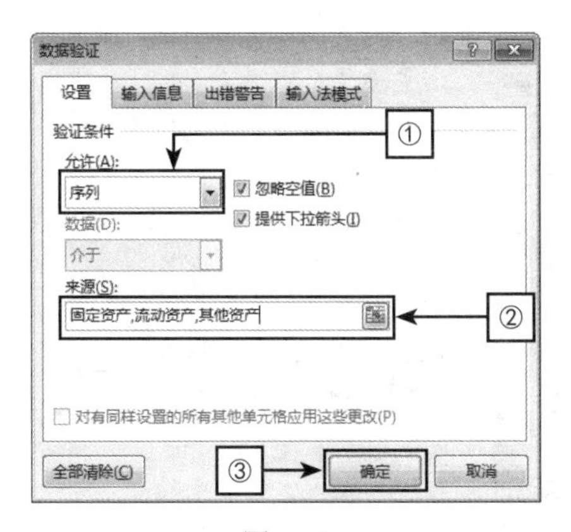


图 3-78

**step 03** 在工作表中创建部门选择列表。选择 A15:A21 单元格区域，打开“数据验证”对话框，在“设置”选项卡的“允许”列表中选择“序列”选项，单击“来源”文本框旁的折叠按钮，引用提前添加的列表，如图 3-79 所示。

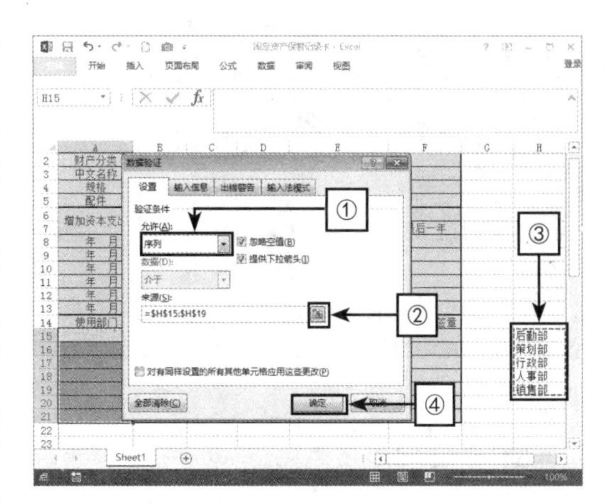


图 3-79

# 3.5　制作办公用品登记表

办公用品登记表是用来记录办公常用物品基础信息的表格，如办公用品的名称、编号、规格、品牌、耐用年限、数量的增减情况等内容。使用 Excel 制作办公用品登记表，在记录办公用品的使用情况的同时，也为分析办公费用提供了依据。

## 3.5.1　创建办公用品登记表

创建办公用品登记表主要包括制作表格标题、设置对齐格式、设置边框格式、套用表格格式等操作，具体步骤如下。

**step 01** 启动 Excel 2013 软件，创建并保存“办公用品登记表”。

**step 02** 合并并居中 A1:H1 单元格区域，输入标题文本内容，在“字体”选项组中，将字体设置为“华文仿宋”，将字号设置为 16，并加粗，如图 3-80 所示。

**step 03** 根据需要输入基础内容，选择 A3:H15 单元格区域，单击“居中”按钮，如图 3-81 所示。

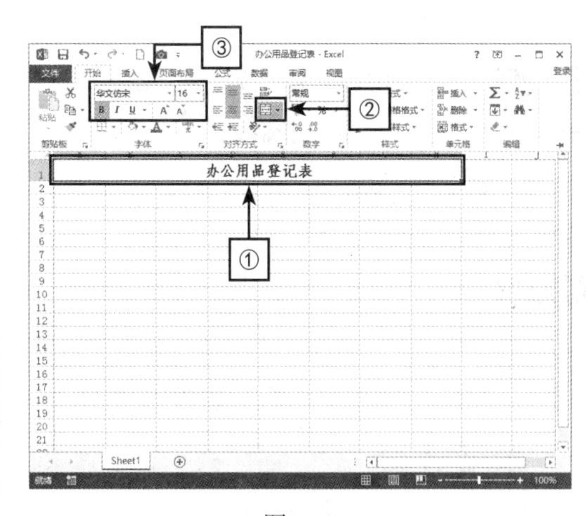


图 3-80

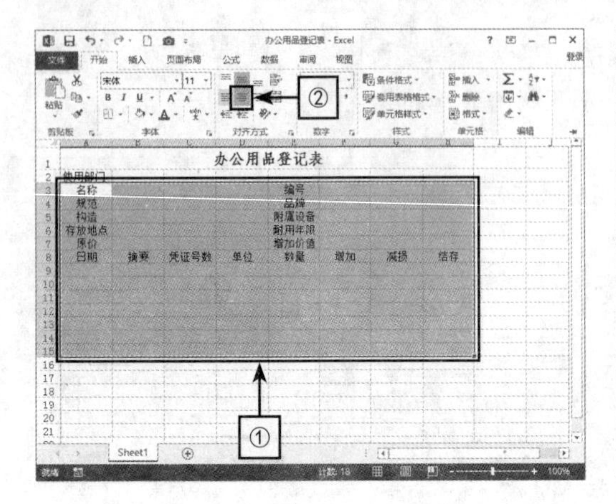


图 3-81

**step 04** 选择 A3:H15 单元格区域，进入“开始”选项卡，在“字体”选项组中单击“下框线”下拉按钮，选择“所有框线”选项，为单元格区域设置边框格式，如图 3-82 所示。

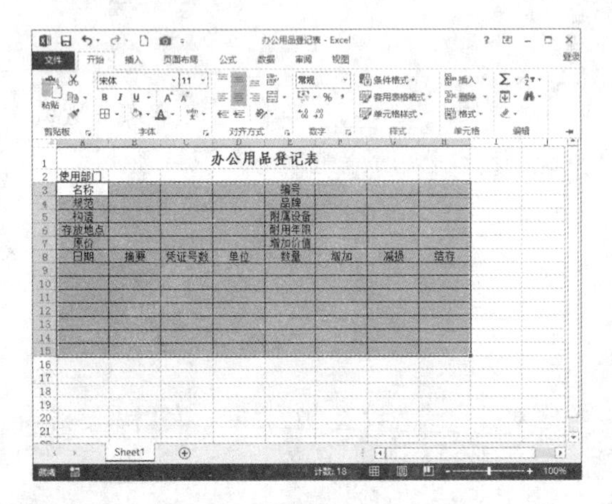


图 3-82

**step 05** 选择 A3:H15 单元格区域，在“样式”选项组中单击“套用表格格式”下拉按钮，选择“表样式中等深浅 7”样式，如图 3-83 所示。在弹出的对话框中单击“确定”按钮。

**step 06** 选择 A3:H15 单元格区域，进入“设计”选项卡，在“工具”选项组中单击“转换为区域”按钮，如图 3-84 所示。在弹出的对话框中单击“是”按钮。

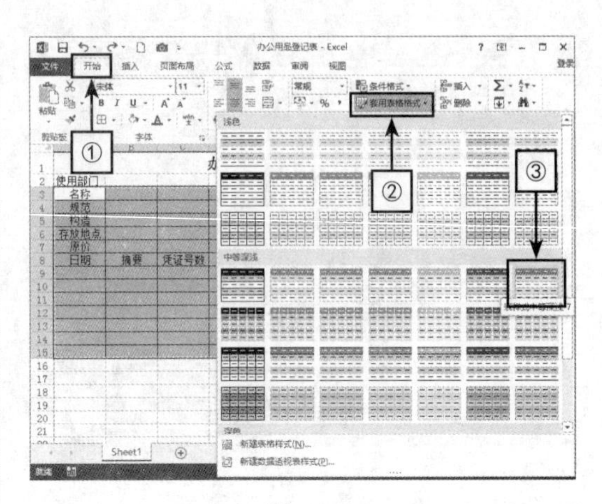


图 3-83

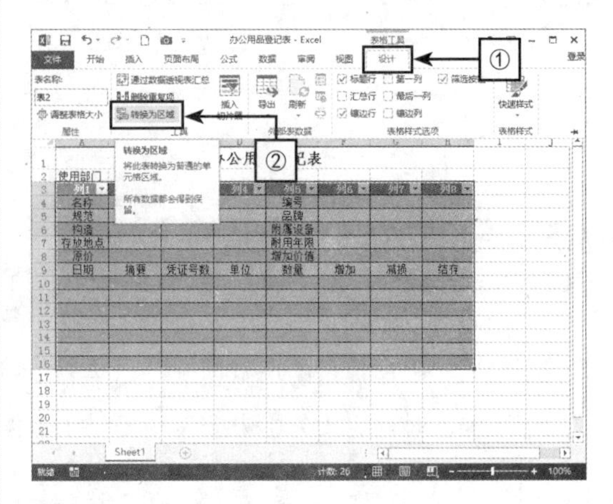


图 3-84

**step 07** 在第 3 行行标签处右击，在弹出的快捷菜单中选择“删除”命令，如图 3-85 所示，删除列标题行。

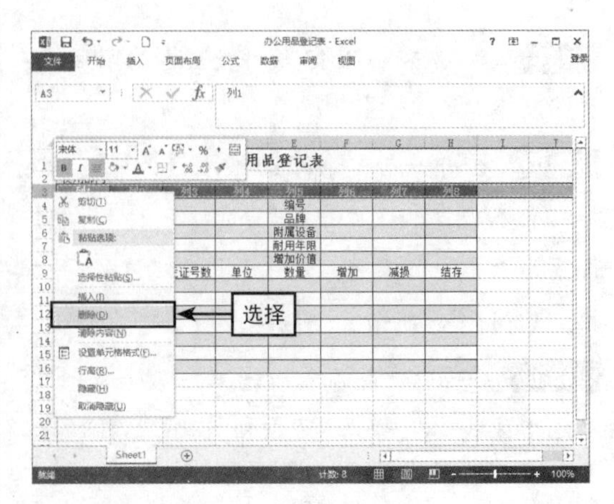


图 3-85

**step 08** 如图 3-86 所示，选择 B3:D7 和 F3:H7 单元格区域，进入“开始”选项卡，在“对齐方式”选项组中单击“合并后居中”下拉按钮，从下拉列表中选择“跨越合并”选项，同时合并多行中的单元格区域，最终效果如图 3-87 所示。

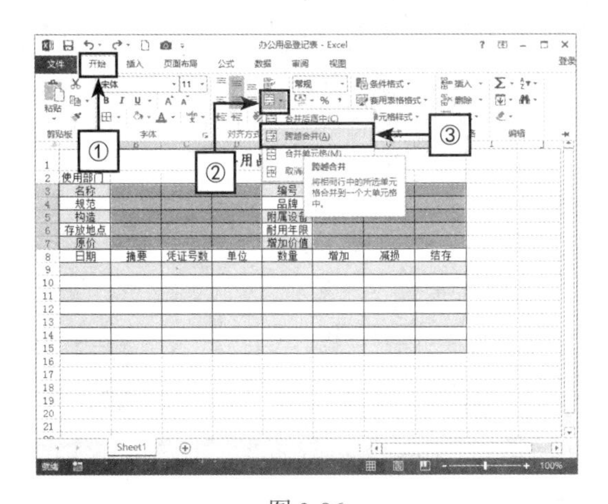

图 3-86

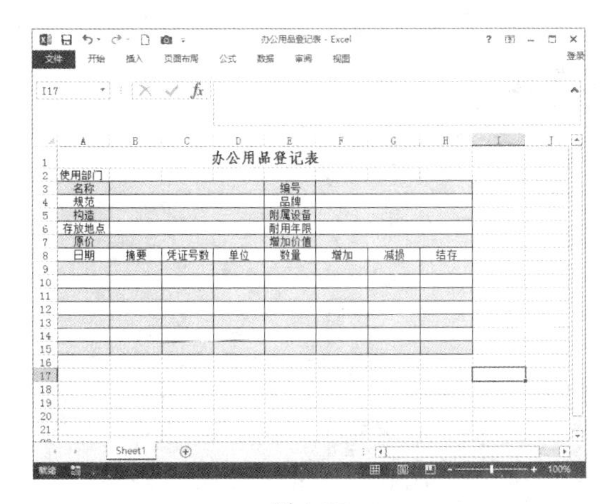

图 3-87

## 3.5.2　设置数字格式

设置数字格式主要使用 Excel 中的数字格式的功能，设置货币、日期等数字格式，具体步骤如下。

**step 01** 选择合并后的 B7 与 F7 单元格，进入“开始”选项卡，在“数字”选项组中单击“数字格式”下拉按钮，选择“货币”选项，设置其货币数字格式。

**step 02** 选择 A9:A15 单元格区域，进入“开始”选项卡，在“数字”选项组中单击“数字格式”下拉按钮，选择“长日期”选项，设置单元格区域的长日期数字格式。

**step 03** 选择 C9:C15 单元格区域，打开“设置单元格格式”对话框，如图 3-88 所示，在“数字”选项卡的“分类”列表中选择“自定义”选项，在“类型”文本框中输入自定义代码 00#，单击“确定”按钮。当在单元格中输入 1 时，Excel 将显示 001，如图 3-89 所示。

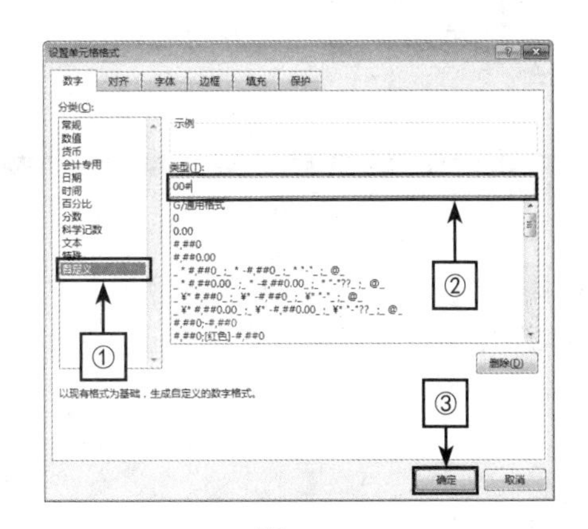

图 3-88

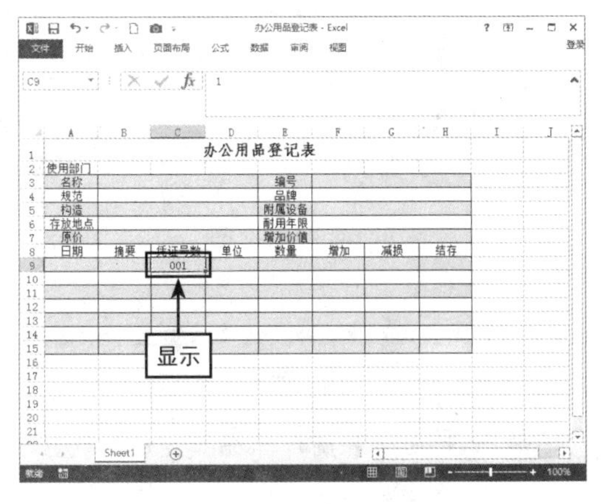


图 3-89

## 3.5.3 计算结存金额

结存金额是根据购买数量与增加数量，以及减损数量等数据，使用基本的计算公式得来的。

**step 01** 选择 H9 单元格，在编辑栏中输入计算公式，如图 3-90 所示。

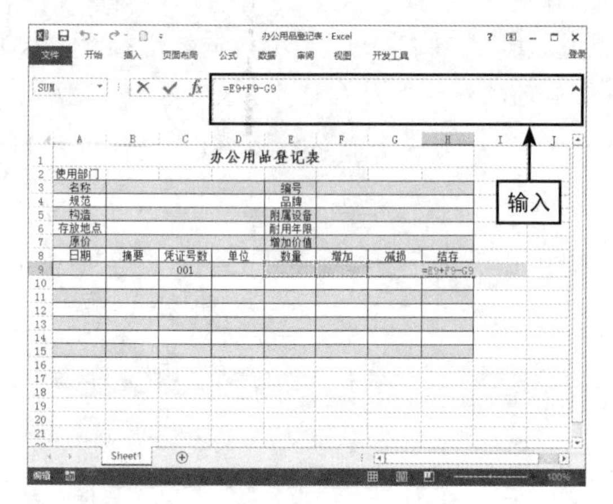


图 3-90

**step 02** 按住 H9 单元格右下角的填充手柄，将其拖曳至 H15 单元格，计算其余结存金额，如图 3-91 所示。

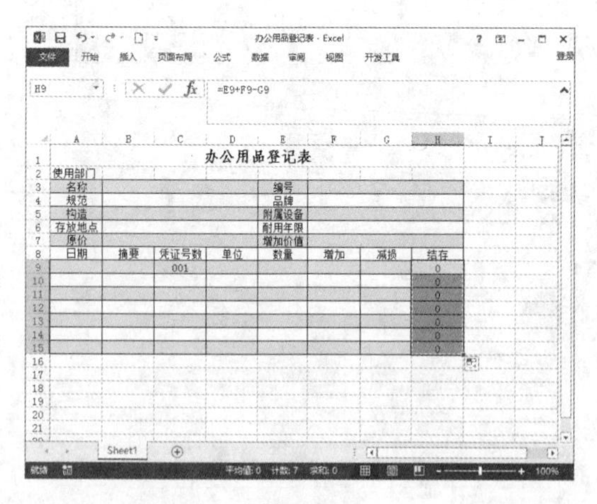


图 3-91

**step 03** 此时由于复制计算公式，之前设置的边框格式及套用的表格样式发生了变化，用户可对个别单元格格式进行重新设置。

**step 04** 因为表格中没有填写数据，所以“结存”一栏所得结果为零。用户可对 Excel 进行设置，使为零的值不被显示。

**step 05** 单击“文件”下拉按钮，执行“选项”命令，在打开的“Excel 选项”对话框中选择“高级”选项卡，在右侧取消勾选“在具有零值的单元格中显示零”选项，如图 3-92 所示。

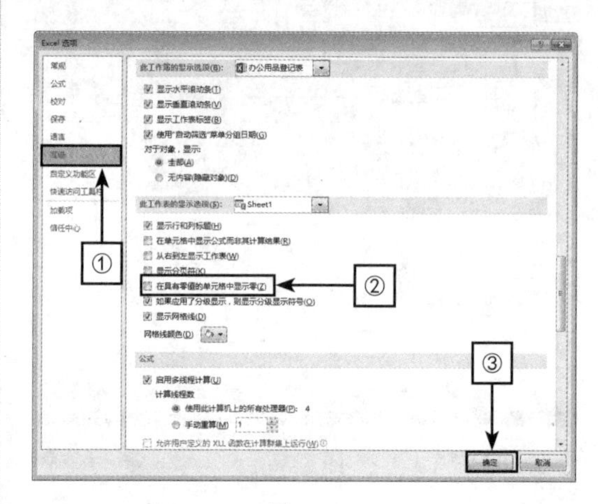


图 3-92

**step 06** 单击“确定”按钮，“结存”一栏中的零值不被显示，如图 3-93 所示，但不影响公式的计算。

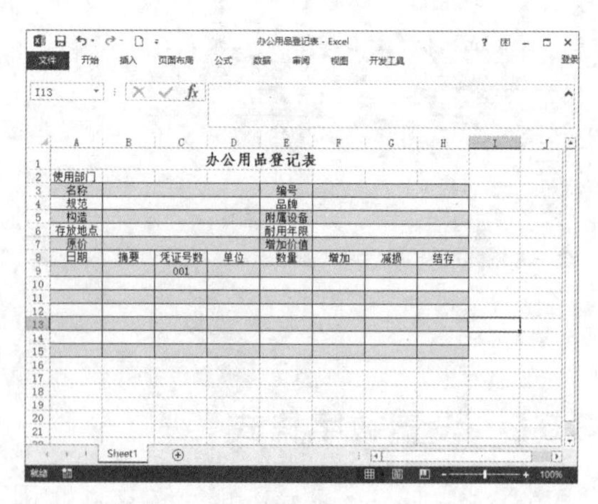


图 3-93

# 3.6　制作固定资产管理表

因为数据存储量大、输出内容多、使用周期长、使用地点分散等原因，对固定资产管理有一定的难度。利用 Excel 数据处理功能制作一份固定资产管理表，可以减轻工作量，提高工作效率，加强行政文秘工作人员对于企业资产的管理工作。

## 3.6.1　制作基础表格

制作基础表格主要包括制作表格标题、设置居中对齐方式、设置边框格式、设置数字格式等内容。

**step 01** 启动 Excel 2013 软件，创建并保存"固定资产管理表"。

**step 02** 合并 A1:M1 单元格区域并居中，输入表格标题文本，在"字体"选项组中将字体设置为"华文仿宋"，将字号设置为 18，并加粗，如图 3-94 所示。

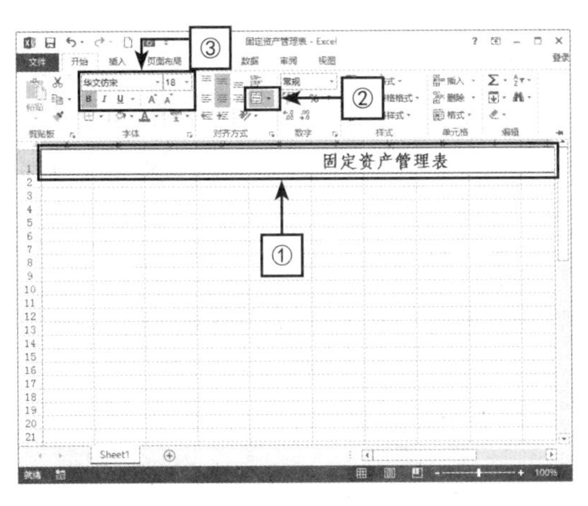

图 3-94

**step 03** 在工作表中输入基础内容，选择 A3:M12 单元格区域，单击"居中"按钮，如图 3-95 所示。

**step 04** 在 A4 单元格中输入数值 1，按住 Ctrl 键的同时，拖曳右下角的填充手柄至 A12 单元格，如图 3-96 所示。

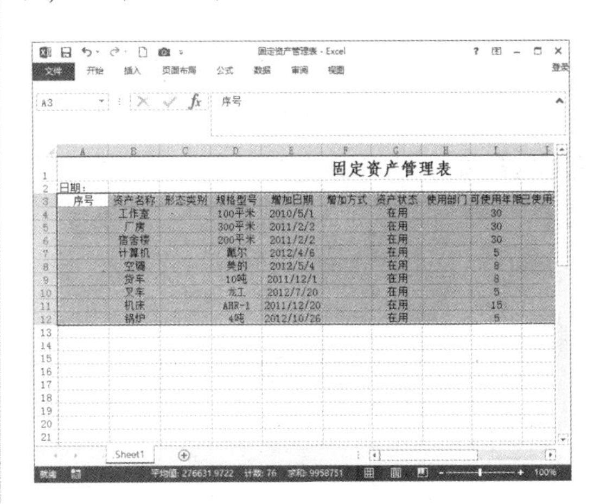

图 3-95

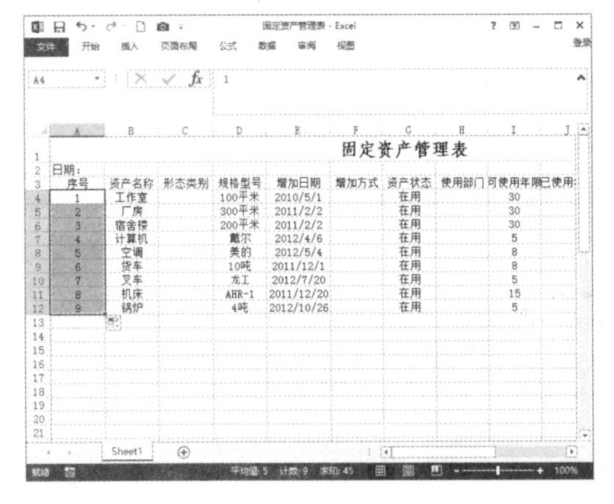

图 3-96

**step 05** 选择 A3:M12 单元格区域，进入“开始”选项卡，在“字体”选项组中单击“下框线”下拉按钮，选择“所有框线”与“粗匣框线”选项，设置单元格区域的边框格式，如图 3-97 所示。

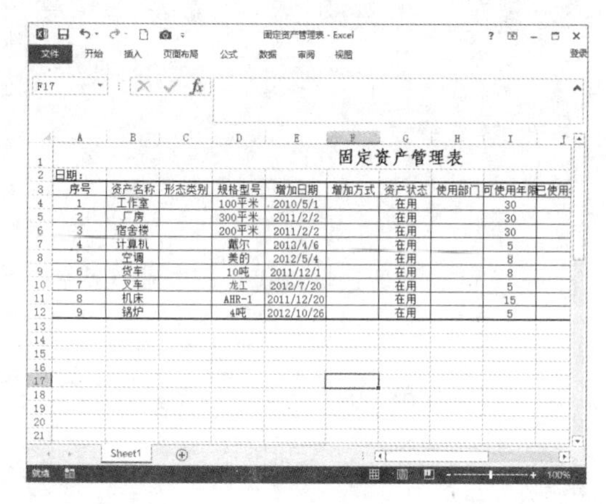


图 3-97

**step 06** 选择 L4:M12 单元格区域，进入“开始”选项卡，在“数字”选项组中单击“数字格式”下拉按钮，选择“货币”选项，如图 3-98 所示。

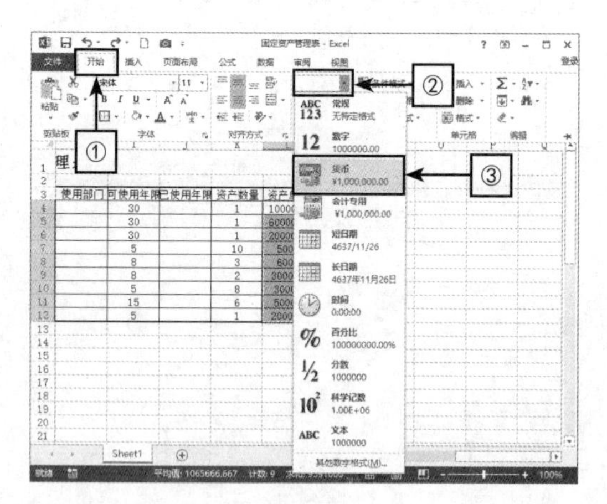


图 3-98

**step 07** 选择 A3:M3 单元格区域，进入“开始”选项卡，在“样式”选项组中单击“单元格样式”下拉按钮，选择“好”选项，设置表格单元格样式，如图 3-99 所示。

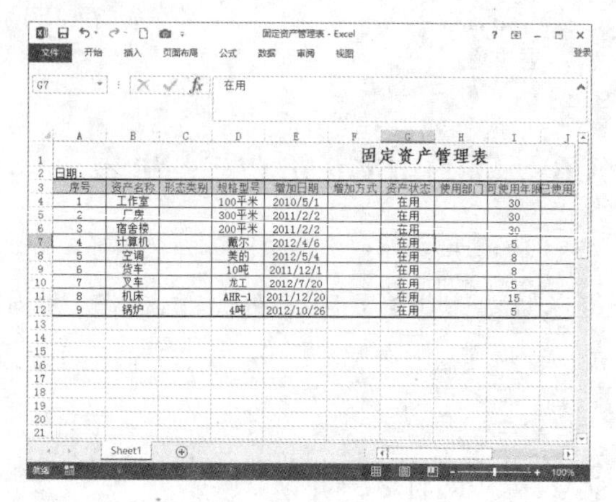


图 3-99

**step 08** 选择 A4:M12 单元格区域，进入“开始”选项卡，在“样式”选项组中单击“单元格样式”下拉按钮，选择“适中”选项，在工作表区可以看到预览效果，设置表格单元格样式，如图 3-100 所示。

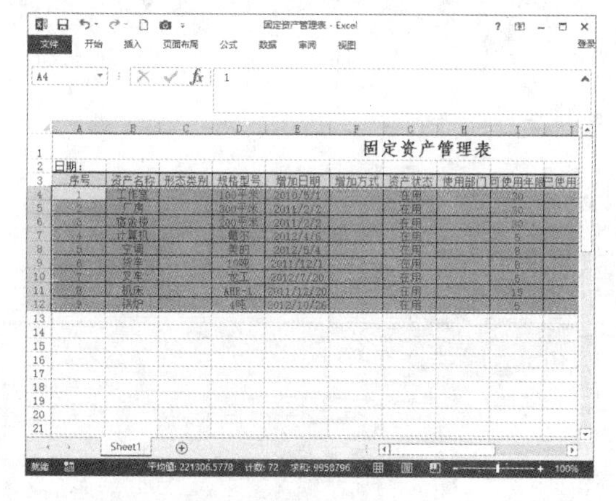


图 3-100

## 3.6.2 制作下拉列表

使用 Excel 中的数据验证功能，能够制作下拉列表，从而规范表格数据的输入。

**step 01** 在“来源”文本框中输入的选项较多，先将选项做成列表，如图 3-101 所示。

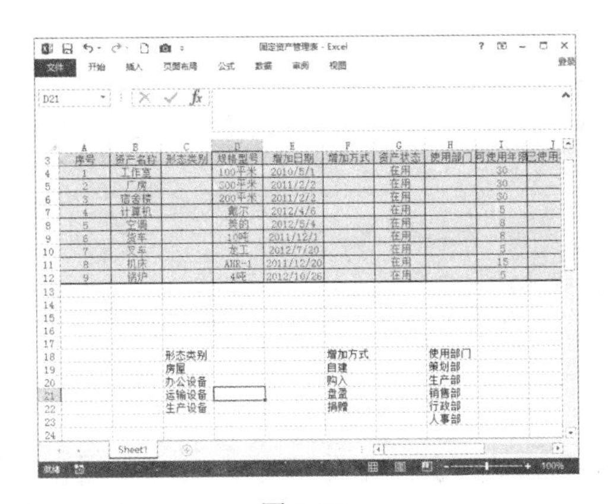

图 3-101

**step 02** 选择 C4:C12 单元格区域，进入“数据”选项卡，在“数据工具”选项组中单击“数据验证”下拉按钮，执行“数据验证”命令。

**step 03** 打开“数据验证”对话框。在“设置”选项卡的“允许”列表中选择“序列”选项，单击“来源”文本框旁的折叠按钮，引用提前添加的列表，单击“确定”按钮，如图 3-102 所示。

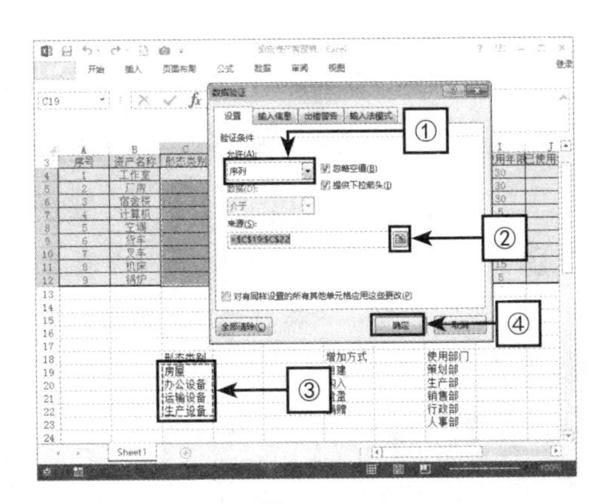

图 3-102

**step 04** 选择 F4:F12 单元格区域，打开“数据验证”对话框。在“设置”选项卡的“允许”列表中选择“序列”选项，单击“来源”文本框旁的折叠按钮，引用提前添加的列表，单击“确定”按钮，如图 3-103 所示。

**step 05** 选择 H4:H12 单元格区域，在“设置”选项卡的“允许”列表中选择“序列”选项，单击“来源”文本框旁的折叠按钮，引用提前添加的列表，单击“确定”按钮，如图 3-104 所示。

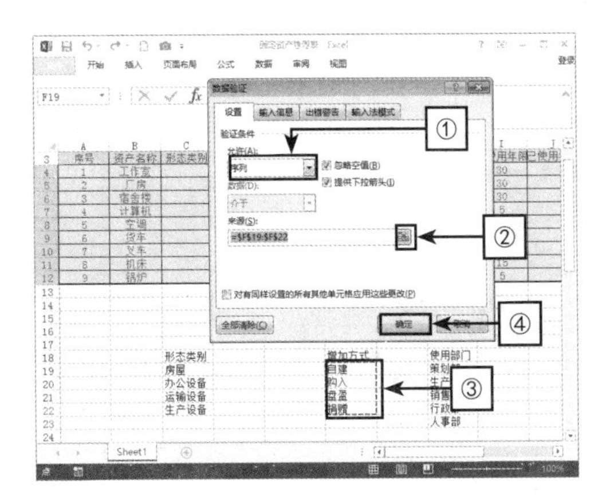

图 3-103

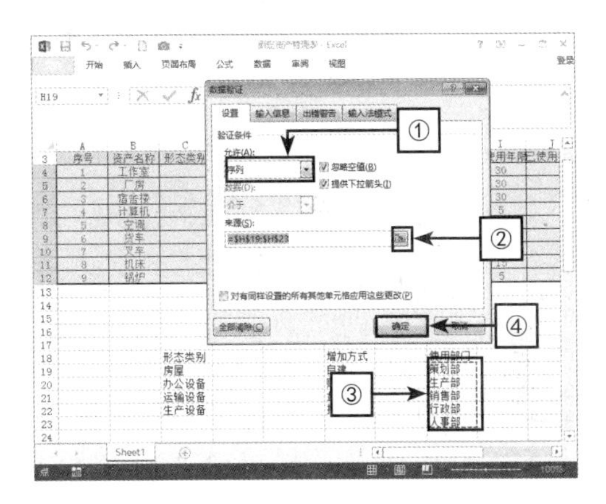

图 3-104

**step 06** 从下拉列表中选择对应的内容添加至工作表中，最终结果如图 3-105 所示。

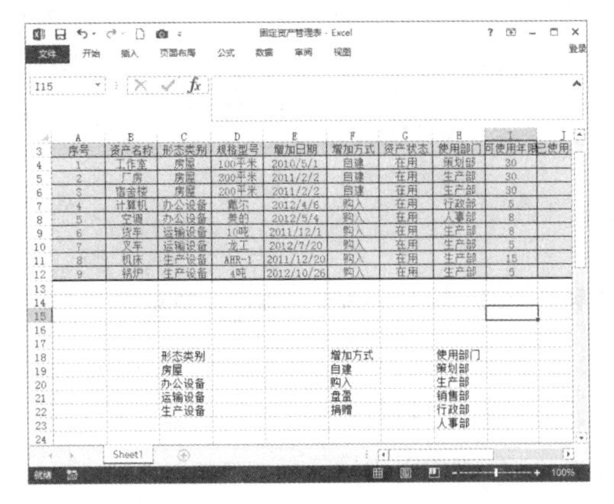

图 3-105

step 07 选择A3:M12单元格区域，进入“开始”选项卡，在“单元格”选项组中单击“格式”下拉按钮，执行“自动调整列宽”命令，自动设置最佳列宽，如图3-106所示。

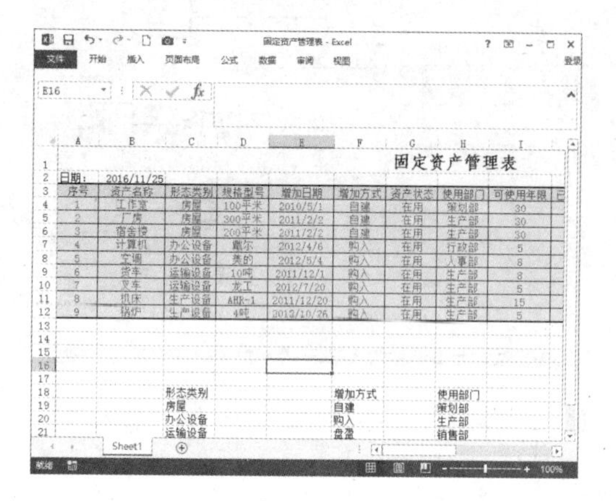

图 3-106

## 3.6.3 计算已使用年限

用户可根据增加日期与当前日期，使用日期函数计算资产的已使用年限。

step 01 选择B2单元格，在编辑栏中输入计算公式，返回当前日期值，如图3-107所示。

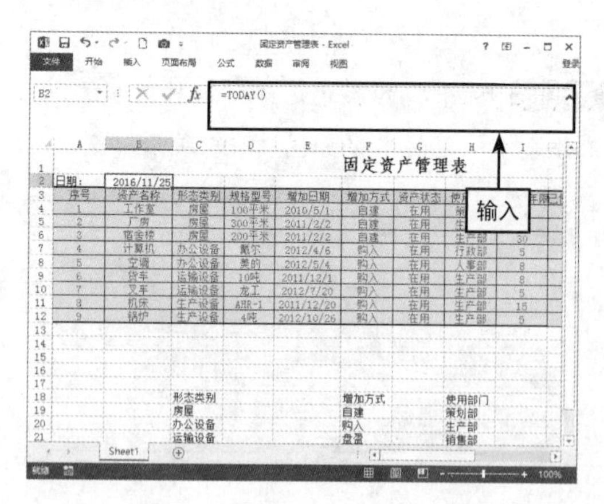


图 3-107

step 02 选择J4单元格，在编辑栏中输入计算公式 =YEAR($B$2)–YEAR(E4)，计算已使用年限值，如图3-108所示。

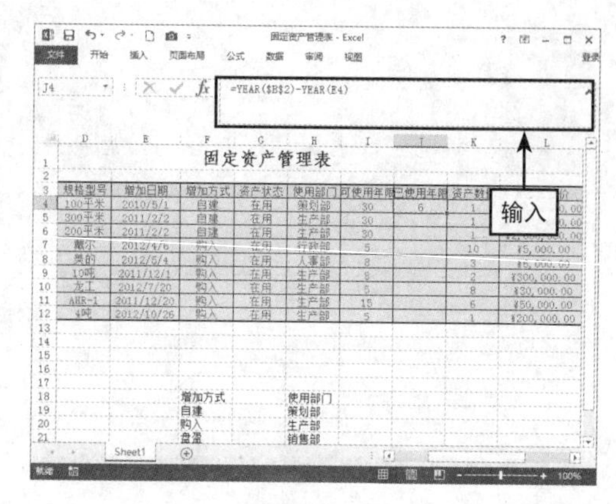


图 3-108

step 03 拖曳J4单元格右下角的填充手柄至J12单元格，向下填充公式，如图3-109所示。

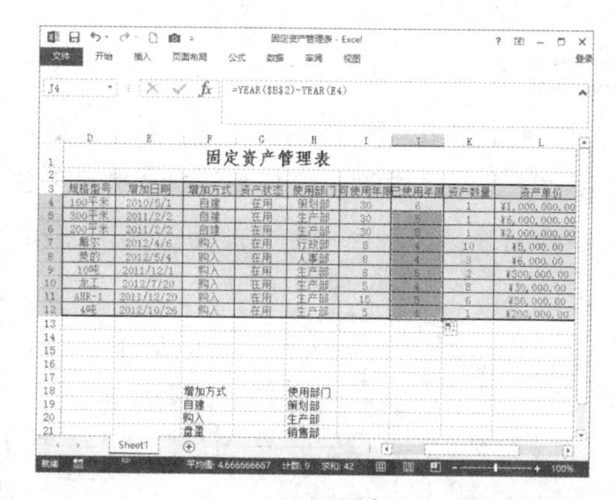

图 3-109

step 04 单击K12单元格，进入“开始”选项卡，在“剪贴板”选项组中单击“格式刷”按钮，如图3-110所示。

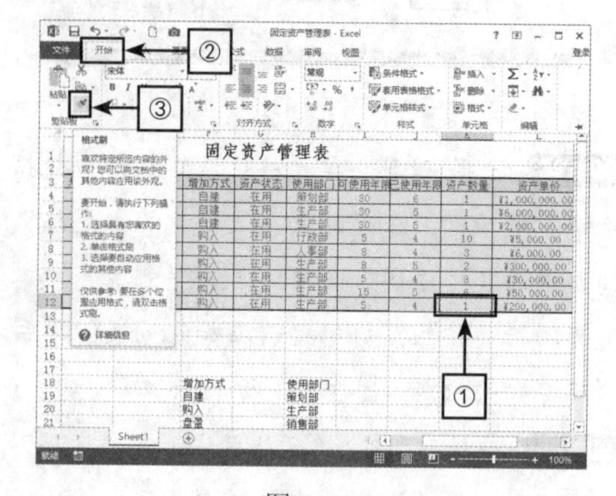


图 3-110

**step 05** 单击J12单元格，完成单元格的复制。

> **提示：**
>
> 若单击“格式刷”，格式刷只能应用一次；双击“格式刷”，则格式刷可以连续使用多次。再次单击“格式刷”按钮，或按Esc键即可取消格式刷功能。

## 3.6.4 汇总资产数据

用户可根据需要运用求和函数，按固定资产的类别汇总资产数据，具体步骤如下。

**step 01** 在工作表的右侧制作汇总表格，输入基础内容并设置单元格格式，如图3-111所示。

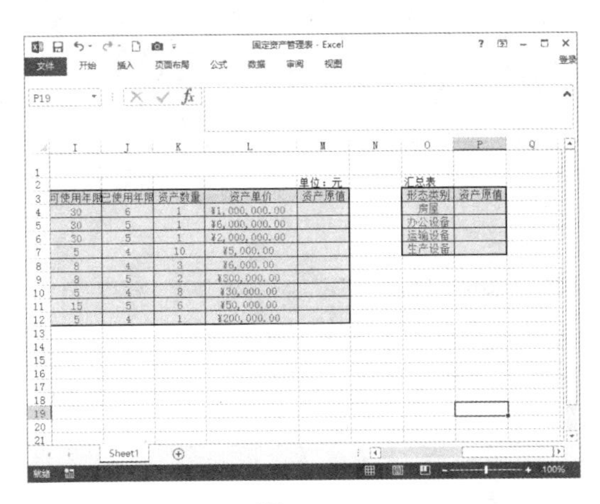

图 3-111

**step 02** 在计算汇总表的资产原值之前，先要计算固定资产管理表的资产原值。

**step 03** 选择M4单元格，在编辑栏中输入计算公式，如图3-112所示。

**step 04** 拖曳M4单元格右下角的填充手柄至M12单元格，向下填充公式，如图3-113所示，并设置M12单元格边框格式。

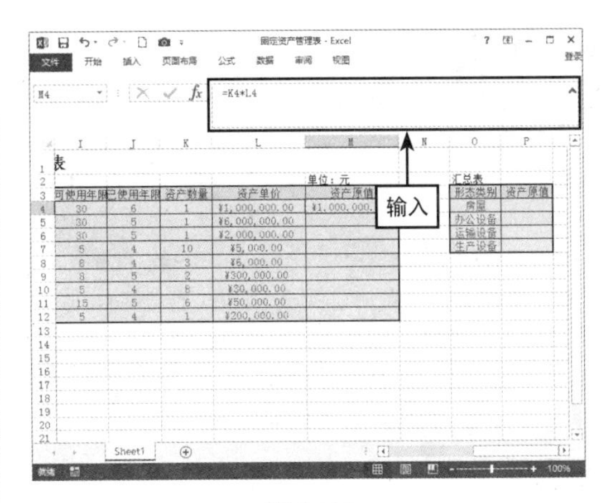


图 3-112

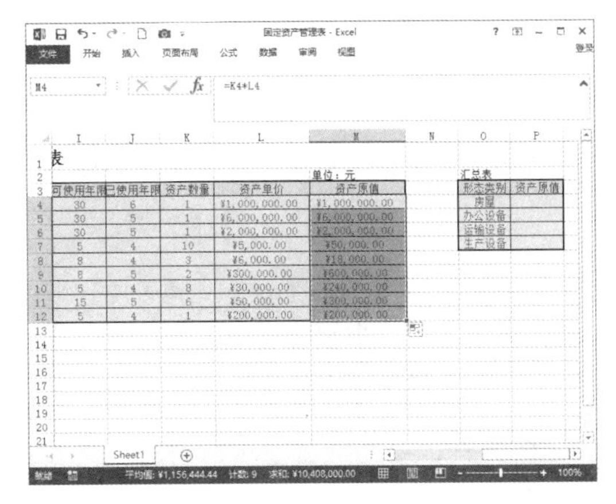

图 3-113

**step 05** 选择P4单元格，在编辑栏中输入计算公式 =SUMIF($C$4:$C$12,O4,$M$4:$M$12)，如图3-114所示。

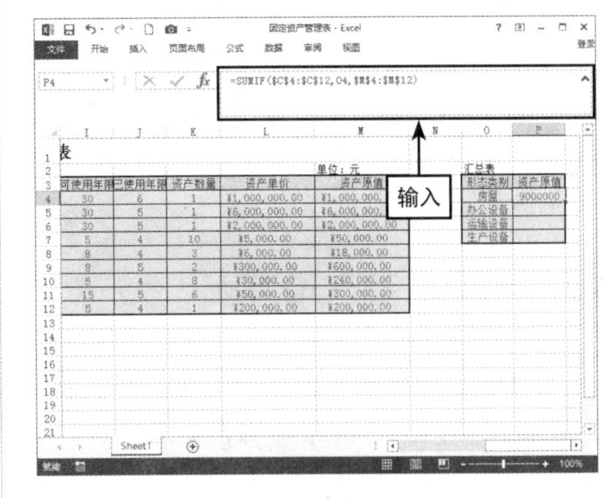


图 3-114

**提示：**

SUMIF(range，criteria，sum_range) 对满足条件的单元格执行求和计算。
range 条件区域，用于条件判断的单元格区域。
criteria 求和条件，由数字、逻辑表达式等组成的判定条件。
sum_range 实际求和区域，需要求和的单元格、区域或引用。
当省略第 3 个参数时，则条件区域就是实际求和区域。

**step 06** 拖曳 P4 单元格右下角的填充手柄至 P7 单元格，向下填充公式，并对 P7 单元格边框格式进行设置，如图 3-115 所示。

**step 07** 选择 P4:P7 单元格区域，进入“开始”选项卡，在“数字”选项组中单击“数字格式”下拉按钮，选择“货币”选项，结果如图 3-116 所示。

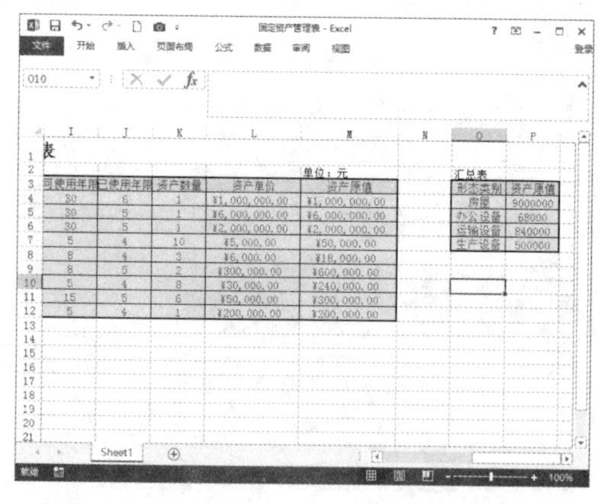

图 3-115

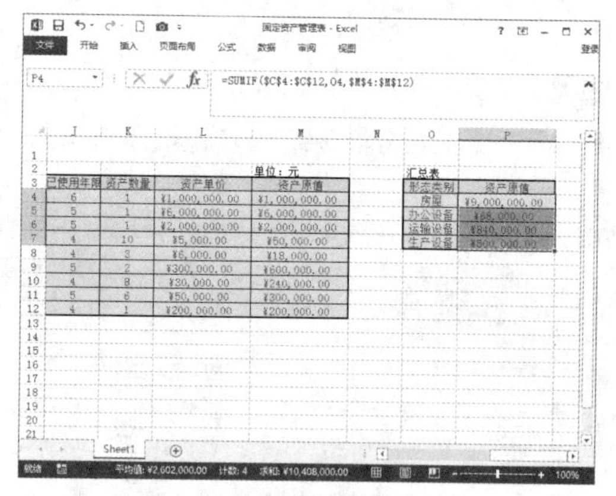

图 3-116

# 3.7 其他物资费用管理表

物资费用管理包括了费用管理、固定资产管理、办公用品管理等工作。除了前面介绍的电子表格之外，本节还会介绍一些其他的物资费用管理表。

## 3.7.1 固定资产增减表

固定资产增减表是用来统计固定资产增加与减少情况的 Excel 表格，用来记录固定资产编号、名称、规格等基本信息，以及增减原因、本月增加与本月减少等内容，如图 3-117 所示。

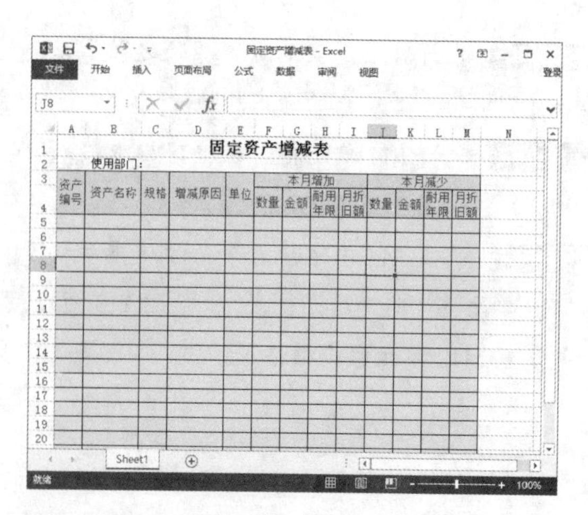

图 3-117

## 3.7.2　物料使用转移登记卡

物料使用转移登记卡主要记录物料使用和转移情况，包括财产的保管日期、财产编号、数量、单价，以及使用人、移交人等内容，如图3-118所示。

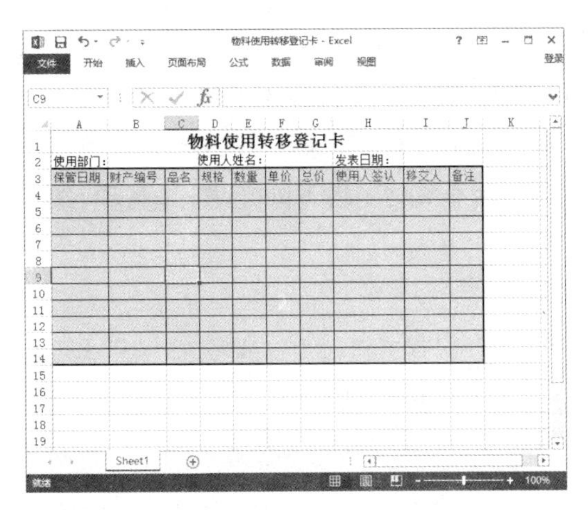


图 3-118

## 3.7.3　物品采购单

物品采购单主要记录物品请购与采购准备工作，以及申请采购意见等内容，包括请购项目、询价记录以及交货情况等内容，如图 3-119 所示。

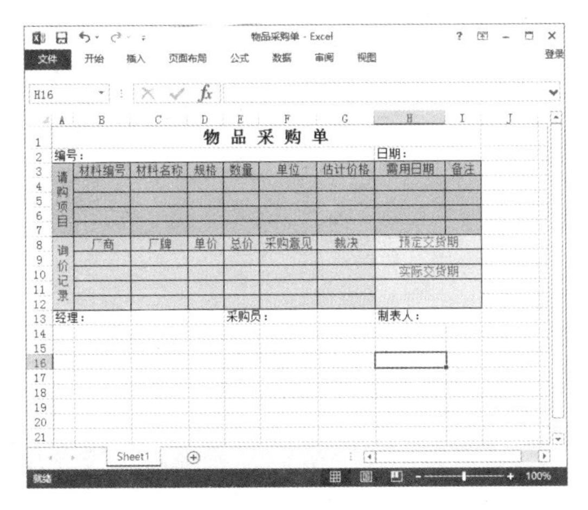


图 3-119

## 3.7.4　物品请购单

物品请购单是行政人员在购买物品时所填写的请购意向，包括物品名称、规格、单位、数量等信息，如图 3-120 所示。

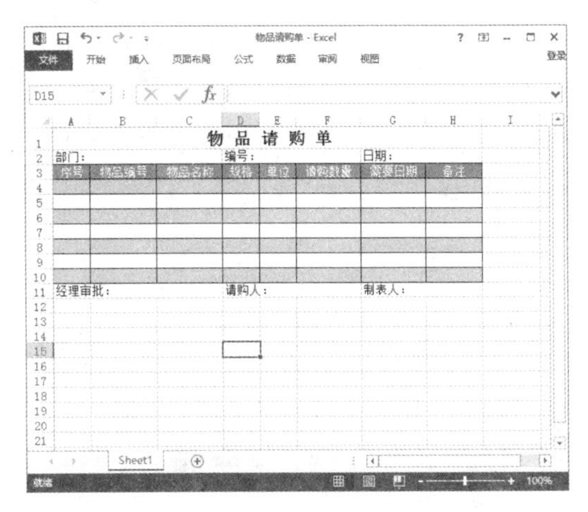


图 3-120

## 3.7.5　物资保管清单

物资保管清单是行政文秘人员记录物资保管情况的一种表格形式，包括物资的购买日期、接管日期、凭单号码、规格、数量、单位等内容，如图 3-121 所示。

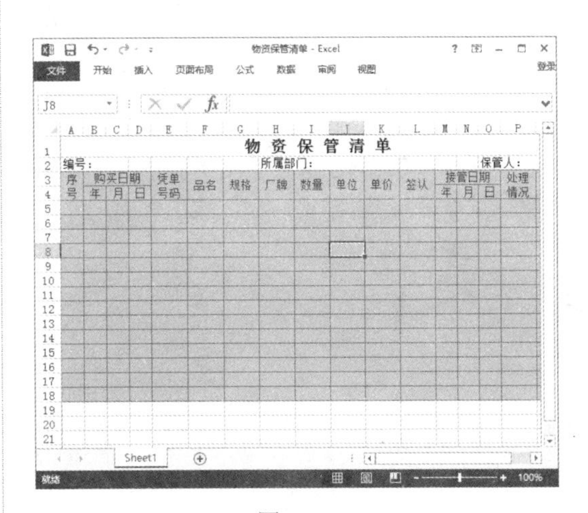


图 3-121

## 3.8 本章小结与职场感悟

❒ 本章小结

本章通过具体案例，利用 Excel 软件制作通信费用报销单、招待费用报销单、行政费用计划表、办公用品登记表、固定资产管理表等电子表格，详细介绍了 Excel 在物资费用管理中的应用，为用户掌握 Excel 知识和管理企业物资费用奠定了良好的基础。通过科学、合理的物资费用管理，不仅可以降低企业的生产成本和管理费用，加快企业的资金周转，还可以促进企业盈利，提升企业的市场竞争力。

❒ 职场感悟——不要以金钱为最大考量

生活在当今社会，尤其是城市里，首先要谋求一份工作以保证自己生存的经济基础，所以，打工挣钱无可厚非。但这仅仅是“生存”，要想更好地“生活”，活得幸福、活得充实，则要谋求个人的发展、自身才能和理想的实现。

当我们以金钱为最大考量去选择工作时，从好的方面想，可能自己从事的这份工作与自己的兴趣理想还是比较适合的；从坏的方面想，仅仅冲着这份工作诱人的薪水而去，本身是自由、好动的性格，却选择坐在沉寂的办公室里写文件，本身沉稳内敛，却选择在销售市场上承受工作压力，经历风吹雨打。个人也许可以获得一笔可观的收入，却始终不能适应工作环境与工作内容，在工作中找不到乐趣，开始埋怨同事、埋怨上司、埋怨公司，最后还是只能选择跳槽或转行。

我们向往着一种幸福的生活，而幸福，不仅在于用金钱换取生活所需的快感，更在于工作的过程。这份工作所提供的薪资是我们选择工作时需要考虑的内容之一，但绝不是最重要的，更要考虑个人能力是否能得到提高，是否能实现自身价值。根据自己的爱好及目标，规划自己的职业道路，追求给予生活实感的工作，追求实现自身才能的工作，在工作中进一步认识、肯定自己，成为工作的主人。

# 第 4 章

## 行政文秘：捂住后勤管理的嘴巴

本章内容

后勤管理是一份非常烦琐，又比较辛苦的工作，是一个单位的“门面”和“窗口”，也是企业发展必不可少的一项工作。后勤服务涉及各单位之间的协调工作、各业务部门和每位职工的生活等方方面面。后勤服务的好坏，直接影响到员工的工作情绪、企业形象，进而影响工作效率。后勤管理包括员工生活福利的管理、车辆的管理、卫生状况、安全情况的管理等，牵涉到人、事、财、物各个方面，头绪繁多、面广量大。本章将介绍一些常用后勤管理表格的制作，包括住宿人员资料表、车辆管理表、卫生状况检查表、车辆使用月报表、安全检查报告表、保安工作日报表等，从而提高后勤管理效率。

# 4.1 制作住宿人员资料表

住宿人员资料表记录了公司入住员工的情况，包括员工基本信息、入住日期、床位等内容，为员工生活提供福利及保障。

## 4.1.1 制作基础内容

制作基础内容，主要包括输入内容、设置对齐居中方式、添加下拉列表等操作。

**step 01** 启动 Excel 2013，创建并保存“住宿人员资料表”。

**step 02** 选择 A2 单元格，根据需要输入基础内容，如图 4-1 所示。

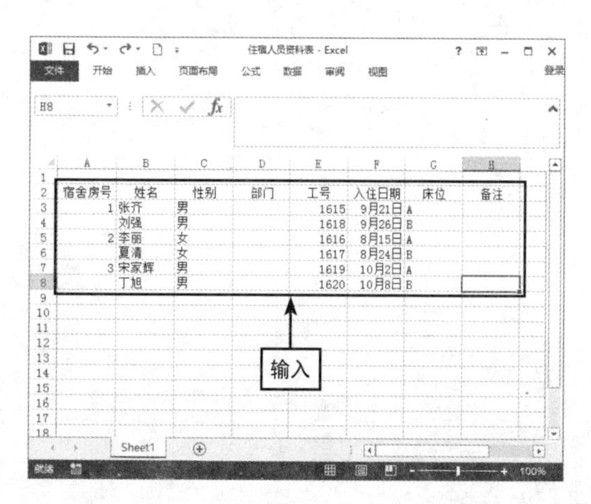


图 4-1

**step 03** 选择 A2:H8 单元格区域，单击“居中”按钮，如图 4-2 所示。

**step 04** 选择 D3:D8 单元格，进入“数据”选项卡，在“数据工具”选项组中单击“数据验证”下拉按钮，执行“数据验证”命令。打开“数据验证”对话框，在“设置”选项中将“允许”设置为“序列”，在“来源”文本框中输入文本内容，如图 4-3 所示。

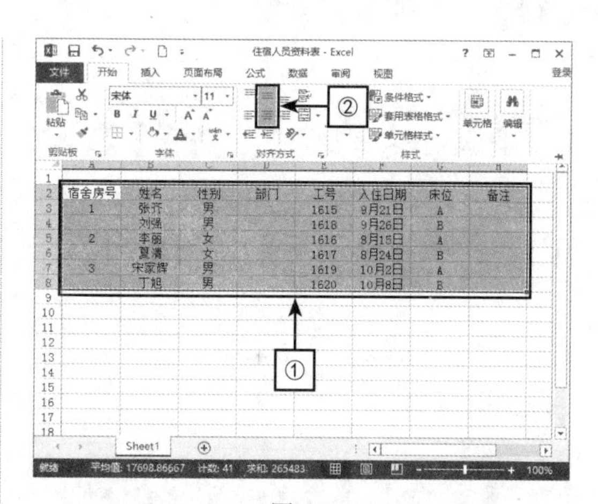


图 4-2

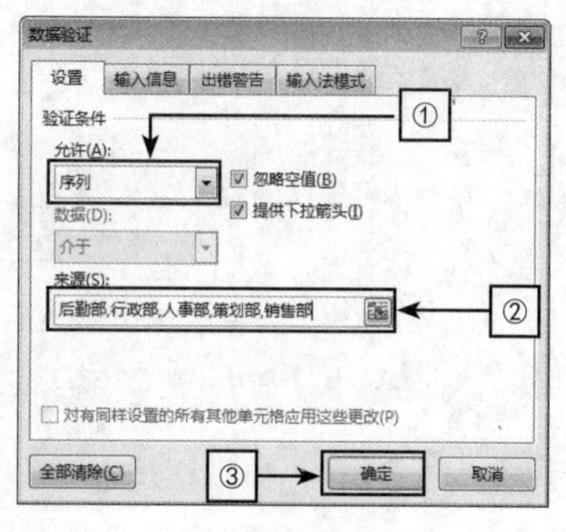


图 4-3

**step 05** 切换至“出错警告”选项卡，在“样式”下拉列表中选择“警告”选项，在“错误信息”文本框中输入相关文本，如图 4-4 所示。

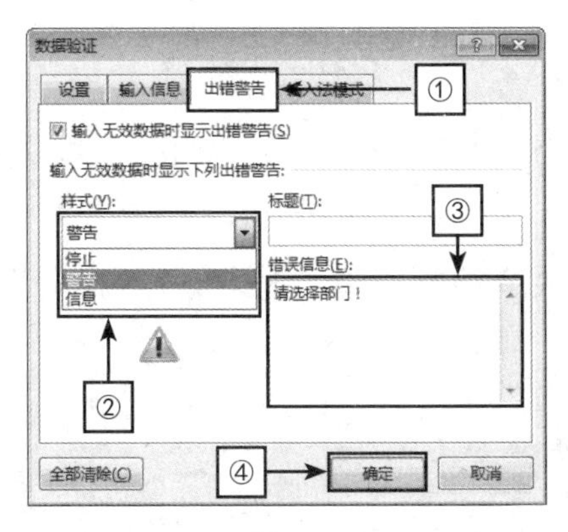

图 4-4

**step 06** 数据验证设置完成后，单击下拉按钮，从下拉列表中选择所属部门，进行快速输入。

## 4.1.2　套用表格格式

Excel 2013 内置了丰富的表格样式，方便用户对表格进行美化。

**step 01** 选择 A2:H8 单元格区域，进入“开始”选项卡，在“样式”选项组中单击“套用表格格式”下拉按钮，选择“表样式中等深浅 7”样式，并选中“表包含标题”复选框，如图 4-5 所示。

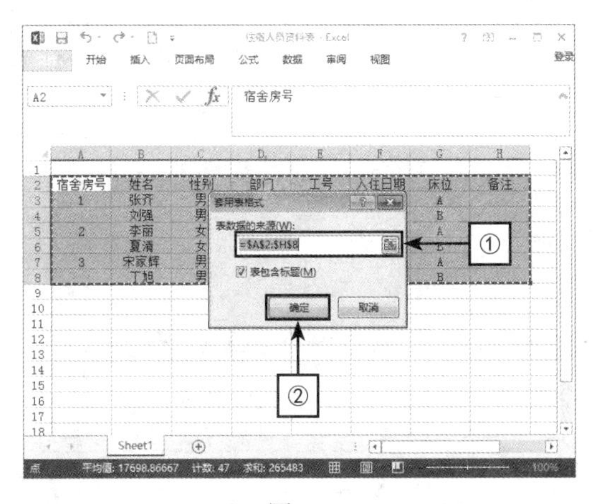

图 4-5

**step 02** 选择表格，进入“设计”选项卡，在“工具”选项组中单击“转换为区域”按钮，在弹出的对话框中单击“是”按钮，如图 4-6 所示。

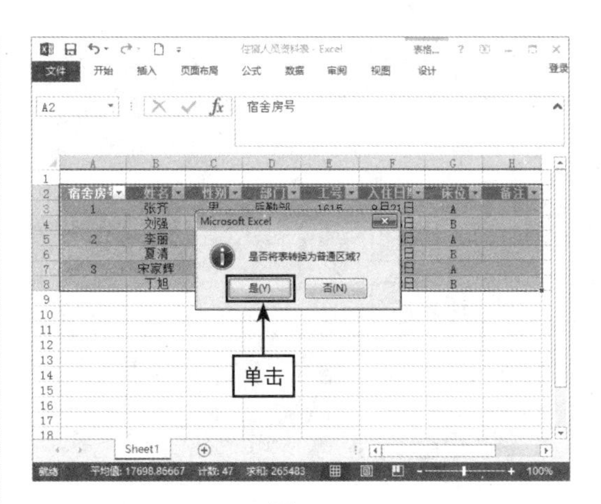

图 4-6

**提示：**

进入“开始”选项卡，在“样式”选项组中单击“套用表格格式”下拉按钮，选择“新建表格样式”选项，用户可自定义表格样式。

## 4.1.3　美化表格

套用表格格式之后，用户还可以对工作表进行合并单元格、设置边框等操作。

**step 01** 选择 A3:A4、A5:A6、A7:A8 单元格区域，单击“合并后居中”按钮，如图 4-7 所示。

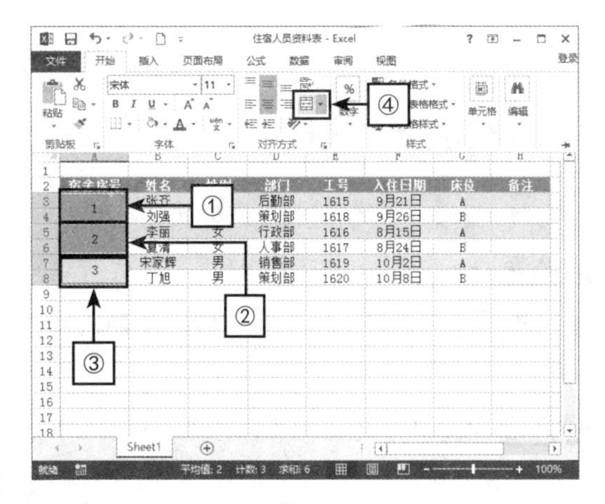

图 4-7

**step 02** 选择整个表格，进入“开始”选项卡，在“字体”选项组中单击“下框线”下拉按钮，选择“所有框线”选项，为表格添加边框，如图 4-8 所示。

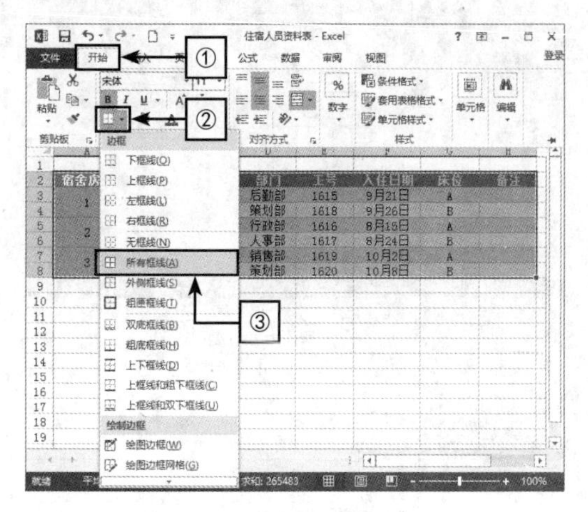


图 4-8

### 4.1.4 制作表格标题

合并并居中 A1:H1 单元格区域，输入标题文本，在“字体”选项组中，将字体设置为“华文圆体 W7(P)”，将字号设置为 20，完成表格标题的制作。

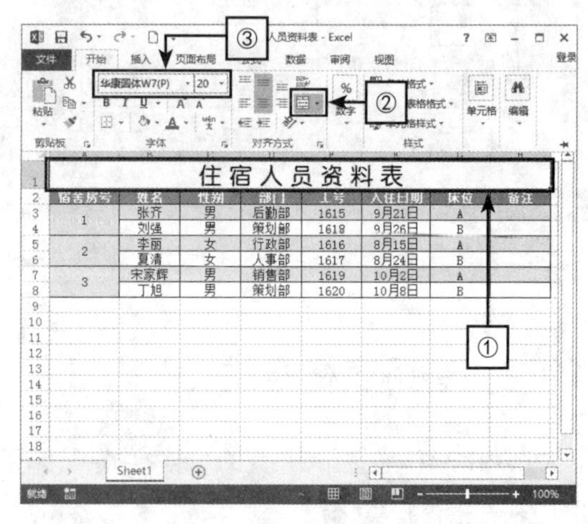


图 4-9

## 4.2 制作车辆管理表

为了便于货物或设备的运输，公司会购置一些车辆，后勤管理的工作之一就是对公司购置的车辆进行管理，常用的电子表格有车辆管理表、车辆使用月报表、派车单、用车单、车辆行驶记录表等。

### 4.2.1 填充数据

填充数据主要包括对车辆编号的填充。

**step 01** 打开 Excel 2013，创建并保存“车辆管理表”，根据需要输入基础内容，如图 4-10 所示。

**step 02** 在 A4 单元格中输入 1，按住 A4 单元格右下角的填充手柄，按住 Ctrl 键的同时向下拖曳至 A8 单元格，如图 4-11 所示。

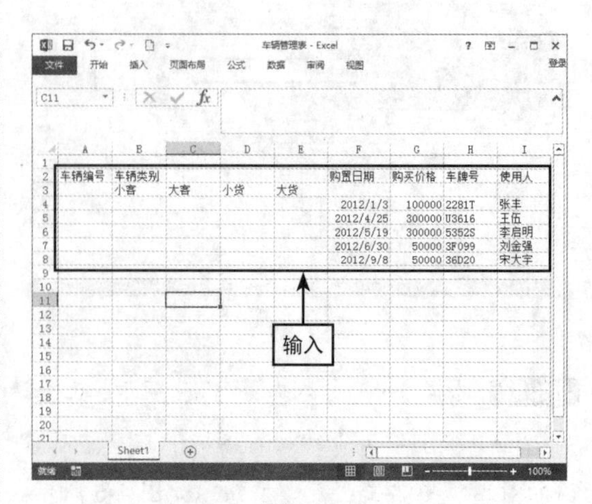


图 4-10

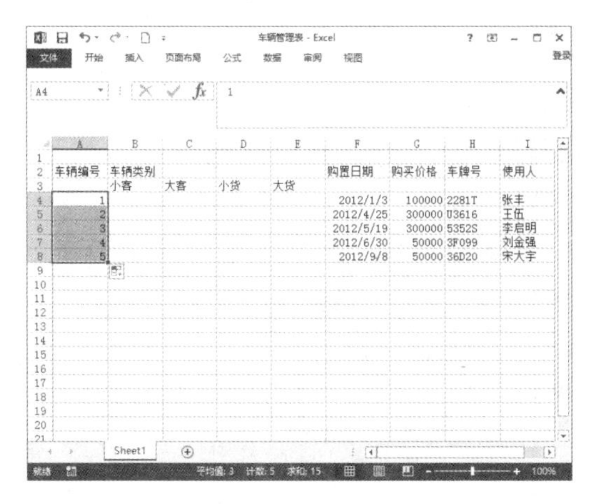

图 4-11

## 提示：

当等差数列之间的步长不为 1 时，用户需要输入两个单元格的内容，如在 A4、A5 单元格中分别输入 1 和 3，选择 A4、A5 单元格区域，向下拖曳填充手柄，即可录入等差数列。

在 A4 单元格中输入 1，右键拖曳填充手柄至 A8 单元格，释放鼠标右键，选择“序列”选项，在弹出的“序列”对话框中设置步长值，选择“等比数列”类型，即可录入等比数列。

**step 03** 选择 G4:G8 单元格区域，进入“开始”选项卡，在“数字”选项组中单击“数字格式”下拉按钮，选择“货币”选项，设置“购买价格”一列的数字格式，如图 4-12 所示。

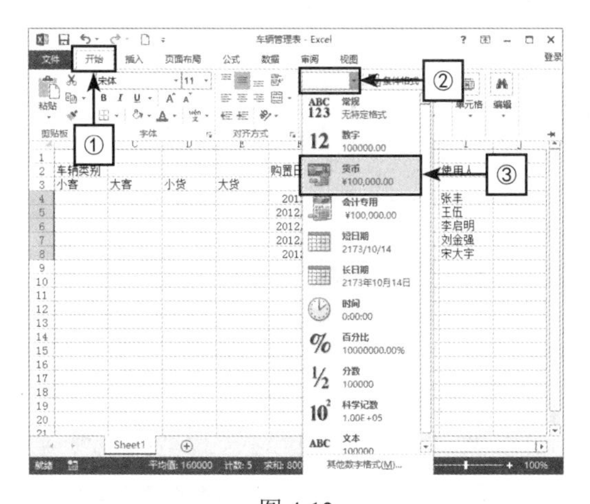

图 4-12

**step 04** 选择 H4:H8 单元格区域，右击选择“设置单元格格式”命令，在“分类”列表中选择“自定义”选项，在“类型”文本框中输入自定义代码“"湘 C"@”，如图 4-13 所示。

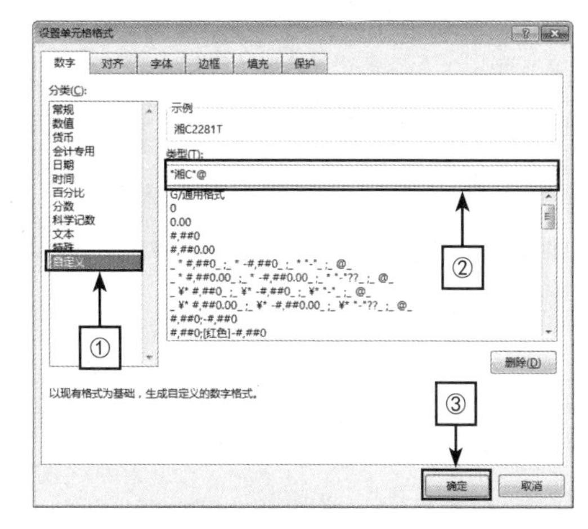

图 4-13

**step 05** 选择 A4:A8 单元格区域，右击选择“设置单元格格式”命令，在“分类”列表中选择“自定义”选项，在“类型”文本框中输入自定义代码 0#，如图 4-14 所示。

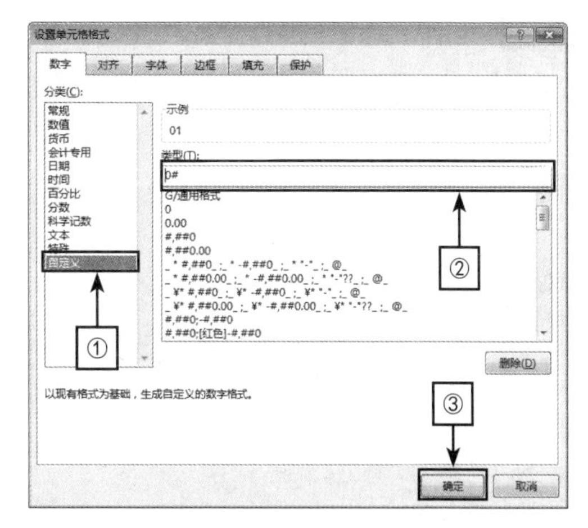

图 4-14

**step 06** 选择 A2:I8 单元格区域，进入“开始”选项卡，在“单元格”选项组中单击“格式”下拉按钮，执行“自动调整列宽”命令，所得结果如图 4-15 所示。

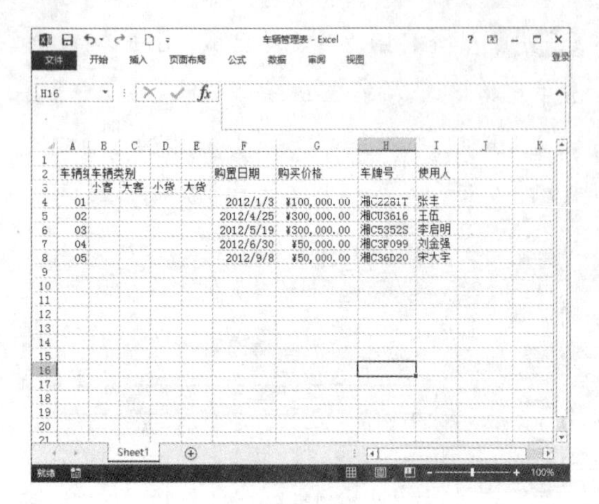

图 4-15

## 4.2.2 插入控件

Excel 提供了一些具有特定功能的窗体控件，可以灵活运用在制作报表、动态图表等方面。

**step 01** 打开“Excel 选项”对话框并选择“开发工具”选项，将“开发工具”选项卡添加至功能区。

**step 02** 选择任意单元格，进入“开发工具”选项卡，在“控件”选项组中单击“插入”下拉按钮，在下拉列表中选择“复选框（窗体控件）”选项，单击任意单元格添加控件，如图 4-16 所示。

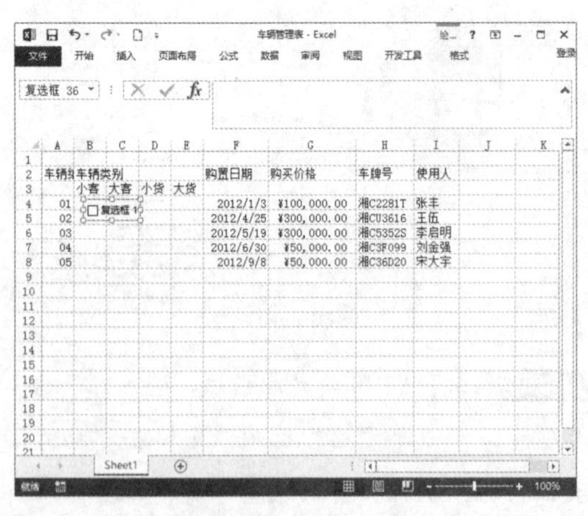

图 4-16

**step 03** 对插入的控件进行文本编辑，并调整控件的大小和位置。

**step 04** 选择控件并右击，在弹出的快捷菜单中执行“复制”命令，单击任意单元格并右击，执行“粘贴”命令，复制控件并调整控件的位置。根据需要选择相应控件，如图 4-17 所示。

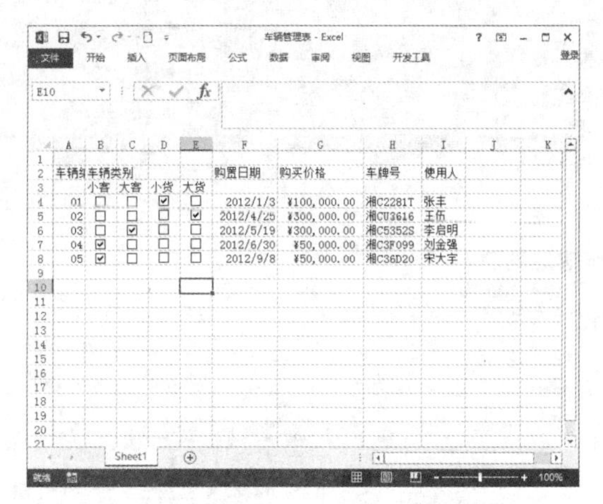

图 4-17

## 4.2.3 美化表格

控件插入完毕后，可对表格进行美化操作，具体步骤如下。

**step 01** 选择所需单元格区域，单击“合并后居中”按钮，如图 4-18 所示。

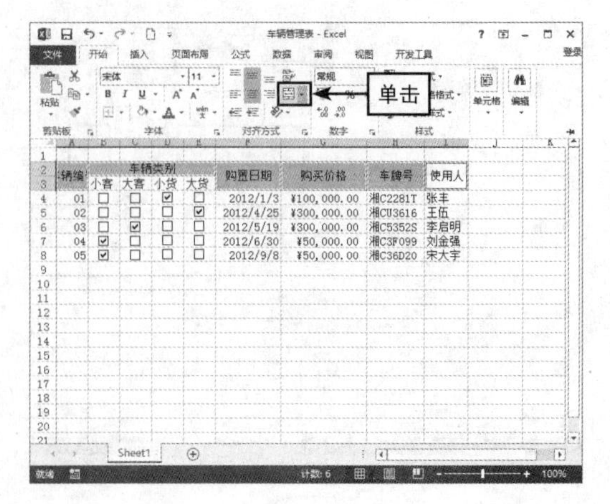


图 4-18

**step 02** 选择合并后的 A2 单元格，单击“自动换行”按钮，如图 4-19 所示。

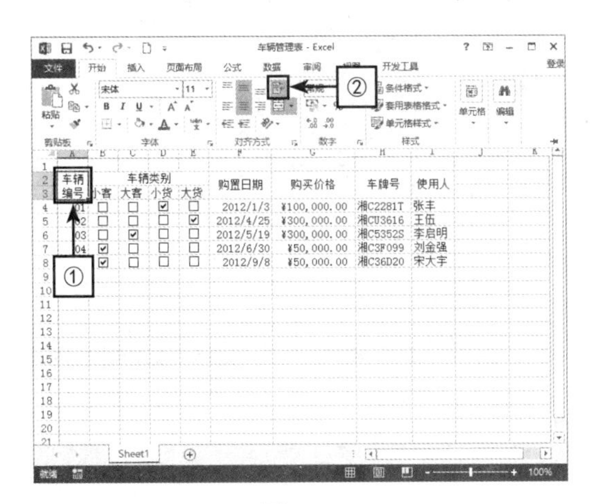


图 4-19

**step 03** 选择 A2:I8 单元格区域，单击“居中”按钮，如图 4-20 所示。

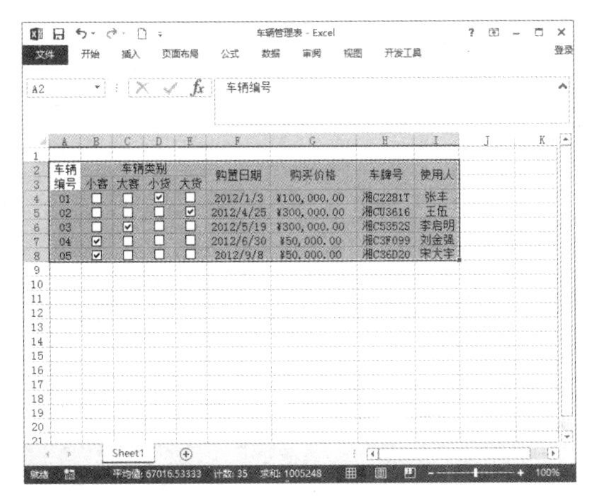

图 4-20

**step 04** 选择 A2:I8 单元格区域，进入“开始”选项卡，在“字体”选项组中单击“下框线”下拉按钮，选择“所有框线”与“粗匣框线”选项，为表格添加内、外边框，如图 4-21 所示。

> **提示：**
>
> 若是先添加“粗匣框线”，然后设置“所有框线”，则之前设置的“粗匣框线”外边框会被“所有框线”替换。

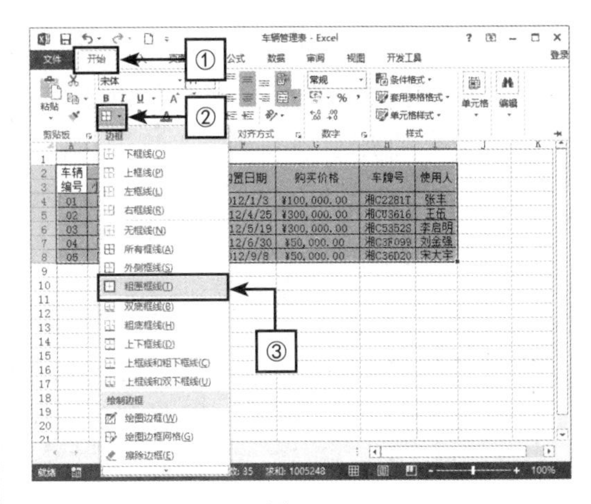


图 4-21

**step 05** 选择 A2:I8 单元格区域，进入“开始”选项卡，在“样式”选项组中单击“单元格样式”下拉按钮，选择“好”选项，设置单元格样式，如图 4-22 所示。

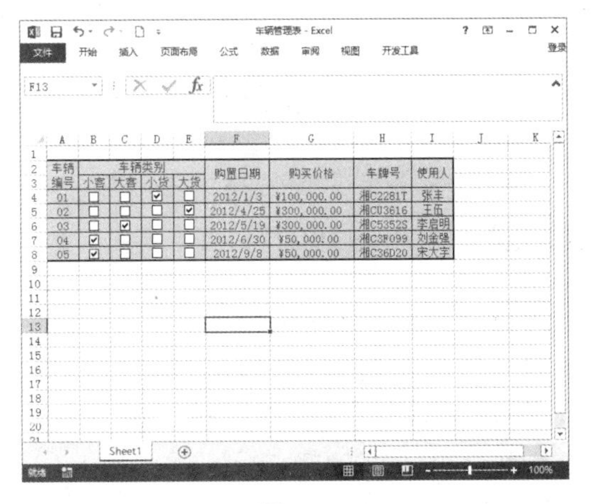

图 4-22

> **提示：**
>
> 进入“开始”选项卡，在“样式”选项组中单击“单元格样式”下拉按钮，选择“新建单元格样式”选项，可自定义单元格样式。

## 4.2.4　制作表格标题

合并并居中单元格区域 A1:I1，输入标题文本，在“字体”选项组中，将字体设置为“华文行楷”，将字号设置为20，完成表格标题的制作，如图4-23所示。

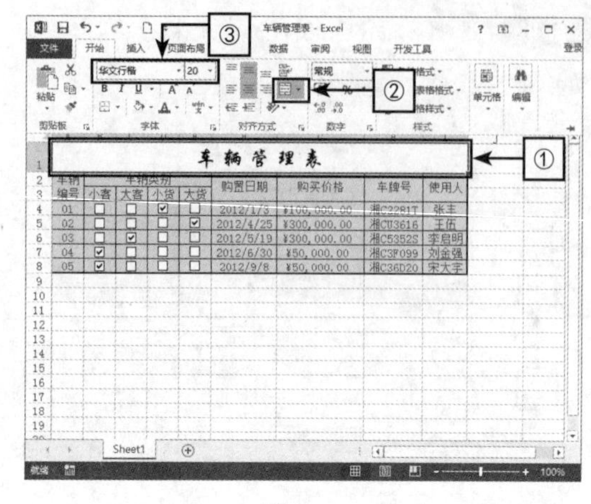


图 4-23

# 4.3 制作卫生状况检查表

为了创造一个舒适的工作环境，公司会适时组织人员打扫工作区的卫生。对于卫生状况，行政后勤人员可以制作卫生状况检查表，对各项目进行检查，督促对卫生状况较差的区域进行整改。

## 4.3.1 制作基础表格

制作基础表格主要包括输入基础内容、设置居中对齐方式、输入当前日期等操作。

**step 01** 打开Excel 2013，创建并保存“卫生状况检查表”。

**step 02** 根据需要输入表格基础内容，如图4-24所示。

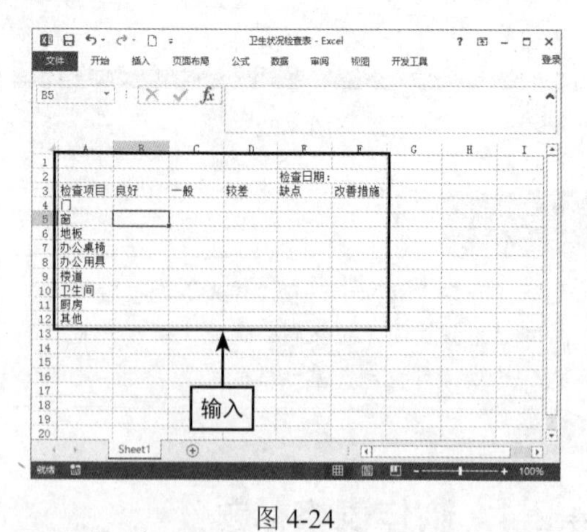


图 4-24

**step 03** 选择A2:F12单元格区域，单击“居中”按钮，如图4-25所示。

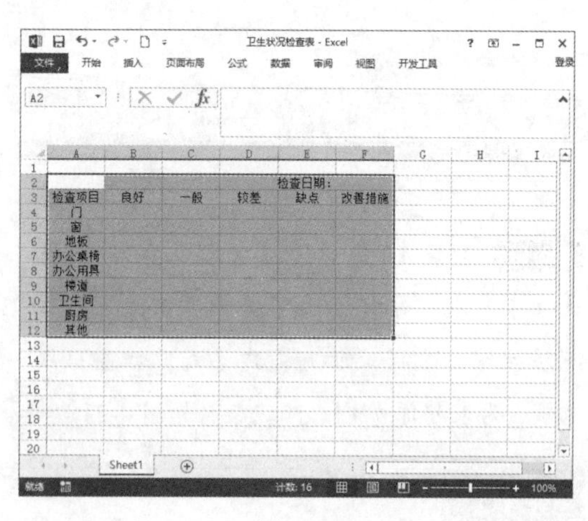

图 4-25

**step 04** 选择F2单元格，在编辑栏中输入公式，如图4-26所示，返回当前日期。

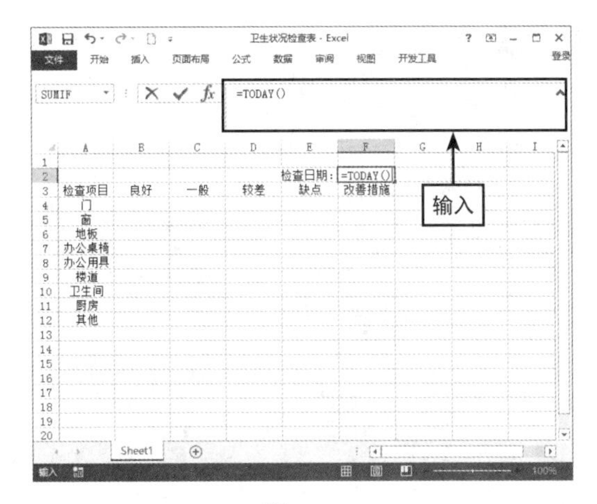


图 4-26

## 4.3.2　制作表格标题

合并并居中单元格区域 A1:F1，输入标题文本，在“字体”选项组中将字号设置为 16 并加粗，完成表格标题的制作，如图 4-27 所示。

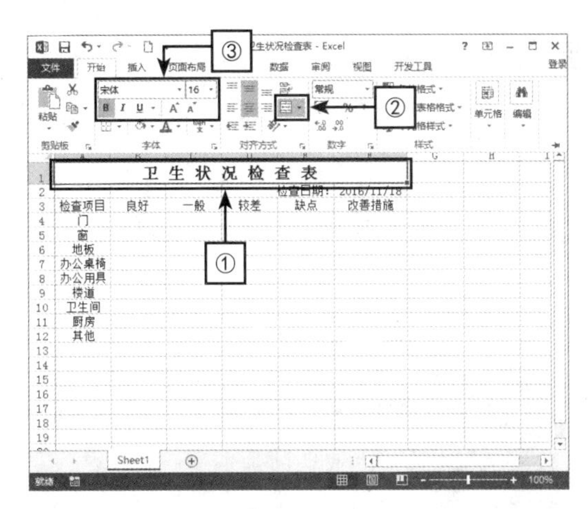


图 4-27

## 4.3.3　插入控件

对于每个检查项目，会有不同的检查结果，可以通过插入控件来选择检查结果的优劣。

**step 01**　选择任意单元格，进入“开发工具”选项卡，在“控件”选项组中单击“插入”下拉按钮，从中选择“复选框（窗体控件）”选项，单击 B4 单元格，添加控件，如图 4-28 所示。

图 4-28

**step 02**　对插入的控件进行文本编辑，并调整控件的大小和位置。

**step 03**　选择控件并右击，在弹出的快捷菜单中执行“复制”命令，再右击执行“粘贴”命令，复制并调整控件的位置。

**step 04**　按照相同的方法，复制其余控件，并根据需要选择对应控件，如图 4-29 所示。

图 4-29

## 4.3.4 美化表格

美化表格主要包括设置单元格边框和单元格样式等操作。

**step 01** 选择 A3:F12 单元格区域，进入“开始”选项卡，在“字体”选项组中单击“下框线”下拉按钮，选择“所有框线”与“粗匣框线”选项，为表格添加内、外边框，如图 4-30 所示。

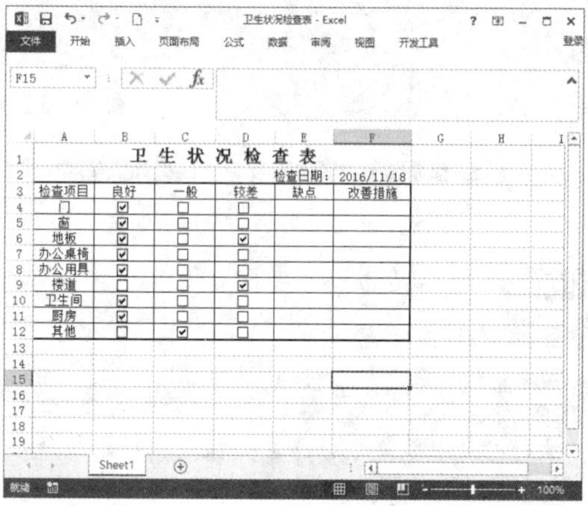

图 4-30

**step 02** 选择 A3:F12 单元格区域，进入“开始”选项卡，在“字体”选项组中单击“填充颜色”下拉按钮，选择“蓝色，着色 1，淡色 60%”选项作为背景色，如图 4-31 所示。

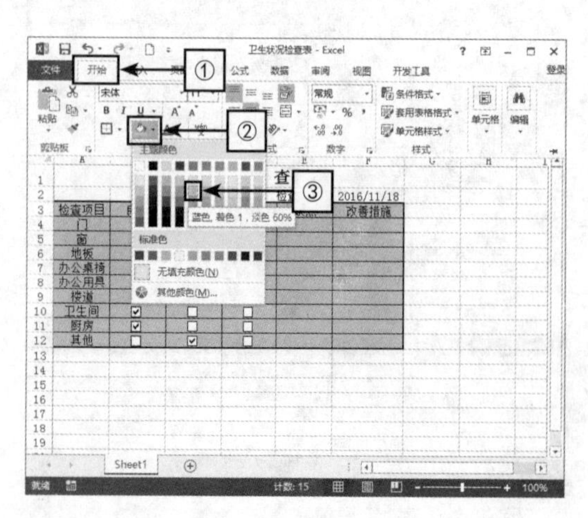


图 4-31

**step 03** 选择 B3:B12 单元格区域，进入“开始”选项卡，在“样式”选项组中单击“单元格样式”下拉按钮，选择“好”选项，如图 4-32 所示。

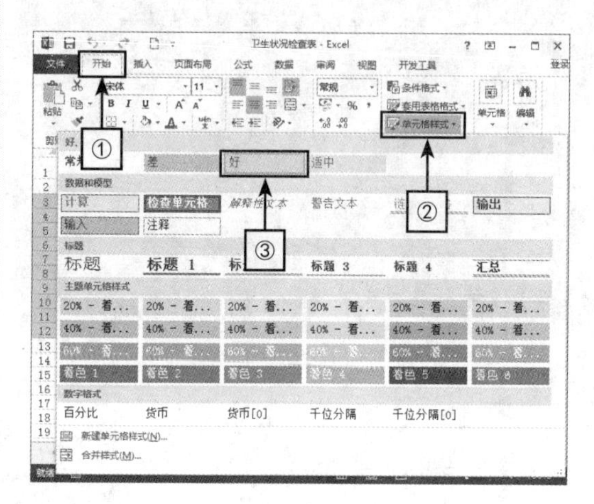


图 4-32

**step 04** 选择 C3:C12 单元格区域，在“样式”选项组中单击“单元格样式”下拉按钮，选择“适中”选项。

**step 05** 选择 D3:D12 单元格区域，在“样式”选项组中单击“单元格样式”下拉按钮，选择“差”选项，最终效果如图 4-33 所示。

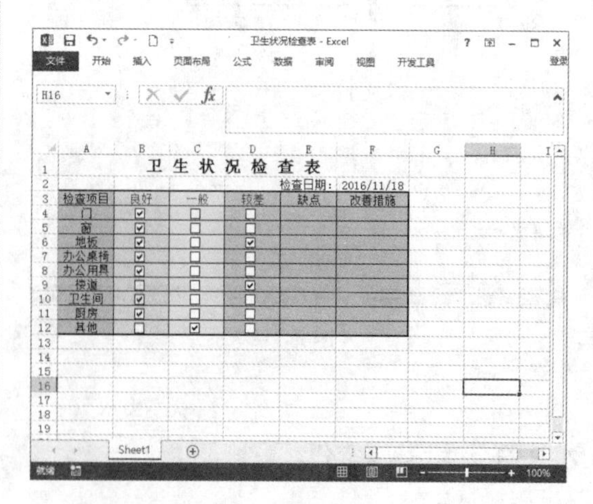


图 4-33

# 4.4　制作车辆使用月报表

行政文秘人员需要对公司车辆的每月行驶里程、耗油量、保养修理情况、发生事故次数等信息进行统计，实时了解车辆状态。

## 4.4.1　制作基础表格

制作基础表格包括输入表格内容、更改数字格式、填充空值、设置单元格格式等操作，具体步骤如下。

**step 01** 启动 Excel 2013，创建并保存“车辆使用月报表”。

**step 02** 合并居中 A1:J1 单元格区域，输入表格标题文本，在“字体”选项组中，将字号设置为 16 并加粗，如图 4-34 所示。

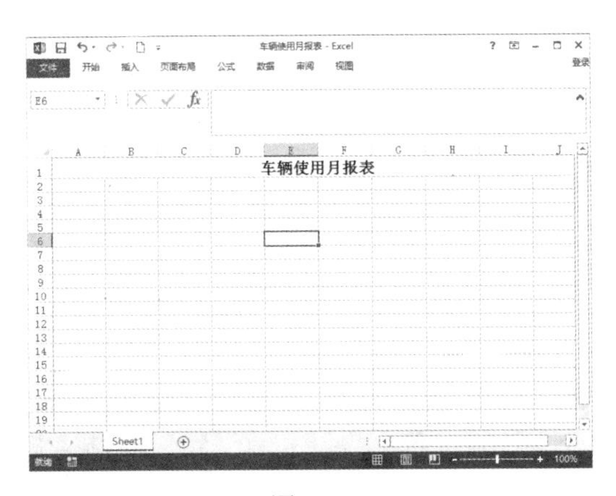


图 4-34

**step 03** 根据需要输入表格基础内容，如图 4-35 所示。

**step 04** 因为 A9 和 A10 单元格中的内容都是数字，Excel 2013 将其默认为数值型数据，自动沿单元格右侧对齐。选择 A9 单元格，在数字前面加上英文标点“'”，在单元格左上角将出现一个绿色的小三角，如图 4-36 所示。同样，选择 A10 单元格，在数字前面加上英文标点“'”。

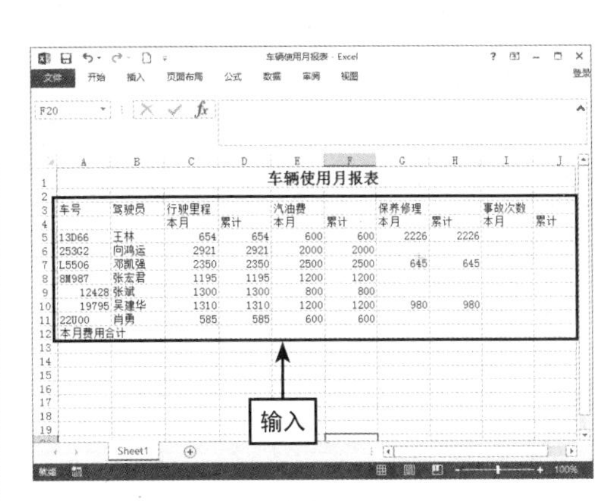


图 4-35

图 4-36

**step 05** 选择 A5:A11 单元格区域，右击选择“设置单元格格式”命令，在“分类”列表中选择“自定义”选项，在“类型”文本框中输入自定义代码“"湘C"@”，单击“确定”按钮，如图 4-37 所示，完成“车号”一列数据的输入。

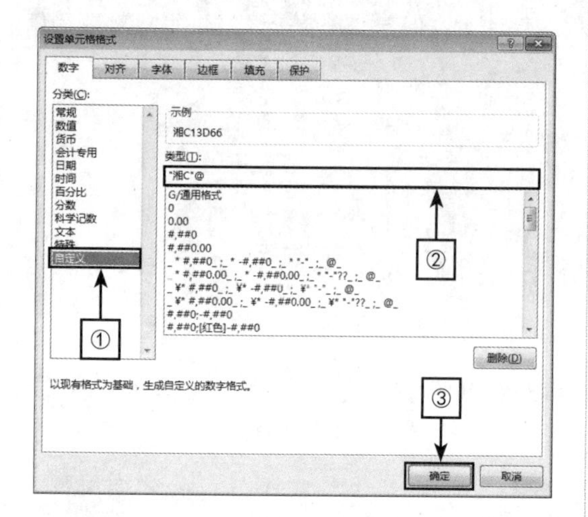

图 4-37

**step 06** 选择 G5:J11 单元格区域，按【Ctrl+G】组合键，弹出“定位”对话框，如图 4-38 所示。

图 4-38

**step 07** 单击“定位条件”按钮，在打开的“定位条件”对话框中选择“空值”选项，单击“确定”按钮，如图 4-39 所示。

**step 08** 单元格区域中一次性选中了为空的单元格，在编辑栏中输入 0，按【Ctrl+Enter】组合键，统一输入 0 值，如图 4-40 所示。

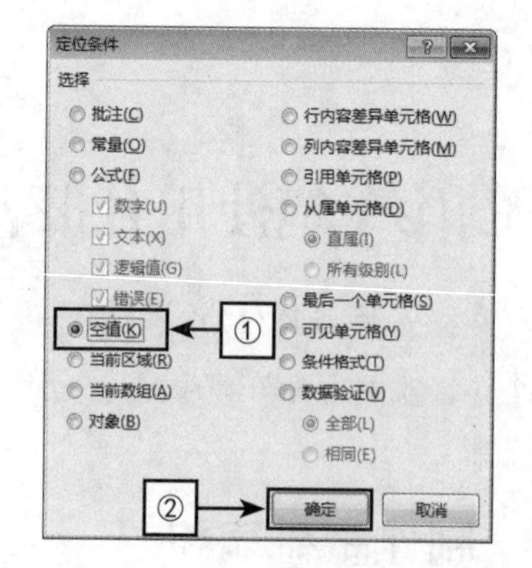

图 4-39

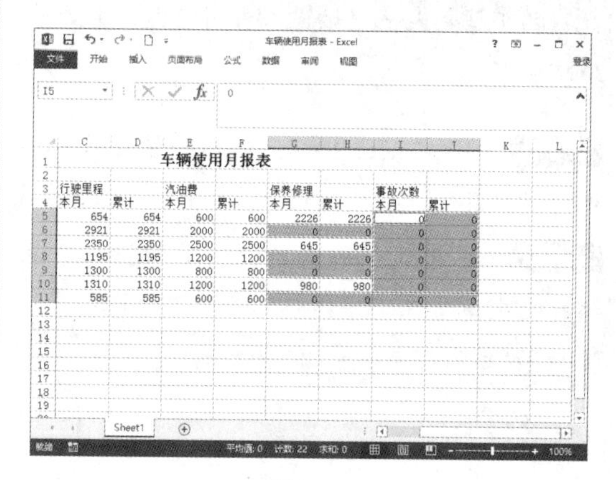

图 4-40

**step 09** 选择 C5:J12 单元格区域，打开“设置单元格格式”对话框，在“分类”列表中选择“自定义”选项，在右侧的“类型”文本框中输入自定义代码“[=0]-”，如图 4-41 所示。

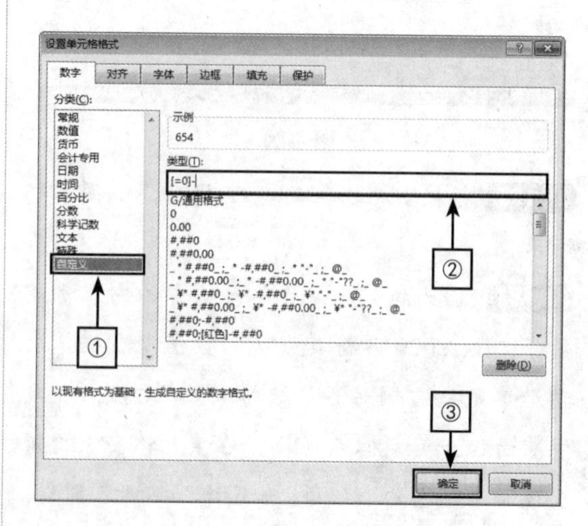

图 4-41

**step 10** 选择所需的单元格区域，单击“合并后居中”按钮，如图 4-42 所示。

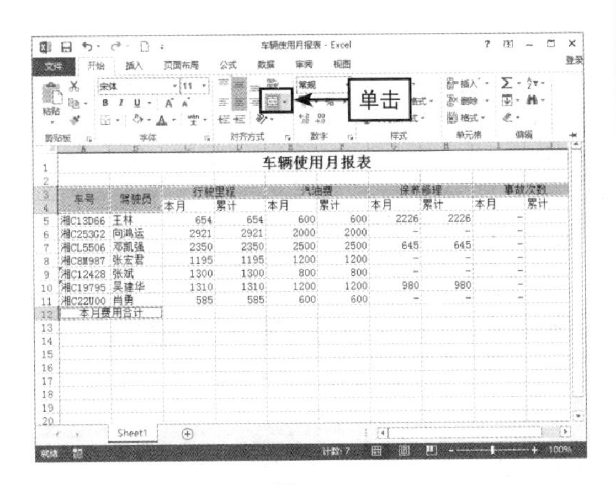


图 4-42

**step 11** 选择 A3:J12 单元格区域，单击“居中”按钮，设置居中对齐方式，如图 4-43 所示，完成基础表格的制作。

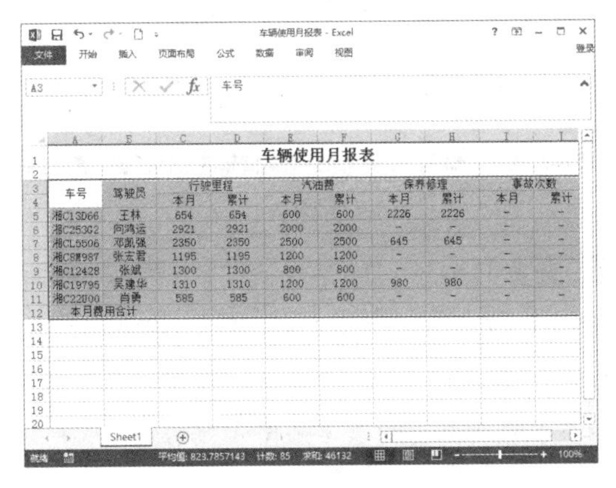

图 4-43

## 4.4.2　使用日期函数

车辆使用月报表中要说明是哪个月的报表，需要使用日期函数输入当前月份。

**step 01** 选择合并后的 I2 单元格，打开“设置单元格格式”对话框，在“分类”列表中选择“日期”选项，在“类型”列表框中选择“2012 年 3 月”选项，如图 4-44 所示。

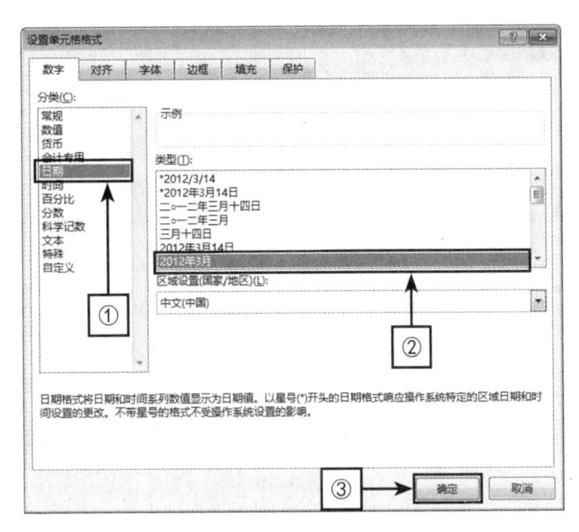


图 4-44

**step 02** 选择合并后的 I2 单元格，在编辑栏中输入公式，完成月份的输入，如图 4-45 所示。

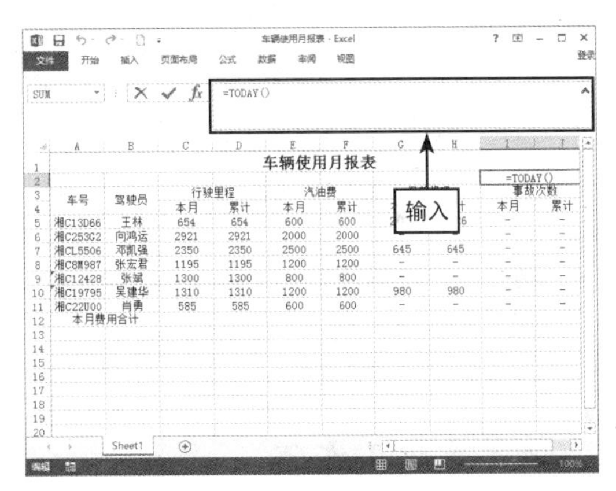


图 4-45

## 4.4.3　使用求和函数

除了记录单辆车的行驶里程、油费等，还需要对本月产生的费用进行统计。

**step 01** 选择 C12 单元格，在编辑栏中输入求和公式，如图 4-46 所示。

**step 02** 按照相同的方法，计算其他费用的合计值，如图 4-47 所示。

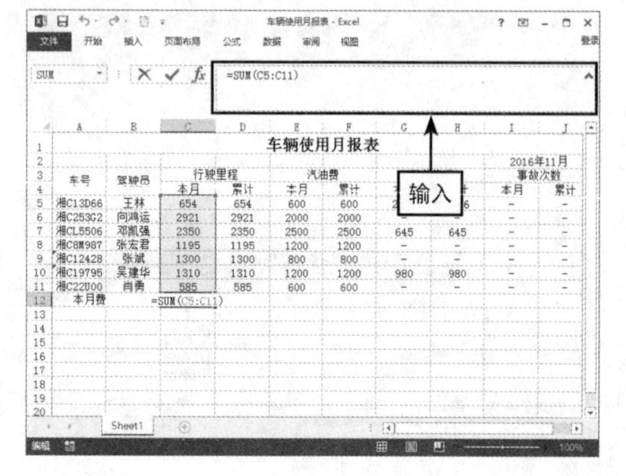


图 4-46

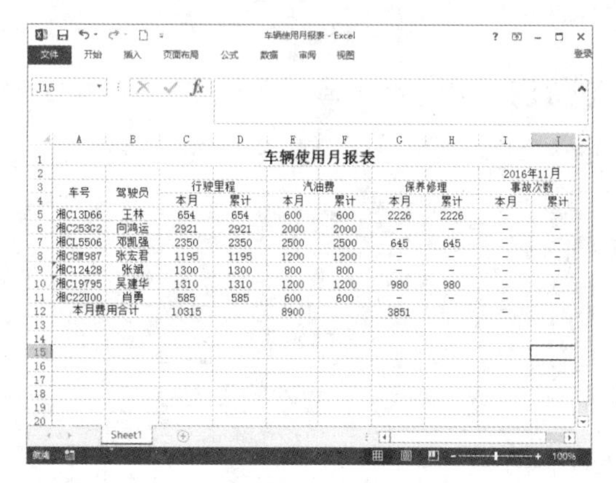


图 4-47

## 4.4.4 美化工作表

对工作表的美化主要包括设置表格边框、套用单元格样式等。

**step 01** 选择 A3:J12 单元格区域，进入“开始”选项卡，在“字体”选项组中单击“下框线”下拉按钮，选择“所有框线”与“粗匣框线”选项，为表格添加内、外边框，如图 4-48 所示。

**step 02** 选择 A3:J4 单元格区域，进入“开始”选项卡，在“字体”选项组中单击“填充颜色”下拉按钮，选择“金色，着色 4，淡色 40%”选项，如图 4-49 所示。

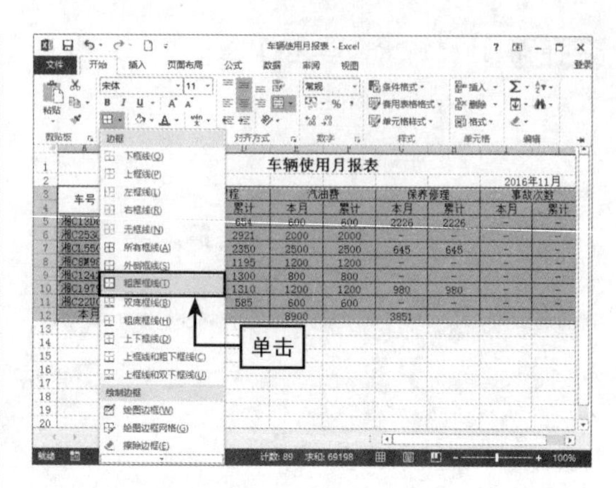


图 4-48

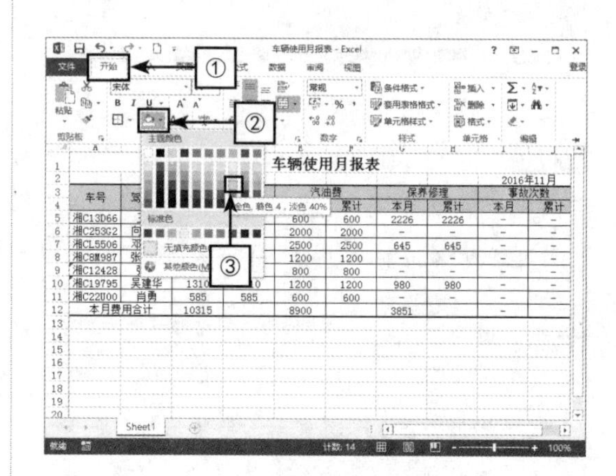


图 4-49

**step 03** 选择 A5:J12 单元格区域，进入“开始”选项卡，在“样式”选项组中单击“单元格样式”下拉按钮，选择“好”选项，设置单元格区域样式，最终的美化效果如图 4-50 所示。

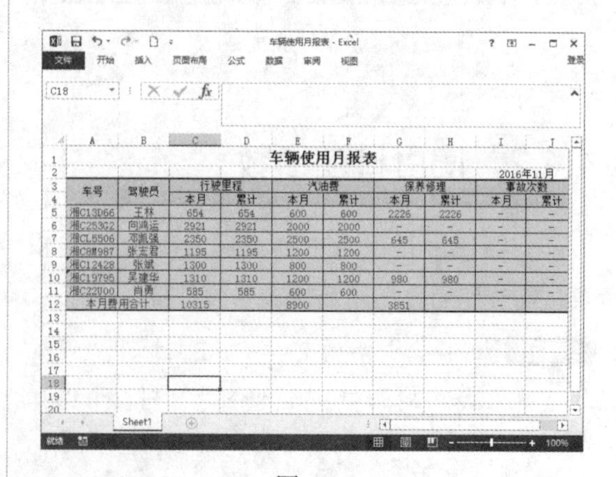


图 4-50

# 4.5　制作安全检查报告表

一个企业，尤其是其厂房或者施工项目部的安全检查不容忽视。与 4.3 节的卫生状况检查表相似，安全检查需要对各项目进行检查，实地检查安全状况是否符合标准、是否存在隐患，发现存在的安全问题，一定要进行整改。

## 4.5.1　制作基础表格

制作基础表格主要包括输入基础内容、设置居中对齐方式、输入当前日期等操作。

**step 01** 打开 Excel 2013，创建并保存“安全检查报告表”。

**step 02** 合并并居中 A1:G1 单元格区域，输入标题文本，在“字体”选项组中，将字号设置为 16 并加粗，如图 4-51 所示。

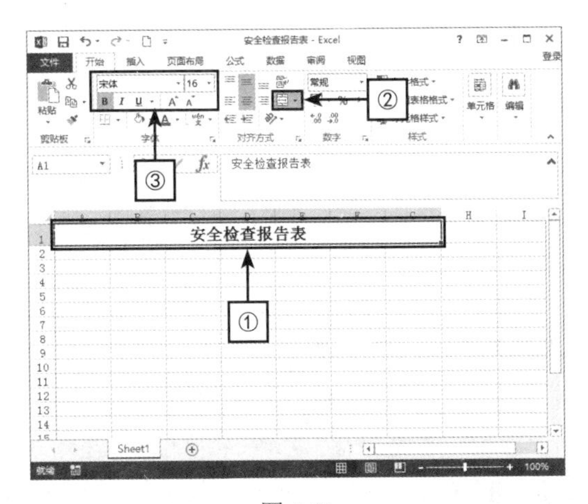


图 4-51

**step 03** 选择 A2 单元格，根据需要输入基础内容，如图 4-52 所示。

**step 04** 选择 A2:G16 单元格区域，单击“居中”按钮，如图 4-53 所示。

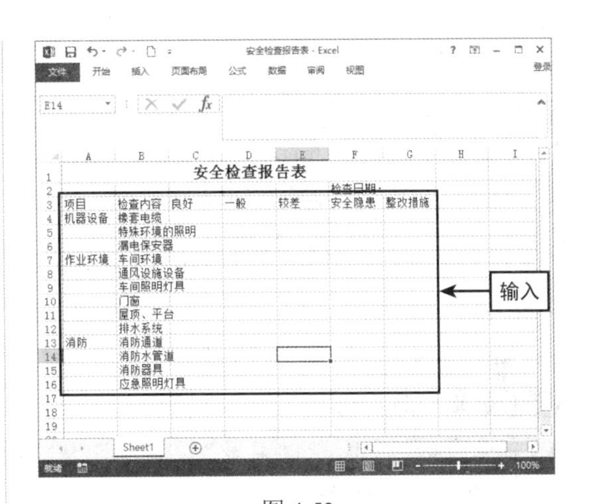


图 4-52

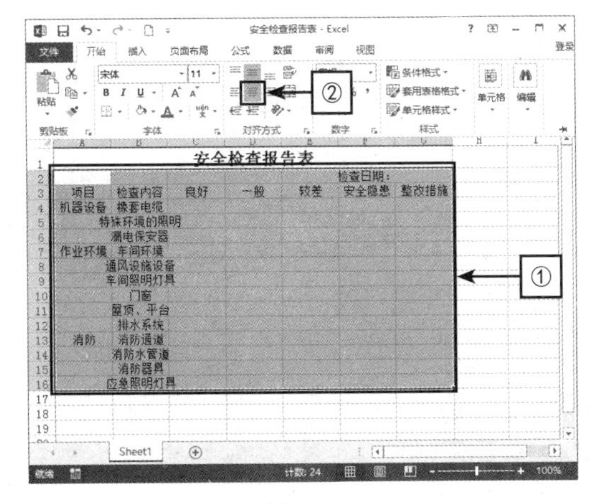


图 4-53

**step 05** 选择 G2 单元格，在编辑栏中输入公式，如图 4-54 所示，返回当前日期。

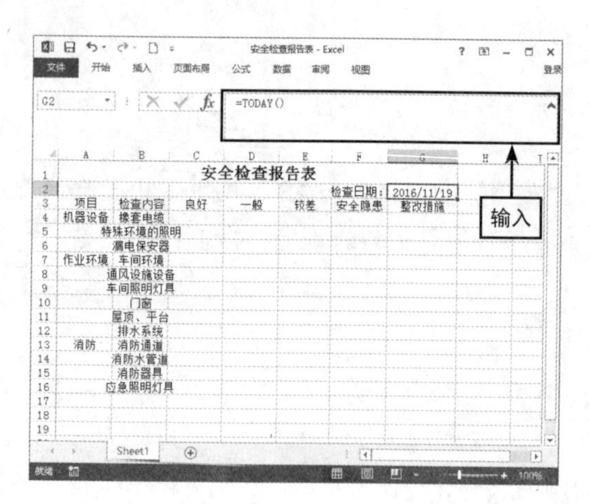


图 4-54

## 4.5.2 插入符号

每个检查项目，有不同的检查结果，可以通过插入符号来标识不同的检查结果。例如对橡套电缆的检查结果为“一般”，可以在 D4 单元格插入符号，具体步骤如下。

**step 01** 选择 D4 单元格，进入“插入”选项卡，在“符号”选项组中单击“符号”按钮，打开“符号”对话框，如图 4-55 所示。

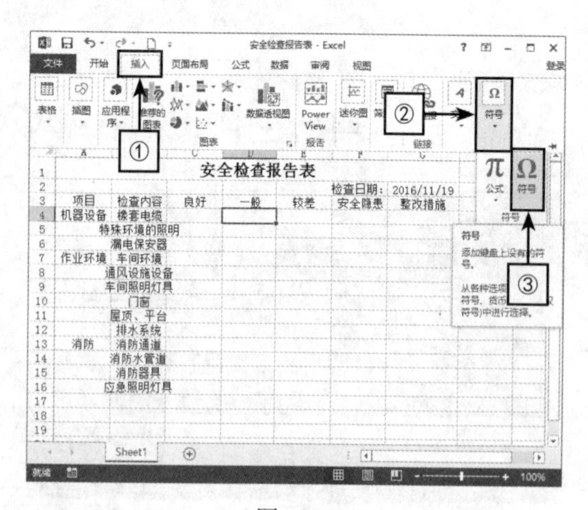


图 4-55

**step 02** 在字体的下拉列表中选择 Marlett 字体，如图 4-56 所示。

图 4-56

**step 03** 如图 4-57 所示，在符号框中选择 ✓ 符号，单击“插入”按钮，并关闭对话框。

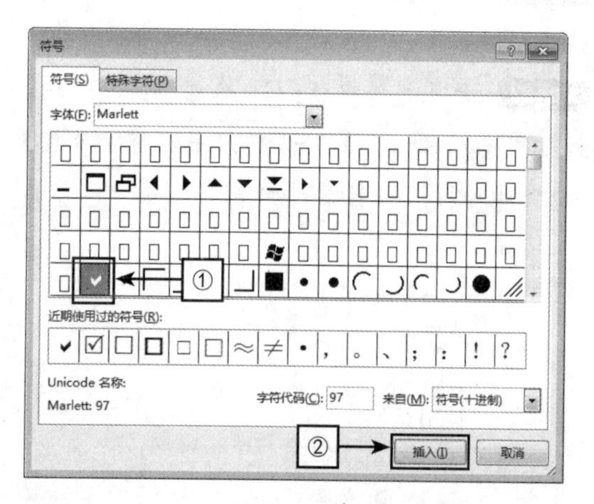


图 4-57

**step 04** 选择其他相应的单元格，再次打开“符号”对话框，符号 ✓ 出现在“近期使用过的符号”列表框中，单击“插入”按钮。

**step 05** 也可以复制、粘贴已经插入符号的单元格至相应单元格，最终结果如图 4-58 所示。

> **提示：**
>
> 输入小写 a、b，字体设置为 Marlett，则显示 ✓ 符号；输入大写 R，字体设置为 Wingding2，则显示 ☑ 符号；输入大写 T，字体设置为 Wingding2，则显示 ☒ 符号。

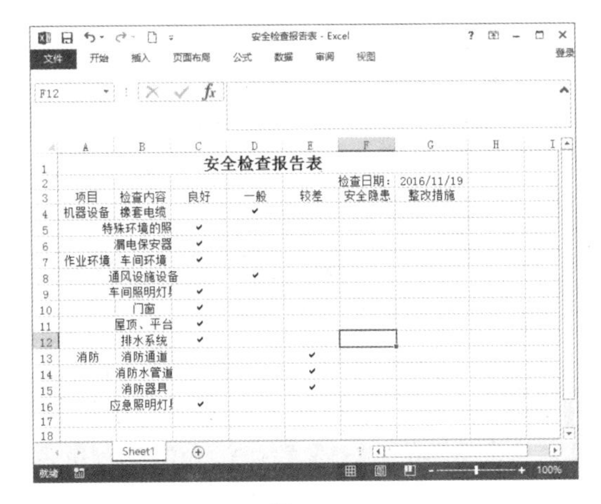


图 4-58

## 4.5.3　套用表格格式

用户借助 Excel 2013 的“套用表格格式”功能，可以省时省力地完成表格格式的设置。

**step 01** 选择 A3:G16 单元格区域，进入“开始”选项卡，在“样式”选项组中单击“套用表格格式”下拉按钮，选择“表样式中等深浅 13”样式，并启用“表包含标题”复选框，如图 4-59 所示。

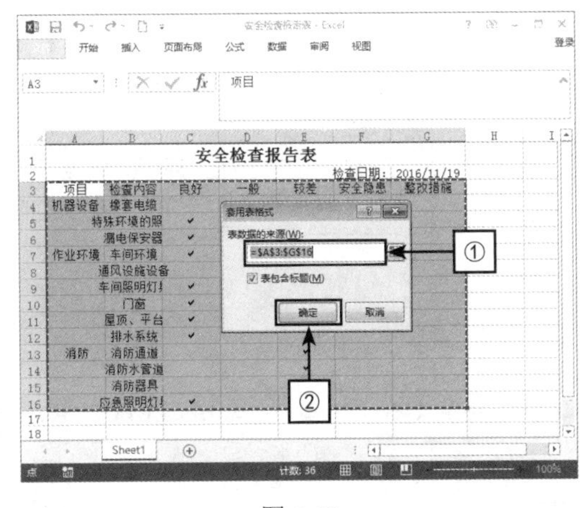


图 4-59

**step 02** 选择 A3:G16 单元格区域，进入“设计”选项卡，在“工具”选项组中单击“转换为区域”按钮，在弹出的对话框中单击“是”按钮，所得结果如图 4-60 所示。

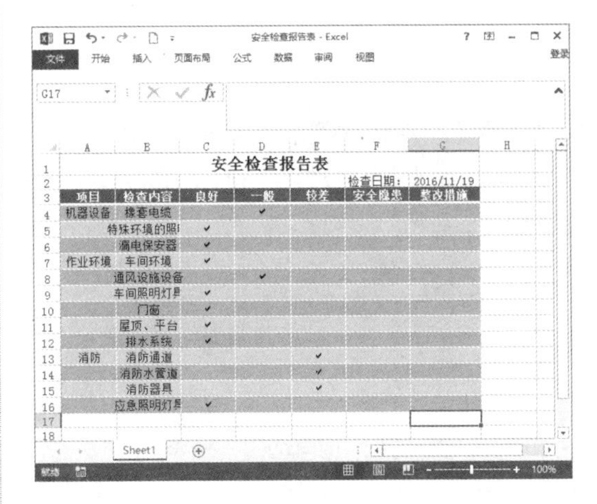


图 4-60

**step 03** 选择 A4:A6、A7:A12、A13:A16 单元格区域，单击“合并后居中”按钮，如图 4-61 所示。

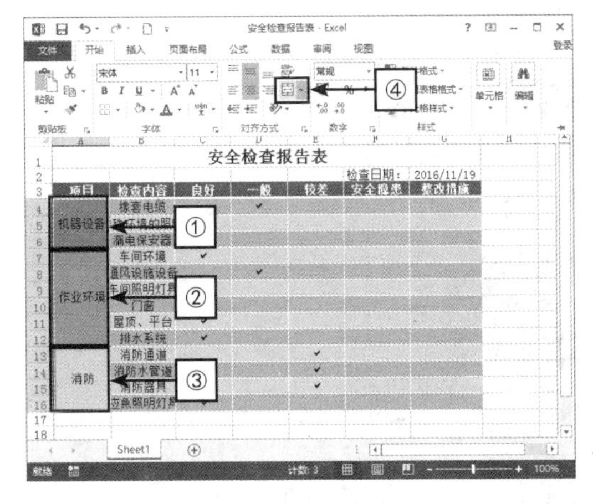


图 4-61

**step 04** 选择第 2 列，进入“开始”选项卡，在“单元格”选项组中单击“格式”下拉按钮，执行“自动调整列宽”命令，自动设置最佳列宽。

**step 05** 选择 A3:G16 单元格区域，进入“开始”选项卡，在“字体”选项组中单击“下框线”下拉按钮，选择“所有框线”选项，最终效果如图 4-62 所示。

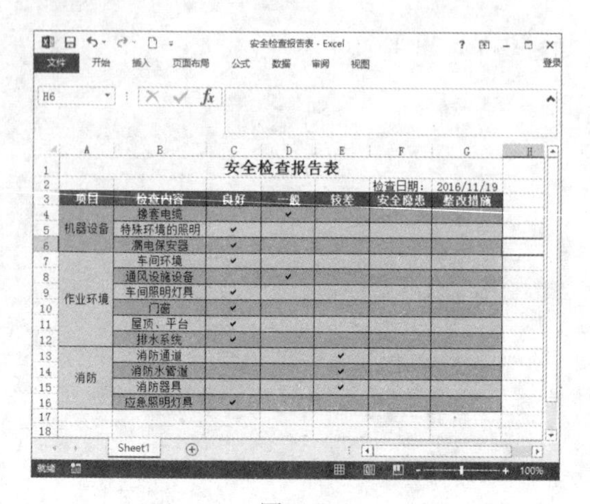


图 4-62

## 4.5.4 加密工作簿

为了保证工作簿的安全性，可以对工作簿进行加密。加密后的工作簿只有输入正确的密码才能打开。

**step 01** 进入“文件”选项卡，选择“信息”选项，单击“保护工作簿”下拉按钮，执行“用密码进行加密”命令，如图 4-63 所示。

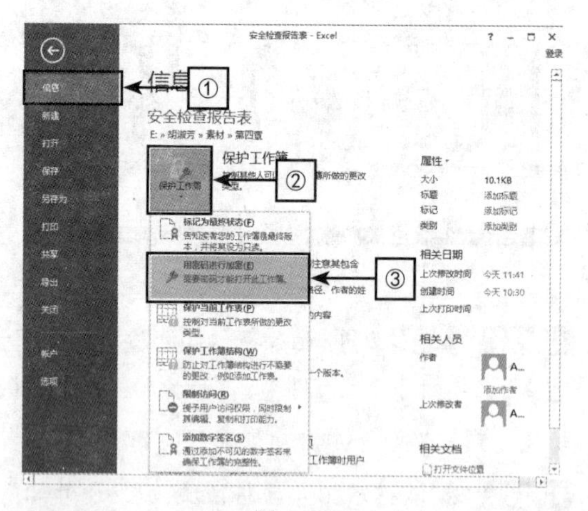


图 4-63

**step 02** 在弹出的“加密文档”对话框中，设置密码，单击“确定”按钮，如图 4-64 所示。

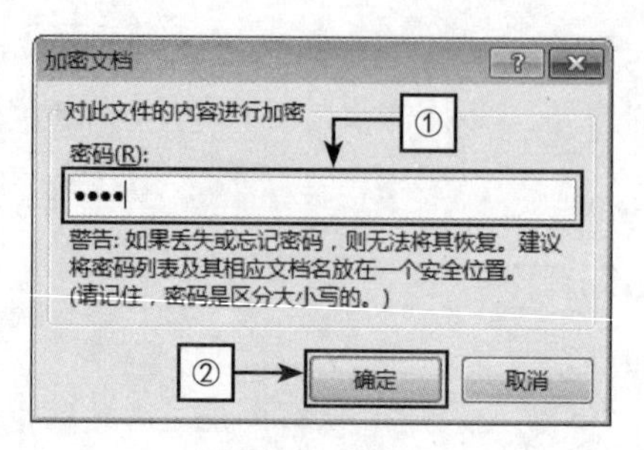


图 4-64

**step 03** 弹出“确认密码”对话框，再次输入设定的密码，单击“确定”按钮，如图 4-65 所示。

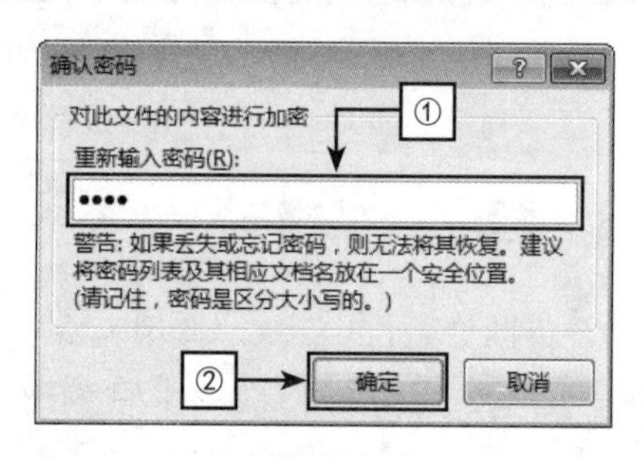


图 4-65

**step 04** 保存关闭工作簿并重新打开，将弹出“密码”对话框，输入设定的密码方可打开工作簿，如图 4-66 所示。

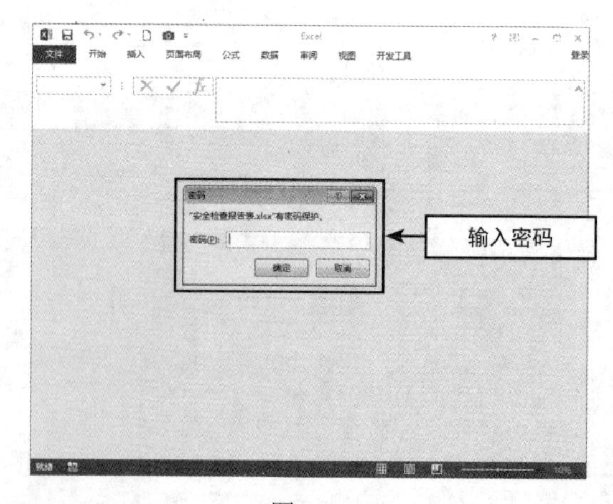


图 4-66

**step 05** 若要取消加密工作簿，按住【F12】键，弹出“另存为”对话框，设置文件保存路径，单击右下角的“工具”下拉按钮，执行“常规选项”命令，如图 4-67 所示。

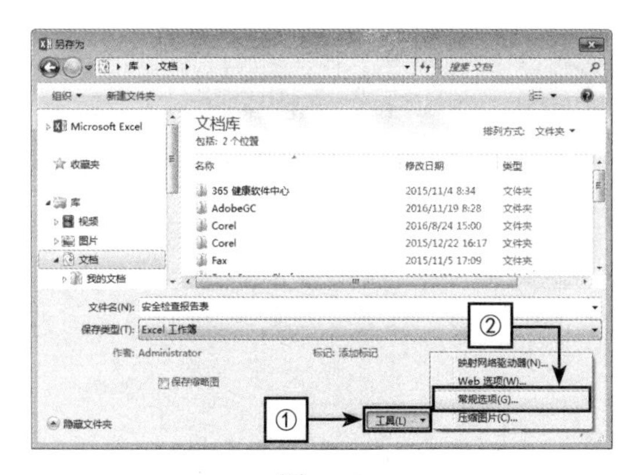

图 4-67

step 06 在打开的“常规选项”对话框中，删除“打开权限密码”对话框中设定的密码，单击“确定”按钮，如图 4-68 所示，即可取消工作簿的加密。

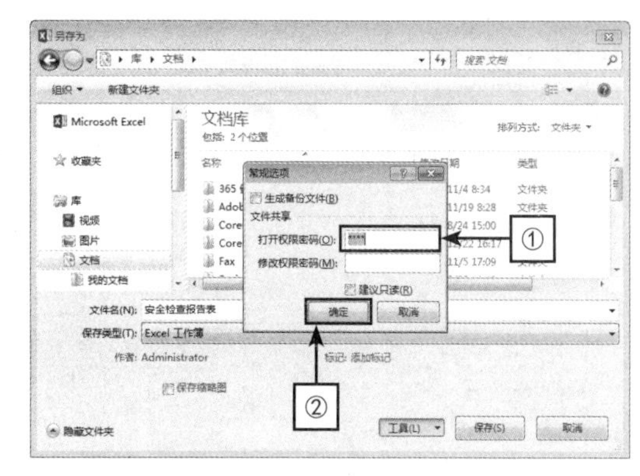

图 4-68

# 4.6 制作安保工作日报表

企业和谐稳定的发展环境，凝结着安保人员的辛勤汗水。安保工作日报表主要记录安保人员的每日工作情况、车辆和人员的进出情况，以及安全异常情况等信息。

## 4.6.1 制作基础表格

制作基础表格包括输入基础内容、填充数据、自动换行、设置单元格格式等操作。

step 01 打开 Excel 2013，创建并保存“安保工作日报表”。

step 02 根据需要输入基础内容，如图 4-69 所示。

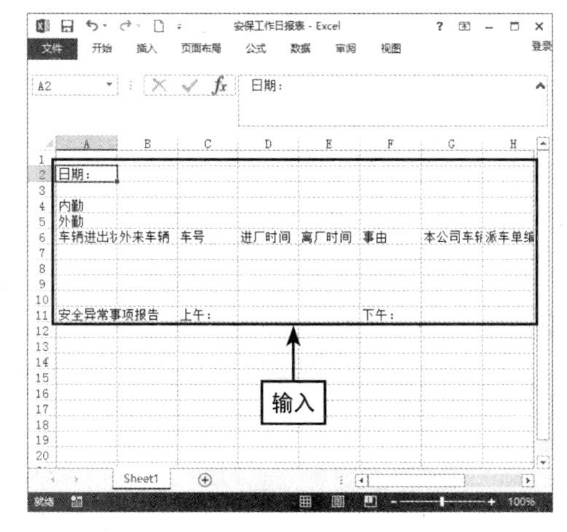

图 4-69

step 03 在 D3 单元格中输入数值 1，按住 Ctrl 键的同时，将 D3 单元格右下角的填充手柄向右拖曳至 K3 单元格，填充数据，如图 4-70 所示。

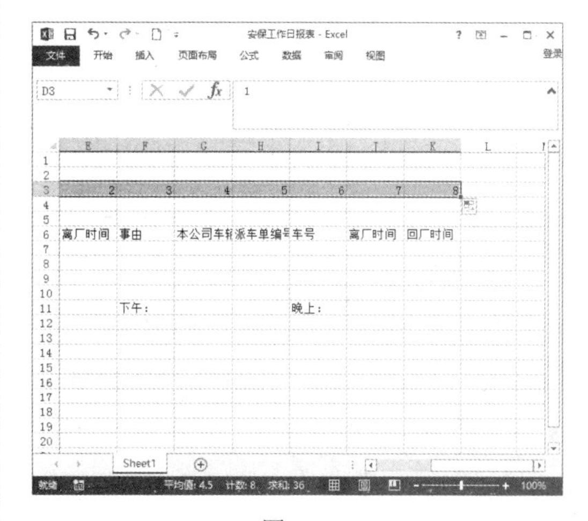

图 4-70

**step 04** 选择 A 至 K 列单元格区域并右击，在弹出的快捷菜单中选择“列宽”选项，在打开的对话框中输入列宽值3.5，单击“确定”按钮，完成列宽设置，如图 4-71 所示。

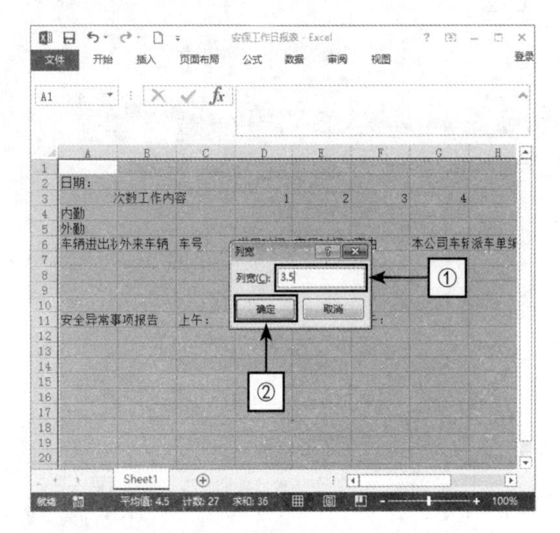


图 4-71

**step 05** 选择 A6:K6 单元格区域，单击“自动换行”按钮，如图 4-72 所示。

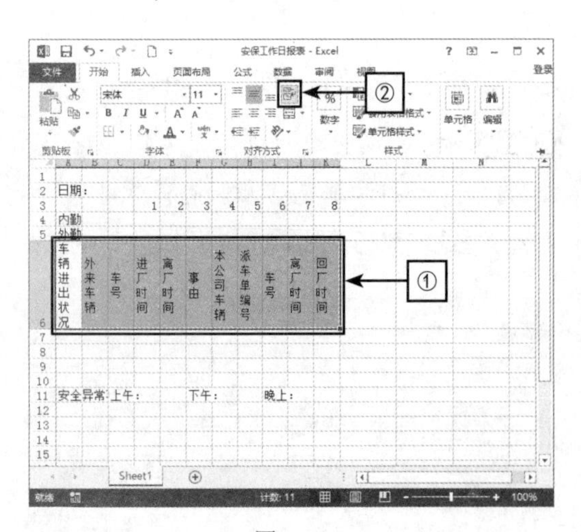


图 4-72

**step 06** 根据需要合并并居中所需单元格。

**step 07** 选择合并后的 C11、F11、I11 单元格，在“对齐方式”选项组中单击“顶端对齐”和“左对齐”按钮，如图 4-73 所示。

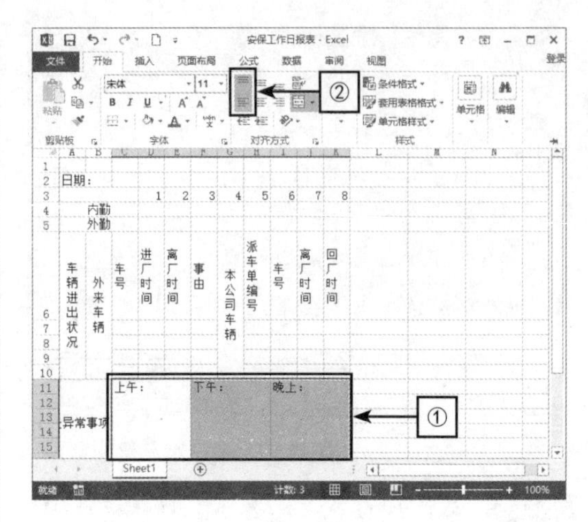


图 4-73

**step 08** 选择 A11 单元格，单击“自动换行”按钮，如图 4-74 所示。

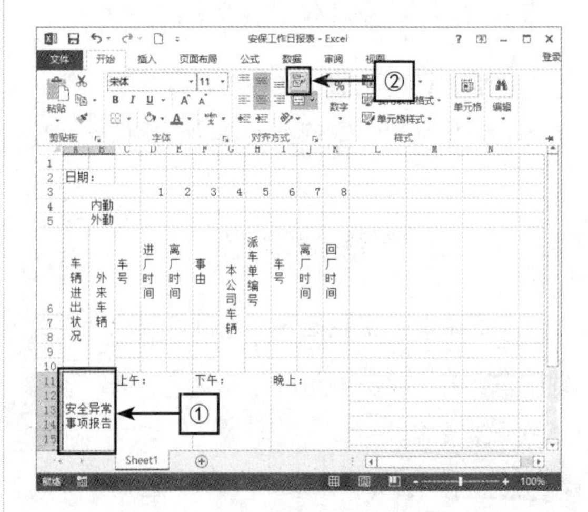


图 4-74

## 4.6.2 美化表格

对表格的美化操作主要包括设置居中对齐方式、添加边框，设置单元格样式等。

**step 01** 选择 A3:K10 单元格区域，单击“居中”按钮。

**step 02** 选择 A3:K16 单元格区域，进入“开始”选项卡，如图 4-75 所示，在“样式”选项组中单击“单元格样式”下拉按钮，选择“注释”

选项，所得结果如图 4-76 所示。

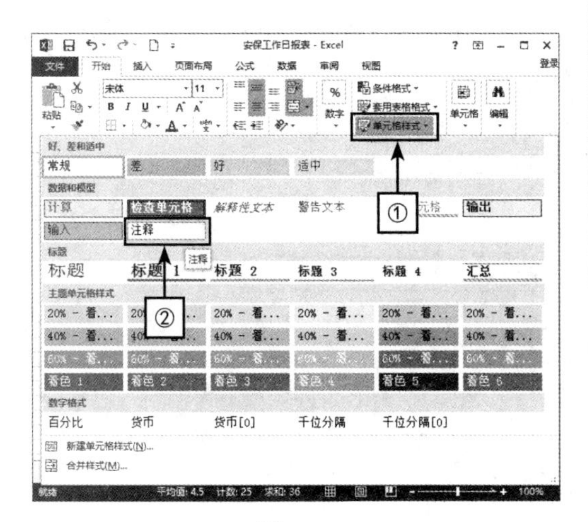

图 4-75

图 4-76

## 4.6.3　制作斜线表头

根据需要，有时需要制作斜线表头，说明行标题和列标题所指内容，使表格内容更加清晰明了。

**step 01** 设置第 3 行的行高为 27，选择 A3 单元格并右击，选择“设置单元格格式”命令，切换至“边框”选项卡，选择线条样式及斜线边框，单击“确定”按钮，如图 4-77 所示。

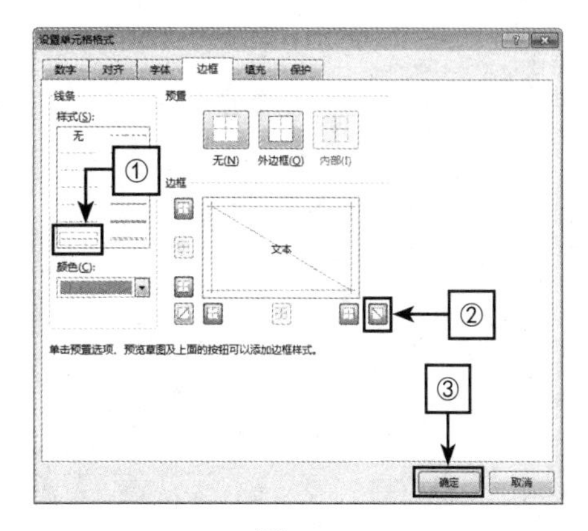

图 4-77

**step 02** 选择 A3 单元格，单击“顶端对齐”和“左对齐”按钮。

**step 03** 在 A3 单元格中输入“次数”后，按【Alt+Enter】组合键，实现自动换行。继续输入“工作内容”文本，如图 4-78 所示。

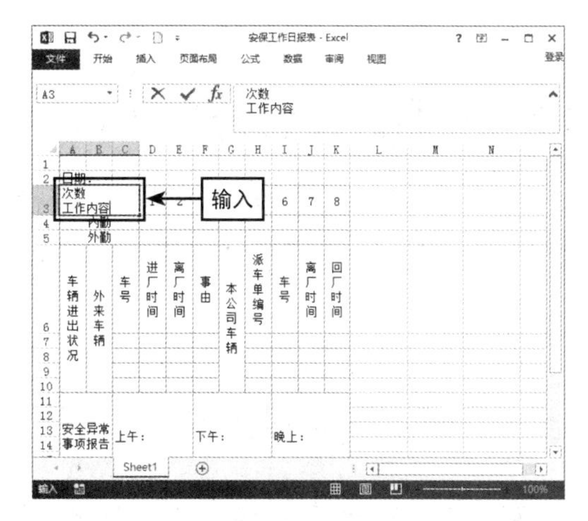

图 4-78

**step 04** 通过在“次数”前输入空格，调整“次数”文本至靠右的位置，制作的斜线表头，如图 4-79 所示。

**提示：**

当需要在单元格中制作多条斜线时，进入“插入”选项卡，在“插图”选项组中单击“形状”下拉按钮，从下拉列表中选择“直线”形状，在单元格中绘制直线，并设置其形状格式。

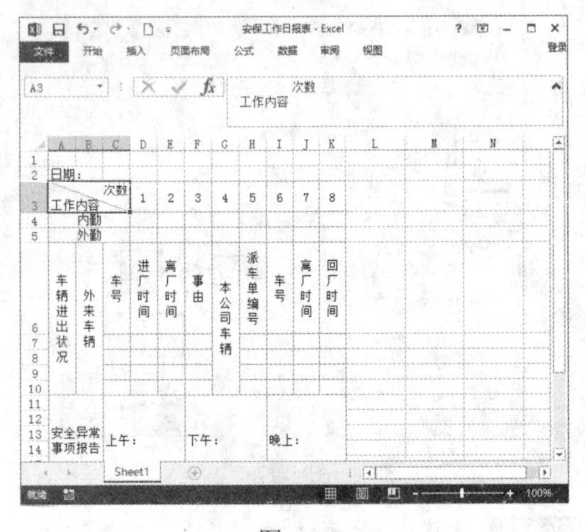

图 4-79

## 4.6.4 制作表格标题

合并并居中 A1:K1 单元格区域，输入标题文本，在“字体”选项组中，将字体设置为“华文细黑”，将字号设置为 18 并加粗，如图 4-80 所示。

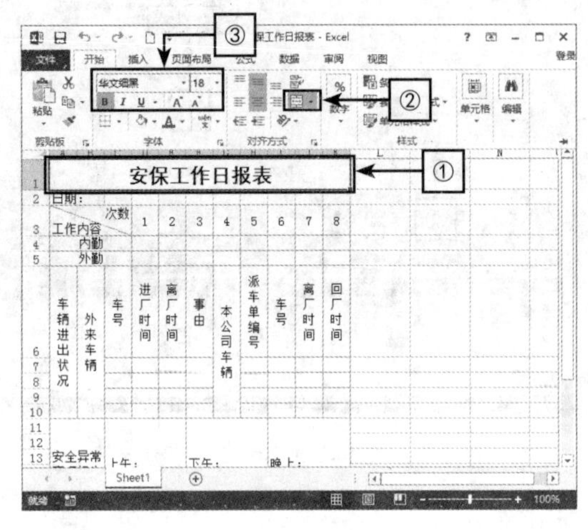

图 4-80

# 4.7 其他行政后勤管理表

行政后勤管理包含了住宿人员管理、车辆管理、卫生状况和安全状况管理等内容，除了上述的几种表格以外，常用的行政后勤管理表还有安全事故报告书、车辆日常检查表、车辆使用登记表等。

## 4.7.1 安全事故报告书

如果企业内部发生了安全事故，行政后勤部门需要填写安全事故报告书，将事故情况及处理情况反映给上级领导部门。

如图 4-81 所示，安全事故报告书主要包括：事故内容、发生的时间、地点、事故发生原因、事故状态等内容。

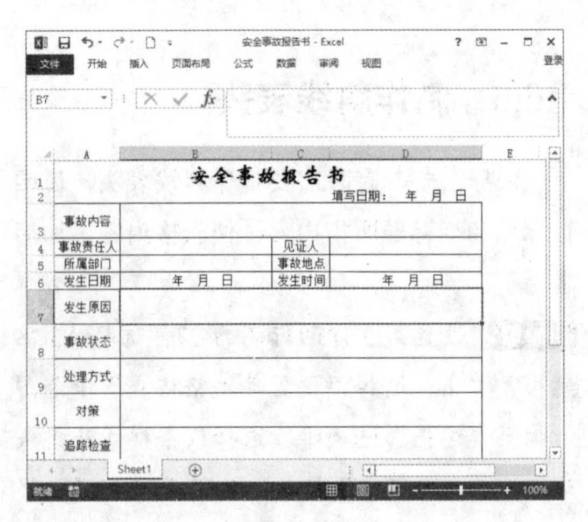

图 4-81

## 4.7.2 车辆日常检查表

为了接送货物及人力派遣，公司经常有用

车的要求。对车辆进行日常检查，保证车辆状态，减少意外事故发生。

如图 4-82 所示，车辆日常安检查表主要包括检查项目、具体的检查日期等信息。

车辆日常检查表

车牌号：　　填表日期：　月　日至　月　日

| 检查日期<br>检查项目 | __日__月<br>星期一 | __日__月<br>星期二 | __日__月<br>星期三 | __日__月<br>星期四 | __日__月<br>星期五 | __日__月<br>星期六 |
|---|---|---|---|---|---|---|
| 01. 全车玻璃 | | | | | | |
| 02. 玻璃刮水器 | | | | | | |
| 03. 左、右侧车镜 | | | | | | |
| 04. 全车门锁 | | | | | | |
| 05. 全车灯光 | | | | | | |
| 06. 牌照及固封 | | | | | | |
| 07. 轮胎及备胎 | | | | | | |
| 08. 车底有无油、水泄漏情况 | | | | | | |
| 09. 车辆内外清洁 | | | | | | |
| 10. 发动机有无部件发生泄漏 | | | | | | |
| 11. 发动机皮带 | | | | | | |

图 4-82

## 4.7.3　车辆使用登记表

公司每次用车都必须对车辆的使用情况进行登记，记录出车时间、用车部门、出车事由等，如图 4-83 所示。

车辆使用登记表

车牌号码：

| 日期 | 出车时间 | 用车部门 | 驾驶员 | 事由 | 行驶里程 | 归还时间 | 备注 |
|---|---|---|---|---|---|---|---|
| | | | | | | | |

图 4-83

# 4.8　本章小结与职场感悟

❒ 本章小结

公司的正常运作必须以行政后勤部门的良好运转为保障，做好行政后勤管理工作是办好企业的重要保证。本章主要介绍了一些常用行政后勤管理表格的制作方法，如住宿人员资料表、车辆管理表、卫生状况检查表、车辆使用月报表、安全检查报告表、安保工作日志，以及其他一些行政后勤管理表。Excel 软件在表格制作、数据统计等方面具有强大的优势，行政人员掌握好 Excel 的操作方法与功能，管理工作将会变得更加轻松愉快。

❒ 职场感悟——为谁工作

就像学生时代老师经常挂在嘴边的一句话，“你们不是为我读书”，同样在职场上，我们也不是为了上司而工作。老板可以决定我们的薪资待遇，却不能决定我们的工作技能和知识水平。工作不只是完成老板交待的任务，在工作中勤奋学习，积极进取，不断提高自身工作素质与技能，把自己培养成各方面都很优秀的人才，使自己得到全面发展，才是工作的真正内涵。

“事不关己，高高挂起”。单纯为了完成任务，为了薪资而工作的人，只会按照老板交待的方法去做事，甚至有些人只是应付式地完成工作，看不到自己的潜能，最终失去工作动力，在工作岗位上平庸地度过自己的一生。工作实际是在为自己的将来工作，为提升自我、实现自我而工作。不要把工作看成是老板和公司的事，不要认为自己懈怠、懒散只会给公司造成损失。现在的工作行为工作态度都是在为自己建造生命的归宿，今天任何的一次不负责都会在未来的某个地方、某个时间等着我们。

端正工作态度，明确工作目标，不仅能保持轻松愉快的心情，而且能带来良好的工作表现和业绩，赢得领导的重视和提拔，增强前进的动力和信心，最终实现自己的人生目标和价值。

# 第 5 章

## 人力资源：品尝人事规划的滋味

本章内容

人力资源管理六大模块是通过模块划分的方式对企业人力资源管理工作所涵盖的内容进行的一种总结。具体是指：人力资源规划、招聘与配置、培训与开发、绩效管理、薪酬福利管理、劳动关系管理。作为公司人力资源部的一员，经常要处理各种各样的档案数据，如果有了Excel的帮助，那么工作效率可以大幅提高。

人力资源规划是企业建立战略型人力资源管理体系的前瞻性保障，通过对企业人力资源的供需分析，预测人才需求的数量和质量要求，以此确定人力资源工作策略。在本章中，将针对人力资源规划模块，介绍一些常见的人力资源规划表。

# 5.1 制作人力资源规划表

人力资源规划表主要用于统计连续几年内，企业各类别职位与各部门人员计划的相关内容，详细记录各类别职位与各部门所需人员的数量，为预测人员需求量提供数据依据。

## 5.1.1 创建基础表格

创建基础表格主要包括设置居中对齐方式、自动换行、设置边框格式、单元格样式等的操作。

**step 01** 打开 Excel 2013 软件，创建并保存“人力资源规划表”。

**step 02** 合并并居中 A1:G1 单元格区域，输入标题文本，在“字体”选项组中，将字号设置为 16 并加粗，如图 5-1 所示。

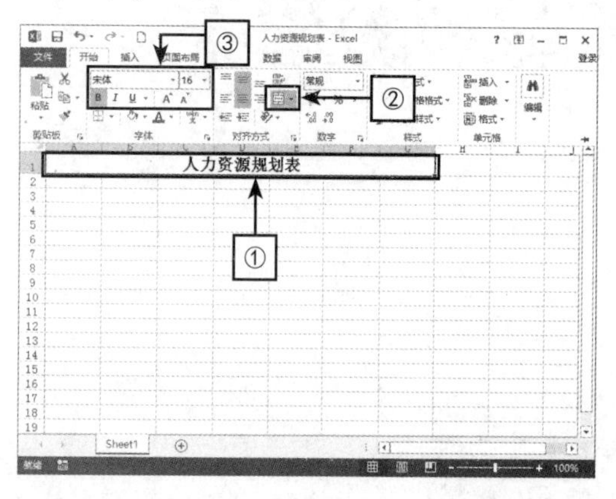


图 5-1

**step 03** 根据需要输入表格的基础内容，并合并相应单元格区域，如图 5-2 所示。

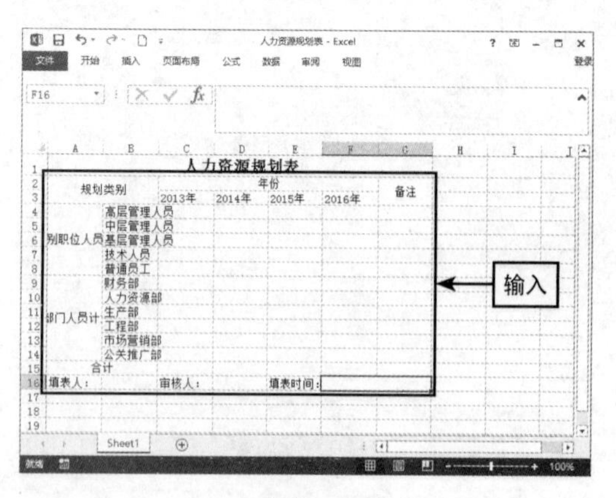


图 5-2

**step 04** 选择 A2:G15 单元格区域，单击“居中”按钮，如图 5-3 所示。

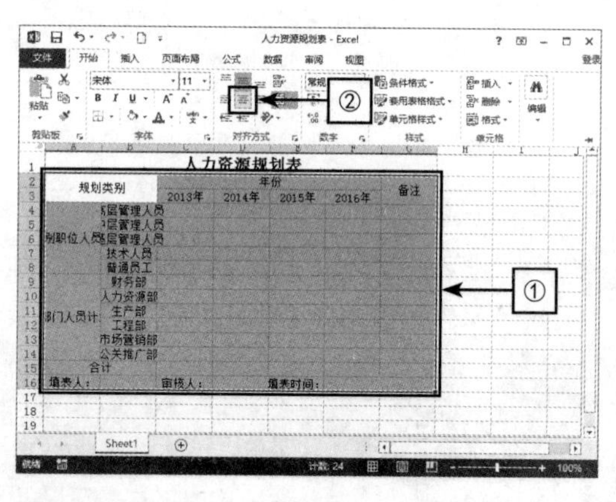


图 5-3

**step 05** 选择 A4:A14 单元格区域，单击“自动换行”按钮，如图 5-4 所示。

**step 06** 选择 B 列单元格区域，进入“开始”选项卡，在“单元格”选项组中单击“格式”下拉按钮，执行“自动调整列宽”命令，如图 5-5 所示。

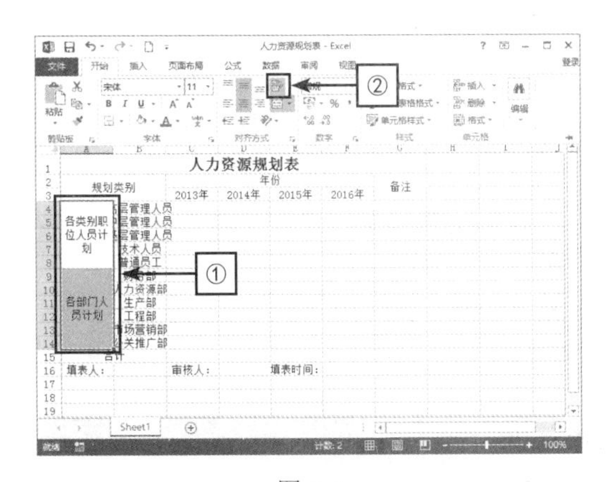

图 5-4

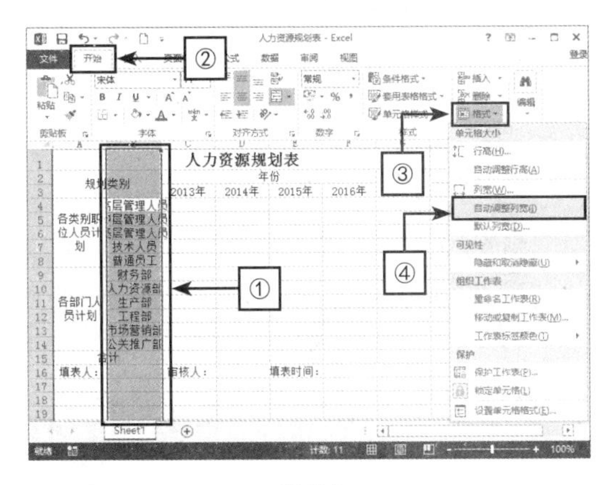

图 5-5

**step 07** 选中 A2:G15 单元格区域，进入“开始”选项卡，在“样式”选项组中单击“单元格样式”下拉按钮，选择“输入”选项，如图 5-6 所示，完成表格基础内容的制作。

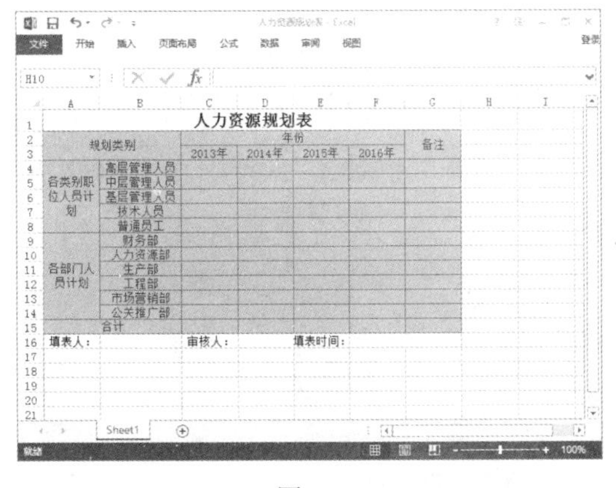

图 5-6

## 5.1.2　设置数据验证

人事部在预测人员需求时，需要根据企业的实际情况限制人员需求量，以防过度招聘人员，给企业造成用人压力。以某公司 2016 年人员计划为例，运用数据验证功能，可以控制需求人员的录入数量。

**step 01** 选择 F4:F14 单元格区域，进入“数据”选项卡，在“数据工具”选项组中单击“数据验证”下拉按钮，执行“数据验证”命令，打开“数据验证”对话框。

**step 02** 在“设置”选项卡中，将“允许”设置为“整数”，并设置其“最小值”与“最大值”的具体数值，如图 5-7 所示。

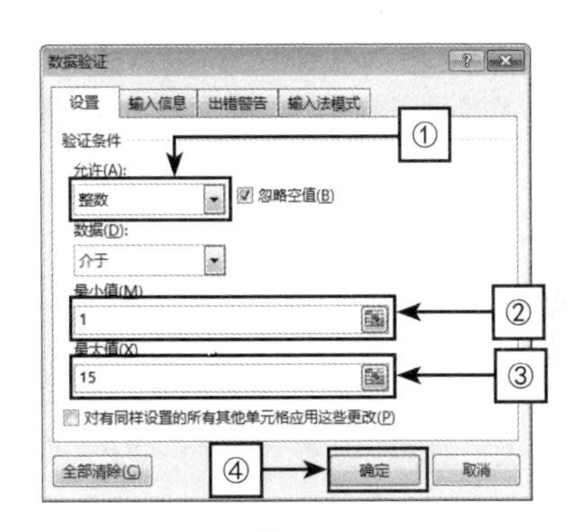

图 5-7

**step 03** 切换至“输入信息”选项卡，在“输入信息”文本框中输入提示文本内容，单击“确定”按钮，控制需求人员的录入数量，如图 5-8 所示。

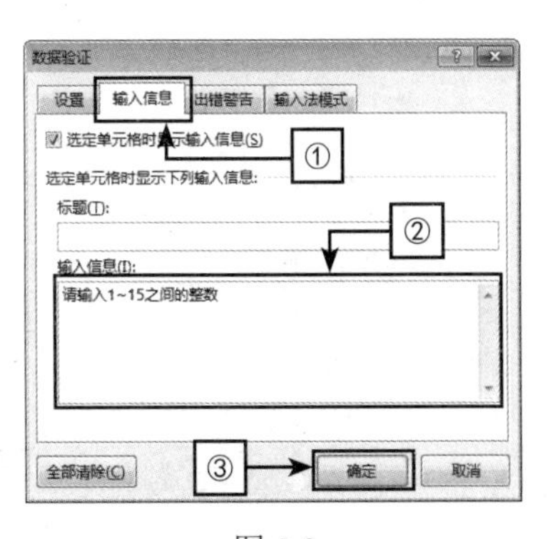

图 5-8

## 5.1.3 计算合计值

为统计每年用人的总数量、分析每年用人数量的变化趋势，用户可以使用求和函数计算所需人员的合计值。

**step 01** 选择 C15 单元格，在编辑栏中输入公式，如图 5-9 所示。

**step 02** 选择 C15:F15 单元格区域，进入“开始”选项卡，在“编辑”选项组中单击“填充”下拉按钮，从下拉列表中执行“向右”命令，如图 5-10 所示。

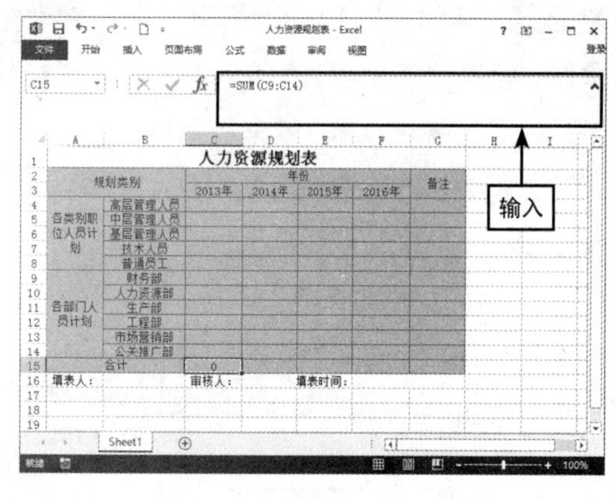


图 5-9

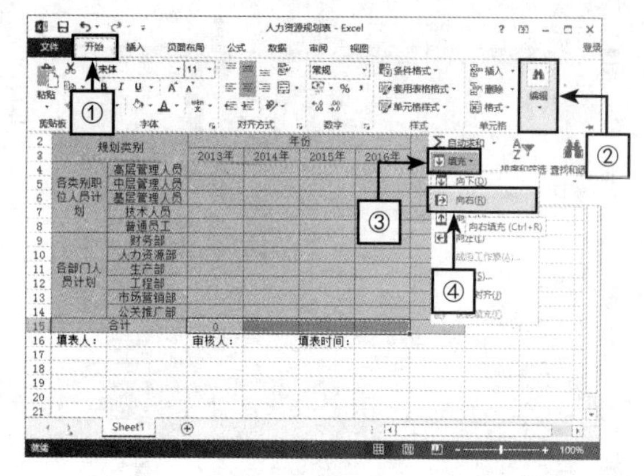


图 5-10

**step 03** 因为具体的人员计划数量为空，计算出的合计值为 0，用户可对单元格进行设置，从而隐藏 0 值。

**step 04** 进入“文件”选项卡，执行“选项”命令，打开“Excel 选项”对话框，切换至“高级”选项卡，取消勾选“在具有零值的单元格中显示零”，如图 5-11 所示，单击“确定”按钮，隐藏零值。

**step 05** 得到的结果如图 5-12 所示，尽管隐藏了零值，但并不影响公式的显示与计算。

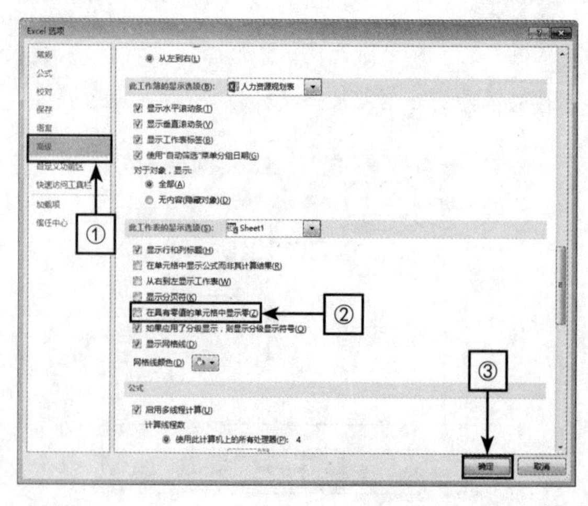


图 5-11

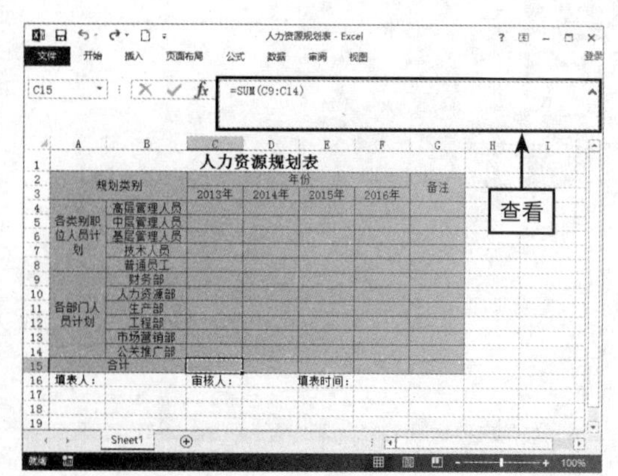


图 5-12

# 5.2　制作员工信息统计表

员工信息统计表记录了公司员工的详细信息，包括姓名、部门、职位、身份证号等信息。利用 Excel 制作员工信息统计表，既能适当减少错误信息的输入，又能快速计算并提取所需信息。

## 5.2.1　避免重复工牌号

在进行员工信息统计时，每位员工只有一个工牌号，使用数据验证功能可以限制重复工牌号的录入。

**step 01** 打开本节素材文件“员工信息统计表”，选择 A3:A12 单元格区域，进入“数据”选项卡，在“数据工具”选项组中单击“数据验证”下拉按钮，执行“数据验证”命令，打开“数据验证”对话框。

**step 02** 在“设置”选项卡中，将“允许”设置为“自定义”，并在“公式”文本框中输入计算公式 =COUNTIF($A$3:$A$12,$A$4)=1，如图 5-13 所示。

**提示：**

COUNTIF(range,criteria) 计算区域中满足给定条件的单元格的个数。
range 需要计算其中满足条件的单元格数目的单元格区域。
criteria 确定哪些单元格将被计算在内的条件，其形式可以为数字、表达式或文本。

**step 03** 切换至“出错警告”选项卡，在“样式”下拉列表中选择“警告”选项，在“标题”和“错误信息”文本框中输入对应文本，单击“确定”按钮，如图 5-14 所示。

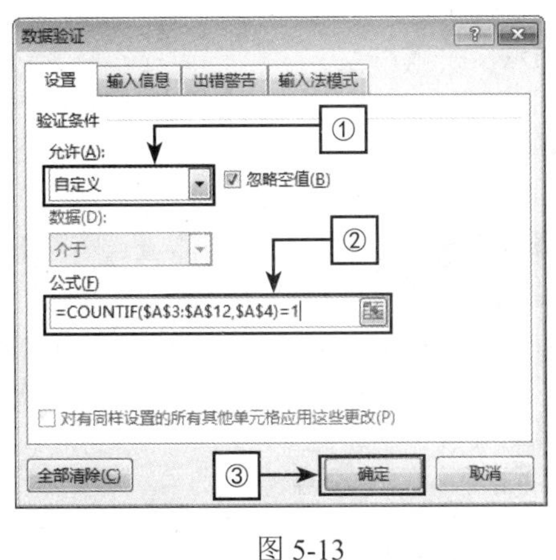

图 5-13　　图 5-14

**step 04** 此时在 A3:A12 单元格区域内输入重复的工牌号，将会弹出警告信息，如图 5-15 所示。

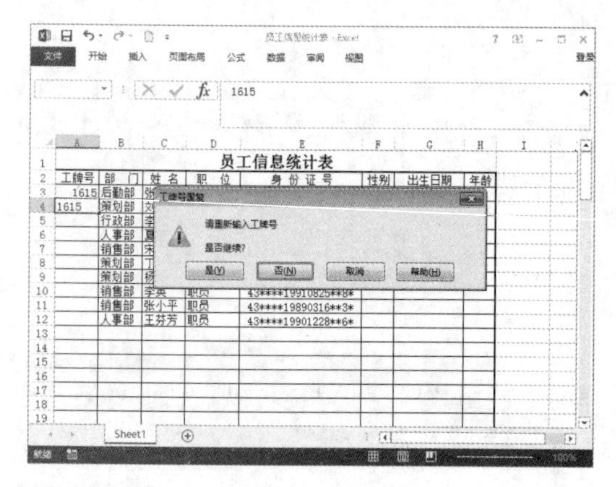

图 5-15

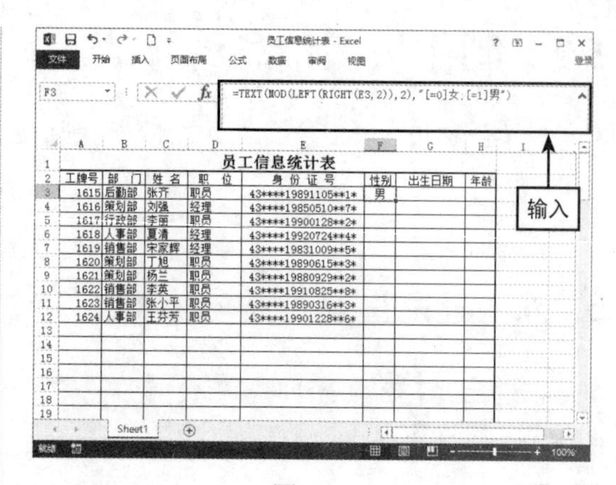


图 5-16

## 5.2.2 提取员工有效信息

居民身份证是我国法定的证明公民个人身份的有效证件，包含了许多身份信息。从 1999 年 10 月 1 日起，全国实行公民身份证号码制度，居民身份证编号由原 15 位升至 18 位。

**提示：**

前 1、2 位数字表示所在省份的代码。
第 3、4 位数字表示所在城市的代码。
第 5、6 位数字表示所在区县的代码。
第 7~14 位数字表示出生年、月、日。
第 15、16 位数字表示所在地派出所的代码。
第 17 位数字表示性别，奇数表示男性，偶数表示女性。
第 18 位数字是校验码，是根据前面 17 位数字码，按照 ISO7064:1983.MOD11-2 计算出来的。

根据员工身份证号码，可以提取员工的性别、出生年月等信息，不需要单独录入，减少工作量，同时提高录入工作的准确率。

**step 01** 选择 F3 单元格，在编辑栏中输入计算公式 =TEXT(MOD(LEFT(RIGHT(E3,2)),2),"[=0] 女 ;[=1] 男 ")，提取员工性别信息，如图 5-16 所示。

**提示：**

TEXT(value,format_text) 将数值转换为按指定数字格式表示的文本。
Value 数值、计算结果为数字值的公式，或对包含数字值的单元格的引用。
Format_text “单元格格式”对话框中“数字”选项卡上“分类”框中的文本形式的数字格式。

**提示：**

MOD(number,divisor) 返回两数相除的余数，结果的符号与除数相同。
Number 被除数。
Divisor 除数。
如果 divisor 为零，函数 MOD 返回错误值 #DIV/0!。

**提示：**

LEFT(text,num_chars) 从一个文本字符串的第一个字符开始，截取指定数目的字符。
text 要截字符的字符串。
num_chars 给定的截取数目。

如果省略 num_chars，num_chars 的值就默认为 1。如果 num_chars 大于文本长度，则返回所有文本。

**提示：**

RIGHT(text,num_chars) 从一个文本字符串的最后一个字符开始，截取指定数目的字符。

text 要截取字符的字符串。

num_chars 给定的截取数目。

**step 02** 拖曳 F3 单元格右下角的填充手柄至 F12 单元格，向下填充公式，如图 5-17 所示。

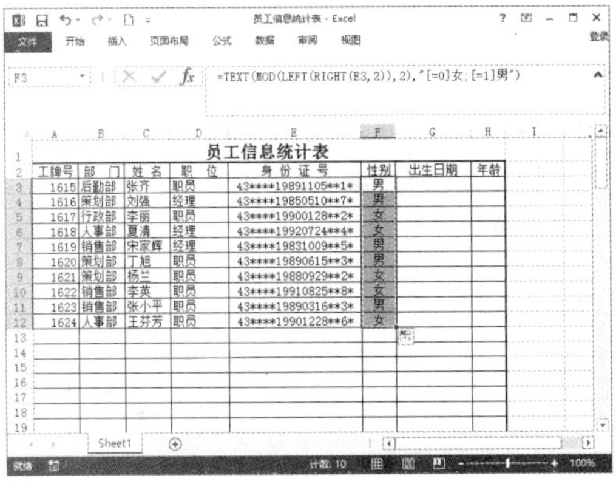

图 5-17

**step 03** 选择 G3 单元格，在编辑栏中输入计算公式一或者公式二，都可以提取员工出生日期信息，如图 5-18 和图 5-19 所示。

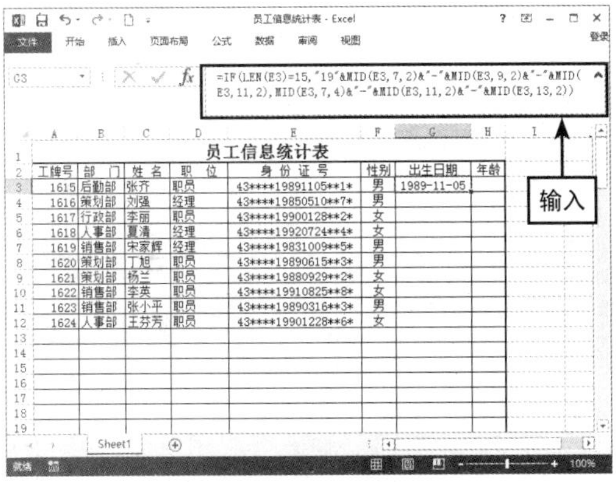

图 5-18

公式一：=IF(LEN(E3)=15,"19"&MID(E3,7,2)&"-"&MID(E3,9,2)&"-"&MID(E3,11,2),MID(E3,7,4)&"-"&MID(E3,11,2)&"-"&MID(E3,13,2))

公式二：=(TEXT(TEXT(MID(E3,7,6+(LEN(E3)=18)*2),"#-00-00"),"e-mm-dd"))

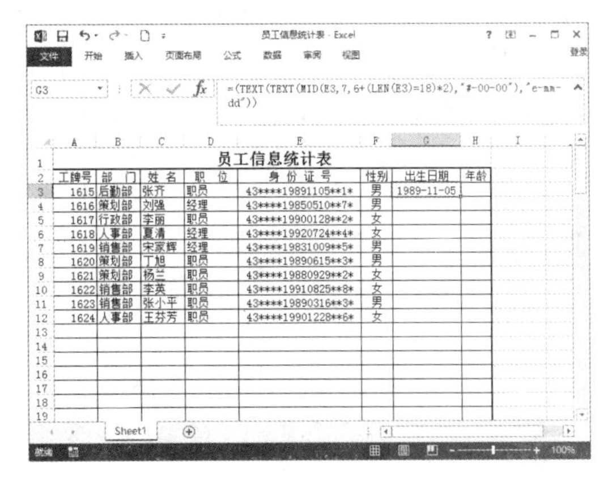

图 5-19

**提示：**

IF(Logical,Value_if_true,Value_if_false) 根据对指定条件的逻辑判断的真假结果，返回相对应的内容。

Logical 逻辑判断表达式。

Value_if_true 当判断条件为逻辑“真（TRUE）”时的显示内容，如果忽略返回“TRUE”。

Value_if_false 当判断条件为逻辑“假（FALSE）”时的显示内容，如果忽略返回 FALSE。

**提示：**

LEN(text) 统计文本字符串中字符数目。

text 要统计的文本字符串。

**提示：**

MID(text,start_num,num_chars) 从一个文本字符串的指定位置开始，截取指定数目的字符。

text 要截取字符的字符串。

start_num 指定的起始位置。

num_chars 给定的截取数目。

**step 04** 拖曳 G3 单元格右下角的填充手柄至 G12 单元格，向下填充计算公式。

## 5.2.3 计算员工年龄

利用 DATEDIF 函数及计算出来的出生日期信息，可以进行员工年龄的计算。

选择 H3 单元格，在编辑栏中输入计算公式 =DATEDIF(G3,TODAY(),"y")，提取员工的年龄信息，如图 5-20 所示。

=DATEDIF(G3,TODAY(),"y")

员工信息统计表

| 工牌号 | 部门 | 姓名 | 职位 | 身份证号 | 性别 | 出生日期 | 年龄 |
|---|---|---|---|---|---|---|---|
| 1615 | 后勤部 | 张齐 | 职员 | 43****19891105**1* | 男 | 1989-11-05 | 27 |
| 1616 | 策划部 | 刘强 | 经理 | 43****19850510**7* | 男 | 1985-05-10 | |
| 1617 | 行政部 | 李丽 | 职员 | 43****19900128**2* | 女 | 1990-01-28 | |
| 1618 | 人事部 | 夏清 | 经理 | 43****19920724**4* | 女 | 1992-07-24 | |
| 1619 | 销售部 | 宋家辉 | 经理 | 43****19831009**5* | 男 | 1983-10-09 | |
| 1620 | 策划部 | 丁旭 | 职员 | 43****19890615**3* | 男 | 1989-06-15 | |
| 1621 | 策划部 | 杨兰 | 职员 | 43****19880929**2* | 女 | 1988-09-29 | |
| 1622 | 销售部 | 李英 | 职员 | 43****19910825**8* | 女 | 1991-08-25 | |
| 1623 | 销售部 | 张小平 | 职员 | 43****19890316**3* | 男 | 1989-03-16 | |
| 1624 | 人事部 | 王芬芳 | 职员 | 43****19901228**6* | 女 | 1990-12-28 | |

图 5-20

**提示：**

按【Ctrl+~】组合键可以在计算公式和结果之间切换。

拖曳 H3 单元格右下角的填充手柄至 H12 单元格，向下填充计算公式，如图 5-21 所示。

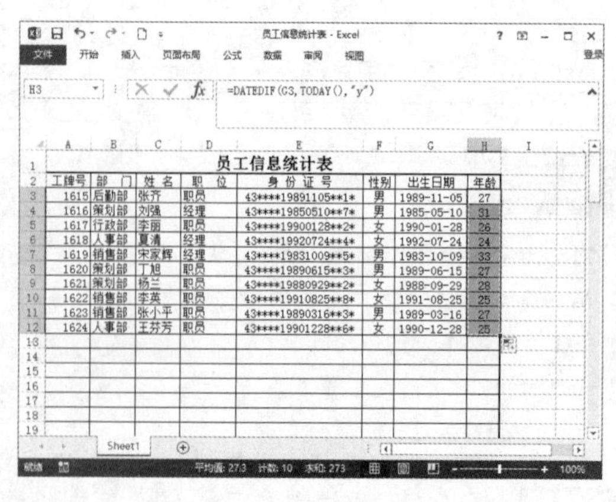

图 5-21

## 5.2.4 设置顶端标题行

当 Excel 中的记录超过一页时，用户希望将每一页的顶端标题行都显示出来，便于查看某组数据对应的标题内容。用户可以通过设置顶端标题行实现重复打印标题的操作。

**step 01** 切换至“页面布局”选项卡，在“页面设置”选项组中单击“打印标题”按钮，如图 5-22 所示。

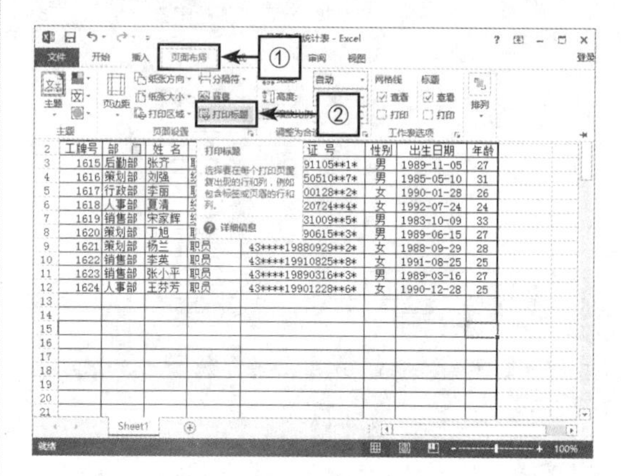

图 5-22

**step 02** 打开“页面设置”对话框，切换至“工作表”选项卡，在“顶端标题行”文本框中，输入要重复打印的标题行，如图 5-23 所示。

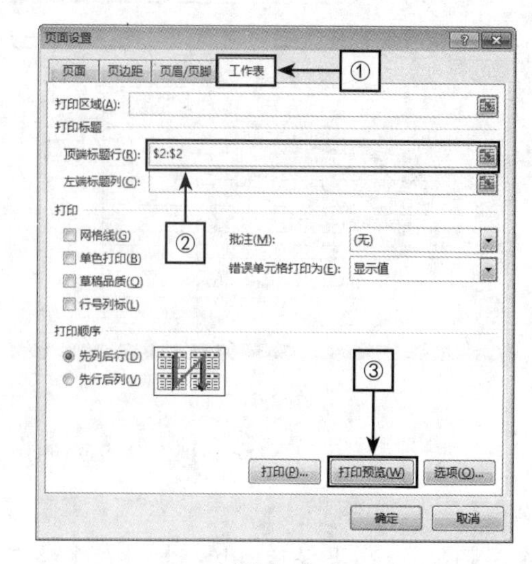


图 5-23

**step 03** 单击“打印预览”按钮，将视图切换到第 2 页，可以看到被设置的顶端标题行，如图 5-24 所示。

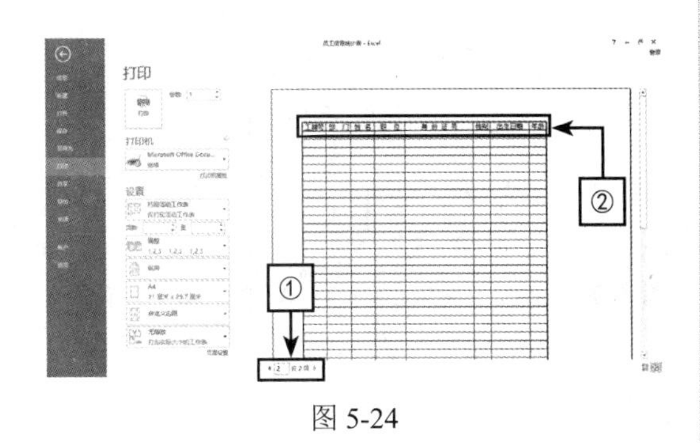

图 5-24

### 5.2.5　设置底端标题行

同样，有时客户需要每一页的底端标题行也显示出来，但与顶端标题行不同的是，Excel 2013 不能直接设置底端标题行，需要使用“页眉 / 页脚”功能才能实现。

**step 01** 单击任意单元格，进入“页面布局”选项卡，在“页面设置”选项组中单击“打印标题”按钮。

**step 02** 打开“页面设置”对话框，切换至“页眉 / 页脚”选项卡，单击“自定义页脚”按钮，如图 5-25 所示。

**step 03** 弹出“页脚”对话框，在“左”下方的文本框中输入底端标题行的文本内容，单击“确定”按钮，如图 5-26 所示。

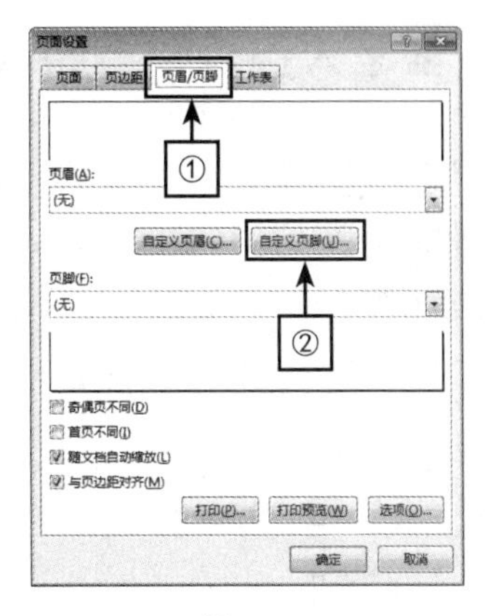



图 5-25

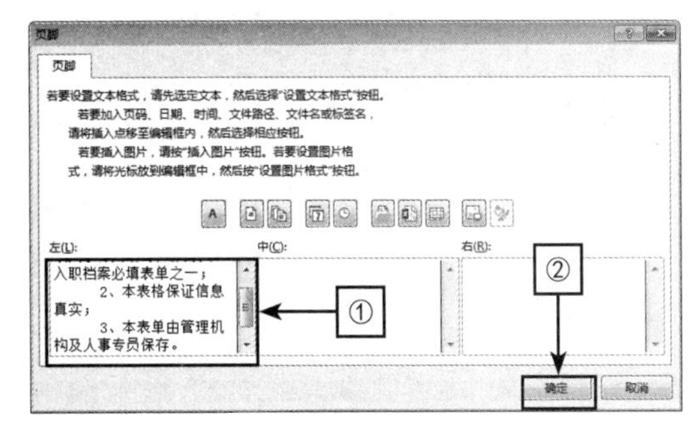



图 5-26

**step 04** 返回“页面设置”对话框，单击“打印预览”按钮，将视图切换到第 2 页，可以看到设置的底端标题行，如图 5-27 所示。

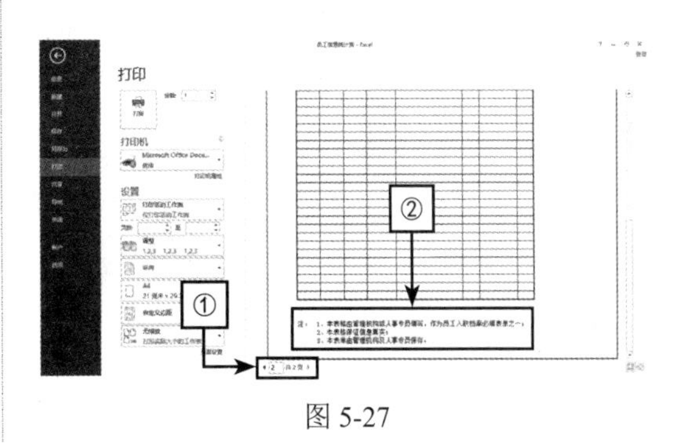

图 5-27

## 5.3　制作人员流动分析表

人员流动分析表是用来统计一段时间内招募人员、离退休人员与保留人员情况的表格。通过人员流动分析表，详细地显示每年招募的人数、离退休人数、保留人数等人员流动数据，计算人员保留概率，为人力资源规划提供分析依据。

## 5.3.1 创建人员流动分析表

创建人员流动分析表主要包括输入基础内容、设置居中对齐方式、设置边框格式、套用表格格式等内容。

**step 01** 合并并居中 A1:G1 单元格区域，输入标题文本，在“字体”选项组中，将字号设置为 18 并加粗，如图 5-28 所示。

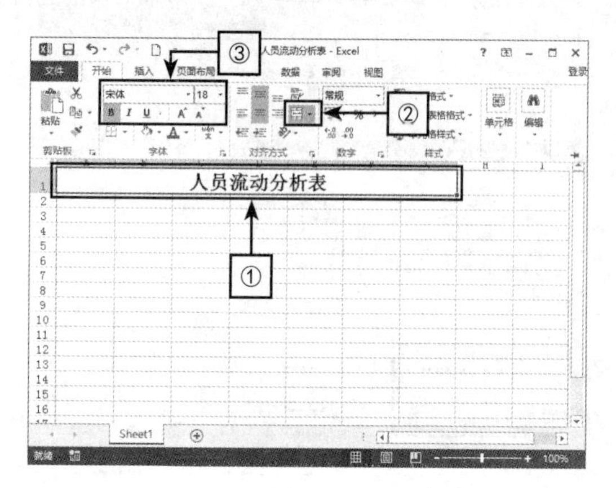


图 5-28

**step 02** 根据需要输入表格基础内容，选择第 A 至 G 列单元格区域，进入“开始”选项卡，在“单元格”选项组中单击“格式”下拉按钮，执行“自动调整列宽”命令，如图 5-29 所示。

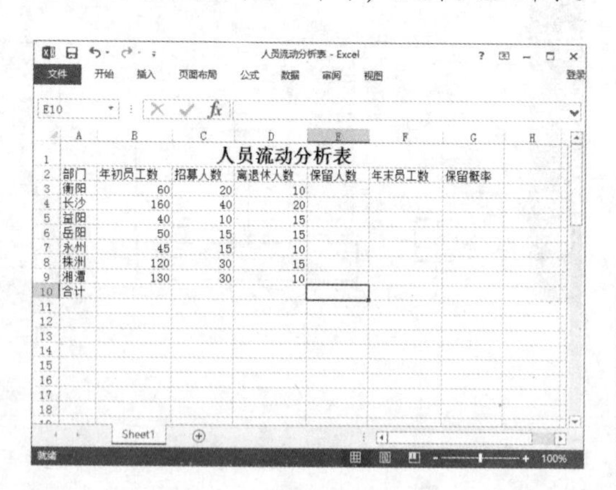


图 5-29

**step 03** 选择 A2:G10 单元格区域，单击“居中”按钮，如图 5-30 所示。

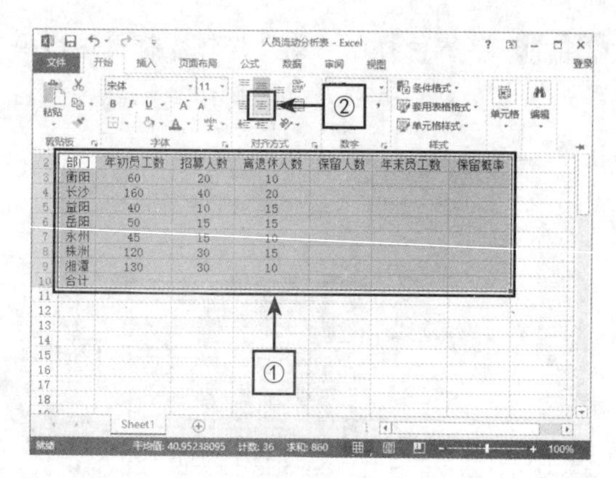


图 5-30

**step 04** 选择 A2:G10 单元格区域，进入“开始”选项卡，在“字体”选项组中单击“下框线”下拉按钮，选择“所有框线”选项，结果如图 5-31 所示。

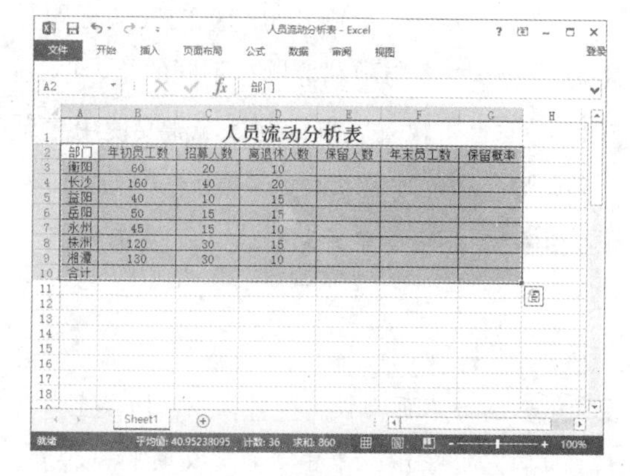

图 5-31

## 5.3.2 计算保留概率

人力资源部可以通过保留概率分析人员去留，计算保留概率首先要计算当年保留的人数。

**step 01** 选择 E3 单元格，在编辑栏中输入计算公式，计算保留人数，如图 5-32 所示。

**step 02** 拖曳 E3 单元格右下角的填充手柄至 E9 单元格，计算其他部门的保留人数。

**step 03** 选择 F3 单元格，在编辑栏中输入计算公式，计算年末员工数，如图 5-33 所示。

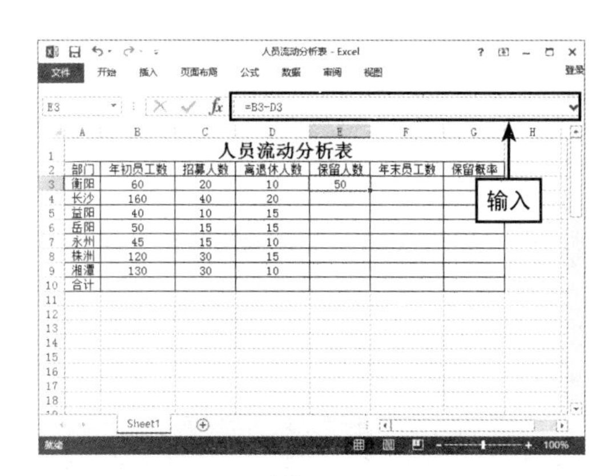


图 5-32

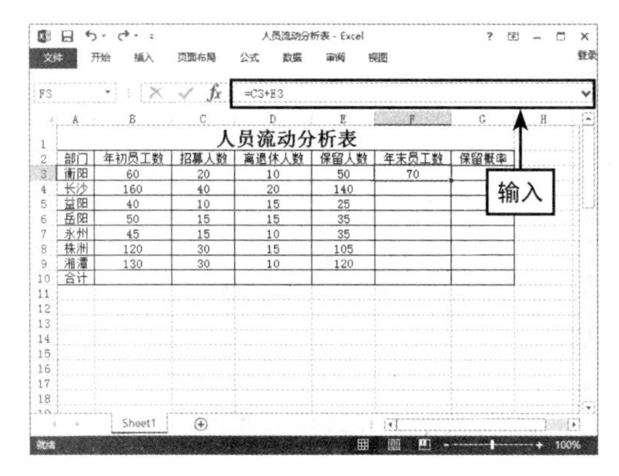


图 5-33

**step 04** 拖曳 F3 单元格右下角的填充手柄至 F9 单元格，计算其他部门的年末员工数。

**step 05** 选择 G3:G10 单元格区域，进入“开始”选项卡，在“数字”选项组中单击“数字格式”下拉按钮，选择“百分比”选项，如图 5-34 所示，设置单元格区域的数字格式。

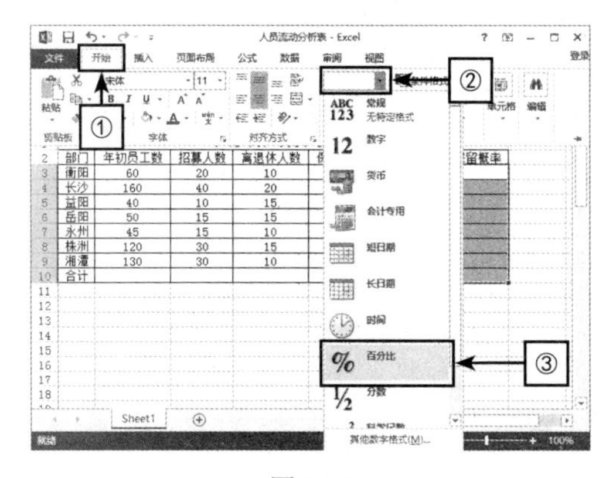


图 5-34

**step 06** 选择 G3 单元格，在编辑栏中输入计算公式，计算保留概率，如图 5-35 所示。

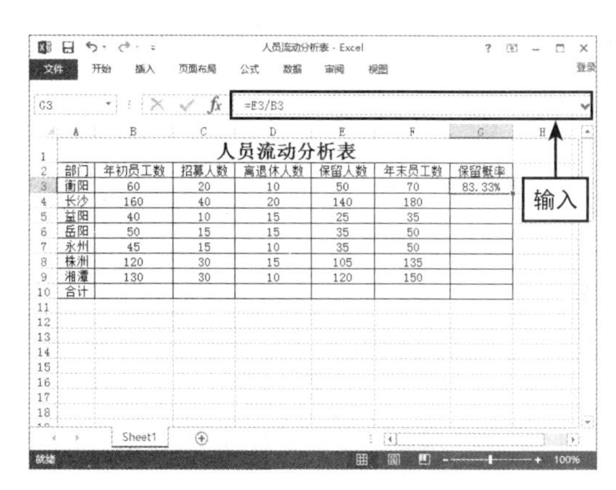


图 5-35

**step 07** 拖曳 G3 单元格右下角的填充手柄至 G10 单元格，计算其他保留概率。

**step 08** 选择 B10 单元格，在编辑栏中输入计算公式，计算年初各部门员工人数合计值，如图 5-36 所示。

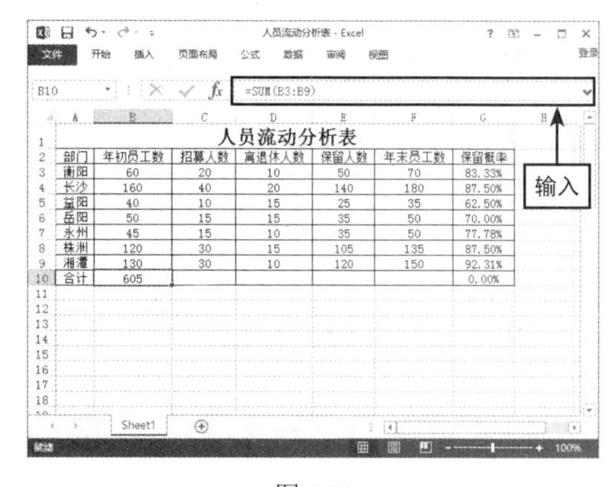


图 5-36

**step 09** 向右拖曳 B10 单元格右下角的填充手柄至 F10 单元格，计算其他合计值，如图 5-37 所示。

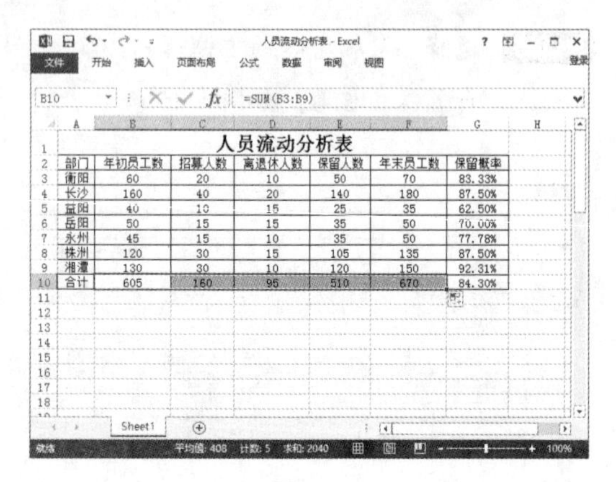

图 5-37

## 5.3.3 条件格式凸显保留概率

通过条件格式，可以帮助用户直观地查看分析数据、发现关键问题并识别数据发展的趋势。

**step 01** 选择 G3:G10 单元格区域，进入“开始”选项卡，在“样式”选项组中单击“条件格式”下拉按钮，在下拉列表中单击“突出显示单元格规则”下拉按钮，选择“大于”选项，如图 5-38 所示。

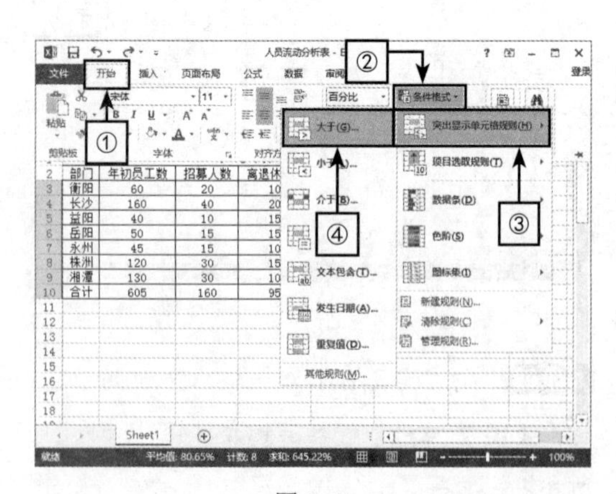

图 5-38

**step 02** 在弹出的“大于”对话框中，设置数值为 85%，单击“设置为”下拉按钮，选择“自定义格式”选项，如图 5-39 所示。

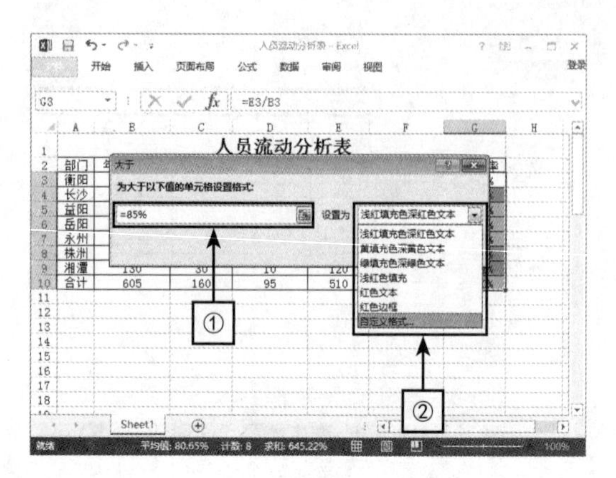

图 5-39

**step 03** 如图 5-40 所示，在弹出的“设置单元格格式”对话框中，将“字形”设置为“加粗倾斜”，将“颜色”设置为红色，单击“确定”按钮，完成条件格式的设置，效果如图 5-41 所示。

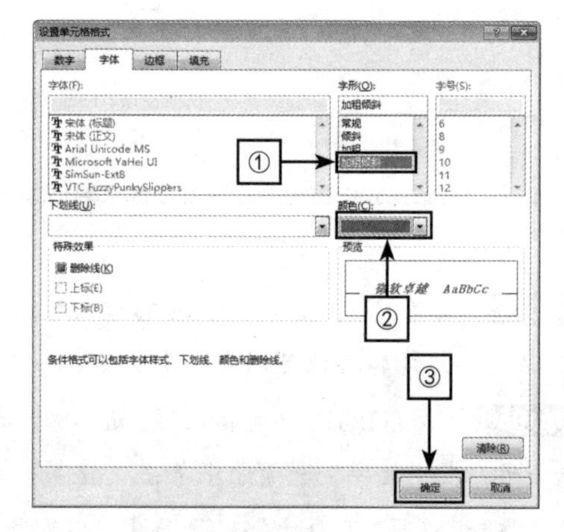

图 5-40

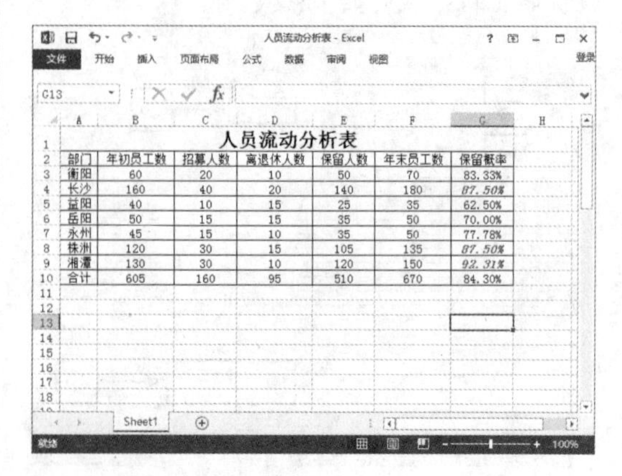

图 5-41

**step 04** 选择 A2:G10 单元格区域，进入“开始”选项卡，在“样式”选项组中单击“套用表格格式”下拉按钮，选择“表样式中等深浅 17”样式，并启用“表包含标题”复选框，如图 5-42 所示。

**step 05** 选择 A2:G10 单元格区域，进入“设计”选项卡，在“工具”选项组中单击“转换为区域”按钮，在弹出的对话框中单击“是”按钮，如图 5-43 所示，完成人员流动分析表的制作。

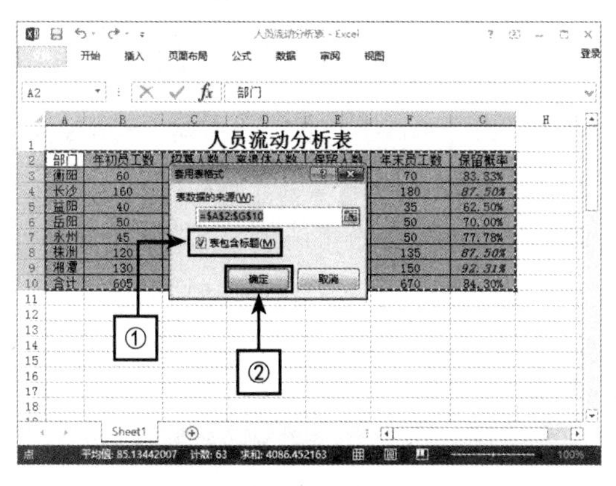


图 5-42

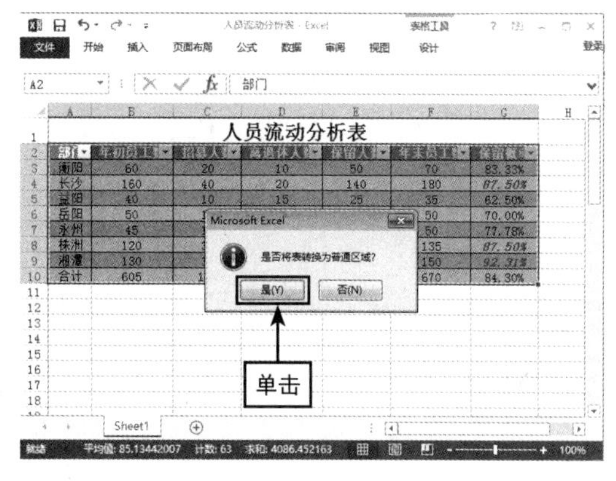


图 5-43

# 5.4　制作人事信息月报动态图表

对于大型生产制造类企业来说，由于人员较多、员工信息繁杂，人力资源部需要实时了解人事情况，借助 Excel 应用程序制作人事信息月报动态图表，可以有效地掌握员工的相关信息。

## 5.4.1　创建数据源

首先创建存放员工各类信息的工作表，依据工作表中的信息才能创建图表。

**step 01** 打开本节素材文件“人事信息月报动态图表”，右击工作表标签 Sheet1，在打开的快捷菜单中选择“重命名”选项，将其重命名为“数据源”，如图 5-44 所示。

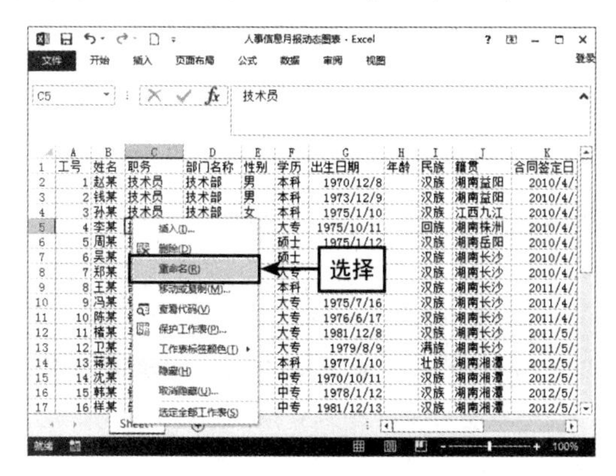


图 5-44

**提示：**

双击工作表标签也可以进行重命名。

**step 02** 选择 A2:A36 单元格区域，打开“设置单元格格式”对话框，在分类列表框中选择“自定义”选项，在“类型”文本框中自定义代码 00#，如图 5-45 所示。

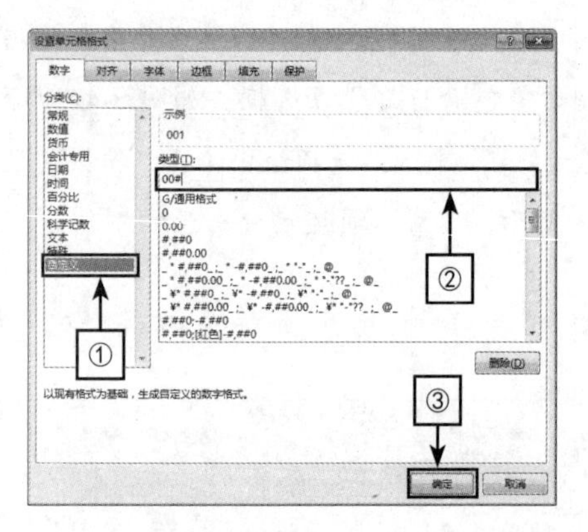

图 5-45

**step 03** 选择 H2 单元格，在编辑栏中输入公式 =DATEDIF(G2,TODAY(),"Y")，如图 5-46 所示。

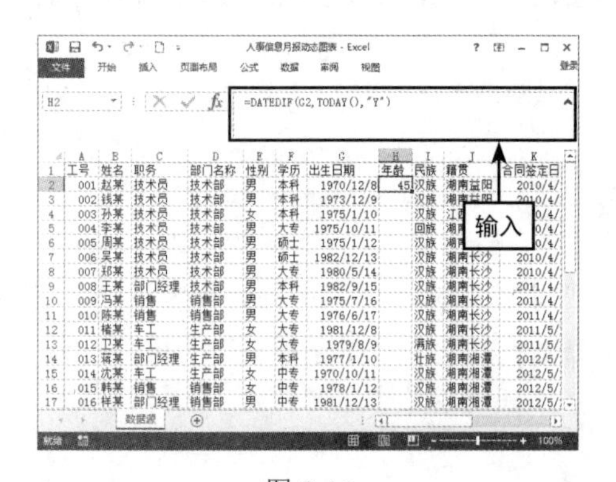


图 5-46

**step 04** 拖曳 H2 单元格右下角的填充手柄至 H36 单元格，向下填充公式。

**step 05** 选择 M2 单元格，在编辑栏中输入公式 =DATEDIF(K2,L2,"M")，如图 5-47 所示。

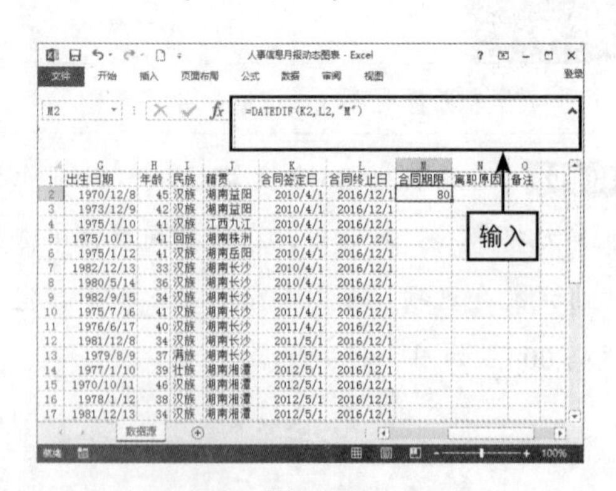


图 5-47

**step 06** 拖曳 M2 单元格右下角的填充手柄至 M36 单元格，向下填充公式。

## 5.4.2 汇总信息数据

在数据源的基础上可以利用函数提取所需员工信息，单击工作表标签右侧的“新工作表”按钮，添加 Sheet1 工作表，双击工作表标签，将新添加的工作表重命名为“数据处理”，如图 5-48 所示，具体汇总步骤如下。

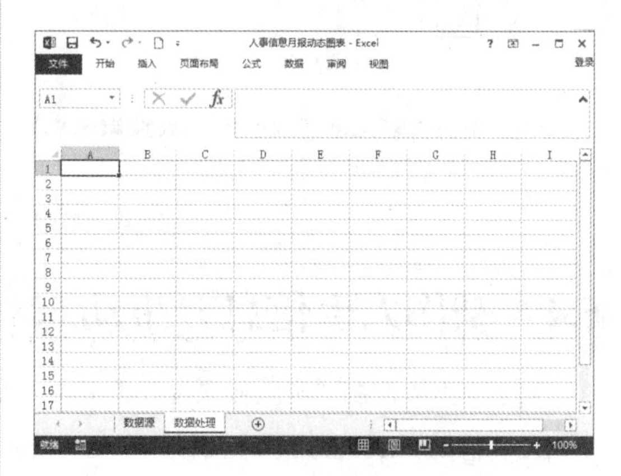

图 5-48

（1）统计各部门员工数

**step 01** 在 A2:B6 单元格区域输入如图 5-49 所示的表格内容。

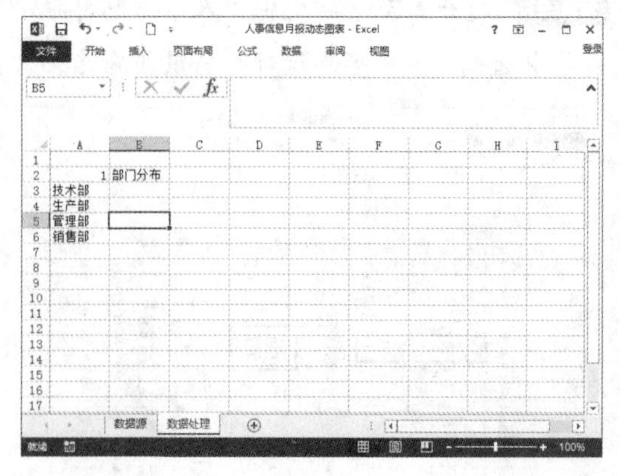

图 5-49

**step 02** 选择 B3 单元格，在编辑栏中输入公

式 =COUNTIF( 数据源 !D2:D36," 技术部 ")，如图 5-50 所示。

图 5-50

**step 03** 在 B4、B5、B6 单元格中分别输入统计各自部门员工数的公式，如图 5-51 所示。

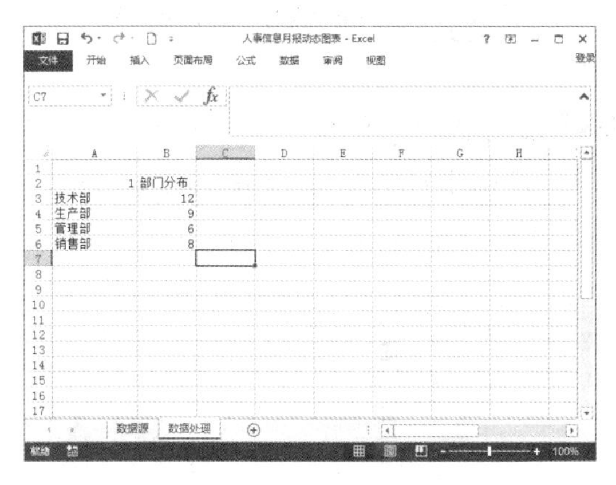


图 5-51

B4 单元格：=COUNTIF( 数据源 !D2:D36," 生产部 ")

B5 单元格：=COUNTIF( 数据源 !D2:D36," 管理部 ")

B6 单元格：=COUNTIF( 数据源 !D2:D36," 销售部 ")

（2）统计各部门员工的学历情况

**step 01** 在 D2:E8 单元格区域输入如图 5-52 所示的表格内容，选择 E3 单元格，在编辑栏中输入公式 =COUNTIF( 数据源 !F2:F36," 硕士 ")。

图 5-52

**step 02** 在 E4:E8 单元格区域输入统计各自部门员工学历的公式，结果如图 5-53 所示。

图 5-53

E4 单元格：=COUNTIF( 数据源 !F2:F36," 本科 ")

E5 单元格：=COUNTIF( 数据源 !F2:F36," 大专 ")

E6 单元格：=COUNTIF( 数据源 !F2:F36," 中专 ")

E7 单元格：=COUNTIF( 数据源 !F2:F36," 高中 ")

E8 单元格：=COUNTIF( 数据源 !F2:F36," 初中 ")

（3）统计各部门员工年龄情况

**step 01** 在 G2:H5 单元格区域输入如图 5-54 所示的表格内容，选择 H3 单元格，在编辑栏中

输入公式 =COUNTIF( 数据源 !H2:H36,G3)。

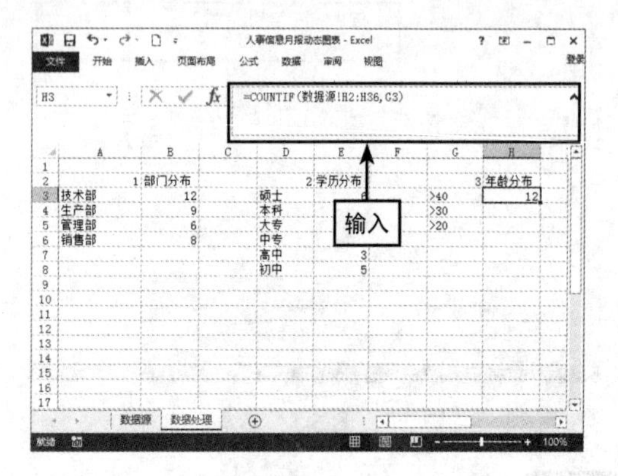


图 5-54

**step 02** 选择 H4 单元格，在编辑栏中输入公式 =COUNTIF( 数据源 !$H$2:$H$36,G4)-SUM(H$3:H3)，如图 5-55 所示。

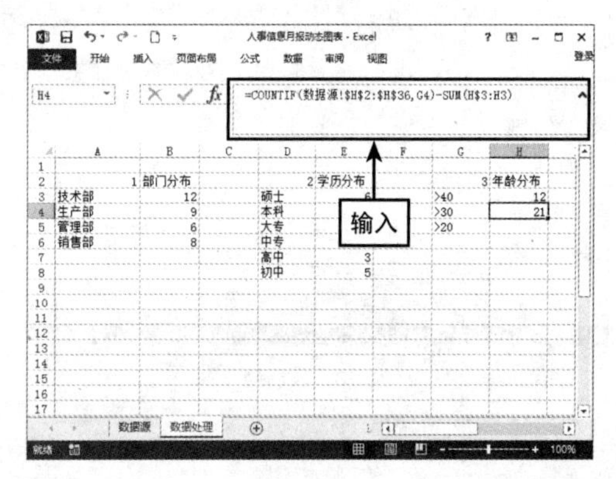


图 5-55

**step 03** 拖曳 H4 单元格右下角的填充手柄至 H5 单元格，向下填充计算公式，如图 5-56 所示。

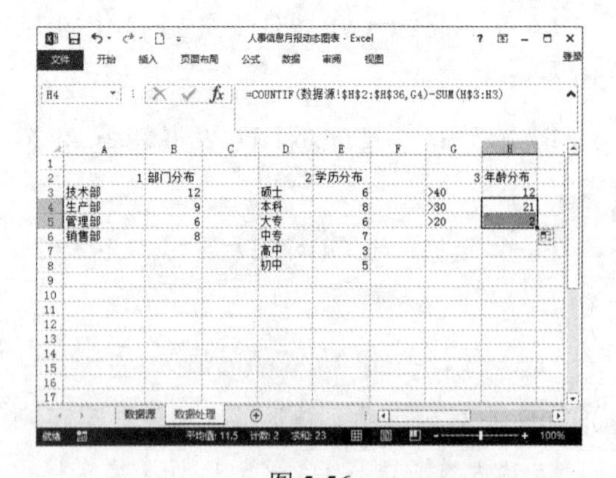

图 5-56

（4）统计各部门员工合同期限

**step 01** 在 J2:K5 单元格区域输入表格内容，选择 K3 单元格，在编辑栏中输入公式，如图 5-57 所示。

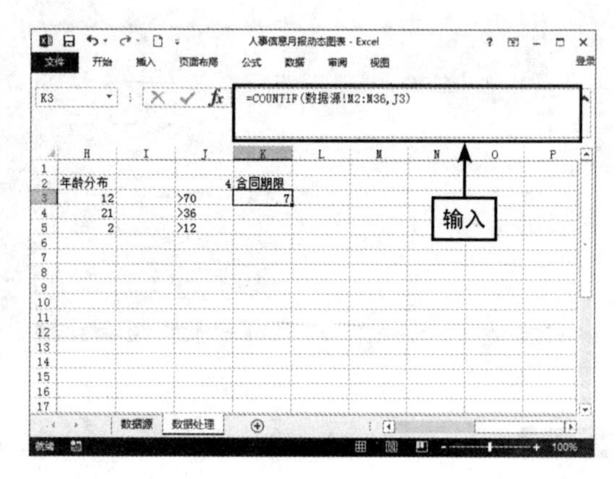


图 5-57

计算公式：=COUNTIF( 数据源 !M2:M36, J3)

**step 02** 选择 K4 单元格，在编辑栏中输入公式 =COUNTIF( 数据源 !$M$2:$M$36,J4)-SUM(K$3:K3)，如图 5-58 所示。

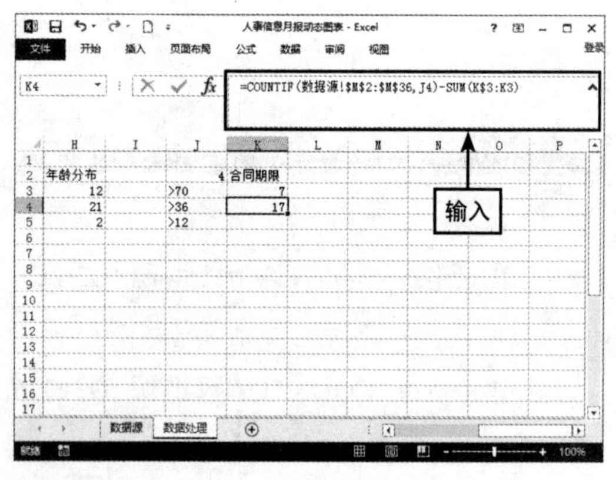


图 5-58

**step 03** 拖曳 K4 单元格右下角的填充手柄至 K5 单元格，向下填充计算公式，如图 5-59 所示。

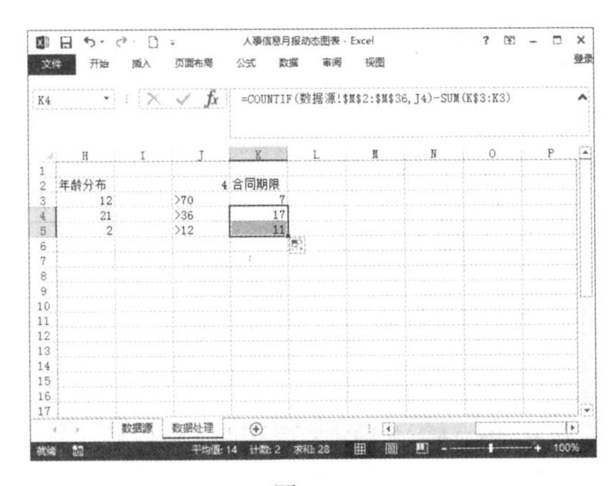

图 5-59

## 5.4.3　制作窗体控件

通过设置窗体控件，Excel 可以实现将 4 张图表动态汇总成一张工作表。

（1）添加分组框与选项控件

**step 01** 在功能区右击，在快捷菜单中选择“自定义功能区”命令，打开“Excel 选项”对话框，如图 5-60 所示。

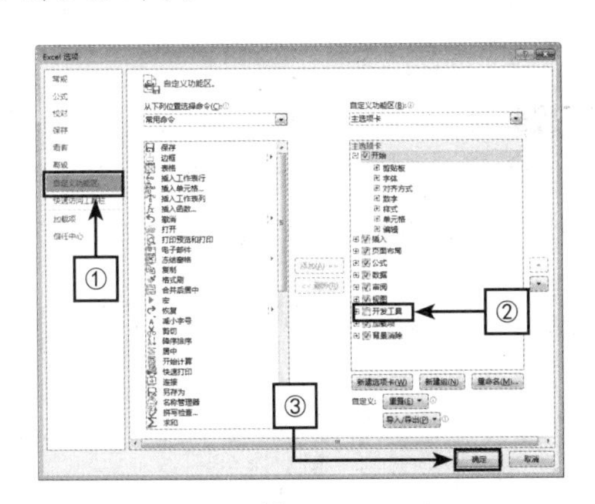

图 5-60

**step 02** 在“Excel 选项”对话框右侧的主选项卡中勾选“开发工具”选项，单击“确定”按钮，将“开发工具”选项卡添加至功能区。

**step 03** 单击任意单元格，进入“开发工具”选项卡，在“控件”选项组中单击“插入”下拉按钮，从中选择“分组框（窗体控件）”选项，如图 5-61 所示。

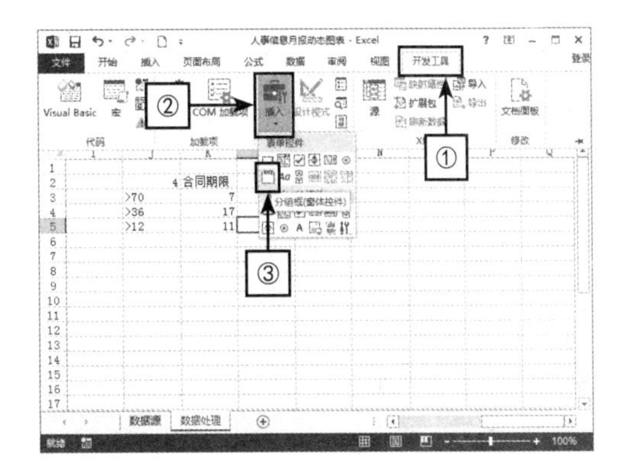

图 5-61

**step 04** 单击 M2 单元格，将分组框添加至该单元格位置，如图 5-62 所示。

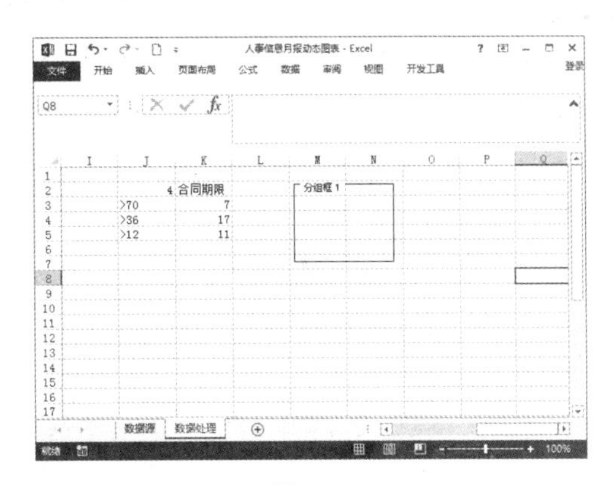

图 5-62

**step 05** 如图 5-63 所示，进入“开发工具”选项卡，在“控件”选项组中单击“插入”下拉按钮，从中选择“选项按钮（窗体控件）”选项。

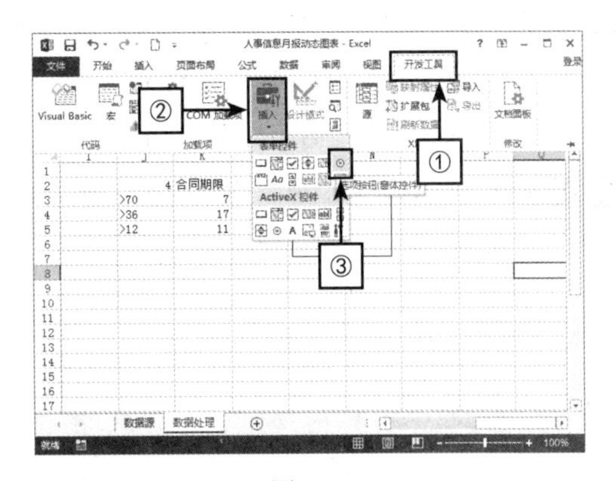

图 5-63

**step 06** 单击分组框位置，添加选项控件，如图 5-64 所示。

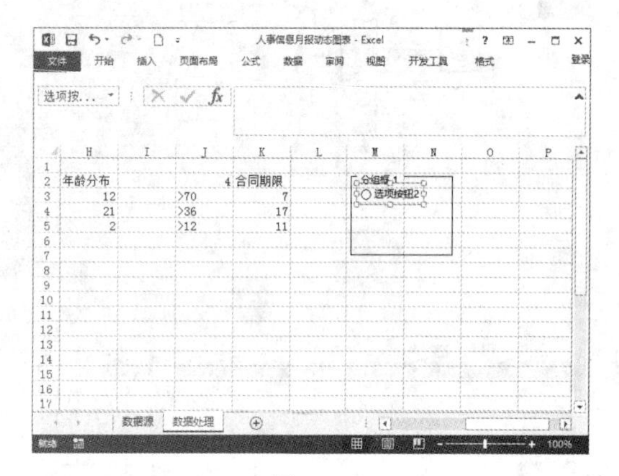

图 5-64

**step 07** 按照相同的方法，在分组框中依次添加另外 3 个选项控件，并调整分组框的大小，如图 5-65 所示。

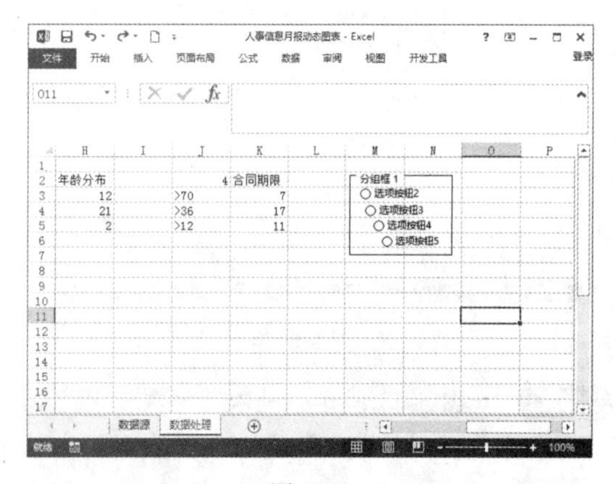

图 5-65

**step 08** 右击控件“选项按钮 2”，如图 5-66 所示，在弹出的快捷菜单选择“编辑文字”选项，将“选项按钮 2”重命名为“部门分布”。

**step 09** 按照相同的方法，重命名其他选项控件按钮，如图 5-67 所示。

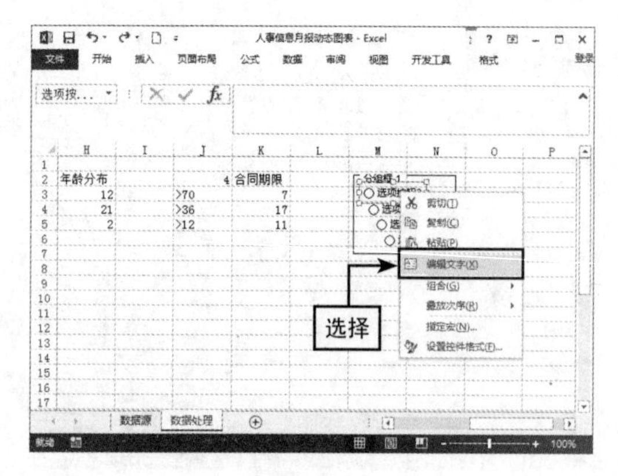


图 5-66

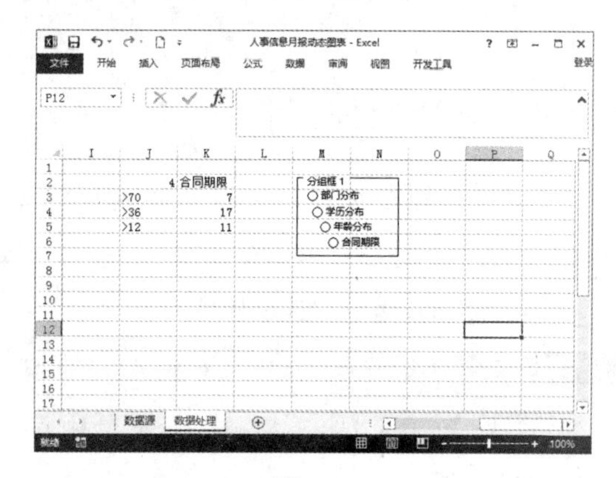

图 5-67

（2）设置选项的连接区域

**step 01** 在 M8 单元格中输入相关文本，右击选项控件“部门分布”，在弹出的快捷菜单中执行“设置控件格式”命令，如图 5-68 所示。

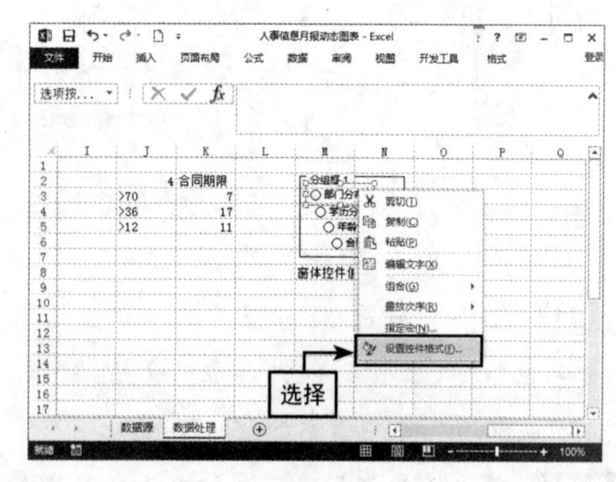


图 5-68

**step 02** 在“设置对象格式”对话框中，选中“已选择”选项，在“单元格链接”文本框中输入 $N$8，如图 5-69 所示。

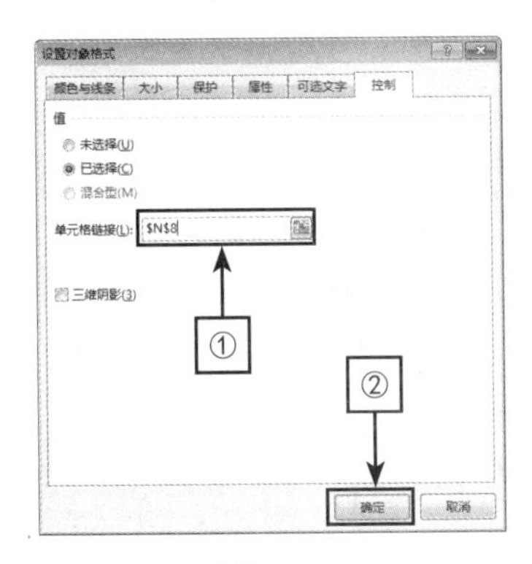


图 5-69

**step 03** 此时在 N8 单元格中显示数字 1，如图 5-70 所示，若用户单击其他选项控件，N8 单元格中的数字将发生相应的变动，如图 5-71 所示。

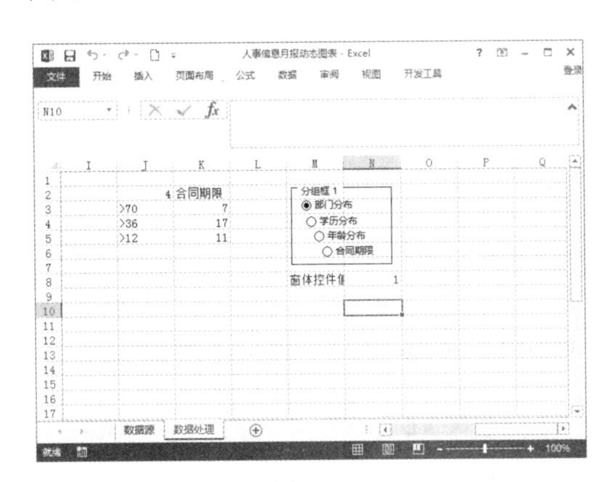

图 5-70

图 5-71

（3）编制汇总表

**step 01** 选择 M11 单元格，根据需要输入表格内容。

**step 02** 选择 M12 单元格，在编辑栏中输入计算公式 =OFFSET($A$2,$L12,($N$8–1)*3,1,1)，如图 5-72 所示。

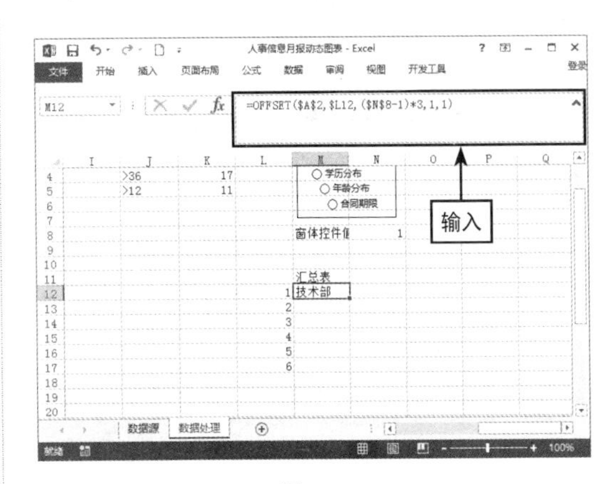


图 5-72

**提示：**

OFFSET(reference,rows,cols,height,width) 以指定的引用为参照系，通过给定偏移量得到新的引用。

reference 偏移量参照系的引用区域。

rows 相对于偏移量参照系的左上角单元格，上（下）偏移的行数。

cols 相对于偏移量参照系的左上角单元格，左（右）偏移的列数。

height 高度，即所要返回的引用区域的行数。

hidth 宽度，即所要返回的引用区域的列数。

**step 03** 选择 M12 单元格右下角的填充手柄，向下拖曳至 M17 单元格，填充计算公式，如图 5-73 所示。

**step 04** 选择 N12 单元格，在编辑栏中输入公式 =OFFSET($A$2,$L12,($N$8–1)*3+1,1,1)，如图 5-74 所示。

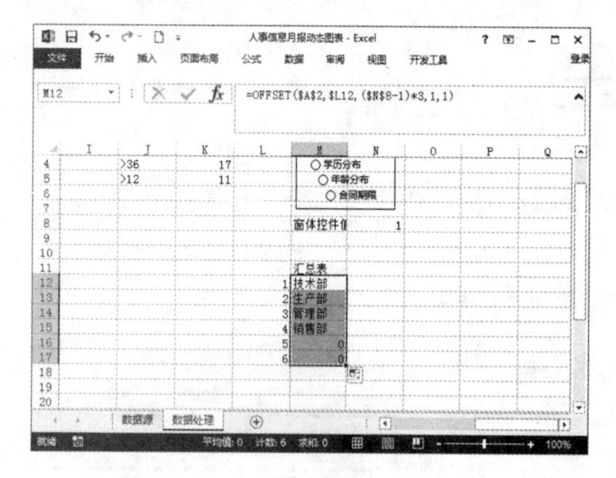

图 5-73

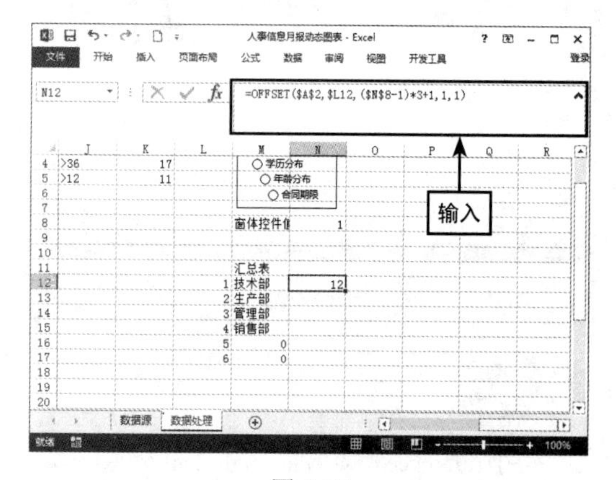


图 5-74

**step 05** 选择 N12 单元格右下角的填充手柄，向下拖曳至 N17 单元格，填充计算公式，如图 5-75 所示。

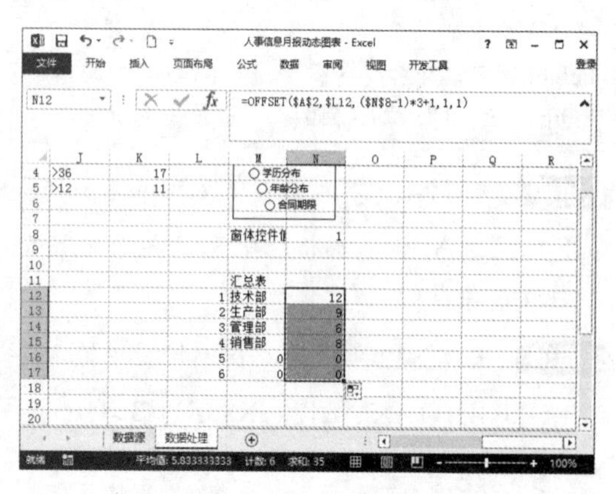

图 5-75

**step 06** 当用户单击其他选项控件按钮时，N8 单元格中的数字将发生相应的变动，汇总表中的数据也将随之发生变动，如图 5-76 和图 5-77 所示，实现 4 张图表动态汇总于一张工作表。

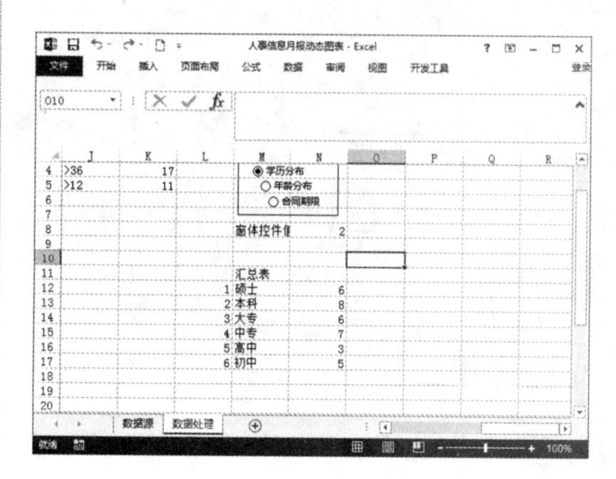

图 5-76

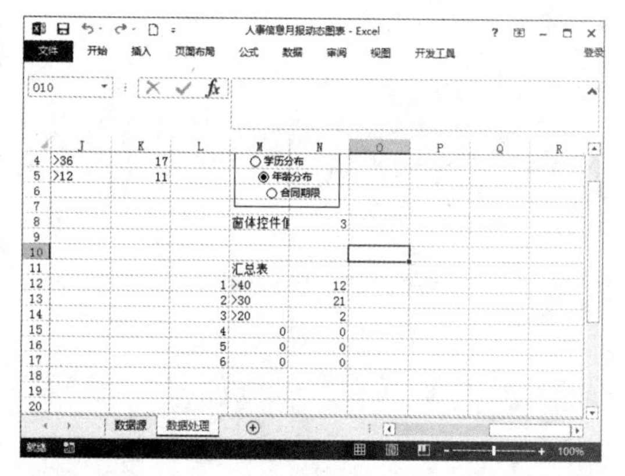

图 5-77

## 5.4.4 降序排列数据

在实际工作中，公司领导出于直观掌握信息的重要，可能要求人力资源部对所制作的图表按照大小和重要程度进行排列。

**step 01** 选择 A12 单元格，根据需要输入表格内容。

**step 02** 选择 B13 单元格，在编辑栏中输入公式 =6–COUNTIF(M12:M17,"=0")，如图 5-78 所示。

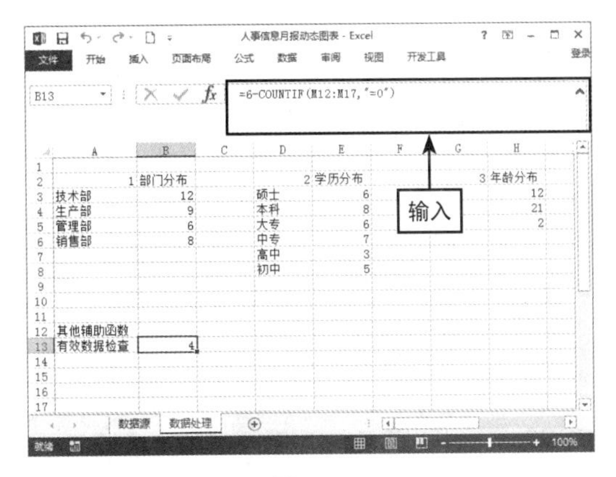


图 5-78

**step 03** 选择 K11 单元格，输入“排名”文本内容。

**step 04** 选择 K12 单元格，在编辑栏中输入计算公式，如图 5-79 所示。

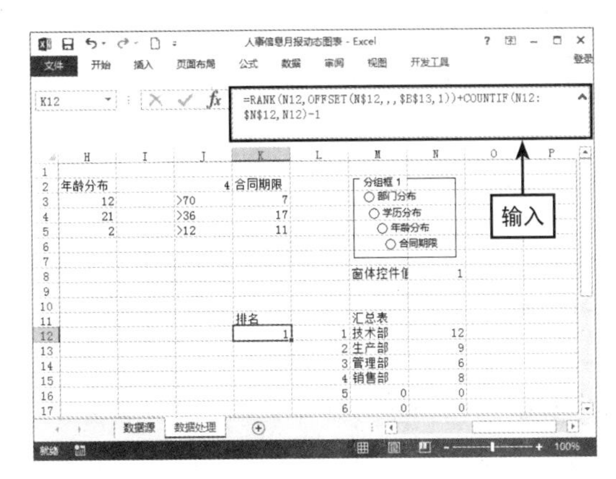


图 5-79

计算公式：=RANK(N12,OFFSET(N$12,,,$B$13,1))+COUNTIF(N12:$N$12,N12)-1

**step 05** 单击 K12 单元格右下角的填充手柄，向下拖曳至 K17 单元格，填充计算公式，如图 5-80 所示。

**step 06** 在 L24:O30 单元格区域输入表格内容，单击 N24 单元格，在编辑栏中输入公式 =OFFSET(A2,,(N8-1)*3+1,1,1)，如图 5-81 所示。

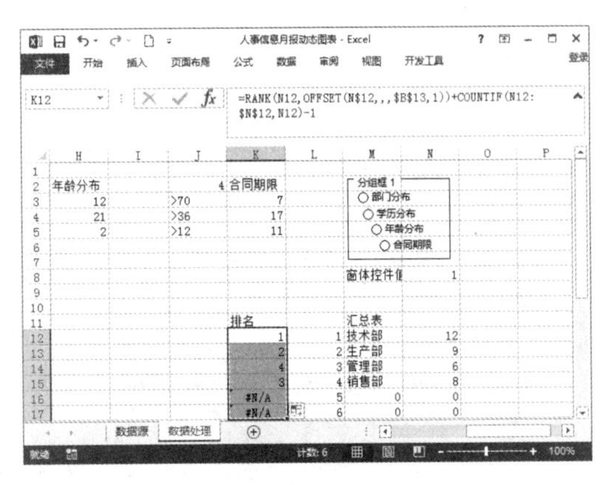


图 5-80

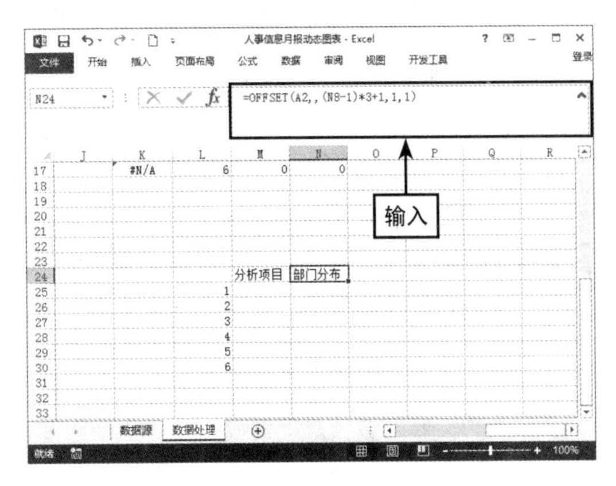


图 5-81

**step 07** 单击 M25 单元格，在编辑栏中输入公式 =VLOOKUP($L25,$K$12:$N$17,3,0)，如图 5-82 所示。

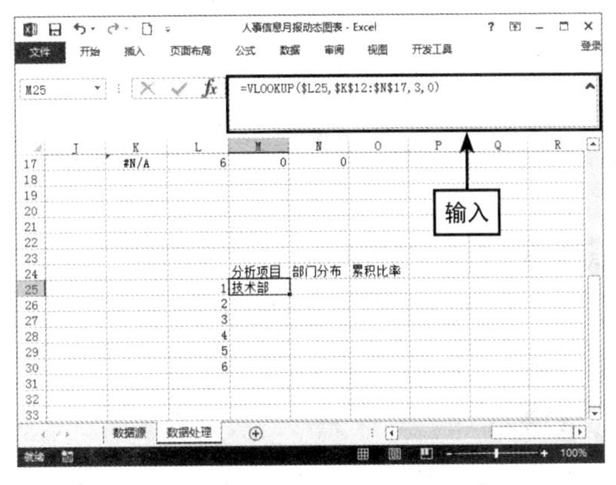


图 5-82

**提示：**

VLOOKUP(lookup_value,table_array,col_index_num,range_lookup) 按列查找，并返回该列所需查询列序所对应的值。
lookup_value 需要在数据表进行查找的数值，可为数值、引用或文本字符串。
table_array 需要在其中查找数据的数据表。
col_index_num table_array 中查找数据的数据列序号。
range_lookup 指明函数 VLOOKUP 查找时是精确匹配，还是近似匹配。
如果 range_lookup 为 false 或 0，则返回精确匹配，如果找不到，则返回错误值 #N/A。如果 range_lookup 为 TRUE 或 1，函数 VLOOKUP 将查找近似匹配值。如果 range_lookup 省略，则默认为近似匹配。

**step 08** 单击 N25 单元格，在编辑栏中输入公式 =VLOOKUP($L25,$K$12:$N$17,4,0)，如图 5-83 所示。

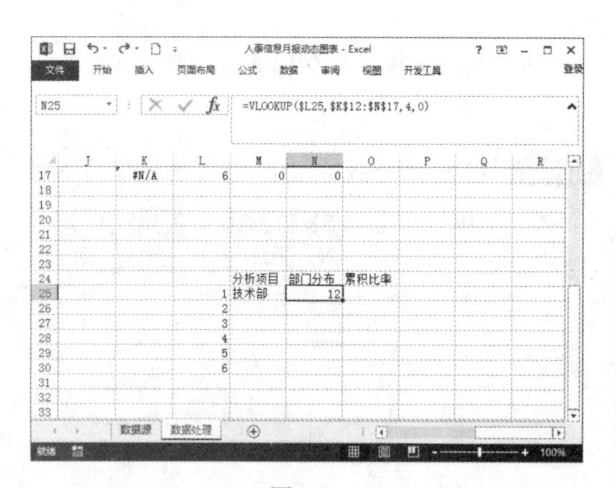

图 5-83

**step 09** 单击 O25 单元格，在编辑栏中输入公式 =SUM(N$25:N25)/SUM(OFFSET(N$25,,,$B$13,1))，如图 5-84 所示。

**step 10** 右击 O25 单元格，从弹出的快捷菜单中选择“设置单元格格式”命令，在“分类”列表框中选择“百分比”，并将“小数位数”设置为 1，如图 5-85 所示。

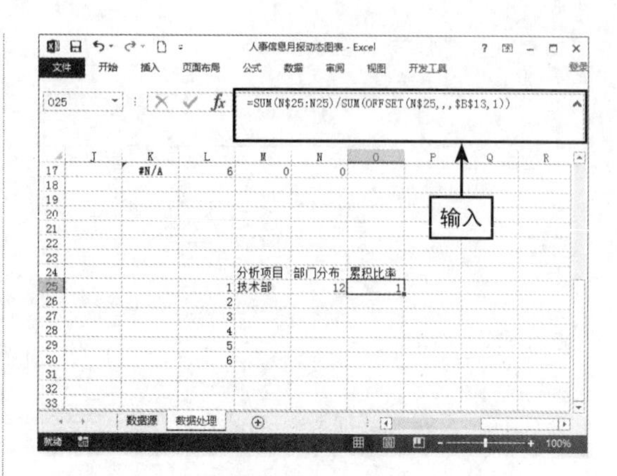


图 5-84

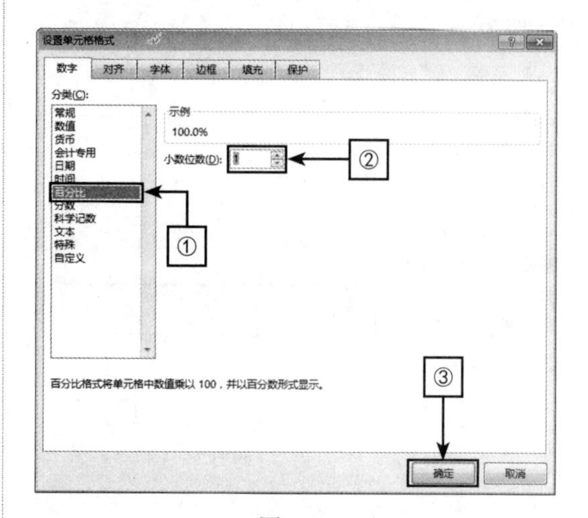


图 5-85

**step 11** 选择 M25:O25 单元格区域，单击其右下角的填充柄，向下拖曳至 O30 单元格，如图 5-86 所示。

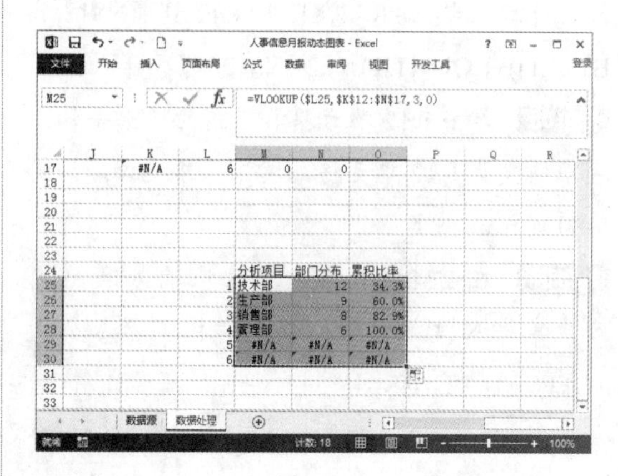

图 5-86

## 5.4.5　柏拉图显示分析数据

柏拉图是按照特定的角度将数据适当分类，同时依据各类数据出现的大小顺序进行排列的图表，是一种很好的图表输出形式。柏拉图制作以“数据处理”工作表中的 M24:O28 单元格区域为数据源，具体步骤如下。

**step 01** 单击工作表标签右侧的“新工作表”按钮。在 Sheet1 中单击任意单元格，进入“插入”选项卡，在“图表”选项组中单击“插入柱形图”下拉按钮，从下拉列表中执行“簇状柱形图”命令，如图 5-87 所示。

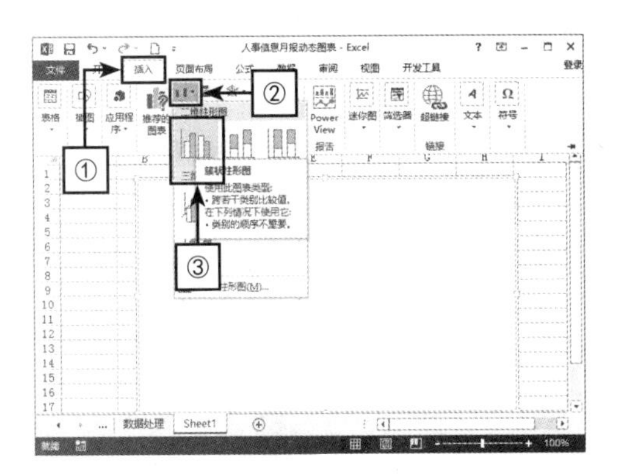

图 5-87

**step 02** 单击插入的柱形图，切换至“设计”选项卡，在“数据”选项组中单击“选择数据”按钮，如图 5-88 所示。

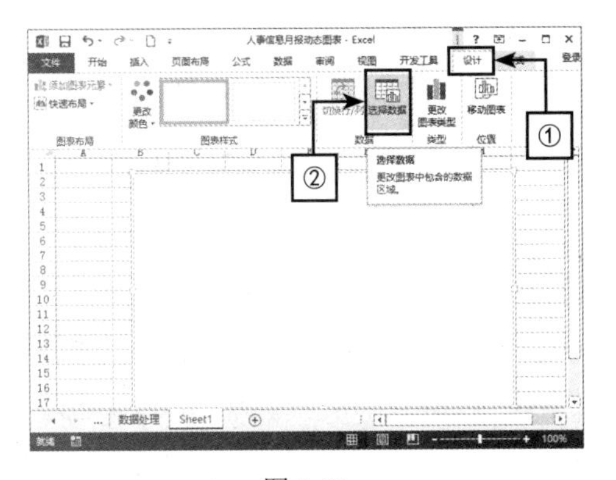

图 5-88

**step 03** 打开“选择数据源”对话框，单击“图表数据区域”文本框右侧的折叠按钮，选择 M24::O30 单元格区域，选择“图例项（系列）”列表框中的“分析项目”选项，单击“删除”按钮，如图 5-89 所示。

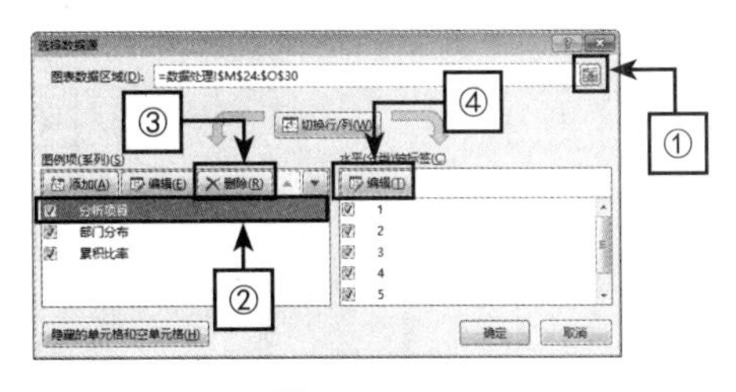

图 5-89

**step 04** 单击“水平（分类）轴标签”下的“编辑”按钮，打开“轴标签”对话框，单击“轴标签区域”文本框右侧的折叠按钮，选择轴标签区域，如图 5-90 所示，单击“确定”按钮。

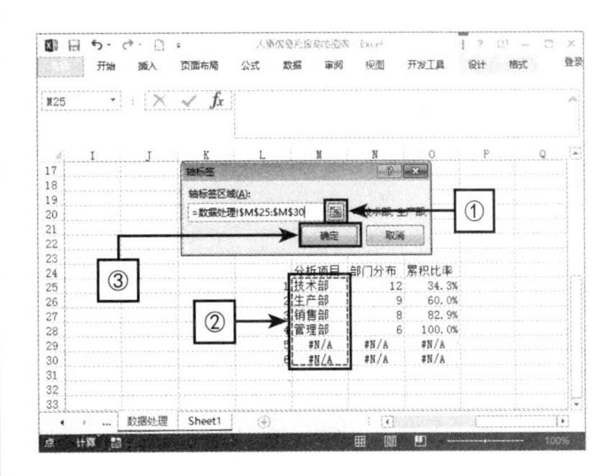

图 5-90

**step 05** 返回“选择数据源”对话框，单击“确定”按钮，设置图表数据源，如图 5-91 所示，此时工作表中已经添加了图表。

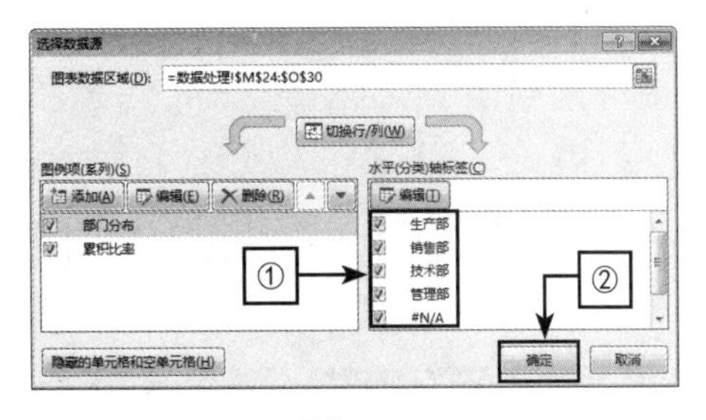

图 5-91

step 06 切换至“格式”选项卡，在“当前所选内容”选项组中，单击“图表元素”下拉按钮，选择“系列‘累积比率’”选项，如图 5-92 所示。

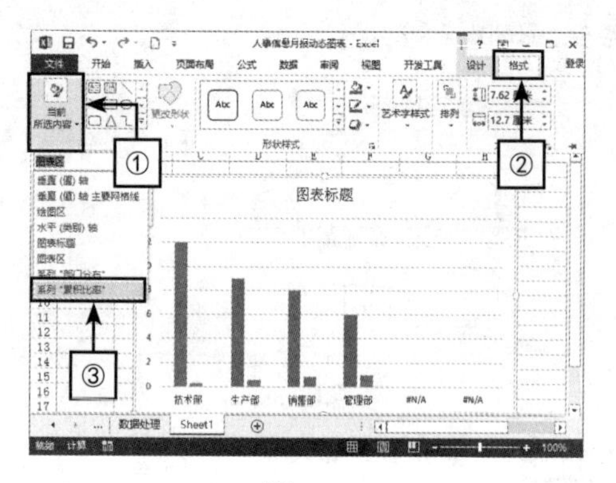


图 5-92

step 07 在“当前所选内容”选项组中，单击“设置所选内容格式”按钮，如图 5-93 所示。

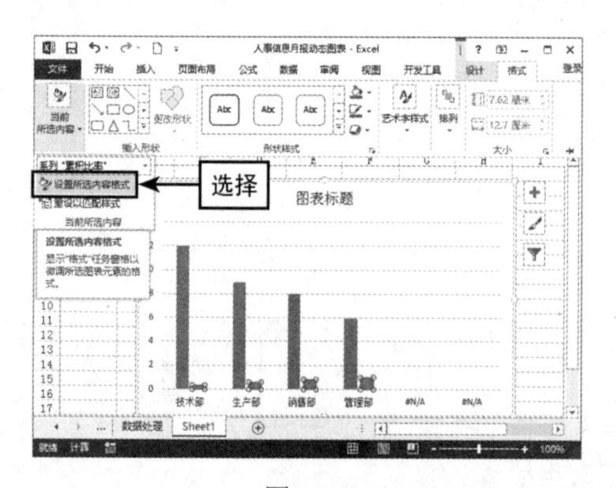


图 5-93

step 08 在右侧“设置数据系列格式”窗格中选择“次坐标轴”选项，如图 5-94 所示。

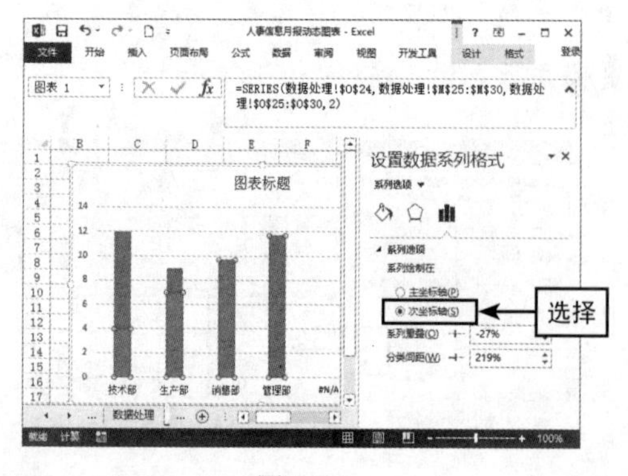


图 5-94

step 09 此时“部门分布”和“累积比率”都以柱形图表示，为了区分两者，可以对“累积比率”的图表类型进行调整。右击并选择“更改系列图表类型”选项，如图 5-95 所示。

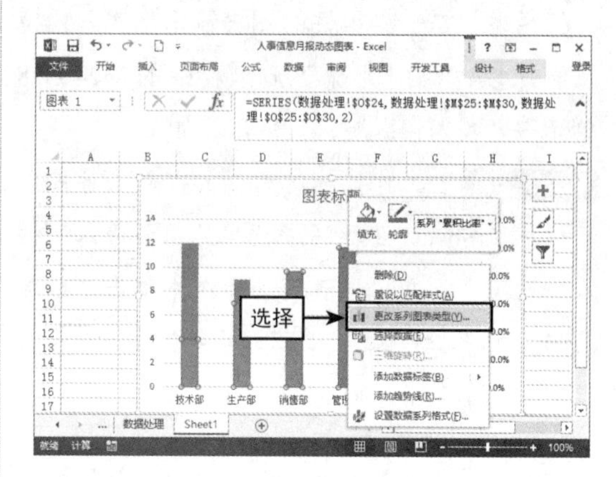


图 5-95

step 10 在打开的“更改图表类型”对话框中，将“累积比率”的图表类型设置为“折线图”，如图 5-96 所示，单击“确定”按钮。

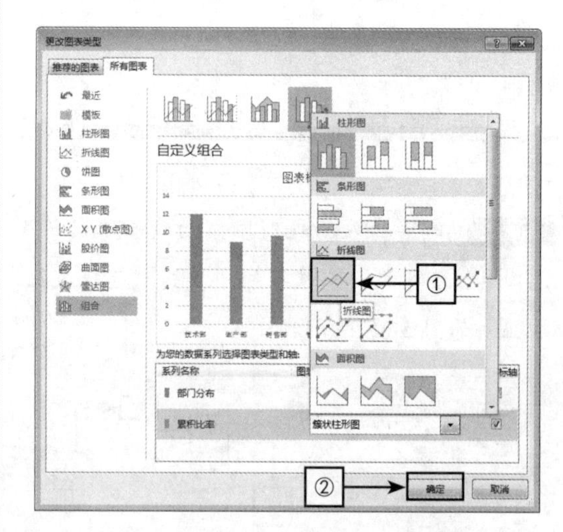


图 5-96

step 11 单击“图表元素”，取消勾选“图表标题”选项，并勾选“数据标签”选项，如图 5-97 所示。

step 12 勾选“图例”选项，并在“图例”右侧三角形中将图例位置置于底部，如图 5-98 所示。

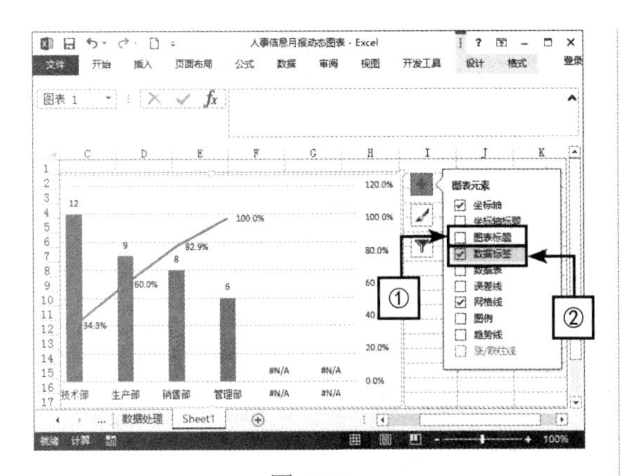
图 5-97

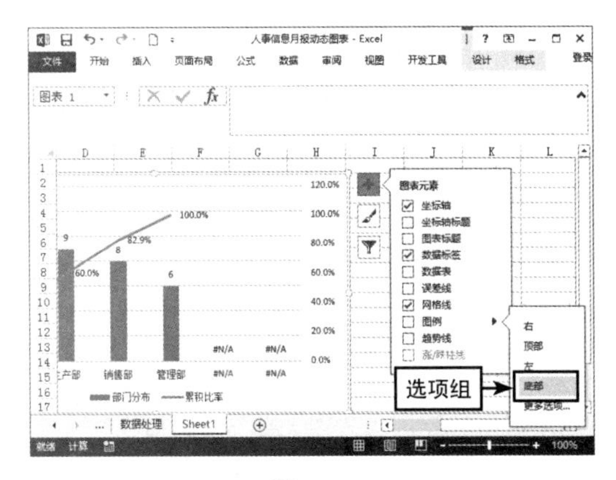
图 5-98

**step 13** 双击系列“部门分布”数据标签，打开“设置数据标签格式”窗格，激活“数字”选项组，在“格式代码”文本框中输入自定义代码“## 人”，如图 5-99 所示，单击“添加”按钮。

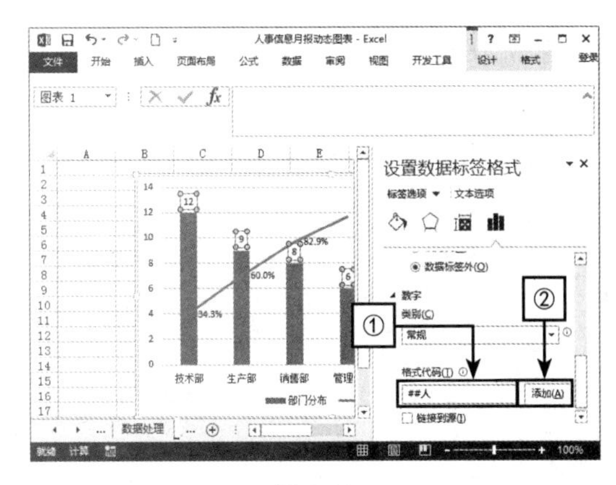
图 5-99

**step 14** 双击系列“累积比率”数据标签，打开“设置数据标签格式”窗格，在“选项标签”中，将“标签位置”设置为“靠上”，如图 5-100 所示。

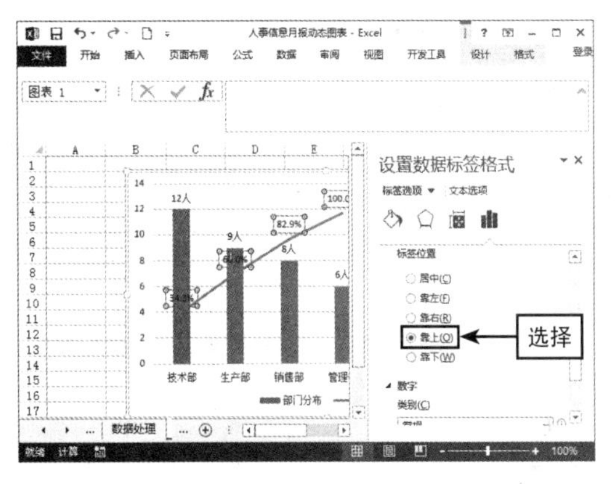
图 5-100

**step 15** 切换至“大小属性”选项卡，在“对齐方式”选项组中，将“自定义角度”设置为 –35，如图 5-101 所示，完成柏拉图的绘制。

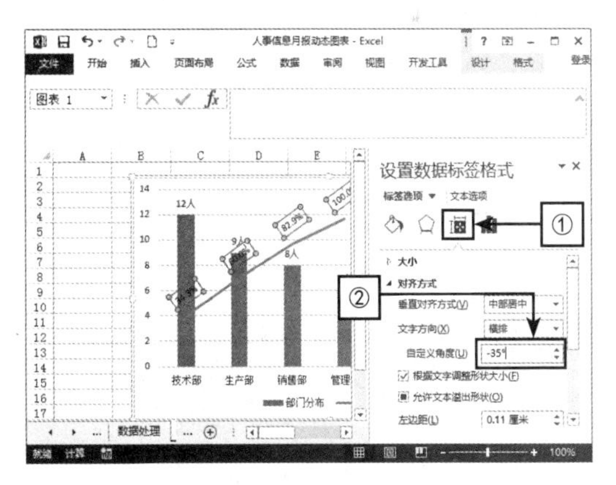
图 5-101

## 5.4.6　饼图显示分析数据

除了柱形图和折线图，用户也可以根据数据绘制饼图，具体步骤如下。

**step 01** 单击任意单元格，进入“插入”选项卡，在“图表”选项组中单击“插入饼图或圆环图”

下拉按钮，从下拉列表中执行“三维饼图”命令，如图 5-102 所示。

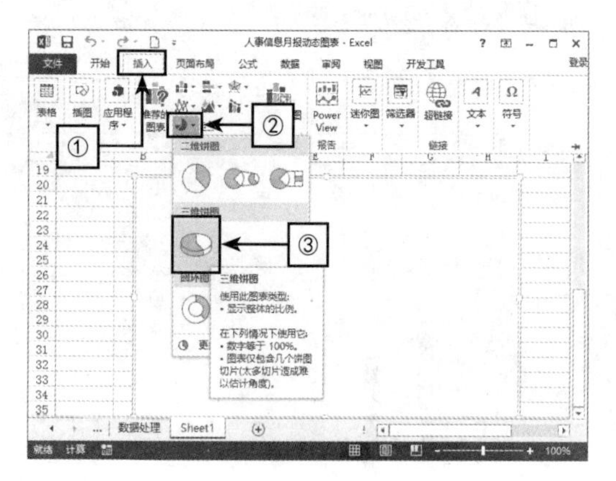

图 5-102

**step 02** 右击插入的柱形图，在弹出的快捷菜单中执行“选择数据”命令，按照与柏拉图数据源相同的设置方法，设置饼图的数据源，如图 5-103 所示。

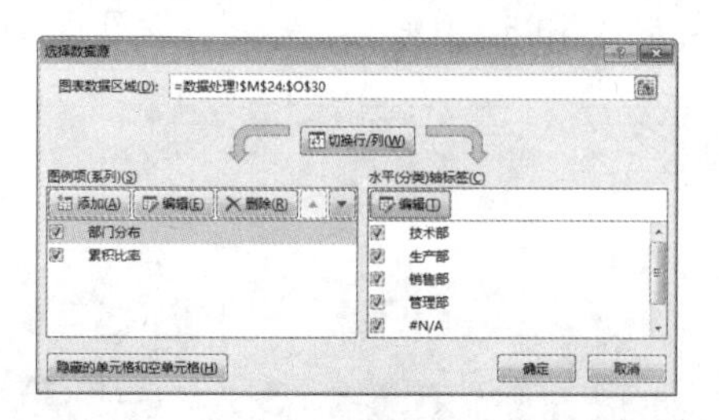

图 5-103

**step 03** 单击“图表元素”按钮，勾选“数据标签”选项，如图 5-104 所示。

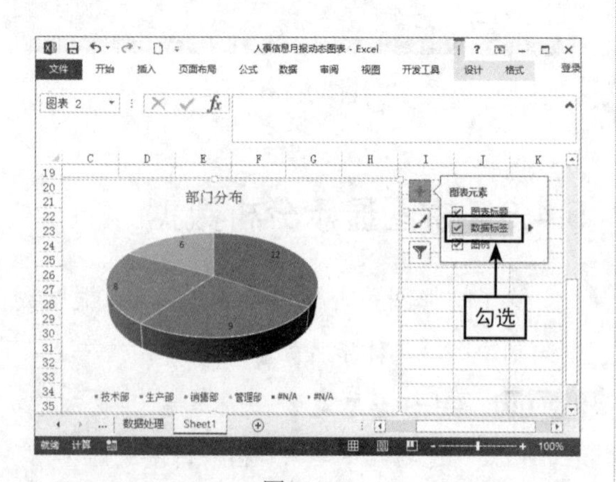


图 5-104

**step 04** 双击系列“部门分布”数据标签，打开“设置数据标签格式”窗格，在“标签选项”列表中勾选“类别名称”选项，如图 5-105 所示。

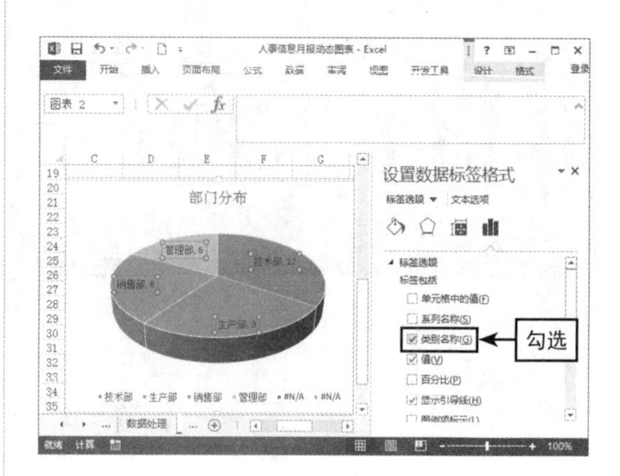


图 5-105

**step 05** 将标签位置设置为“数据标签外”，如图 5-106 所示。

图 5-106

**step 06** 单击饼图图表区的任意空白位置，拖动图片四周的控制点，调整图表大小，并将其拖动至合适的位置，如图 5-107 所示。

**提示：**

按住 Ctrl 键的同时拖动图片控制点，将以图片的中心向外垂直、水平或沿对角线缩放；按住 Shift 键或 Alt 键的同时拖动图片控制点，图片将按原比例缩放。

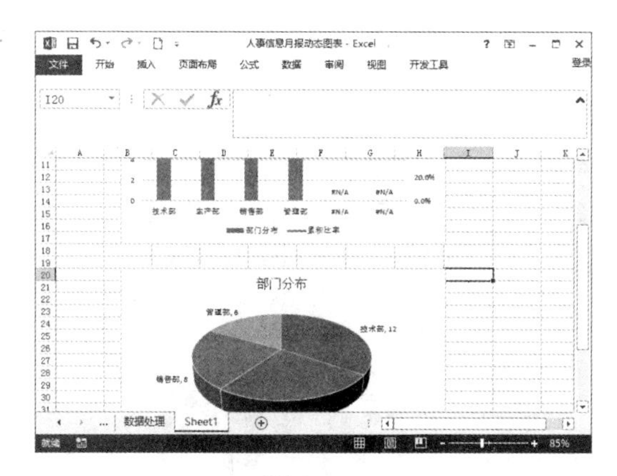

图 5-107

**step 07** 单击工作表标签“数据处理”，返回该工作表，选择该工作表中的控件组并右击，在弹出的快捷菜单中单击“组合”下拉按钮，执行“组合”命令，如图 5-108 所示。

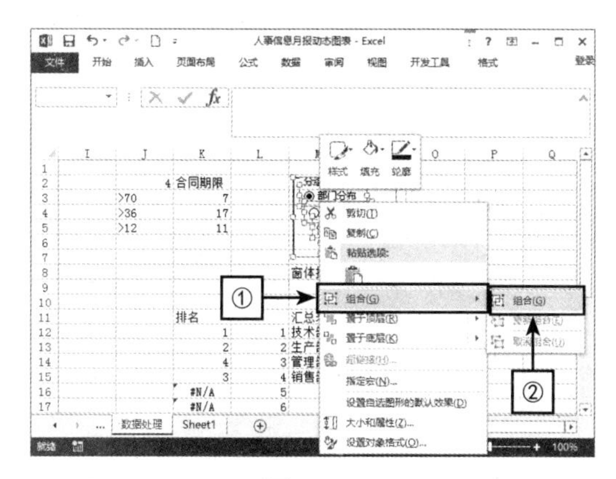

图 5-108

**step 08** 按【Ctrl+C】组合键复制控件组，返回 Sheet1 工作表，按【Ctrl+V】组合键将复制的控件粘贴到合适的位置，如图 5-109 所示。

**step 09** 选择控件“部门分布”并右击，从快捷菜单中选择“设置控件格式”选项，在打开的“设置控件格式”对话框中，进入“控制”选项卡并选择“已选择”选项，在“单元格链接”中输入相关文本内容，如图 5-110 所示，单击“确定”按钮。

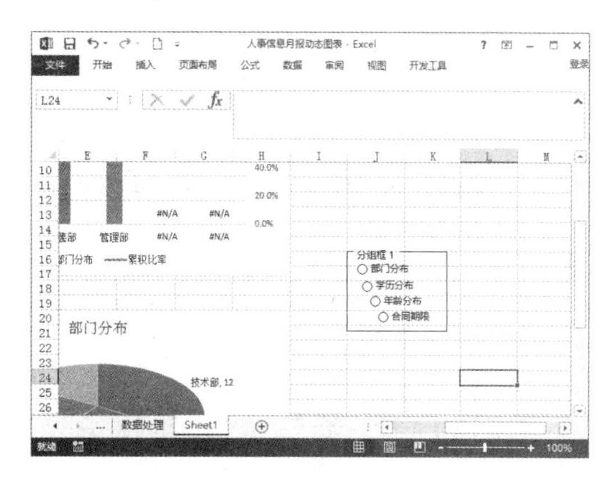

图 5-109

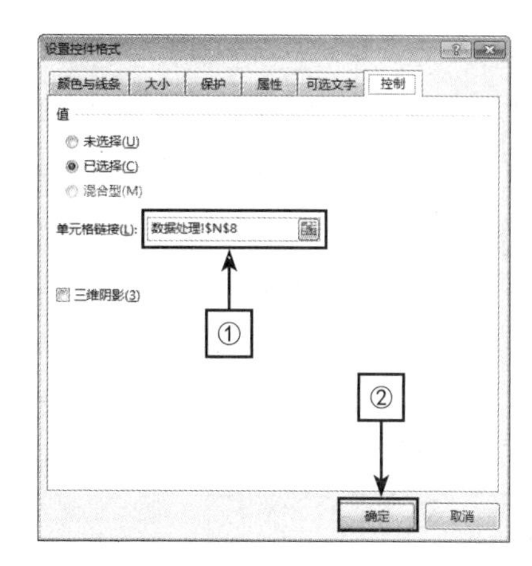


图 5-110

**step 10** 此时，4 张图表已经汇总到一张工作表中，用户可以通过单击新添加的控件实现图表的动态转换，如图 5-111 所示。

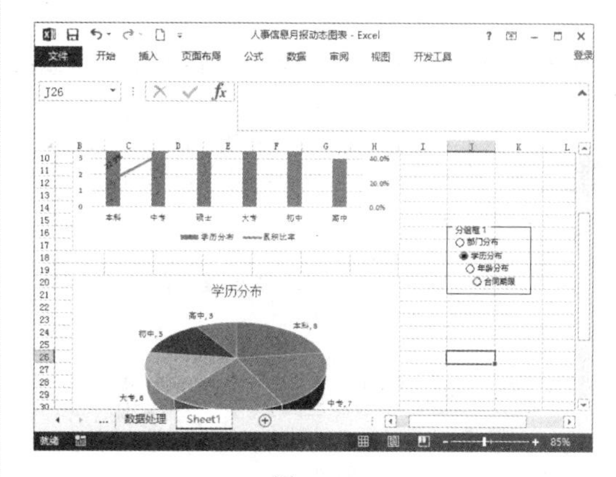

图 5-111

# 5.5 制作产量与人员关系图

管理者在预测人员需求时，根据历史产量与人员数量之间的关系，利用图表形象地显示目标产量与人员数量的关联性，从而预测所需人员数量。

## 5.5.1 创建产量与人员数据表

在制作产量与人员关系图之前先要创建产量与人员数据表，创建产量与人员数据表主要包括制作表格标题、输入基础内容、计算合计值等内容。

**step 01** 启动 Excel 2013，创建并保存“产量与人员数据表”。

**step 02** 合并并居中 A1:C1 单元格区域，输入标题文本，在“字体”选项组中，将字号设置为 16 并加粗，如图 5-112 所示。

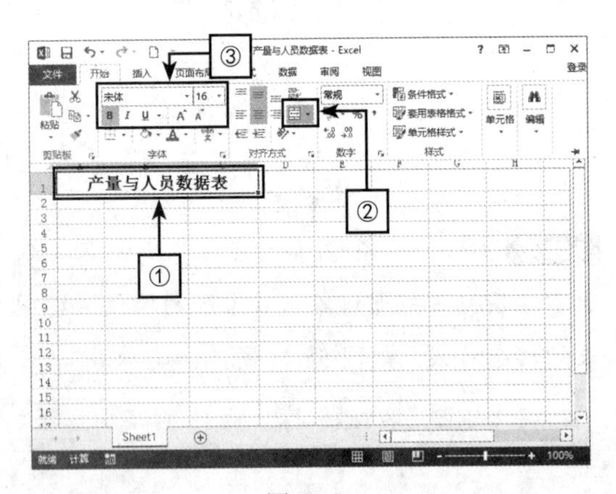


图 5-112

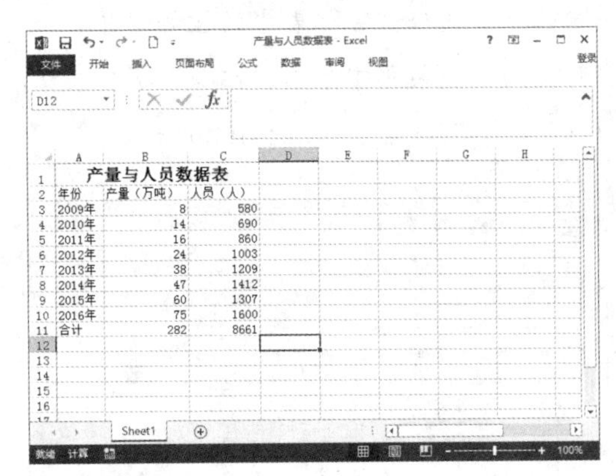


图 5-113

**step 03** 根据需要输入基础数据，选择 A 至 C 列单元格区域，在“单元格”选项组中单击“格式”下拉按钮，执行“自动调整列宽”命令，如图 5-113 所示。

**step 04** 选择 A2:C11 单元格区域，单击“居中”按钮，如图 5-114 所示。

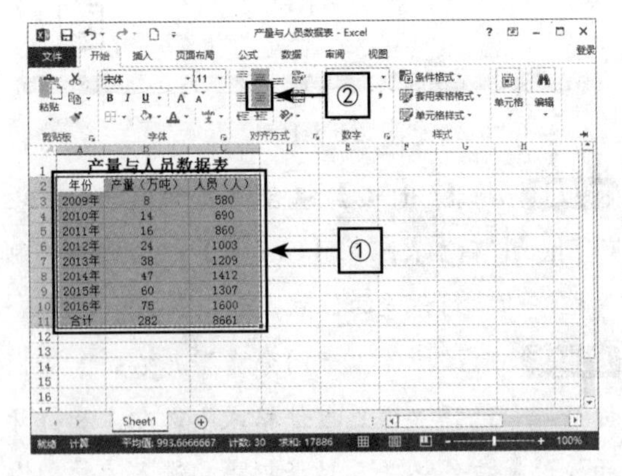


图 5-114

**step 05** 选择 A2:C11 单元格区域，进入“开始”选项卡，在“字体”选项组中单击“下框线”下拉按钮，选择“所有框线”选项，结果如图 5-115 所示。

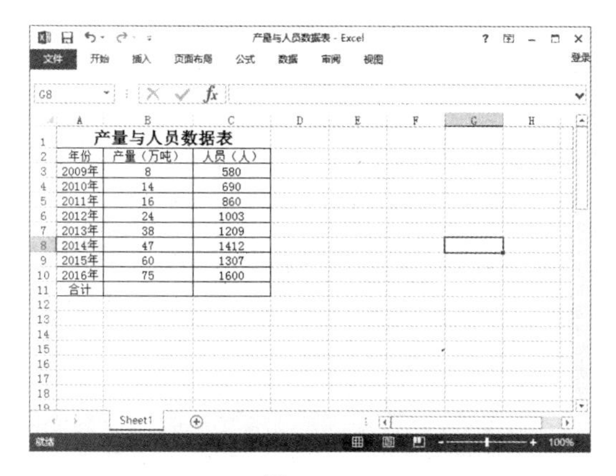


图 5-115

**step 06** 选择 B11 单元格，在编辑栏中输入求和公式，如图 5-116 所示。

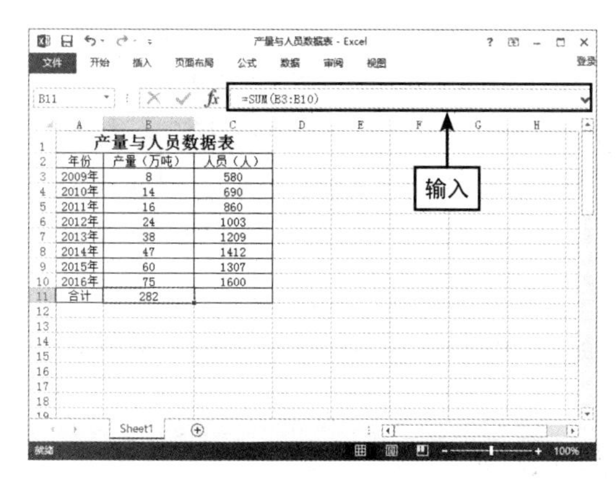


图 5-116

**step 07** 选择 C11 单元格，在编辑栏中输入求和公式，如图 5-117 所示。

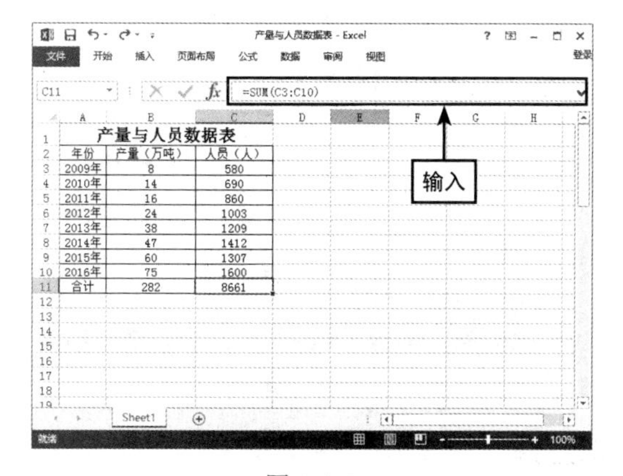


图 5-117

## 5.5.2　制作产量与人员关系图

产量与人员关系图是运用 Excel 中的散点图，以图表样式显示产量与人员数据之间的关联性。

**step 01** 选择 B3:C10 单元格区域，进入“插入”选项卡，在“图表”选项组中单击“插入散点图（X、Y）或气泡图”下拉按钮，从下拉列表中选择“散点图”选项，如图 5-118 所示。

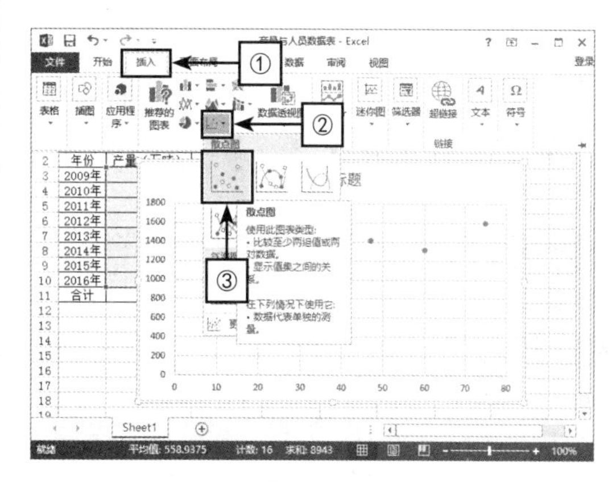


图 5-118

**step 02** 单击图表标题，将图表标题重命名为“产量与人员关系图”，如图 5-119 所示。

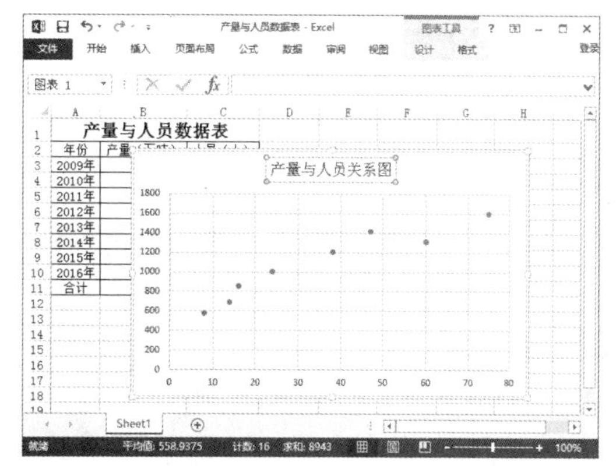


图 5-119

## 5.5.3 设置图表格式

**step 01** 单击“图表元素”，勾选“坐标轴标题”选项，如图 5-120 所示，单击并重命名添加的坐标轴标题。

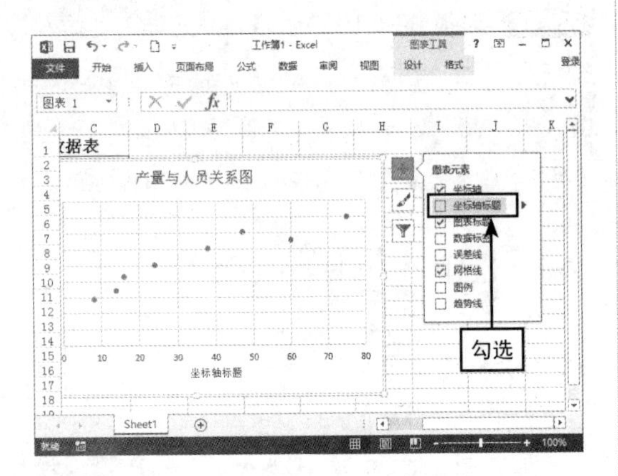

图 5-120

**step 02** 单击“图表元素”，勾选“数据标签”选项，如图 5-121 所示。

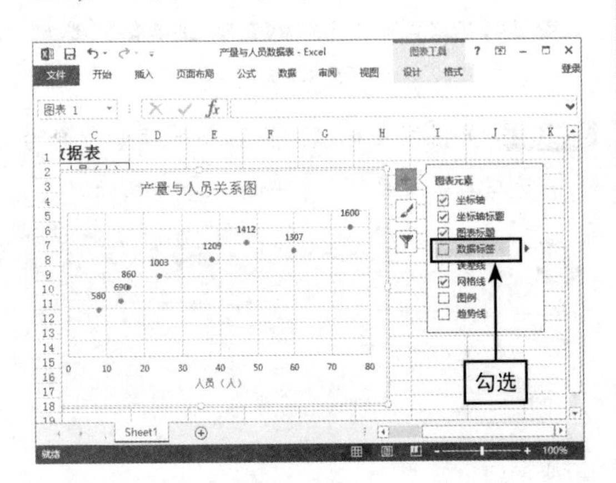

图 5-121

**step 03** 双击系列 1，打开“设置数据系列格式”窗格，切换至“填充线条”选项卡，选择“标记”选项，将“数据标记选项”设置为“内置”，如图 5-122 所示。

**step 04** 激活“填充”选项，选择“纯色填充”，并设置填充颜色为“蓝色，着色 1，深色 50%”，如图 5-123 所示。

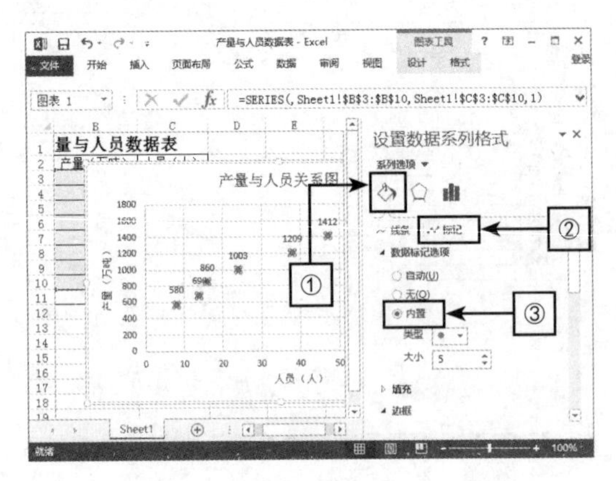

图 5-122

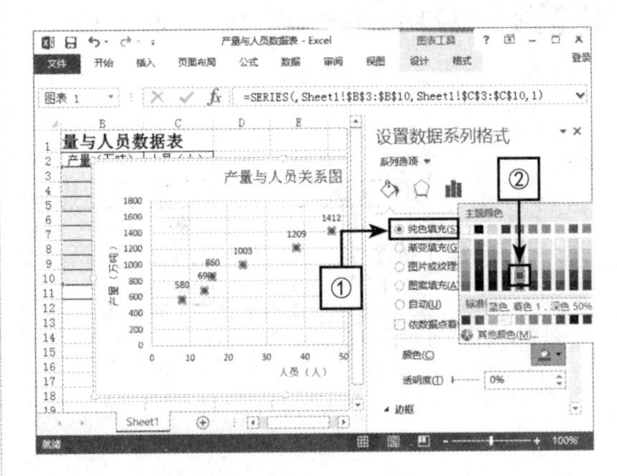

图 5-123

**step 05** 激活“边框”选项，选择“实线”选项，并设置边框颜色，如图 5-124 所示。

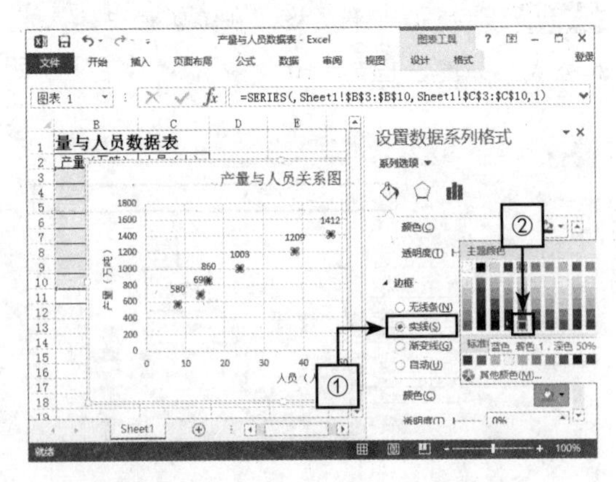

图 5-124

**step 06** 选择系列 1，切换至“格式”选项卡，在“形状样式”选项组中单击“形状效果”下拉按钮，从下拉列表中单击“棱台”下拉按钮，从中选择“艺术装饰”选项，设置数据系列的形状效果，如图 5-125 所示。

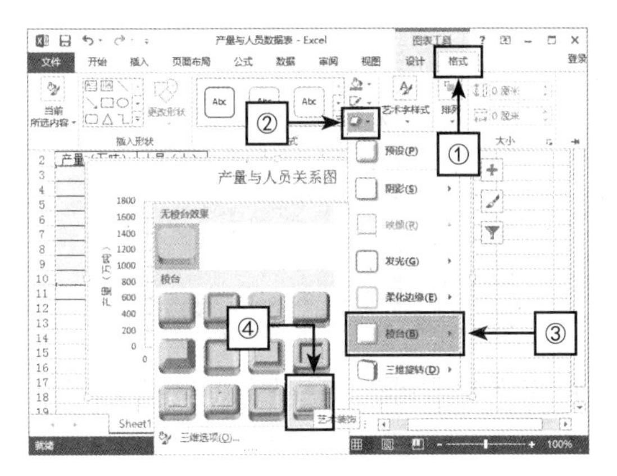


图 5-125

**step 07** 选择图表区，进入“格式”选项卡，在“形状样式”选项组中单击“其他”按钮，如图 5-126 所示。

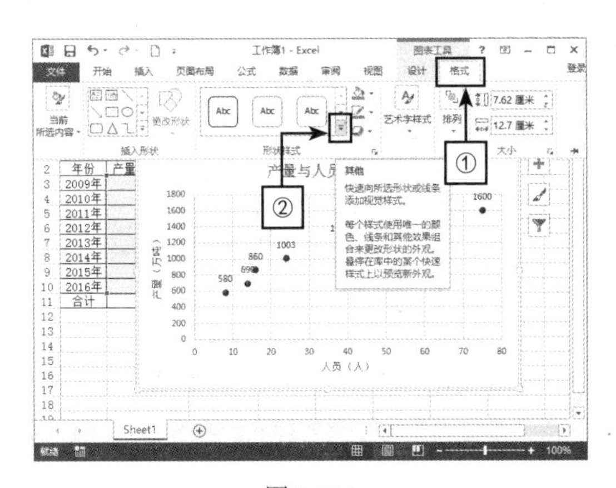


图 5-126

**step 08** 从打开的列表中选择“细微效果 - 蓝色，强调颜色 5”选项，设置图表区形状样式，如图 5-127 所示。

**step 09** 选择绘图区，进入“格式”选项卡，在“形状样式”选项组中单击“其他”按钮，从打开的列表中选择“彩色轮廓 - 蓝色，强调颜色 5”选项，设置绘图区形状样式，如图 5-128 所示。

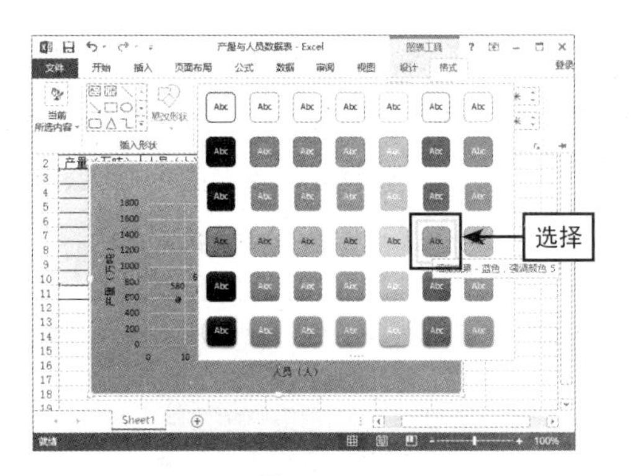


图 5-127

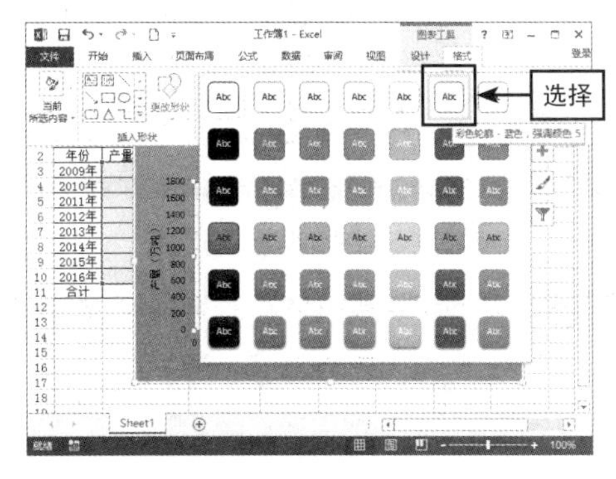


图 5-128

## 5.5.4　趋势线分析数据

趋势线通常被用于显示各系列中数据的趋势，并可提供趋势线公式。用户可以根据趋势线来进行趋势分析与预测。

**step 01** 单击“图表元素”，勾选“趋势线”选项，如图 5-129 所示。

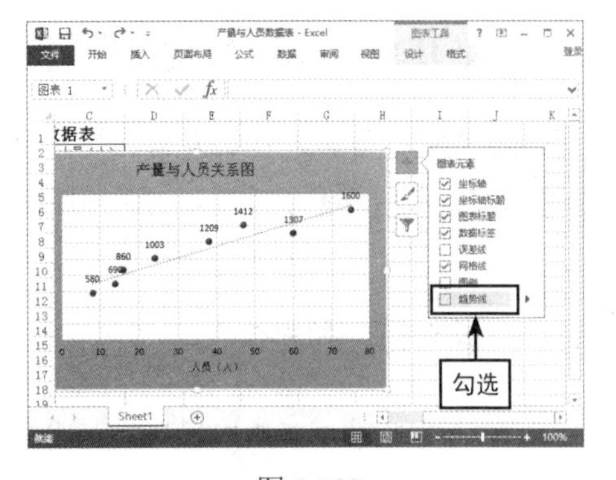


图 5-129

**step 02** 双击添加的趋势线，打开“设置趋势线格式”窗格，切换至“填充线条”选项卡，选择“实线”，并设置线条颜色为绿色，线条宽度为 2.25 磅，如图 5-130 所示。

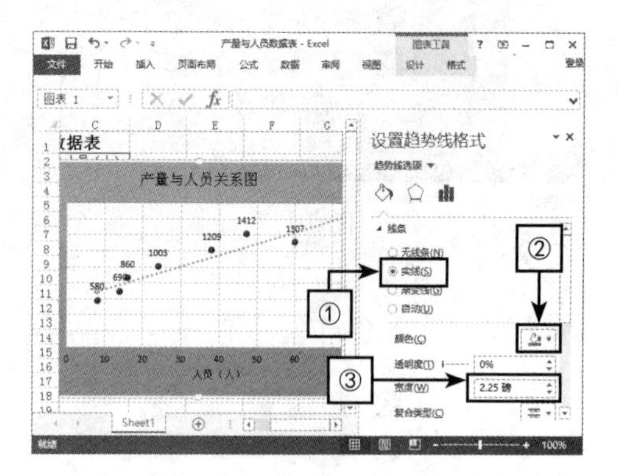


图 5-130

**step 03** 在“趋势线选项”选项卡中启用“显示公式”复选框，如图 5-131 所示。

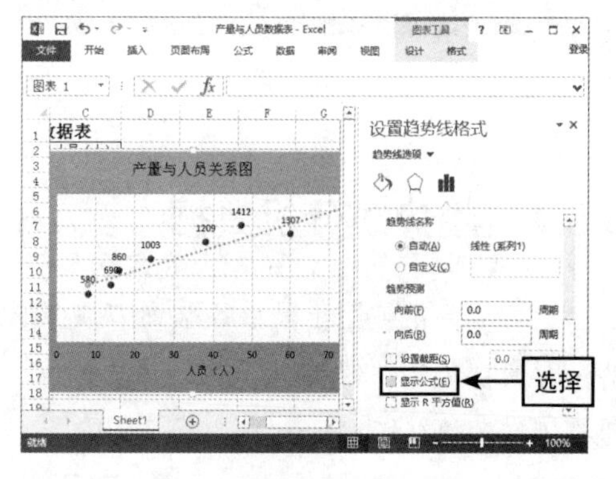


图 5-131

**step 04** 调整趋势线公式至合适的位置，如图 5-132 所示。

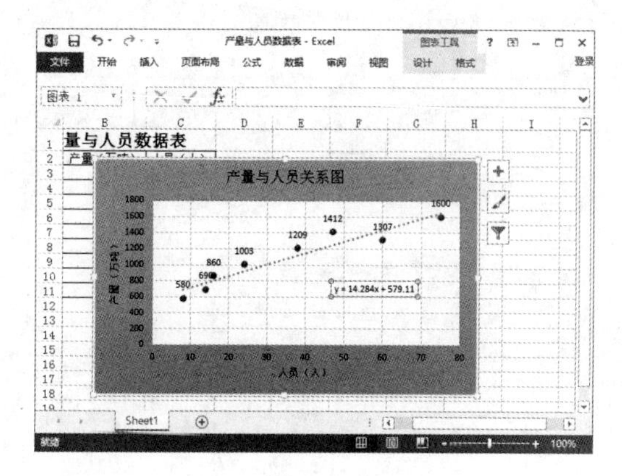


图 5-132

**step 05** 由于插入图表的原因，散点图和数据表区域重合，拖动散点图至合适的位置，如图 5-133 所示。

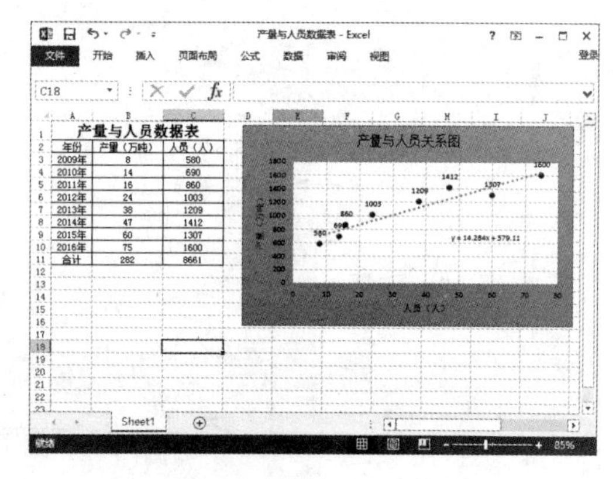


图 5-133

# 5.6 制作人力资源规划图

人力资源部会按照一定的步骤进行人力资源规划，通过 Excel 插入形状的功能，可以制作人力资源规划流程图，生动、形象地显示规划过程。

## 5.6.1 绘制矩形形状

人力资源规划图主要由矩形形状组成，可通过插入形状的功能来绘制矩形形状，并设置形状的样式与格式。

**step 01** 启动 Excel 2013，创建并保存“人力资源规划图”。

**step 02** 单击任意单元格，如图 5-134 所示，进入“插入”选项卡，在“插图”选项组中单击“形状”下拉按钮，从下拉列表中选择“矩形”形状，在工作表中绘制矩形形状，如图 5-135 所示。

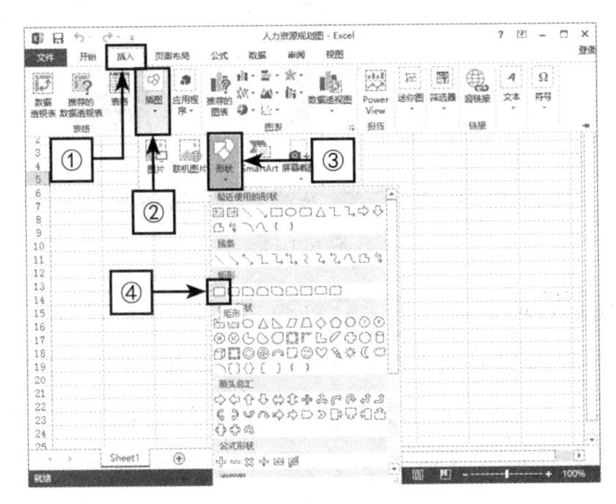


图 5-134

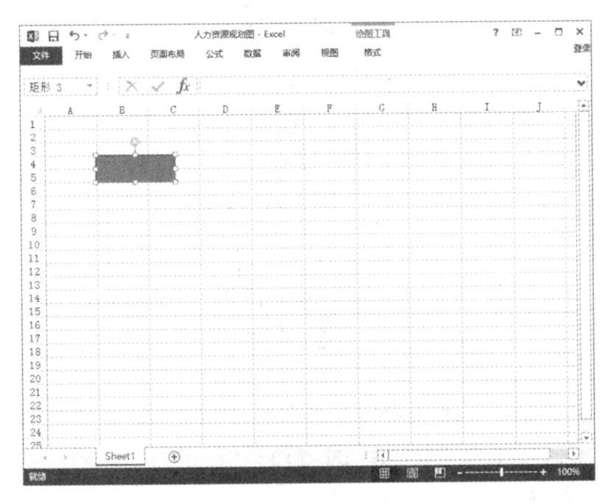

图 5-135

**step 03** 选择绘制的矩形，右击并选择“设置形状格式”命令，打开“设置形状格式”窗格，如图 5-136 所示。

**step 04** 在“填充”选项卡中，选择“纯色填充”选项，并设置填充颜色为橙色，如图 5-137 所示。

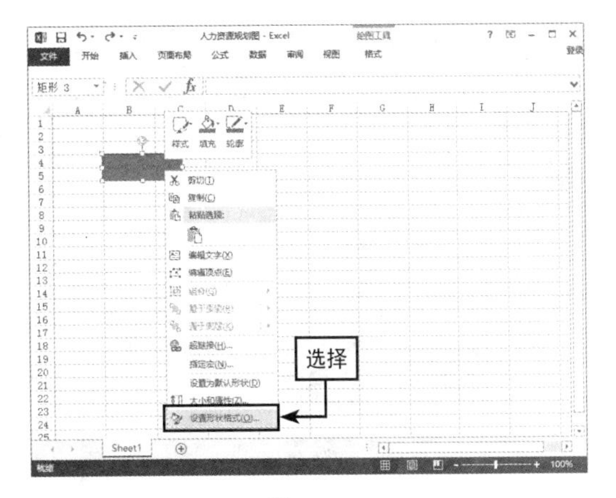


图 5-136

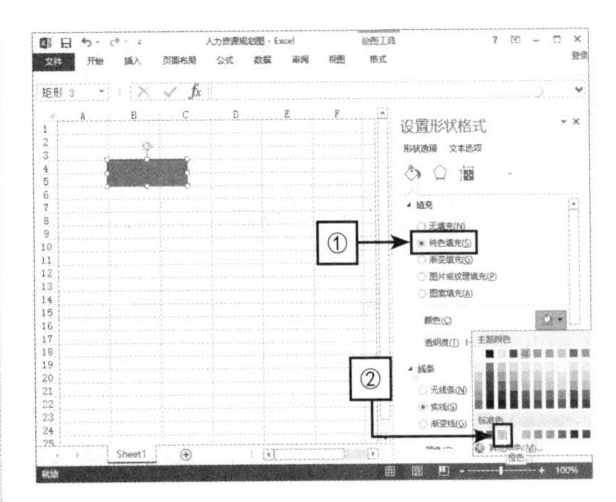


图 5-137

**step 05** 激活“线条”选项组，选择“实线”选项，并设置线条颜色为“蓝色，着色 1，深色 50%”，如图 5-138 所示。

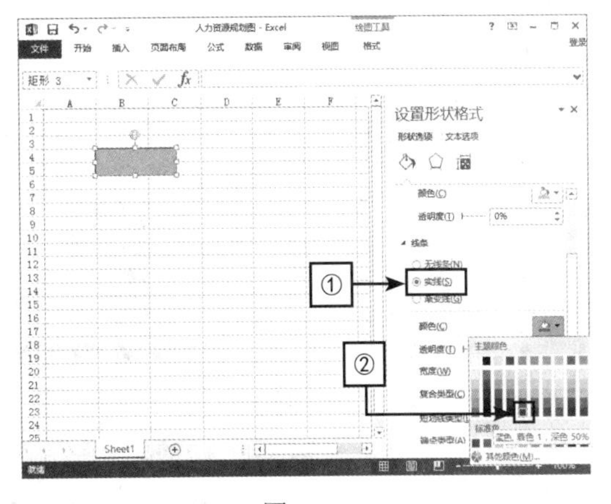


图 5-138

step 06 按照相同的方法，绘制其他矩形，并排列形状的位置，最终效果如图 5-139 所示。

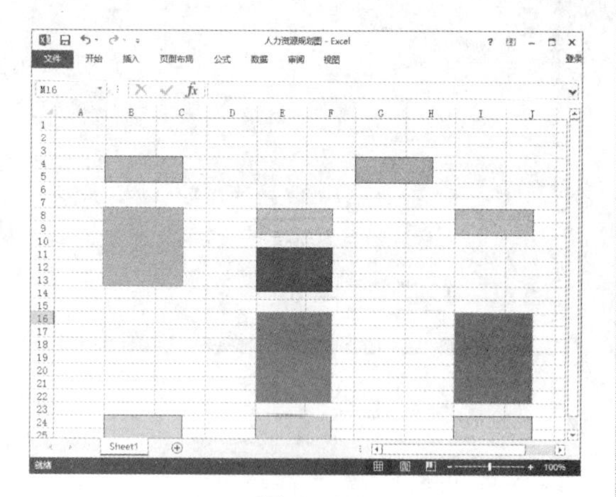

图 5-139

## 5.6.2 连接矩形形状

绘制完矩形形状之后，插入箭头与直线来连接各个矩形，使其具有规划图的层次感。

step 01 进入“插入”选项卡，在“插图”选项组中单击“形状”下拉按钮，从下拉列表中选择“箭头”形状，在工作表中绘制箭头形状，如图 5-140 所示。

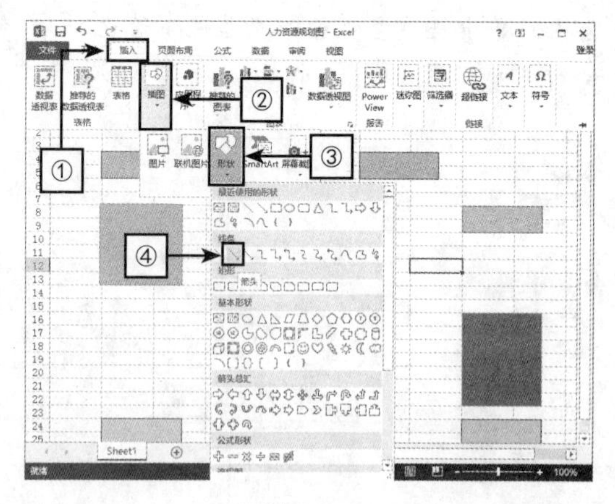

图 5-140

step 02 进入“格式”选项卡，在“形状样式”选项组中单击“形状轮廓”下拉按钮，设置箭头形状的主题颜色为“黑色，文字 1”，如图 5-141 所示。

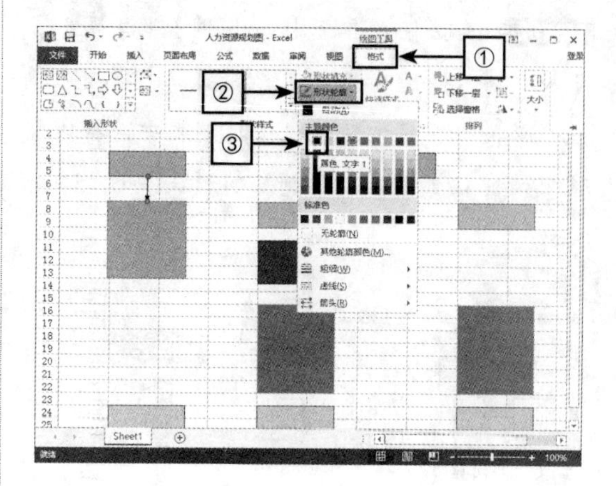

图 5-141

step 03 进入“格式”选项卡，在“形状样式”选项组中单击“形状轮廓”下拉按钮，并单击“粗细”下拉按钮，设置箭头形状的线条粗细为 1.5 磅，如图 5-142 所示。

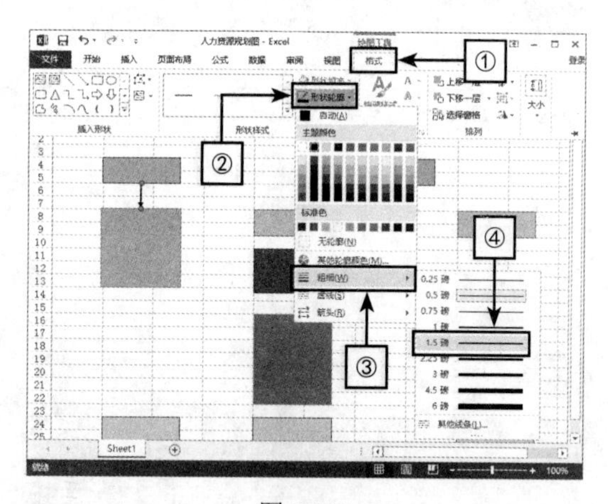

图 5-142

step 04 可以使用同样的方法，绘制其他箭头形状并设置形状样式，但工作相对烦琐，为了更高效地工作，可以将制作的箭头设置为默认线条。

step 05 右击绘制的箭头形状，从快捷菜单中执行“设置为默认线条”命令，如图 5-143 所示。

step 06 继续插入箭头形状时，用户不再需要对其形状样式进行设置，插入箭头的最终效果如图 5-144 所示。

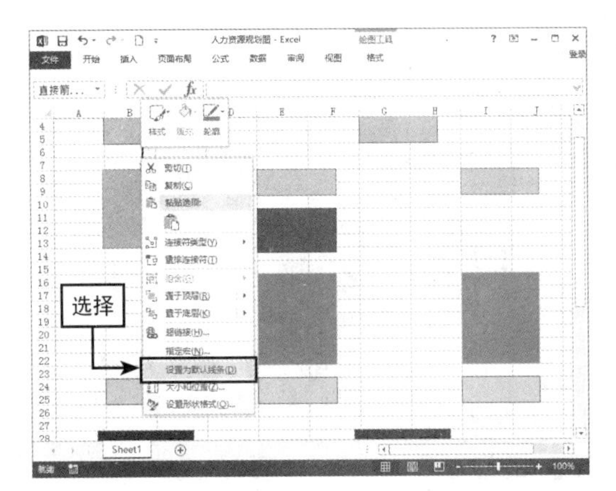


图 5-143

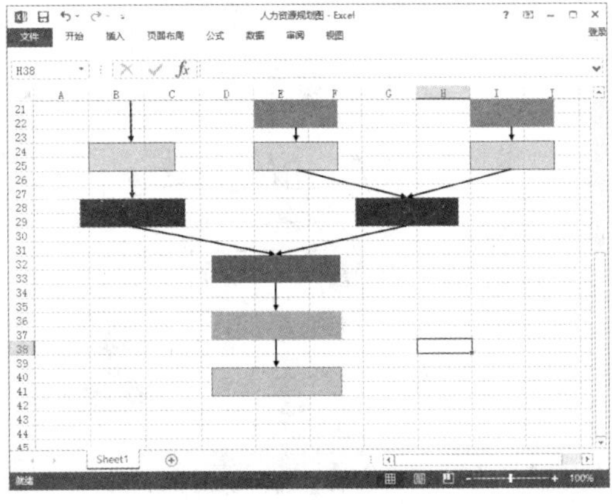

图 5-144

## 5.6.3　为规划图添加文本

用户可以使用 Excel 中的文本框与艺术字功能，为人力资源规划图添加文本，以表达形状之间的层次关系。

**step 01** 进入“插入”选项卡，在“文本”选项组中单击“文本框”下拉按钮，选择“横排文本框”命令，如图 5-145 所示，在形状上绘制一个文本框。

**step 02** 选中文本框，进入“格式”选项卡，在“形状样式”选项组中单击“形状填充”下拉按钮，执行“无填充颜色”命令，如图 5-146 所示。

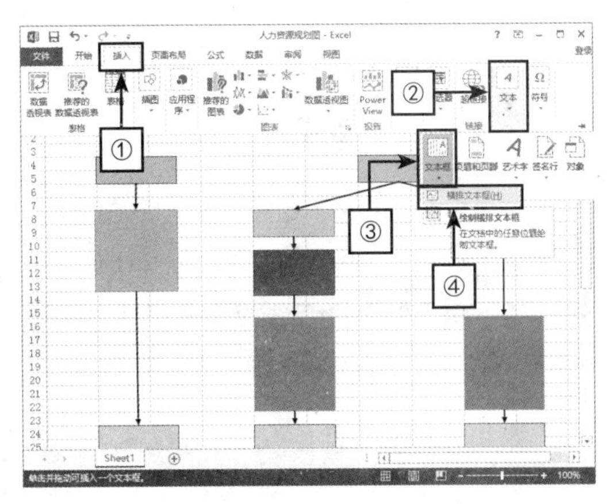


图 5-145

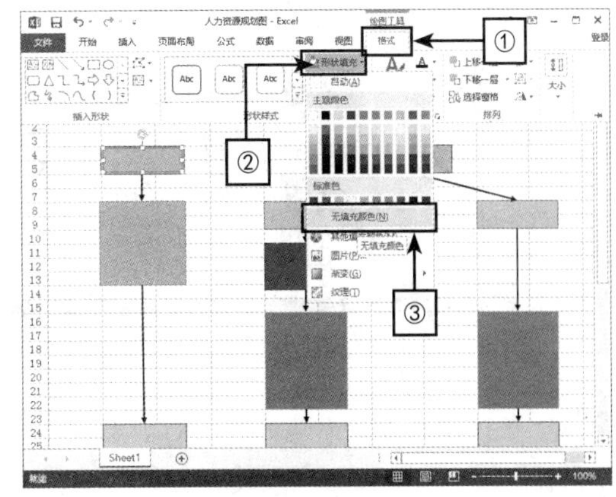


图 5-146

**step 03** 进入“格式”选项卡，在“形状样式”选项组中单击“形状轮廓”下拉按钮，执行“无轮廓”命令，设置文本框的形状格式，如图 5-147 所示。

**step 04** 在文本框中输入文本并居中显示，在“字体”选项组中，将字体设置为“楷体”，字号设置为 16，如图 5-148 所示。

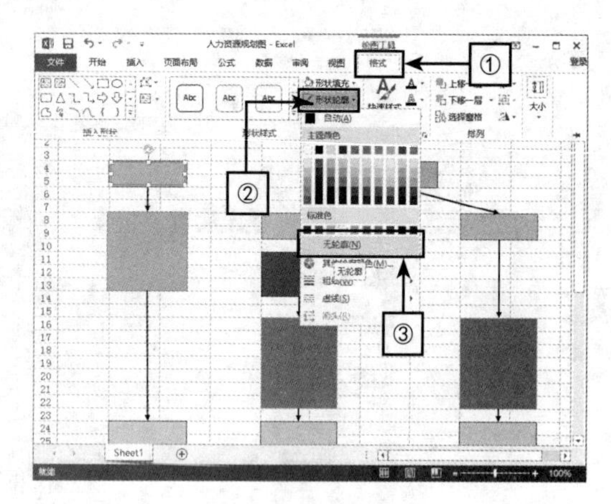


图 5-147

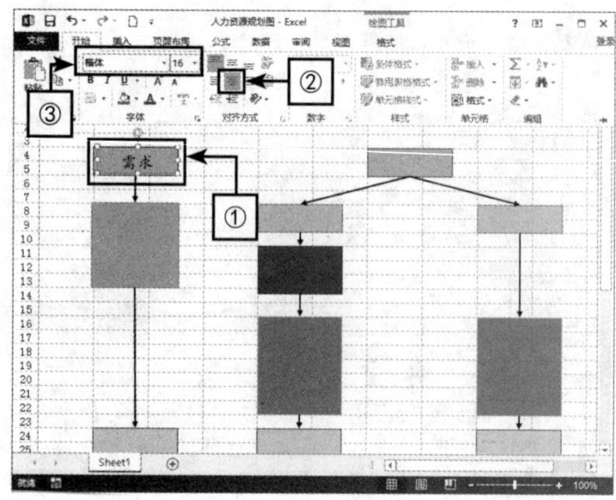


图 5-148

**step 05** 除了插入文本框的方法，Excel 插入的形状也可以进行文字编辑。

**step 06** 选择需要添加文本的形状并右击，在弹出的快捷菜单中执行“编辑文字”命令，如图 5-149 所示。

**step 07** 输入文本内容，在“对齐方式”选项组中单击“垂直居中”和“居中”按钮。在“字体”选项组中，将字体设置为“楷体”，字号设置为 16。单击“字体颜色”下拉按钮，设置字体颜色为“黑色，文字 1”，如图 5-150 所示。

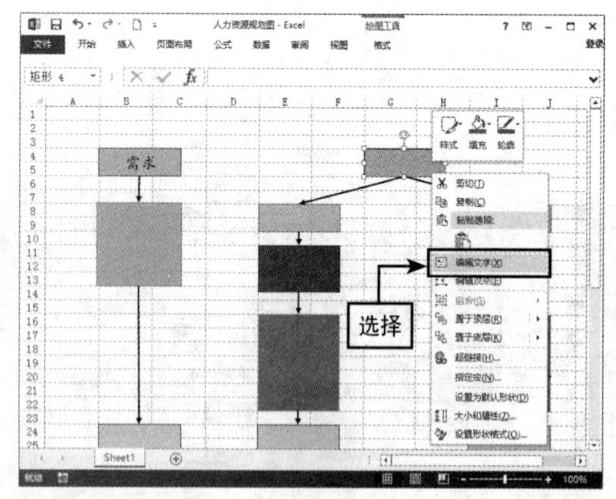


图 5-149

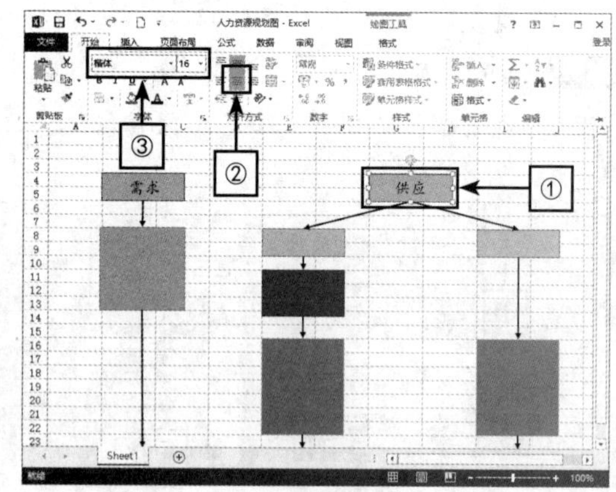


图 5-150

**step 08** 任选一种方法为其他形状添加文本，最终结果如图 5-151 所示。

**step 09** 如图 5-152 所示，进入“插入”选项卡，在“文本”选项组中单击“艺术字”下拉按钮，在下拉列表中选择一种艺术字样式。

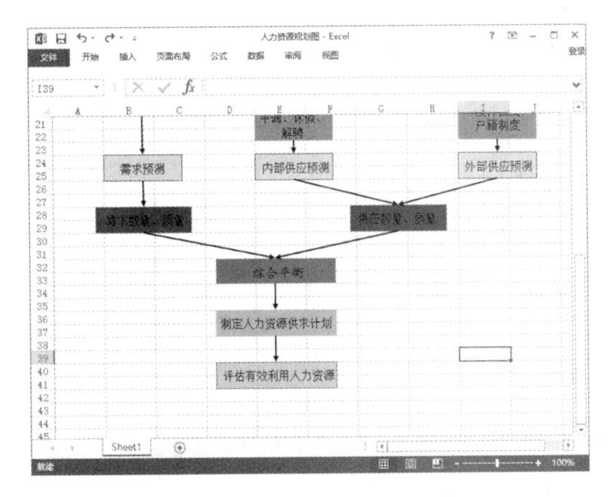


图 5-151

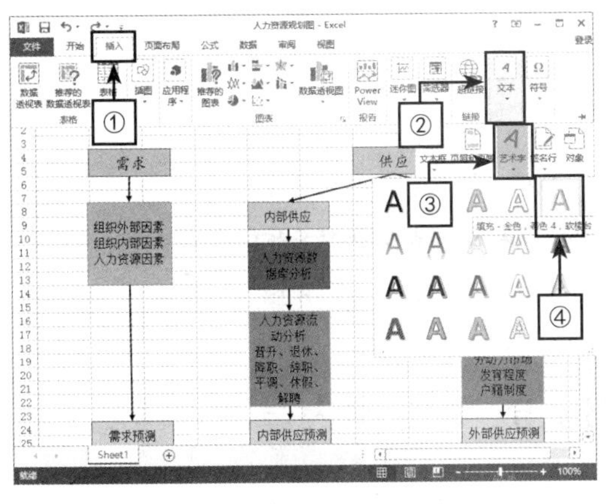


图 5-152

**step 10** 输入文本内容，在“字体”选项组中将艺术字设置为 28，并调整艺术字至合适的位置，如图 5-153 所示。

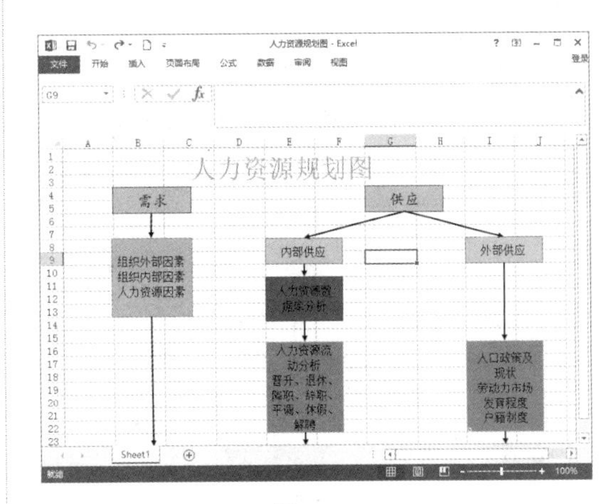


图 5-153

# 5.7　其他人力资源规划表

人力资源规划管理表格涵盖了人力资源的总体规划、供给预测、需求预测，以及人员流动分析等管理工作，是人力资源管理工作中的首要任务。除了以上介绍的表格之外，还包含以下人力资源规划表。

## 5.7.1　年度人员编制增减表

如图 5-154 所示，年度人员编制增减表是用来统计不同年度，不同人员类别的现有人员、计划人员与增减人员的具体情况。

年度人员编制增减表

| 人员类别 | 2015年 | | | 2016年 | | |
|---|---|---|---|---|---|---|
| | 现有人数 | 计划人数 | 增加（减少）人数 | 现有人数 | 计划人数 | 增加（减少）人数 |
| 高层管理者 | | | | | | |
| 中层管理者 | | | | | | |
| 基层管理者 | | | | | | |
| 普通员工 | | | | | | |
| 其他 | | | | | | |
| 合计 | | | | | | |

统计人：　审核人：　填写日期：

图 5-154

## 5.7.2 人员岗位变动申请书

人员岗位变动申请书是企业各部门人员岗位变动时所填写的申请表之一，主要记录了岗位变动的详细信息，包括申请人信息、变动性质、变动原因等，如图 5-155 所示。

图 5-155

## 5.7.3 人员需求预测汇总表

人员需求预测汇总表是根据企业每个部门的用人数量及人员要求，预测整体人员需求的表格，如图 5-156 所示。

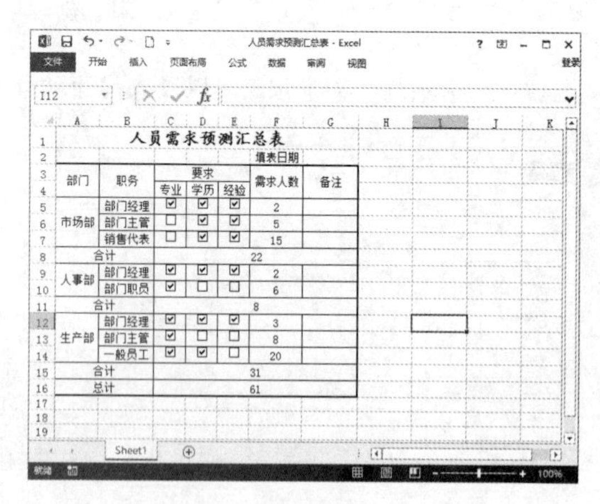

人员需求预测汇总表

| | | | | | 填表日期 | |
|---|---|---|---|---|---|---|
| 部门 | 职务 | 要求 | | | 需求人数 | 备注 |
| | | 专业 | 学历 | 经验 | | |
| 市场部 | 部门经理 | ☑ | ☑ | ☑ | 2 | |
| | 部门主管 | ☐ | ☑ | ☑ | 5 | |
| | 销售代表 | ☐ | ☑ | ☑ | 15 | |
| 合计 | | | | | 22 | |
| 人事部 | 部门经理 | ☑ | ☑ | ☑ | 2 | |
| | 部门职员 | ☑ | ☐ | ☑ | 6 | |
| 合计 | | | | | 8 | |
| 生产部 | 部门经理 | ☑ | ☑ | ☑ | 3 | |
| | 部门主管 | ☑ | ☐ | ☐ | 8 | |
| | 一般员工 | ☑ | ☑ | ☐ | 20 | |
| 合计 | | | | | 31 | |
| 总计 | | | | | 61 | |

图 5-156

## 5.7.4 人员增补申请表

人员增补申请表是企业各部门申请增加员工时所使用的表格，主要用于记录增补原因、人数、任职资格、所需具备的技能等内容，如图 5-157 所示。

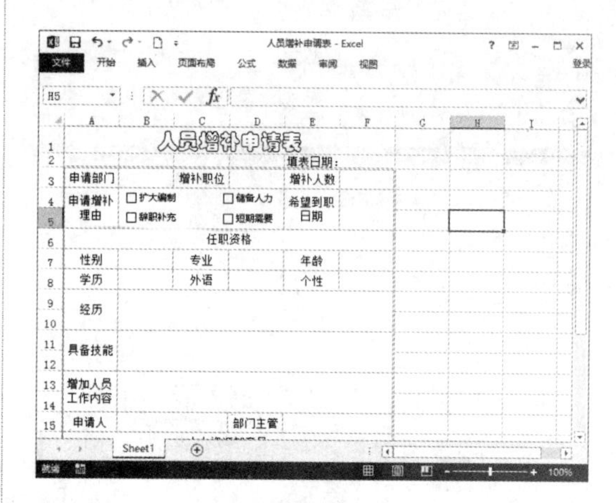

人员增补申请表

| | | | | 填表日期： | |
|---|---|---|---|---|---|
| 申请部门 | | 增补职位 | | 增补人数 | |
| 申请增补理由 | ☐扩大编制 ☐辞职补充 | | ☐储备人力 ☐短期需要 | 希望到职日期 | |
| 任职资格 | | | | | |
| 性别 | | 专业 | | 年龄 | |
| 学历 | | 外语 | | 个性 | |
| 经历 | | | | | |
| 具备技能 | | | | | |
| 增加人员工作内容 | | | | | |
| 申请人 | | | 部门主管 | | |

图 5-157

## 5.7.5 职位类人员需求预测表

职位类人员需求预测表是根据员工的具体职位，预计人员流失情况及年度人员的需求情况，如图 5-158 所示。

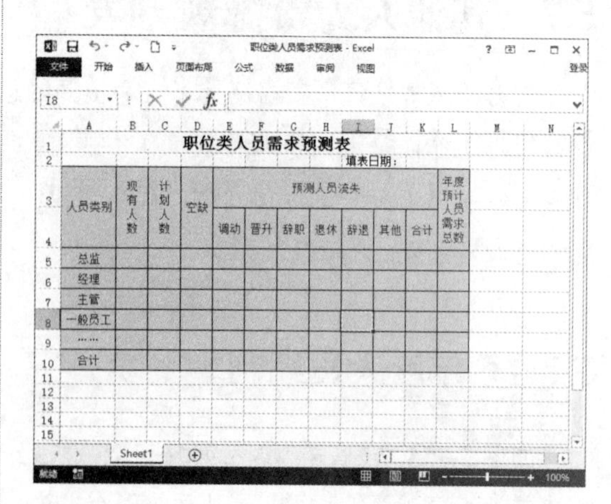

职位类人员需求预测表

| | | | | | | | | | | 填表日期： | |
|---|---|---|---|---|---|---|---|---|---|---|---|
| 人员类别 | 现有人数 | 计划人数 | 空缺 | 预测人员流失 | | | | | | | 年度预计人员需求总数 |
| | | | | 调动 | 晋升 | 辞职 | 退休 | 辞退 | 其他 | 合计 | |
| 总监 | | | | | | | | | | | |
| 经理 | | | | | | | | | | | |
| 主管 | | | | | | | | | | | |
| 一般员工 | | | | | | | | | | | |
| …… | | | | | | | | | | | |
| 合计 | | | | | | | | | | | |

图 5-158

## 5.8　本章小结与职场感悟

❒ 本章小结

人力资源规划是人力资源管理中的重要工作，是维护企业正常运行的关键管理因素。良好的人力资源规划管理，不仅可以帮助管理者更加敏锐地将企业的管理期望融入到规划过程中，达到组织制定战略目标和发展规划的目的，而且有利于调动员工的积极性与创造性，控制人力资源成本。

本章以人力资源规划管理中的人员规划为基础，主要介绍了一些常用人力资源规划表的制作，如员工信息统计表、人员流动分析表、人事信息月报动态图表、产量与人员关系图、人力资源规划图和其他人力资源规划表，为提高人力资源规划技巧打下良好的基础。

❒ 职场感悟——职业适应

在现代社会中，即使在同一个工作岗位上，随着工作内容的变化，职业对人也提出不断变化的要求。对于初入职场或者转换职业的人群，进入新的工作环境，更要面对不同的观念意识、岗位性质、工作职责与人际关系。免不了会对周围的环境有些不适应，不能接受对新生活的想象与实际情况之间的落差，或消极、被动应付工作，或不断积累工作压力，抱怨外界客观因素导致自身难以适应工作环境。

但无论职业怎么变换，人在适应职业的过程中始终居于主导地位。在我们迷惑不解、怨天尤人、到处追问的时候，有些机遇已经被别人拿走了。只有自身主动适应职业，适应所处的环境，满足工作所提出的要求，才能发自内心地喜欢从事的工作，从工作中收获乐趣，最终获得职业上的成功。提高自身的职业适应性，是步入职场后的第一步，对于个人发展是非常必要的。

适应发展变化的职业工作，首先要设定清晰、合理的目标，用心用意专注于自己的目标，与该职业群体相交，同时建立健康和谐的人际关系；其次要不断更新知识内容和知识结构，学习掌握新技能，吸纳新兴、进步的事物，以动态、科学的方式应对职业发展与变化；最后，即使是单调乏味的工作，也要明白这些烦琐、枯燥的例行事务，是通往职业目标进程中的铺路石，要以积极、良好的心态，脚踏实地地把工作做好、做对。

# 第 6 章

## 人力资源：汲取人事动态的精华

本章内容

人事动态主要包括两个方面：员工的招聘与录用、员工培训与管理。

员工招聘是指根据人力资源规划和工作分析的要求，从组织内部和外部吸收人才的过程。招聘是企业人力资源管理活动的基础，有效的招聘工作能为以后的培训、考核等管理活动打好基础。使用 Excel 软件在这些环节中发挥作用，制作如面试成绩统计表、员工人数月报表、员工信息登记表、员工胸卡等的电子表格，夯实员工招聘工作。

同时，现代企业管理越来越注重人力资源的合理使用与培养，采用各种方式对公司员工展开定期或不定期培训，不断地增强员工技能，为组织及其成员发展创造条件。使用 Excel 制作员工培训流程图、培训时间安排表、实施模型图等，帮助人力资源管理者提高员工培训与管理的工作效率。

# 6.1　制作面试成绩统计表

单独地分析面试或笔试成绩是比较片面的，不能综合反映应聘人员的资质。人力资源部需要通过面试成绩统计表来分析应聘人员的综合成绩，评定应聘人员是否符合岗位要求。

## 6.1.1　创建基础表格

创建基础表格主要包括输入基础内容、设置居中对齐方式、设置边框格式等内容。

**step 01** 打开 Excel 2013，创建“面试成绩统计表”。

**step 02** 合并并居中 A1:G1 单元格区域，输入标题文本，在“字体”选项组中，将字体设置为“楷体”，将字号设置为 20 并加粗，如图 6-1 所示。

**step 03** 输入表格基础数据内容，选择第 2 至 10 行单元格区域并右击，从快捷菜单中选择“行高”选项，在打开的“行高”对话框中输入行高值，如图 6-2 所示。

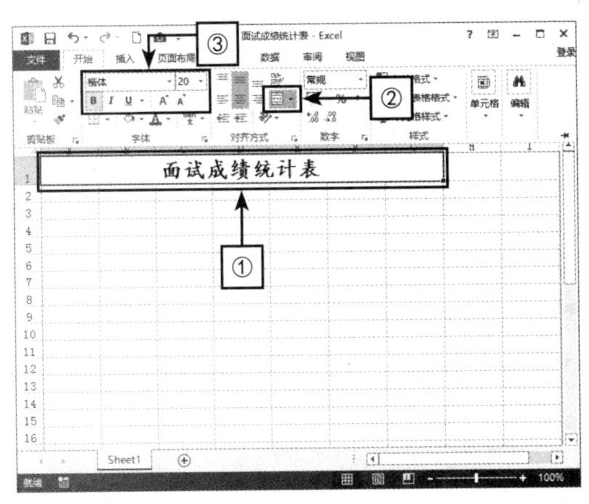


图 6-1

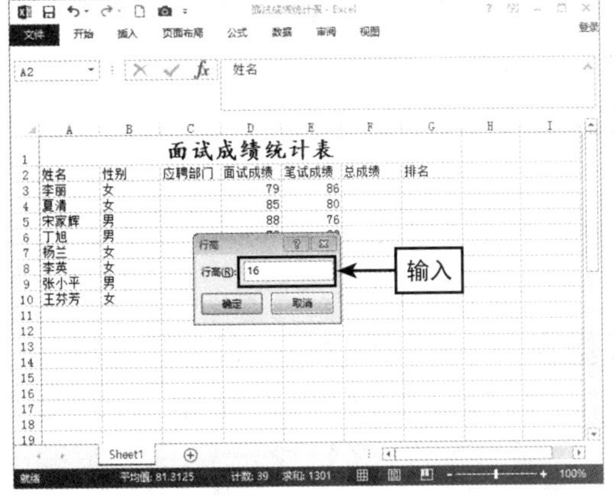


图 6-2

**提示：**

在 Excel 中输入数据时，输入一个值后按 Enter 键，活动单元格均会下移一个单元格，选择需要输入数据的单元格，按住 Ctrl 键并再次选择此单元格，单元格将出现实线框，输入所需数据并按 Enter 键，活动单元格不会下移，方便在此单元格连续输入数据，以查看引用此单元格的其他单元格效果。

**step 04** 选择 A2:G10 单元格区域，单击“居中”按钮，如图 6-3 所示。

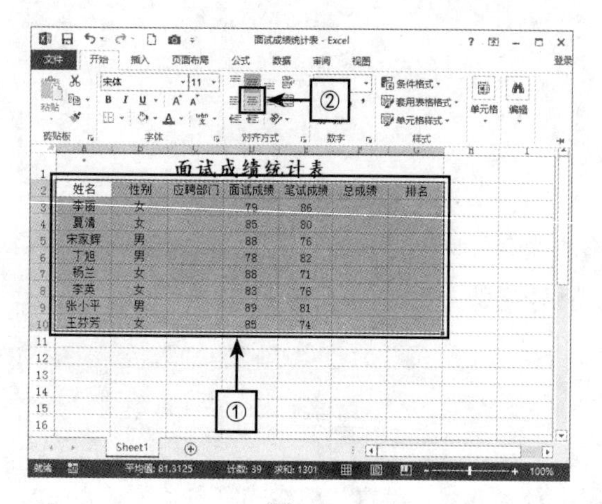


图 6-3

## 6.1.2 制作下拉列表

为了快速输入表格内容，节省表格内容的输入时间，也为了规范表格的输入，降低输入的出错次数，可使用 Excel 中的数据验证功能制作单元格的下拉列表。

**step 01** 选择 C3:C10 单元格区域，进入“数据”选项卡，在“数据工具”选项组中单击“数据验证”下拉按钮，执行“数据验证”命令，打开“数据验证”对话框。

**step 02** 将“允许”设置为“序列”，并在“来源”文本框中输入文本内容，如图 6-4 所示。

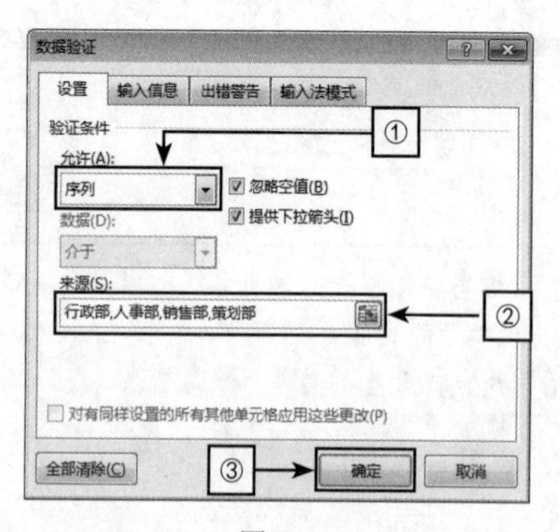


图 6-4

**step 03** 切换至“输入信息”选项卡，在“输入信息”文本框中输入提示内容，单击“确定”按钮，如图 6-5 所示。

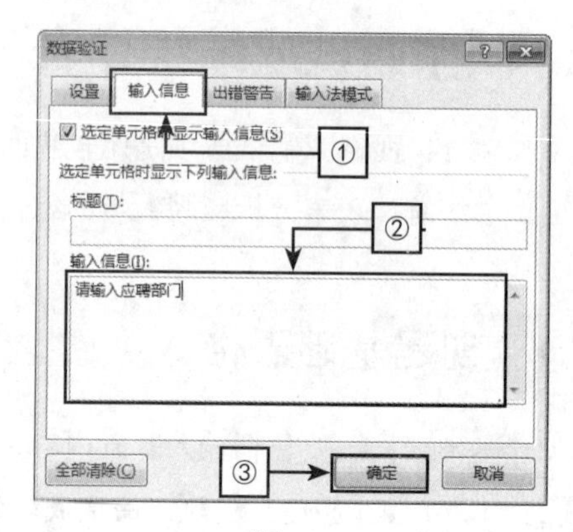


图 6-5

**step 04** 单击下拉按钮，从下拉列表中选择对应的“应聘部门”并输入单元格中。

## 6.1.3 计算排名

招聘人员需要根据面试与笔试成绩决定录用名单。由于不同的部门对于人员的要求不一，对于面试总成绩的计算，不同的应聘部门有不同的计算方法。

**step 01** 选择 F3 单元格，在编辑栏中输入计算公式 =IF(C3=”行政部”,D3*0.3+E3*0.7,D3*0.5+E3*0.5)，如图 6-6 所示。

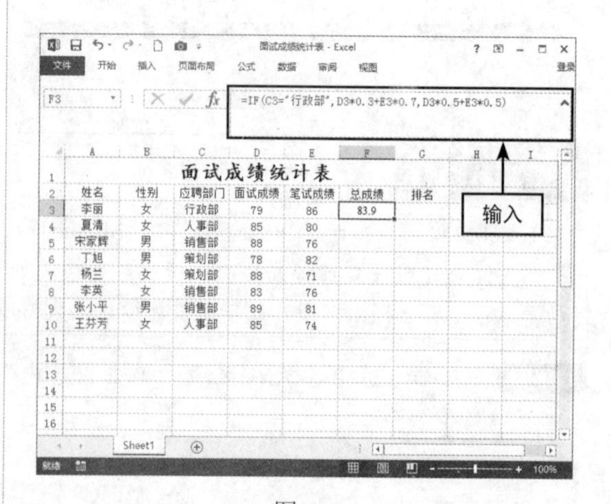


图 6-6

**step 02** 拖曳 F3 单元格右下角的填充手柄至 F10 单元格，向下填充公式，如图 6-7 所示。

图 6-7

**step 03** 选择 G3 单元格，在编辑栏中输入计算公式 =RANK.EQ(F3,$F$3:$F$10)，如图 6-8 所示。

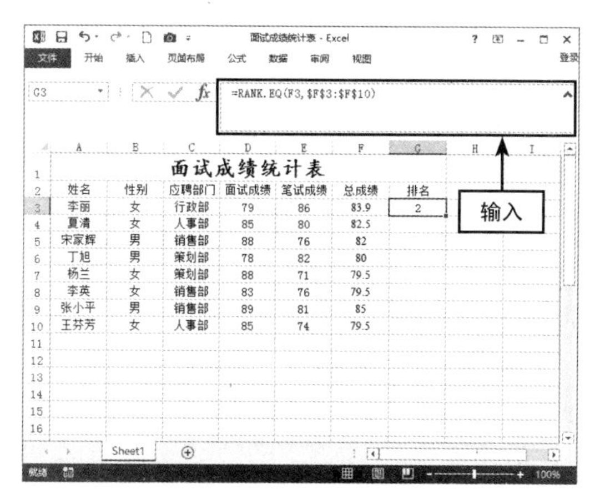


图 6-8

**step 04** 拖曳 G3 单元格右下角的填充手柄至 G10 单元格，向下填充公式，如图 6-9 所示。

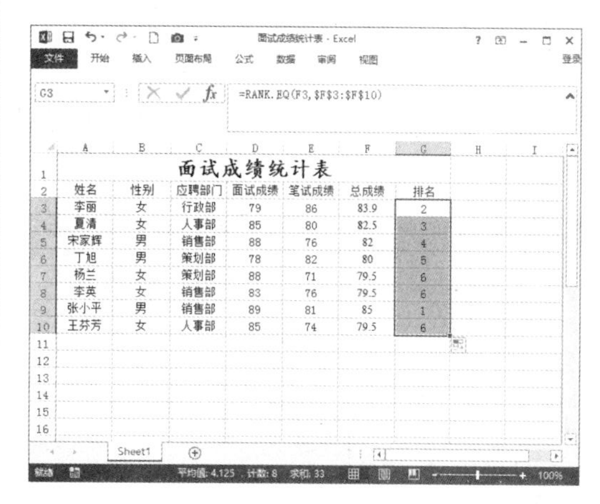


图 6-9

**step 05** 选择 A2:G10 单元格区域，进入“开始”选项卡，在“字体”选项组中单击“下框线”下拉按钮，选择“所有框线”与“粗匣框线”选项，设置表格边框格式，结果如图 6-10 所示。

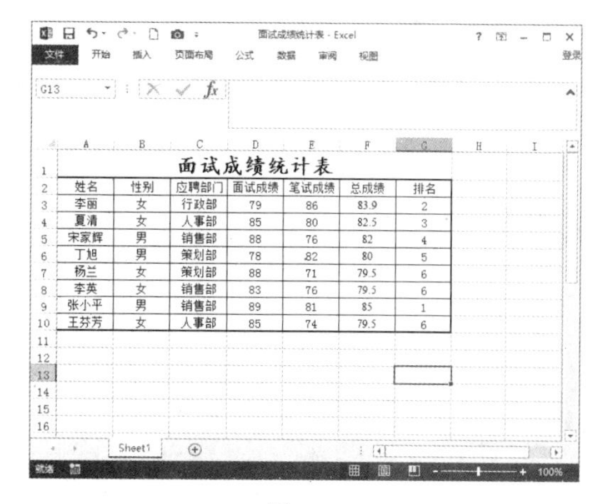


图 6-10

## 6.2 制作员工人数月报表

员工人数月报表是人力资源部用于统计每月员工实际人数与增加人数的表格，该表格主要包括公司的编制人数、上月实际人数、本月实际人数、较上月增加人数与较编制增加人数等人数信息。

## 6.2.1 制作基础表格

制作基础表格主要包括制作表格标题、输入基础内容、设置边框格式等操作。

**step 01** 打开 Excel 2013，创建“员工人数月报表”。

**step 02** 合并并居中 A1:M1 单元格区域，输入标题文本，在“字体”选项组中，将字体设置为“华文仿宋”，将字号设置为 20 并加粗，如图 6-11 所示。

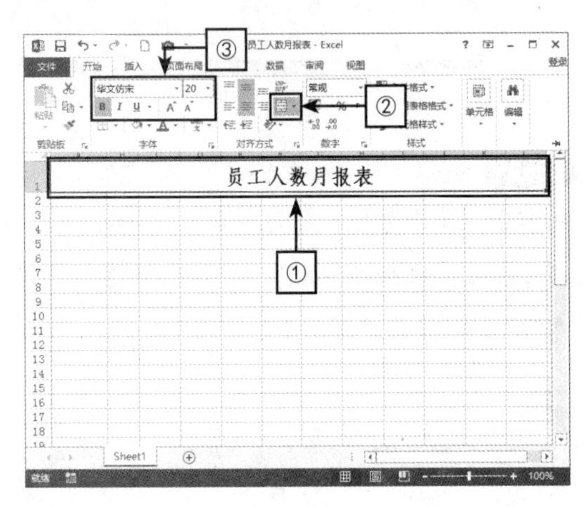


图 6-11

**step 03** 在工作表中输入表格基础内容，合并相应单元格并设置居中对齐方式，如图 6-12 所示。

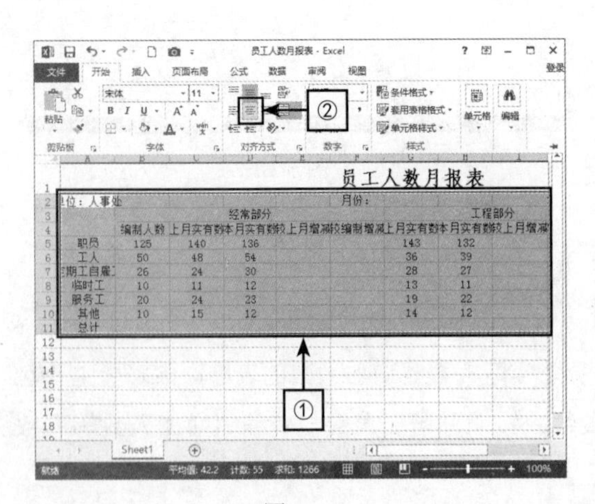


图 6-12

**step 04** 选择 B4:M4 单元格区域，单击“自动换行”按钮，如图 6-13 所示。

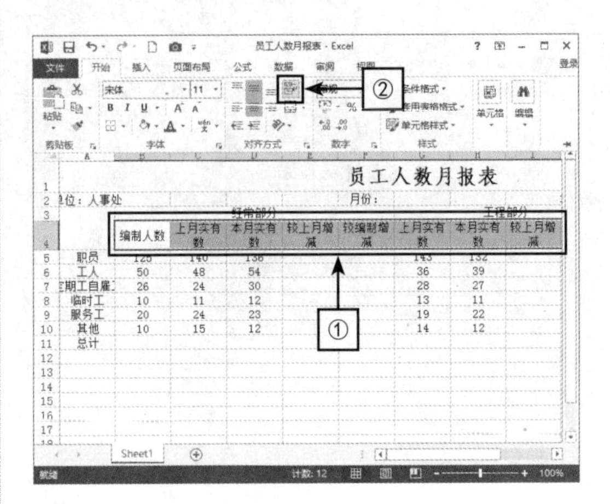


图 6-13

**step 05** 设置第 2 至 11 行单元格区域行高值为 16，设置第 4 行行高值为 32。

**step 06** 选择 A 列单元格，进入“开始”选项卡，在“单元格”选项组中单击“格式”下拉按钮，选择“自动调整列宽”选项，结果如图 6-14 所示。

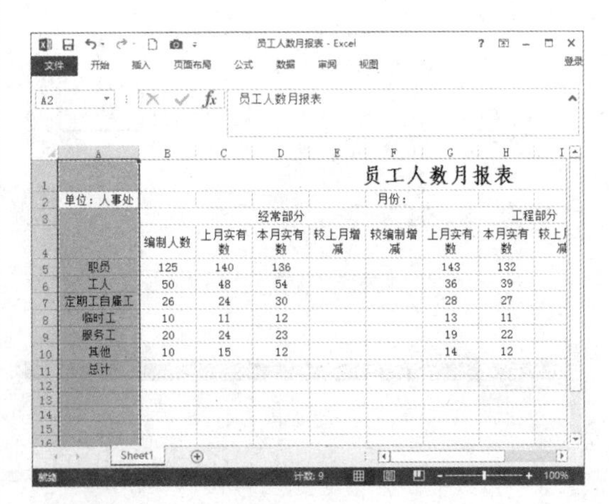


图 6-14

**step 07** 设置第 B 至 M 列单元格区域的列宽值为 6。

**step 08** 右击 A3 单元格，选择“设置单元格格式”命令，切换至“边框”选项卡，选择线条样式及斜线边框，单击“确定”按钮，如图 6-15 所示。

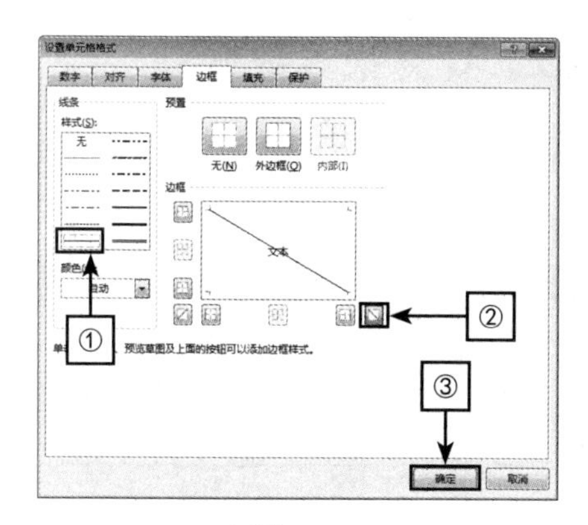

图 6-15

**step 09** 选择A3单元格，单击“顶端对齐”和“左对齐”按钮，如图 6-16 所示。

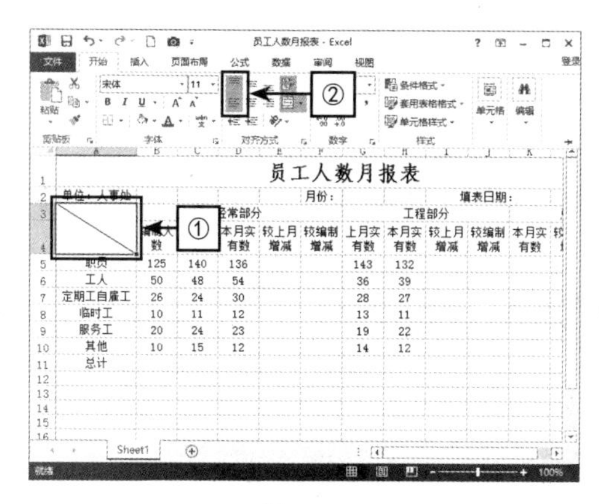

图 6-16

**step 10** 在 A3 单元格中输入“部门”后，按【Alt+Enter】组合键，实现自动换行。继续输入“员工”，如图 6-17 所示。

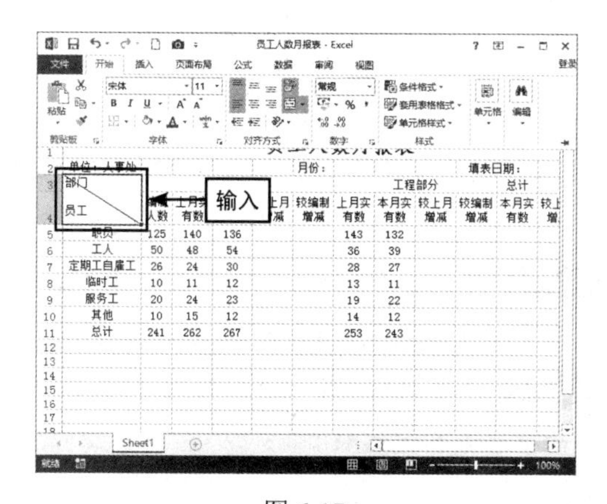

图 6-17

**step 11** 通过在“部门”前输入空格，调整“部门”文本至靠右的位置，制作的斜线表头，如图 6-18 所示。

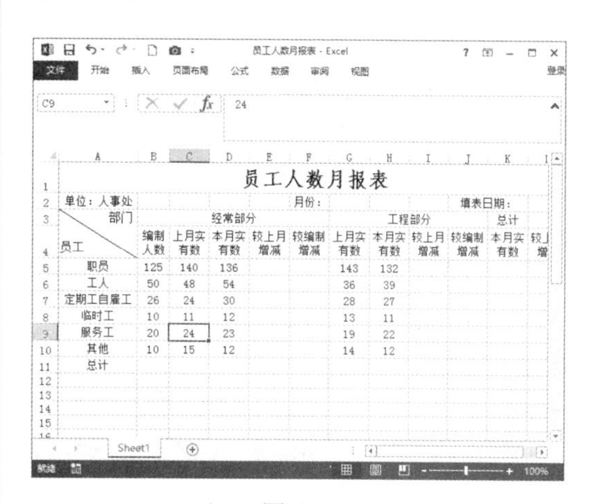

图 6-18

**step 12** 选择 A3:M11 单元格区域，进入“开始”选项卡，在“字体”选项组中单击“下框线”下拉按钮，选择“所有框线”与“粗匣框线”选项，设置表格边框格式，如图 6-19 所示。

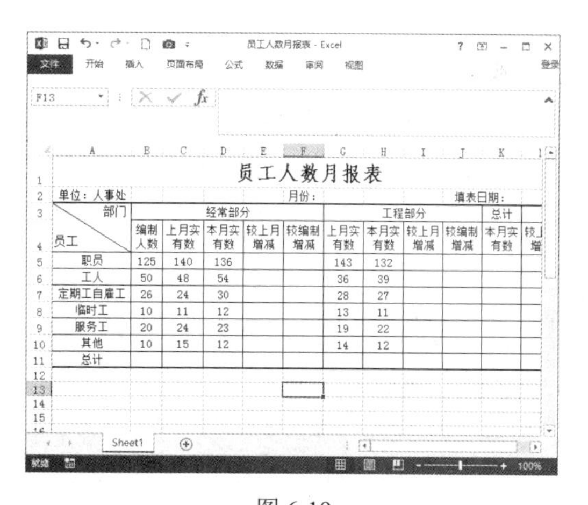

图 6-19

**step 13** 选择 B5:M11 单元格区域，右击并选择“设置单元格格式”命令，选择“数值”选项，设置小数位数为 0，并在“负数”列表框中选择数字格式，单击“确定”按钮，如图 6-20 所示。

**step 14** 选择 A3:M4 和 A5:A11 单元格区域，进入“开始”选项卡，在“样式”选项组中单击“单元格样式”下拉按钮，选择“适中”选项，如图 6-21 所示。

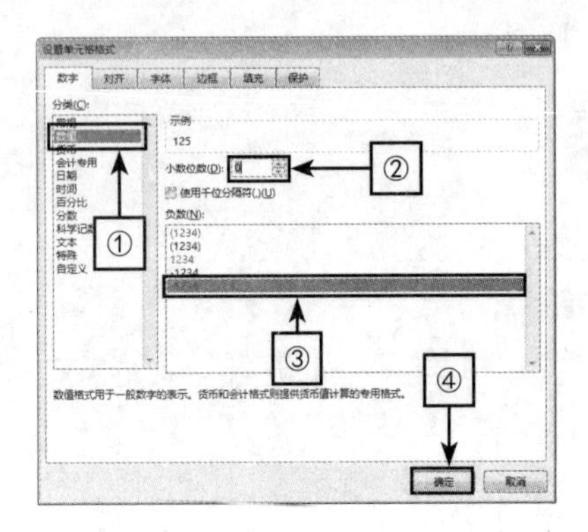


图 6-20

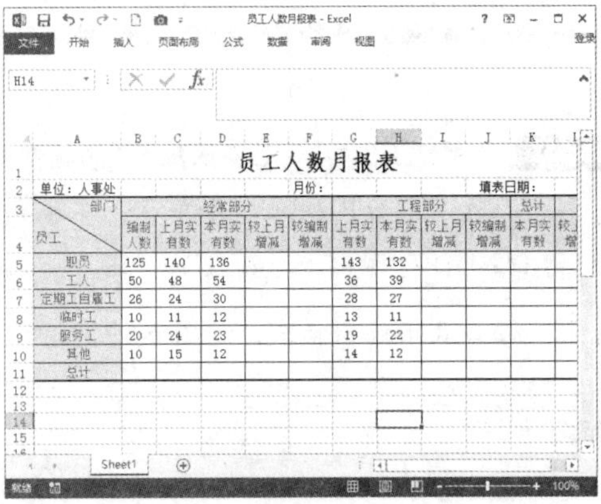

员工人数月报表

单位：人事处　月份：　填表日期：

| 部门/员工 | 经常部分 | | | | | 工程部分 | | | | 总计 | |
|---|---|---|---|---|---|---|---|---|---|---|---|
| | 编制人数 | 上月实有数 | 本月实有数 | 较上月增减 | 较编制增减 | 上月实有数 | 本月实有数 | 较上月增减 | 较编制增减 | 本月实有数 | 较上月增减 |
| 职员 | 125 | 140 | 136 | | | 143 | 132 | | | | |
| 工人 | 50 | 48 | 54 | | | 36 | 39 | | | | |
| 定期工自雇工 | 26 | 24 | 30 | | | 28 | 27 | | | | |
| 临时工 | 10 | 11 | 12 | | | 13 | 11 | | | | |
| 服务工 | 20 | 24 | 23 | | | 19 | 22 | | | | |
| 其他 | 10 | 15 | 12 | | | 14 | 12 | | | | |
| 总计 | | | | | | | | | | | |

图 6-21

**step 15** 选择 B5:M11 单元格区域，进入“开始”选项卡，在“样式”选项组中单击“单元格样式”下拉按钮，选择“好”选项，如图 6-22 所示。

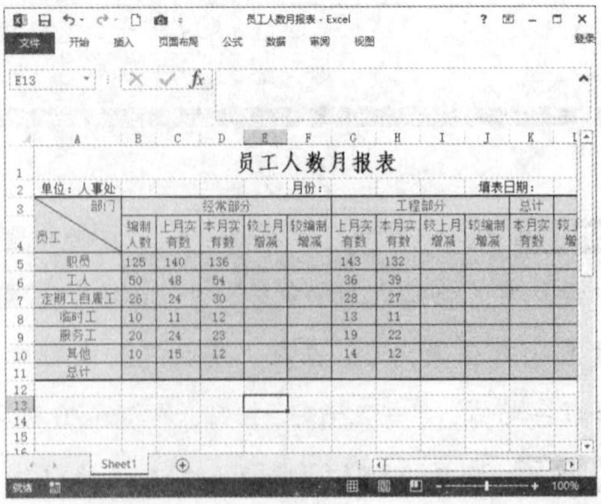

员工人数月报表

单位：人事处　月份：　填表日期：

| 部门/员工 | 经常部分 | | | | | 工程部分 | | | | 总计 | |
|---|---|---|---|---|---|---|---|---|---|---|---|
| | 编制人数 | 上月实有数 | 本月实有数 | 较上月增减 | 较编制增减 | 上月实有数 | 本月实有数 | 较上月增减 | 较编制增减 | 本月实有数 | 较上月增减 |
| 职员 | 125 | 140 | 136 | | | 143 | 132 | | | | |
| 工人 | 50 | 48 | 54 | | | 36 | 39 | | | | |
| 定期工自雇工 | 26 | 24 | 30 | | | 28 | 27 | | | | |
| 临时工 | 10 | 11 | 12 | | | 13 | 11 | | | | |
| 服务工 | 20 | 24 | 23 | | | 19 | 22 | | | | |
| 其他 | 10 | 15 | 12 | | | 14 | 12 | | | | |
| 总计 | | | | | | | | | | | |

图 6-22

## 6.2.2 计算报表数据

根据表格已有数据，运用基本公式和求和函数计算报表人数的增减额和合计额。

**step 01** 选择 E5 单元格，在编辑栏中输入公式，并向下填充公式至 E10 单元格，如图 6-23 所示。

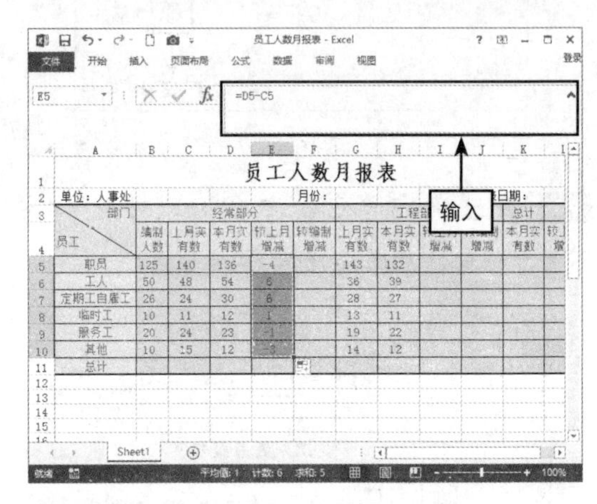


图 6-23

**step 02** 选择 F5 单元格，在编辑栏中输入公式，并向下填充公式至 F10 单元格，如图 6-24 所示。

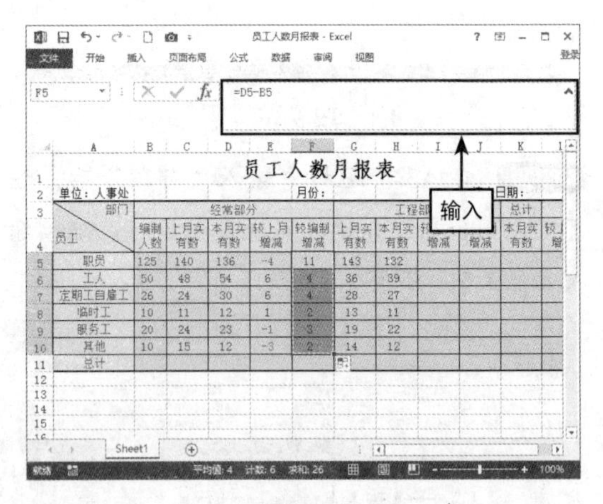


图 6-24

**step 03** 选择 I5 单元格，在编辑栏中输入公式，并向下填充公式至 I10 单元格，如图 6-25 所示。

**step 04** 选择 J5 单元格，在编辑栏中输入公式，并向下填充公式至 J10 单元格，如图 6-26 所示。

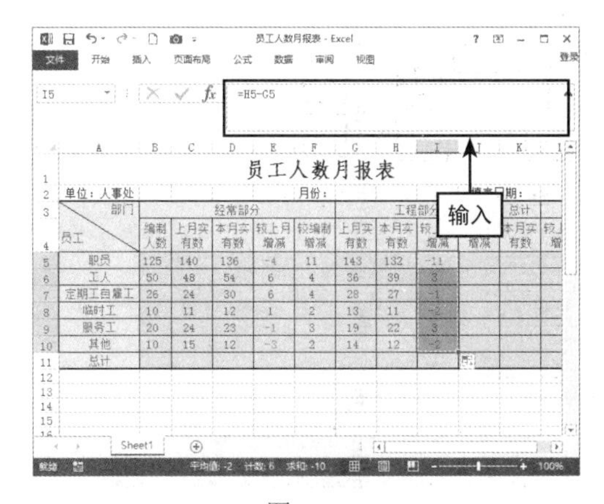


图 6-25

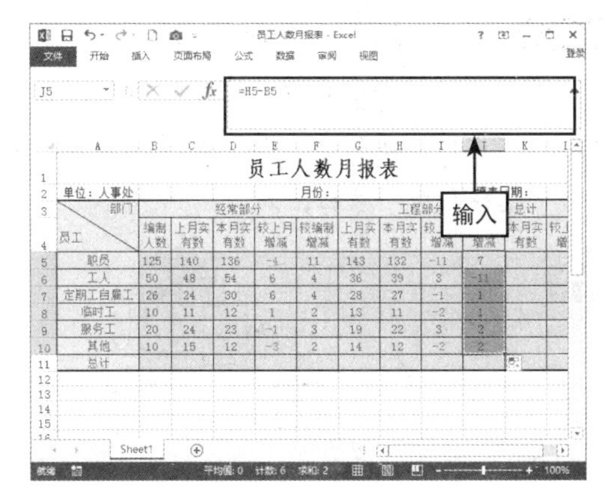


图 6-26

**step 05** 选择K5单元格，在编辑栏中输入公式，并向下填充公式至K10单元格，如图6-27所示。

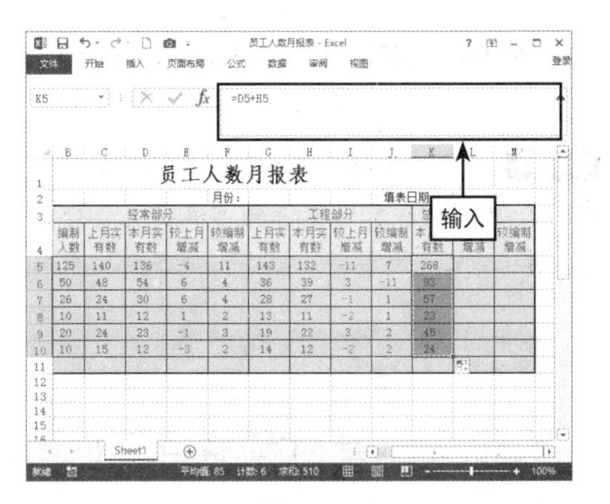


图 6-27

**step 06** 选择L5单元格，在编辑栏中输入公式，并向下填充公式至L10单元格，如图6-28所示。

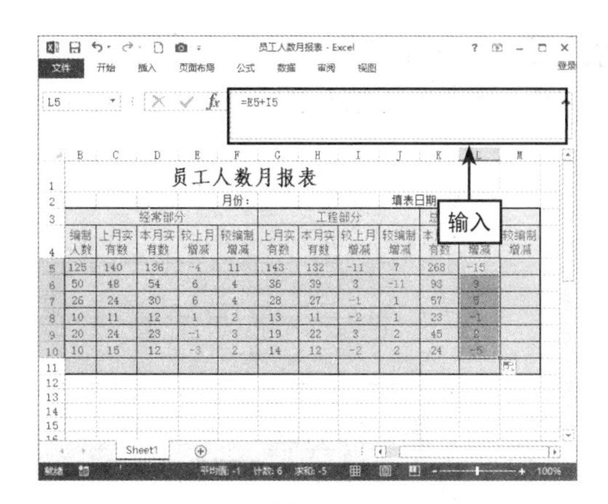


图 6-28

**step 07** 选择M5单元格，在编辑栏中输入公式，并向下填充公式至M10单元格，如图6-29所示。

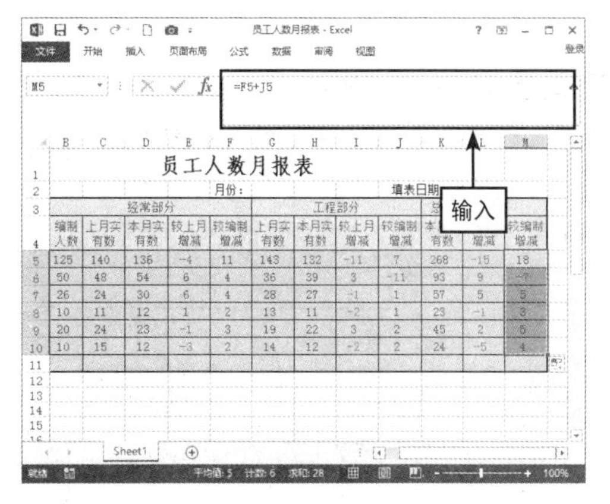


图 6-29

**step 08** 选择B11单元格，在编辑栏中输入公式，并向右填充公式至M11单元格，如图6-30所示。

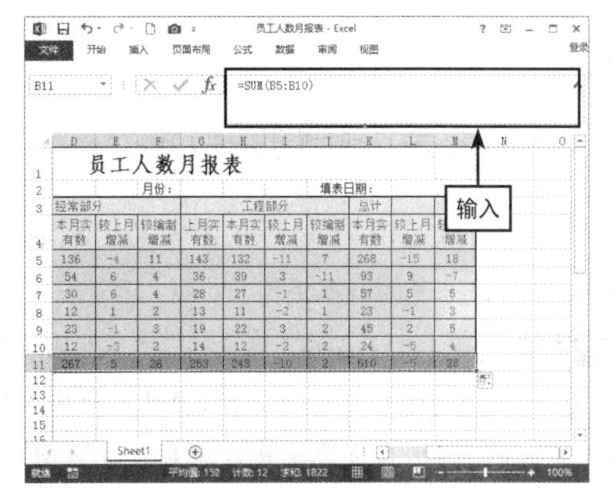


图 6-30

**step 09** 选择 G2 单元格，在编辑栏中输入公式 =MONTH(TODAY())，返回当前月份，如图 6-31 所示。

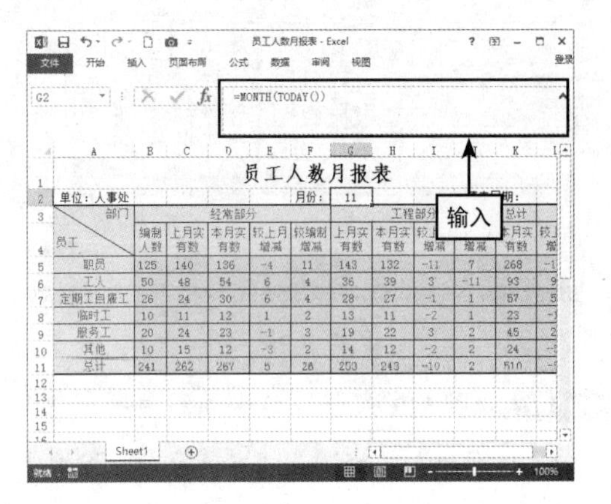


图 6-31

**step 10** 选择合并后的 L2 单元格，在编辑栏中输入公式，返回当前日期，如图 6-32 所示。

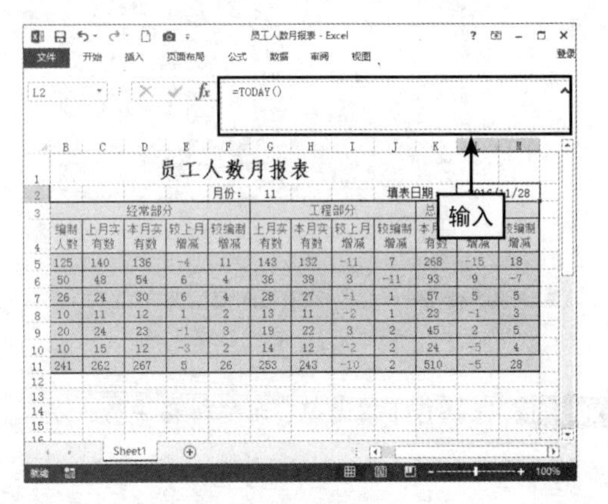


图 6-32

## 6.2.3 图表分析增减数据

用户可以运用 Excel 中的图表功能，显示员工人数月报表的数据走势。

**step 01** 选择 L4:M10 单元格区域，进入“插入”选项卡，在“图表”选项组中单击“插入柱形图”下拉按钮，从下拉列表中执行“簇状柱形图”命令，如图 6-33 所示。

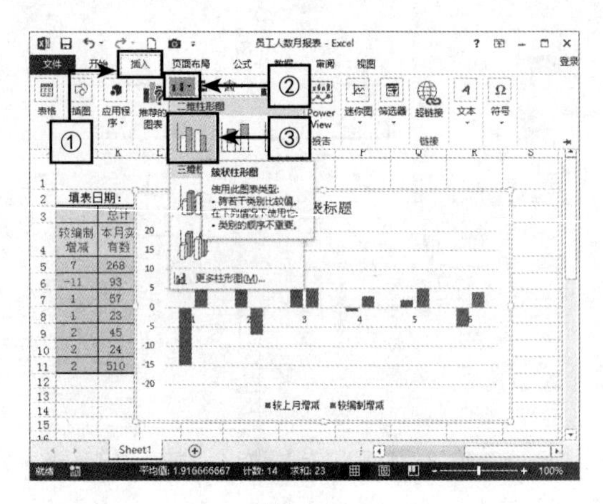


图 6-33

**step 02** 得到图表的水平轴标签为 1、2、3 等，用户可修改轴标签数据源。选择插入的图表，切换至“设计”选项卡，在“数据”选项组中单击“选择数据”按钮，如图 6-34 所示。

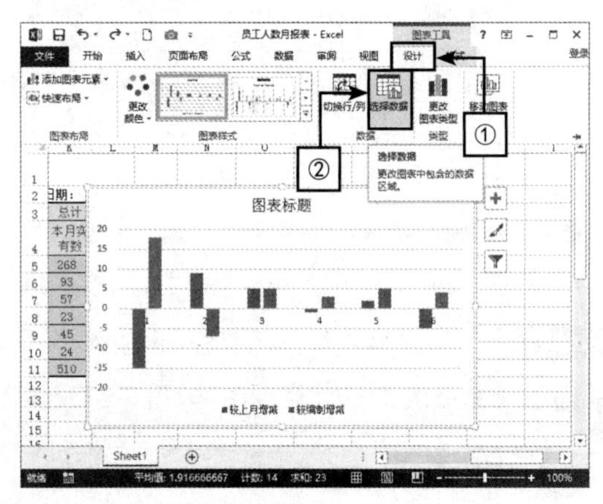


图 6-34

**step 03** 打开“选择数据源”对话框，单击“水平（分类）轴标签”下方的“编辑”按钮，如图 6-35 所示。

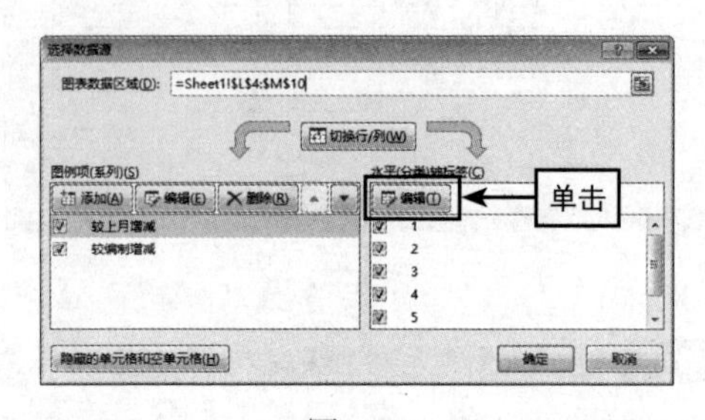


图 6-35

**step 04** 打开“轴标签”对话框，单击“轴标签区域”文本框右侧的折叠按钮，选择轴标签区域，如图 6-36 所示。

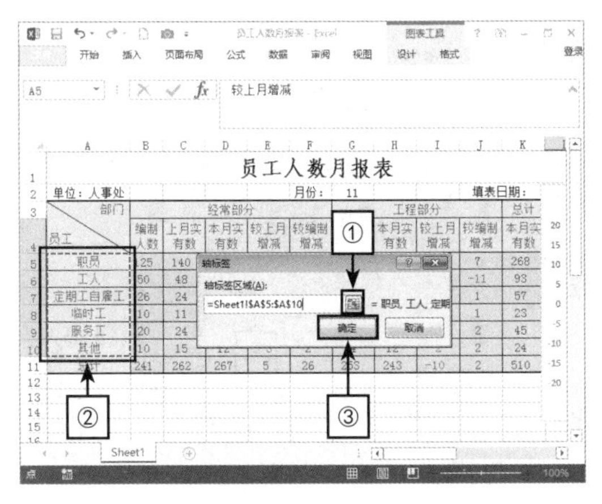


图 6-36

**step 05** 双击水平轴标签，打开“设置坐标轴格式”窗格，切换至“大小属性”选项卡，在“对齐方式”选项组中将“文字方向”设置为“堆积”，如图 6-37 所示。

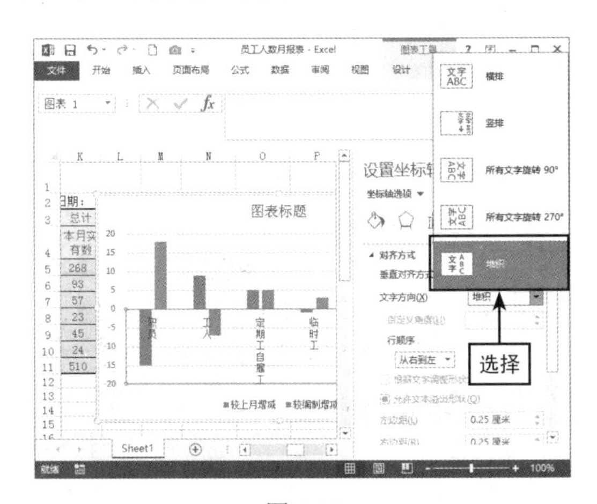


图 6-37

**step 06** 插入的“较上月增减”与“较编制增减”都以柱形图的形式表示出来，用户可更改数据系列的表现形式。选择系列“较上月增减”，右击并选择“更改系列图表类型”选项，如图 6-38 所示。

**step 07** 在打开的“更改图表类型”对话框中，将“较上月增减”系列图表类型更改为“折线图”，单击“确定”按钮，如图 6-39 所示。

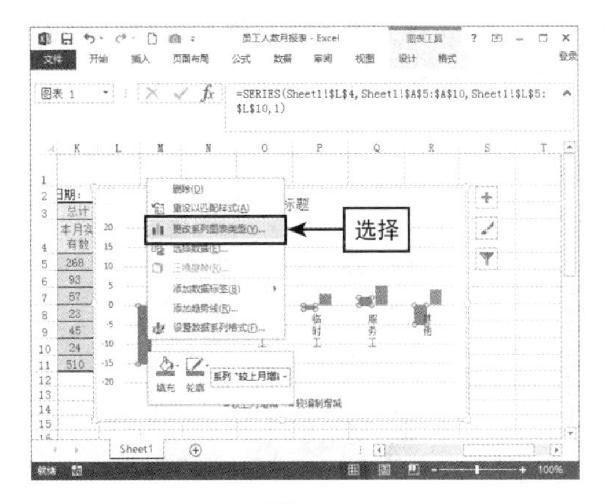


图 6-38

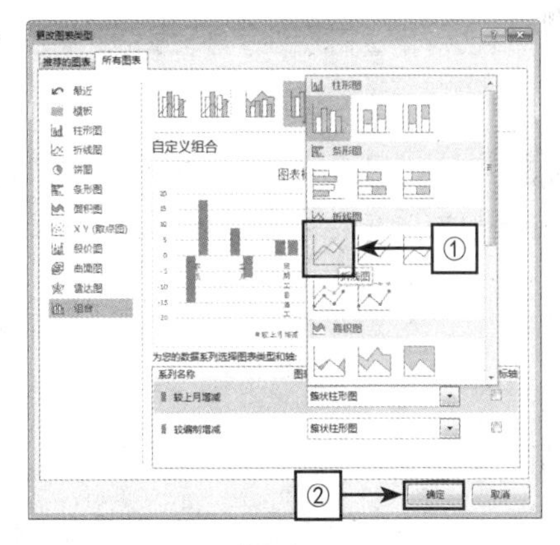


图 6-39

**step 08** 单击图表区，进入“格式”选项卡，在“形状样式”选项组中单击“其他”按钮，从打开的列表中选择合适的形状样式，如图 6-40 所示。

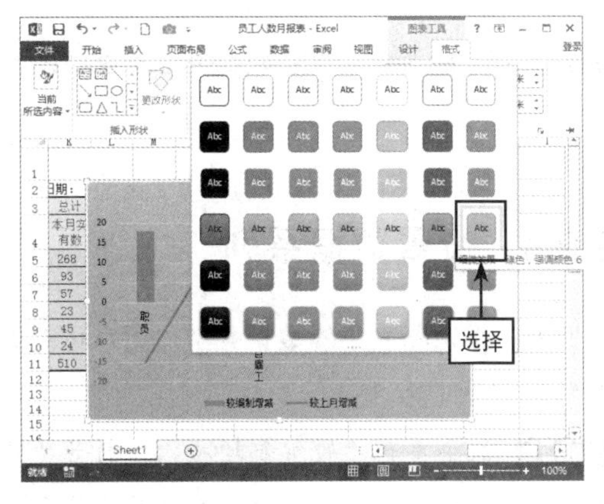


图 6-40

**step 09** 单击绘图区，进入“格式”选项卡，在“形状样式”选项组中单击“其他”按钮，从打开的列表中选择合适的形状样式，如图 6-41 所示。

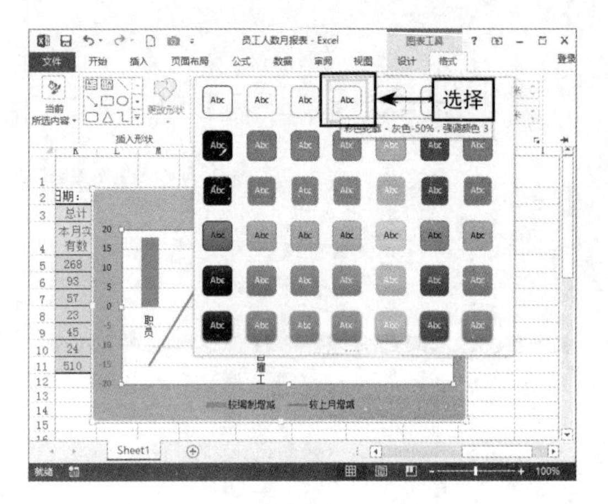


图 6-41

**step 10** 单击“图表标题”，重命名为“员工人数增减图”，并移动图表至合适的位置，如图 6-42 所示。

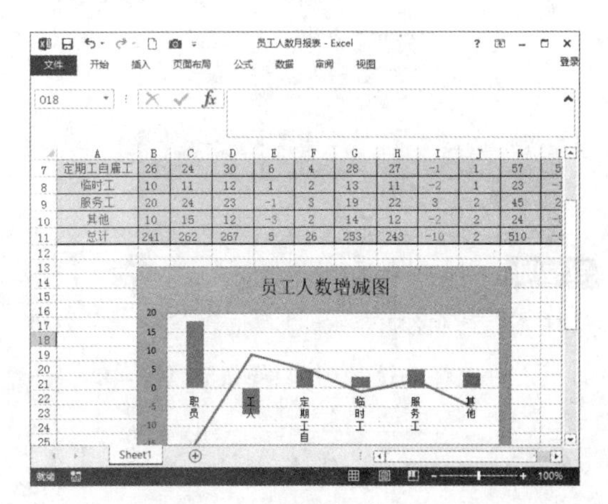


图 6-42

## 6.2.4 设置数据系列

为了强调图表中的数据类型，用户可对数据系列进行设置。

**step 01** 双击系列“较编制增减”，打开“设置数据系列格式”窗格，切换至“填充线条”选项卡，选择“纯色填充”选项，并设置填充颜色为“金色，着色 4，淡色 40%”，如图 6-43 所示。

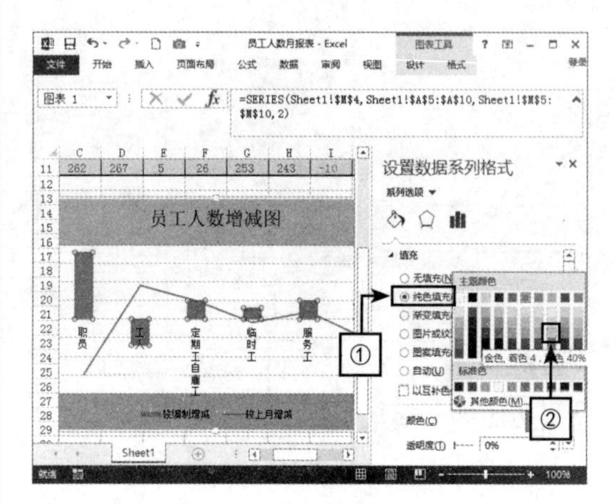


图 6-43

**step 02** 激活“边框”选项组，选择“实线”选项，并设置边框颜色为“蓝色，着色 1，深色 25%”，设置边框宽度为 1.5 磅，如图 6-44 所示。

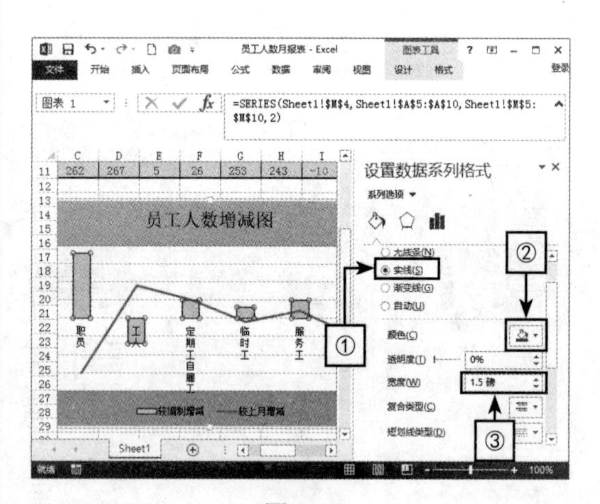


图 6-44

**step 03** 双击系列“较上月增减”，打开“设置数据系列格式”窗格，切换至“填充线条”选项卡，将“线条”设置为“实线”，并设置线条颜色为紫色，设置线条宽度为 1.5 磅，如图 6-45 所示。

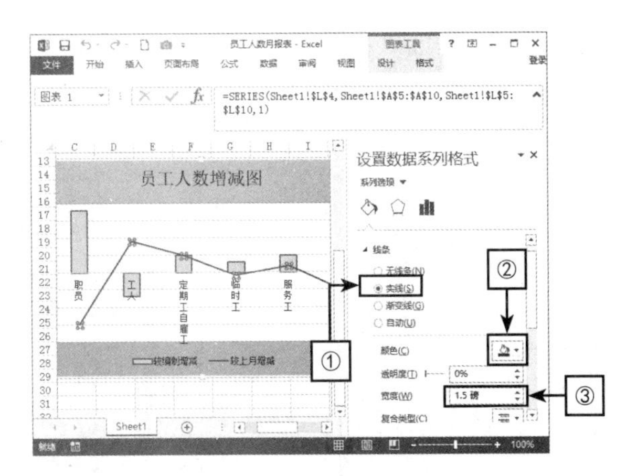


图 6-45

# 6.3　制作员工信息登记表

员工信息登记表是员工入职时需要填写的表格，单独记录每位员工的基本情况、教育培训经历、工作经历等，是人力资源部掌握员工信息的有效途径之一。

## 6.3.1　创建基础表格

创建基础表格主要包括制作表格标题、输入表格内容、美化表格等操作。

**step 01** 打开 Excel 2013，创建“员工信息登记表”。

**step 02** 合并并居中 A1:I1 单元格区域，输入标题文本，在“字体”选项组中，将字体设置为“华文行楷”，将字号设置为 20，如图 6-46 所示。

**step 03** 在工作表中输入基础内容，并根据需要合并相应的单元格区域。

**step 04** 设置第 2 行的行高为 20，设置第 3 至 23 行的行高为 30，如图 6-47 所示。

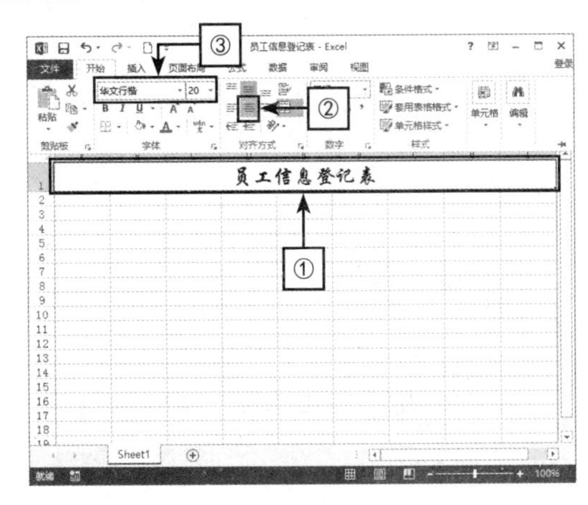


图 6-46

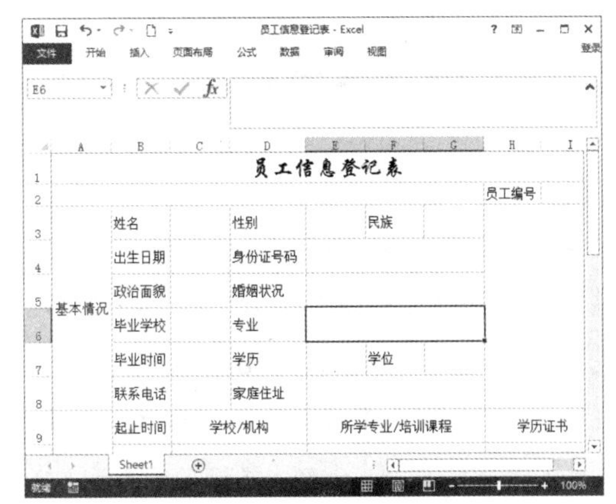


图 6-47

**step 05** 选择 A2:I23 单元格区域，单击“居中”按钮，如图 6-48 所示。

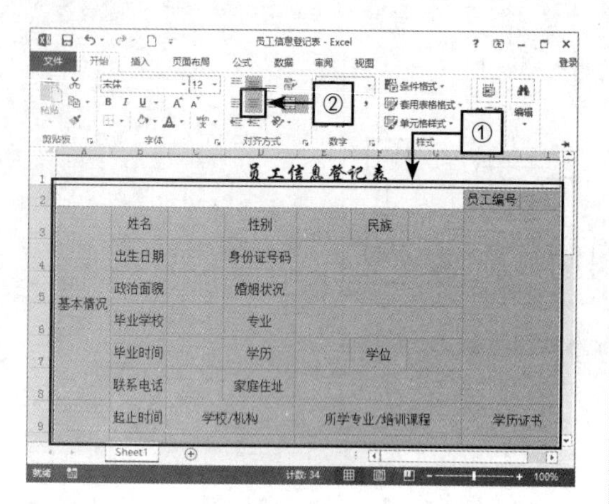

图 6-48

**step 06** 选择 A3:A21 单元格区域，进入“开始”选项卡，在“对齐方式”选项组中单击“方向”下拉按钮，执行“竖排文字”命令，设置文本方向，如图 6-49 所示。

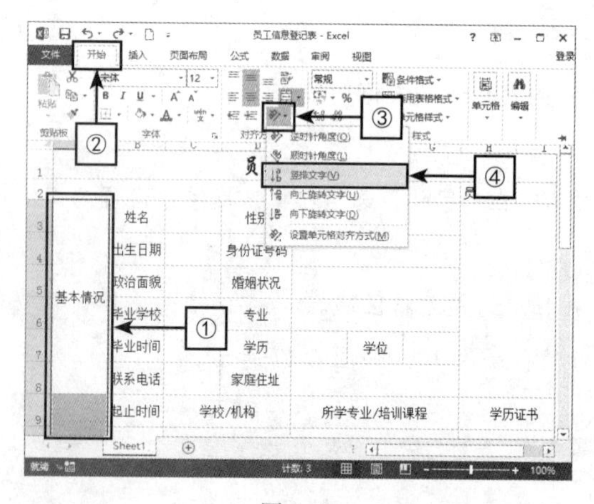

图 6-49

**step 07** 选择 A3:I23 单元格区域，进入“开始”选项卡，在“字体”选项组中单击“下框线”下拉按钮，选择“所有框线”选项，如图 6-50 所示。

**step 08** 选择 A3:A23、B3:I8、B9:I12、B13:I17、B18:I21 和 B22:I23 单元格区域，进入“开始”选项卡，在“字体”选项组中单击“所有框线”下拉按钮，选择“粗匣框线”选项，如图 6-51 所示。

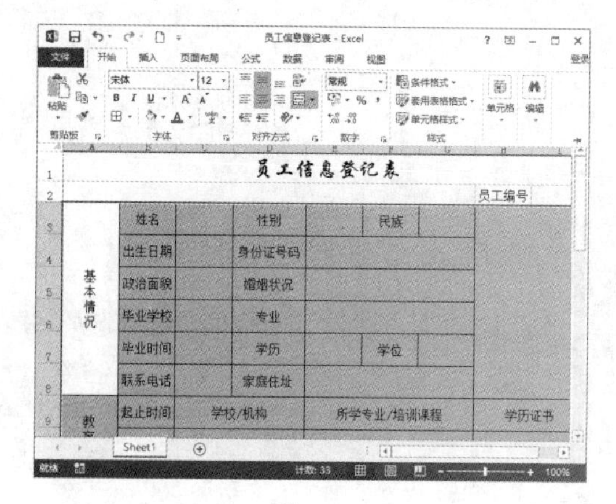

图 6-50

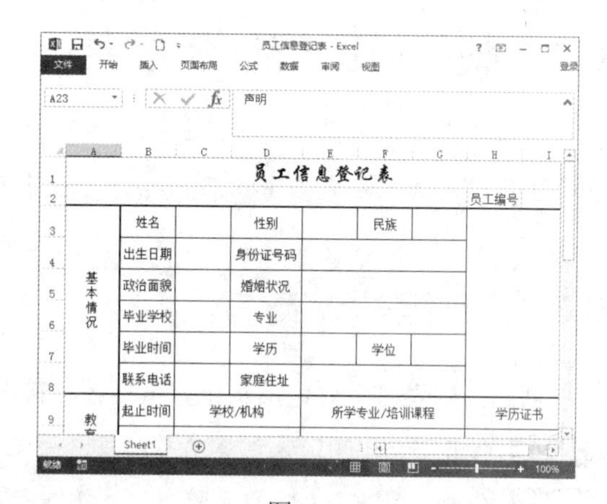

图 6-51

**step 09** 选择 A2:A22 和 A23:I23 单元格区域，在“字体”选项组中，将字体设置为“黑体”，将字号设置为 12 并加粗，如图 6-52 所示。

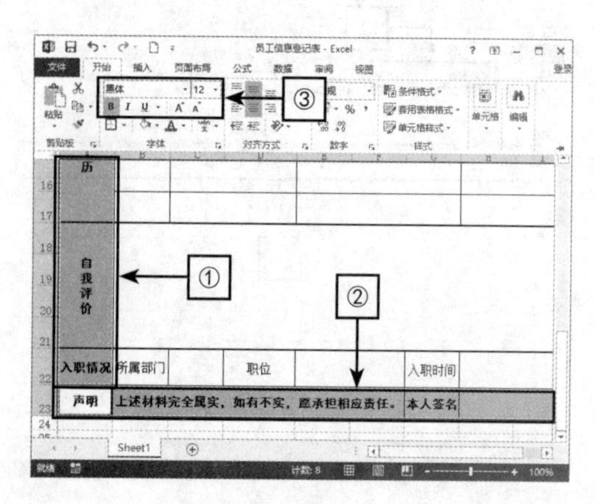

图 6-52

## 6.3.2　添加图片页脚

在制作表格时，用户可以使用 Excel 中的自定义页脚功能添加公司标志性的图片，显示表格的规范性和权威性。

**step 01** 单击任意单元格，切换至“页面布局”选项卡，在“页面设置”选项组中单击“打印标题”按钮。打开“页面设置”对话框，如图 6-53 所示。

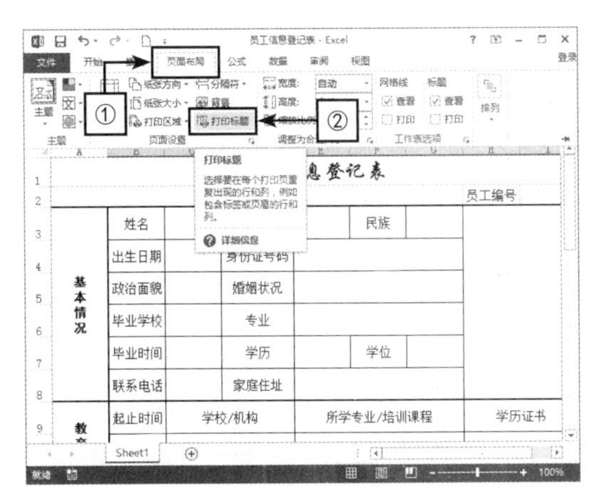

图 6-53

**step 02** 切换至“页眉 / 页脚”选项卡，单击“自定义页脚”按钮，如图 6-54 所示。

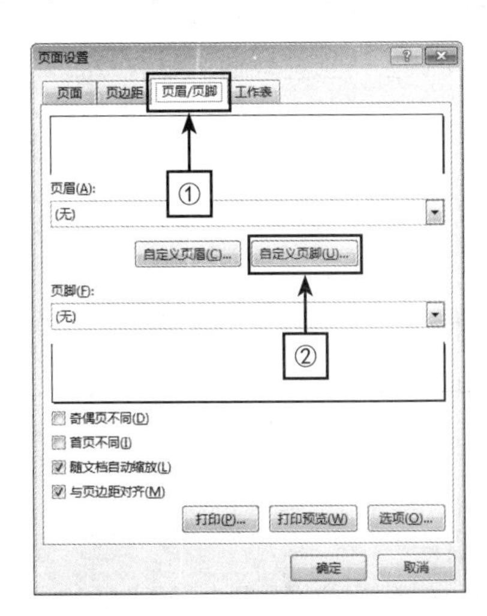

图 6-54

**step 03** 在打开的“页脚”对话框中，将光标定位在“右”文本框内，单击“插入图片”按钮，如图 6-55 所示。

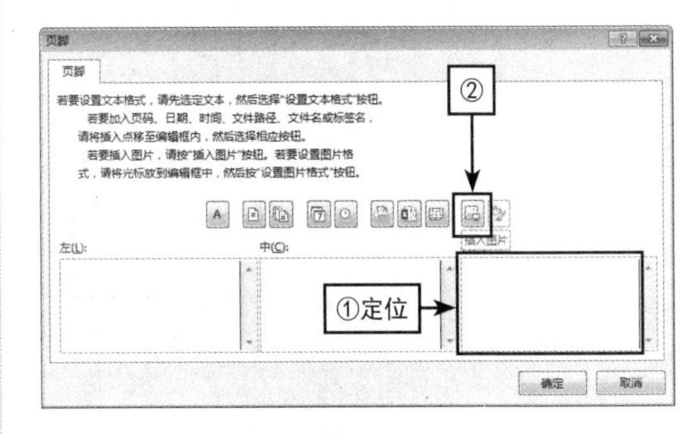

图 6-55

**step 04** 如图 6-56 所示，从弹出的页面中单击“来自文件”按钮，在“插入图片”对话框中选择图片文件，单击“插入”按钮，如图 6-57 所示。

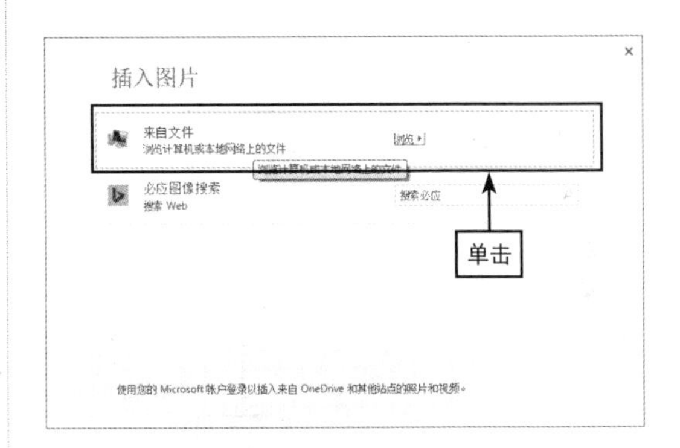

图 6-56

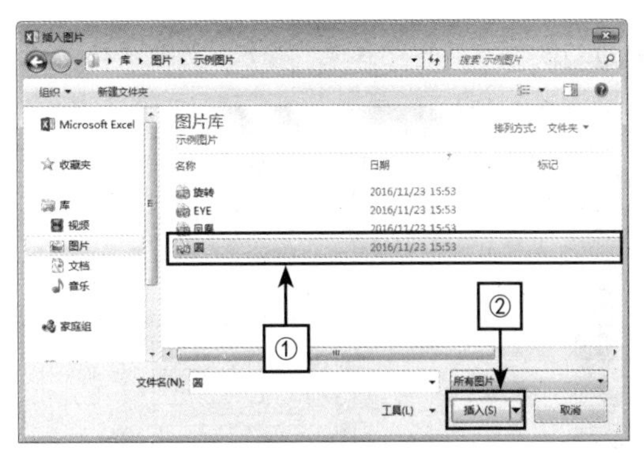

图 6-57

**step 05** 在“页脚”对话框中，将光标定位在图片文字处，单击“设置图片格式”按钮，如

图 6-58 所示。

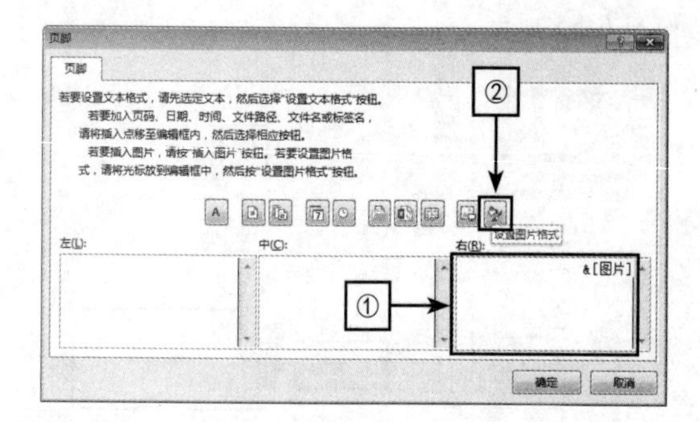

图 6-58

**step 06** 在弹出的“设置图片格式”对话框中，将“比例”设置为 100%，如图 6-59 所示。单击“确定”按钮，返回“页面设置”对话框。

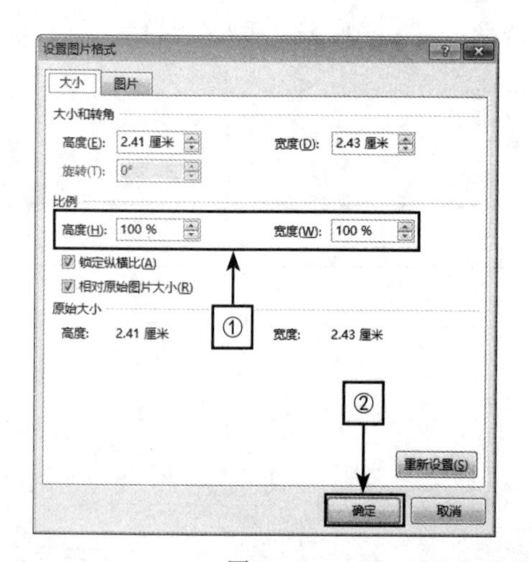

图 6-59

**step 07** 单击“打印预览”按钮，查看最终效果，如图 6-60 所示。

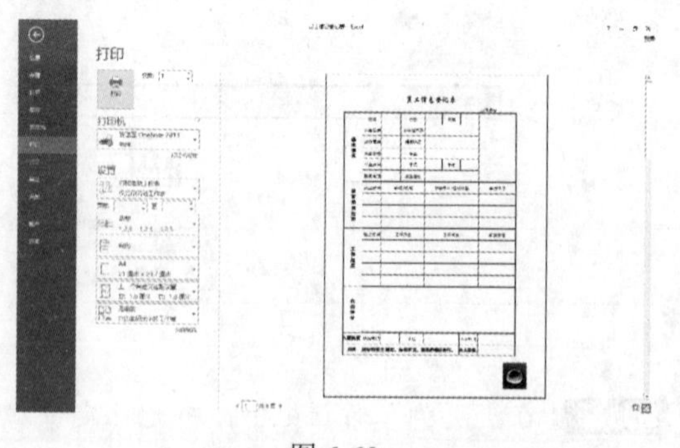

图 6-60

## 6.3.3 使用照相机

照相机是 Excel 2013 的新增功能，可以实现同步显示表格中的数据。首先要将照相机添加至快速访问工具栏。

**step 01** 进入“文件”选项卡，执行“选项”命令，打开“Excel 选项”对话框。

**step 02** 切换至“快速访问工具栏”选项卡，将“从下列位置选择命令”选项设置为“所有命令”，在列表框中选择“照相机”选项，单击“添加”按钮，如图 6-61 所示。

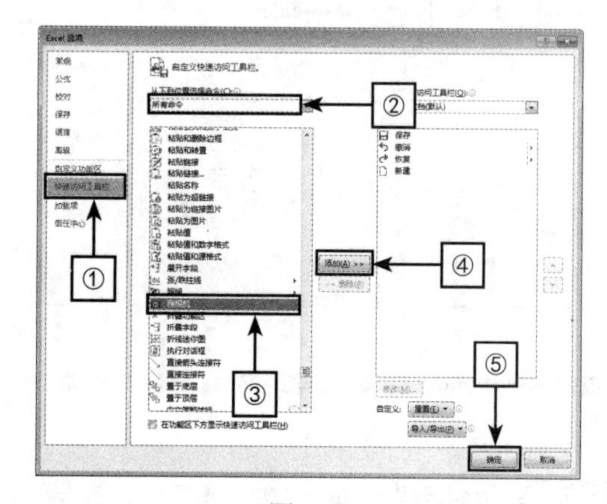

图 6-61

**step 03** 选择 A23:I23 单元格区域，单击“照相机”按钮，所选区域的边框将以虚线样式进行显示，如图 6-62 所示。

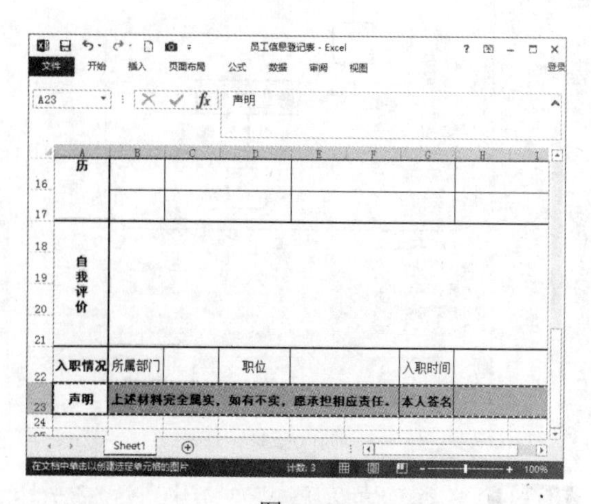

图 6-62

**step 04** 单击工作表中的任意位置，即可将拍下来的数据以图片的形式粘贴到该位置，如图 6-63 所示。当原单元格中的内容发生改变时，粘贴到该位置的数据也会随之更改。

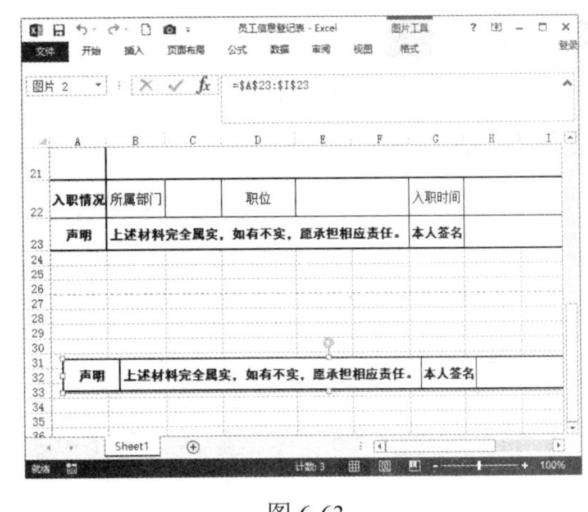


图 6-63

# 6.4　制作员工胸卡

新员工入职后，为了方便员工管理与交流，人力资源部可结合 Excel 和 Word 软件，实现员工胸卡的批量制作。

## 6.4.1　制作数据表

在制作员工胸卡之前，首先需要制作员工胸卡数据表，该数据表是邮件合并的基础。其制作内容主要包括制作部门下拉列表、输入照片保存路径、制作表格标题等内容。

**step 01** 打开 Excel 2013，创建“员工胸卡数据表”。

**step 02** 在工作表中输入基础内容，并设置表格的对齐与边框格式，如图 6-64 所示。

**step 03** 选择 C2:C11 单元格区域，进入“数据”选项卡，在“数据工具”选项组中从“数据验证”下拉列表中执行“数据验证”命令，打开“数据验证”对话框。在“设置”选项卡中，将“允许”设置为“序列”，在“来源”文本框中输入对应文本内容，如图 6-65 所示。

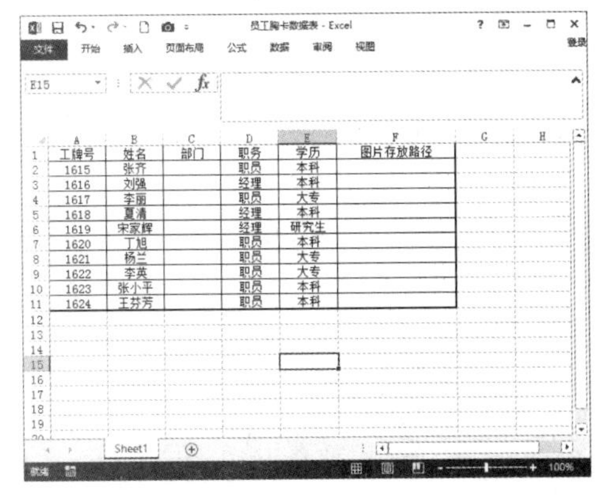

图 6-64

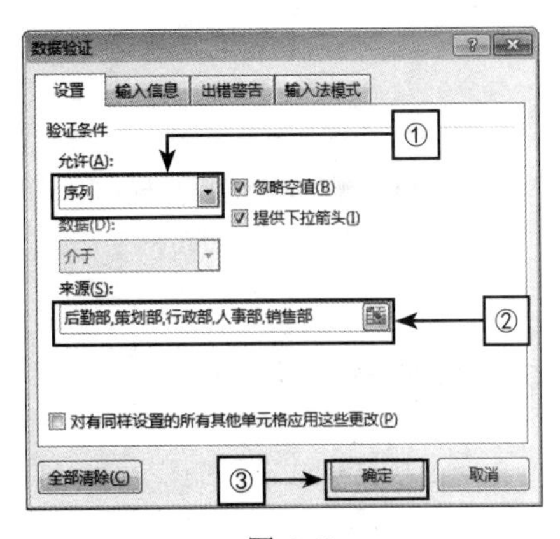


图 6-65

**step 04** 切换至“输入信息”选项卡，在“输入信息”文本框中输入对应的文本内容，单击“确定”按钮，如图 6-66 所示。

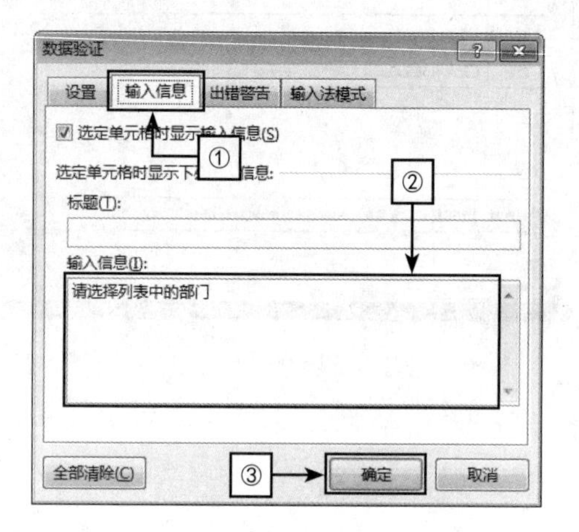


图 6-66

**step 05** 从下拉列表中选择对应数据内容，完成“部门”一列的数据输入。

**step 06** 选择“图片存放路径”一列，输入照片的保存路径，将“\”用“\\”代替，如图 6-67 所示。

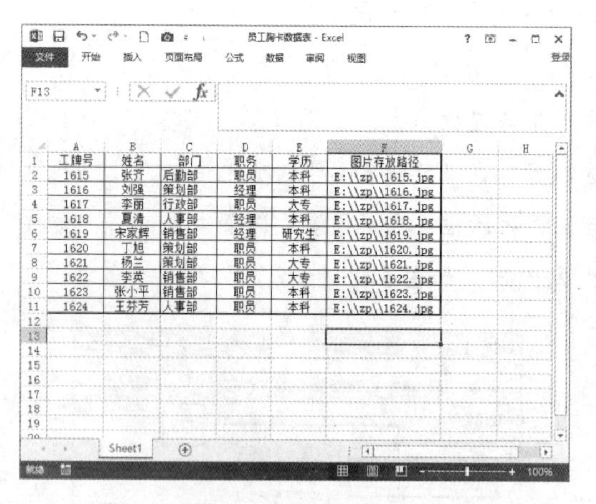


| 工牌号 | 姓名 | 部门 | 职务 | 学历 | 图片存放路径 |
|---|---|---|---|---|---|
| 1615 | 张齐 | 后勤部 | 职员 | 本科 | E:\\zp\\1615.jpg |
| 1616 | 刘强 | 策划部 | 经理 | 本科 | E:\\zp\\1616.jpg |
| 1617 | 李丽 | 行政部 | 职员 | 大专 | E:\\zp\\1617.jpg |
| 1618 | 夏清 | 人事部 | 经理 | 本科 | E:\\zp\\1618.jpg |
| 1619 | 宋家辉 | 销售部 | 经理 | 研究生 | E:\\zp\\1619.jpg |
| 1620 | 丁旭 | 策划部 | 职员 | 本科 | E:\\zp\\1620.jpg |
| 1621 | 杨兰 | 策划部 | 职员 | 大专 | E:\\zp\\1621.jpg |
| 1622 | 李英 | 销售部 | 职员 | 大专 | E:\\zp\\1622.jpg |
| 1623 | 张小平 | 销售部 | 职员 | 本科 | E:\\zp\\1623.jpg |
| 1624 | 王芬芳 | 人事部 | 职员 | 本科 | E:\\zp\\1624.jpg |

图 6-67　输入“图片存放路径”一列

## 6.4.2　制作胸卡样式

胸卡样式是运用 Word 中插入图片、插入文本框等功能制作的。

**step 01** 打开 Word 2013，创建“胸卡样式”文档。

**step 02** 如图 6-68 所示，进入“插入”选项卡，在“插图”选项组中单击“图片”按钮。

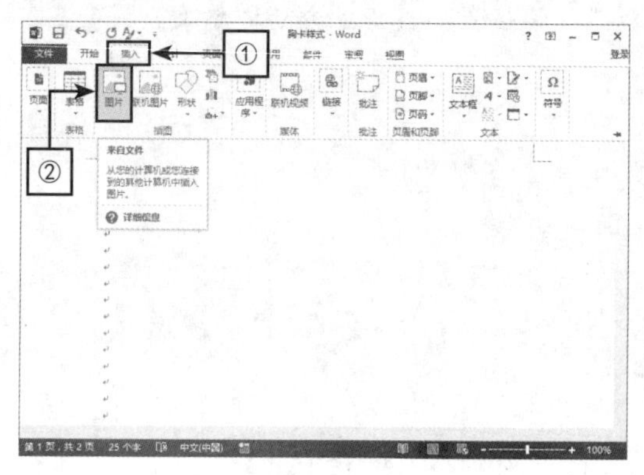


图 6-68

**step 03** 打开“插入图片”对话框，选择需要插入的图片，单击“插入”按钮，如图 6-69 所示。

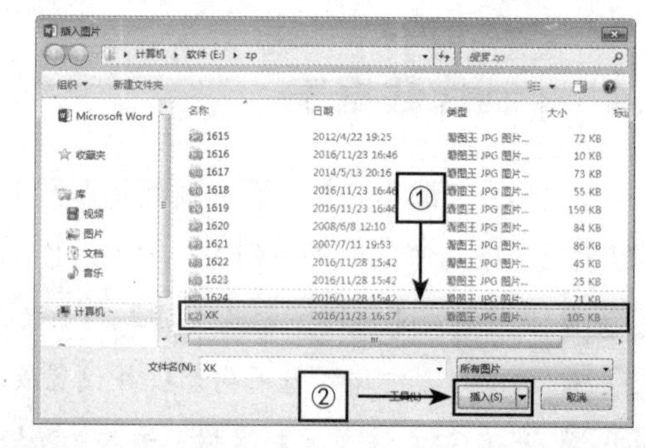


图 6-69

**step 04** 选中图片，拖动图片四周的控制点，调整图片大小，如图 6-70 所示。

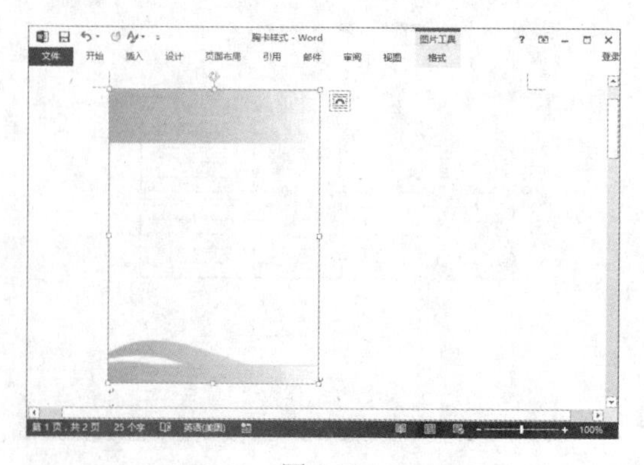


图 6-70

**step 05** 如图 6-71 所示，进入“插入”选项卡，在“文本”选项组中单击“文本框”下拉按钮，选择“绘制文本框”选项，在图片中绘制文本框。

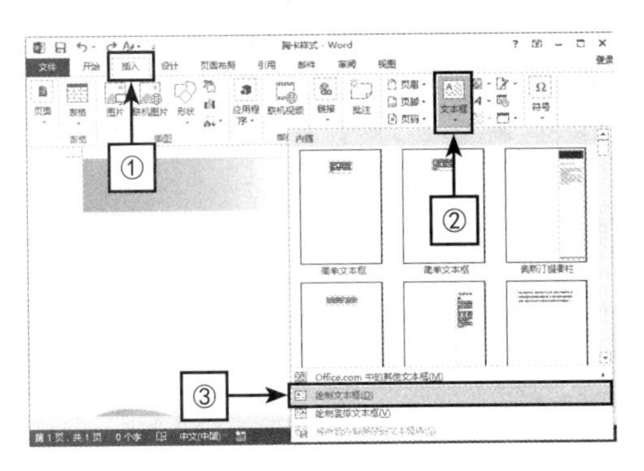

图 6-71

**step 06** 在文本框中输入相关文本并设置文本格式，如图 6-72 所示。

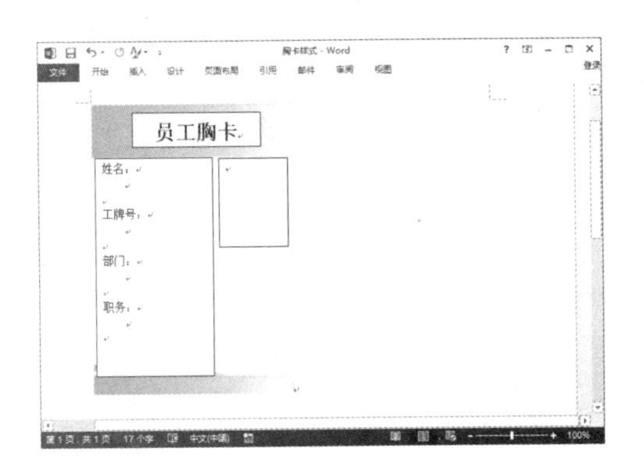

图 6-72

**step 07** 进入“插入”选项卡，在“插图”选项组中单击“形状”下拉按钮，选择“直线”形状，如图 6-73 所示。

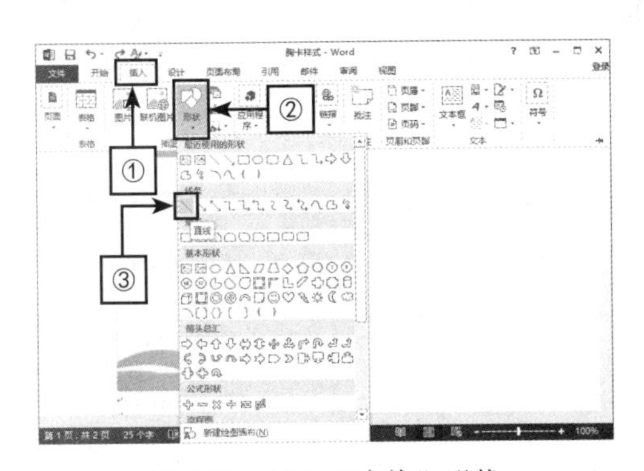

图 6-73　插入“直线”形状

**step 08** 在文本框中绘制直线，进入“格式”选项卡，在“形状样式”选项组中单击“形状轮廓”下拉按钮，设置线条的颜色为“蓝色，着色 1”，设置线条粗细为 2.25 磅，如图 6-74 所示。

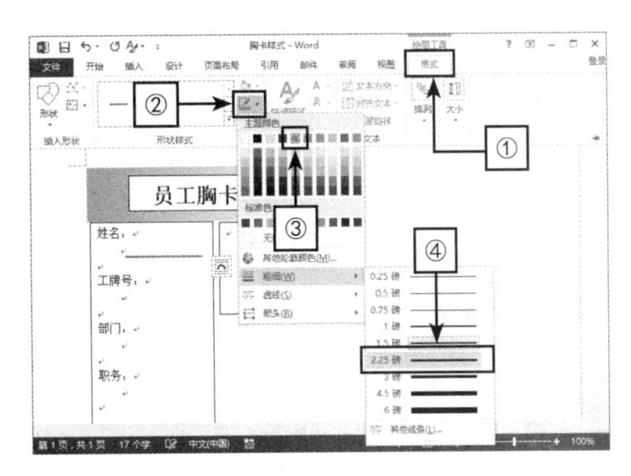

图 6-74

**step 09** 按照同样的方法绘制其他直线形状，结果如图 6-75 所示。

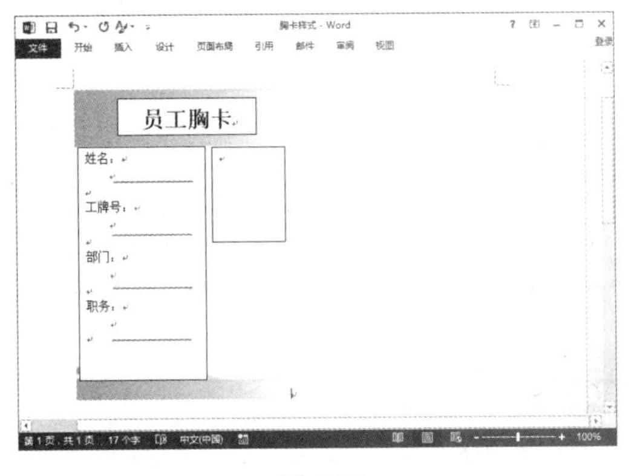

图 6-75

## 6.4.3 邮件合并

邮件合并操作是 Office 办公系统中用来对大量数据进行批量处理的有效途径。将 Excel 中的数据合并到 Word 指定的位置中，快速合并 Excel 与 Word 内容，批量制作员工胸卡。

**step 01** 在“胸卡样式”文档中，进入“邮件”

选项卡，在“开始邮件合并”选项组中单击“开始邮件合并”下拉按钮，执行“邮件合并分步向导”命令，打开“邮件合并”窗格，如图 6-76 所示。

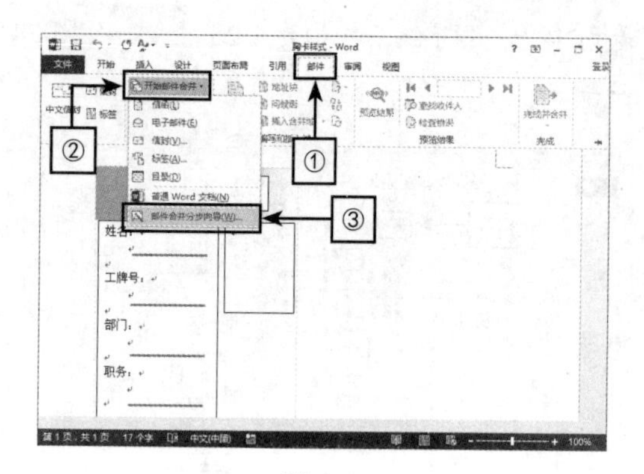

图 6-76

**step 02** 选择“信函”选项，单击“下一步：开始文档”按钮，如图 6-77 所示。

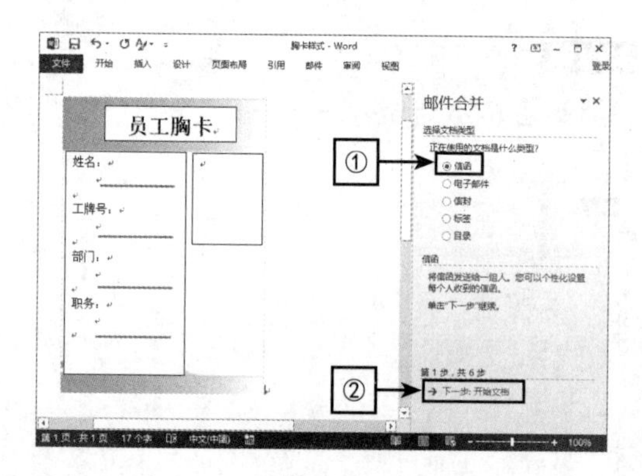

图 6-77

**step 03** 选择“使用当前文档”选项，并单击“下一步：选择收件人”按钮，如图 6-78 所示。

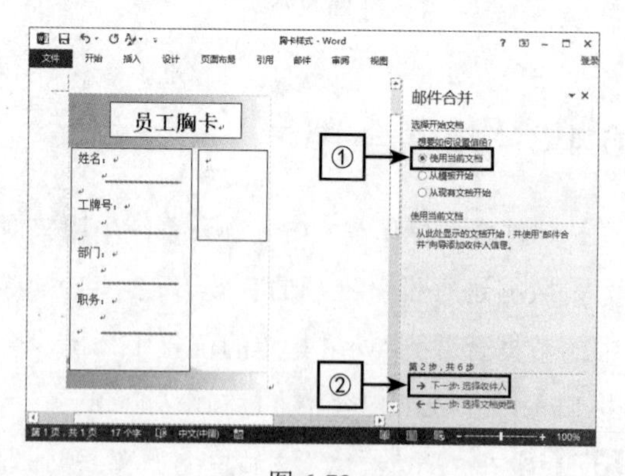

图 6-78

**提示：**

若用户邮件合并设置错误，也可以单击“上一步”相关按钮返回并重新设置。

**step 04** 选择“使用现有列表”选项，并单击“下一步：撰写信函”按钮，如图 6-79 所示。

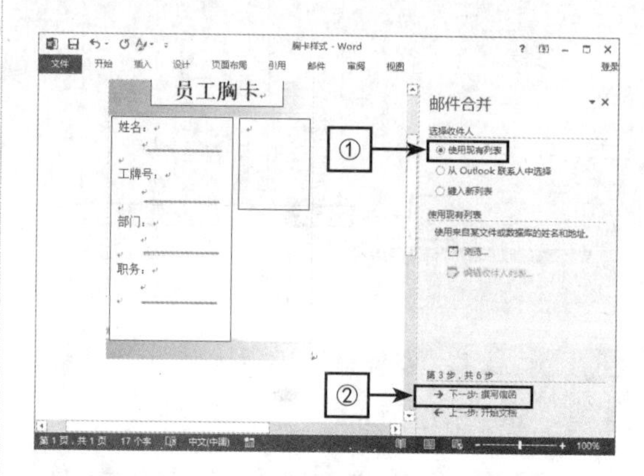

图 6-79

**step 05** 在弹出的“选择数据源”对话框中，选择制作的“员工胸卡数据表”，如图 6-80 所示。

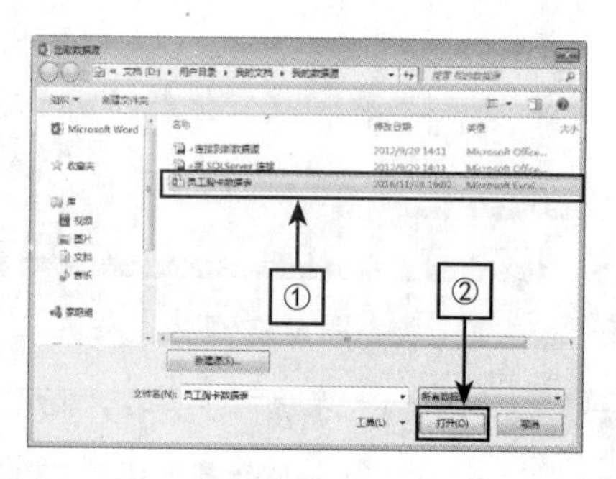

图 6-80

**step 06** 在弹出的“选择表格”对话框中，选择 Sheet1 工作表，如图 6-81 所示，单击“确定”按钮。

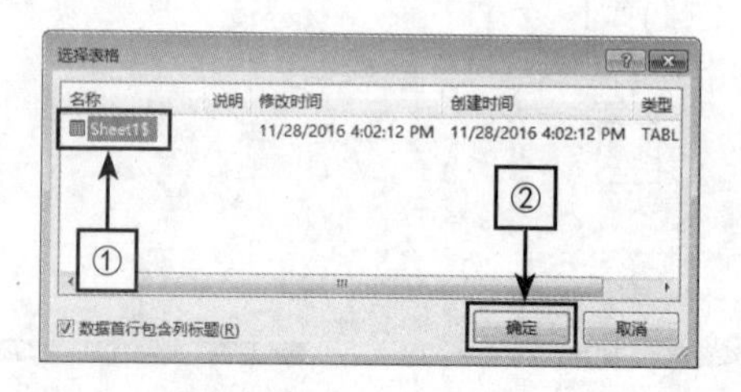

图 6-81

**step 07** 在弹出的"邮件合并收件人"对话框中，单击"确定"按钮，如图 6-82 所示。

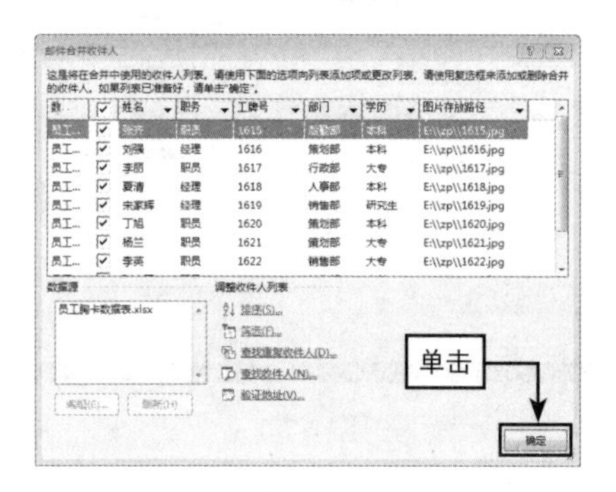


图 6-82

**step 08** 返回"邮件合并"窗格，此时已设置好收件人列表，单击"下一步：撰写信函"按钮，如图 6-83 所示。

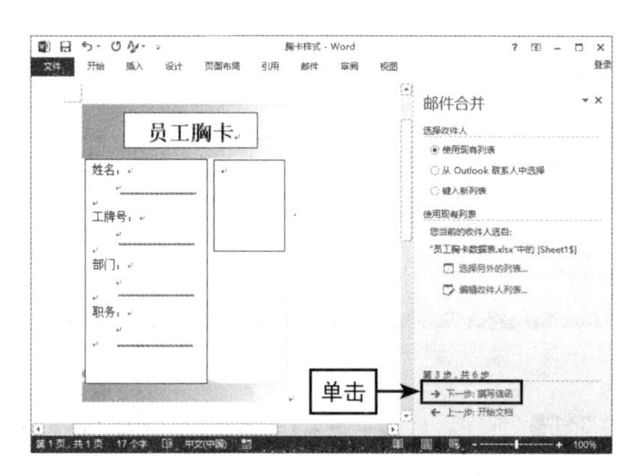


图 6-83

**step 09** 将光标定位在"姓名"直线上方，单击"其他项目"按钮，如图 6-84 所示。

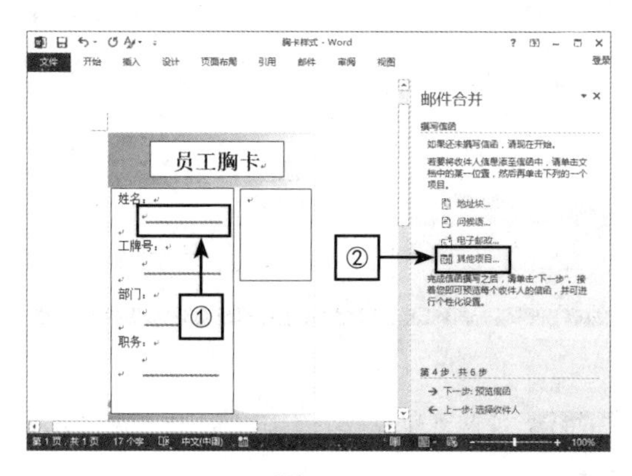


图 6-84

**step 10** 在打开的"插入合并域"对话框中，选择"姓名"域，如图 6-85 所示，单击"插入"按钮，得到的结果如图 6-86 所示。

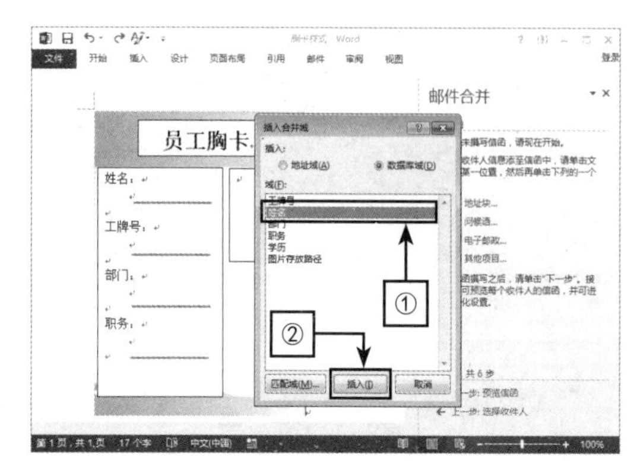


图 6-85

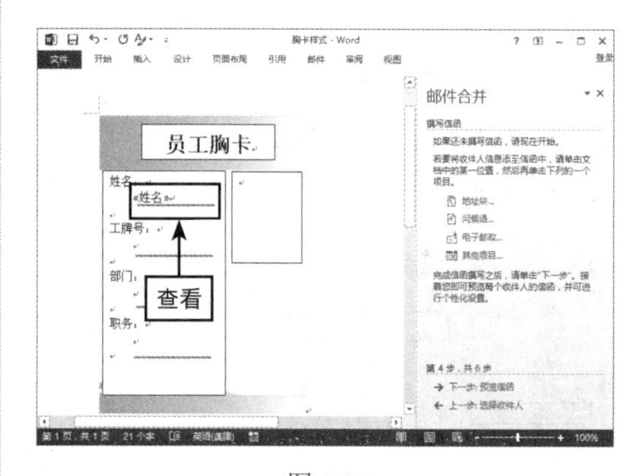


图 6-86

**step 11** 按照相同的方法，插入"工牌号""部门"和"职务"的相关域，如图 6-87 所示。

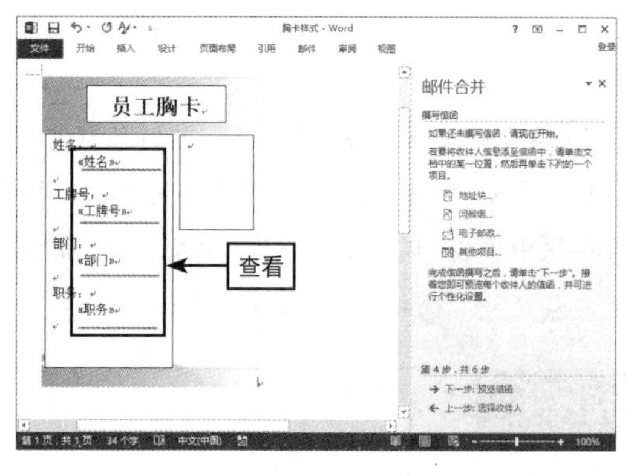


图 6-87

**step 12** 选择照片所在位置的文本框，进入“插入”选项卡，在“文本”选项组中单击“文档部件”下拉按钮，从下拉列表中选择“域”选项，如图 6-88 所示。

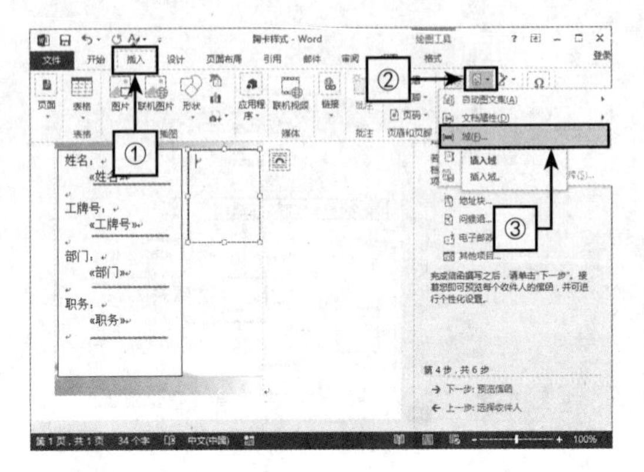

图 6-88

**step 13** 打开“域”对话框，在“域名”列表框中选择 IncludePicture 域名，在“文件名或 URL”文本框中输入域名称，单击“确定”按钮，如图 6-89 所示。

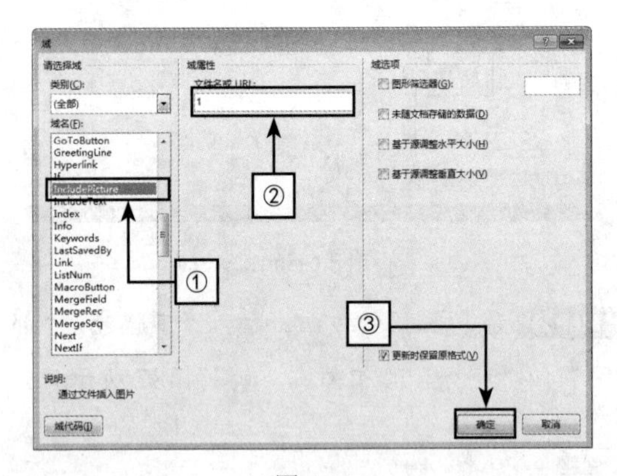

图 6-89

**step 14** 按【Alt+F9】组合键，选择定义的域名称，进入“邮件”选项卡，在“编写和插入域”选项组中单击“插入合并域”下拉按钮，选择“图片存放路径”选项，如图 6-90 所示。

**提示：**

【Alt+F9】组合键，可以显示或隐藏文档中所有的域代码。

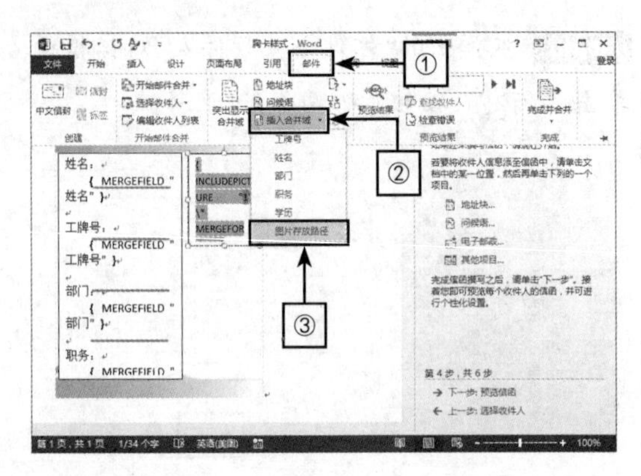

图 6-90

**step 15** 单击“下一步：预览信函”按钮，如图 6-91 所示。

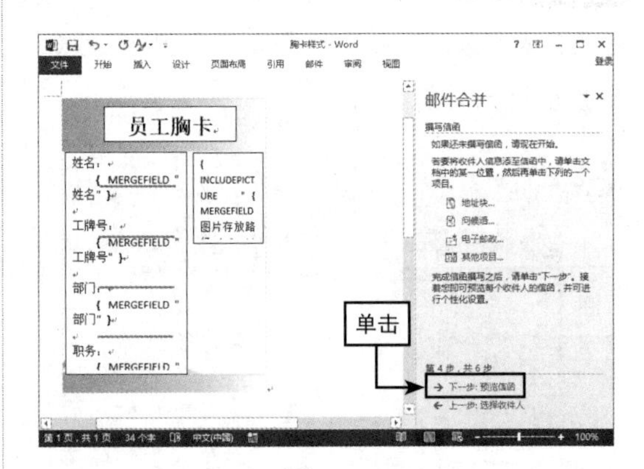


图 6-91

**step 16** 单击“下一步：完成合并”按钮，如图 6-92 所示。

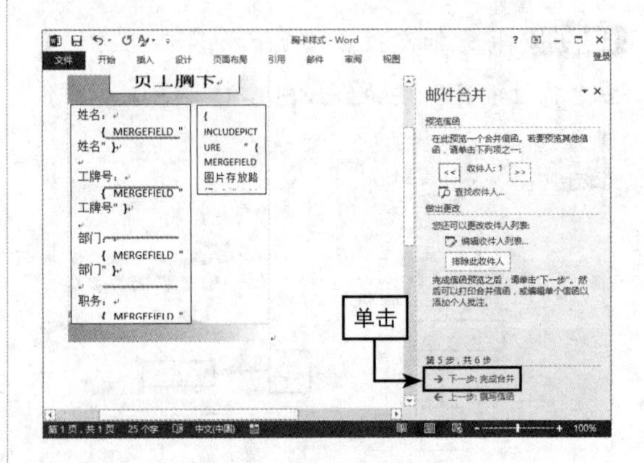


图 6-92

**step 17** 选择“编辑单个信函”选项，如图 6-93 所示。

**step 18** 在打开的“合并到新文档”对话框中选择“全部”选项，单击“确定”按钮，如图 6-94 所示。

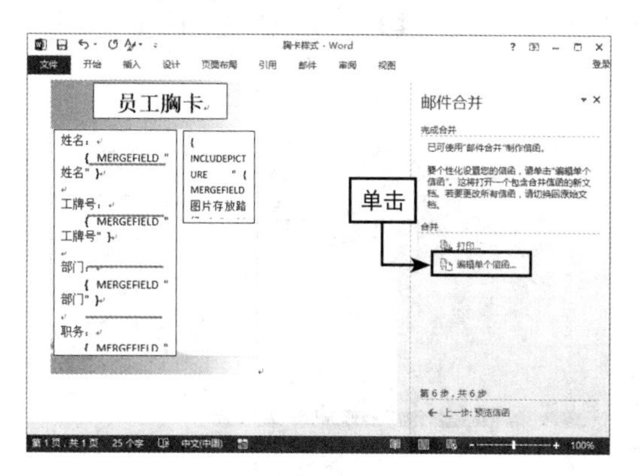


图 6-93

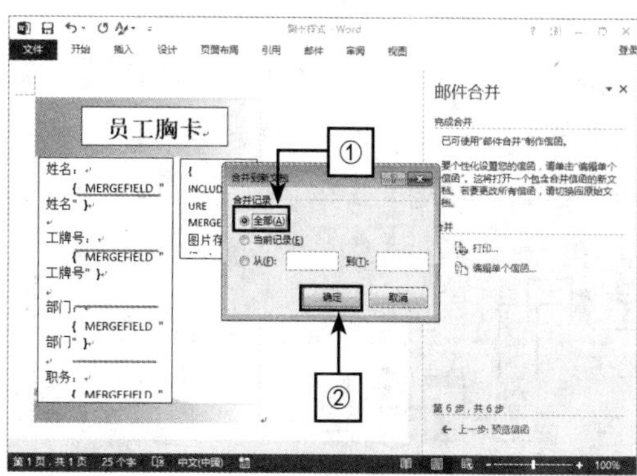


图 6-94

**step 19** 此时将生成包含员工信息的“信函 1”文档，按【Alt+F9】组合键显示基础数据，完成员工胸卡的制作，如图 6-95 所示。

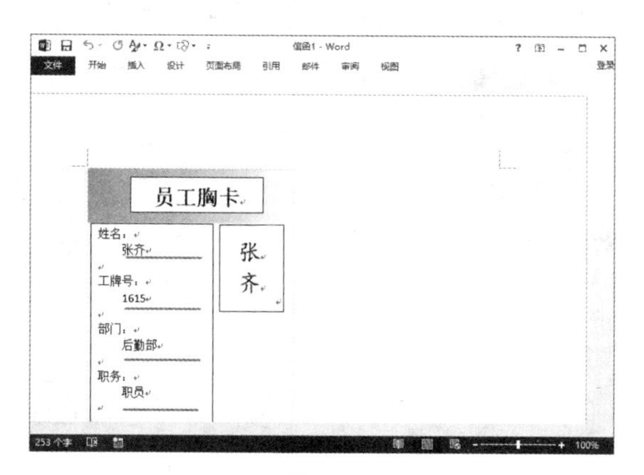


图 6-95

# 6.5　制作员工培训流程图

为尽快帮助新员工完成角色转变、适应工作岗位要求，也为了提高老员工和综合素质，企业会适时地展开员工培训。人力资源部需要针对员工培训过程制作流程图。流程图是 Excel 中应用比较广泛的一种自选形状，以特定的形状符号来展示员工的培训过程。在流程图中，圆角矩形表示开始与结束，矩形表示行动方案、普通工作环节，菱形表示问题判断或判定环节，平行四边形表示输入、输出，箭头代表工作流方向。

## 6.5.1　绘制流程图形状

绘制流程图形状主要包括插入形状、设置形状格式等操作。

**step 01** 打开 Excel 2013，创建“员工培训流程图”。

**step 02** 进入“插入”选项卡，在“插图”选项组中单击“形状”下拉按钮，从下拉列表中选择“流程图：可选过程”形状，如图 6-96 所示。

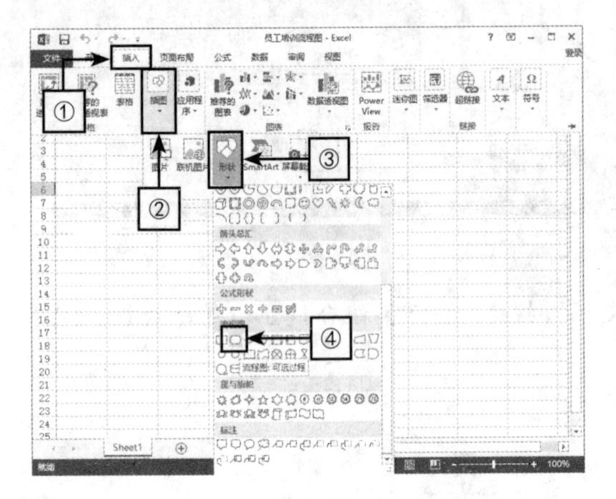

图 6-96

**step 03** 在合适的位置绘制可选过程形状，拖动形状四周的控制点，调整形状大小，如图 6-97 所示。

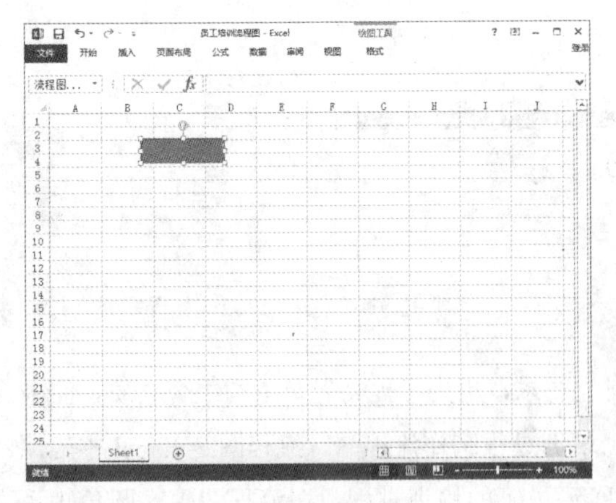

图 6-97

**step 04** 切换至“格式”选项卡，在“形状样式”选项组中单击“形状效果”下拉按钮，从下拉列表中单击“棱台”下拉按钮，从中选择“十字形”选项，设置形状的棱台效果，如图 6-98 所示。

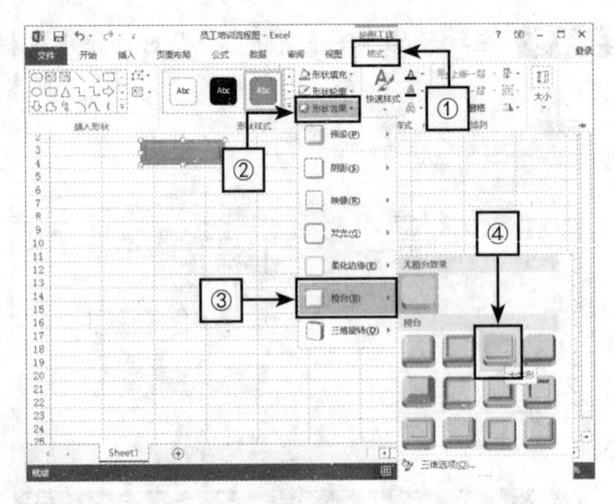

图 6-98

**step 05** 在“形状样式”选项组中单击“形状效果”下拉按钮，从下拉列表中单击“阴影”下拉按钮，从中选择“左下斜偏移”选项，设置形状的阴影效果，如图 6-99 所示。

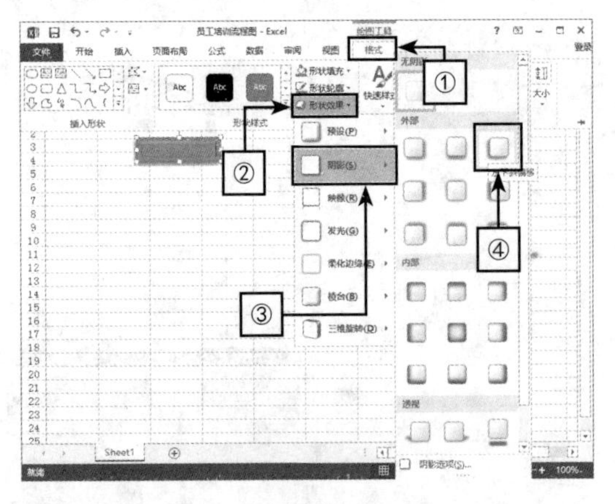

图 6-99

> **提示：**
>
> 用户还可以根据需要，在“形状效果”下拉列表中，对插入形状的预设效果、映像效果、发光效果等进行设置。

## 6.5.2 复制形状格式

对于流程图而言，有些形状的设置是相同的，用户可以复制已经插入的形状至合适的位置，从而减少工作量。复制形状格式有 3 种常用方法。

**step 01** 方法一：选择形状并右击，执行“复制”命令，如图 6-100 所示。

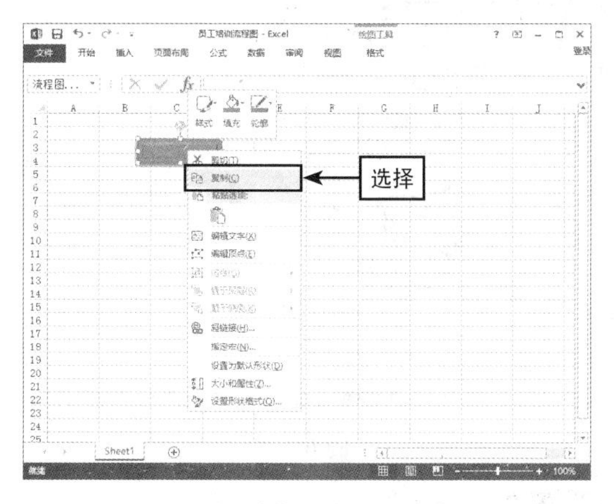


图 6-100

**step 02** 在合适的位置右击，执行“保留源格式”命令，如图 6-101 所示，复制并粘贴形状格式。

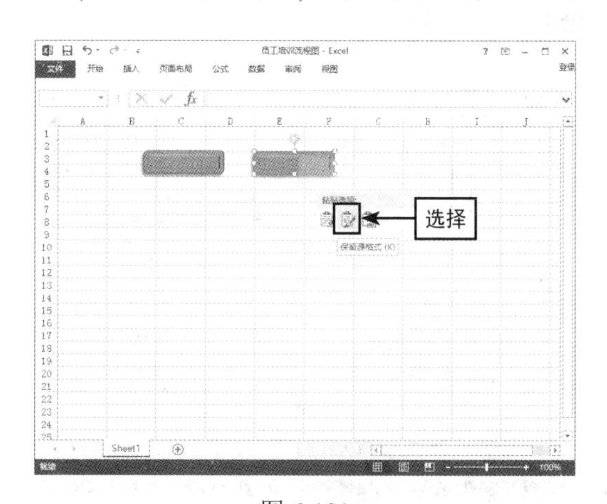


图 6-101

**step 03** 方法二：插入另外的形状，进入“插入”选项卡，在“插图”选项组中单击“形状”下拉按钮，从下拉列表中选择“流程图：决策”形状，如图 6-102 所示。

**step 04** 如图 6-103 所示，单击可选过程形状，进入“开始”选项卡，在“剪贴板”选项组中单击“格式刷”按钮。

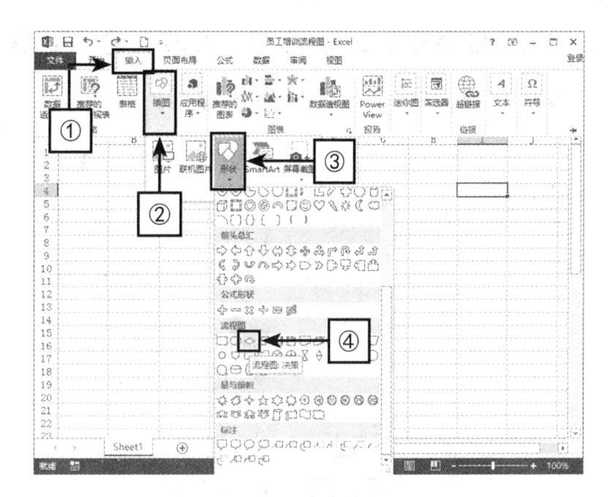


图 6-102

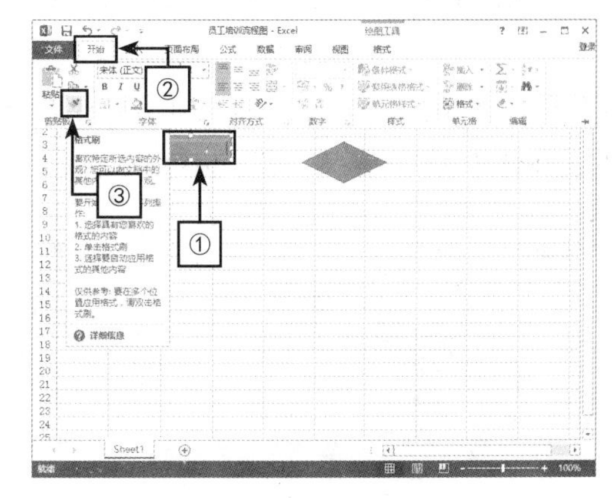


图 6-103

**step 05** 单击决策形状，完成形状格式的复制，如图 6-104 所示。

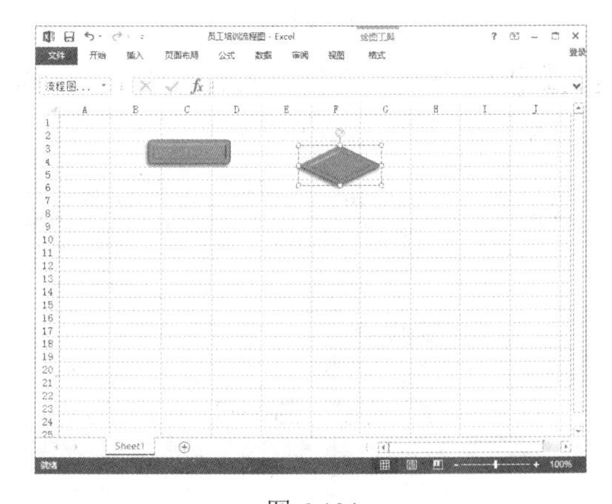

图 6-104

**step 06** 方法三：右击绘制的可选过程形状，从快捷菜单中执行“设置为默认形状”命令，如图 6-105 所示。继续插入其他形状时，其形状格式与设置的可选过程形状相同。

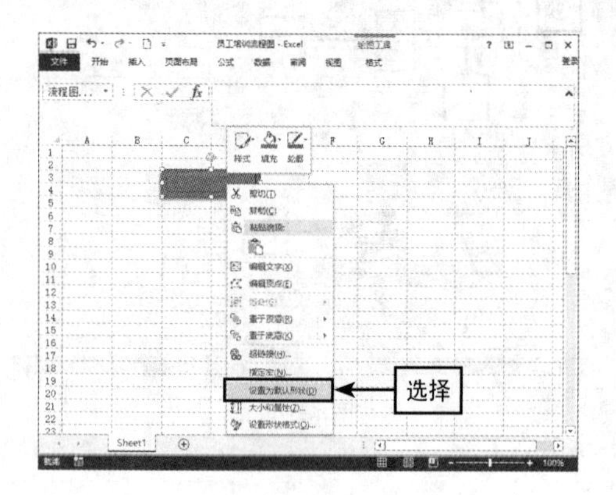


图 6-105

**step 07** 选择合适的方法，绘制其他流程图形状，并调整形状位置，如图 6-106 所示。

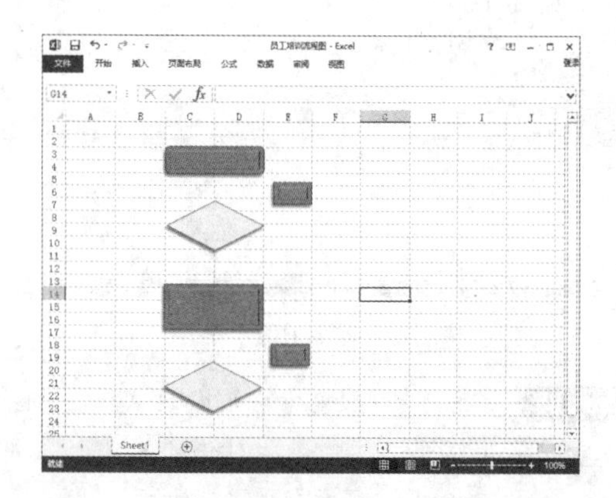

图 6-106

**step 08** 右击“流程图：可选过程形状”，执行“编辑文字”命令，如图 6-107 所示。

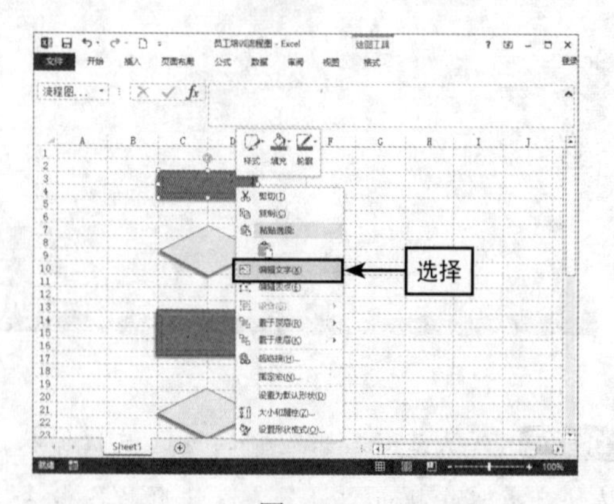


图 6-107

**step 09** 输入相关文本，居中输入文本，在“字体”选项组中将字体设置为“楷体”，将字号设置为 12，如图 6-108 所示。

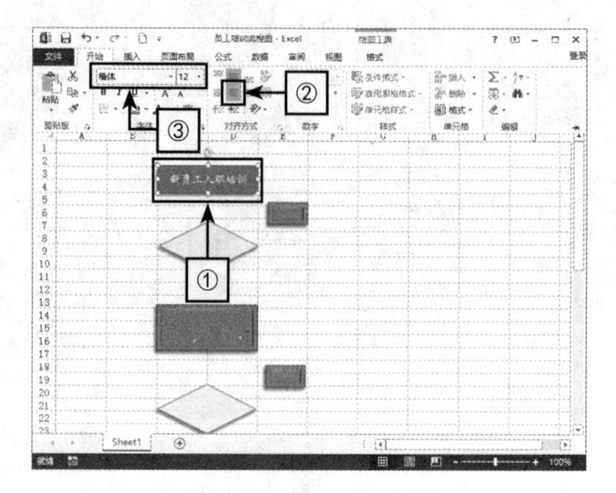


图 6-108

**step 10** 也可以进入“插入”选项卡，在“文本”选项组中单击“文本框”下拉按钮，选择“横排文本框”选项，如图 6-109 所示，在形状上绘制一个文本框。

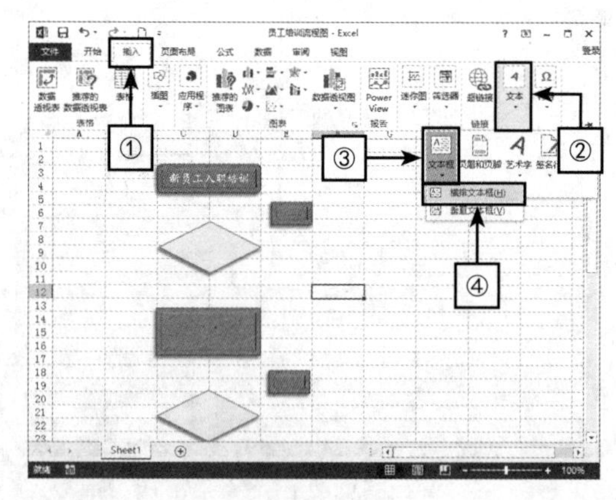


图 6-109

**step 11** 输入相关文本，居中输入文本，在“字体”选项组中，将字体设置为“楷体”，将字号设置为 12，设置字体颜色为“蓝色，着色 1，深色 25%”，如图 6-110 所示。

**step 12** 选中文本框，进入“格式”选项卡，在“形状样式”选项组中单击“形状填充”下拉按钮，执行“无填充颜色”命令，如图 6-111 所示。

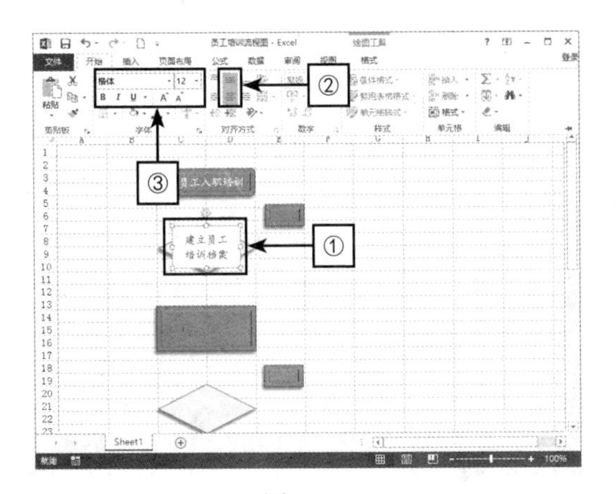
图 6-110

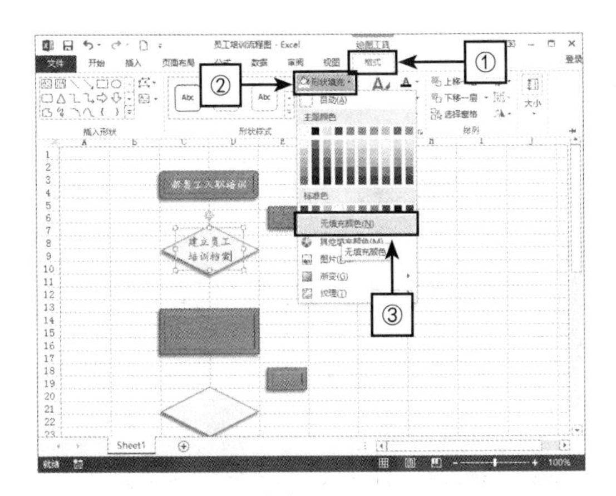
图 6-111

**step 13** 进入“格式”选项卡，在“形状样式”选项组中单击“形状轮廓”下拉按钮，执行“无轮廓”命令，设置文本框的形状格式，如图 6-112 所示。

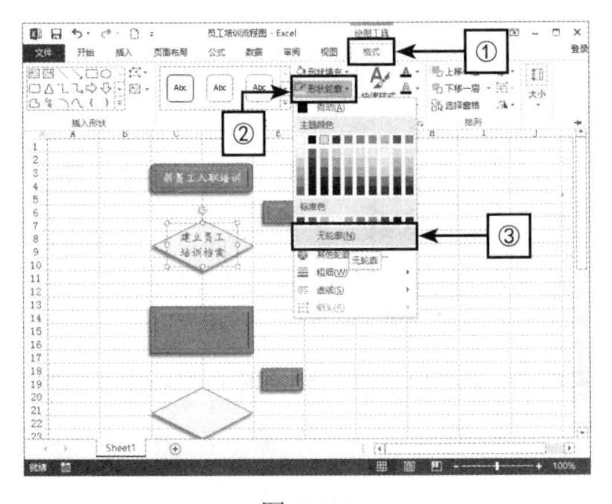
图 6-112

**step 14** 选择合适的方法，添加并设置其他文本，如图 6-113 所示。

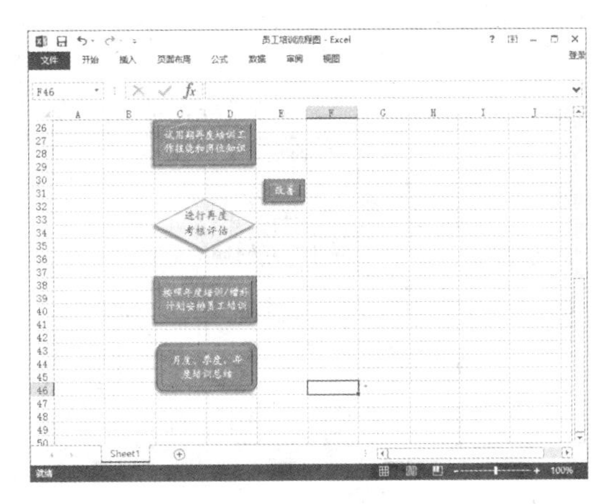
图 6-113

## 6.5.3　连接形状

用户可以使用Excel插入线条形状的功能，连接各个形状，表明各形状之间的层次关系，串联整个流程图。

**step 01** 进入“插入”选项卡，在“插图”选项组中单击“形状”下拉按钮，从下拉列表中选择“箭头”形状，在工作表中绘制箭头形状，如图 6-114 所示。

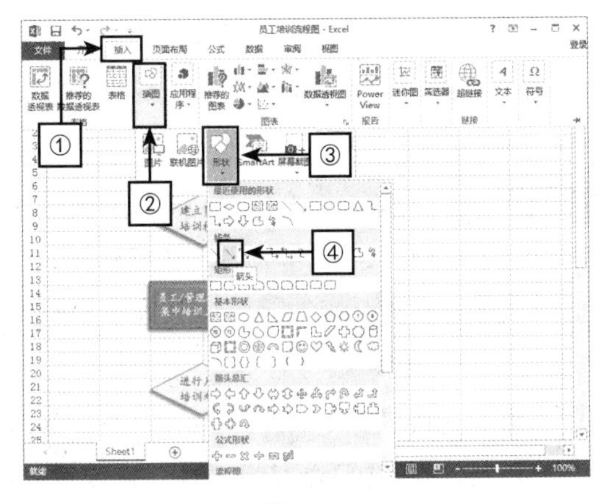
图 6-114

**step 02** 进入“格式”选项卡，在“形状样式”

选项组中单击“形状轮廓”下拉按钮，并单击“粗细”下拉按钮，设置形状线条宽度为 1.5 磅，设置箭头形状的线宽，如图 6-115 所示。

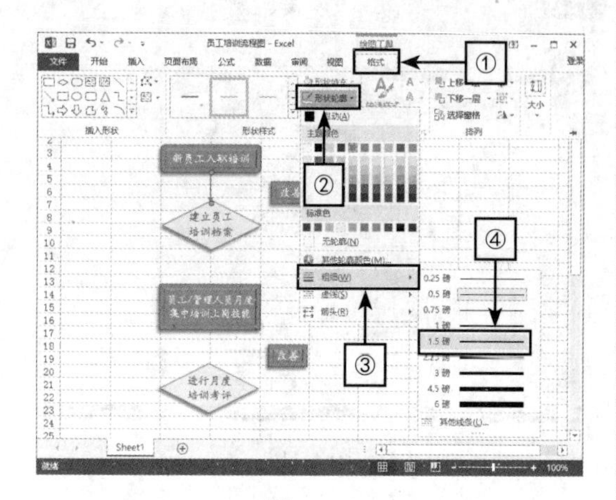

图 6-115

**step 03** 右击绘制的箭头形状，从快捷菜单中选择“设置为默认线条”命令，如图 6-116 所示。

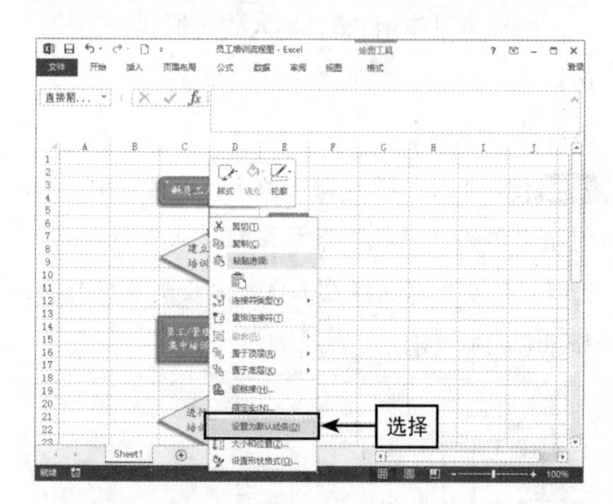

图 6-116

**step 04** 进入“插入”选项卡，在“插图”选项组中单击“形状”下拉按钮，从下拉列表中选择“肘形箭头连接符”形状，如图 6-117 所示，绘制肘形箭头连接符。

**step 05** 使用同样的方法，制作其他箭头形状，并使用箭头形状连接流程图形状，如图 6-118 所示。

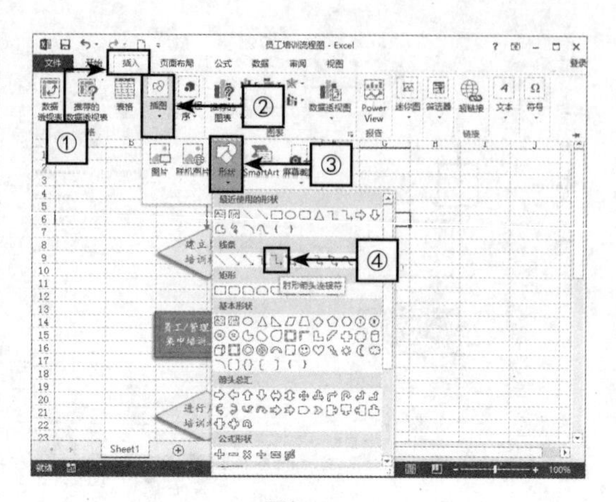

图 6-117

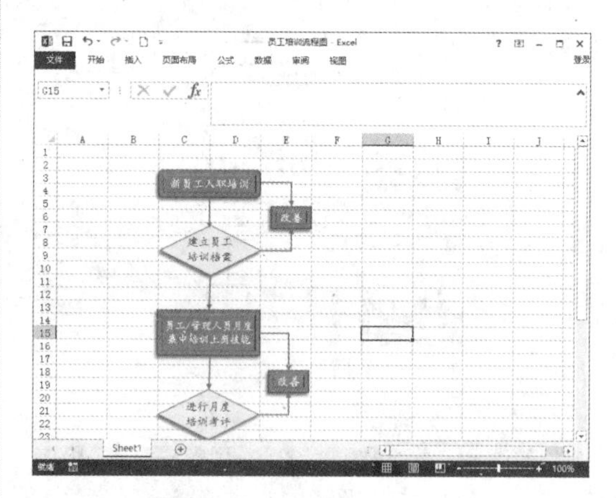

图 6-118

**step 06** 在适当的位置添加 YES、NO 的文本框，最后结果如图 6-119 所示。

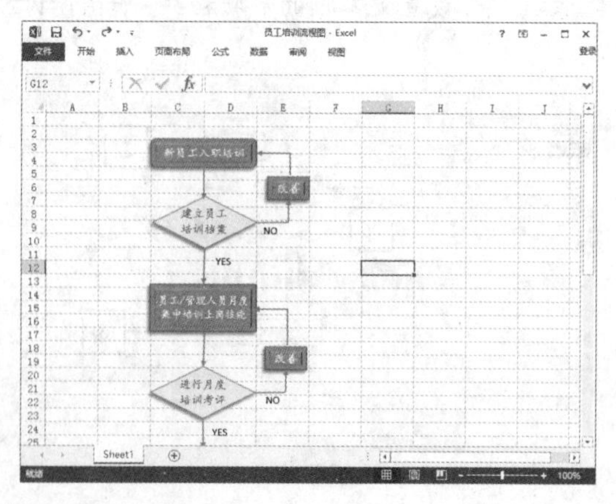

图 6-119

# 6.6　制作培训时间安排图

除了制作培训流程图外，人力资源部职员可以将具体的培训时间制成培训时间安排图，以图表的形式直观地表示培训项目及培训时长。

## 6.6.1　制作培训时间安排表

培训时间安排图是以培训时间安排表为基础制成的，首先要制作培训时间安排表。

**step 01** 打开 Excel 2013，创建“培训时间安排表”。

**step 02** 合并并居中 A1:E1 单元格区域，输入标题文本，在“字体”选项组中，将字体设置为“华文仿宋”，将字号设置为 18 并加粗，如图 6-120 所示。

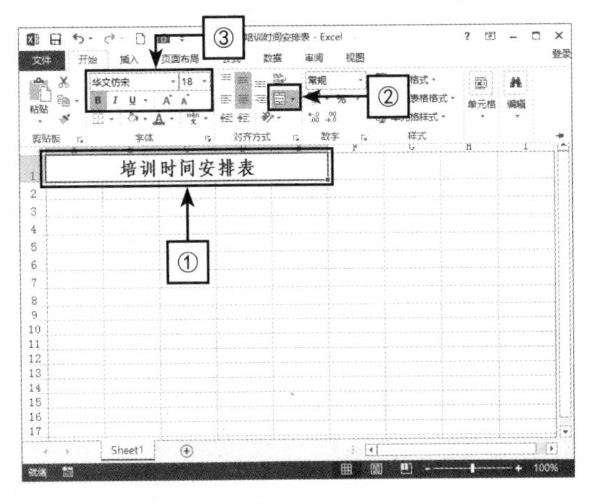


图 6-120

**step 03** 根据需要输入表格基础内容，如图 6-121 所示。

**step 04** 选择 C3 单元格，在编辑栏中输入公式，并按住填充手柄拖曳至 C8 单元格，如图 6-122 所示。

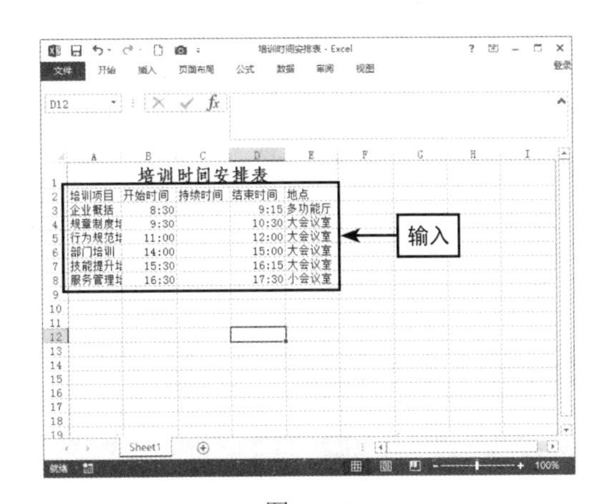


图 6-121

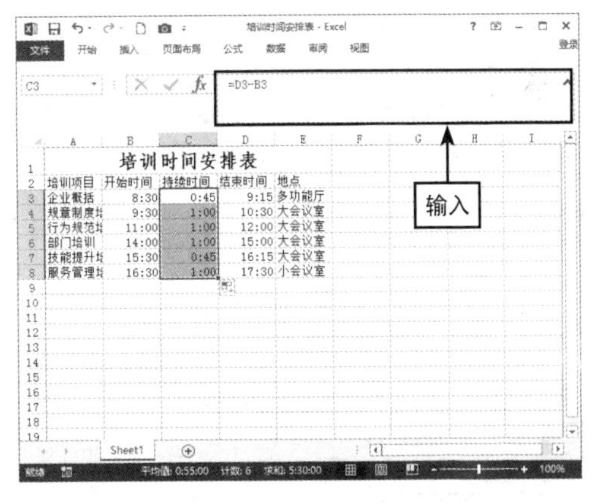


图 6-122

**step 05** 选择 A2:E8 单元格区域，单击“居中”按钮，在“字体”选项组中将字体设置为“华文宋体”，如图 6-123 所示。

**step 06** 选择 A 列单元格区域，进入“开始”选项卡，在“单元格”选项组中单击“格式”下拉按钮，执行“自动调整列宽”命令，结果如图 6-124 所示。

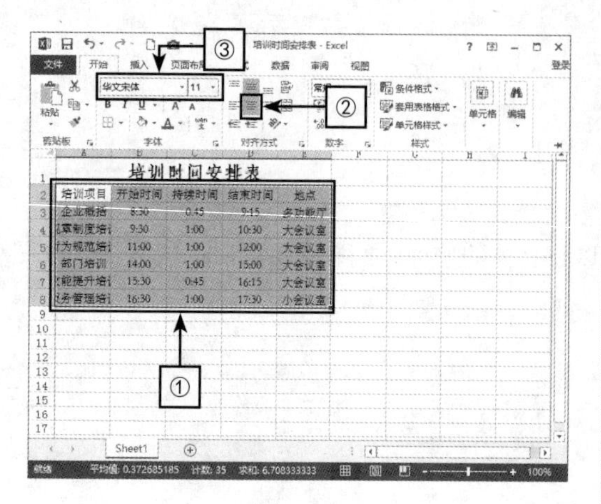


图 6-123

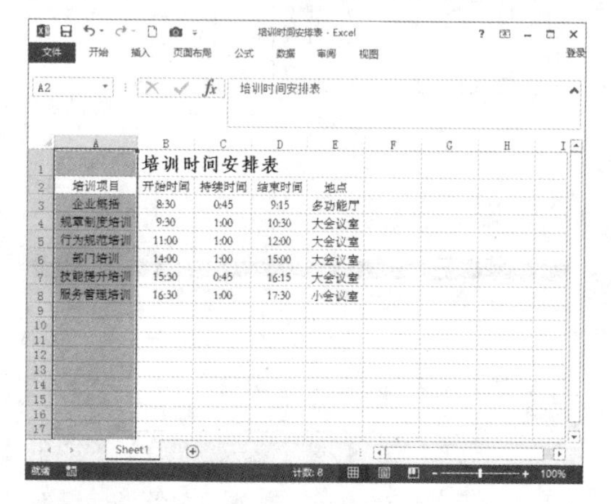


图 6-124

**step 07** 选择 A2:E8 单元格区域，进入“开始”选项卡，在“字体”选项组中单击“下框线”下拉按钮，选择“所有框线”选项，如图 6-125 所示。

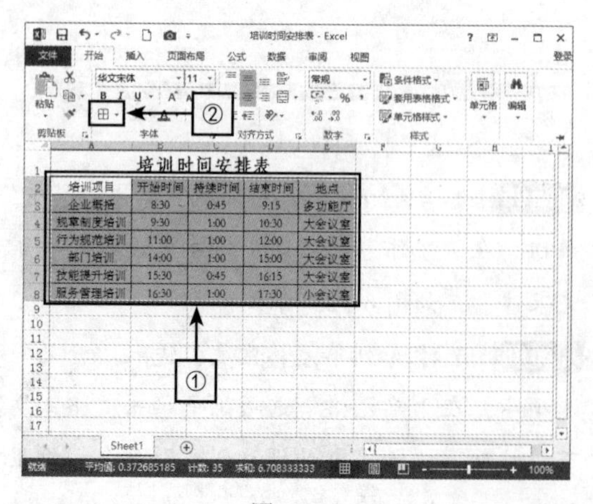


图 6-125

## 6.6.2 图表显示培训时间

根据培训时间安排表，可以使用 Excel 插入图表的功能，形象地显示培训时间。

**step 01** 选择 A2:C8 单元格区域，进入“插入”选项卡，在“图表”选项组中单击“插入条形图”下拉按钮，从下拉列表中执行“三维堆积条形图”命令，如图 6-126 所示。

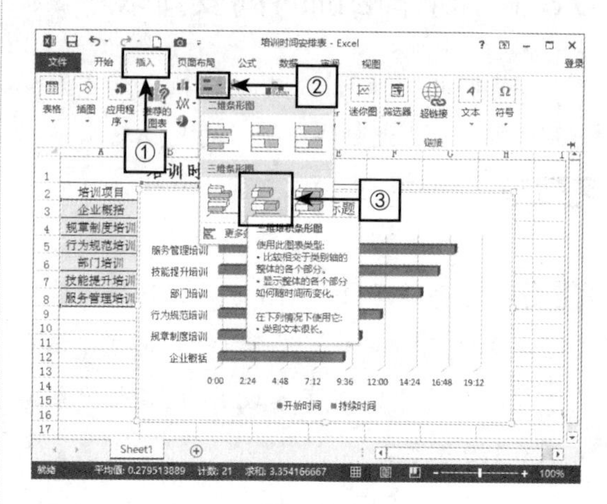


图 6-126

**step 02** 所得图表的垂直（类别）轴与培训时间安排表中培训项目的顺序相反，双击垂直（类别）轴，打开“设置坐标轴格式”窗格，将坐标轴位置设置为“逆序类别”，如图 6-127 所示。

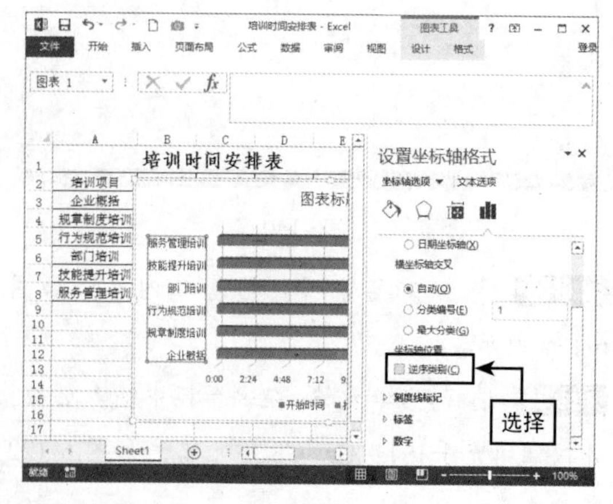


图 6-127

**step 03** 双击水平（值）轴，打开“设置坐标轴格式”对话框，设置边界的最大值、最小值及主要、次要单位，如图 6-128 所示。

图 6-128

**step 04** 单击“图表元素”，勾选“数据标签”选项，如图 6-129 所示。

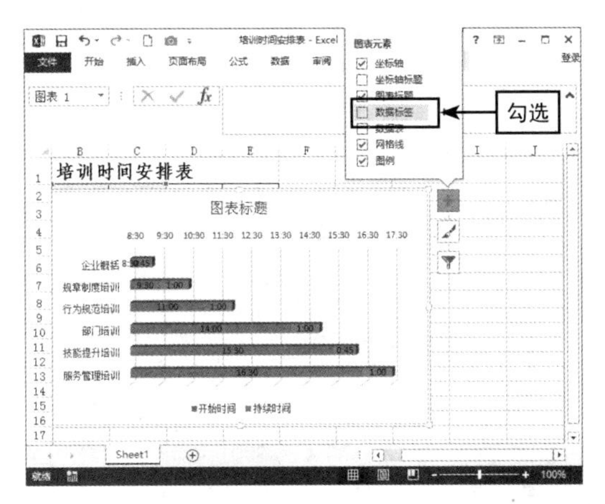


图 6-129　勾选“数据标签”选项

**step 05** 在培训时间安排图中，系列“开始时间”可以不被显示出来。双击系列“开始时间”，打开“设置数据系列格式”窗格，切换至“填充线条”选项卡，选择“无填充”和“无线条”选项，如图 6-130 和图 6-131 所示。

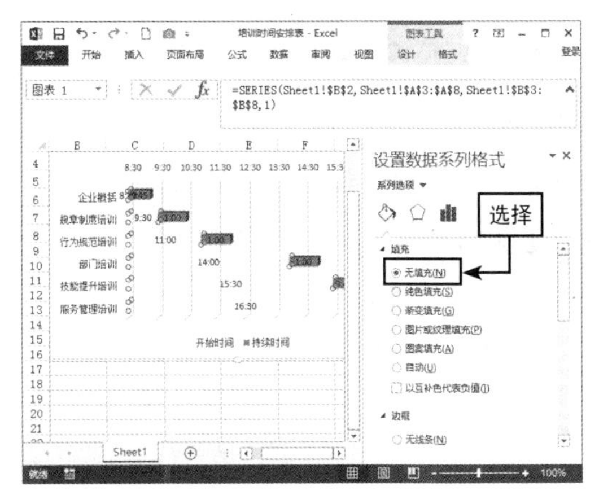


图 6-130

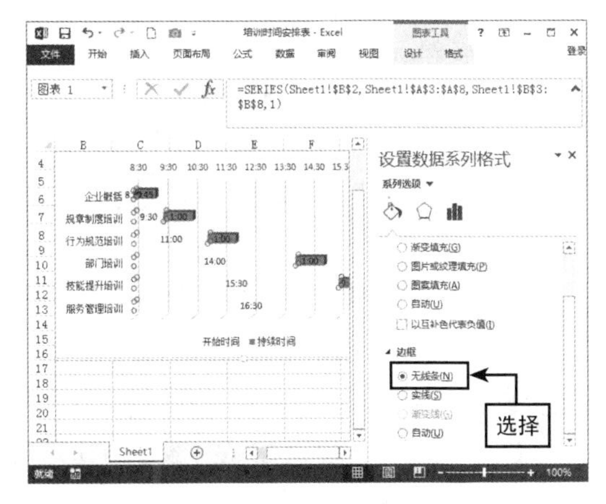


图 6-131

**step 06** 选择并删除系列“开始时间”数据标签，并取消勾选“图例”，如图 6-132 所示。

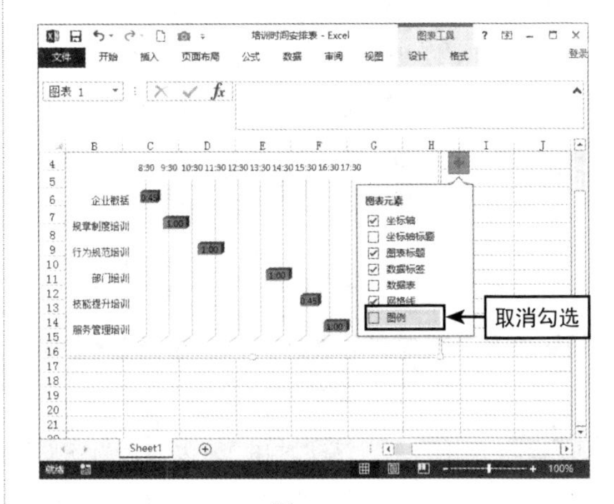


图 6-132

### 6.6.3 美化图表

美化图表主要包括设置图表区格式、设置绘图区格式、设置系列格式等内容。

**step 01** 选择图表区，进入"格式"选项卡，在"形状样式"选项组中单击"其他"按钮，选择合适的形状样式，如图 6-133 所示。

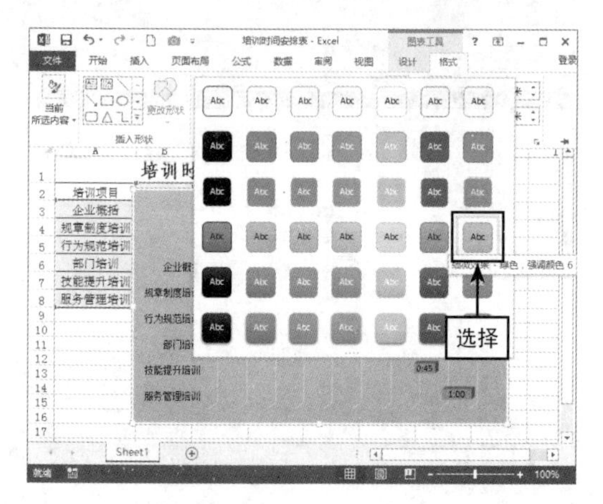


图 6-133

**step 02** 选择绘图区，进入"格式"选项卡，在"形状样式"选项组中单击"其他"按钮，选择合适的形状样式，如图 6-134 所示。

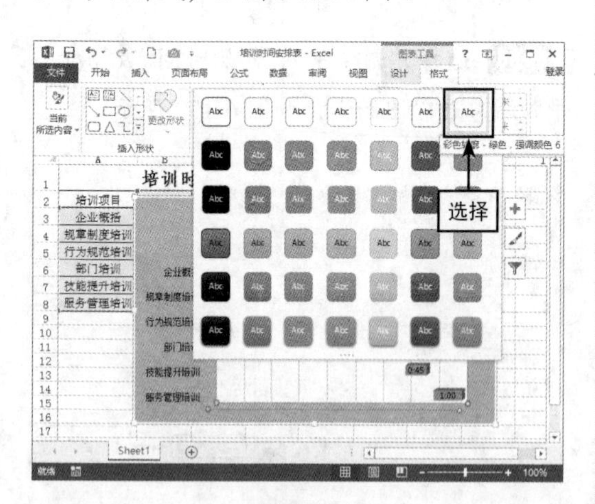


图 6-134

**step 03** 选择系列"持续时间"，切换至"格式"选项卡，在"形状样式"选项组中单击"形状效果"下拉按钮，从下拉列表中单击"棱台"下拉按钮，从中选择"艺术装饰"选项，设置数据系列的形状效果，如图 6-135 所示。

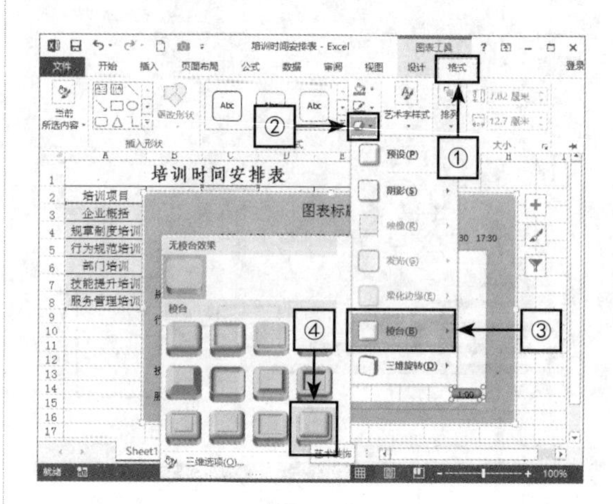


图 6-135

**step 04** 单击"图表标题"，将其重命名为"培训时间安排图"，调整图表大小和位置，如图 6-136 所示。

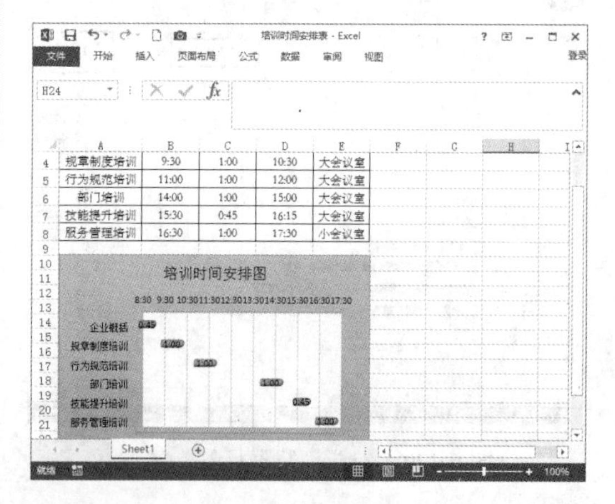


图 6-136

**提示：**

当还原图表样式时，进入"格式"选项卡，在"当前所选内容"选项组中执行"重设以匹配样式"命令，即可还原默认图表样式。

# 6.7　制作实施模型图

员工培训与开发的方法是否恰当与培训结果有极大的关系。现代企业员工培训与开发的实施模型图主要以图形的形式显示员工培训的具体步骤。

## 6.7.1　插入流程图形状

插入流程图形状主要包括插入形状、设置形状格式、输入文本内容等操作。

**step 01** 启动 Excel 2013，创建“实施模型图”。

**step 02** 进入“插入”选项卡，在“插图”选项组中单击“形状”下拉按钮，从下拉列表中选择“流程图：可选过程”形状，在工作表区绘制流程图形状，结果如图 6-137 所示。

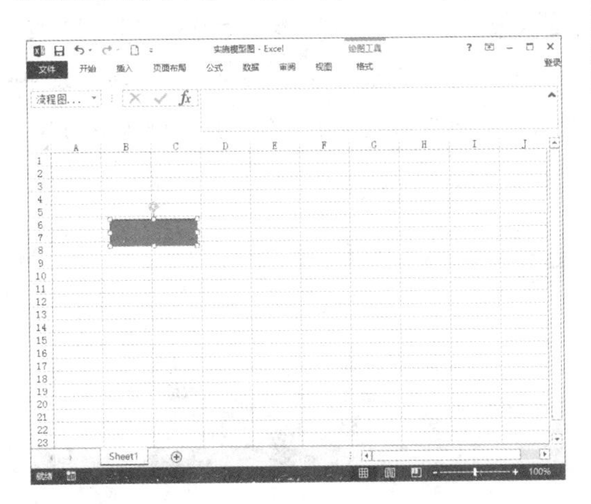

图 6-137

**step 03** 切换至“格式”选项卡，在“形状样式”选项组中单击“形状填充”下拉按钮，选择主题颜色为“橙色，着色 2，淡色 60%”，如图 6-138 所示。

**step 04** 在“形状样式”选项组中单击“形状效果”下拉按钮，从下拉列表中单击“预设”下拉按钮，从中选择“预设 6”选项，设置形状的预设效果，如图 6-139 所示。

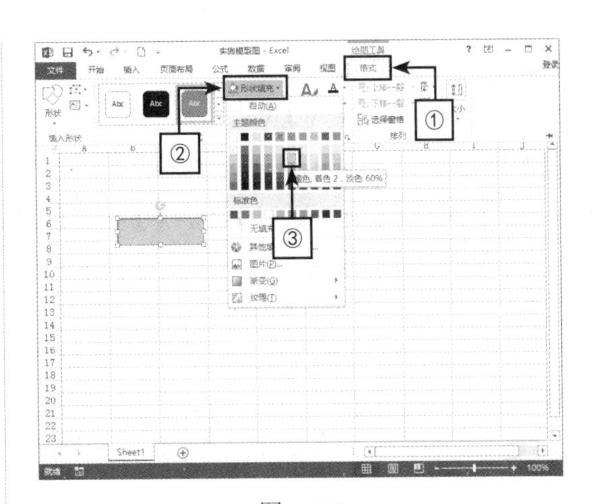


图 6-138

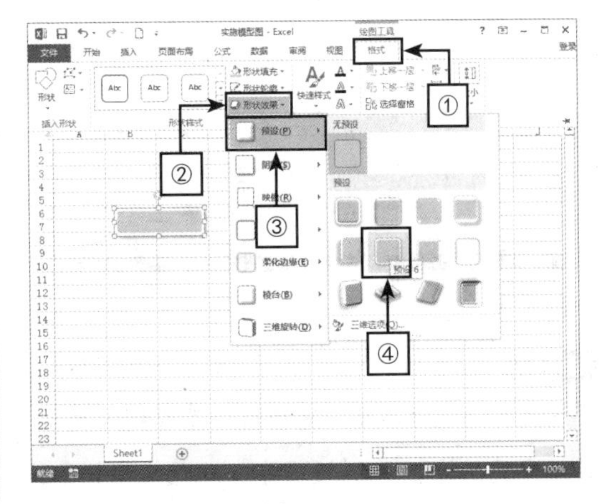


图 6-139

**step 05** 在“形状样式”选项组中单击“形状效果”下拉按钮，从下拉列表中单击“发光”

下拉按钮，选择合适的发光效果，如图 6-140 所示。

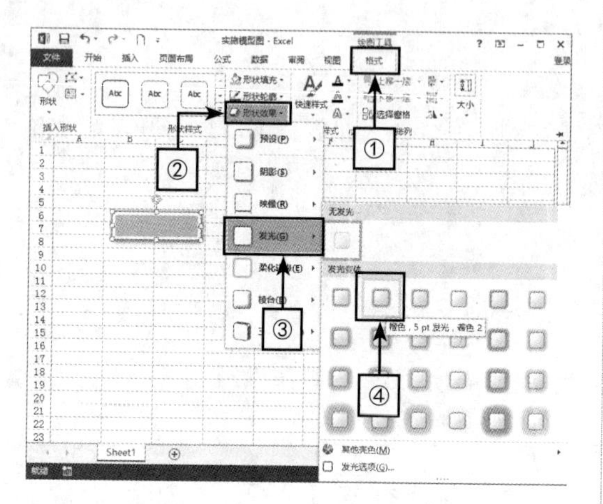


图 6-140

**step 06** 选择绘制的形状，按【Ctrl+C】组合键，单击合适的单元格，按【Ctrl+V】组合键，并调整粘贴的形状至合适的位置，如图 6-141 所示。

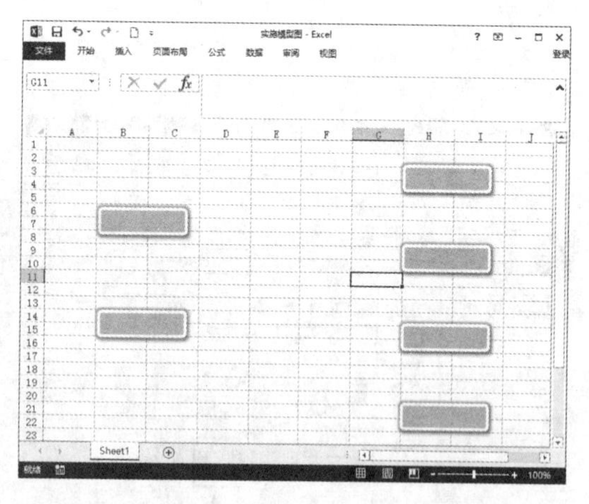

图 6-141

**step 07** 右击形状，执行“编辑文字”命令，输入文本，在“字体”选项组中居中输入文本，将字号设置为 12，并设置字体颜色为“蓝色，着色 1，深色 50%”。

**step 08** 按照相同的方法，输入并设置其他流程图形状文本，结果如图 6-142 所示。

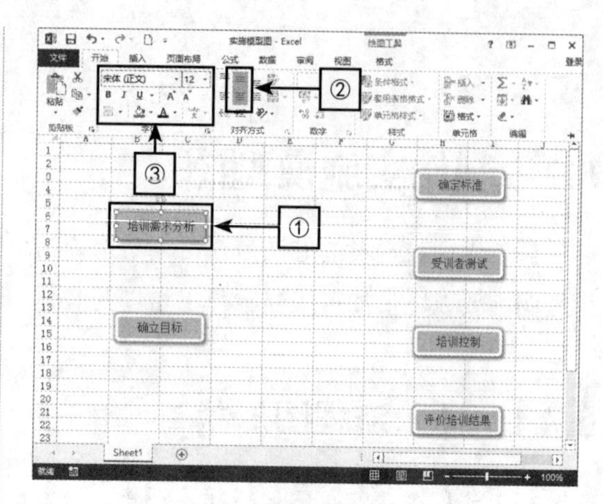


图 6-142

## 6.7.2 插入菱形形状

插入菱形形状主要包括插入形状、设置形状格式、输入文本内容等操作。

**step 01** 进入“插入”选项卡，在“插图”选项组中单击“形状”下拉按钮，从下拉列表中选择“菱形”形状，在工作表区绘制菱形形状，如图 6-143 所示。

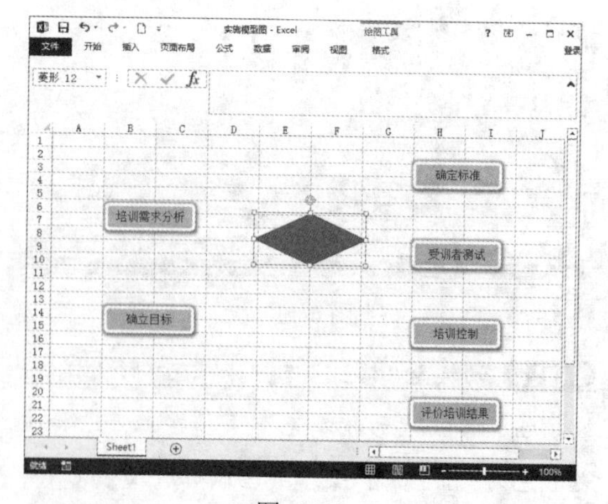


图 6-143

**step 02** 切换至“格式”选项卡，在“形状样式”选项组中单击“形状填充”下拉按钮，选择浅绿色填充形状，如图 6-144 所示。

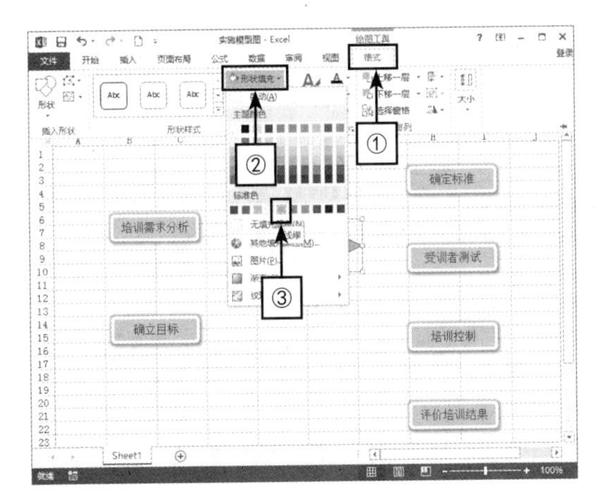

图 6-144

**step 03** 在“形状样式”选项组中单击“形状效果”下拉按钮，从下拉列表中单击“棱台”下拉按钮，从中选择“十字形”选项，设置形状的棱台效果，如图 6-145 所示。

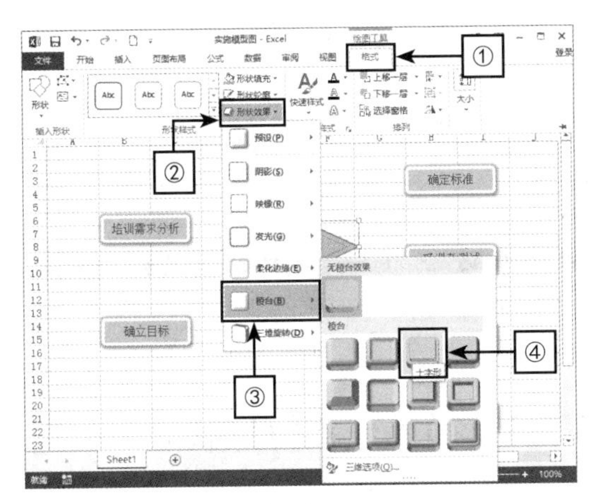

图 6-145

**step 04** 在“形状样式”选项组中单击“形状效果”下拉按钮，从下拉列表中单击“映像”下拉按钮，从中选择“紧密映像，接触”选项，设置形状的映像效果，如图 6-146 所示。

**step 05** 选择形状，按【Ctrl+C】组合键，单击合适的单元格，按【Ctrl+V】组合键，并调整粘贴的形状至合适的位置，如图 6-147 所示。

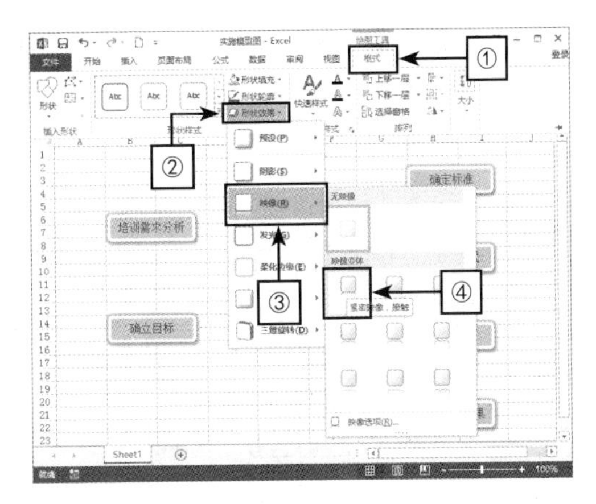

图 6-146

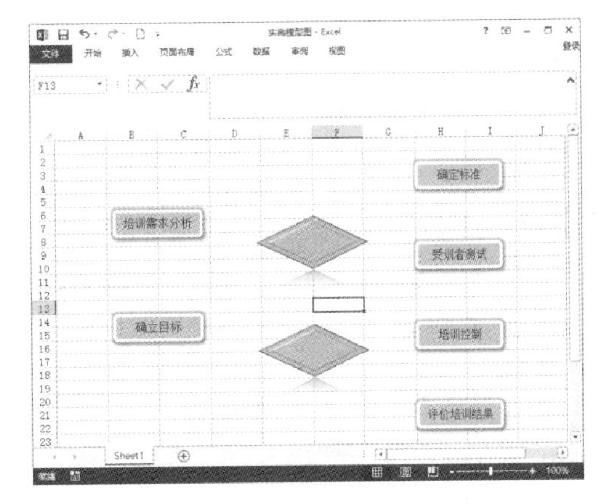

图 6-147

**step 06** 进入“插入”选项卡，在“文本”选项组中单击“文本框”下拉按钮，选择“横排文本框”，如图 6-148 所示，在合适的位置插入文本框。

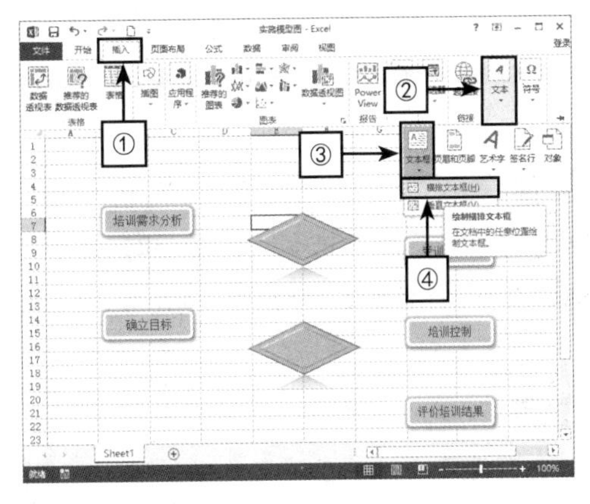

图 6-148

**step 07** 在文本框中输入文本，在“字体”选项组中居中输入文本，并设置字体颜色，如图6-149 所示。

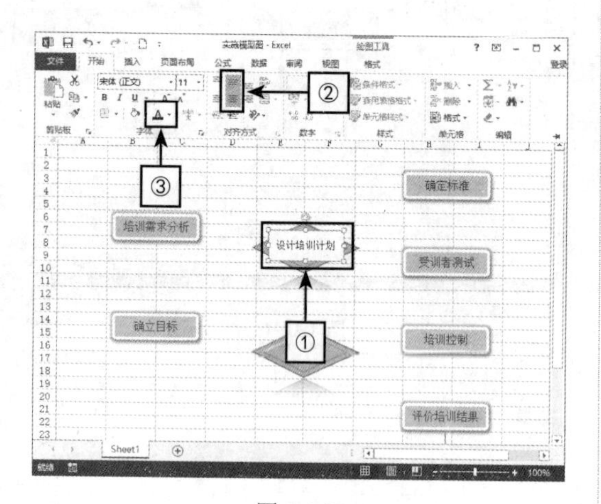

图 6-149

**step 08** 选中文本框，进入“格式”选项卡，在“形状样式”选项组中单击“形状填充”下拉按钮，执行“无填充颜色”命令，如图 6-150 所示。

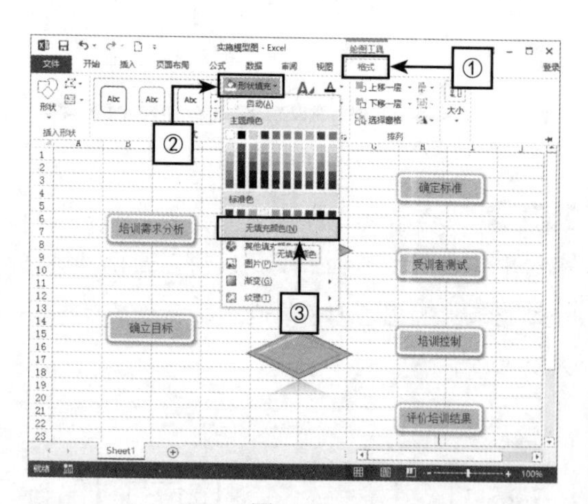

图 6-150

**step 09** 进入“格式”选项卡，在“形状样式”选项组中单击“形状轮廓”下拉按钮，执行“无轮廓”命令，设置文本框的形状格式，如图 6-151 所示。

**step 10** 按照相同的方法，添加并设置其他文本框，结果如图 6-152 所示。

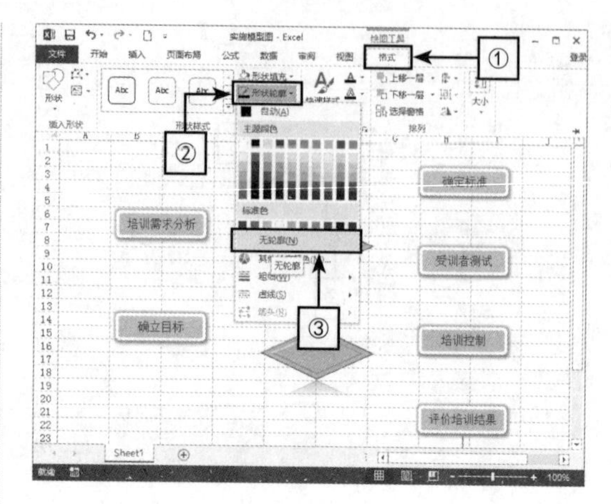

图 6-151

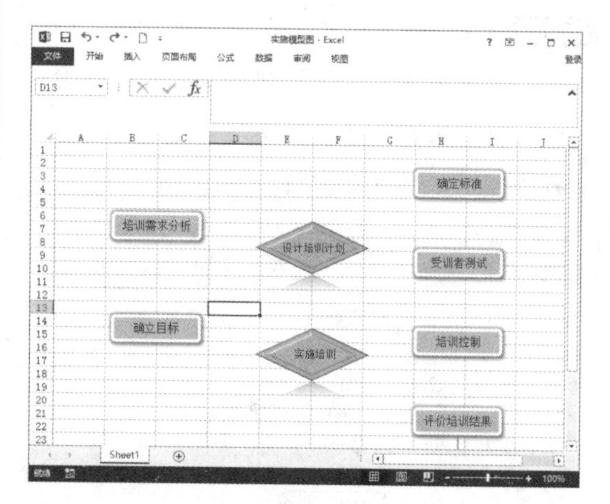

图 6-152

## 6.7.3 插入连接符形状

步骤形状绘制完成后，用户可使用 Excel 插入线条形状的功能，连接各个形状。

**step 01** 进入“插入”选项卡，在“插图”选项组中单击“形状”下拉按钮，从下拉列表中选择“箭头”形状，在工作表中绘制箭头形状，如图 6-153 所示。

**step 02** 进入“格式”选项卡，在“形状样式”选项组中单击“形状轮廓”下拉按钮，设置形状线条颜色为浅蓝，设置线条粗细为 1.5 磅，如图 6-154 所示。

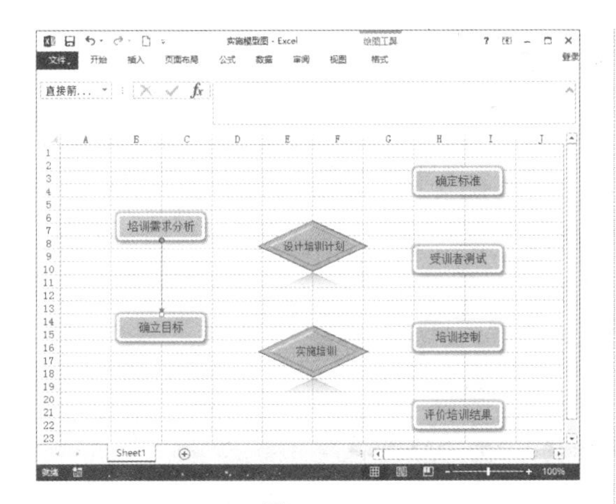

图 6-153

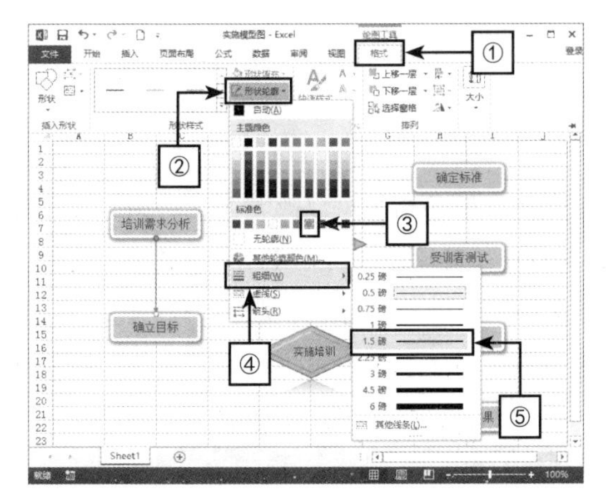

图 6-154

**step 03** 右击绘制的箭头形状，从快捷菜单中执行“设置为默认线条”命令，如图 6-155 所示。

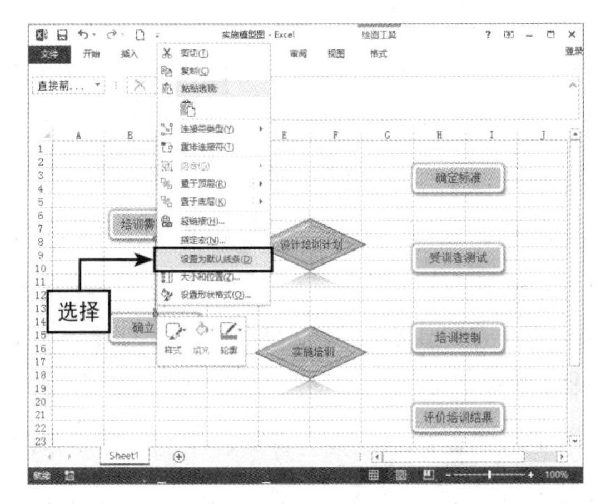


图 6-155

**step 04** 进入“插入”选项卡，在“插图”选项组中单击“形状”下拉按钮，从下拉列表中选择“肘形箭头连接符”形状，如图 6-156 所示，绘制肘形箭头连接符。

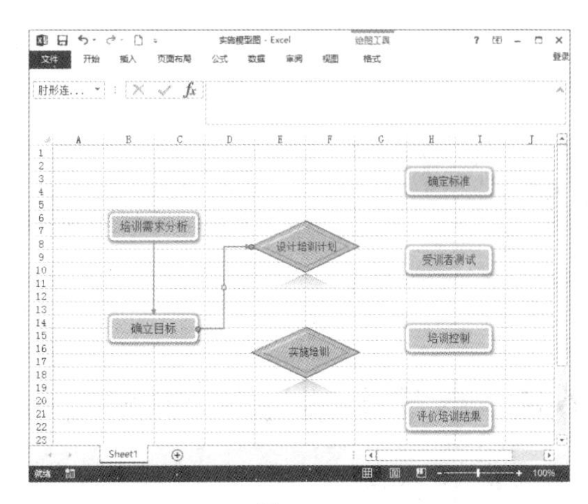

图 6-156

**step 05** 使用同样的方法，制作其他箭头形状，并使用箭头形状连接步骤，结果如图 6-157 所示。

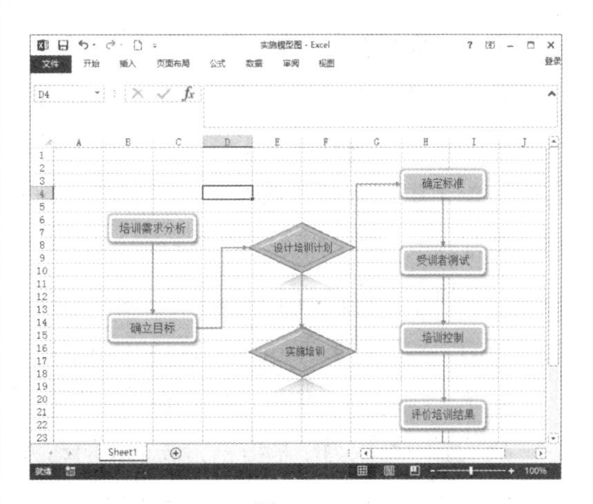

图 6-157

**step 06** 切换至“视图”选项卡，在“显示”选项组中，取消勾选“网格线”复选框，隐藏网格线，如图 6-158 所示。

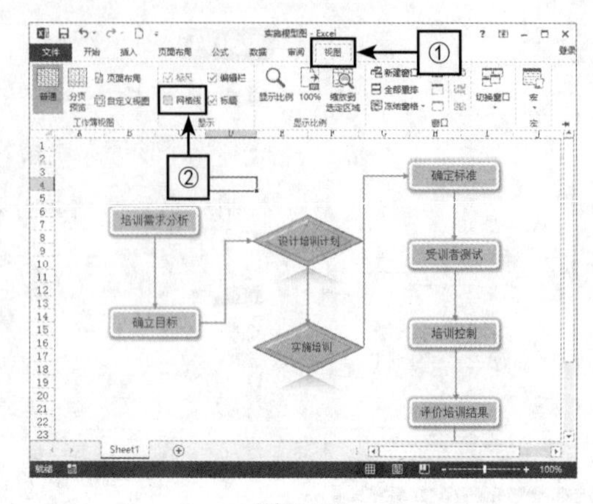


图 6-158

# 6.8 本章小结与职场感悟

❒ 本章小结

在人力资源管理过程中，员工招聘具有重要意义。有效的招聘可以改善人员结构，为公司增添新的活力。对公司的新老员工进行适当的培训与管理，可以提高员工技能、增长员工才干，提升公司综合竞争力，促进公司目标的实现。Excel在人力资源管理招聘与培训中具有广泛的应用，如面试成绩统计表、员工人数月报表、员工信息登记表、员工胸卡、员工培训流程图、培训时间安排图、实施模型图等，为人力资源部管理新老员工、组织员工培训提供帮助。

❒ 职场感悟——工作责任

不管我们从事着什么工作，无论是公司的行政后勤管理，还是引领整个企业发展的CEO，选择一份工作就意味着选择了一份责任，拥有了自己的任务与使命，地位越高、权力越大，肩上的责任也就越重，我们必须认真履行岗位职责，勇敢地承担起自己在工作中的责任与义务。

“凡属我应该做的事，而且力量能够做到的，我对于这件事便有了责任，凡属于我自己打主意要做的一件事，便是现在的自己和将来的自己立了一种契约，便是自己对于自己加一层责任。”责任，是一种对于工作高度的使命感，是一种义不容辞的担当，是一种责无旁贷的义务。责任是贡献，而不是压力，是出色完成工作的动力，是做好任何事务的基础和前提。

现实情况表明，企业往往愿意聘用一个能力一般但有较强责任感的人，而不愿重用一个能力虽然很强但缺乏责任心的人。一个没有责任心的员工，即使有再多的知识、再大的才华，却安于现状、不求上进，也难以为公司做出贡献、创造价值。一个有责任心的员工，尽心尽力，尽职尽责，把工作中的每一件事情，无论大小，都当成自己的事，把每一项工作都做得尽善尽美。在工作中，只有勇于承担责任、完美履行职责的人，才会被赋予更多的使命，被机会眷顾，才能赢得更多的荣誉。工作意味着责任，工作中有应尽的职责，是每个员工都必须认真对待的。“在其位，谋其政，尽其责，成其事”，这不仅是对工作负责，也是对自己负责。

# 第 7 章

## 人力资源：吸收绩效福利的养分

本章内容

员工的绩效管理是指在企业中对员工实行绩效考核。针对企业中每个员工所承担的工作，利用各种定性和定量的方法，对员工工作的实际效果及其对企业的贡献进行考核和评价。构建完善的绩效管理系统是人力资源管理部门的一项战略性任务。

员工福利是企业人力资源薪酬管理体系的一部分，是现代企业吸引和留住人才的一项重要措施，既能树立企业良好的社会形象，又在保护劳动者积极性的同时，激励员工提高自身素质。人力资源部对于员工绩效和职工福利的管理，不仅能保障员工权益，促进员工工作绩效的提升，也有助于提高企业的凝聚力和竞争力，最终实现企业目标。

在本章中，将运用 Excel 2013 软件帮助人力资源部职员进行绩效和员工福利管理，介绍管理过程中一些常用的表格及制作步骤，提高人力资源部职员的工作效率。

# 7.1 制作绩效考核流程图

绩效考核流程图是以图形的形式表示绩效考核过程，通过考核结果发现员工的长处与不足，提高员工素质，并为企业员工培训工作提供方向。

## 7.1.1 制作主步骤形状

制作主步骤形状主要指在 Excel 中插入流程图形状来表示绩效考核的主要流程步骤。

**step 01** 启动 Excel 2013，创建"绩效考核流程图"。

**step 02** 进入"插入"选项卡，在"插图"选项组中单击"形状"下拉按钮，从下拉列表中选择"流程图：准备"形状，在工作表区绘制流程图形状，如图 7-1 所示。

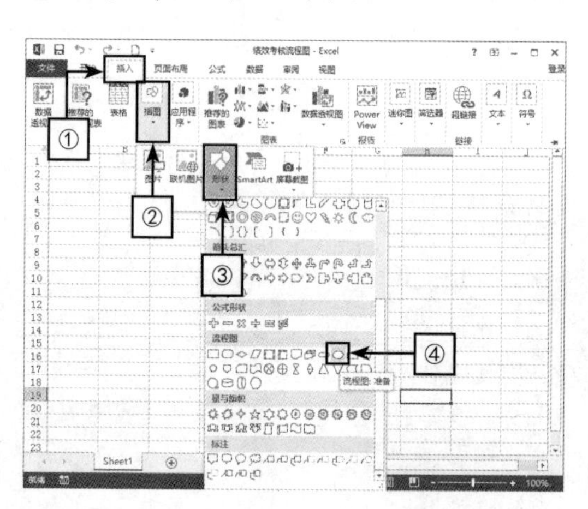


图 7-1

**step 03** 切换至"格式"选项卡，在"形状样式"选项组中单击"形状效果"下拉按钮，从下拉列表中单击"棱台"下拉按钮，从中选择"角度"选项，设置形状的棱台效果，如图 7-2 所示。

**step 04** 右击流程图形状，从弹出的快捷菜单中选择"设置形状格式"命令，如图 7-3 所示。

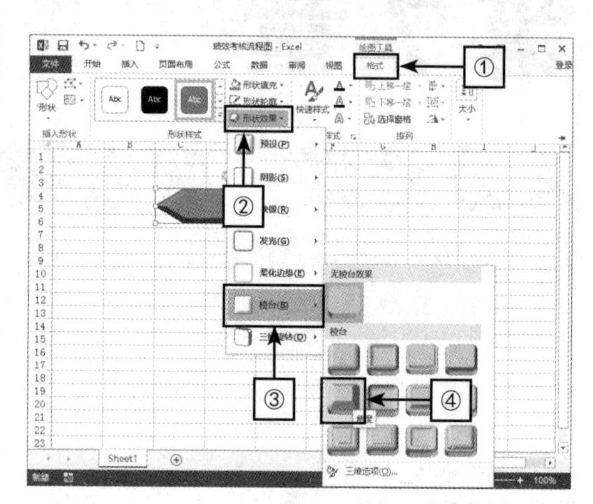


图 7-2

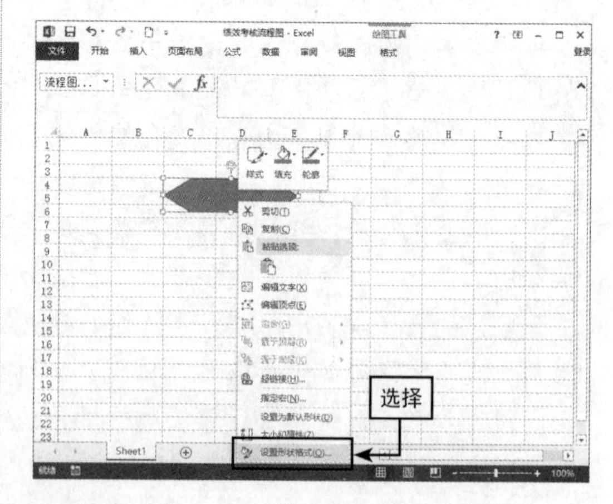


图 7-3

**step 05** 打开"设置形状格式"窗格，切换至"填充线条"选项卡，并选择"渐变填充"选项，如图 7-4 所示。

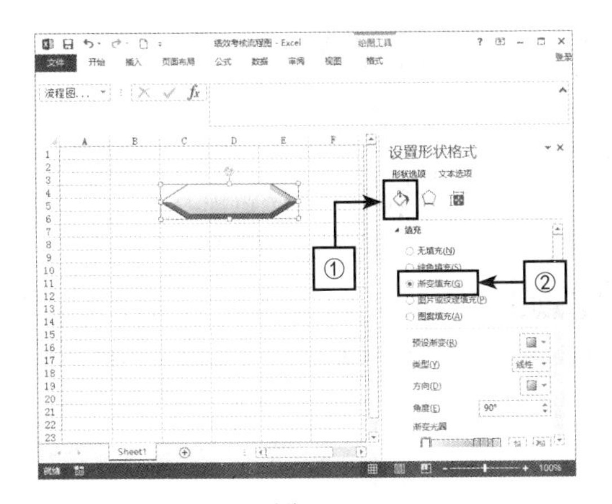


图 7-4

**step 06** 在“类型”下拉列表中选择合适的渐变类型，如图 7-5 所示。

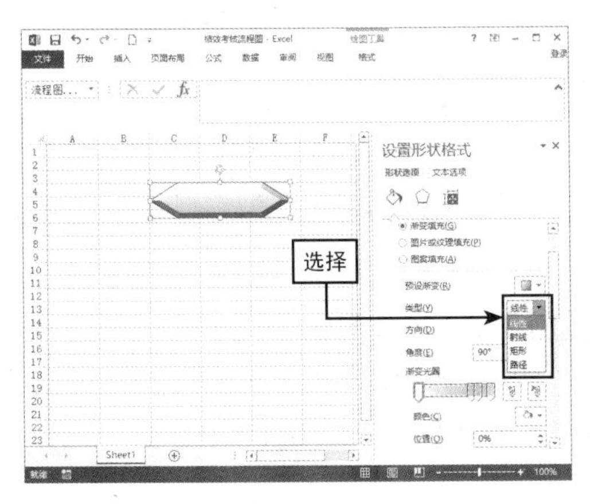


图 7-5

**step 07** 单击第一个渐变光圈，并设置填充颜色为红色，如图 7-6 所示。

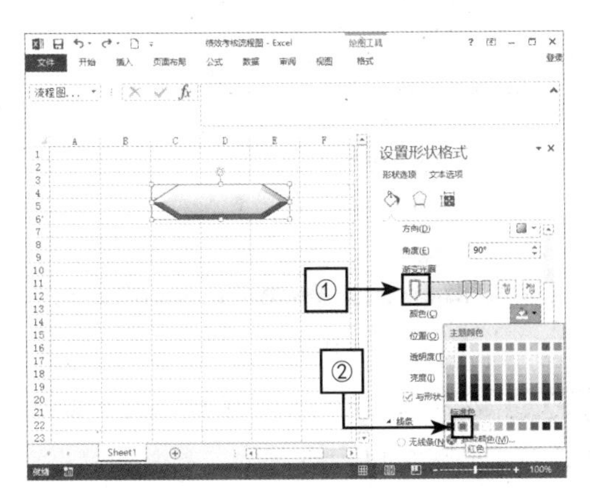


图 7-6

**step 08** 单击第二个渐变光圈，并设置填充颜色为橙色，如图 7-7 所示。

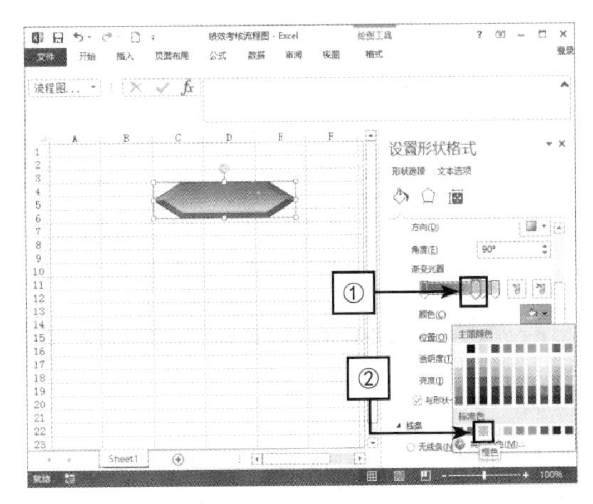


图 7-7

**step 09** 按照相同的方法，设置第 3、第 4 个渐变光圈的填充颜色，结果如图 7-8 所示。

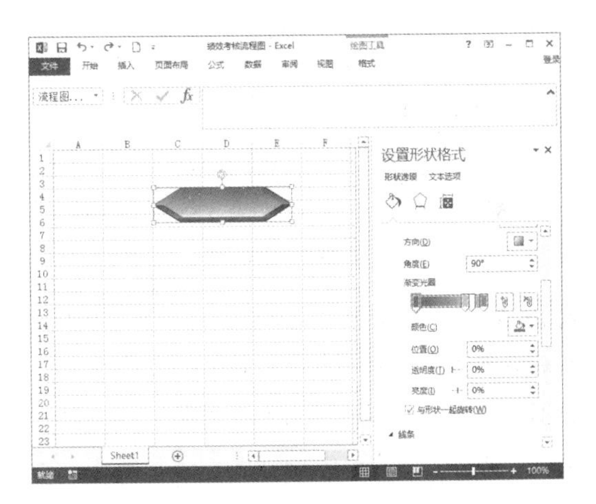


图 7-8

**step 10** 用户还可以通过选择并移动渐变光圈位置，来设置渐变填充样式，如图 7-9 所示。

**step 11** 进入“插入”选项卡，在“插图”选项组中单击“形状”下拉按钮，从下拉列表中选择“流程图：过程”形状，在工作表区绘制其他形状，如图 7-10 所示。

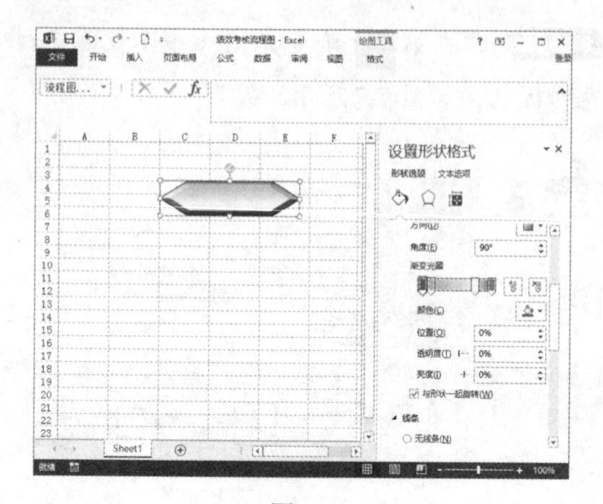


图 7-9

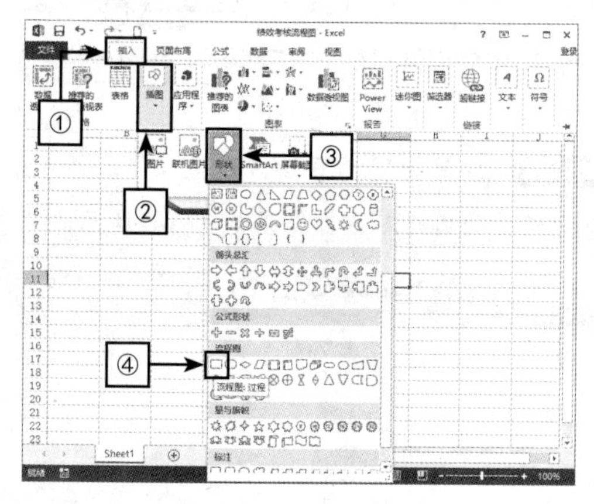


图 7-10

**step 12** 选择准备形状，双击“格式刷”按钮，然后分别单击其余形状，完成形状格式的复制，如图 7-11 所示。再次单击“格式刷”，结束“格式刷”命令。

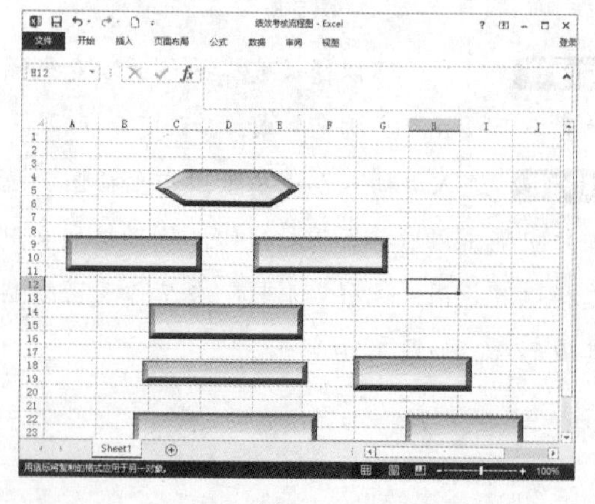

图 7-11

## 7.1.2 添加文本

用户可对Excel插入的形状进行文字编辑，为形状图形添加文本，说明绩效考核的具体步骤。

**step 01** 右击流程图：准备形状，在弹出的快捷菜单中选择“编辑文字”命令，如图 7-12 所示。

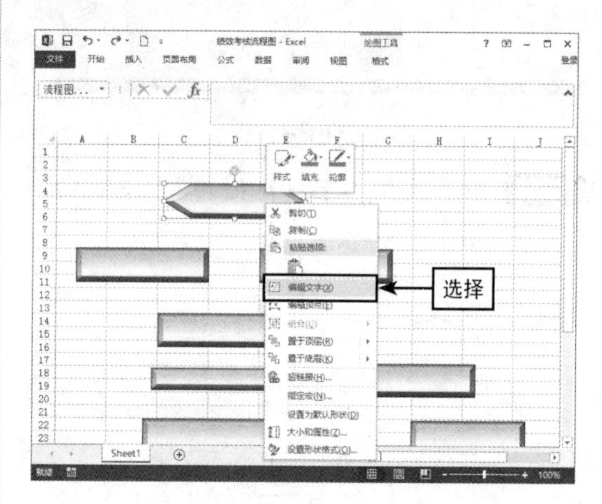


图 7-12

**step 02** 输入相关文本内容，并单击“垂直居中”和“居中”按钮，设置居中对齐方式，设置其字体颜色为“黑色，文字 1”，如图 7-13 所示。

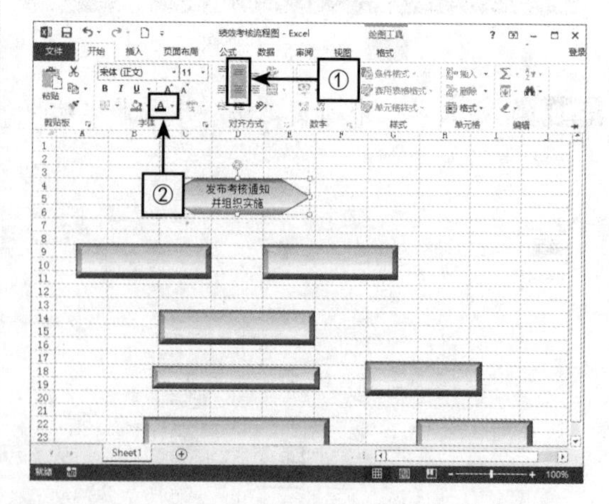


图 7-13

**step 03** 按照相同的方法，编辑并设置其他文本，结果如图 7-14 所示。

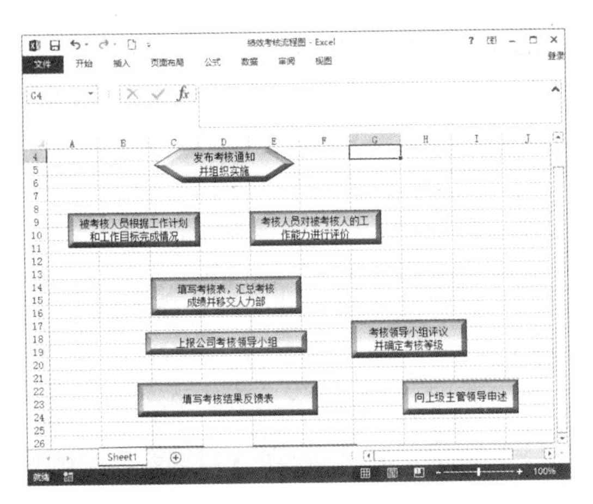


图 7-14

## 7.1.3　制作申述考核步骤

用户可以插入不同的形状来凸显申述考核步骤。

**step 01** 进入“插入”选项卡，在“插图”选项组中单击“形状”下拉按钮，从下拉列表中选择“椭圆”形状，在工作表中绘制椭圆形状，如图 7-15 所示。

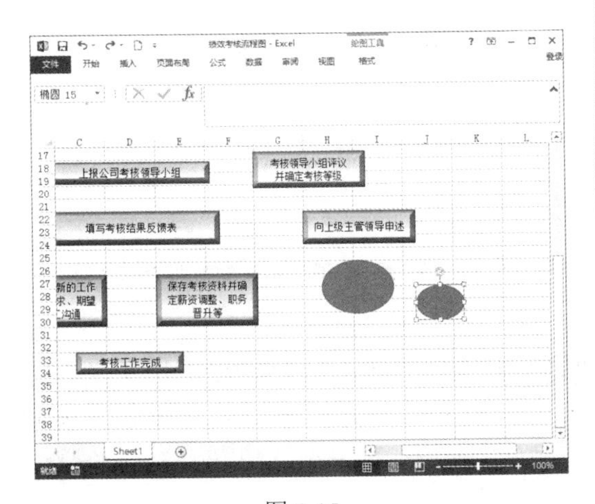


图 7-15

**step 02** 右击大椭圆形状，从快捷菜单中选择“设置形状格式”命令，打开“设置形状格式”窗格，切换至“填充线条”选项卡，并选择“渐变填充”选项，如图 7-16 所示。

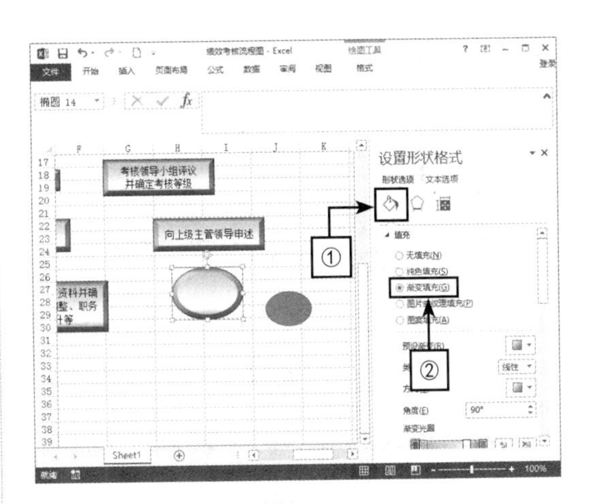


图 7-16

**step 03** 选择渐变光圈，通过单击“添加渐变光圈”和“删除渐变光圈”按钮，控制渐变光圈的数量。

**step 04** 单击第一个渐变光圈，并设置填充颜色为“绿色，着色 6，深色 25%”，如图 7-17 所示。

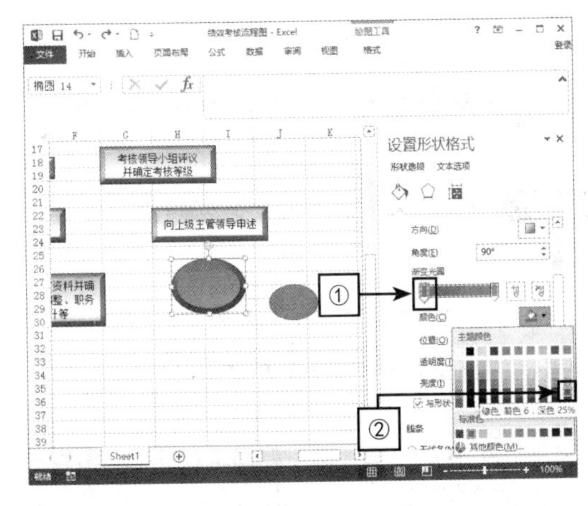


图 7-17

**step 05** 单击第二个渐变光圈，并设置填充颜色为“绿色，着色 6，淡色 40%”，如图 7-18 所示。

**step 06** 选择小椭圆形状，按照相同的方法，设置第一个渐变光圈的填充颜色为“灰色，25%，背景 2”，如图 7-19 所示。

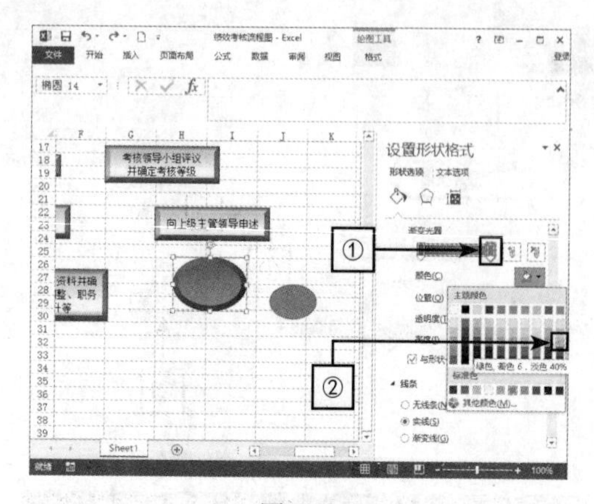

图 7-18

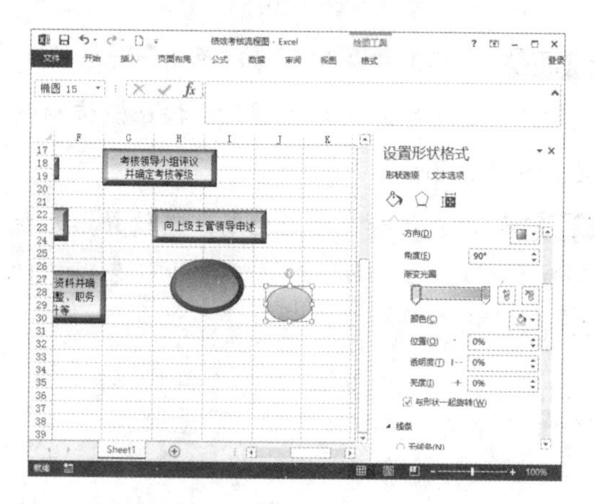

图 7-19

**step 07** 移动小椭圆形状至合适的位置，进入“格式”选项卡，在“插入形状”选项组中单击“编辑形状”下拉按钮，从下拉列表中执行“编辑顶点”命令，如图 7-20 所示。

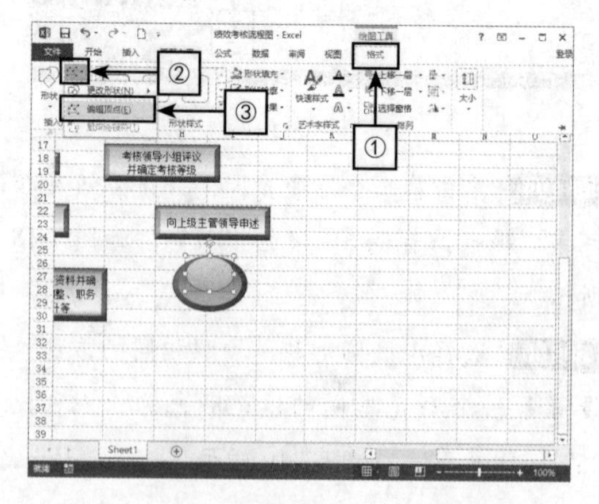

图 7-20

**step 08** 拖动形状顶点至合适的位置，如图 7-21 所示。

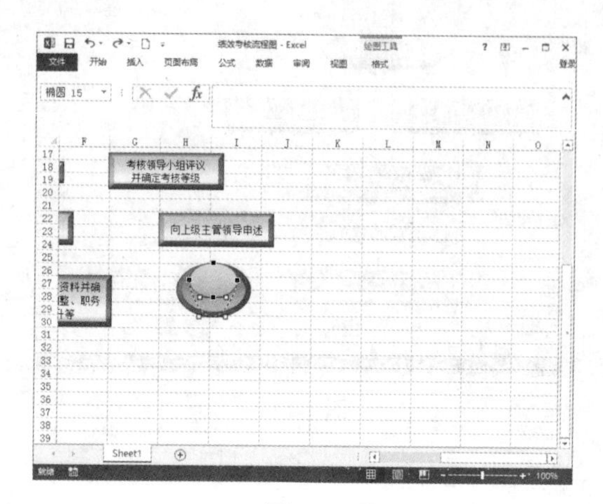

图 7-21

**step 09** 进入“格式”选项卡，在“形状样式”选项组中单击“形状轮廓”下拉按钮，执行“无轮廓”命令，如图 7-22 所示。

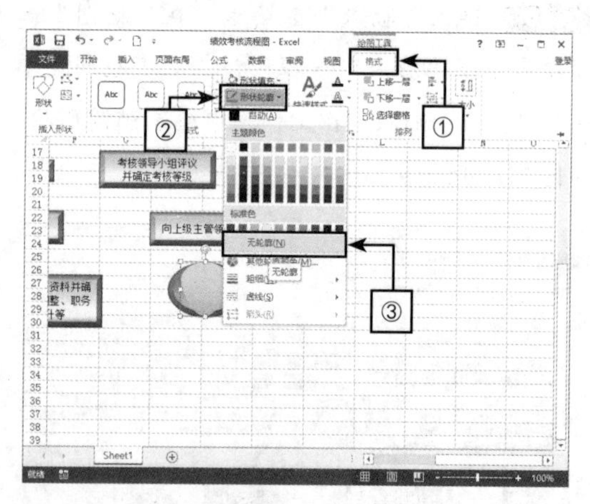

图 7-22

**step 10** 进入“插入”选项卡，在“文本”选项组中单击“文本框”下拉按钮，选择“横排文本框”命令，在合适的位置绘制文本框，如图 7-23 所示。

**step 11** 输入文本内容，设置居中对齐方式，在“字体”选项组中，将字号设置为 12，并加粗，设置字体颜色为深蓝色，如图 7-24 所示。

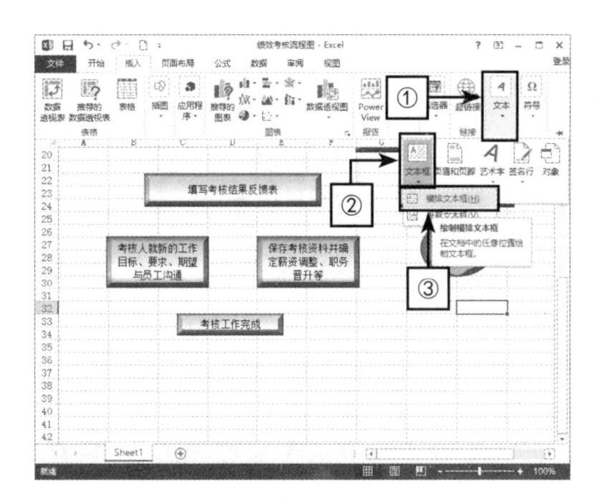


图 7-23

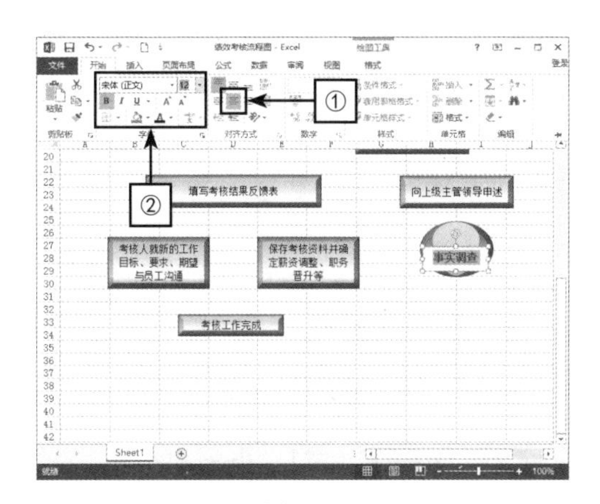


图 7-24

**step 12** 选择插入的文本框，进入“格式”选项卡，在“形状样式”选项组中单击“形状填充”下拉按钮，选择“无填充颜色”选项，如图 7-25 所示。

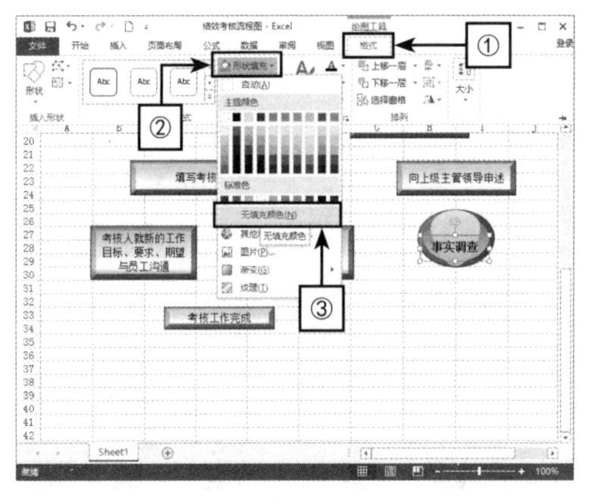


图 7-25

**step 13** 在“形状样式”选项组中单击“形状轮廓”下拉按钮，选择“无轮廓”选项，如图 7-26 所示。

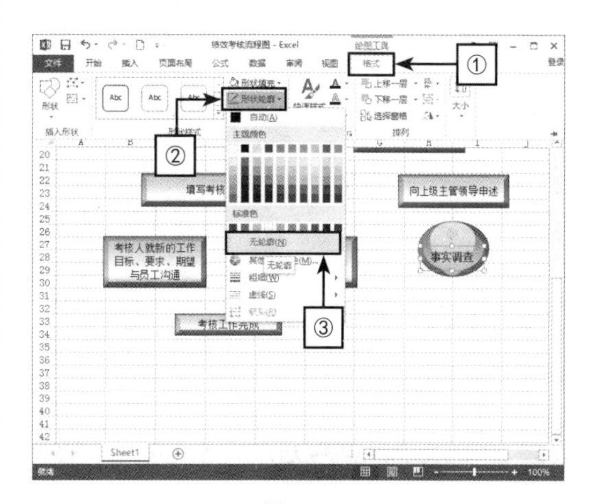


图 7-26

**step 14** 选择大小椭圆及文本框并右击，从打开的快捷菜单中单击“组合”下拉按钮，执行“组合”命令，如图 7-27 所示。

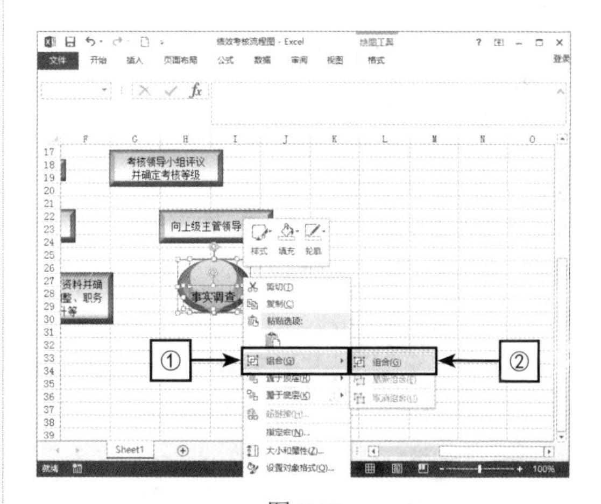


图 7-27

**step 15** 调整组合形状大小，复制、粘贴组合的形状至合适的位置，并编辑文本内容，最终结果如图 7-28 所示。

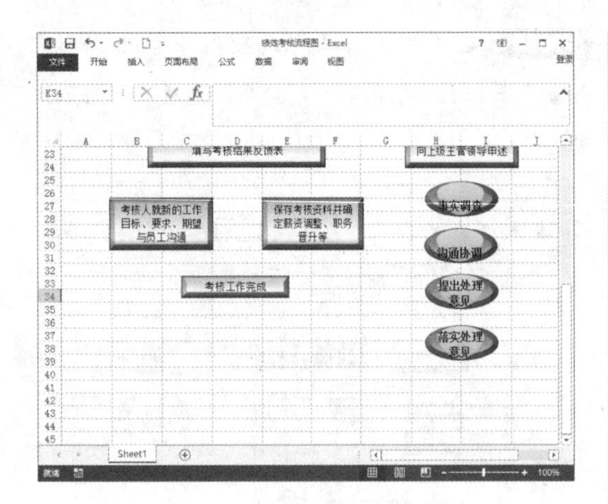


图 7-28

## 7.1.4 绘制连接线

利用 Excel 插入线条形状的功能，用户可连接绘制的各个形状，表示流程图的执行步骤。

**step 01** 进入“插入”选项卡，在“插图”选项组中单击“形状”下拉按钮，从下拉列表中选择“肘形箭头连接符”形状，在工作表中绘制肘形箭头连接符，如图 7-29 所示。

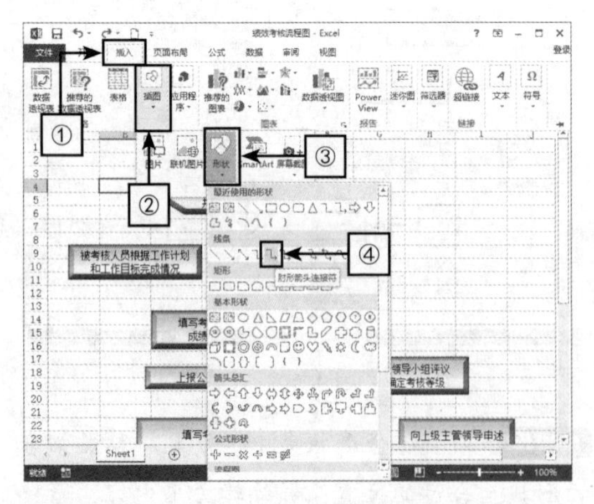


图 7-29

**step 02** 进入“格式”选项卡，在“形状样式”选项组中单击“形状轮廓”下拉按钮，设置线条形状颜色为红色，设置线条宽度为 2.25 磅，如图 7-30 所示。

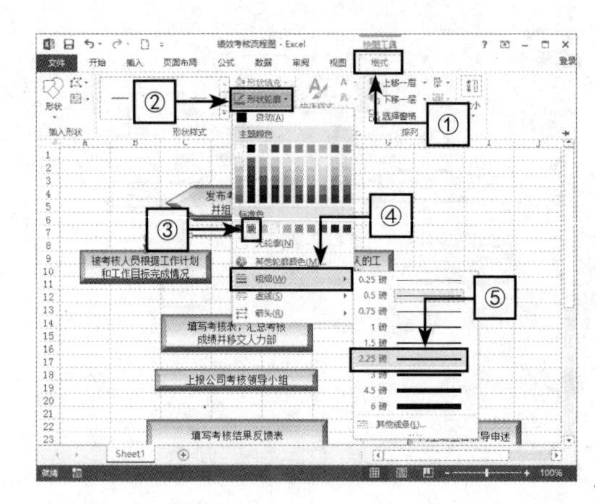


图 7-30

**step 03** 右击绘制的肘形箭头连接符，从快捷菜单中执行“设置为默认线条”命令，如图 7-31 所示。

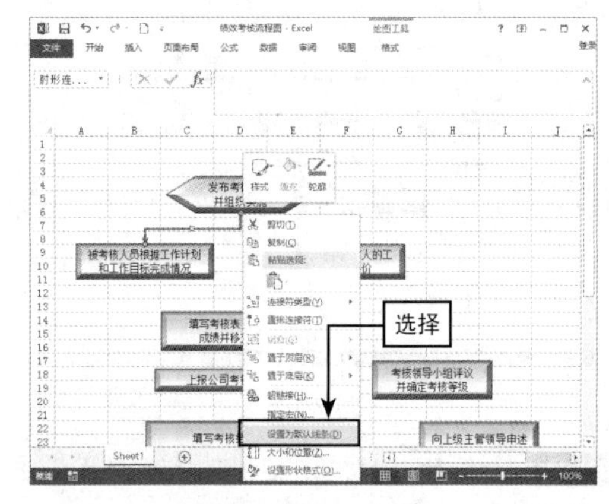


图 7-31

**step 04** 继续绘制其他线条形状来连接步骤形状，最终结果如图 7-32 所示。

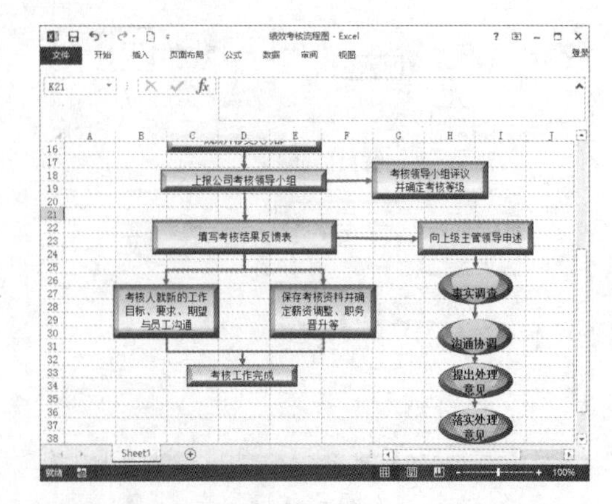


图 7-32

## 7.1.5 制作艺术字标题

用户可以在工作表中插入艺术字标题，为流程图增光添彩，美化流程图。

**step 01** 如图 7-33 所示，进入“插入”选项卡，在“文本”选项组中单击“艺术字”下拉按钮，在下拉列表中选择一种艺术字样式，并调整至合适的位置。

**step 02** 在艺术字文本框中输入标题内容，在“字体”选项组中，将字体设置为“隶书”，将字号设置为 28，如图 7-34 所示。

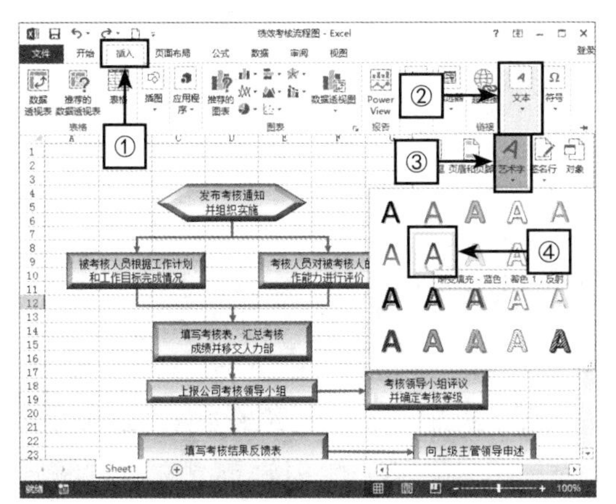

图 7-33

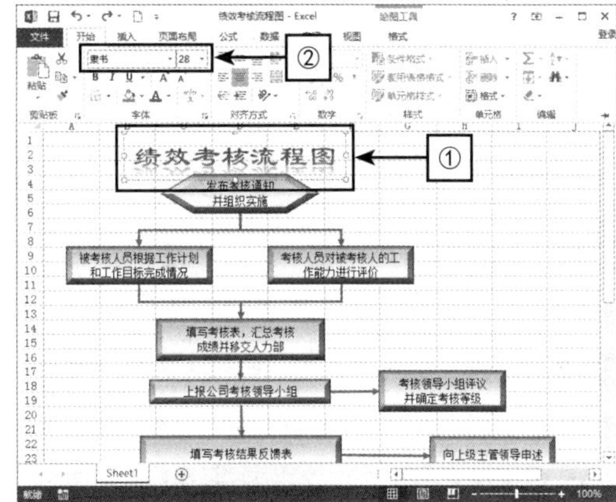

图 7-34

**提示：**

选择艺术字标题，切换至“格式”选项卡，在“艺术字样式”选项组中单击“快速样式”下拉按钮，选择“其他”命令，从弹出的列表中执行“清除艺术字”命令，即可清除插入的艺术字格式，所输入的文本仍然保留。

**step 03** 切换至“视图”选项卡，在“显示”选项组中，取消选择“网格线”复选框，隐藏网格线，如图 7-35 所示，完成流程图的制作。

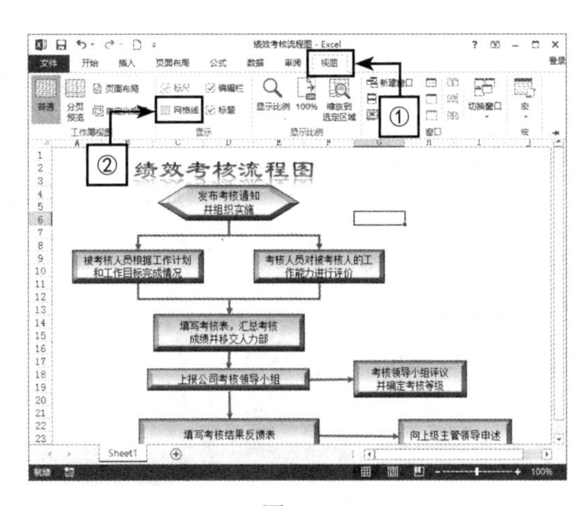

图 7-35

# 7.2　制作员工业绩分析图

对于员工业绩的分析，实际上就是对于员工工作所得成就的分析，人力资源部职员以员工业绩分析表为主要依据，确定并发放员工业务奖金。根据员工业绩统计表可制作员工业绩分析图，以图表的形式表示员工业绩的发展趋势。

## 7.2.1　制作业绩统计表

以员工业绩统计表中的数据为数据源，能够制成员工业绩分析图。

**step 01** 启动 Excel 2013，创建“员工业绩统计表”。

**step 02** 合并并居中 A1: Q1 单元格区域，输入标题文本，在“字体”选项组中，将字体设置为“华文仿宋”，将字号设置为 20 并加粗，如图 7-36 所示。

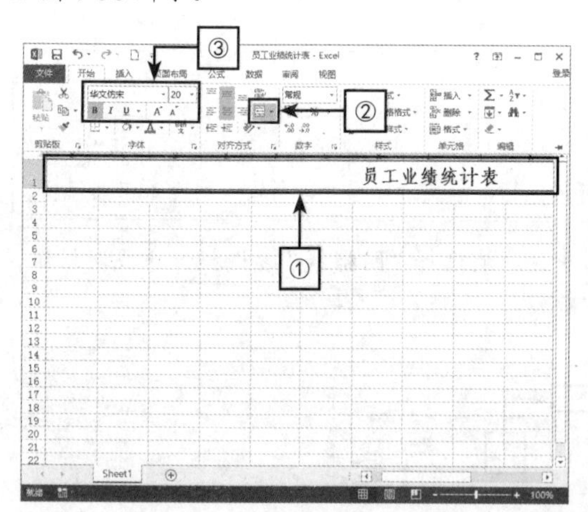


图 7-36

**step 03** 根据需要输入列标题文本内容，合并并居中相应单元格区域，选择 A2:Q3 单元格区域，在“字体”选项组中将列标题加粗，如图 7-37 所示。

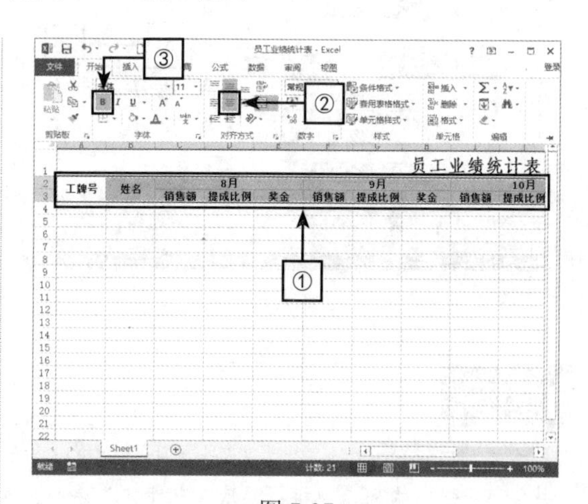


图 7-37

**step 04** 根据需要输入基础内容，并设置表格居中对齐方式，如图 7-38 所示。

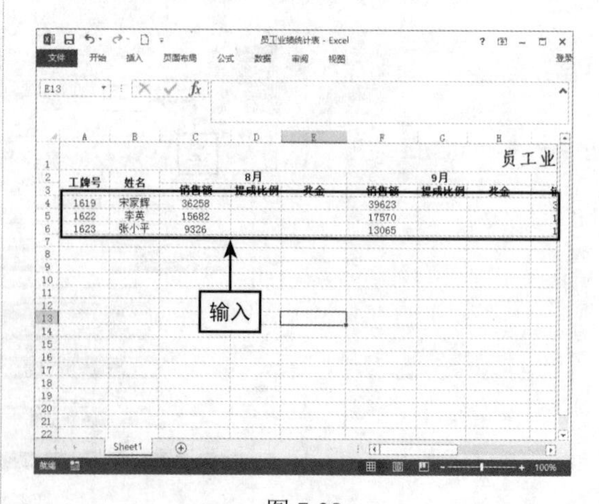


图 7-38

**step 05** 选择 C4:C6、E4:F6、H4:I6、K4:L6、N4:N6 和 P4:P10 单元格区域，右击打开“设置单元格格式”对话框，选择“会计专用”数字格式，将“货币符号”设置为“无”，单击“确定”按钮，如图 7-39 所示。

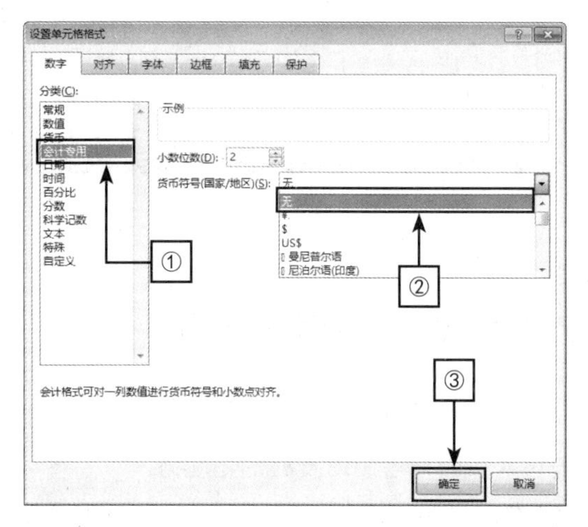


图 7-39

**step 06** 选择 D4:D6、G4:G6、J4:J6、M4:M6 和 Q4:Q10 单元格区域，打开“设置单元格格式”对话框，选择“百分比”数字格式，将“小数位数”设置为 0，单击“确定”按钮，如图 7-40 所示。

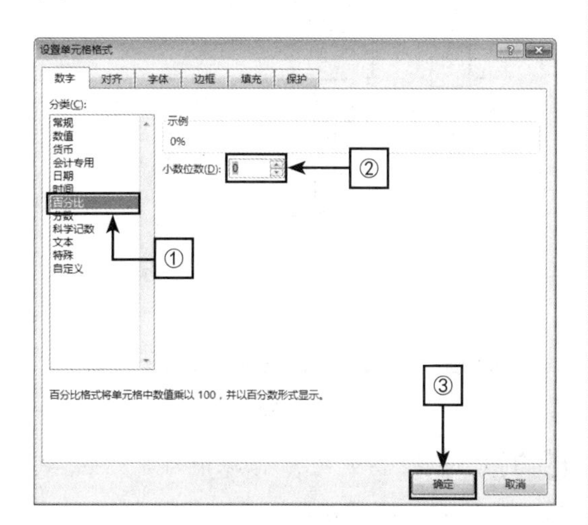


图 7-40

## 7.2.2　计算统计数据表

根据表格已有的数据，运用函数和基本计算公式，即可统计分析员工销售业绩。

**step 01** 选择 D4 单元格，在编辑栏中输入计算公式 =VLOOKUP(C4,$P$4:$Q$10,2)，如图 7-41 所示。

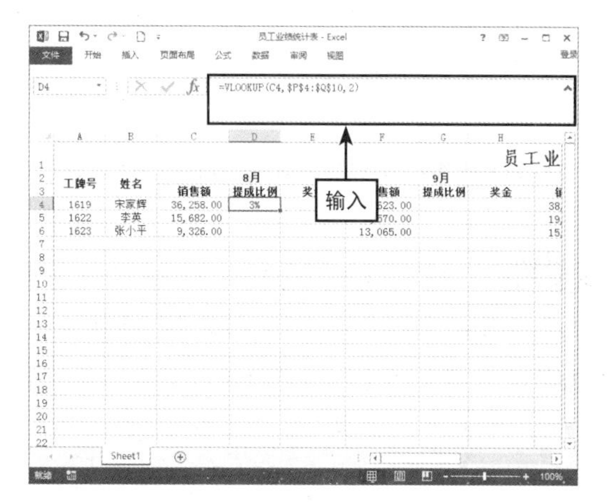


图 7-41

**step 02** 选择 G4 单元格，在编辑栏中输入计算公式 =VLOOKUP(F4,$P$4:$Q$10,2)，如图 7-42 所示。

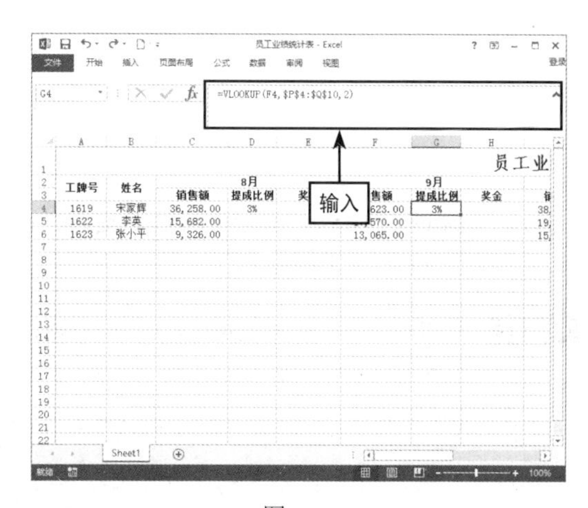


图 7-42

**step 03** 按照相同的方法，计算 10 月和 11 月单元格的提成比例。

**step 04** 选择 E4 单元格，在编辑栏中输入计算公式，计算员工所得奖金，如图 7-43 所示。

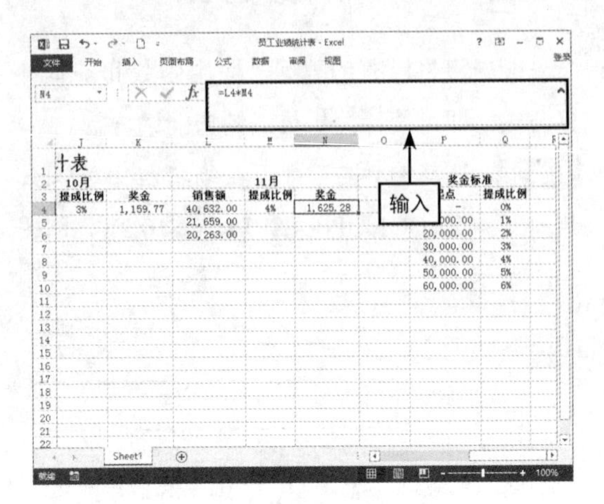


图 7-43

**step 05** 选择 D4:E6、G4:H6、J4:K6 和 M4:N6 单元格区域，进入“开始”选项卡，在“编辑”选项组中单击“填充”下拉按钮，从下拉列表中执行“向下”命令，如图 7-44 所示。

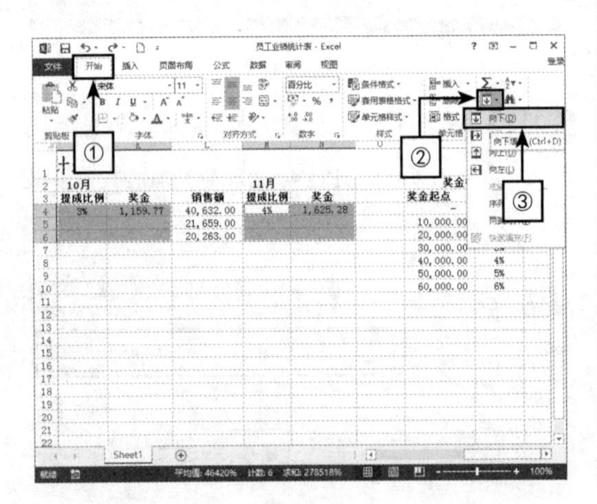


图 7-44

**step 06** 选择 A2:N6 和 P2:Q10 单元格区域，进入“开始”选项卡，在“字体”选项组中单击“下框线”下拉按钮，选择“所有框线”与“粗匣框线”选项，为表格添加内、外边框，得到的结果如图 7-45 所示。

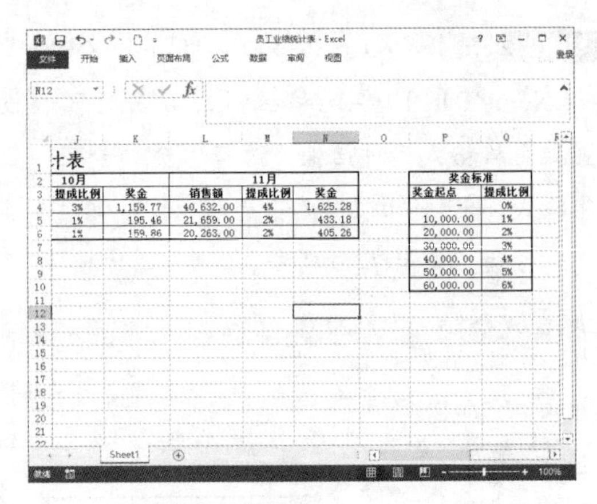

图 7-45

## 7.2.3 制作业绩分析图

员工业绩分析图以折线图的形式显示不同销售人员的销售额的发展变化趋势。

**step 01** 选择 B4:C6、F4:F6、I4:I6 和 L4:L6 单元格区域，进入“插入”选项卡，在“图表”选项组中单击“插入折线图”下拉按钮，从下拉列表中执行“带数据标记的折线图”命令，如图 7-46 所示。

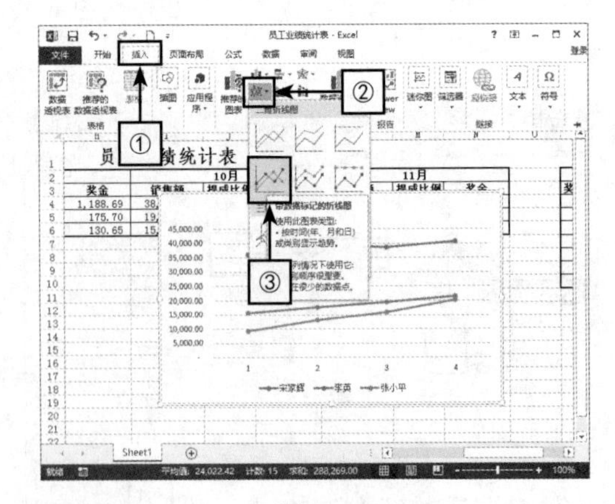


图 7-46

**step 02** 选择“图表元素”，取消勾选“网格线”选项，如图 7-47 所示。

**step 03** 单击图表区，进入“格式”选项卡，在“形状样式”选项组中单击“其他”按钮，从打开的列表中选择合适的形状样式，如图 7-48 所示。

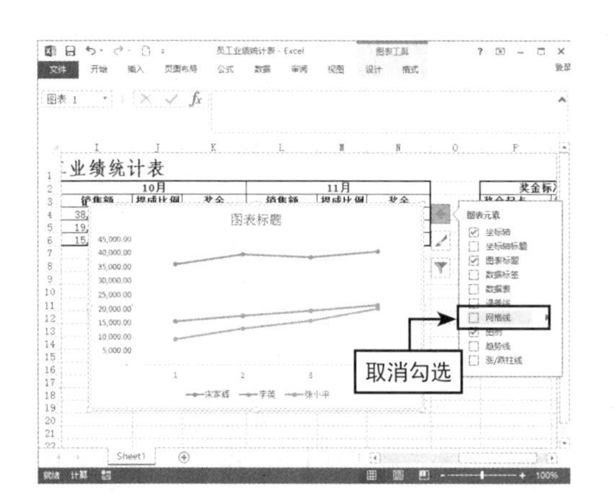


图 7-47

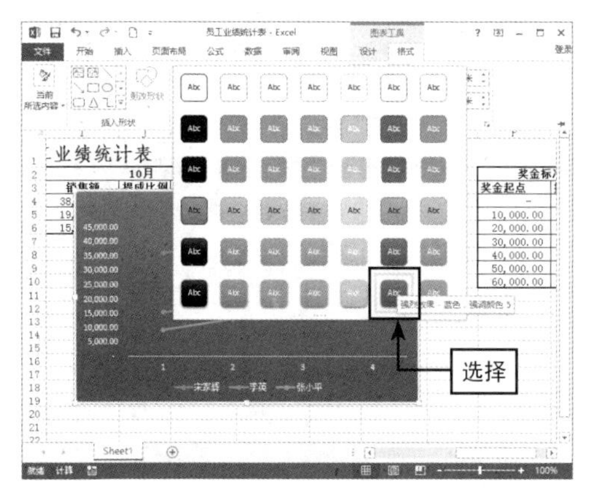


图 7-48

**step 04** 单击绘图区，进入“格式”选项卡，在“形状样式”选项组中单击“其他”按钮，从打开的列表中选择合适的形状样式，如图 7-49 所示。

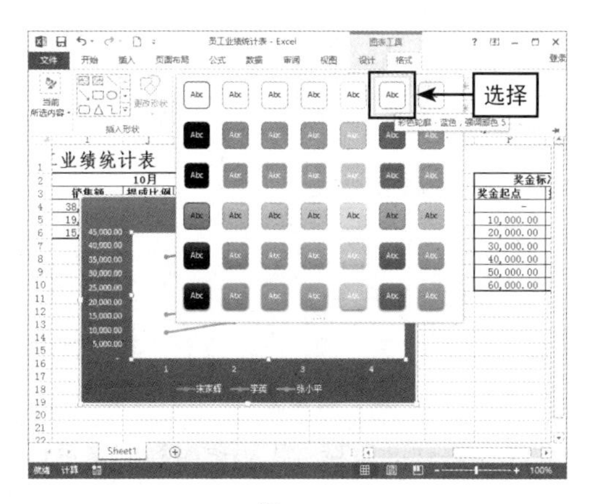


图 7-49

**step 05** 选择系列“宋家辉”，切换至“格式”选项卡，在“形状样式”选项组中单击“形状效果”下拉按钮，从下拉列表中单击“棱台”下拉按钮，从中选择“冷色斜面”选项，设置数据系列的棱台效果，如图 7-50 所示。

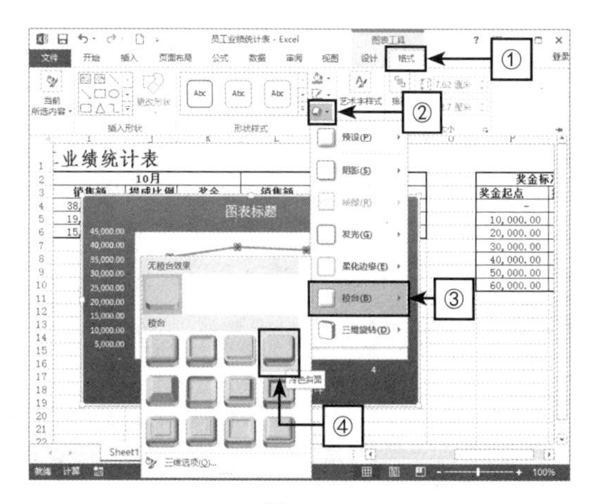


图 7-50

**step 06** 按照相同的方法将系列“李英”棱台效果设置为“草皮”，系列“张小平”的棱台效果设置为“艺术装饰”。

**step 07** 双击“垂直（值）轴”，打开“设置坐标轴格式”窗格，切换至“坐标轴选项”选项卡，将“会计专用”数字格式的“小数位数”设置为 0，如图 7-51 所示。

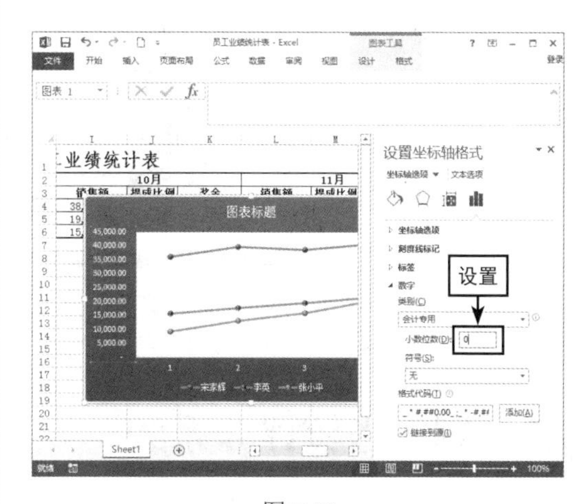


图 7-51

step 08 在工作表中添加“月份”一列的相关数据。

step 09 选择添加的图表并右击，从快捷菜单中选择“选择数据”选项，打开“选择数据源”对话框，如图 7-52 所示。

step 10 单击“水平（分类）轴标签”下的“编辑”按钮，打开“轴标签”对话框，单击“轴标签区域”文本框右侧的折叠按钮，选择轴标签区域，如图 7-53 所示，单击“确定”按钮。

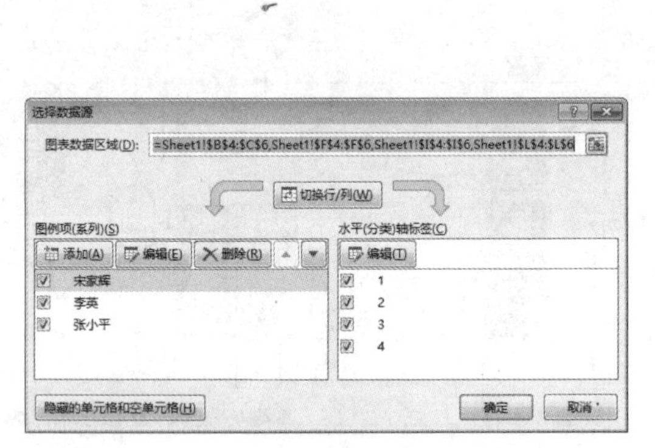


图 7-52

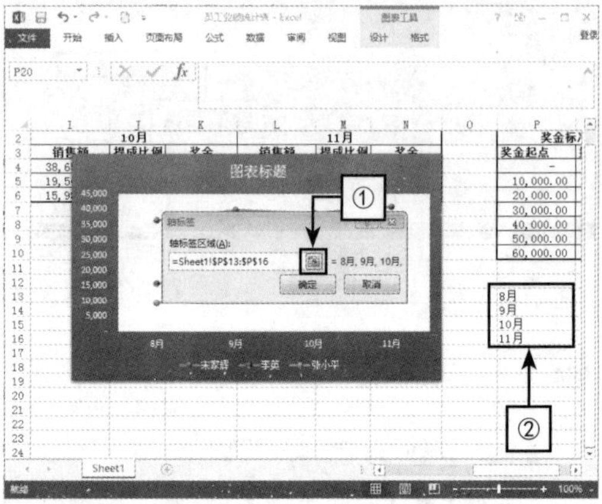

图 7-53

step 11 单击“图表标题”，将标题重命名为“员工业绩分析图”，并调整图表至合适的位置，最终结果如图 7-54 所示。

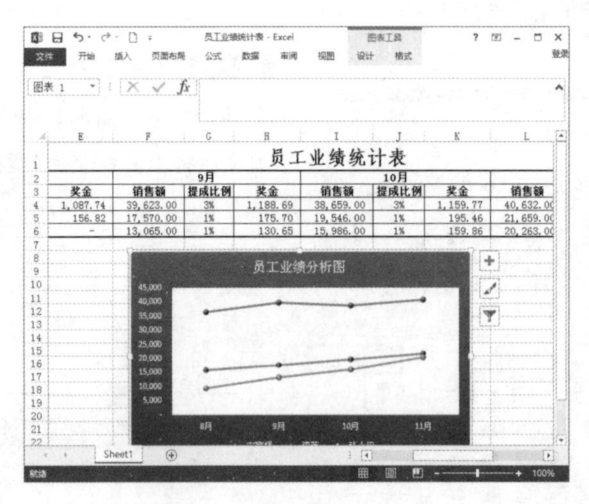


图 7-54

# 7.3 制作考核评分系统

为了促进组织和个人绩效的提升，企业会组织对员工进行绩效考核。人力资源部职员可以借助考核评分系统对员工进行自动考评，减少考评的工作量。

## 7.3.1　构建辅助表格

在制作考核评分系统之前，首先要构建辅助表格，为考核评分系统提供数据源。

**step 01** 打开 Excel 2013，创建“考核评分系统”工作簿。

**step 02** 单击“新工作表”按钮，添加 Sheet2 和 Sheet3 工作表。

**step 03** 重命名 Sheet1 工作表为“姓名列表”，输入员工姓名，并设置居中对齐方式，如图 7-55 所示。

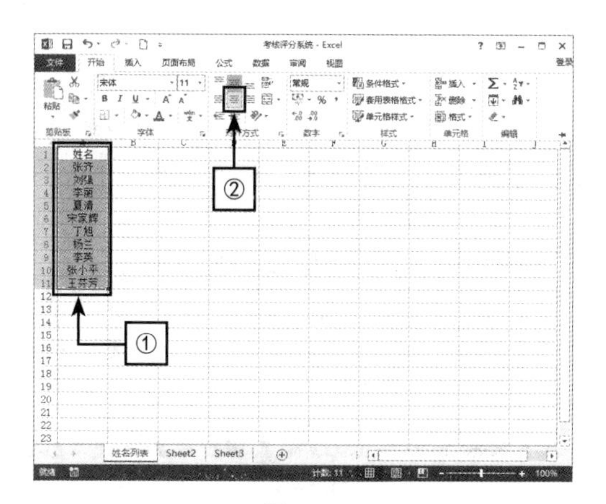

图 7-55

**step 04** 重命名 Sheet2 工作表为“统计表”，输入表格基础内容，并设置居中对齐方式，如图 7-56 所示。

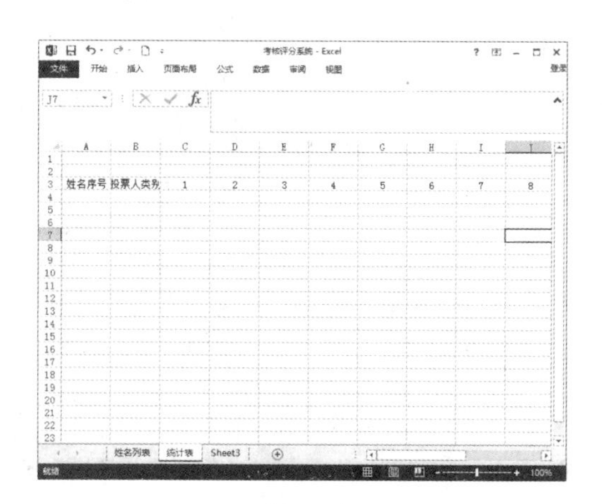

图 7-56

**step 05** 选择第 A 至 R 列单元格区域，进入“开始”选项卡，在“单元格”选项组中单击“格式”下拉按钮，执行“自动调整列宽”命令，如图 7-57 所示。

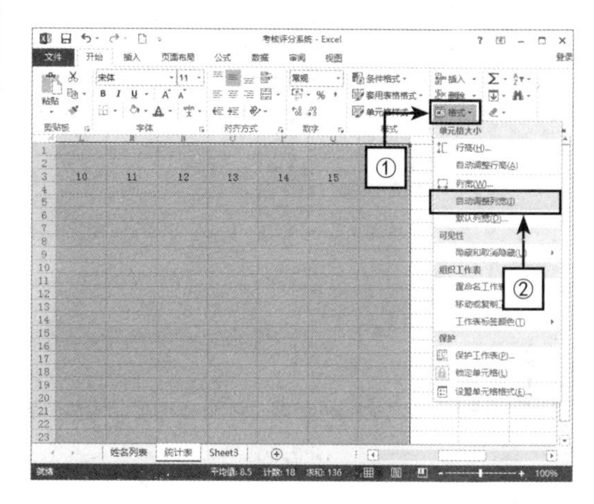

图 7-57

**step 06** 选择 AE1 单元格，在编辑栏中输入计算公式 =COUNT(C1:R1)，如图 7-58 所示。

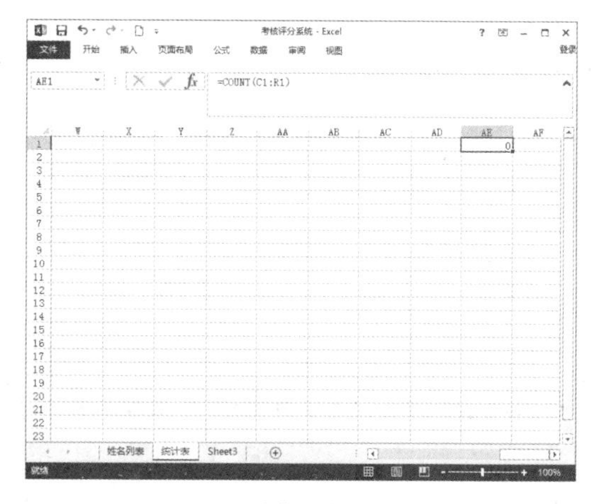

图 7-58

## 7.3.2　构建考核评分系统

构建辅助表格后，可以开始考核评分系统的制作。构建考核评分系统主要包括输入基础内容、插入控件等操作。

**step 01** 重命名 Sheet3 工作表为“考核评分表”，

合并并居中 A1:P1 单元格区域，输入标题文本内容，在“字体”选项组中，将字号设置为 20 并加粗，如图 7-59 所示。

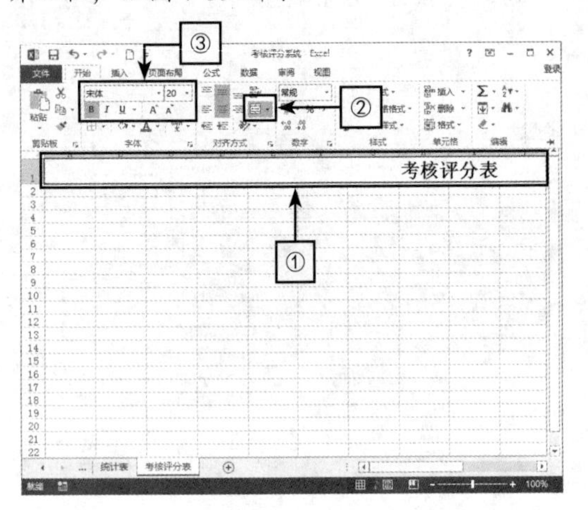


图 7-59

**step 02** 输入基础内容，合并相关单元格，并设置居中对齐方式，结果如图 7-60 所示。

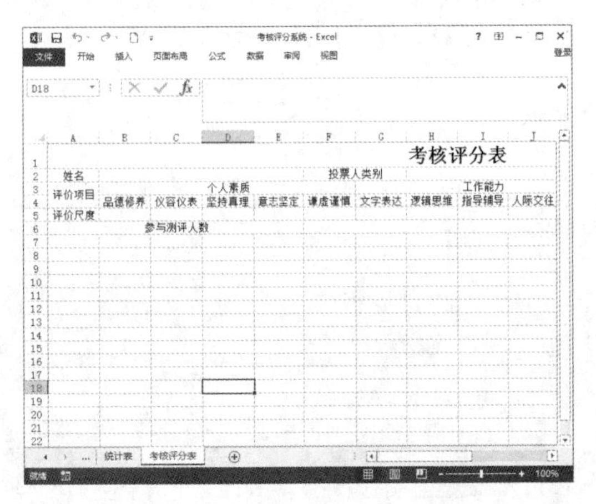


图 7-60

**step 03** 选择 A 至 P 列并右击，从弹出的快捷菜单中执行“列宽”命令，如图 7-61 所示。

**step 04** 打开“列宽”对话框，将列宽值设置为 4.5，单击“确定”按钮，如图 7-62 所示。

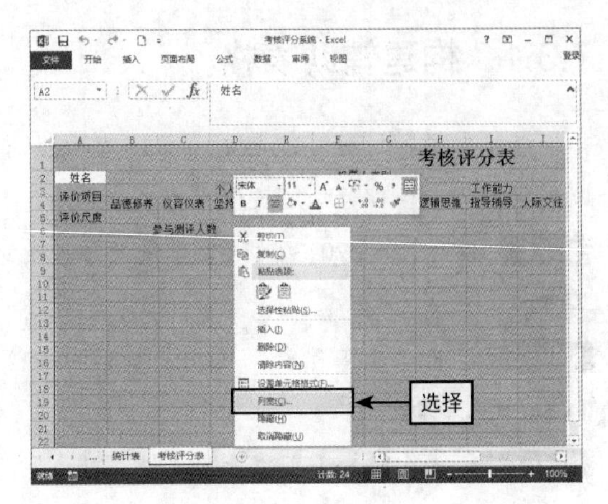


图 7-61

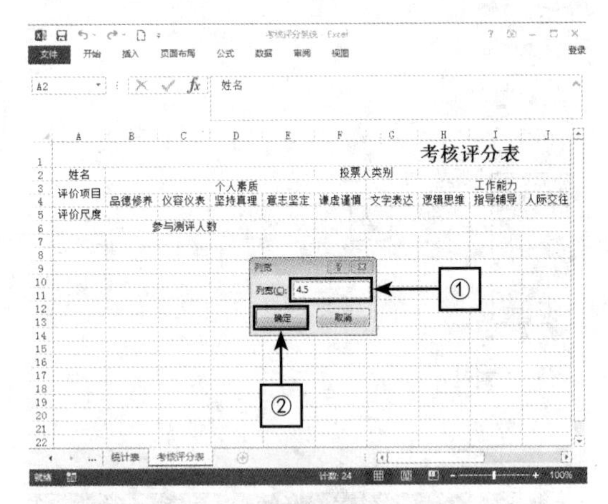


图 7-62

**step 05** 设置第 4 行的行高为 67.5，第 5 行的行高为 75，其余行的行高为 20，结果如图 7-63 所示。

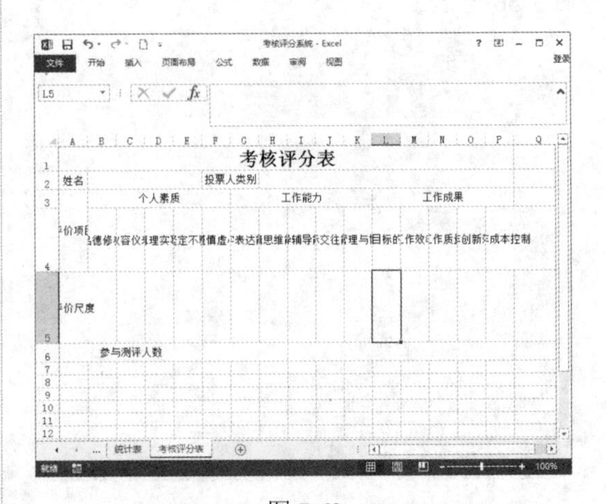


图 7-63

**step 06** 选择 B4:P4 单元格区域，进入“开始”选项卡，在“对齐方式”选项组中单击“自动换行”按钮，如图 7-64 所示。

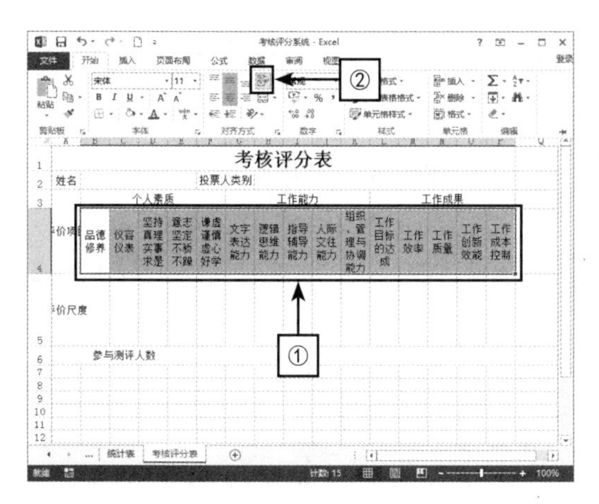


图 7-64

**step 07** 选择 A3:A5 单元格区域，进入“开始”选项卡，在“对齐方式”选项组中单击“方向”下拉按钮，从下拉列表中单击“竖排文字”按钮，如图 7-65 所示。

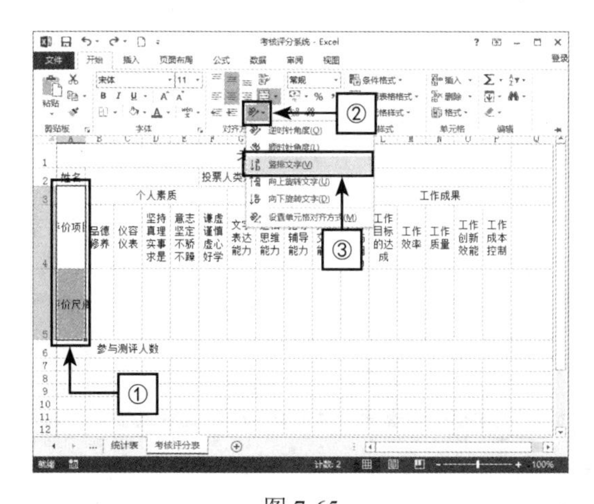


图 7-65

**step 08** 选择 A2:P6 单元格区域，进入“开始”选项卡，在“字体”选项组中单击“下框线”下拉按钮，选择“所有框线”选项，结果如图 7-66 所示。

图 7-66

**step 09** 打开“Excel 选项”对话框，添加“开发工具”选项卡。

**step 10** 进入“开发工具”选项卡，在“控件”选项组中单击“插入”下拉按钮，从中选择“组合框（窗体控件）”选项，如图 7-67 所示，并调整控件大小及位置。

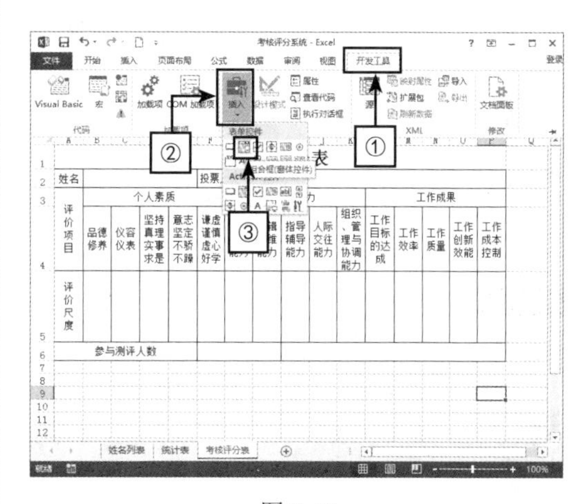


图 7-67

**step 11** 右击控件并执行“设置控件格式”命令，如图 7-68 所示。

**step 12** 打开“设置控件格式”对话框，进入“控制”选项卡，单击“数据源区域”文本框右侧的折叠按钮，选取数据源区域，单击“确定”按钮，如图 7-69 所示。

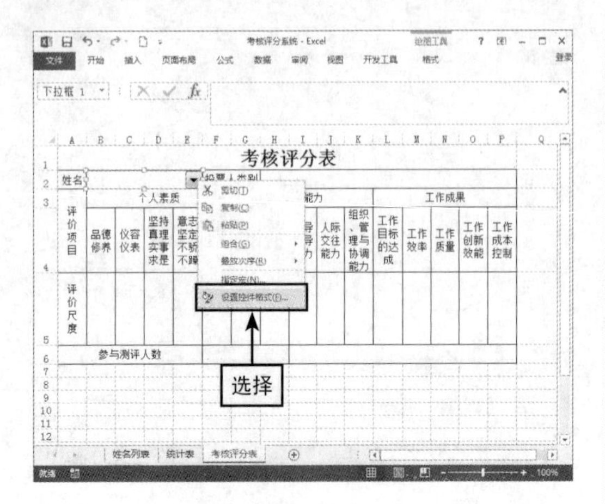


图 7-68

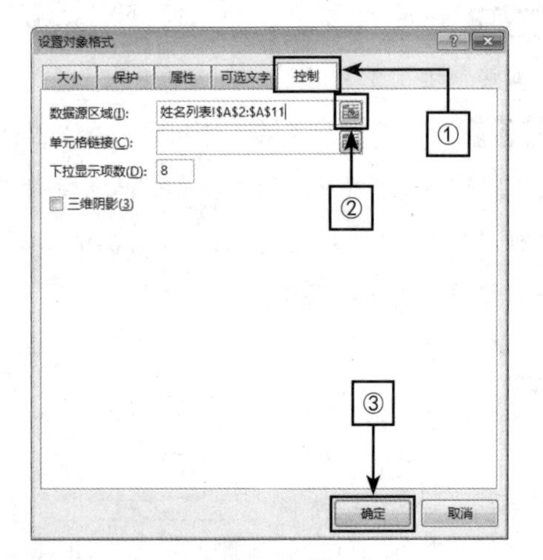


图 7-69

**step 13** 如图 7-70 所示，用户可从插入的组合框控件中选取员工姓名并输入评分表中。

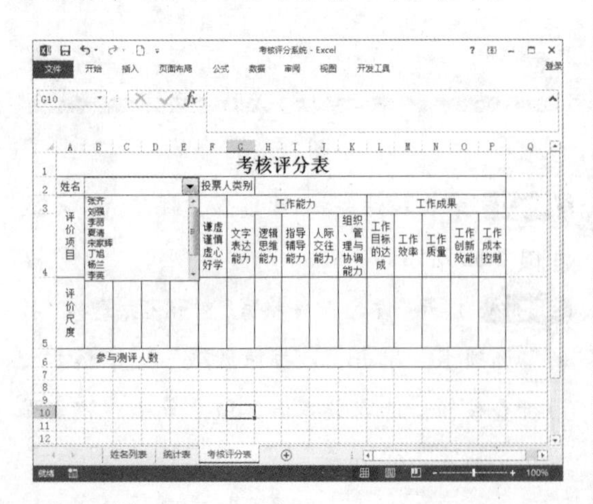


图 7-70

**step 14** 进入“开发工具”选项卡，在“控件”选项组中单击“插入”下拉按钮，从中选择“分组框（窗体控件）”选项，如图 7-71 所示。

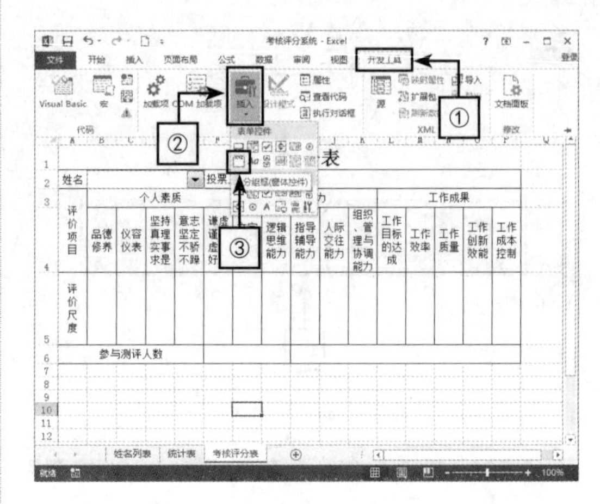

图 7-71

**step 15** 删除控件中的文本，调整控件至合并后的 H2 单元格，并调整控件大小，如图 7-72 所示。

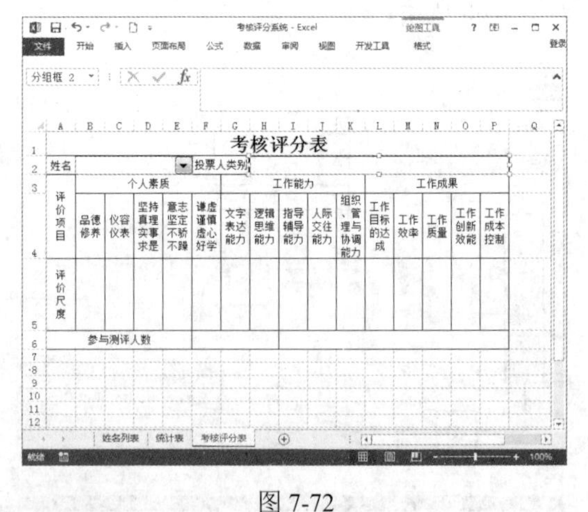


图 7-72

**step 16** 进入“开发工具”选项卡，在“控件”选项组中单击“插入”下拉按钮，从中选择“选项按钮（窗体控件）”按钮，如图 7-73 所示。

**step 17** 编辑控件中的文本，调整控件至合并后的 H2 单元格，并调整控件大小，如图 7-74 所示。

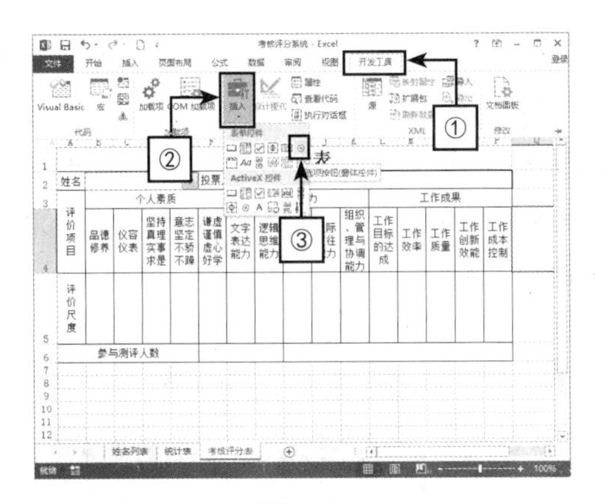


图 7-73

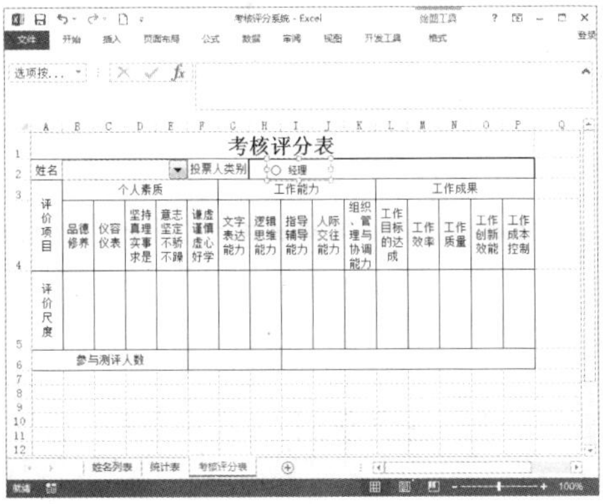

图 7-74

**step 18** 复制插入的“经理”选项控件，调整控件位置，编辑其文本为“普通职员”，完成“投票人类别”一栏选项控件的添加操作。

**step 19** 使用同样的方法，在 B5 单元格中插入并编辑分组框控件，如图 7-75 所示。

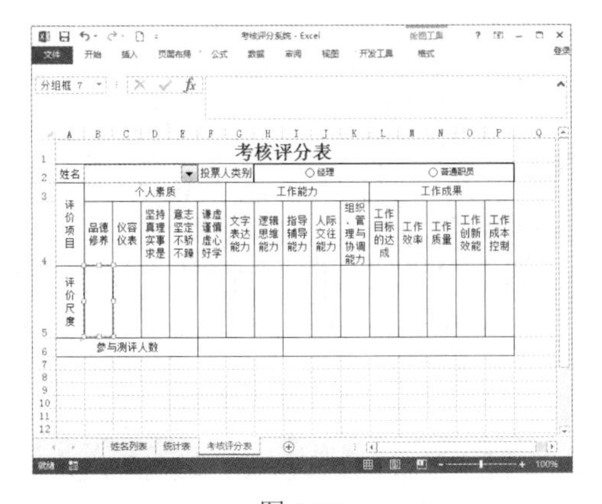


图 7-75

**step 20** 使用同样的方法，在 B5 单元格中插入并编辑选项按钮，如图 7-76 所示。

图 7-76

**step 21** 选择 B5 单元格中的分组框控件和选项按钮控件，右击从快捷菜单中单击“组合”下拉按钮，执行“组合”命令，如图 7-77 所示。

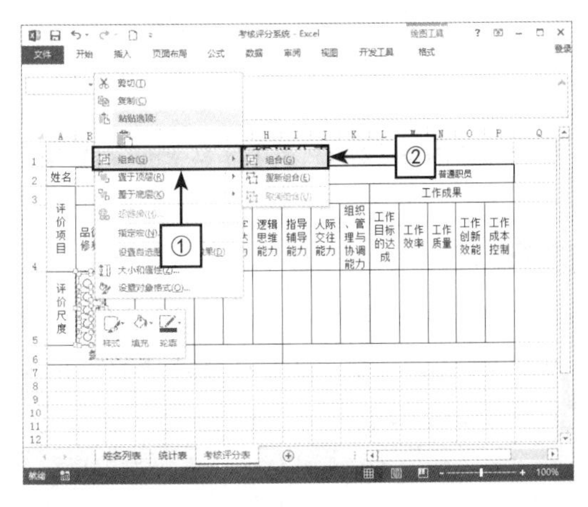


图 7-77

**step 22** 将组合的控件复制、粘贴到其余单元格，得到如图 7-78 所示的结果。

**step 23** 选择 B5 单元格中的控件“优”，在编辑栏中输入连接公式 =统计表 !$D$1，如图 7-79 所示，B5 单元格中的其他控件的连接公式与控件“优”相同。

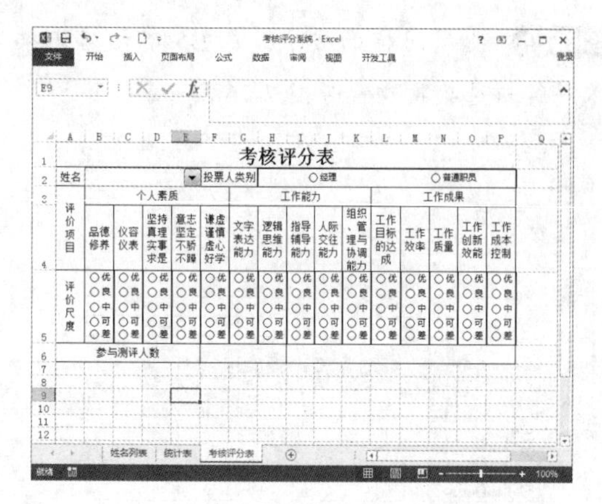

图 7-78

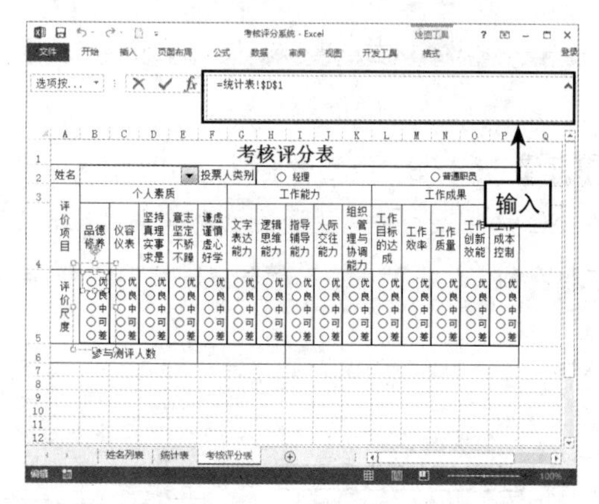

图 7-79

**step 24** 选择 C5 单元格中的控件“优”，在编辑栏中输入连接公式 = 统计表 !$E$1，如图 7-80 所示，C5 单元格中的其他控件的连接公式与控件“优”相同。

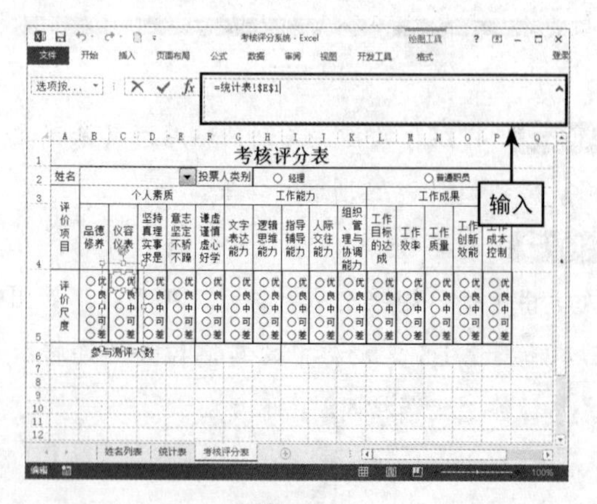

图 7-80

**step 25** 以此类推，输入其他单元格中控件的连接公式。

**step 26** 选择合并后的 F6 单元格，在编辑栏中输入公式 =COUNT( 统计表 !$A$3:$A$2000)，如图 7-81 所示。

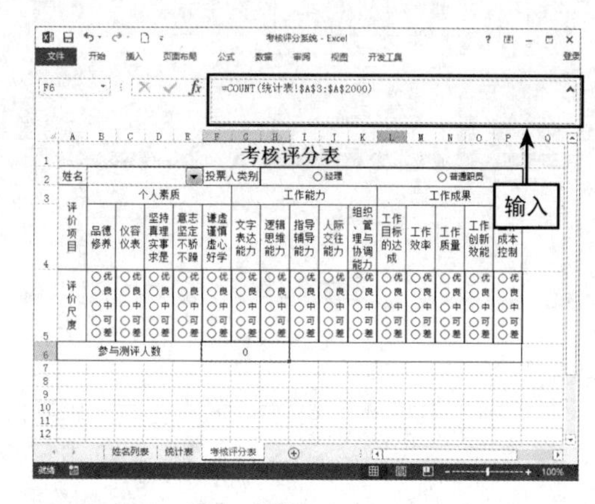

图 7-81

## 7.3.3 制作评测按钮

为评分系统添加“提交”与“重新开始”按钮，控制考核评分系统的运行。

**step 01** 进入“开发工具”选项卡，在“控件”选项组中单击“插入”下拉按钮，从中单击“按钮（窗体控件）”按钮，如图 7-82 所示，在工作表区绘制按钮控件。

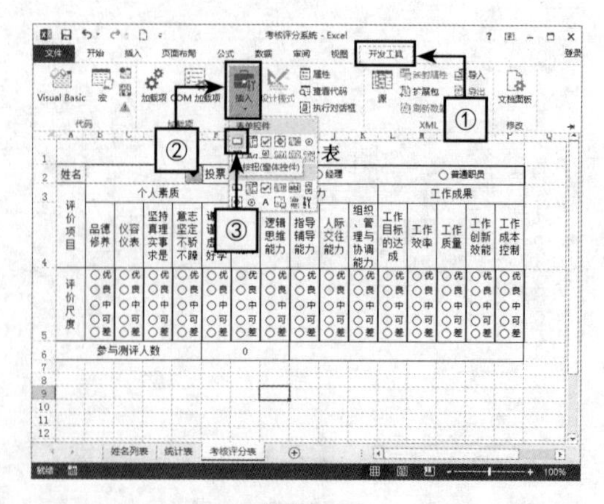

图 7-82

**step 02** 在弹出的“指定宏”对话框中，输入宏名，并单击“新建”按钮，如图 7-83 所示，将弹出“Microsoft Visual Basic for Applicationgs – 考核评分系统 .xlsx”界面。

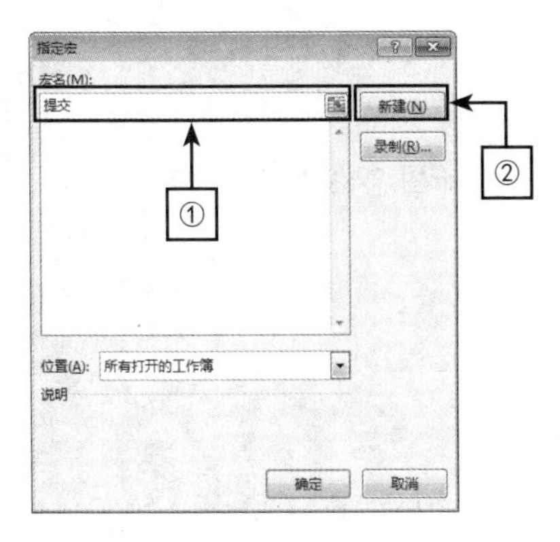

图 7-83

**step 03** 返回 Excel 工作簿，编辑按钮控件文本，并右击按钮控件，打开“设置控件格式”对话框，设置控件文本格式，单击“确定”按钮，如图 7-84 所示。

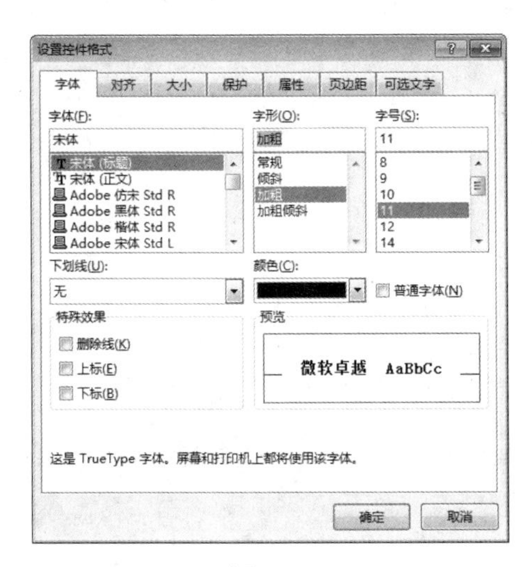

图 7-84

**step 04** 按照相同的方法插入“重新开始”按钮控件，调整控件大小和位置，如图 7-85 所示。

**step 05** 右击“重新开始”按钮控件，选择“指定宏”命令，如图 7-86 所示。

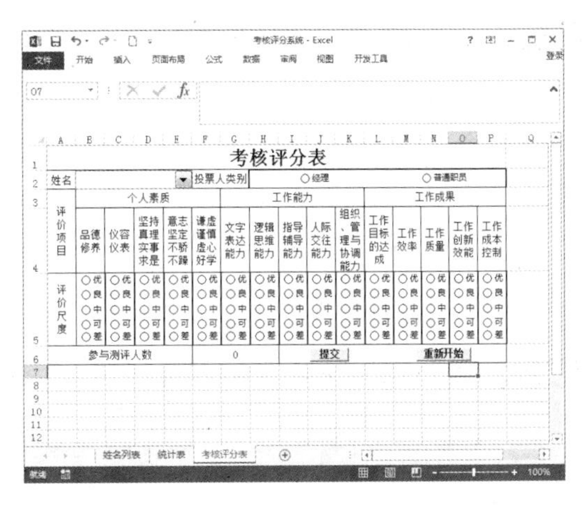

图 7-85

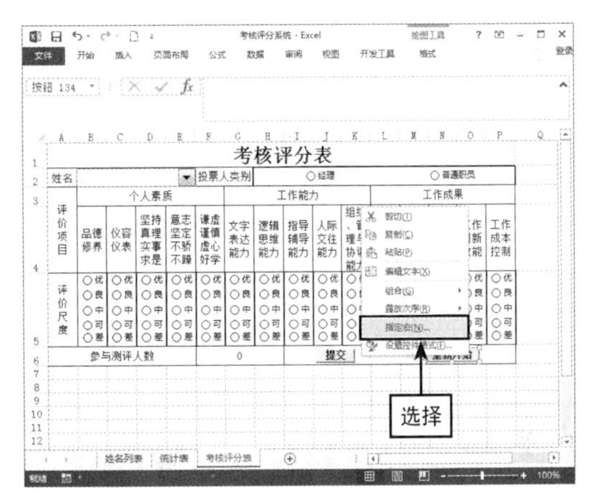


图 7-86

**step 06** 在弹出的“指定宏”对话框中，选择“重新开始”宏名，并单击“编辑”按钮，如图 7-87 所示，将弹出“Microsoft Visual Basic for Applicationgs – 考核评分系统 .xlsx”界面。

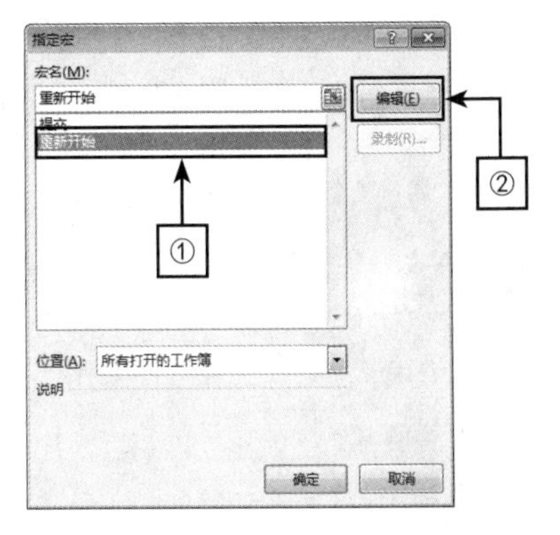

图 7-87

**step 07** 在弹出的“考核评分系统.xlsx – 模块 1（代码）”窗口中，输入控制“重新开始”按钮的代码，如图 7-88 所示。

代码：

```
Sub 重新开始 ()
Range(" 统计表 !A1:T1, 统计表 !A4:T10000").ClearContents
End Sub
```

**step 08** 按照相同的方法，输入控制“提交”按钮的代码，如图 7-89 所示。

代码：

```
Sub 提交 ()
    If Sheets(" 统计表 ").Range("A1").Value = "" Then
       MsgBox " 请选择姓名！ "
       Application.Goto Reference:=Sheets(" 考核评分表 ").Range("A1"), Scroll:=True
    Else
      If Sheets(" 统计表 ").Range("B1").Value = "" Then
       MsgBox " 请选择人员类别！ "
       Application.Goto Reference:=Sheets(" 考核评分表 ").Range("A1"), Scroll:=True
      Else
        If Sheets(" 统计表 ").Range("AE1").Value < 15 Then
       MsgBox " 还有项目未评价，请继续！ "
       Application.Goto Reference:=Sheets(" 考核评分表 ").Range("A1"), Scroll:=True
        Else
    Dim i As Integer
    For i = 1 To 1
        Sheets(" 统计表 ").Rows(4).Insert
    Next
     'Sheets(" 统计表 ").Range("A4").EntireRow.Resize(1).Insert
     'Sheets(" 统计表 ").Rows(1).Resize(1).Insert
    Sheets(" 统计表 ").Range("A1:S1").Copy
    Sheets(" 统计表 ").Range("A4").PasteSpecial Paste:=xlPasteValues
    Application.CutCopyMode = False
    Range(" 统计表 !A1:S1").ClearContents
    Sheets(" 考核评分表 ").Activate
        End If
      End If
    End If
End Sub
```

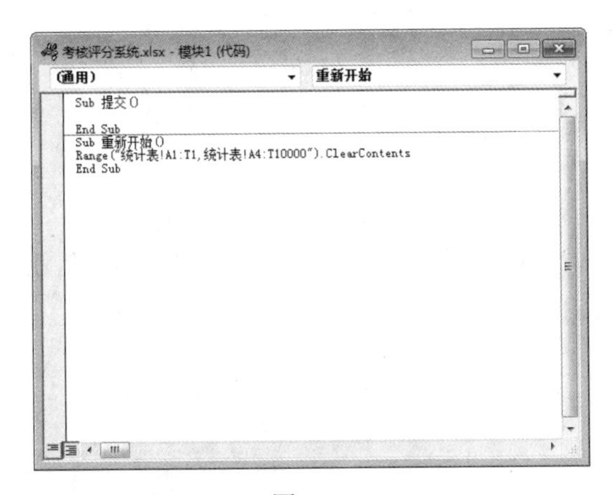


图 7-88

图 7-89

**step 09** 选择插入的组合框控件，在编辑栏中输入连接公式 = 统计表 !A1，如图 7-90 所示。

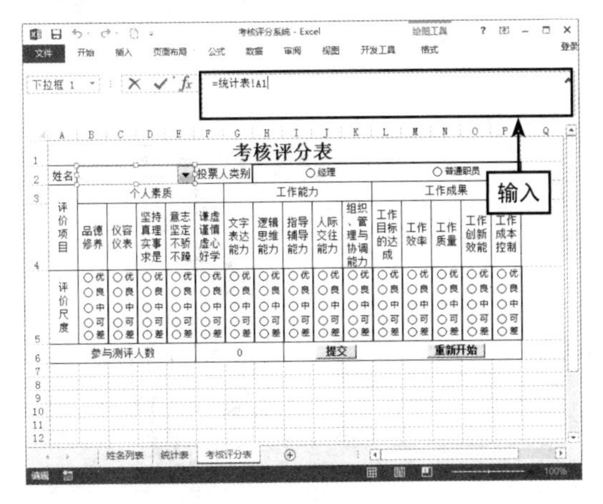


图 7-90

**step 10** 选择“经理”控件，在编辑栏中输入连接公式 = 统计表 !B1，如图 7-91 所示。

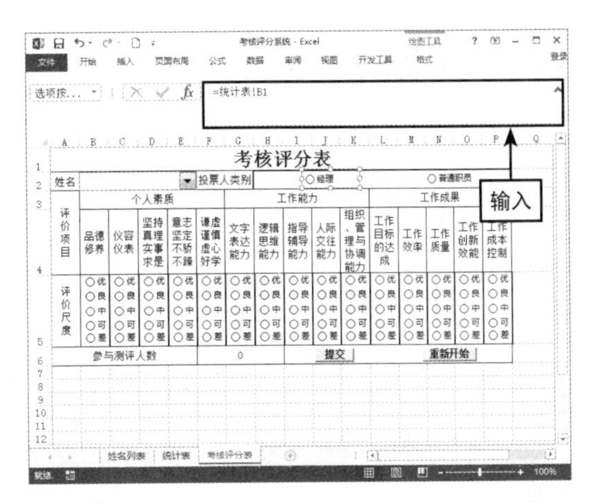


图 7-91

**step 11** “普通职员”控件的连接公式与“经理”控件相同。

**step 12** 按 F12 键，将文件另存为“Excel 启用宏的工作簿”，单击“保存”按钮，如图 7-92 所示。

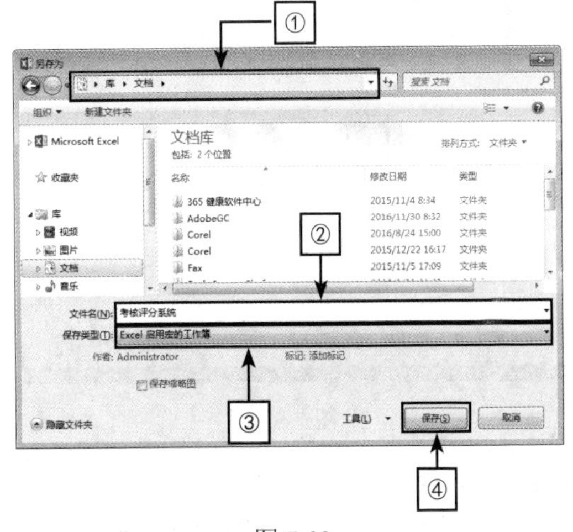


图 7-92

# 7.4 制作销售业绩统计表

在 7.2 节中制作的员工业绩统计表就是一份简单的销售业绩统计表，用来统计员工的销售业绩。在本节中将介绍分公司销售业绩统计表的制作方法。

## 7.4.1 计算销售数据

根据分公司的销售额以及奖金比例等数据内容，用户可以利用 Excel 的函数功能计算销售奖金、累计销售额、销售排名等数据。

**step 01** 启动 Excel 2013，创建“销售业绩统计表”。

**step 02** 合并并居中 A1: G1 单元格区域，输入标题文本，在“字体”选项组中，将字体设置为“黑体”，将字号设置为 20，如图 7-93 所示。

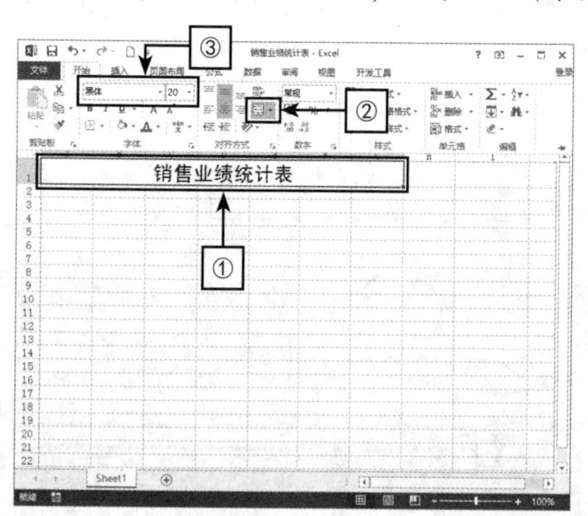


图 7-93

**step 03** 输入表格基础内容，合并相应单元格区域，并设置表格居中对齐方式，如图 7-94 所示。

**step 04** 选择 B4:F11 和 I4:I8 单元格区域，打开“设置单元格格式”对话框，选择“会计专用”数字格式，将“货币符号”设置为“无”，单击“确定”按钮，如图 7-95 所示。

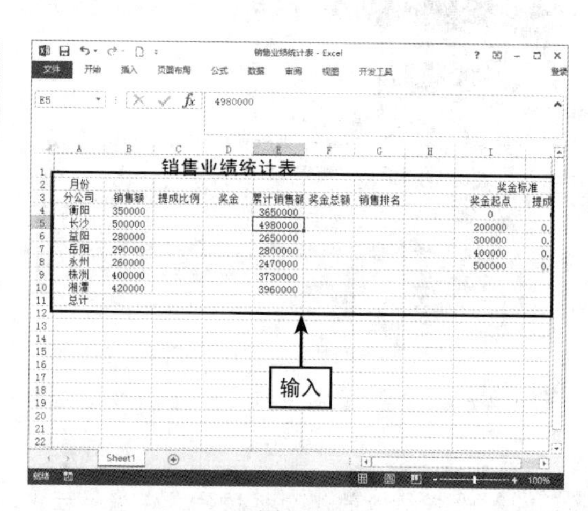


图 7-94

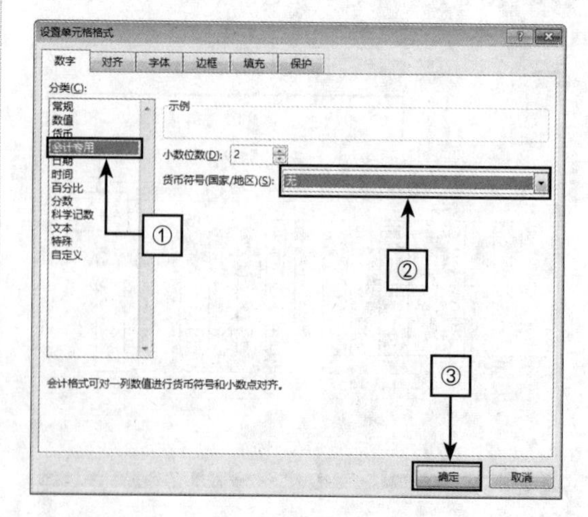


图 7-95

**step 05** 选择 C4:C10 和 J4:J8 单元格区域，打

开“设置单元格格式”对话框，选择“百分比”数字格式，将“小数位数”设置为 0，单击“确定”按钮，如图 7-96 所示。

**step 06** 选择 B2 单元格，在编辑栏中输入公式=MONTH(TODAY())，计算当前月份，如图 7-97 所示。

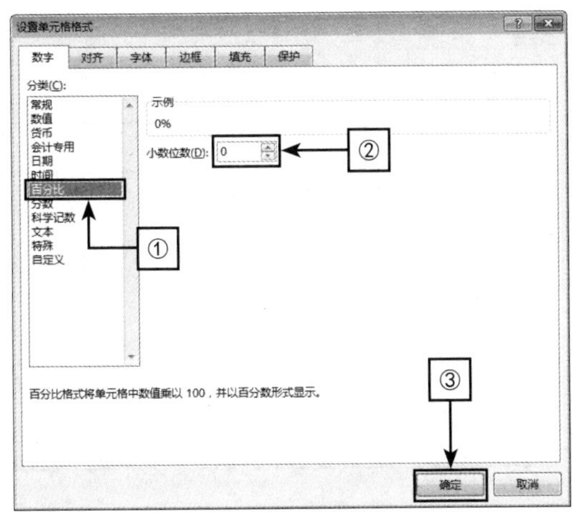


图 7-96

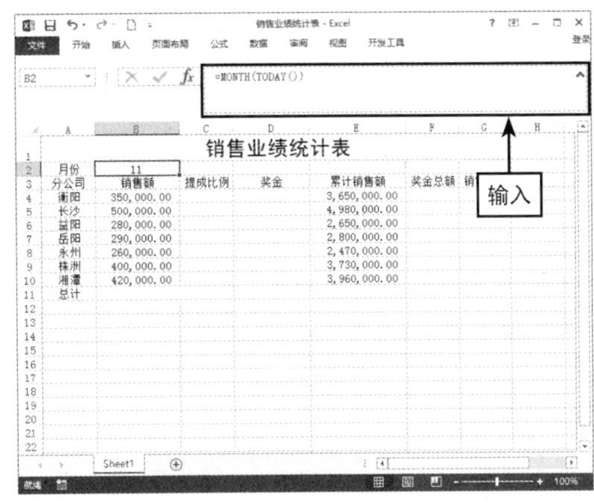


图 7-97

**step 07** 选择 C4 单元格，在编辑栏中输入公式 =VLOOKUP(B4,$I$4:$J$8,2)，计算提成比例，如图 7-98 所示。

**step 08** 选择 D4 单元格，在编辑栏中输入公式=ROUND(B4*C4,0)，计算应得奖金，如图 7-99 所示。

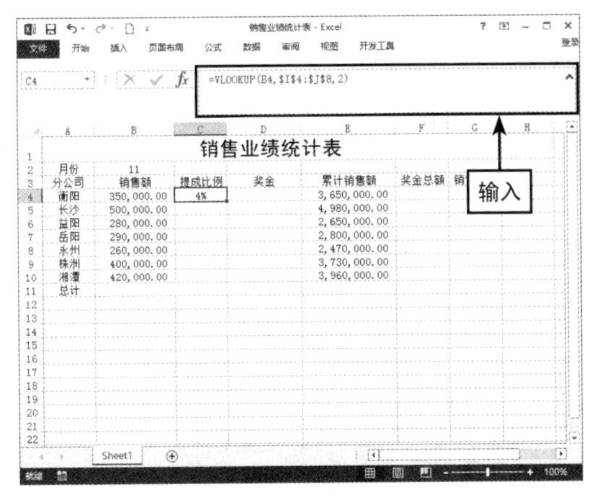


图 7-98

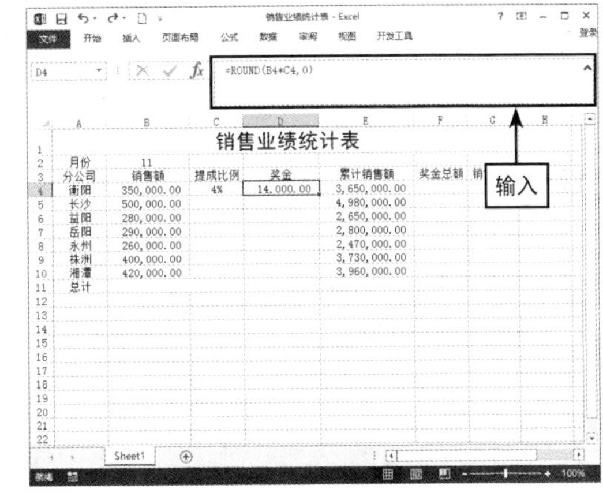


图 7-99

**提示：**

ROUND(number, num_digits) 按指定的位数进对数值进行四舍五入。

number 要四舍五入的数字。

num_digits 位数，按此位数对 number 参数进行四舍五入。

**step 09** 选择 F4 单元格，在编辑栏中输入公式 =IF(E4>3000000,E4*0.02,0)+D4，计算奖金总额，如图 7-100 所示。

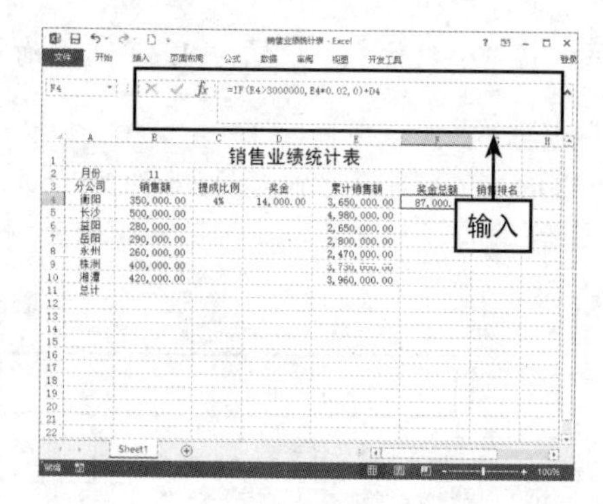


图 7-100

**step 10** 选择 G4 单元格，在编辑栏中输入公式 =RANK(F4,$F$4:$F$10)，计算排名，如图 7-101 所示。

图 7-101

**step 11** 选择 C4:D10 和 F4:G10 单元格区域，进入“开始”选项卡，在“编辑”选项组中单击“填充”下拉按钮，从下拉列表中执行“向下”命令，向下复制计算公式，如图 7-102 所示。

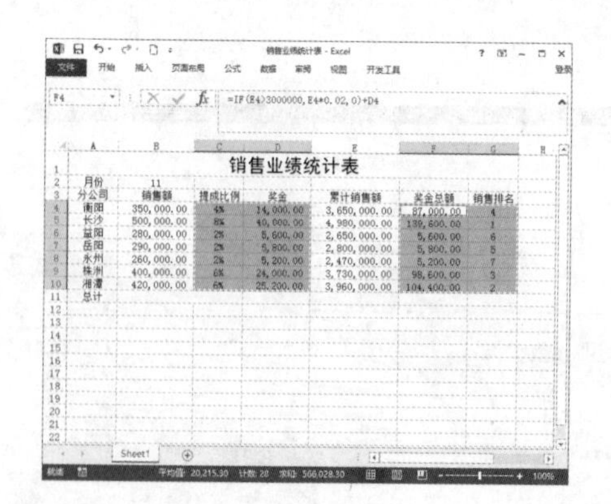


图 7-102

**step 12** 选择合并后的 B11 单元格，在编辑栏中输入求和公式，计算销售额总价值，如图 7-103 所示。

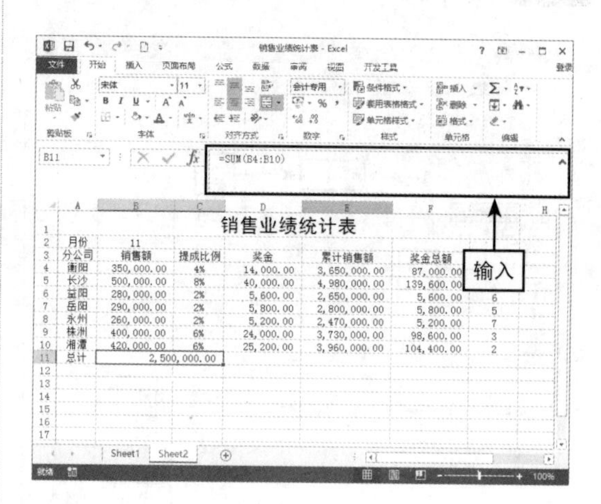


图 7-103

**step 13** 按照相同的方法计算 D11 单元格的数据，并向右拖曳填充手柄至 F11 单元格，如图 7-104 所示。

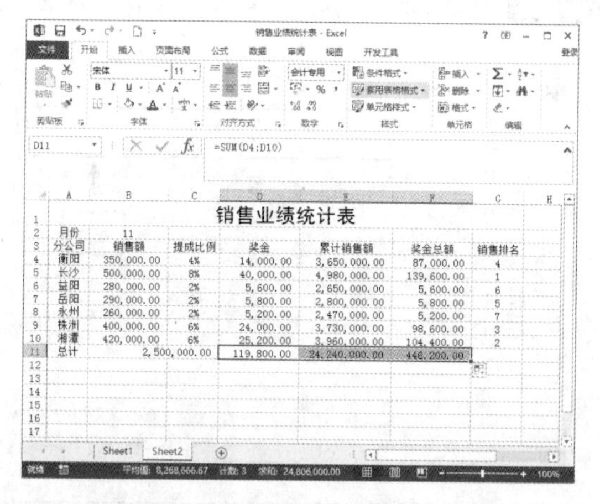


图 7-104

**step 14** 选择 A3:G11 单元格区域，进入“开始”选项卡，在“样式”选项组中单击“单元格样式”下拉按钮，选择“输入”选项，所得的结果如图 7-105 所示。

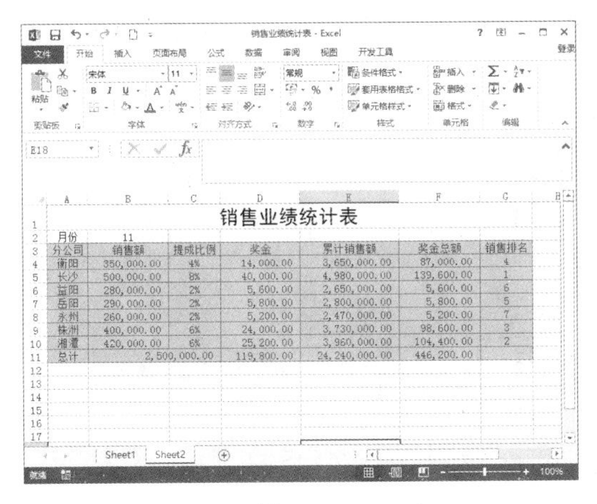

| | | | | | | |
|---|---|---|---|---|---|---|
| 销售业绩统计表 | | | | | | |
| 月份 | 11 | | | | | |
| 分公司 | 销售额 | 提成比例 | 奖金 | 累计销售额 | 奖金总额 | 销售排名 |
| 衡阳 | 350,000.00 | 4% | 14,000.00 | 3,650,000.00 | 87,000.00 | 4 |
| 长沙 | 500,000.00 | 8% | 40,000.00 | 4,980,000.00 | 139,600.00 | 1 |
| 益阳 | 280,000.00 | 2% | 5,600.00 | 2,650,000.00 | 5,600.00 | 6 |
| 岳阳 | 290,000.00 | 2% | 5,800.00 | 2,800,000.00 | 5,800.00 | 5 |
| 永州 | 260,000.00 | 2% | 5,200.00 | 2,470,000.00 | 5,200.00 | 7 |
| 株洲 | 400,000.00 | 6% | 24,000.00 | 3,730,000.00 | 98,600.00 | 3 |
| 湘潭 | 420,000.00 | 6% | 25,200.00 | 3,960,000.00 | 104,400.00 | 2 |
| 总计 | 2,500,000.00 | | 119,800.00 | 24,240,000.00 | 446,200.00 | |

图 7-105

## 7.4.2　图表分析数据

利用 Excel 插入折线图的功能，用户可根据销售业绩统计表的数据制作折线图，以图表的形式表现各部门之间销售业绩的差异。

**step 01** 选择 A4:B10 单元格区域，进入“插入”选项卡，在“图表”选项组中单击“插入折线图”下拉按钮，从下拉列表中执行“带数据标记的折线图”命令，如图 7-106 所示。

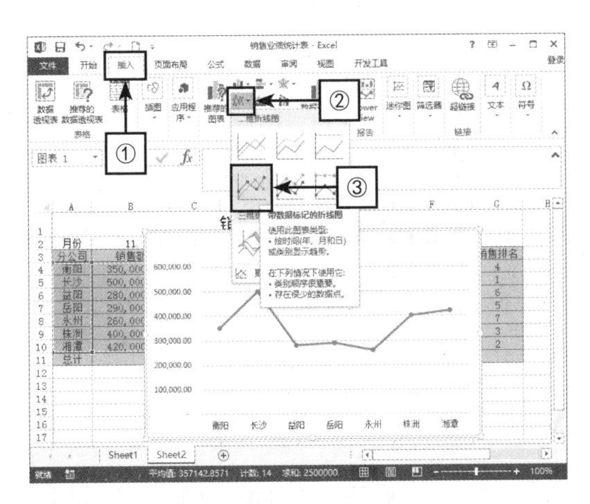


图 7-106

**step 02** 双击“垂直（值）轴”，打开“设置坐标轴格式”窗格，切换至“坐标轴选项”选项卡，将“会计专用”数字格式的“小数位数”设置为 1，如图 7-107 所示。

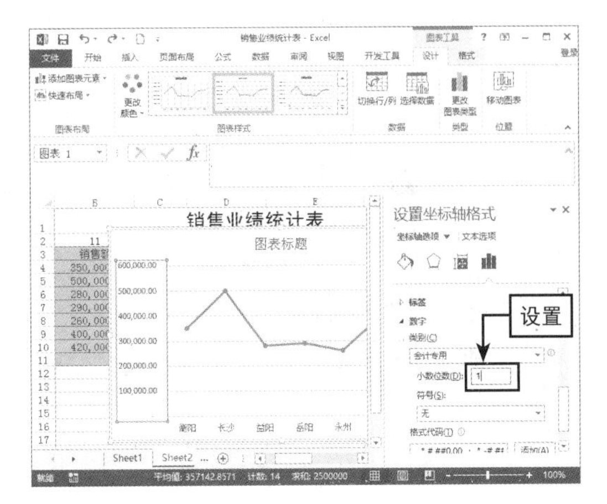


图 7-107

**step 03** 单击图表区，进入“格式”选项卡，在“形状样式”选项组中单击“其他”按钮，从打开的列表中选择合适的形状样式，如图 7-108 所示。

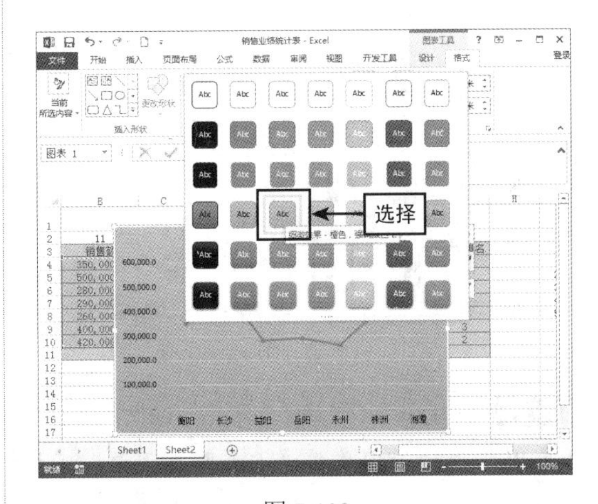


图 7-108

**step 04** 单击绘图区，进入“格式”选项卡，在“形状样式”选项组中单击“其他”按钮，从打开的列表中选择合适的形状样式，如图 7-109 所示。

**step 05** 选择系列 1，切换至“格式”选项卡，在“形状样式”选项组中单击“形状效果”下拉按钮，从下拉列表中单击“棱台”下拉按钮，从中选择“草皮”选项，设置数据系列的棱台效果，如图 7-110 所示。

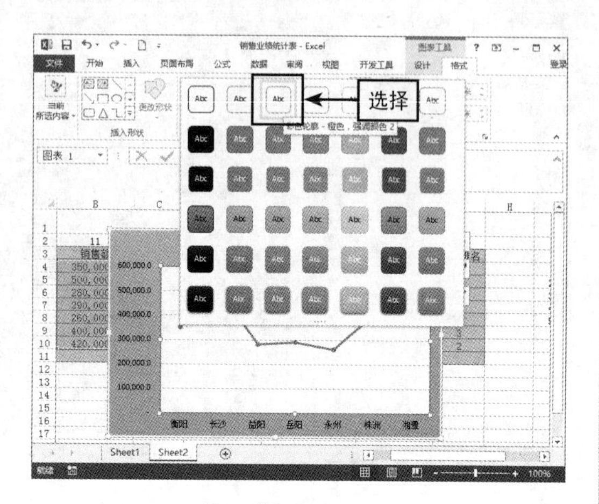


图 7-109

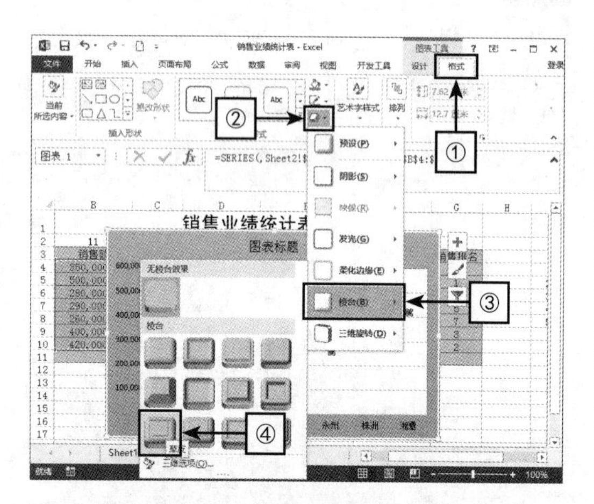


图 7-110

**step 06** 选择图表，切换至“设计”选项卡，在“图表布局”选项组中单击“添加图表元素”下拉按钮，从下拉列表中继续单击“线条”下拉按钮，从中选择“垂直线”选项，添加垂直线元素，如图 7-111 所示。

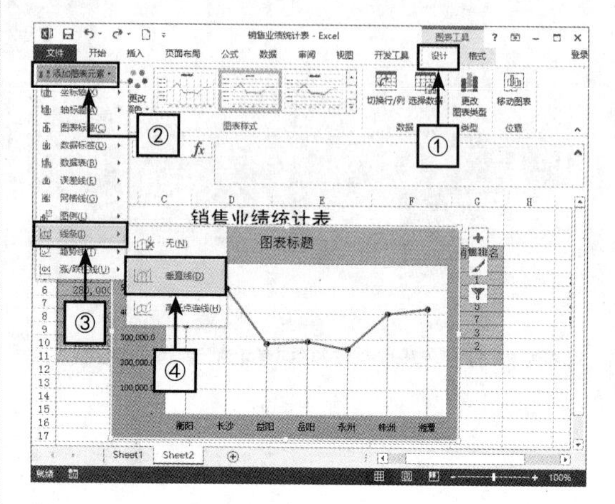


图 7-111

**step 07** 单击“图表标题”，将标题重命名为“销售业绩分析图”，并调整图表至合适的位置，最终结果如图 7-112 所示。

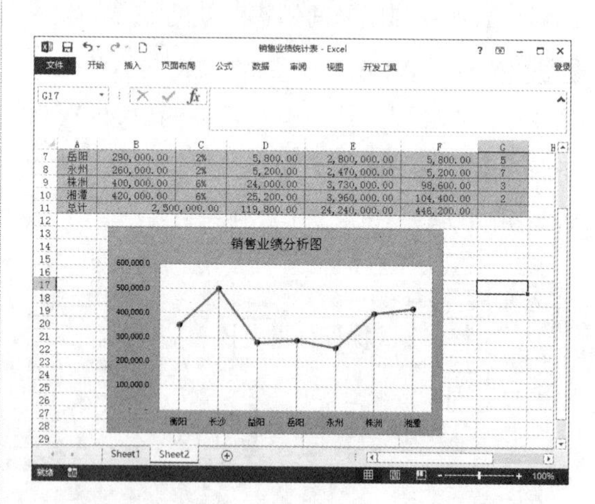


图 7-112

# 7.5 制作基本医疗保险基金补缴表

基本医疗保险基金补缴表主要记录公司员工补缴基本医疗保险基金的补缴原因、补缴起止时间、应缴金额明细等内容，为汇总社保数据提供依据。

## 7.5.1　制作基础表格

制作基础表格主要包括制作表格标题、输入基础内容、设置居中对齐方式、设置自动换行等操作。

**step 01** 打开 Excel 2013，创建“基本医疗保险基金补缴表”。

**step 02** 合并并居中 A1:Q1 单元格区域，输入标题文本，在“字体”选项组中，将字号设置为 18 并加粗，如图 7-113 所示。

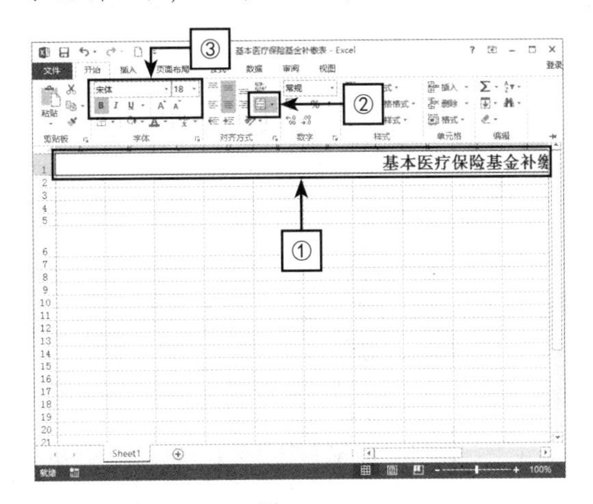

图 7-113

**step 03** 输入基础内容，合并相应单元格，并设置居中对齐方式，如图 7-114 所示。

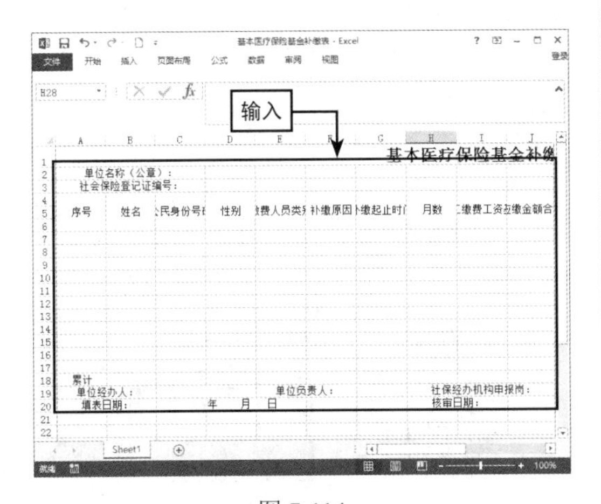

图 7-114

**step 04** 选择 A4:Q6 单元格区域，进入“开始”选项卡，在“对齐方式”选项组中单击“自动换行”按钮，如图 7-115 所示。

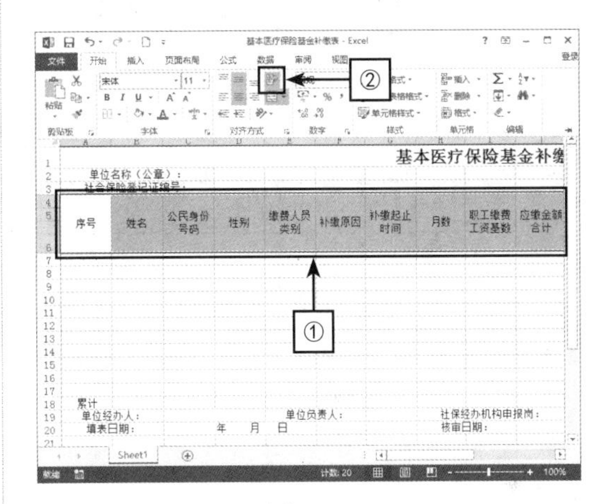

图 7-115

**step 05** 选择 A 列、D 列和 H 列单元格区域，设置其列宽为 3.63，设置 B 列列宽为 7，设置 C 列列宽为 13.5，设置 Q 列列宽为 10.63，结果如图 7-116 所示。

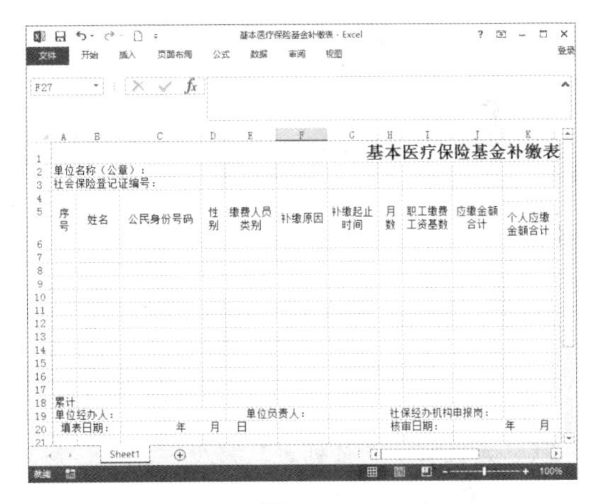

图 7-116

**step 06** 在 A21:Q23 单元格区域输入“填表说明”文本内容，选择 C21:Q23 单元格区域，在“对齐方式”选项组中单击“合并后居中”下拉按钮，执行“跨越合并”命令，如图 7-117 所示。

**step 07** 在 B25:C31 单元格区域中输入补缴分类编码相关文本内容，并设置居中对齐方式，如图 7-118 所示。

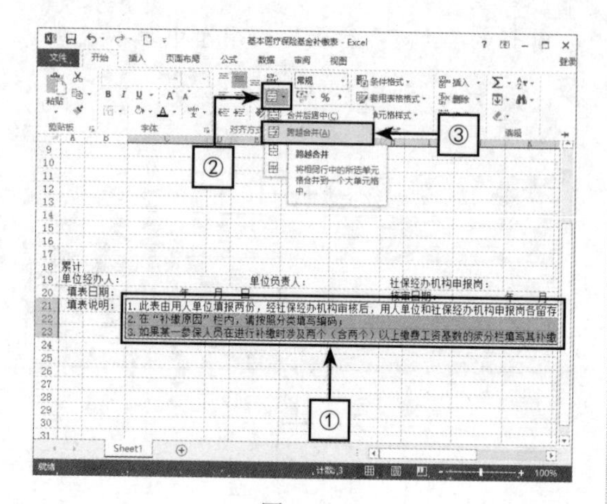


图 7-117

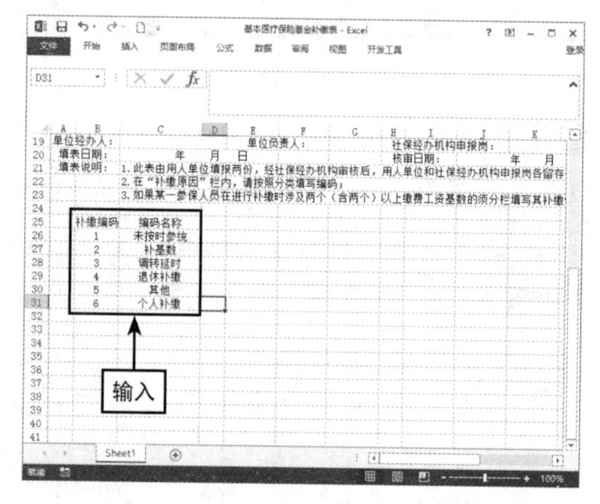


图 7-118

## 7.5.2 制作选择列表

制作选择列表主要是指对“性别”和“月数”对应单元格添加选择列表，减少输入工作量并规范数据内容的填写。

**step 01** 选择 D7:D17 单元格区域，进入“数据”选项卡，在“数据工具”选项组中从“数据验证”下拉列表中执行“数据验证”命令，打开“数据验证”对话框，在“允许”下拉列表中选择“序列”选项，并在“来源”文本框中输入相关文本，单击“确定”按钮，如图 7-119 所示。

**step 02** 选择 H7:H17 单元格区域，进入“数据”选项卡，在“数据工具”选项组中从“数据验证”下拉列表中执行“数据验证”命令，打开“数据验证”对话框，在“允许”下拉列表中选择“整数”选项，并输入“最小值”和“最大值”的相关文本，如图 7-120 所示。

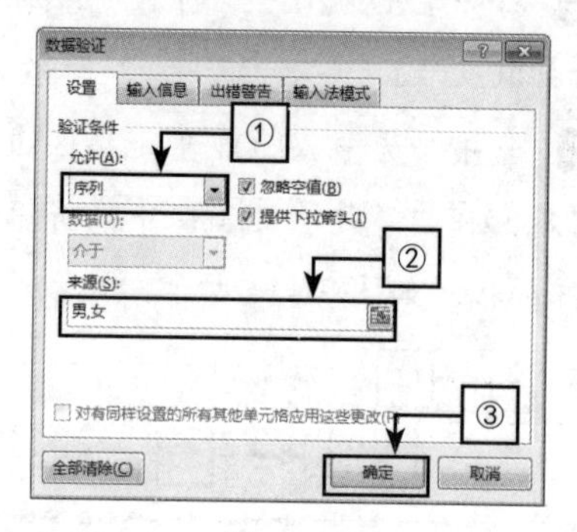


图 7-119

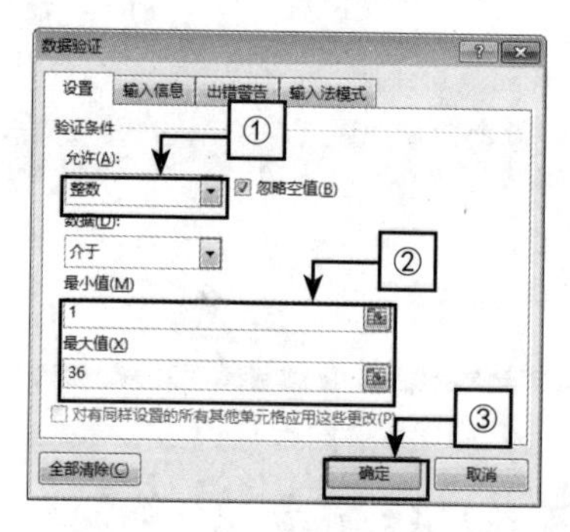


图 7-120

**step 03** 切换至“出错警告”选项卡，在“样式”下拉列表中选择“警告”选项，在“错误信息”文本框中输入相关文本，单击“确定”按钮，如图 7-121 所示。

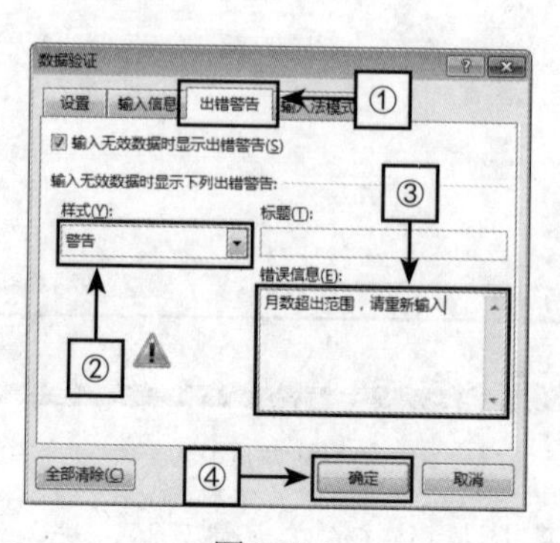


图 7-121

## 7.5.3　自动生成补缴费

利用 Excel 的函数功能，运用简单的计算方法，即可自动生成补缴费，并实现根据补缴分类编码返回补缴原因名称的操作。

**step 01** 选择 J7 单元格，在编辑栏中输入计算公式，如图 7-122 所示。

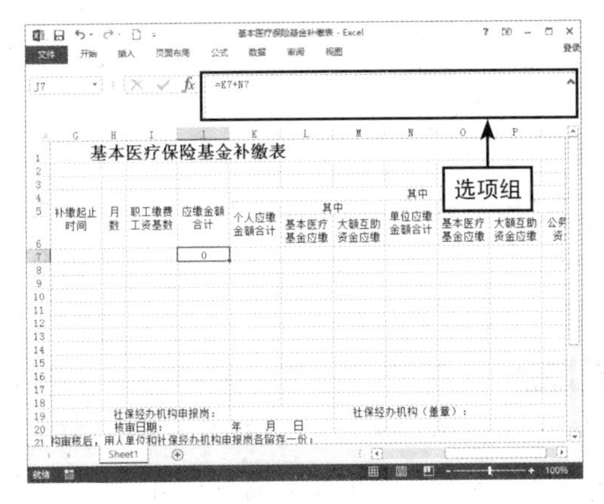


图 7-122

**step 02** 选择 K7 单元格，在编辑栏中输入计算公式，如图 7-123 所示。

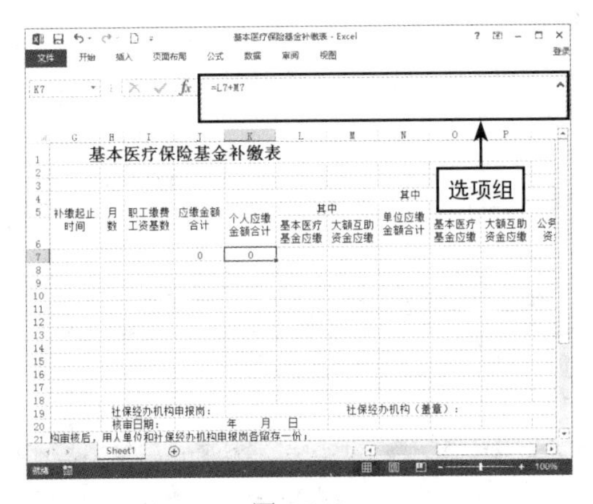


图 7-123

**step 03** 选择 N7 单元格，在编辑栏中输入计算公式，如图 7-124 所示。

**step 04** 选择 J7:K17 和 N7:N17 单元格区域，进入“开始”选项卡，在“编辑”选项组中单击“填充”下拉按钮，从下拉列表中执行“向下”命令，向下填充计算公式，如图 7-125 所示。

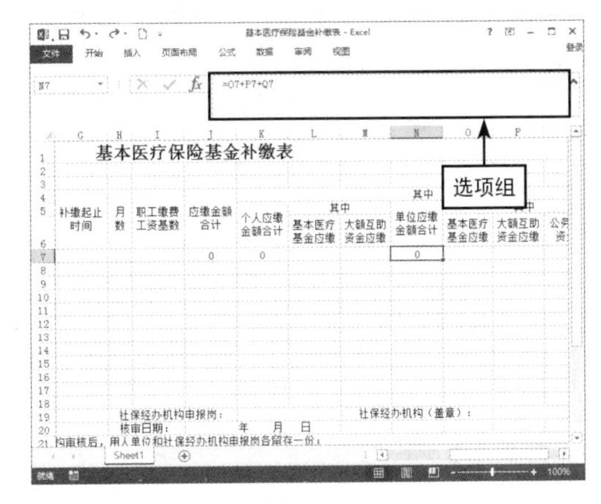


图 7-124

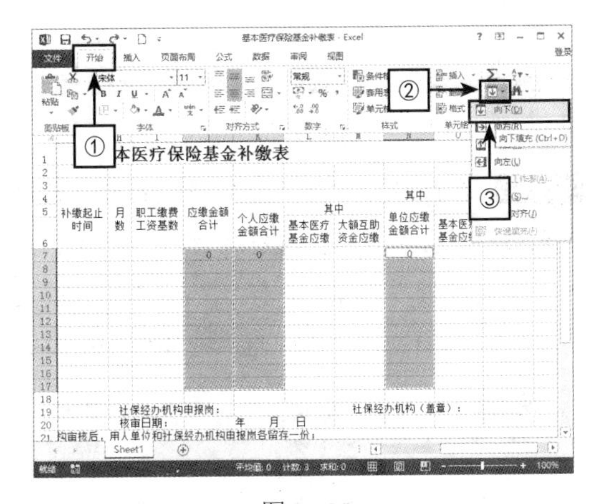


图 7-125

**step 05** 选择 J18 单元格，在编辑栏中输入求和公式，如图 7-126 所示。

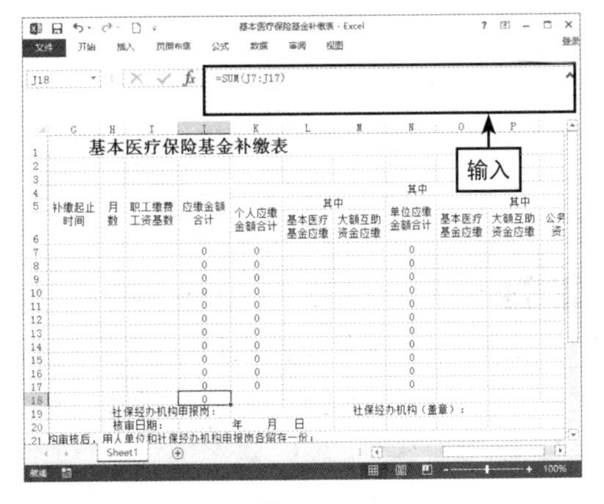


图 7-126

**step 06** 选择 J18:Q18 单元格区域，进入“开始”选项卡，在“编辑”选项组中单击“填充”下拉按钮，从下拉列表中执行“向右”命令，结果如图 7-127 所示。

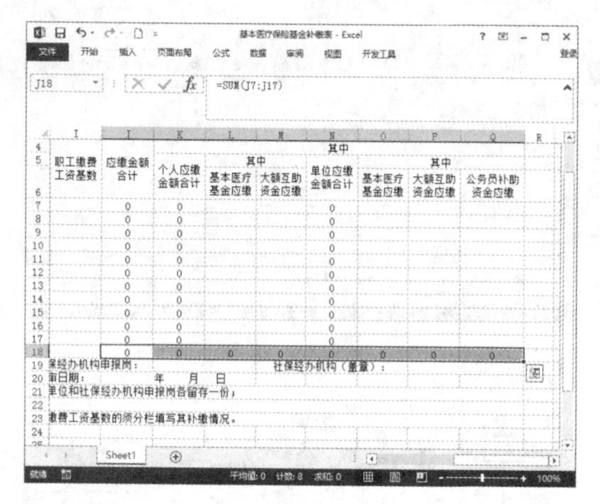

图 7-127

**step 07** 选择 I7:Q18 单元格区域，打开“设置单元格格式”对话框，选择“货币”选项，设置“小数位数”为 1，并将“货币符号”设置为“无”，单击“确定”按钮，如图 7-128 所示。

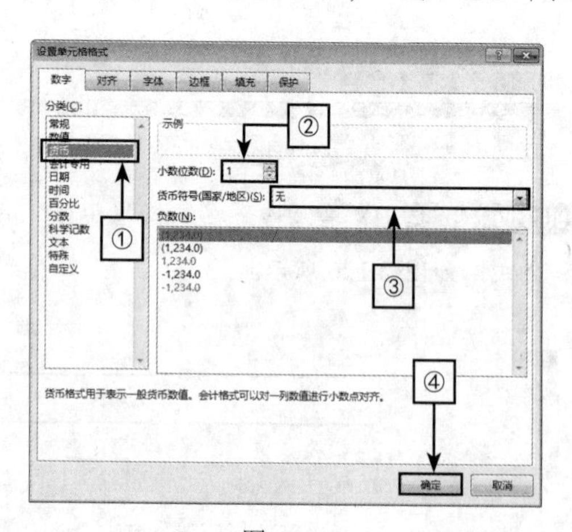


图 7-128

**step 08** 打开“Excel 选项”对话框，切换至“高级”选项卡，取消勾选“在具有零值的单元格中显示零”选项，如图 7-129 所示，单击“确定”按钮，隐藏零值。

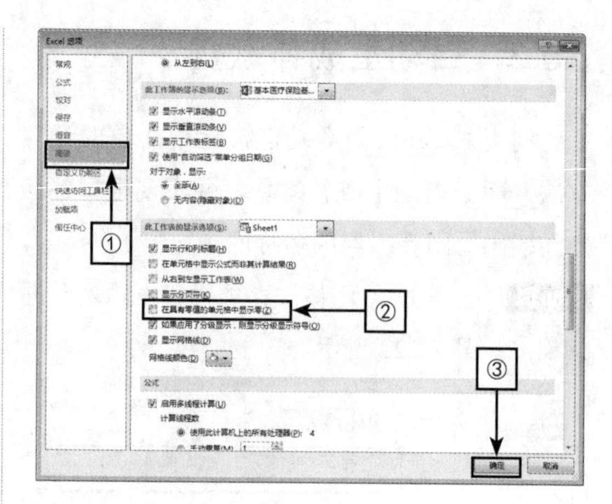


图 7-129

**step 09** 在 E25 单元格区域中输入“补缴编码”文本内容，并在 E26 单元格中输入一个补缴编码，如 1。

**step 10** 选择 F7 单元格，在编辑栏中输入计算公式 =IF(E26="","",VLOOKUP(E26,$B$26:$C$31,2,0))，当 E26 单元格中的补缴编码为 1 时，返回“未按时参统”补缴原因，如图 7-130 所示。

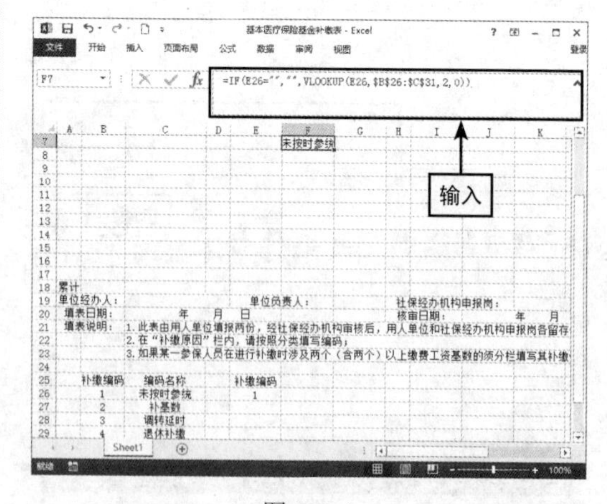


图 7-130

**step 11** 按照相同的方法输入补缴编码并返回具体补缴原因。

### 7.5.4　美化表格

美化表格主要包括设置边框格式、设置单元格样式等操作。

**step 01** 选择 A4:Q18 单元格区域，进入“开始”选项卡，在“字体”选项组中单击“下框线”下拉按钮，选择“所有框线”选项，结果如图 7-131 所示。

**step 02** 选择 A4:Q18 单元格区域，进入“开始”选项卡，在“样式”选项组中单击“单元格样式”下拉按钮，选择“适中”选项，结果如图 7-132 所示。

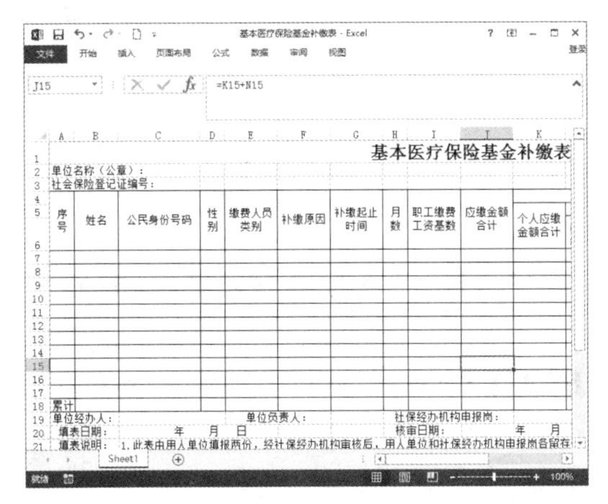

图 7-131

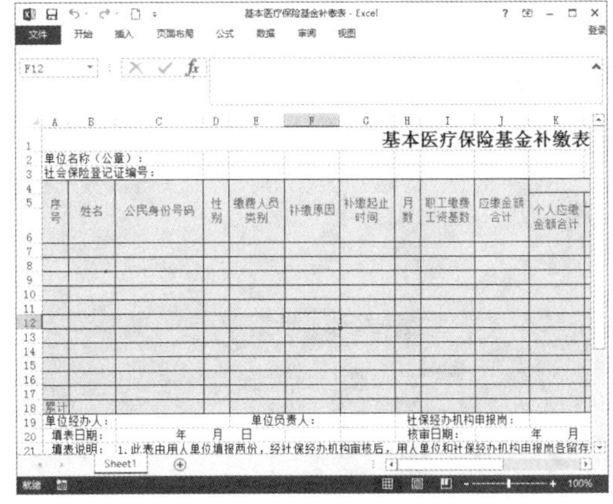

图 7-132

## 7.6　制作职工退休年龄统计表

人力资源部除了管理员工入职、培训、绩效、福利外，对于员工退休的相关事项也要进行管理。职工退休年龄统计表根据国家规定，计算并统计公司在职员工的退休日期，为办理退休手续做好准备。

### 7.6.1　自动显示退休日期

根据国家现行规定，男性 60 周岁，女性 50 周岁即达到正式退休年龄。根据员工当前年龄及国家规定，运用函数功能，即可计算出员工退休日期。

**step 01** 打开 Excel 2013 软件，创建并保存“职工退休年龄统计表”。

**step 02** 合并并居中 A1:H1 单元格区域，在“字体”选项组中，设置字体为“黑体”，设置字号为 18，如图 7-133 所示。

**step 03** 根据需要输入表格基础内容，设置居中对齐方式，设置第 A 至 E 列以及 G 列单元格区域列宽为 8，如图 7-134 所示。

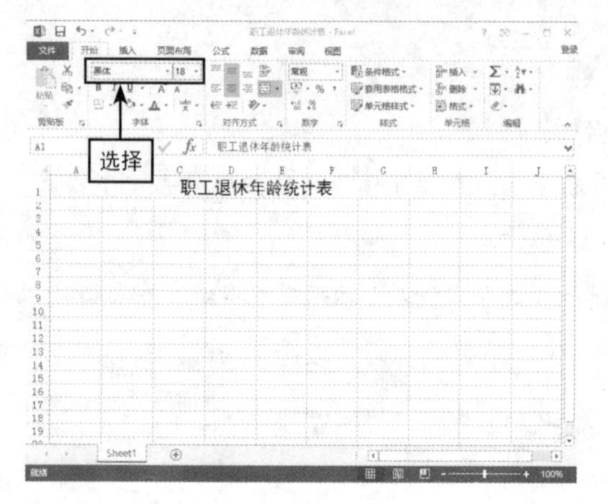


图 7-133

图 7-134

**step 04** 选择 H3:H12 单元格区域，进入“开始”选项卡，在“数字”选项组中单击“数字格式”下拉按钮，选择“短日期”选项，如图 7-135 所示。

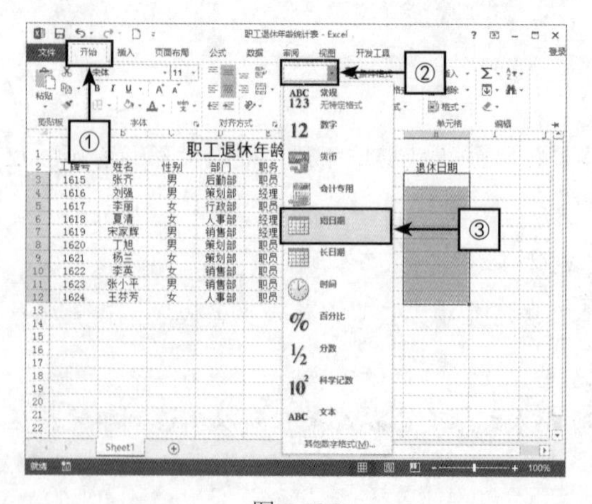


图 7-135

**step 05** 选择 G3 单元格，在编辑栏中输入计算公式 =DATEDIF(F3,TODAY(),"Y")，如图 7-136 所示。

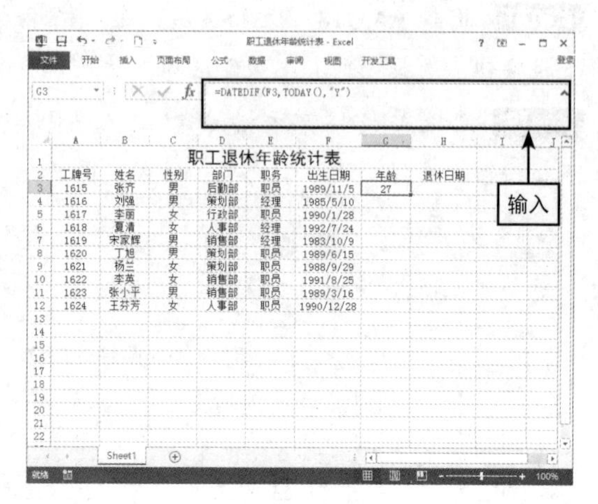


图 7-136

**step 06** 选择 H3 单元格，在编辑栏中输入计算公式 =EDATE(F3,IF(C3=" 女 ",50*12,60*12))，计算退休日期，如图 7-137 所示。

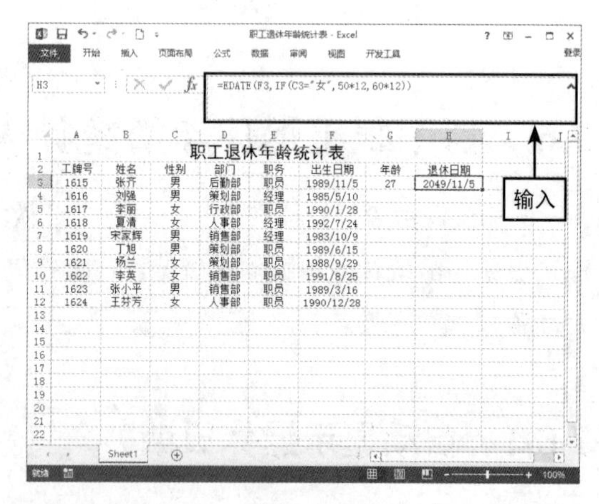


图 7-137

**提示：**

EDATE(start_date，months) 返回指定日期之前或之后，指定月份的日期序列号。

start_date 代表开始日期。

months 在 start_date 之前或之后的月份数，未来日期用正数表示，过去日期用负数表示。

**step 07** 选择 G3:H12 单元格区域，进入“开始”选项卡，在“编辑”选项组中单击“填充”下拉按钮，从下拉列表中执行“向下”命令，复制计算公式，如图 7-138 所示。

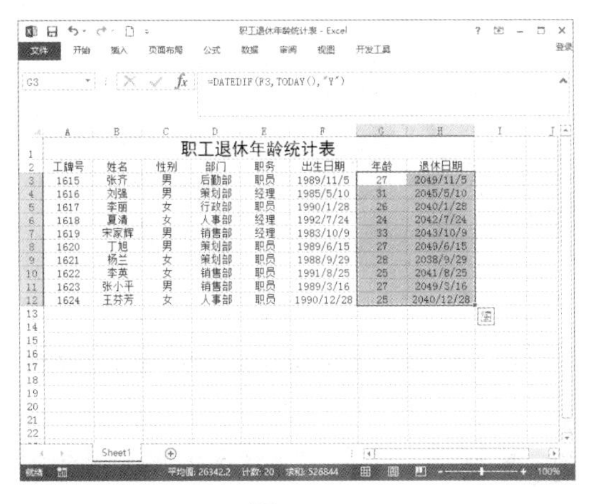

| 工牌号 | 姓名 | 性别 | 部门 | 职务 | 出生日期 | 年龄 | 退休日期 |
|---|---|---|---|---|---|---|---|
| 1615 | 张齐 | 男 | 后勤部 | 职员 | 1989/11/5 | 27 | 2049/11/5 |
| 1616 | 刘强 | 男 | 策划部 | 经理 | 1985/5/10 | 31 | 2045/5/10 |
| 1617 | 李丽 | 女 | 行政部 | 职员 | 1990/1/28 | 26 | 2040/1/28 |
| 1618 | 夏清 | 女 | 人事部 | 经理 | 1992/7/24 | 24 | 2042/7/24 |
| 1619 | 宋家辉 | 男 | 销售部 | 经理 | 1983/10/9 | 33 | 2043/10/9 |
| 1620 | 丁旭 | 男 | 策划部 | 职员 | 1989/6/15 | 27 | 2049/6/15 |
| 1621 | 杨兰 | 女 | 策划部 | 职员 | 1988/9/29 | 28 | 2038/9/29 |
| 1622 | 李英 | 女 | 销售部 | 职员 | 1991/8/25 | 25 | 2041/8/25 |
| 1623 | 张小平 | 男 | 销售部 | 职员 | 1989/3/16 | 27 | 2049/3/16 |
| 1624 | 王芬芳 | 女 | 人事部 | 职员 | 1990/12/28 | 25 | 2040/12/28 |



图 7-138

**step 08** 选择 A2:H12 单元格区域，打开“设置单元格格式”对话框，设置表格内、外边框格式，如图 7-139 所示。

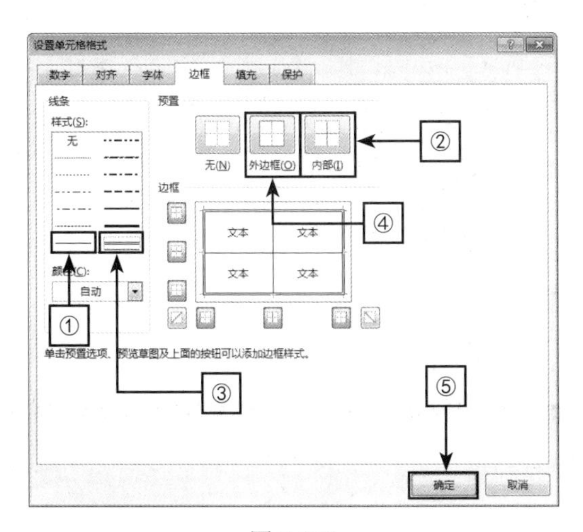


图 7-139

## 7.6.2 凸显到龄退休日期

使用 Excel 的条件格式功能，可以自定义需要设置格式的单元格，将底纹、字体、颜色等格式应用到满足条件的单元格中，达到凸显单元格的目的，增强电子表格的设计性和可读性。

**step 01** 选择 H3:H12 单元格区域，进入“开始”选项卡，在“样式”选项组中单击“条件格式”下拉按钮，执行“新建规则”命令，如图 7-140 所示。

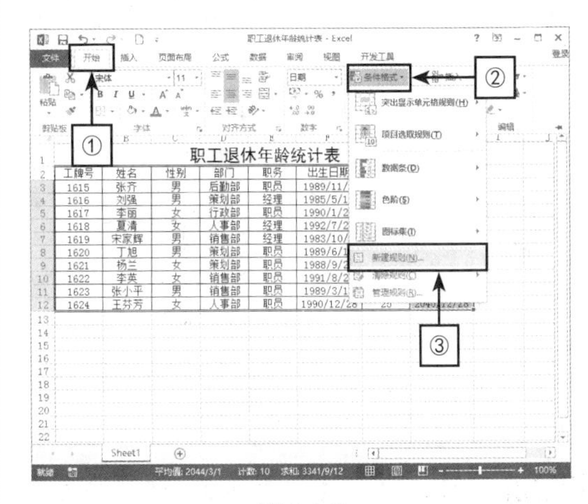


图 7-140

**step 02** 在打开的“新建格式规则”对话框中，选择“使用公式确定要设置格式的单元格”规则类型，并在“编辑规则说明”文本框中输入用于定义条件的公式 =DATEDIF(TODAY(), $H3,"Y")>=30，如图 7-141 所示。

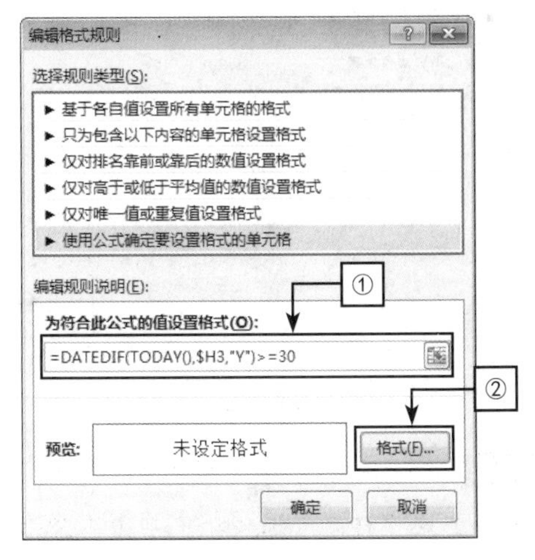


图 7-141

**step 03** 单击“格式”按钮，打开“设置单元格格式”对话框，切换至“字体”选项卡，将文本加粗，并设置字体颜色为“蓝色，着色 1，深色 50%”，如图 7-142 所示。

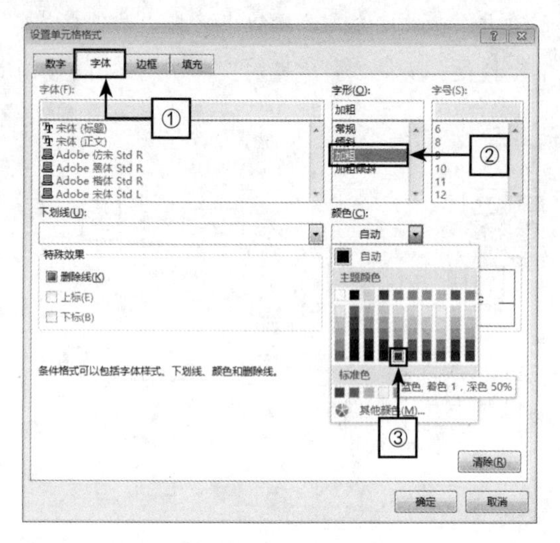


图 7-142

**step 04** 切换至“填充”选项卡，设置单元格填充颜色为“蓝色，着色 1，淡色 40%”，如图 7-143 所示，单击“确定”按钮。

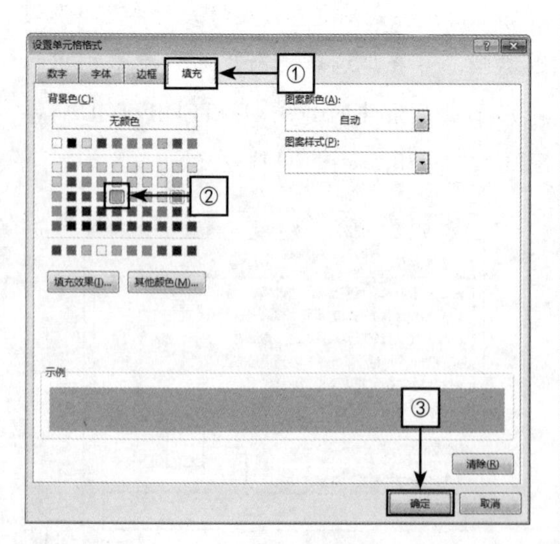


图 7-143

**step 05** 选择 A2:H12 单元格区域，进入“开始”选项卡，在“样式”选项组中单击“套用表格格式”下拉按钮，选择“表样式中等深浅 19”样式，并启用“表包含标题”复选框，如图 7-144 所示。

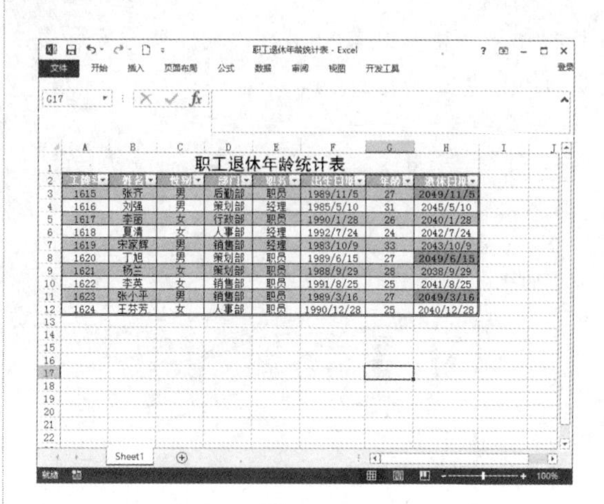

职工退休年龄统计表

| 工牌号 | 姓名 | 性别 | 部门 | 职务 | 出生日期 | 年龄 | 退休日期 |
|---|---|---|---|---|---|---|---|
| 1615 | 张齐 | 男 | 后勤部 | 职员 | 1989/11/5 | 27 | 2049/11/5 |
| 1616 | 刘强 | 男 | 策划部 | 经理 | 1985/5/10 | 31 | 2045/5/10 |
| 1617 | 李丽 | 女 | 行政部 | 职员 | 1990/1/28 | 26 | 2040/1/28 |
| 1618 | 夏清 | 女 | 人事部 | 经理 | 1992/7/24 | 24 | 2042/7/24 |
| 1619 | 宋家辉 | 男 | 销售部 | 经理 | 1983/10/9 | 33 | 2043/10/9 |
| 1620 | 丁旭 | 男 | 策划部 | 职员 | 1989/6/15 | 27 | 2049/6/15 |
| 1621 | 杨兰 | 女 | 策划部 | 职员 | 1988/9/29 | 28 | 2038/9/29 |
| 1622 | 李英 | 女 | 销售部 | 职员 | 1991/8/25 | 25 | 2041/8/25 |
| 1623 | 张小平 | 男 | 销售部 | 职员 | 1989/3/16 | 27 | 2049/3/16 |
| 1624 | 王芬芳 | 女 | 人事部 | 职员 | 1990/12/28 | 25 | 2040/12/28 |

图 7-144

**step 06** 选择 A2:H12 单元格区域，进入“设计”选项卡，在“工具”选项组中单击“转换为区域”按钮，在弹出的对话框中单击“是”按钮，结果如图 7-145 所示。

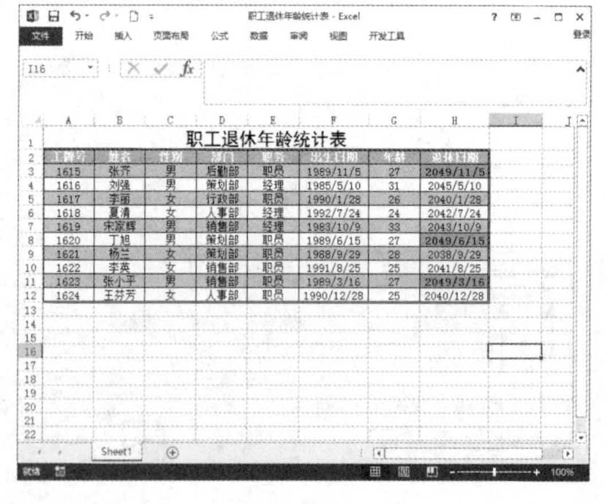

职工退休年龄统计表

| 工牌号 | 姓名 | 性别 | 部门 | 职务 | 出生日期 | 年龄 | 退休日期 |
|---|---|---|---|---|---|---|---|
| 1615 | 张齐 | 男 | 后勤部 | 职员 | 1989/11/5 | 27 | 2049/11/5 |
| 1616 | 刘强 | 男 | 策划部 | 经理 | 1985/5/10 | 31 | 2045/5/10 |
| 1617 | 李丽 | 女 | 行政部 | 职员 | 1990/1/28 | 26 | 2040/1/28 |
| 1618 | 夏清 | 女 | 人事部 | 经理 | 1992/7/24 | 24 | 2042/7/24 |
| 1619 | 宋家辉 | 男 | 销售部 | 经理 | 1983/10/9 | 33 | 2043/10/9 |
| 1620 | 丁旭 | 男 | 策划部 | 职员 | 1989/6/15 | 27 | 2049/6/15 |
| 1621 | 杨兰 | 女 | 策划部 | 职员 | 1988/9/29 | 28 | 2038/9/29 |
| 1622 | 李英 | 女 | 销售部 | 职员 | 1991/8/25 | 25 | 2041/8/25 |
| 1623 | 张小平 | 男 | 销售部 | 职员 | 1989/3/16 | 27 | 2049/3/16 |
| 1624 | 王芬芳 | 女 | 人事部 | 职员 | 1990/12/28 | 25 | 2040/12/28 |

图 7-145

# 7.7　其他职工社保管理表

职工社保管理主要包括养老保险、医疗保险、失业保险、工伤保险、生育保险等管理内容，人力资源部做好职工社保管理工作能切实维护员工合法权益、增强员工工作积极性。除了以上章节中介绍的相关表格以外，还包括下列职工社保管理表。

## 7.7.1　保险号码自动更正

在办理社保业务时，当发生申报错误、录入错误或保险号码变更等情况时，参保员工需要填写社会保险号码更正申请表来申请更正社会保险号码。

如图 7-146 所示，保险号码更正申请表主要记录申请人的基本信息、变更内容、变更类型、错误原因等内容。

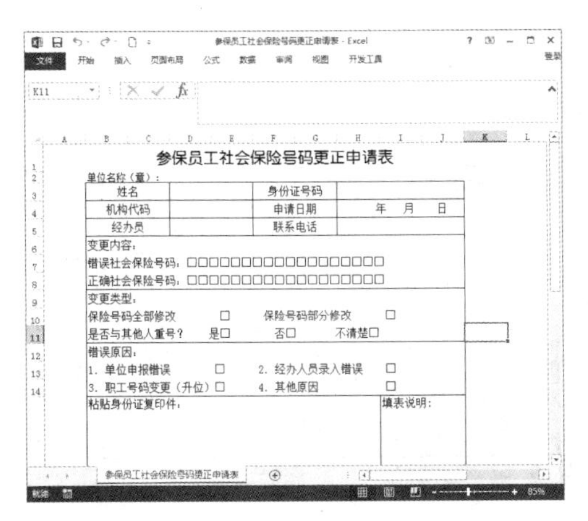

参保员工社会保险号码更正申请表

单位名称（章）：

| 姓名 | | 身份证号码 | |
|---|---|---|---|
| 机构代码 | | 申请日期 | 年　月　日 |
| 经办员 | | 联系电话 | |

变更内容：
错误社会保险号码：□□□□□□□□□□□□□□□□□□□□□□□□□□□□□□
正确社会保险号码：□□□□□□□□□□□□□□□□□□□□□□□□□□□□□□

变更类型：
保险号码全部修改　□　保险号码部分修改　□
是否与其他人重号？　是□　否□　不清楚□

错误原因：
1. 单位申报错误　□　2. 经办人员录入错误　□
3. 职工号码变更（升位）□　4. 其他原因　□

粘贴身份证复印件：　填表说明：

图 7-146

## 7.7.2　基本医疗保险基金退款表

基本医疗保险基金退款表与基本医疗保险基金补缴表类似，主要记录员工医疗保险基金退款情况，包括员工基本信息、退款原因、退款起止时间、退款金额明细等内容，如图 7-147 所示。

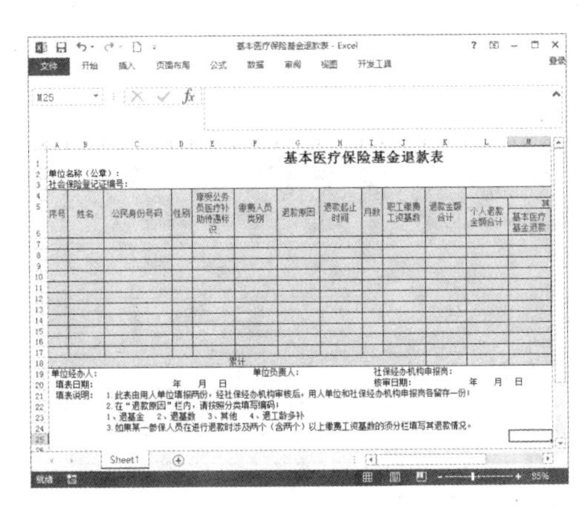

基本医疗保险基金退款表

单位名称（公章）：
社会保险登记证编号：

| 序号 | 姓名 | 公民身份号码 | 性别 | 享受公务员医疗补助待遇标识 | 缴费人员类别 | 退款原因 | 退款起止时间 | 月数 | 职工缴费工资基数 | 退款金额合计 | 个人退款金额合计 | 其 基本医疗基金退款 |
|---|---|---|---|---|---|---|---|---|---|---|---|---|
| | | | | | | | | | | | | |
| 累计 | | | | | | | | | | | | |

单位经办人：　单位负责人：　社保经办机构申报岗：
填表日期：　年　月　日　核审日期：　年　月　日
填表说明：1. 此表由用人单位填报两份，经社保经办机构审核后，用人单位和社保经办机构申报岗各留存一份；
2. 在“退款原因”栏内，请按照分类填写编码：
1、退基金　2、退基数　3、其他　4、退工龄参补
3. 如果某一参保人员在进行退款时涉及两个（含两个）以上缴费工资基数的须分栏填写其退款情况。

图 7-147

## 7.7.3　社保个人情况登记表

社保个人情况登记表主要登记参保员工的基本信息、定点医药机构信息、异地医疗机构信息等内容，如图 7-148 所示。

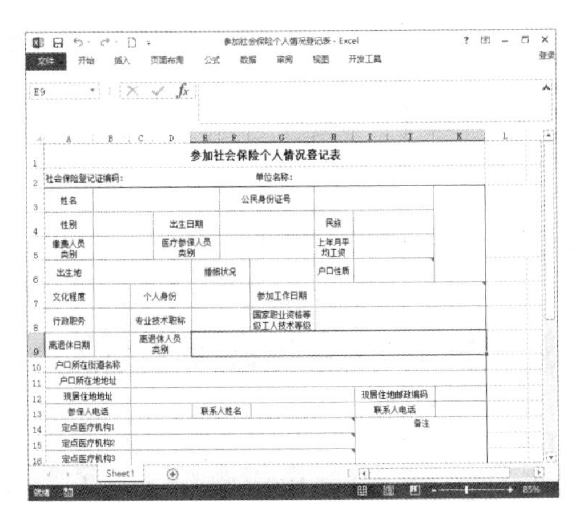

参加社会保险个人情况登记表

社会保险登记证编码：　单位名称：

| 姓名 | | 公民身份证号 | | | |
|---|---|---|---|---|---|
| 性别 | | 出生日期 | | 民族 | |
| 缴费人员类别 | | 医疗参保人员类别 | | 上年月平均工资 | |
| 出生地 | | 婚姻状况 | | 户口性质 | |
| 文化程度 | | 个人身份 | | 参加工作日期 | |
| 行政职务 | | 专业技术职称 | | 国家职业资格等级工人技术等级 | |
| 离退休日期 | | 离退休人员类别 | | | |
| 户口所在街道名称 | | | | | |
| 户口所在地地址 | | | | | |
| 现居住地地址 | | | | 现居住地邮政编码 | |
| 参保人电话 | | 联系人姓名 | | 联系人电话 | |
| 定点医疗机构1 | | | | 备注 | |
| 定点医疗机构2 | | | | | |
| 定点医疗机构3 | | | | | |

图 7-148

### 7.7.4 员工抚恤申请表

抚恤金是国家机关、企事业单位、集体经济组织发给伤残人员或死者家属的费用，以优抚、救济伤残人员或死者家属。

如图 7-149 所示，员工抚恤申请表主要记录申请人及伤亡员工相关信息、伤亡经过、抚恤款项、担保人相关信息等内容。

员工抚恤申请表

| 申请人 | 姓名 | 年龄 | 性别 | 籍贯 | 职业或职务 | 与伤亡员工关系 | 住址 |
|---|---|---|---|---|---|---|---|
| | | | | | | | |
| 伤亡员工 | 姓名 | 年龄 | 性别 | 籍贯 | 到职时间 | 工资及津贴总数 | |
| 伤亡经过 | | | | | | | |
| 适用条文 | | | | | | | |
| 申请抚恤款项 | 抚恤金 | | 月 | | | 总计 | |
| | 扣除劳保给付计 | | | | | 实付 | |
| 伤亡证明书 | | | | | | | |
| 担保人姓名 | | 职业 | | 与申请人关系 | | 身份证号码 | |
| 担保人单位 | | 营业证字号 | | 电话 | | 地址 | |
| 总经理签字 | 财务经理签字 | | 人力资源经理签字 | | | 伤亡员工部门经理签字 | |
| 申请人签字： | | | | | | | |
| 身份证字号 | | | | | | | |

备注：

填表说明：1、遗族申请抚恤者应向人力资源部请领申请表，照式填明呈核。

2、主管人员应严加审核

图 7-149

### 7.7.5 社保人员增减表

社保人员增减表主要记录参加社会保险员工数量的增减情况，包括参保人员基本信息、参保险种、门诊就医点等内容，如图 7-150 所示。

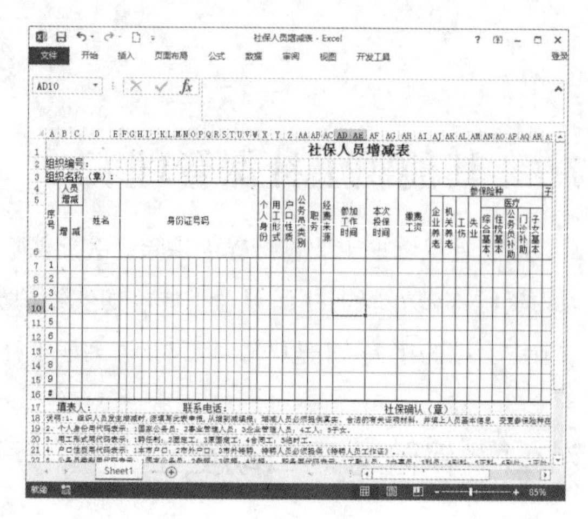

社保人员增减表

组织编号：

组织名称（章）：

| 序号 | 人员增减：增 | 人员增减：减 | 姓名 | 身份证号码 | 个人身份 | 用工形式 | 户口性质 | 公务员类别 | 职务 | 经费来源 | 参加工作时间 | 本次投保时间 | 缴费工资 | 参保险种：企业养老 | 机关养老 | 工伤 | 失业 | 医疗：综合基本 | 住院基本 | 公务员补助 | 门诊补助 | 子女基本 |
|---|---|---|---|---|---|---|---|---|---|---|---|---|---|---|---|---|---|---|---|---|---|---|
| 1 | | | | | | | | | | | | | | | | | | | | | | |
| 2 | | | | | | | | | | | | | | | | | | | | | | |
| 3 | | | | | | | | | | | | | | | | | | | | | | |
| 4 | | | | | | | | | | | | | | | | | | | | | | |
| 5 | | | | | | | | | | | | | | | | | | | | | | |
| 6 | | | | | | | | | | | | | | | | | | | | | | |
| 7 | | | | | | | | | | | | | | | | | | | | | | |
| 8 | | | | | | | | | | | | | | | | | | | | | | |
| 9 | | | | | | | | | | | | | | | | | | | | | | |
| # | | | | | | | | | | | | | | | | | | | | | | |

填表人： 联系电话： 社保确认（章）

2、个人身份用代码表示：1国家公务员；2事业管理人员；3企业管理人员；4工人；5子女。

3、用工形式用代码表示：1聘任制；2固定工；3原固定工；4合同工；5临时工。

图 7-150

### 7.7.6 月份福利统计表

一般情况下，企业会定期或不定期地为员工制定福利项目，如图 7-151 所示，月份福利统计表则主要记录每月福利举办项目、举办时间、负责人、参与人员、预算费用等情况。

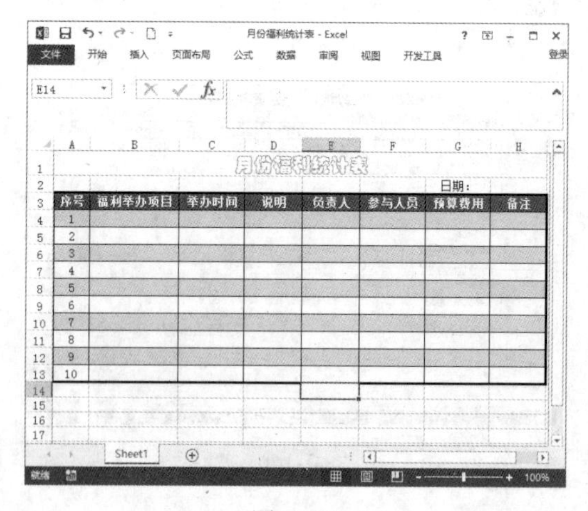

月份福利统计表

日期：

| 序号 | 福利举办项目 | 举办时间 | 说明 | 负责人 | 参与人员 | 预算费用 | 备注 |
|---|---|---|---|---|---|---|---|
| 1 | | | | | | | |
| 2 | | | | | | | |
| 3 | | | | | | | |
| 4 | | | | | | | |
| 5 | | | | | | | |
| 6 | | | | | | | |
| 7 | | | | | | | |
| 8 | | | | | | | |
| 9 | | | | | | | |
| 10 | | | | | | | |

图 7-151

## 7.8 本章小结与职场感悟

❑ 本章小结

绩效管理是企业人事管理的重要工作，更是企业管理强有力的手段之一。本章前半部分主要介绍了包括绩效考核流程图、员工业绩分析图、考核评分系统、销售业绩统计表等常用绩效管理表格的制作，衡量和提高员工个人的绩效水平，帮助人力资源部职员构建和完善绩效管理系统。

本章后半部分侧重于员工福利工作，着重介绍基本医疗保险基金补缴表、职工退休年龄统计表，以及一些其他职工社保管理表的基本内容，加强企业对员工福利的管理，提高员工工作幸福感与满意度，有助于企业目标的实现。

❒ 职场感悟——职场中的沟通

石油大王洛克菲勒说："假如人际沟通能力也是同糖或咖啡一样的商品，我愿意付出比太阳底下任何东西都珍贵的价格购买这种能力。"沟通并不是一种本能，而是一种能力，是一个人对本身知识能力、表达能力、行为能力的发挥。在职场之中，掌握良好的沟通协调能力，是建立和谐的人际关系的第一步，是成为优秀职场达人、实现自身价值所需的能力之一。

沟通如果有效，双方便会迅速得到准确有用的信息，否则，可能会浪费大量的时间去做错误的事。不与同事相互沟通，我们就无法了解同事的工作进展，无法加强与同事之间的联系，只身一人也无法及时解决工作中的难题，不断积累工作压力，影响自己的工作情绪与效率。不与领导沟通，就不能准确把握领导的工作要求，只能得到一些模糊甚至错误的信息，过分承担责任、朝着错误的的努力，也无法把自己的工作情况汇报给领导。缺乏与领导之间的沟通，即使有好的方案，不与领导交流便得不到帮助和支持，自己的想法和创意无法展开，限制了自身能力的发挥。主动与领导、同事进行交流，建立坚固、稳定的人际关系，提供良好的工作氛围，不仅能够大幅提高工作绩效，而且还可以增强企业的凝聚力和竞争力。

# 第 8 章

## 会计财务：探索日常财务的秘密

本章内容

财务会计是现代企业的一项重要的基础工作，通过一系列会计程序，为企业经营管理提供分析数据，加强经济核算，提高企业经济效益，保证企业投入资产的安全和完善。加强会计核算与财务管理对于保证企业健康发展、充分发挥潜力、抵御风险具有重要的意义。其中，会计财务人员承担着企业数据收集和数据分析的重要任务，Excel 凭借其强大的数据处理和分析能力成为财会工作中应用最广泛的软件之一。本章主要介绍 Excel 在日常财务管理中的具体应用。

# 8.1　制作银行借款登记卡

银行借款登记卡主要用来登记企业向银行或其他非银行金融机构借入的、需要还本付息的款项，为按时归还借款做准备，提高企业的信誉度。

## 8.1.1　创建银行借款登记卡

创建银行借款登记卡主要包括制作表格标题、输入基础内容的操作。

**step 01** 打开 Excel 2013，创建并保存“银行借款登记卡”。

**step 02** 合并并居中 A1:H1 单元格区域，输入标题文本，在“字体”选项组中，将字号设置为 18 并加粗，如图 8-1 所示。

**step 03** 根据需要输入基础内容，如图 8-2 所示。

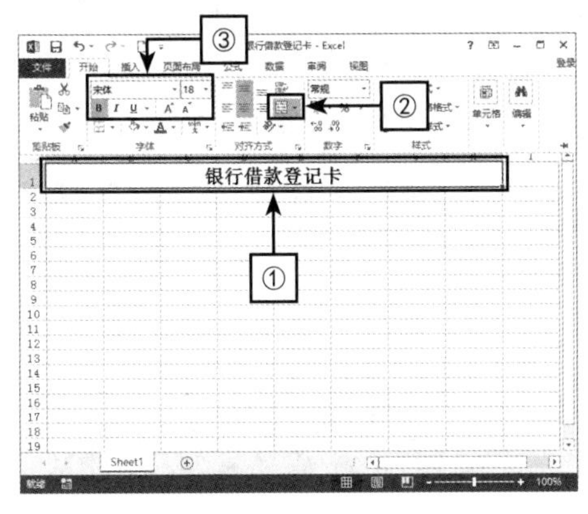


图 8-1

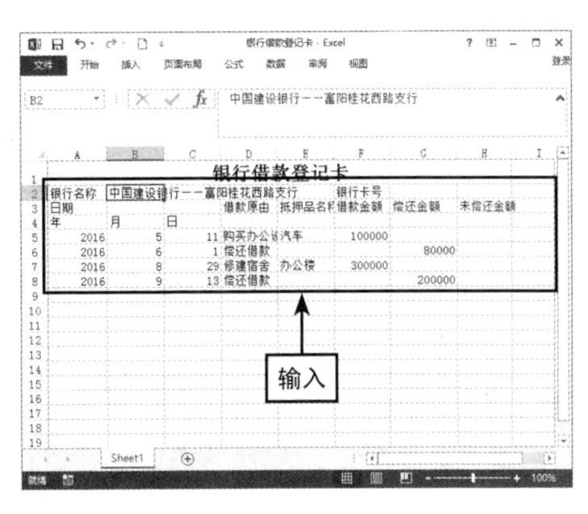


图 8-2

**step 04** 选择 H5 单元格，在编辑栏中输入计算公式，如图 8-3 所示。

**step 05** 选择 H6 单元格，在编辑栏中输入计算公式，如图 8-4 所示。

图 8-3

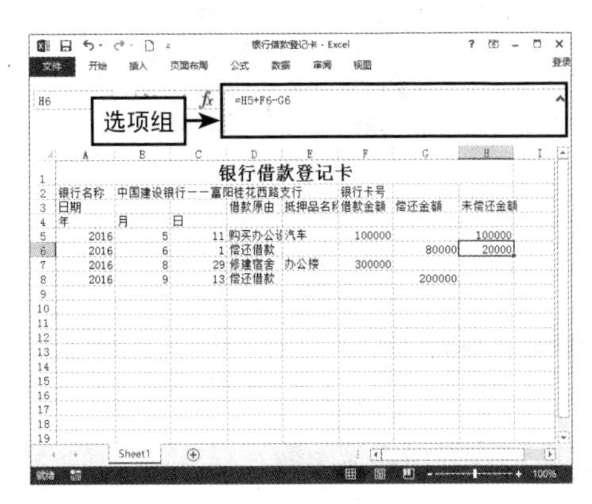


图 8-4

**step 06** 拖曳 H6 单元格右下角的填充手柄至 H8 单元格，向下填充计算公式。

## 8.1.2 设置单元格格式

设置单元格格式主要包括设置居中对齐方式、添加表格边框、设置单元格样式等内容。

**step 01** 根据需要合并所需的单元格区域，如图 8-5 所示。

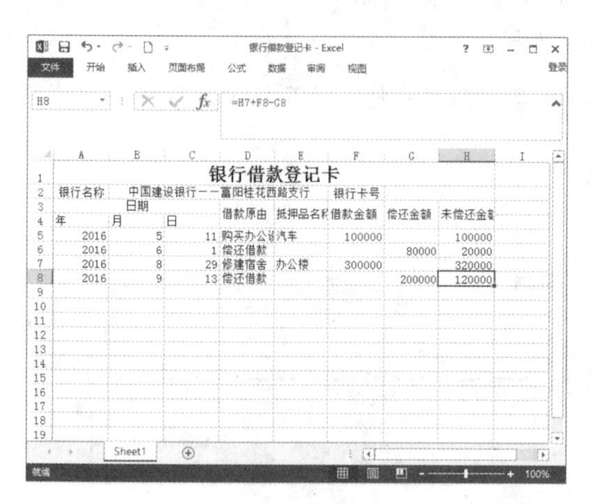

图 8-5

**step 02** 选择 A2:H8 单元格区域，单击“居中”按钮，如图 8-6 所示。

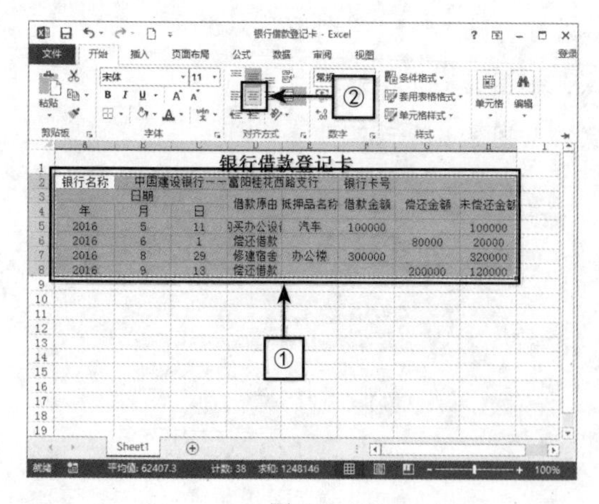


图 8-6

**step 03** 选择 A3:H8 单元格区域，进入“开始”选项卡，在“字体”选项组中单击“下框线”下拉按钮，选择“所有框线”选项，如图 8-7 所示。

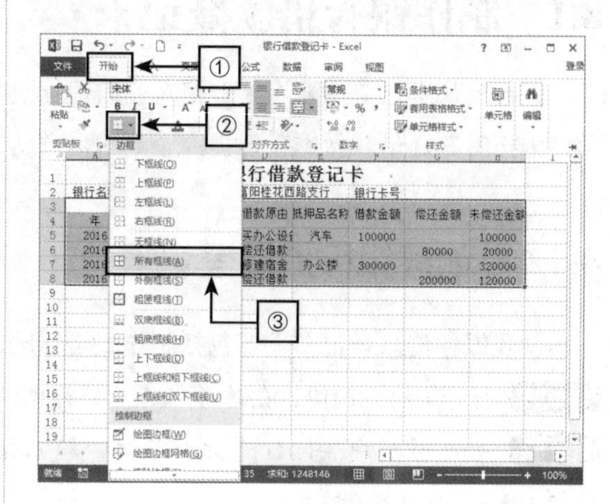


图 8-7

**step 04** 选择 A3:H8 单元格区域，进入“开始”选项卡，在“样式”选项组中单击“单元格样式”下拉按钮，选择“好”选项，结果如图 8-8 所示。

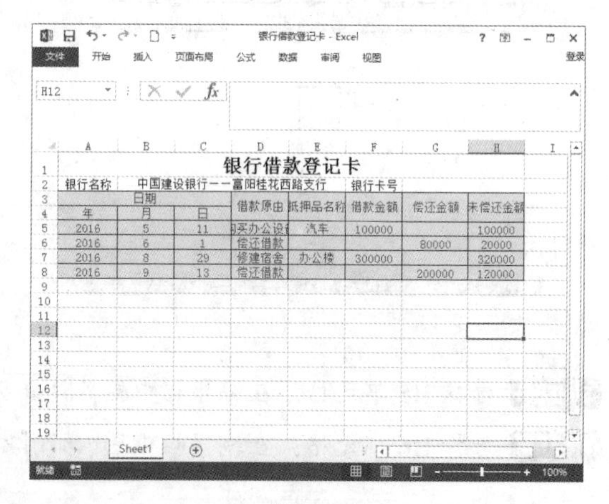

图 8-8

## 8.1.3 工作表信息输入技巧

在 Excel 输入数据内容的过程中，默认的数字格式为“常规”，用户可为不同单元格设置不同的数字格式，从而表示数据之间的差异。

**step 01** 因为银行卡位数超过 15 位，Excel 自动将其用科学计数法表示。选择合并后的 G2

单元格，打开“设置单元格格式”对话框，在“数字”选项卡中选择“文本”选项，单击“确定”按钮，即可在单元格中输入超过 15 位的银行卡号，如图 8-9 所示。

**step 02** 选择 F5:H8 单元格区域，进入“开始”选项卡，在“数字”选项组中单击“数字格式”下拉按钮，选择“会计专用”选项，如图 8-10 所示。

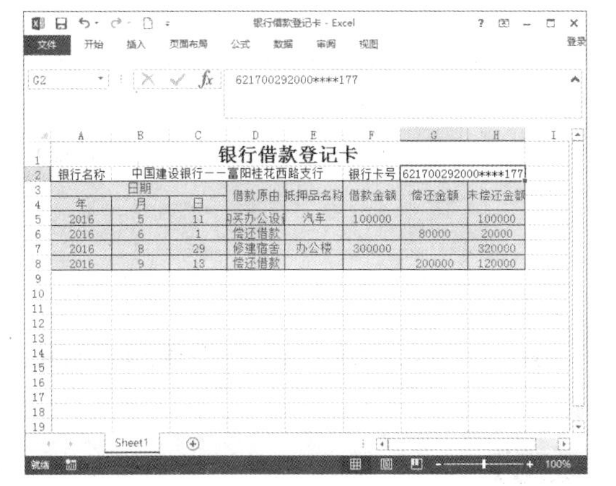


图 8-9

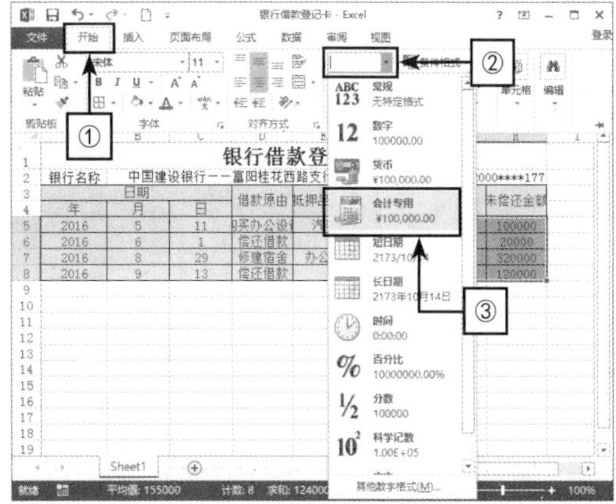


图 8-10

**step 03** 选择 A2:H8 单元格区域，进入“开始”选项卡，在“单元格”选项组中单击“格式”下拉按钮，执行“自动调整列宽”命令，设置单元格的最佳列宽，结果如图 8-11 所示。

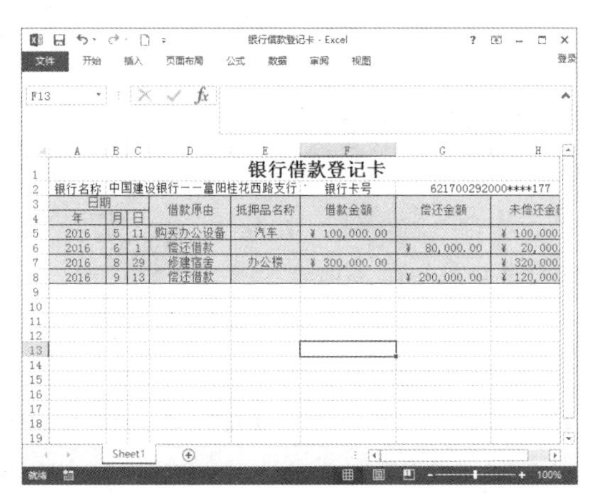


图 8-11

## 8.2　制作收付款单据

收付款单据是财务部门记账的原始凭证，包括收款单、付款单、应收单和应付单，便于管理企业在采购和销售过程中的资金流动情况。

## 8.2.1 创建收款单

创建收款单主要包括制作表格标题、填充数据、设置表格边框等操作内容。

**step 01** 打开 Excel 2013，创建并保存“收付款单据”。

**step 02** 合并并居中 B1:G1 单元格区域，输入标题文本，在“字体”选项组中，将字体设置为“华文楷体”，将字号设置为 20 并加粗，如图 8-12 所示。

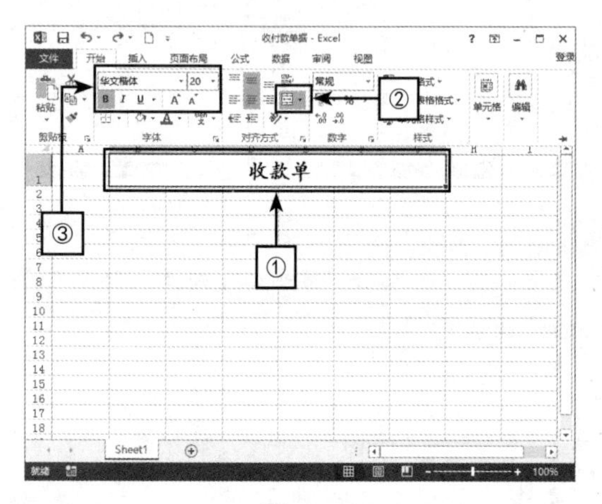


图 8-12

**step 03** 在“字体”选项组中，单击“下画线”下拉按钮，选择“双下画线”命令，如图 8-13 所示。

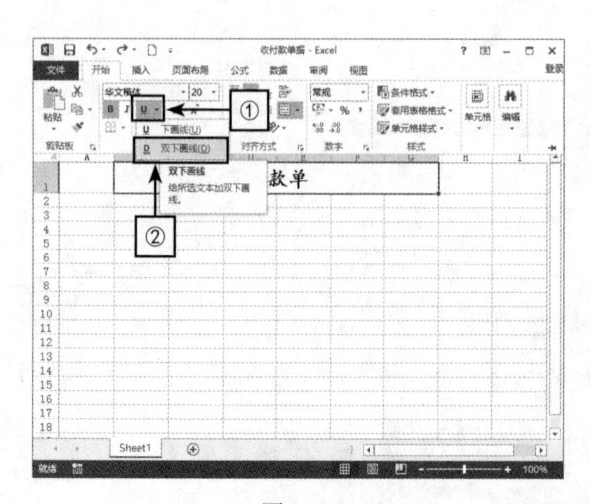


图 8-13

**step 04** 根据需要输入表格基础内容，如图 8-14 所示。

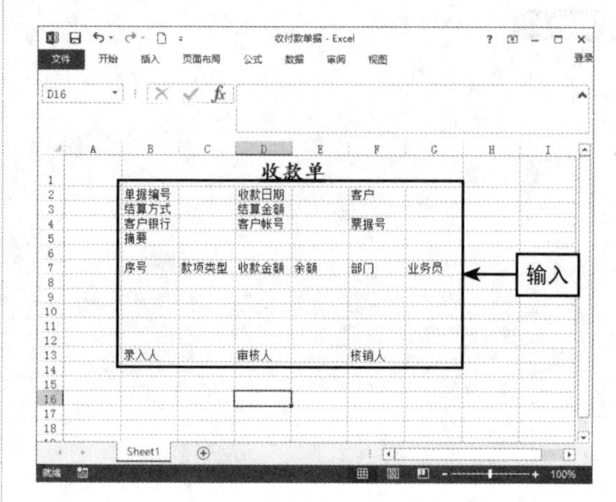


图 8-14

**step 05** 在 B8 单元格中输入数值 1，按住 Ctrl 键的同时，拖曳填充手柄至 B11 单元格，如图 8-15 所示。

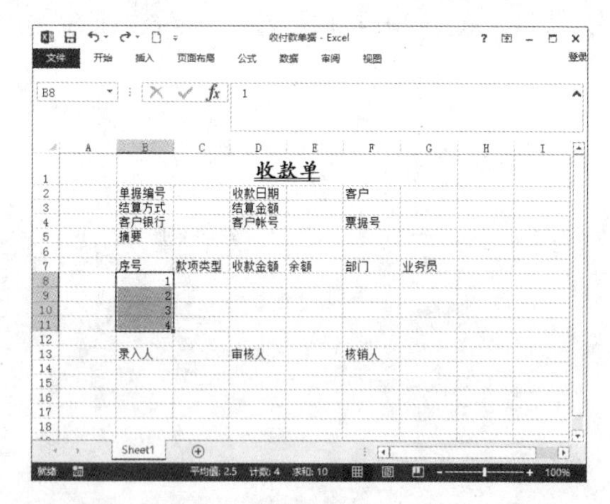


图 8-15

**step 06** 根据需要合并相应单元格，并设置居中对齐方式，结果如图 8-16 所示。

**step 07** 根据需要选择单元格，进入“开始”选项卡，在“字体”选项组中单击“下框线”下拉按钮，选择“粗底框线”选项，如图 8-17 所示。

图 8-16

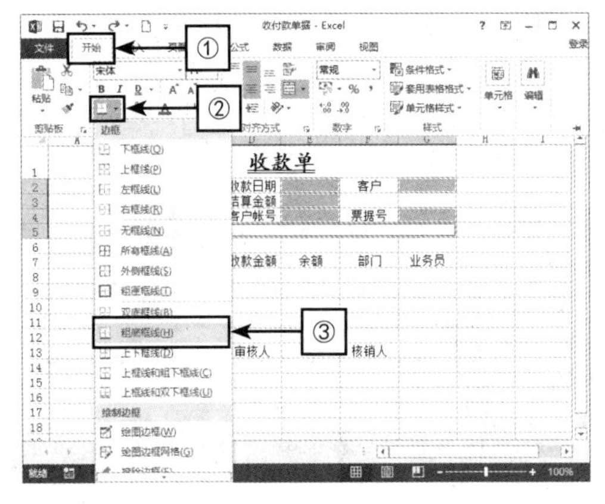


图 8-17

**step 08** 选择 B7:G11 单元格区域，进入“开始”选项卡，在“字体”选项组中单击“粗底框线”下拉按钮，选择“所有框线”选项，所得结果如图 8-18 所示。

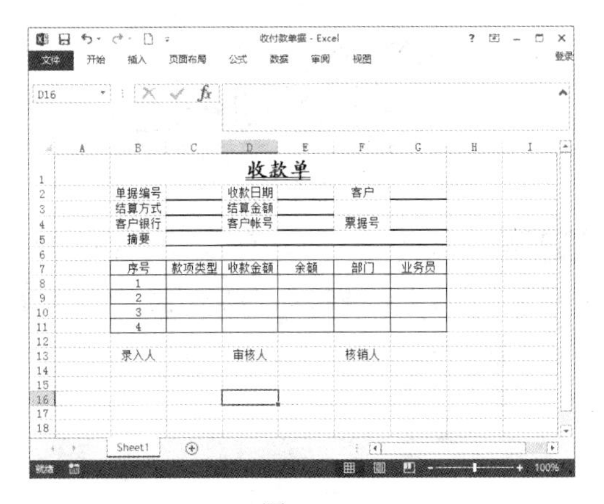


图 8-18

## 8.2.2　创建付款单

在创建了收款单的基础上，用户只需复制收款单并修改相应文本内容，即可完成付款单的创建，节省工作表的创建时间。

**step 01** 右击 Sheet1 工作标签，选择“重命名”选项，将其重命名为“收款单”，如图 8-19 所示。

图 8-19

**step 02** 单击“新工作表”按钮，创建 Sheet2 工作表。

**step 03** 右击“收款单”工作标签，执行“移动或复制”命令，如图 8-20 所示。

图 8-20

**step 04** 打开“移动或复制工作表”对话框，在“下列选定工作表之前”列表框中选择 Sheet2，选择“建立副本”复选框，单击“确定”

按钮，如图 8-21 所示，得到“收款单（2）”工作表。

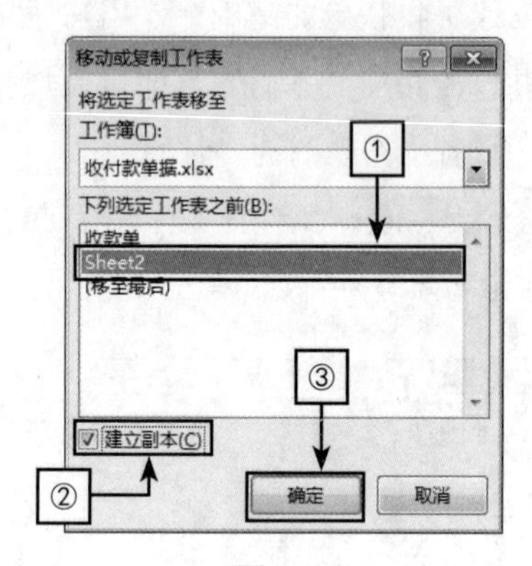

图 8-21

**step 05** 双击“收款单（2）”工作标签，将其重命名为“付款单”，如图 8-22 所示。

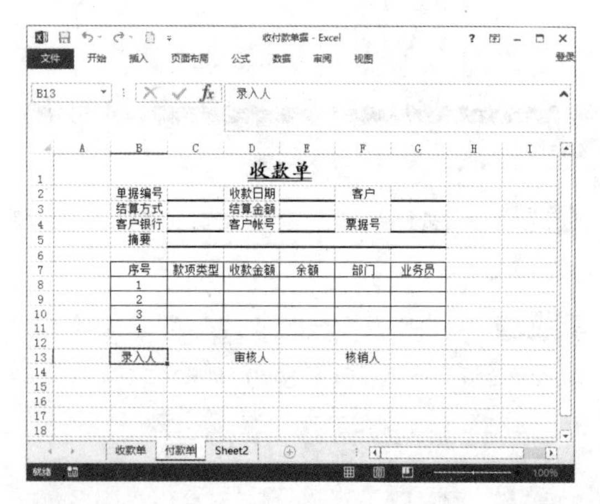

图 8-22

**step 06** 进入“开始”选项卡，在“编辑”选项组中单击“查找和选择”下拉按钮，执行“替换”命令，如图 8-23 所示，或按【Ctrl+H】组合键，弹出“查找和替换”对话框。

**提示：**

当需要查找某类有规律的数据时，可使用通配符模糊搜索查找数据。Excel 提供了两个可用的通配符，分别是“?”和“*”。“?”可以在搜索目标中代替任何单个的字符或数字，而“*”可以代替任意多个连续的字符或数字。

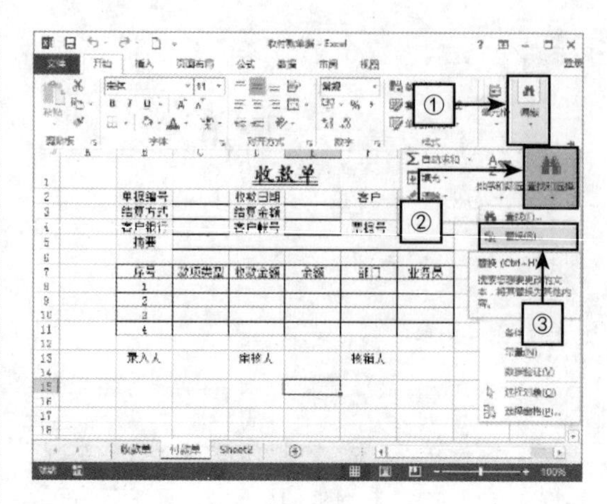

图 8-23

**step 07** 在“查找内容”文本框中输入“收”，在“替换为”文本框中输入“付”，单击“全部替换”按钮，如图 8-24 所示。

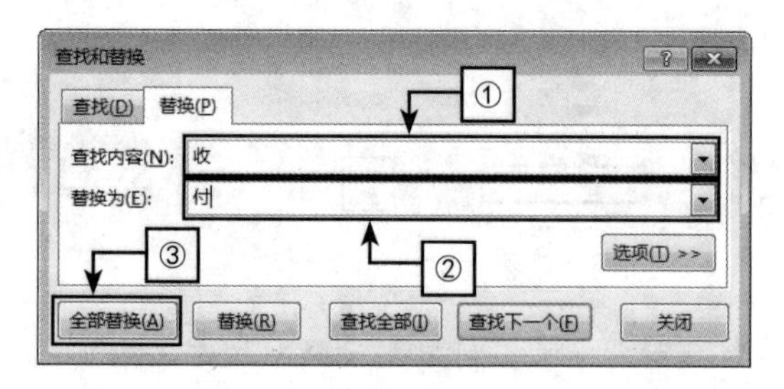

图 8-24

**step 08** 在弹出的 Microsoft Excel 提示框中将提示替换结果，如图 8-25 所示，单击“确定”按钮，完成文本的替换。

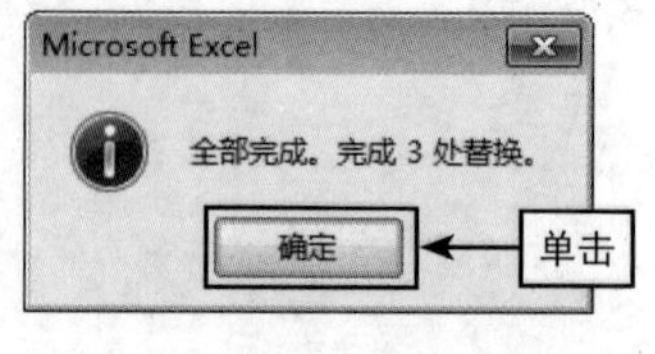


图 8-25

**step 09** 按照相同的方法，将“客户”替换为“供应商”，并适当调整列宽，完成付款单的制作，如图 8-26 所示。

图 8-26

**step 10** 按照相同的方法，制作应付单和应收单，如图 8-27 和图 8-28 所示。

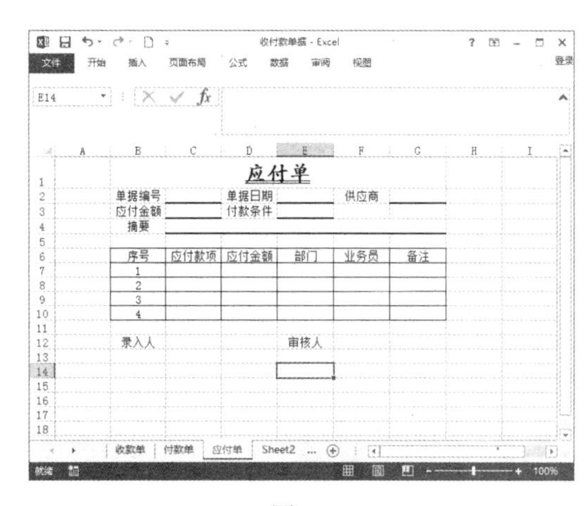


图 8-27

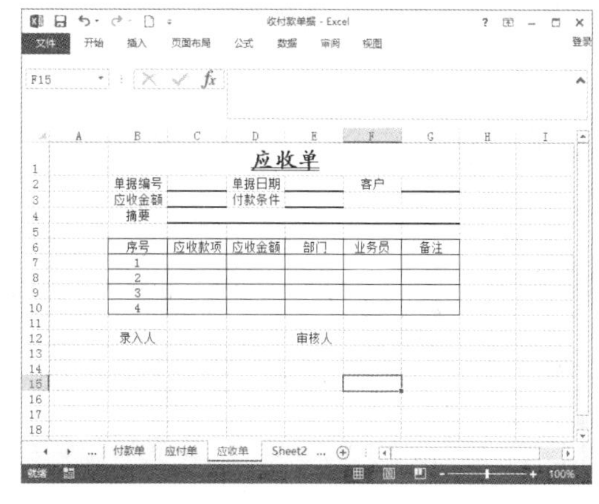


图 8-28

# 8.3　制作会计科目表

会计科目表由多种会计科目组成，是各类会计科目的集合，是会计记账的核心。会计科目表按照科目性质可以分为资产类、负债类、共同类、所有者权益类、成本类、损益类等多种会计科目表。本节将制作资产类会计科目表。

## 8.3.1　制作基础表格

会计科目一般情况下分为一级科目、二级科目、三级科目，制作基础表格主要包括输入基础内容、填充数据、插入列、插入函数等内容。

**step 01** 打开 Excel 2013，创建“会计科目表”。

**step 02** 合并 A1:F1 单元格区域，输入标题文本，在“字体”选项组中，将字体设置为“华文新魏”，将字号设置为 18，如图 8-29 所示。

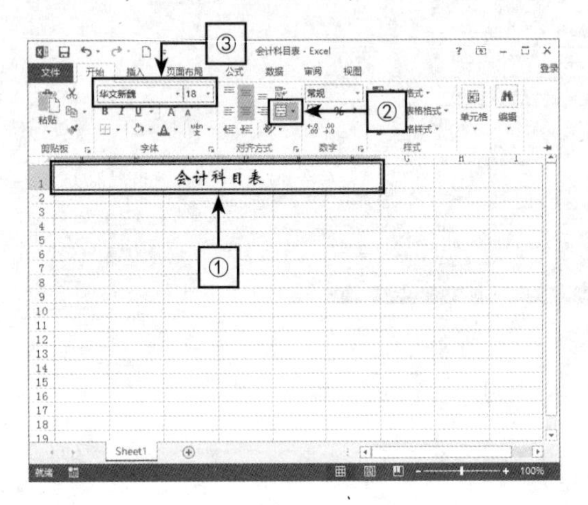

图 8-29

**step 03** 根据需要，输入表格相关内容，如图 8-30 所示。

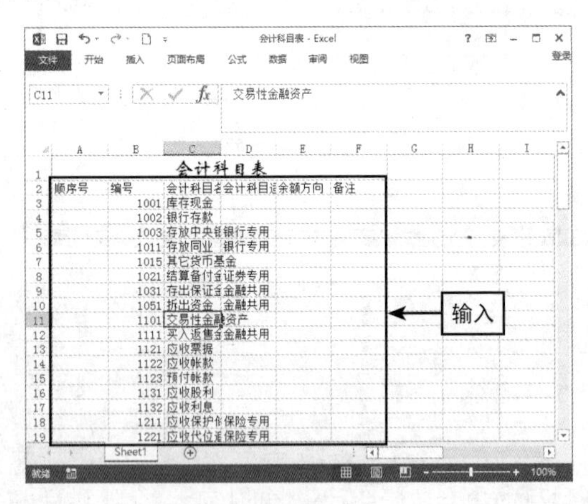

图 8-30

**step 04** 在 A3 单元格中输入数值 1，按住 Ctrl 键的同时，拖曳填充手柄拖曳至 A75 单元格，如图 8-31 所示。

**step 05** 选择 E3:E23 单元格区域，在编辑栏中输入“借”，按【Ctrl+Enter】组合键填充相同的数据内容，如图 8-32 所示。

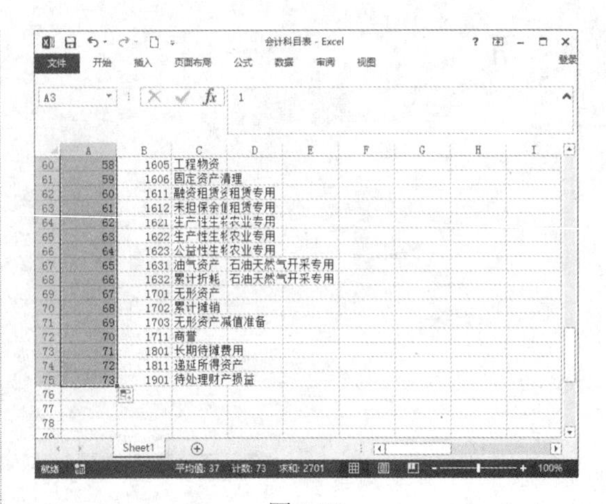

图 8-31

图 8-32

**step 06** 按照相同的方法，填充其他会计科目的余额方向，结果如图 8-33 所示。

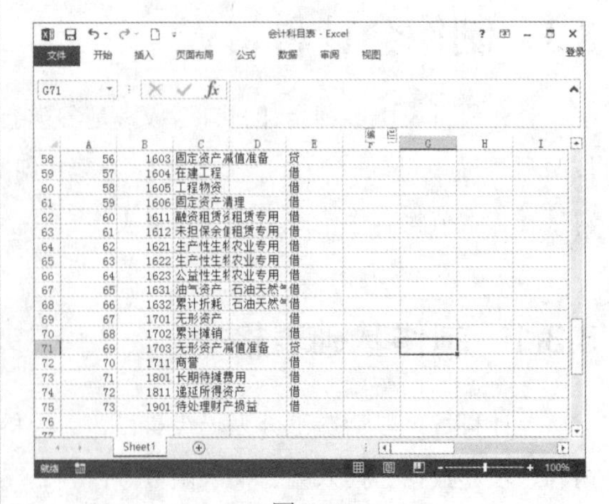

图 8-33

**step 07** 选择 F3 单元格，在编辑栏中输入计算公式 =IF(D3="",C3,C3&"--"&D3)，如图 8-34 所示。

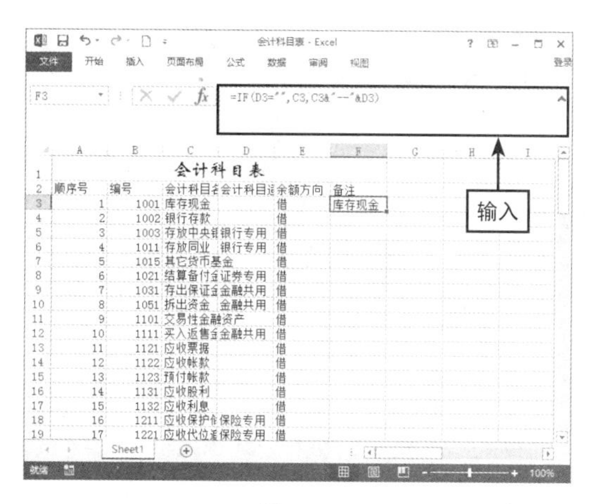


图 8-34

**step 08** 按住 F3 单元格右下角的填充手柄，向下填充公式至 F75 单元格，如图 8-35 所示。

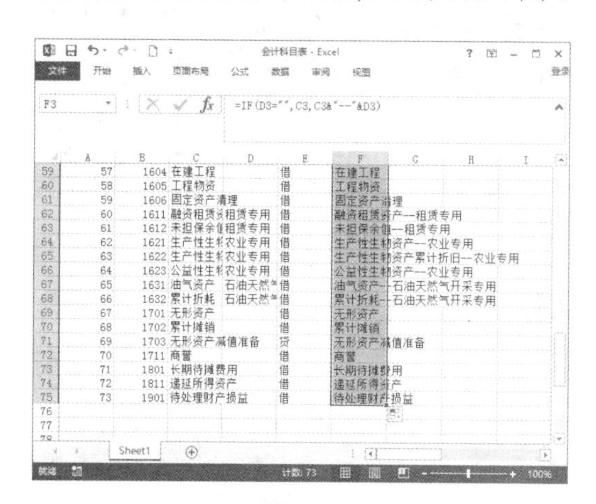

图 8-35

**step 09** 选择 A 列单元格区域，右击并执行“插入”命令，如图 8-36 所示，输入列标题“科目性质”。

**提示：**

在插入或删除一列之后，移动插入点并按 F4 键，可以重复插入或删除另一列。

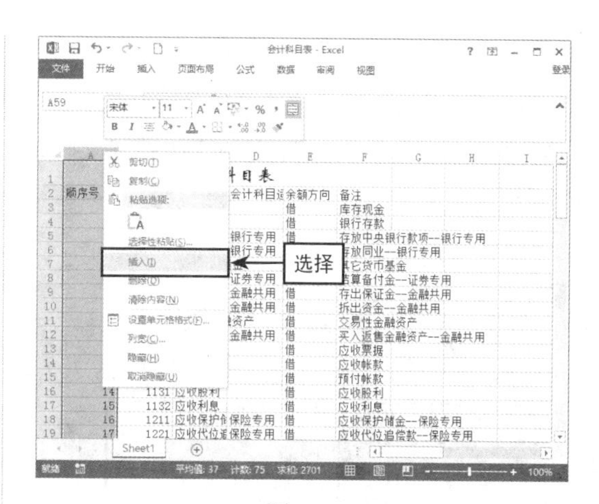


图 8-36

**step 10** 合并并居中 A3:A75 单元格区域，在合并的单元格中输入文本内容，进入“开始”选项卡，在“对齐方式”选项组中单击“方向”下拉按钮，执行“竖排文字”命令，如图 8-37 所示。

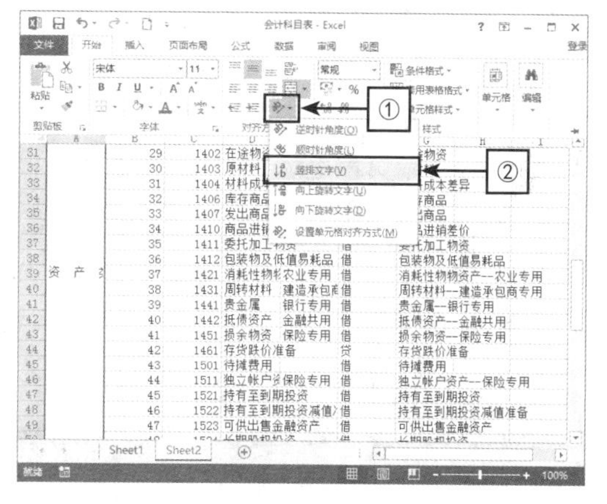


图 8-37

## 8.3.2　美化工作表

美化工作表主要包括设置居中对齐方式、缩小字体填充、设置单元格样式等内容。

**step 01** 选择 A2:G75 单元格区域，单击“居中”按钮，如图 8-38 所示。

**step 02** 选择 A2:G75 单元格区域，进入“开始”

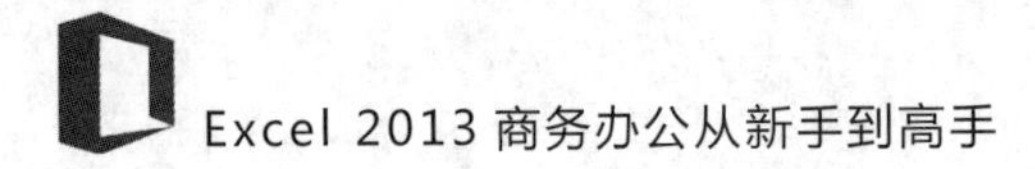


选项卡，在“单元格”选项组中单击“格式”下拉按钮，执行“自动调整列宽”命令，并将“科目性质”和“余额方向”列的列宽设置为 4，结果如图 8-39 所示。

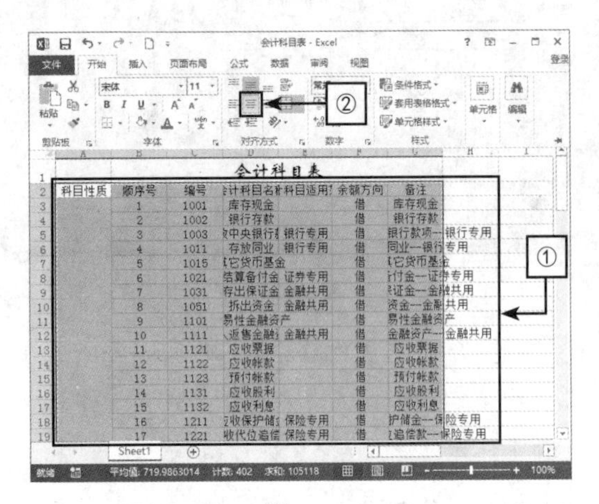

图 8-38

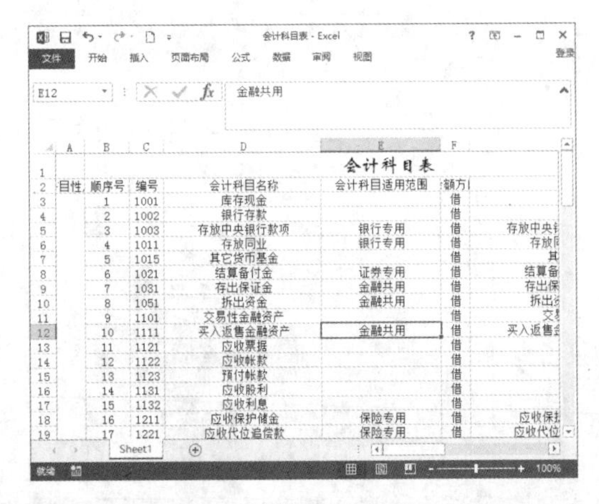

图 8-39

**step 03** 选择 A2 和 F2 单元格，打开“设置单元格格式”对话框，切换至“对齐”选项卡，选择“缩小字体填充”复选框，单击“确定”按钮，如图 8-40 所示。

**step 04** 选择选择 A2:G75 单元格区域，进入“开始”选项卡，在“样式”选项组中单击“单元格样式”下拉按钮，选择“检查单元格”选项，结果如图 8-41 所示。

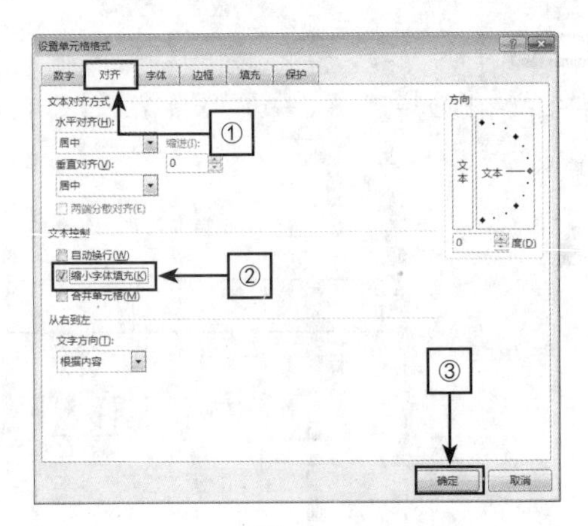

图 8-40

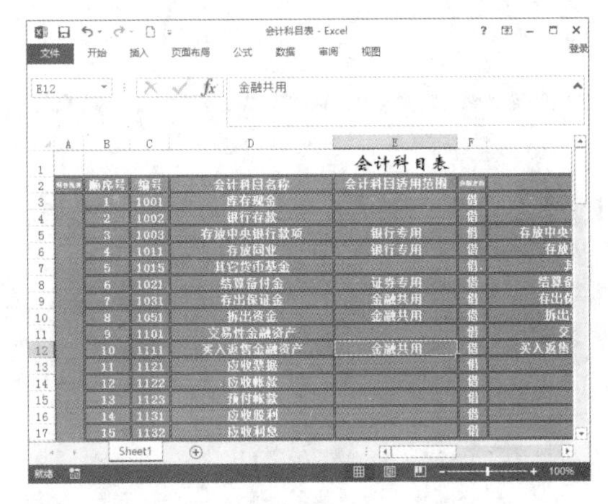

图 8-41

**提示：**

当表格包含内容很多时，按【Ctrl+Home】组合键可以回到工作表左上角单元格；按【Ctrl+End】组合键，可以跳到工作表含有数据部分的右下角。

## 8.3.3 冻结窗格

如果电子表格列数较多，一旦向下滚屏，在处理数据时往往难以分清数据对应的列标题，利用 Excel 的“冻结窗格”功能可以将冻结的标题行显示在最上面，增强表格编辑的直观性。

**step 01** 选择 D3 单元格，进入“视图”选项卡，在“窗口”选项组中单击“冻结窗格”下拉按钮，从下拉列表中选择“冻结拆分窗格”选项，如图 8-42 所示。

**step 02** 当用户向下滚屏时，标题及列标题一直显示在工作表区的最上方，方便查看表格内容，如图 8-43 所示。

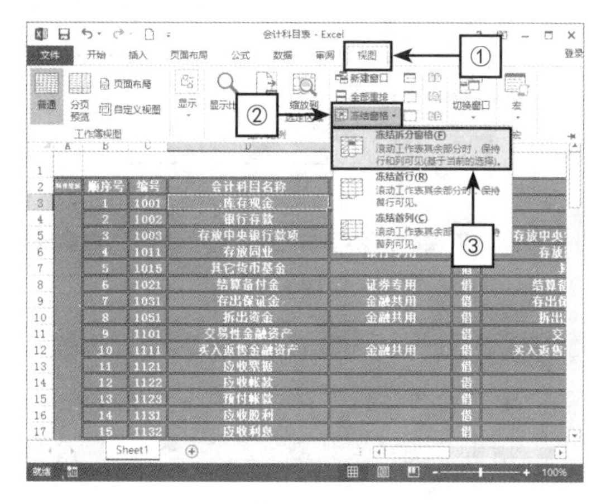

图 8-42

图 8-43

**提示：**

进入“视图”选项卡，在“窗口”选项组中单击“冻结窗格”下拉按钮，从下拉列表中选择“取消冻结窗格”选项，即可取消窗格冻结，如图 8-44 所示。

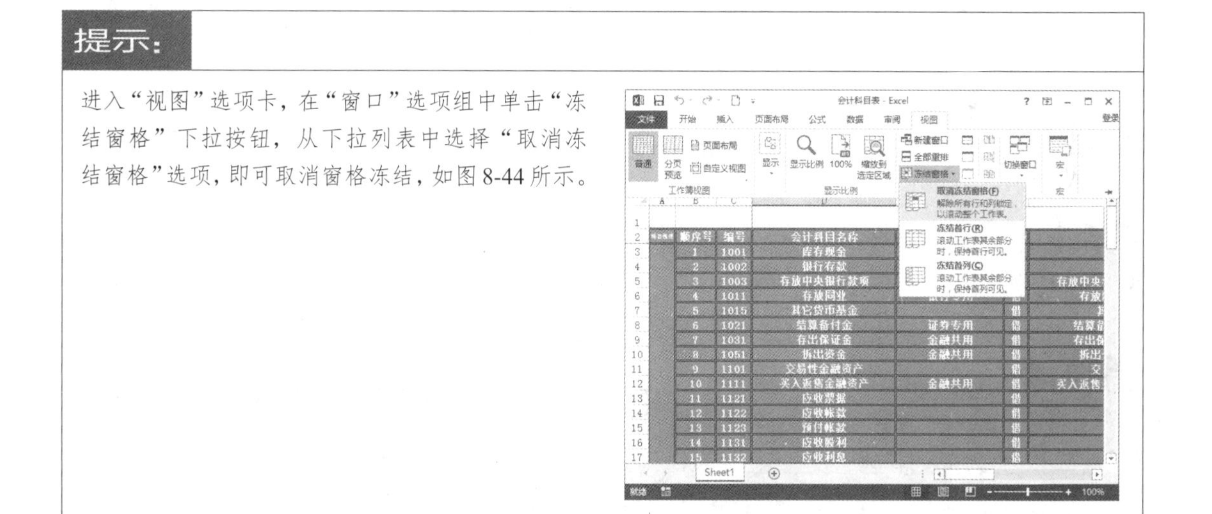

图 8-44

# 8.4 制作工会收支预算表

工会，或称劳工总会、工人联合会，原意是指基于共同利益而自发组织的社会团体。工会组织成立的主要目的是与雇主谈判工资薪水、工作时限和工作条件等。工会收支预算表主要用来记录工会收支情况，用有限的经费合理控制开支。

## 8.4.1 构建基础表格

构建基础表格主要包括制作表格标题、输入基础内容、设置单元格格式、自定义数字格式等内容。

**step 01** 合并并居中 A1:G1 单元格区域，输入表格标题，在“字体”选项组中，将字体设置为“华文宋体”，将字号设置为 20 并加粗，如图 8-45 所示。

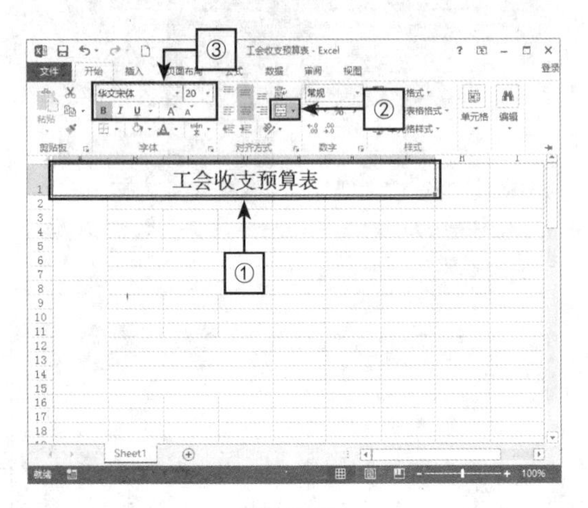


图 8-45

**step 02** 输入表格基础内容并合并相应单元格，如图 8-46 所示。

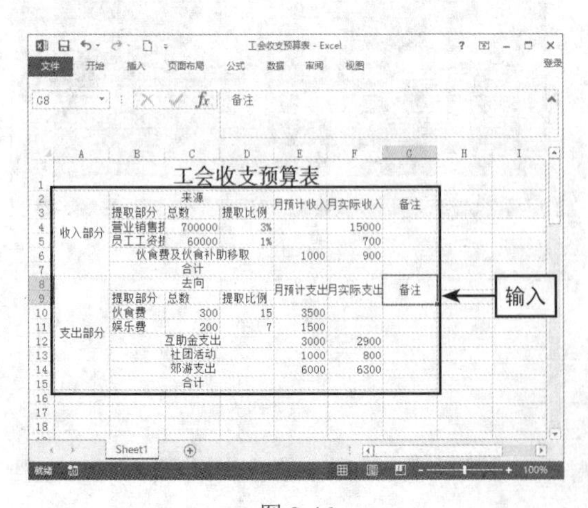


图 8-46

**step 03** 选择 A2:G15 单元格区域，单击“居中”按钮，如图 8-47 所示。

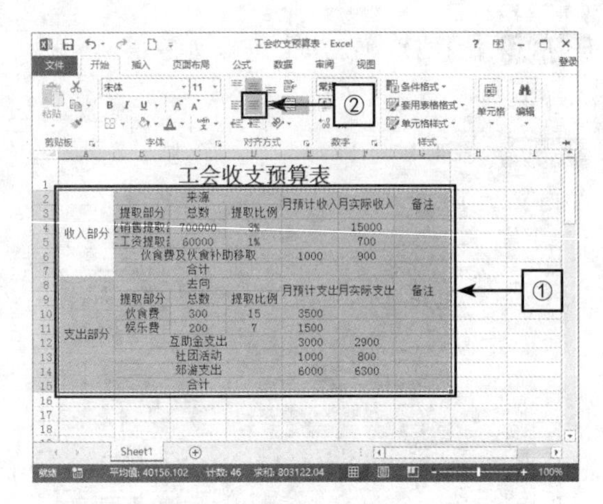


图 8-47

**step 04** 选择 A1:A15 单元格，进入“开始”选项卡，在“对齐方式”选项组中单击“方向”下拉按钮，执行“竖排文字”命令，如图 8-48 所示。

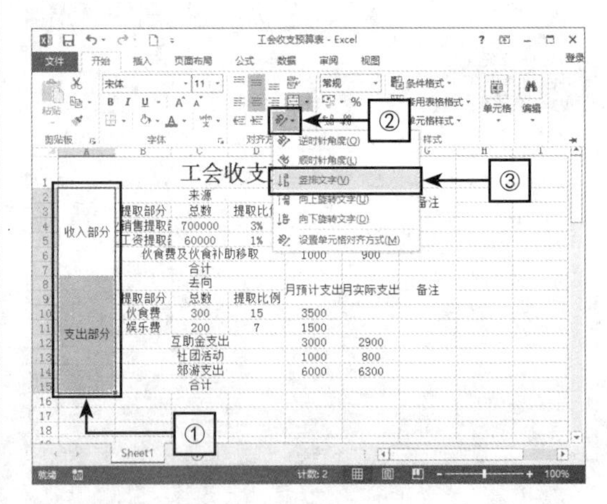


图 8-48

**step 05** 选择 C4:C5、E4:F7 和 E10:F15 单元格区域，打开“设置单元格格式”对话框，选择“会计专用”数字格式，设置“小数位数”为 0 并将“货币符号”设置为“无”，单击“确定”按钮，如图 8-49 所示。

**step 06** 选择 C4:C5 单元格区域，打开“设置单元格格式”对话框，选择“自定义”选项，在“类型”文本框中输入自定义代码“#,### "元"”，如图 8-50 所示。

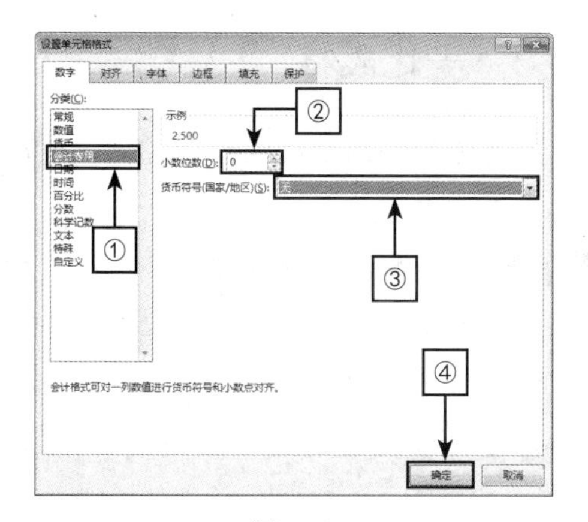

图 8-49

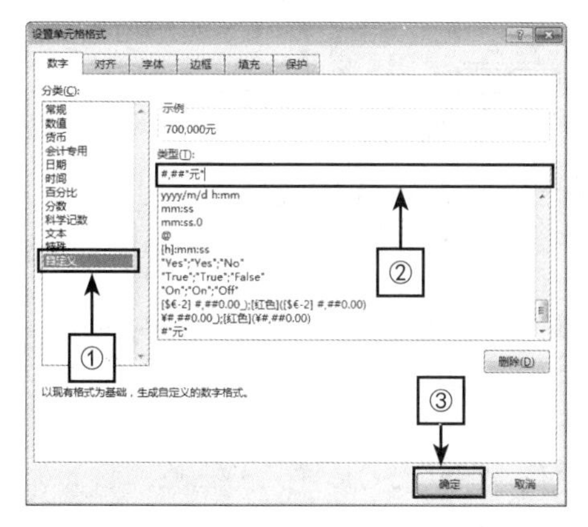

图 8-50

**step 07** 选择 C10:C11 单元格区域，选择“自定义”选项，在“类型”文本框中输入自定义代码“#" 人次 "”，如图 8-51 所示。

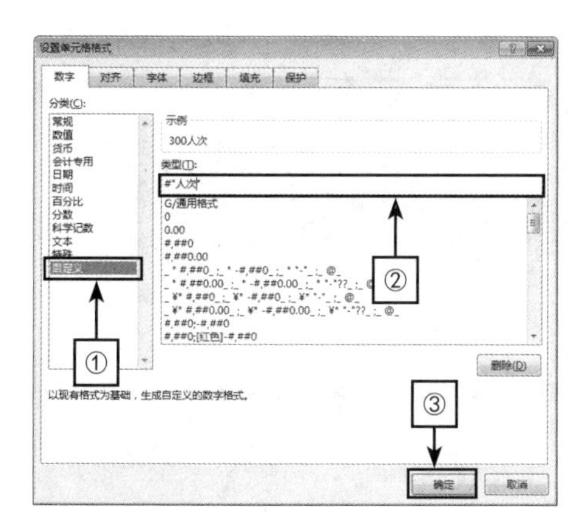

图 8-51

**step 08** 选择 D10:D11 单元格区域，选择“自定义”选项，在“类型”文本框中输入自定义代码“#" 元 / 人 "”，如图 8-52 所示。

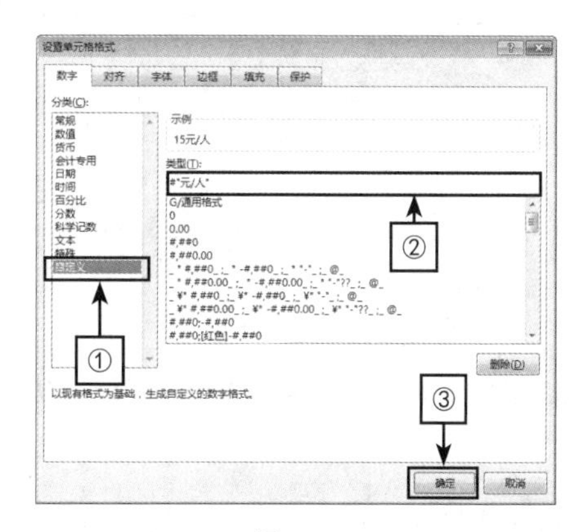

图 8-52

**step 09** 选择 A2:G15 单元格区域，进入“开始”选项卡，在“单元格”选项组中单击“格式”下拉按钮，执行“自动调整列宽”命令，设置最佳列宽，完成基础表格的构建。

## 8.4.2　显示预算数据

运用基本计算公式和求和函数，可以求得工会收支预算数据。

**step 01** 选择 E4 单元格，在编辑栏中输入公式，并填充至 E5 单元格，如图 8-53 所示。

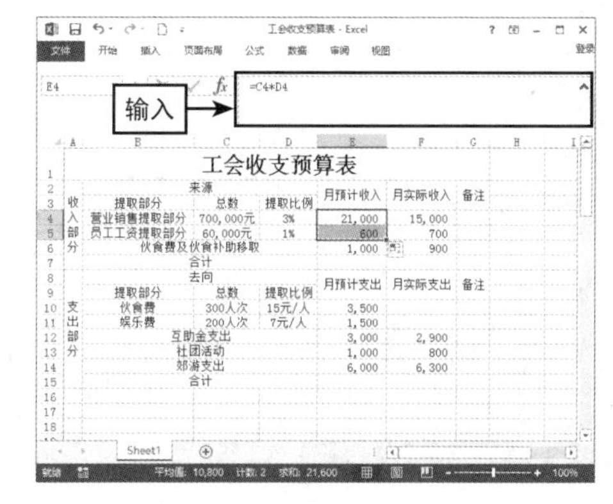

图 8-53

**step 02** 选择 F10 单元格，在编辑栏中输入公式，并填充至 F11 单元格，如图 8-54 所示。

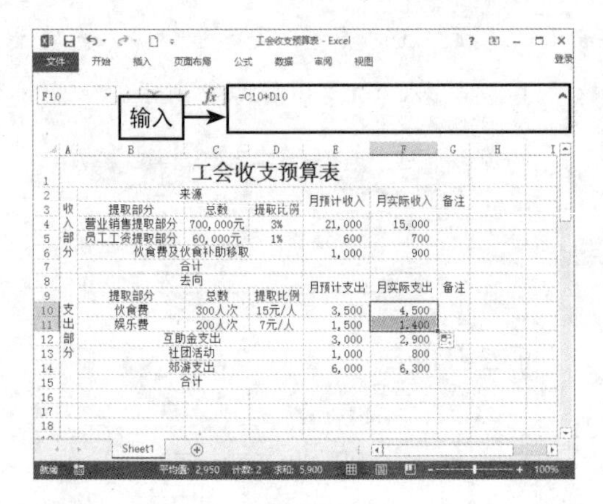

图 8-54

step 03 选择E7单元格，在编辑栏中输入公式，并填充至 F7 单元格，如图 8-55 所示。

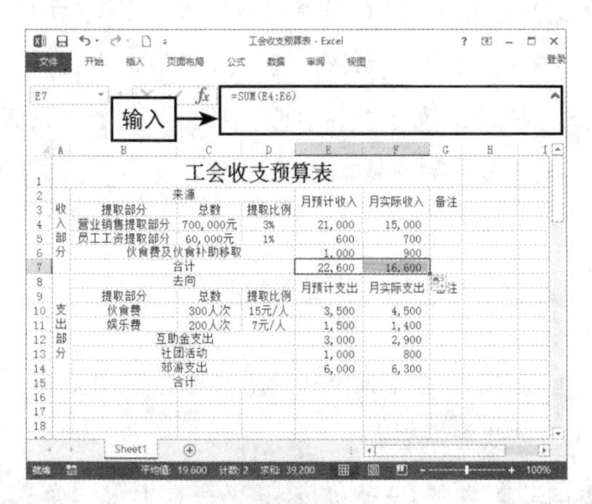

图 8-55

step 04 选择 E15 单元格，在编辑栏中输入公式，并填充至 F15 单元格，如图 8-56 所示。

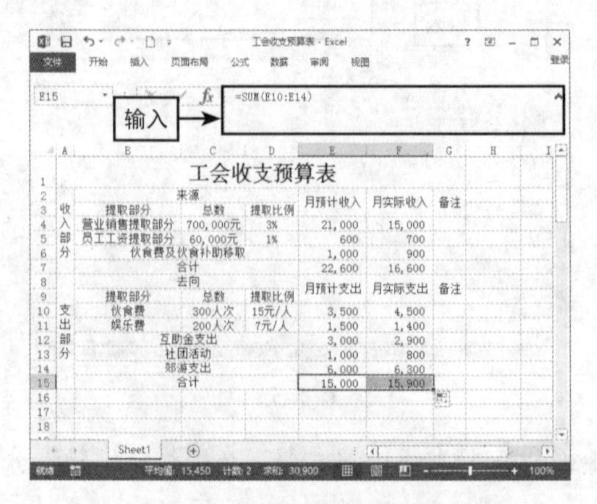

图 8-56

## 8.4.3 美化表格

美化表格主要包括设置边框格式、设置单元格样式等操作。

step 01 选择 A2:G15 单元格区域，打开“设置单元格格式”对话框，切换至“边框”选项卡，设置表格内、外边框格式，如图 8-57 所示。

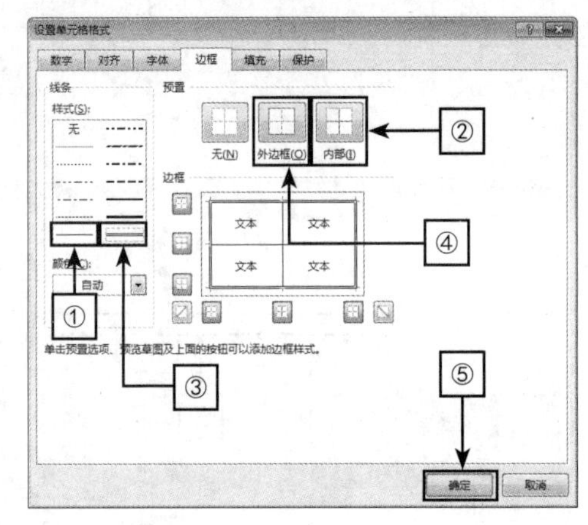

图 8-57

step 02 选择 A2:G15 单元格区域，进入“开始”选项卡，在“样式”选项组中单击“单元格样式”下拉按钮，选择“差”选项，如图 8-58 所示。

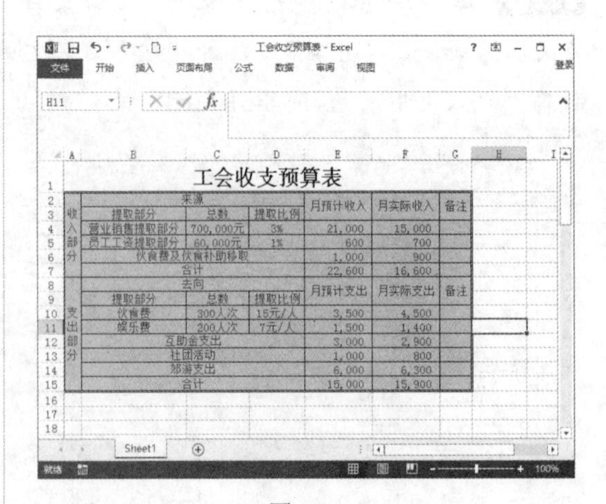

图 8-58

# 8.5　制作现金流量表

现金流量表是反映企业一定时期内现金(包含银行存款)的增减变动情形的报表，既可以显示企业的偿债能力，又可以揭示企业在经营活动中所产生的净现金流量差异的原因。

## 8.5.1　构建基础表格

构建基础表格主要包括制作表格标题、设置列宽、设置单元格样式等操作。

**step 01** 合并并居中 A1:I1 单元格区域，输入标题内容，在“字体”选项组中，将字体设置为“黑体”，将字号设置为 18，如图 8-59 所示。

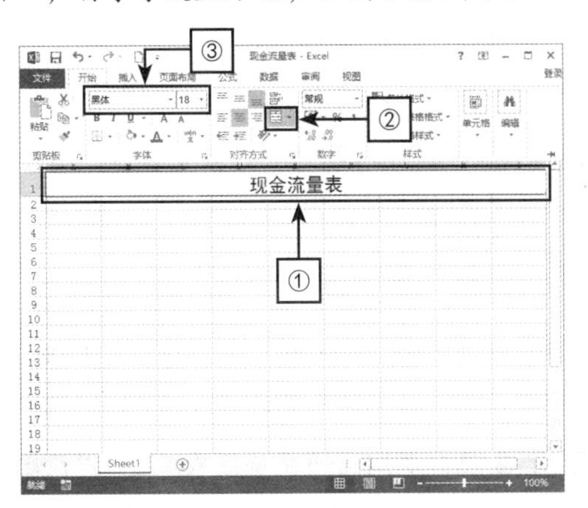


图 8-59

**step 02** 根据需要输入基础内容，如图 8-60 所示。

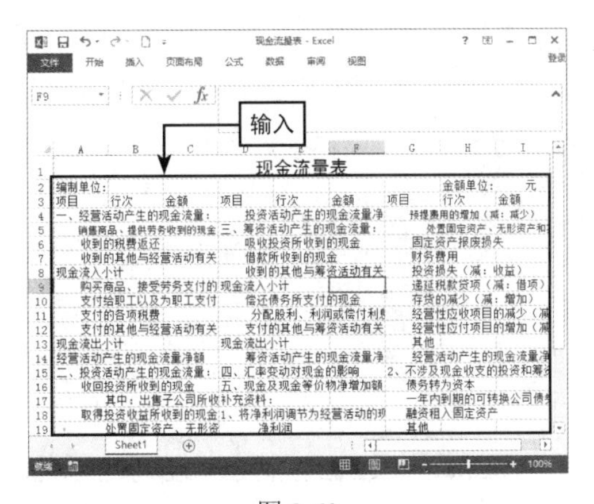


图 8-60

**step 03** 在 B4 单元格中输入数值 1，按住 Ctrl 键的同时，拖曳填充手柄至 B26 单元格，如图 8-61 所示。

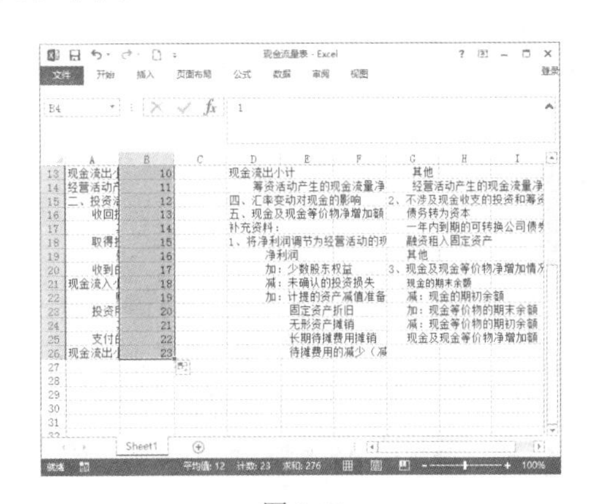

图 8-61

**step 04** 按照相同的方法，填充其他单元格数据，结果如图 8-62 所示。

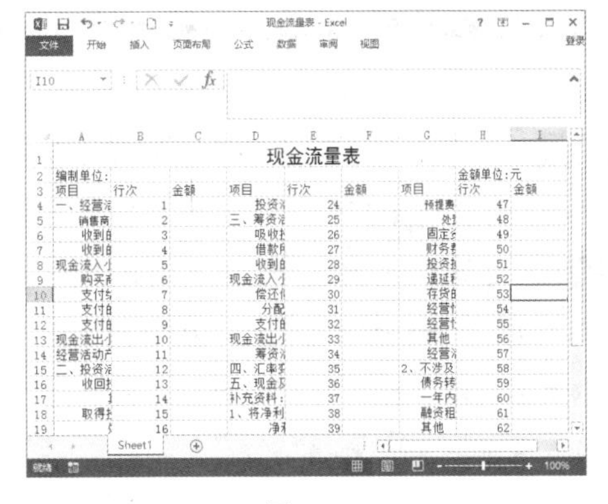


图 8-62

**step 05** 选择“项目”三列单元格区域，右击并执行“列宽”命令，将列宽设置为 30，如图 8-63 所示。

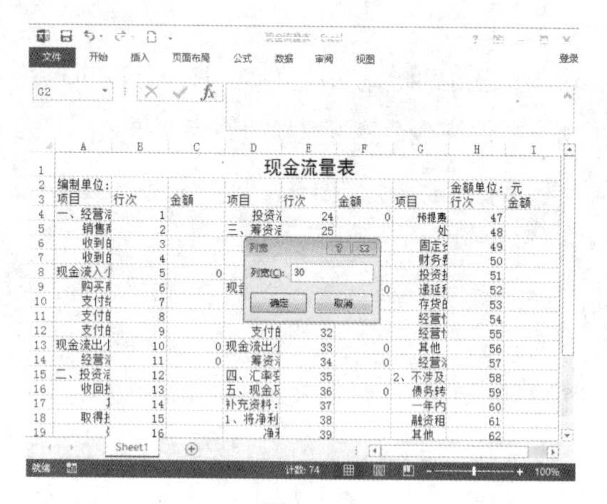


图 8-63

**step 06** 选择“行次”三列单元格区域，右击并执行“列宽”命令，将列宽设置为 4.5，如图 8-64 所示。

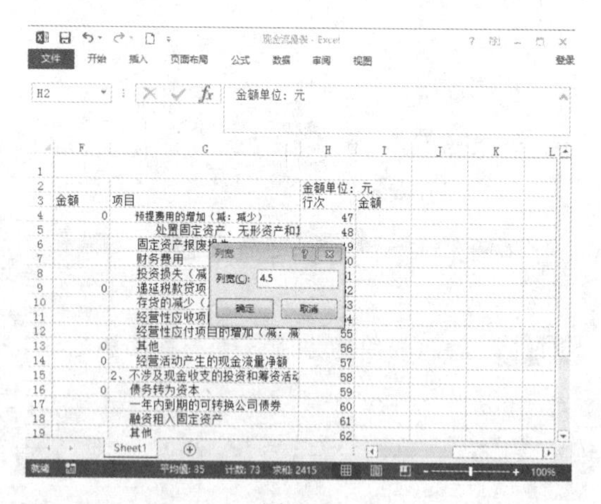

图 8-64

**step 07** 选择 B3:C26、E3:F26 和 H3:I26 单元格区域，单击“居中”按钮，如图 8-65 所示。

**step 08** 选择 C4:C26、F4:F26 和 I4:I26 单元格区域，进入“开始”选项卡，在“数字”选项组中单击“数字格式”下拉按钮，选择“会计专用”选项，如图 8-66 所示。

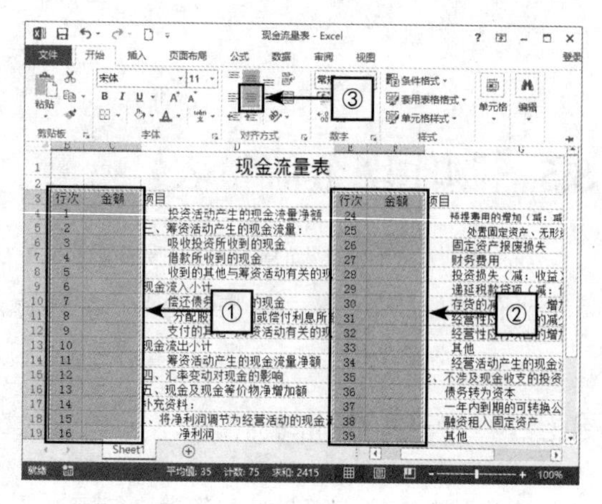


图 8-65

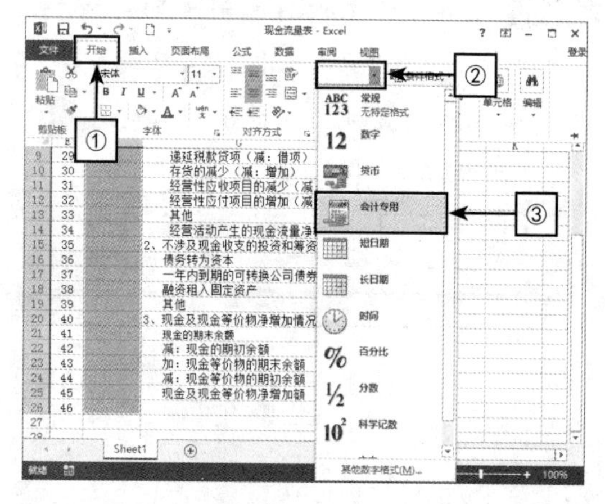


图 8-66

**step 09** 选择 A3:I26 单元格区域，进入“开始”选项卡，在“样式”选项组中单击“单元格样式”下拉按钮，选择“注释”选项，结果如图 8-67 所示。

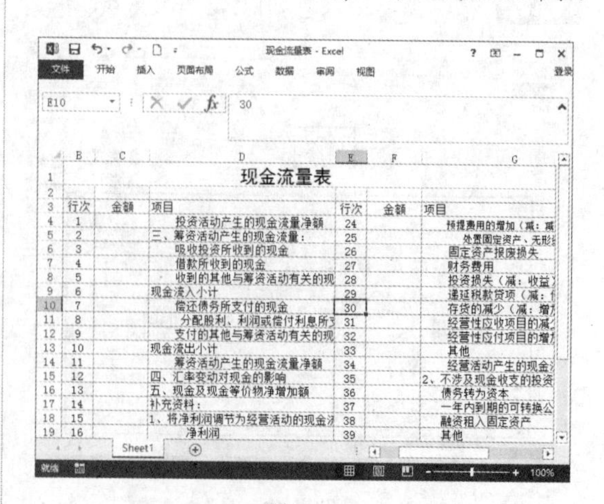


图 8-67

**step 10** 根据需要选择单元格区域，进入“开始”选项卡，在“字体”选项组中单击“填充颜色”下拉按钮，选择合适的填充颜色，设置单元格背景颜色，结果如图 8-68 所示。

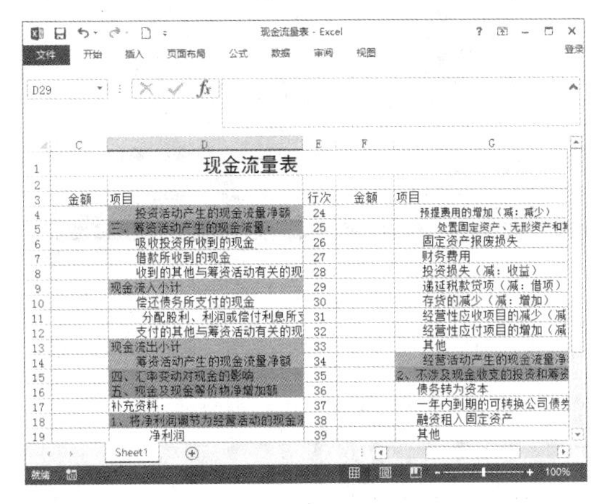


图 8-68

**step 11** 选择 A3:I26 单元格区域，打开“设置单元格格式”对话框，如图 8-69 所示，切换至“对齐”选项卡，选择“缩小字体填充”复选框，单击“确定”按钮，最终结果如图 8-70 所示。

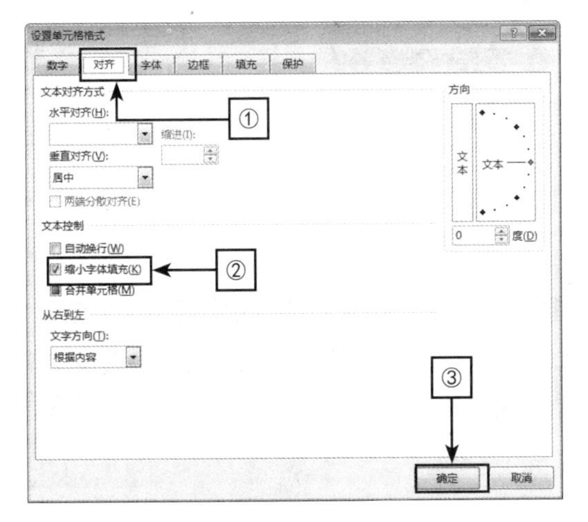


图 8-69

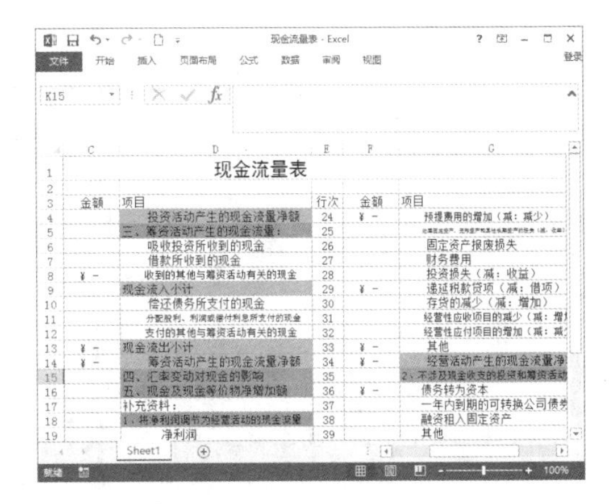


图 8-70

## 8.5.2　计算表格数据

现金流量表除了统计各项目现金流量外，还可以运用 Excel 基本公式及函数计算相关内容。

**step 01** 选择 C8 单元格，在编辑栏中输入计算公式，如图 8-71 所示。按照相同的方法，计算其他“现金流入 \ 流出小计”。

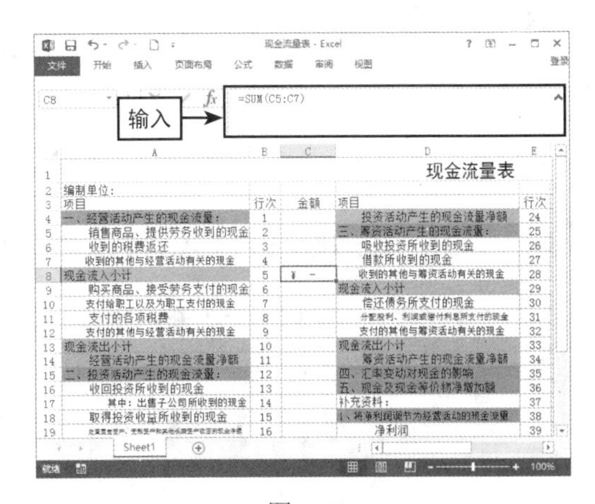


图 8-71

**step 02** 选择 C14 单元格，在编辑栏中输入计算公式，如图 8-72 所示。按照相同的方法，计算其他现金流量净额。

**step 03** 选择 F16 单元格，在编辑栏中输入计算公式，如图 8-73 所示。

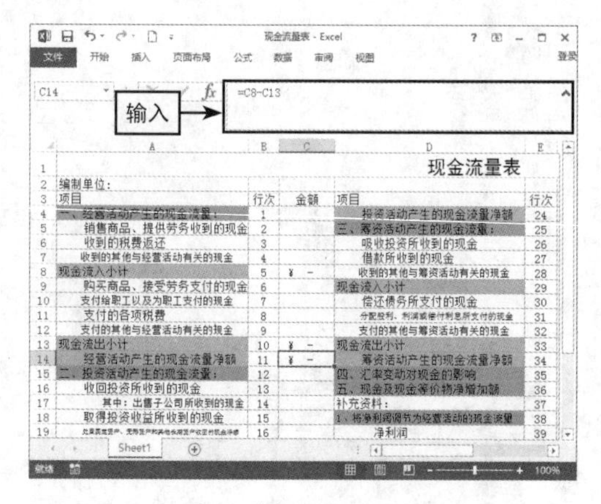


图 8-72

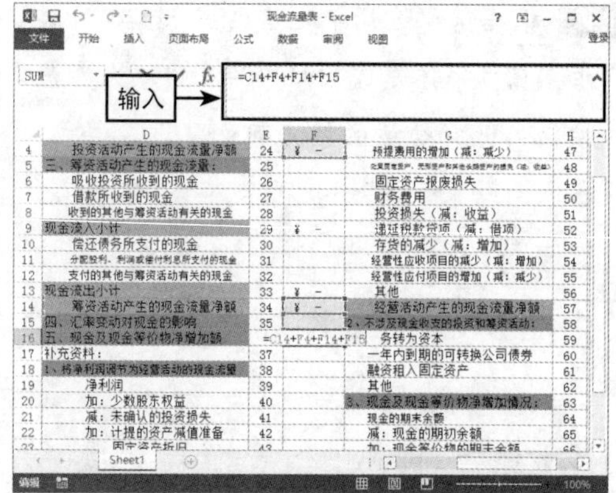


图 8-73

**step 04** 选择 I25 单元格，在编辑栏中输入计算公式，如图 8-74 所示。

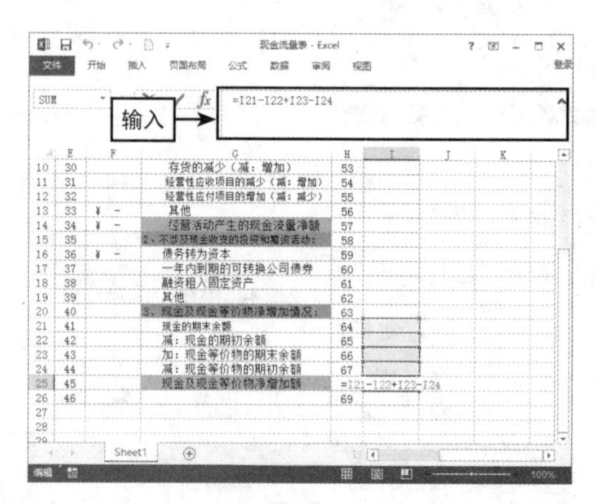


图 8-74

# 8.6 制作企业费用支出记录表

企业在日常运作过程中会不断产生如差旅费、餐饮费、办公用品费等相关费用，企业费用支出记录表主要用来按照日期记录费用类别、产生部门、支出金额等费用支出情况，方便对日常费用的支出进行系统分析，有效控制各个环节的费用支出。

## 8.6.1 设置标题、列标识格式

设置标题、列标识格式步骤如下。

**step 01** 打开 Excel 2013，创建并保存“企业费用支出记录表”。

**step 02** 合并并居中 A1:G1 单元格区域，输入表格标题文本，在“字体”选项组中，将字号设置为 18 并加粗，如图 8-75 所示。

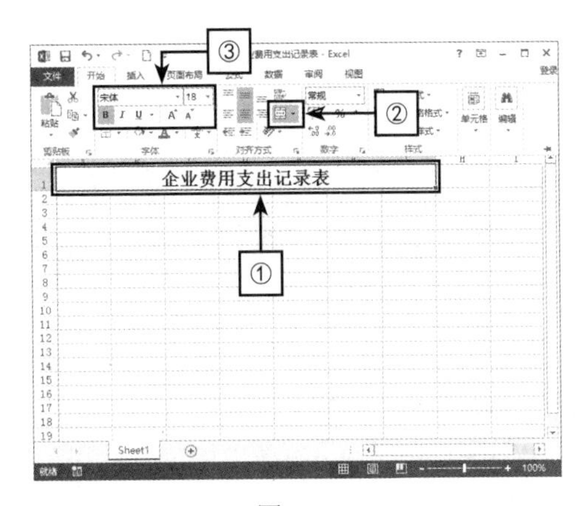

图 8-75

**step 03** 根据需要输入表格基础内容，并设置居中对齐方式，如图 8-76 所示。

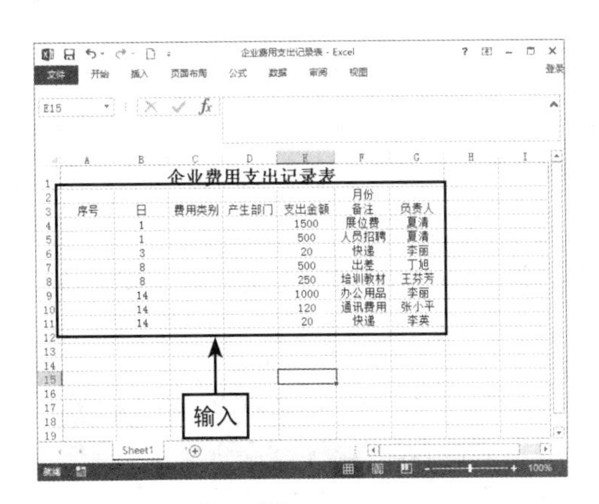

图 8-76

**step 04** 在 A4 单元格中输入数值 1，按住 Ctrl 键的同时，拖曳填充手柄至 A11 单元格，如图 8-77 所示。

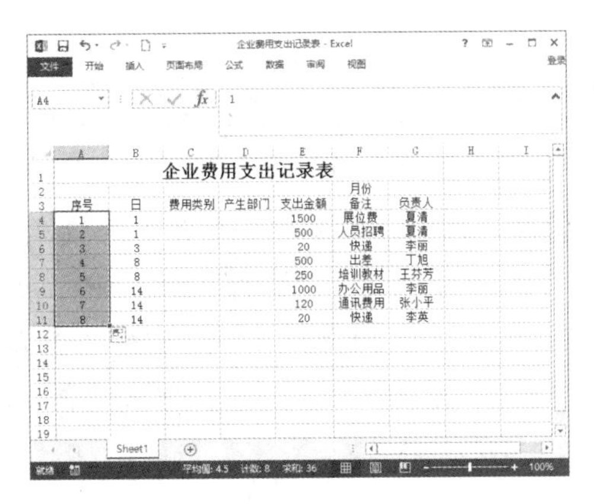

图 8-77

**step 05** 选择 A4:A11 单元格区域，打开“设置单元格格式”对话框，选择“自定义”选项，在“类型”文本框中输入自定义代码“0#”，单击“确定”按钮，如图 8-78 所示。

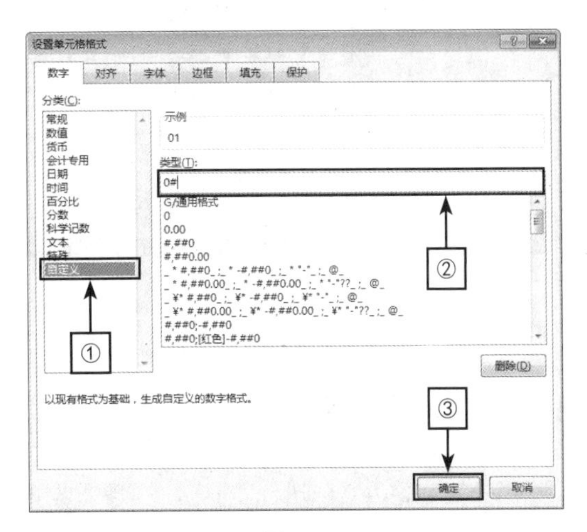

图 8-78

**step 06** 选择 E4:E11 单元格区域，打开“设置单元格格式”对话框，选择“会计专用”数字格式，设置“小数位数”为 0，单击“确定”按钮，如图 8-79 所示。

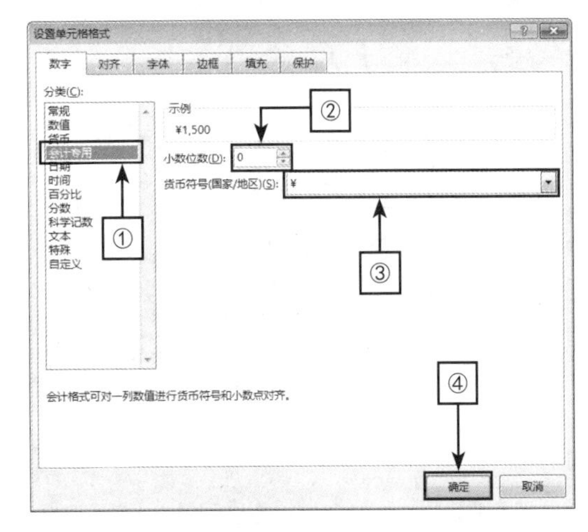

图 8-79

**step 07** 选择 G2 单元格，在编辑栏中输入计算公式 =MONTH(TODAY())，如图 8-80 所示。

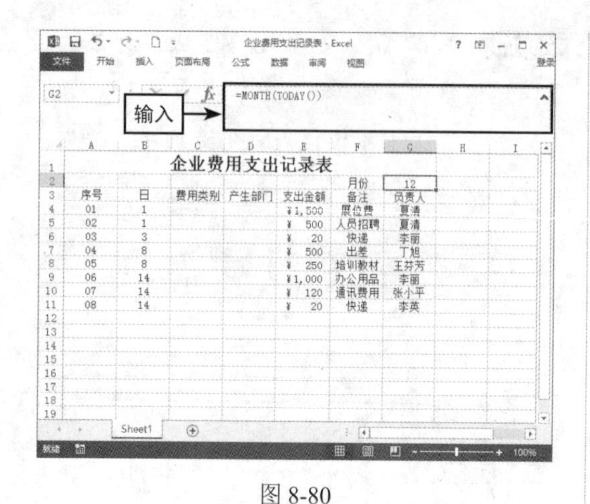


图 8-80

## 8.6.2 数据验证设置

用户可以利用数据验证功能，实现数据的快速输入，提高数据输入准确率。

**step 01** 选择 C4:C11 单元区域，进入“数据”选项卡，在“数据工具”选项组中从“数据验证”下拉列表中执行“数据验证”命令，打开“数据验证”对话框，在“设置”选项中将“允许”设置为“序列”，在“来源”文本框中输入文本内容，如图 8-81 所示。

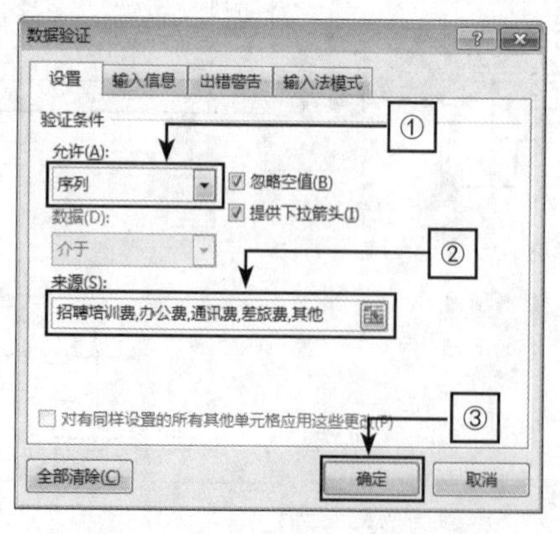


图 8-81

**step 02** 切换至“输入信息”选项卡，在“输入信息”文本框中输入相关文本，单击“确定”按钮，如图 8-82 所示。从下拉列表中选择对应的费用类别，完成“费用类别”一列的数据输入。

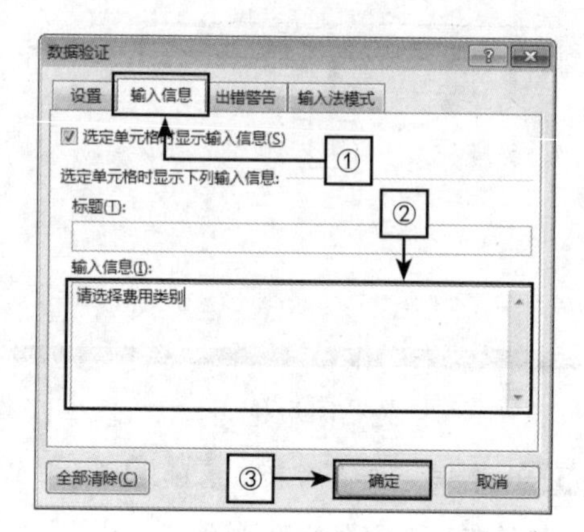


图 8-82

**step 03** 选择 D4:D11 单元格区域，进入“数据”选项卡，在“数据工具”选项组中从“数据验证”下拉列表中执行“数据验证”命令，打开“数据验证”对话框，在“设置”选项中将“允许”设置为“序列”，在“来源”文本框中输入文本内容，如图 8-83 所示。

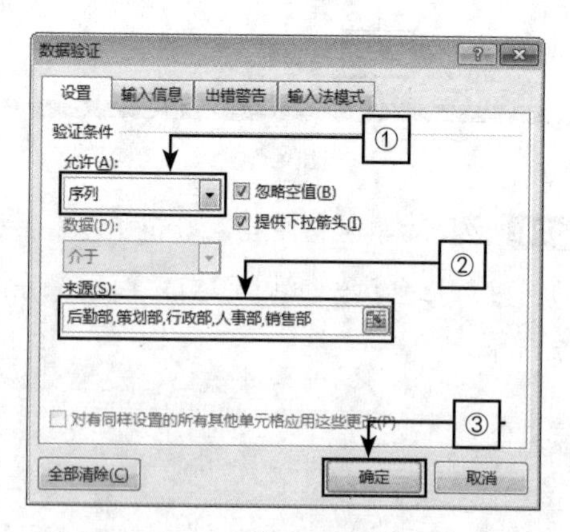


图 8-83

**step 04** 切换至“出错警告”选项卡，在“样式”下拉列表中选择“警告”选项，在“错误信息”文本框中输入相关文本，如图 8-84 所示。从下拉列表中选择对应的部门，完成“产生部门”一列的数据输入。

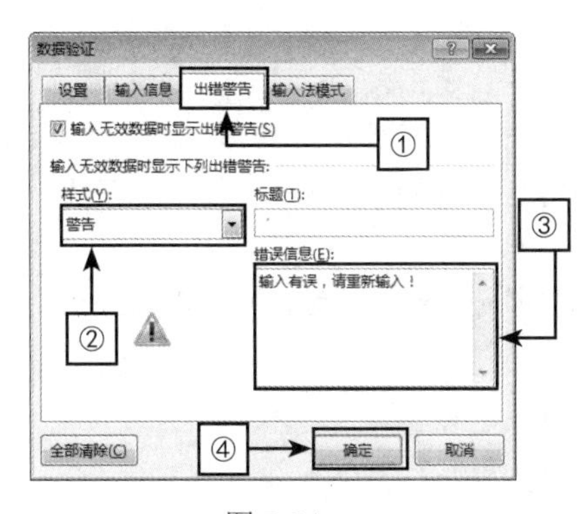


图 8-84

## 8.6.3　筛选

Excel 提供的“筛选”功能可以只显示满足用户设置的筛选条件的单元格区域，方便用户快速寻找符合设定的数据内容。

**step 01** 选择列标题所在行，进入“数据”选项卡，在“排序和筛选”选项组中单击“筛选”按钮，如图 8-85 所示。

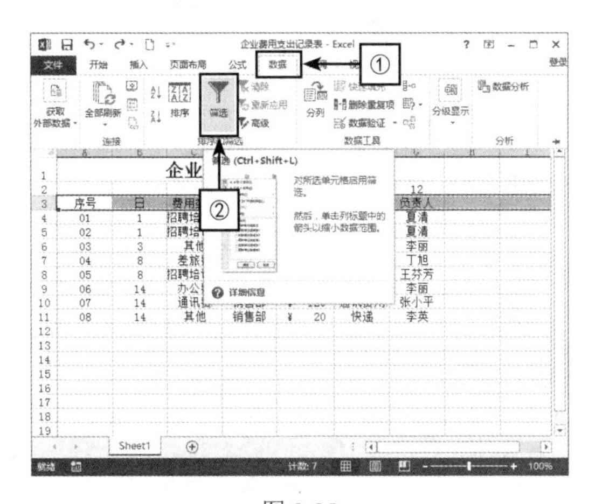

图 8-85

**step 02** 为列标题字段添加下拉按钮，打开下拉列表并勾选相应选项，即可得到筛选结果。

**step 03** 以筛选“产生部门”为例，单击下拉按钮，如图 8-86 所示，在下拉列表中勾选“人事部”选项，单击“确定”按钮，筛选出人事部本月费用支出情况，得到的筛选结果如图 8-87 所示。

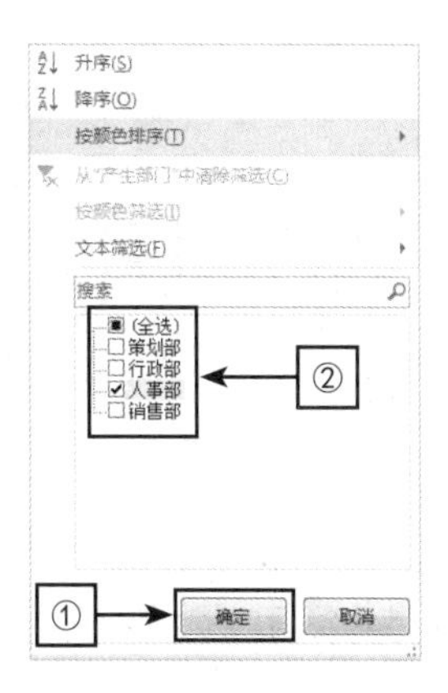


图 8-86

图 8-87

**提示：**

再次单击“筛选”按钮，或进入“数据”选项卡，在“筛选和排序”选项组中单击“清除”按钮，如图 8-88 所示，即可清除所作筛选。

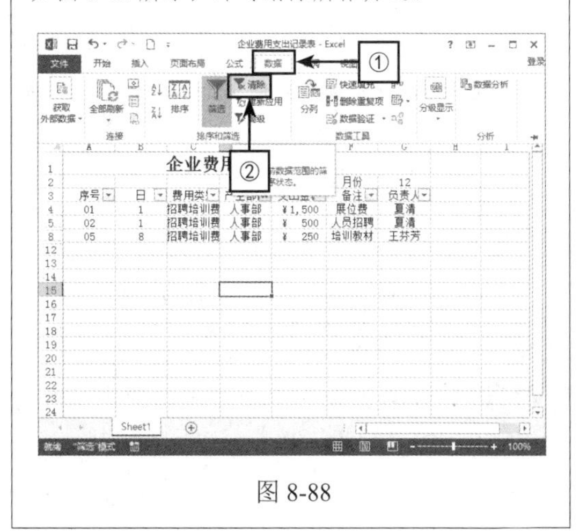

图 8-88

# 8.7 各类别费用支出分析透视图表

各类别费用支出分析透视图表是利用数据透视图表对各类别费用支出情况进行分析，以图形方式展示数据，直观、动态地显示多种不同的统计结果。

## 8.7.1 创建数据透视图

数据透视图是建立在数据透视表基础上的，以图形的方式，更加直观地展示数据透视表中的数据。

**step 01** 打开本节素材文件“秋季日常费用支出统计表”。

**step 02** 选择 A2:H22 单元格区域，进入“插入”选项卡，在“表格”选项组中单击“数据透视表”按钮，如图 8-89 所示。

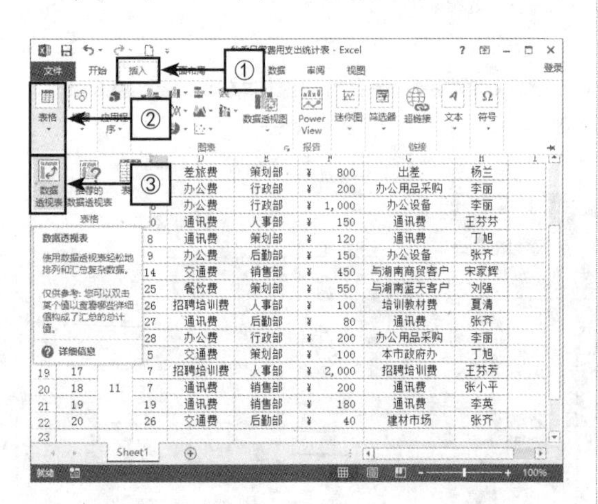

图 8-89

**step 03** 打开“创建数据透视表”对话框，将数据透视表放置在“新工作表”中，单击“确定”按钮，如图 8-90 所示。Excel 将自动添加 Sheet2 工作表。

**step 04** 将 Sheet2 重命名为“各类别费用支出分析透视表”。在“数据透视表字段”窗格中，将“费用类别”字段设置为行标签，“支出金额”字段设置为“值”字段，在工作表区显示统计结果，如图 8-91 所示。

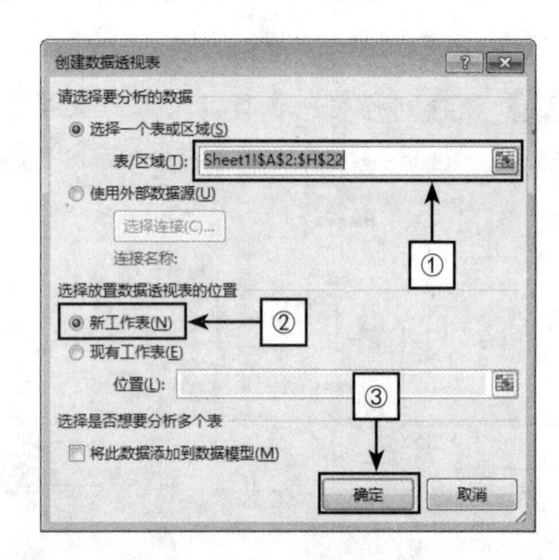


图 8-90

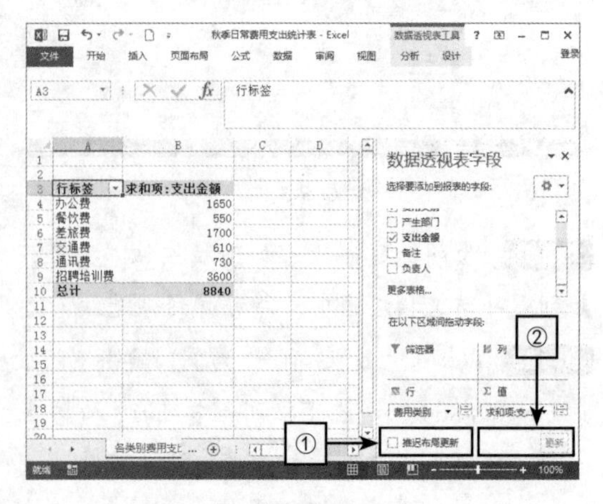

图 8-91

**step 05** 单击数据透视表的任意单元格，进入“分析”选项卡，在“工具”选项组中单击“数据透视图”按钮，如图 8-92 所示。

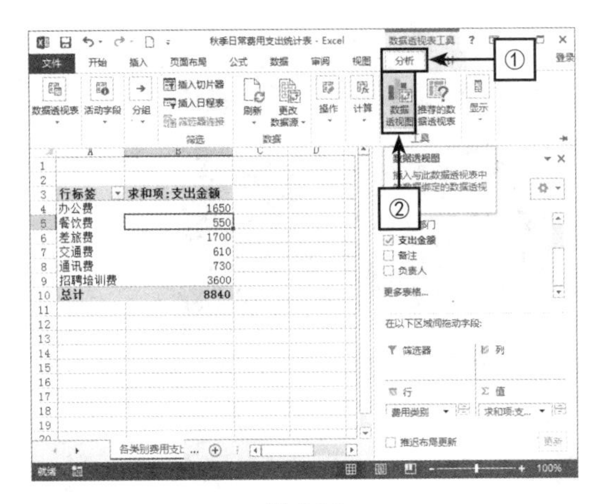


图 8-92

**step 06** 在弹出的“插入图表”对话框中选择“饼图”选项，在右侧选择“三维饼图”图表类型，单击“确定”按钮，如图 8-93 所示。

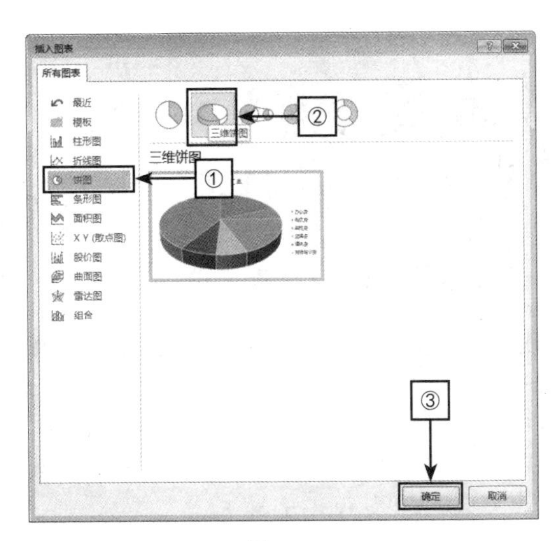


图 8-93

**step 07** 单击图表标题，并将其重命名为“各类别费用支出分析透视图”，调整数据透视图至合适的位置，如图 8-94 所示。

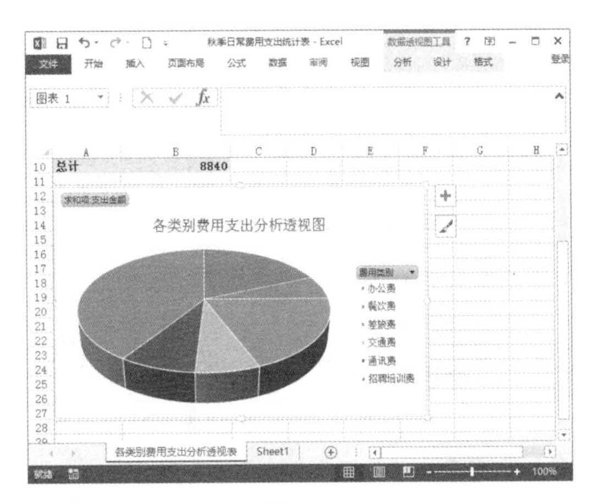


图 8-94

## 8.7.2　设置数据标签格式

用户可为数据透视图添加数据标签，使具体的数据显示在透视图上，并设置数据标签的格式。

**step 01** 单击“图表元素”按钮，勾选“数据标签”选项，如图 8-95 所示。

图 8-95

**step 02** 此时，数据标签显示的是具体的费用金额，双击“数据标签”，打开“设置数据标签格式”窗格，勾选“类别名称”与“百分比”复选框，并取消勾选“值”复选框，如图 8-96 所示。

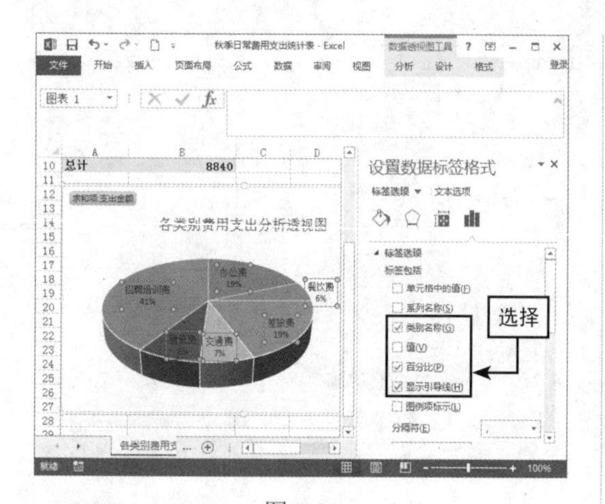


图 8-96

**step 03** 选择数据透视图，进入“设计”选项卡，在“图表样式”选项组中单击“其他”下拉按钮，如图 8-97 所示。

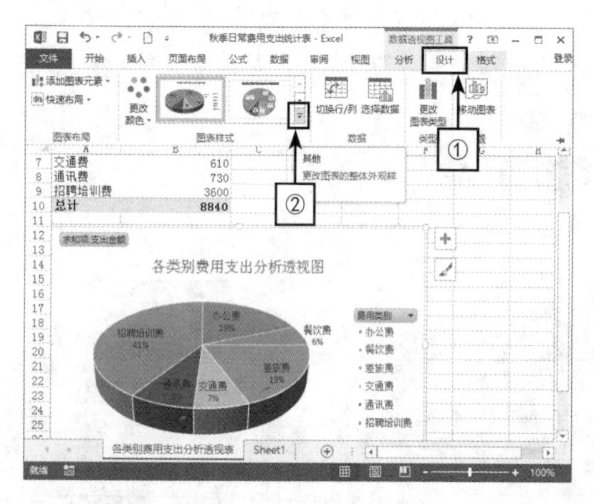


图 8-97

**step 04** 从下拉列表中选择“样式 7”图表样式，如图 8-98 所示。

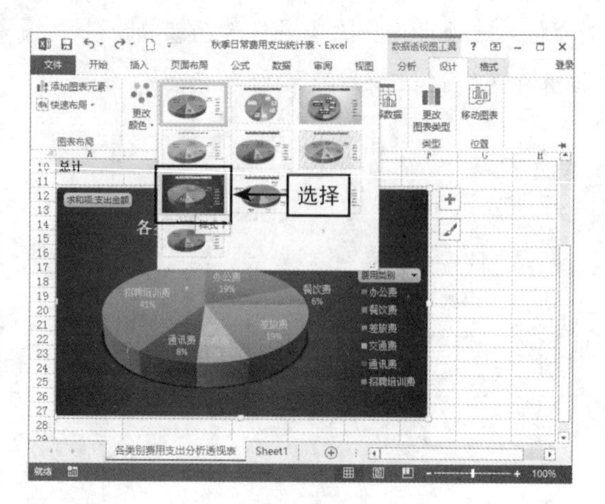


图 8-98

**step 05** 双击“数据标签”，打开“设置数据标签格式”窗格，激活“数字”选项组，将“类别”设置为“百分比”，如图 8-99 所示。

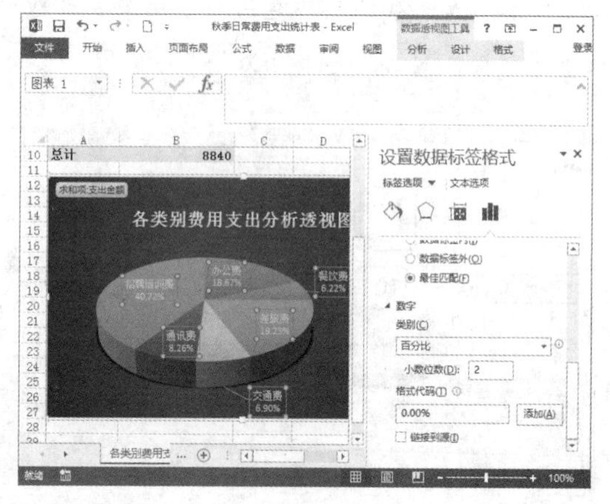


图 8-99

# 8.8 本章小结与职场感悟

❑ 本章小结

财务管理是组织企业财务活动、处理财务关系的一项经济管理工作，其目标在于实现产值和利润的最大化、股东财富和企业价值的最大化。本章主要介绍在会计核算与日常财务管理过程中常用的 Excel 电子表格，如银行借款登记卡、收付款单据、会计科目表、工会收支预算表、现金流量表、企业费用支出记录表、各类别费用支出分析透视图等，提高财务会计人员的 Excel 应用水平，使繁杂的会计核算和财务数据分析工作变得轻松、快捷。

❒ 职场感悟——争取自己的利益

从一个初入职场的毕业生开始，就会有很多的职业培训说，“不要轻易向领导提条件，要以领导的想法为主，在争取自身利益之前，要先检查自己付出了多少。”

但是工作中并不是什么都不能为自己争取的，并不是什么都要全力配合领导的。很多人认为只要自己用心努力工作，就会获得相应的利益，包括个人薪酬、岗位晋升等，一旦有了机会和平台，领导就会把机会和平台给自己。这其实只是自己一厢情愿的想法，如果没有及时有效地与领导沟通、自己去争取，你所付出的努力，领导并不一定看在眼里，需要推销自己。即使领导看到了你的付出与努力，他们也不知道你内心的真实想法，看不到你的企图心，不清楚你是更愿意留在现在这个已经做得很出色的岗位，还是想要挑战新的工作平台。

也有一部分人认为自己主动向领导表明工作的想法与意向，会给领导留下自负、自大的印象，但是，如果领导对你的能力和工作有了一定认可，在准备调整岗位时，自己若能主动请缨，他们一般都会很高兴，因为这也是表达自信的一种方式。

职场上的很多机会都是靠自己争取的，而不是领导给予的，毛遂还需要自荐呢？该向领导表示意向时，千万不要退却，不要压制自己的想法不做争取，而等待着领导自己定夺。

# 第 9 章

## 会计财务：挖掘薪酬成本的内涵

本章内容

薪酬成本管理是由薪酬预算、薪酬支付、薪酬调整组成的循环。薪酬成本管理详细分析成本构成以及成本变化趋势，是企业进行薪酬预算的首要工作，是保障公司运转的基础。本章主要介绍一些常用薪酬成本管理表格的制作及用途，简化烦琐的数据统计工作，帮助财务会计人员规范管理公司薪酬成本。

# 9.1　制作加班统计表

加班统计表主要用来记录员工加班的相关信息，包括员工信息、加班原因、加班时间、加班费等，是统计员工薪酬的一部分，为薪酬表格的制作提供数据依据。

## 9.1.1　构建基础表格

构建基础表格主要包括制作表格标题、输入基础内容、设置边框与对齐格式等。

**step 01** 打开 Excel 2013，创建并保存“加班统计表”。

**step 02** 合并并居中 A1:K1 单元格区域，输入标题内容，在“字体”选项组中，将字体设置为“华文细黑”，将字号设置为 18 并加粗，如图 9-1 所示。

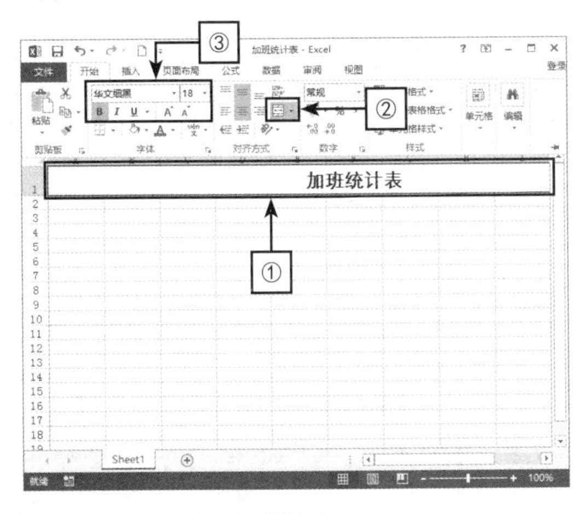


图 9-1

**step 03** 根据需要输入基础内容，并设置居中对齐方式，如图 9-2 所示。

**step 04** 选择 A3:K14 单元格区域，进入“开始”选项卡，在“字体”选项组中单击“下框线”下拉按钮，选择“所有框线”与“粗匣框线”选项，结果如图 9-3 所示。

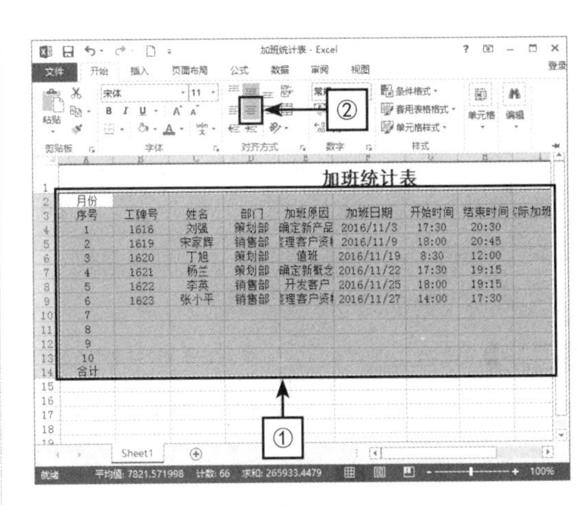


图 9-2

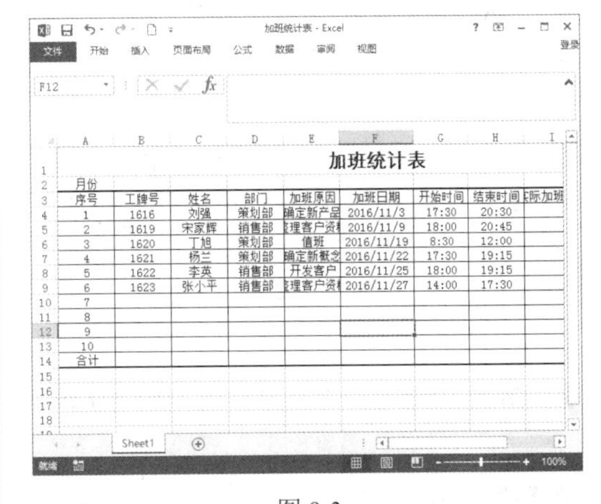


图 9-3

**step 05** 选择 B2 单元格，在编辑栏中输入计算公式 =MONTH(TODAY())−1，如图 9-4 所示。

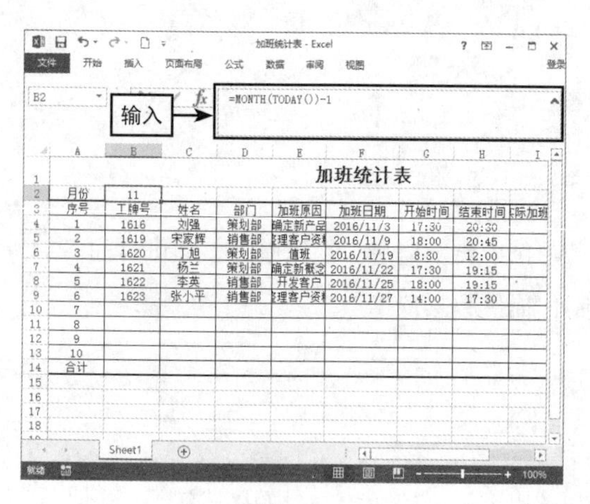


图 9-4

## 9.1.2 计算加班费

利用表中已有的数据，可以计算实际加班时间，根据加班时间，按照不同的计算标准可以计算员工的加班费。

**step 01** 选择 I4 单元格，在编辑栏中输入计算公式，并向下填充公式至 I9 单元格，如图 9-5 所示。

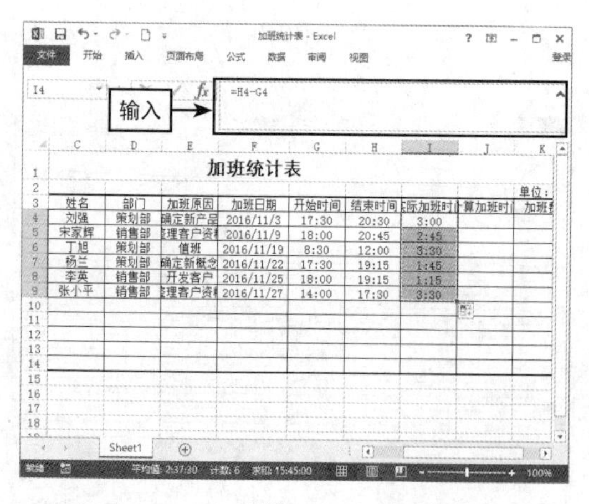


图 9-5

**step 02** 选择 J4 单元格，在编辑栏中输入计算公式 =CEILING(I4*24,0.5)，并向下填充公式至 J9 单元格，如图 9-6 所示。

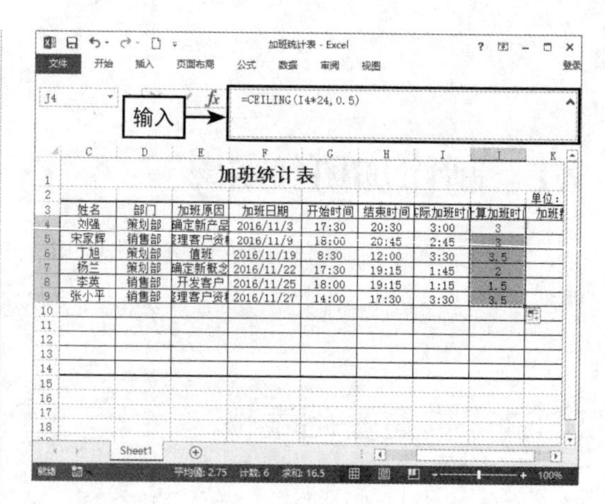


图 9-6

**提示：**

CEILING(number,significance) 将参数 number 向上舍入（正向无穷大的方向）为最接近 significance 的倍数。

number 待舍入的数值。

significance 基数。

**step 03** 选择 K4 单元格，在编辑栏中输入计算公式 =IF(J4=0,0,IF(J4<=3,J4*20,IF(J4>3,J4*25)))，并向下填充公式至 K9 单元格，如图 9-7 所示。

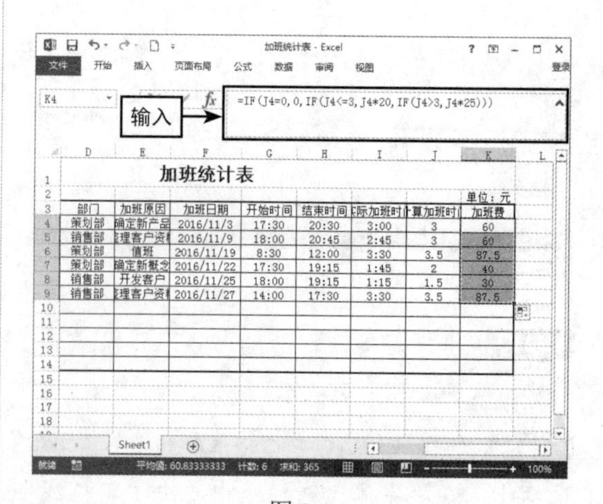


图 9-7

**step 04** 选择 I14 单元格，在编辑栏中输入求和公式，如图 9-8 所示。

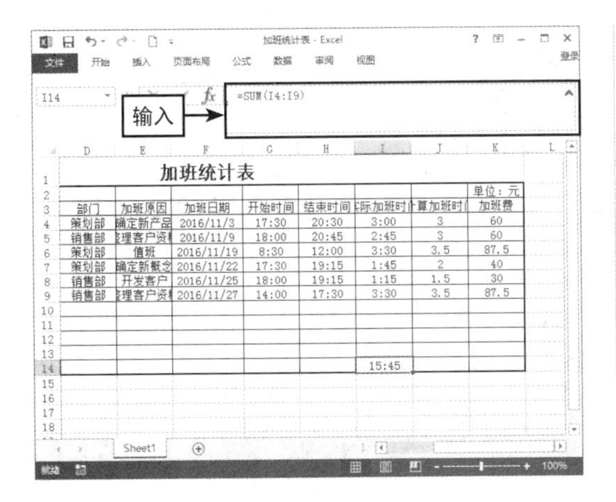

图 9-8

step 05 按照相同的方法，计算其他合计值。

### 9.1.3　套用表格格式

用户可套用 Excel 2013 内置的表格样式，达到快速美化表格的目的。

step 01 选择 A3:K14 单元格区域，进入“开始”选项卡，在“样式”选项组中单击“套用表格格式”下拉按钮，选择“表样式中等深浅 7”样式，并启用“表包含标题”复选框，所得结果如图 9-9 所示。

step 02 选择表格，进入“设计”选项卡，在“工具”选项组中单击“转换为区域”按钮，在弹出的对话框中单击“是”按钮。

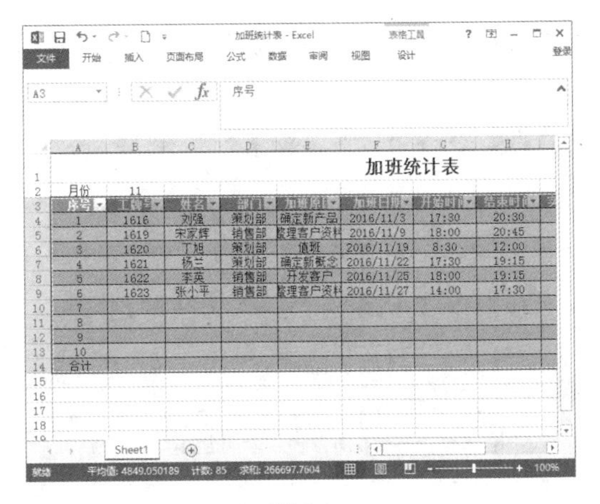

图 9-9

step 03 进入“开始”选项卡，在“单元格”选项组中单击“格式”下拉按钮，执行“自动调整列宽”命令，自动设置最佳列宽，最终结果如图 9-10 所示。

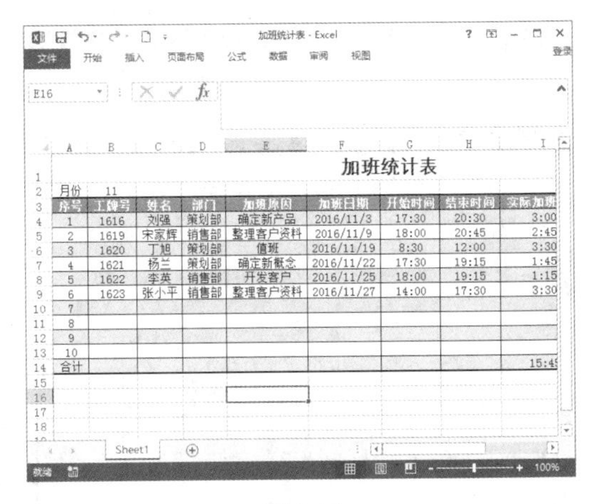

图 9-10

## 9.2　制作员工薪酬表

员工薪酬表是企业发给员工薪酬的数据依据，主要由考勤表、加班统计表、代扣代缴表的表格数据汇总计算而成，主要记录员工本月应发和应扣工资的明细。

### 9.2.1　制作基础表格

制作基础表格主要包括制作表格标题、输入基础内容的操作。

**step 01** 打开本节素材文件“员工薪酬表.xlsx”。

**step 02** 选择“员工薪酬表”工作表，合并并居中 A1:K1 单元格区域，输入标题内容，在“字体”选项组中，将字体设置为“华文细黑”，将字号设置为 18 并加粗，如图 9-11 所示。

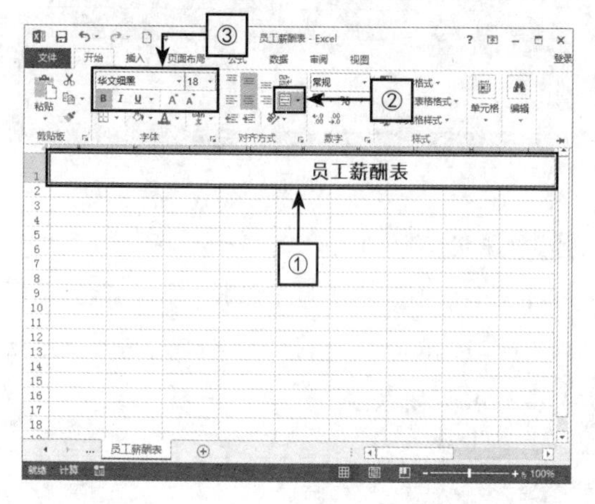


图 9-11

**step 03** 根据需要输入基础内容，并设置表格居中对齐方式，如图 9-12 所示。

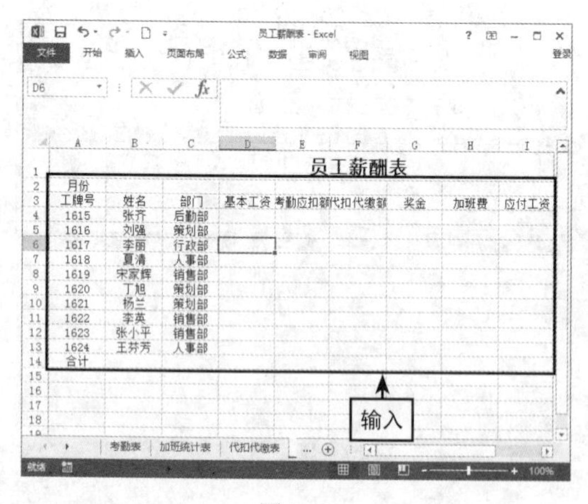


图 9-12

**step 04** 选择 D4:K14 单元格区域，进入“开始”选项卡，在“数字”选项组中单击“数字格式”下拉按钮，选择“会计专用”选项，如图 9-13 所示。

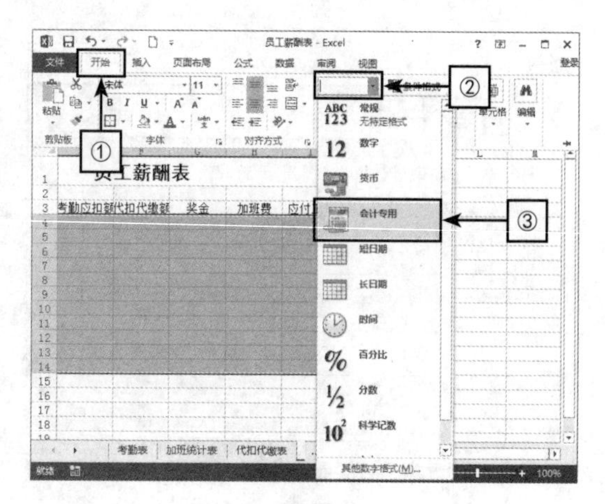


图 9-13

**step 05** 选择 B2 单元格，在编辑栏中输入计算公式 =MONTH(TODAY())–1，如图 9-14 所示。

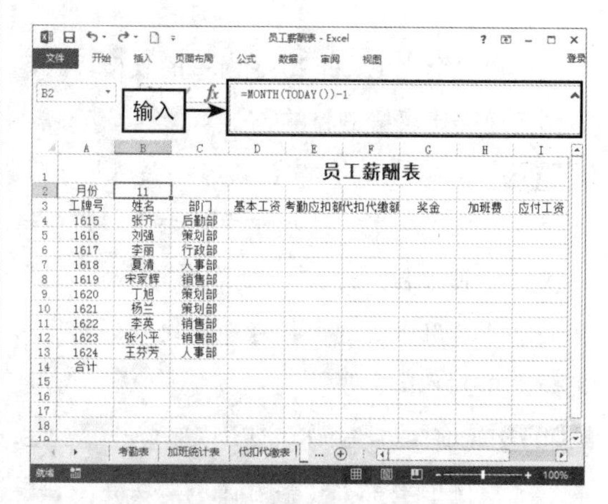


图 9-14

## 9.2.2 跨表引用数据

为了提高工作表的制作效率，减轻数据输入量，提高数据输入准确度，用户可以利用 Excel 的函数功能引用数据。

**step 01** 选择 D4 单元格，在编辑栏中输入计算公式 =VLOOKUP(A4, 代扣代缴表 !$A$4:$I$13, 4)，从代扣代缴表中引用员工基本工资数据，并向下填充至 D13 单元格，如图 9-15 所示。

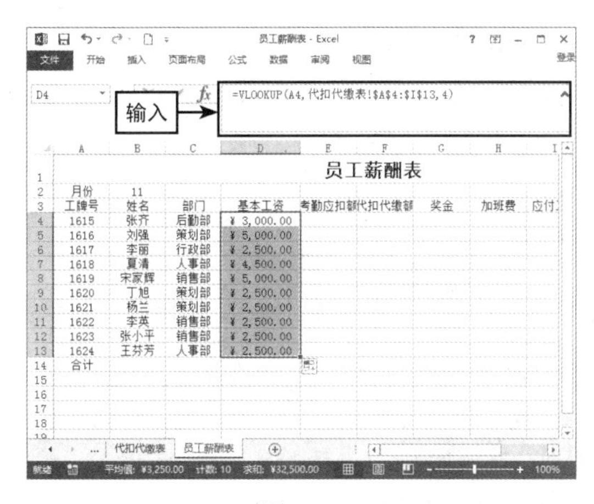


图 9-15

**step 02** 选择 E4 单元格，在编辑栏中输入计算公式 =VLOOKUP(A4, 考勤表 !$A$5:$M$14, 12)，从考勤表中引用考勤应扣额，并向下填充至 E13 单元格，如图 9-16 所示。

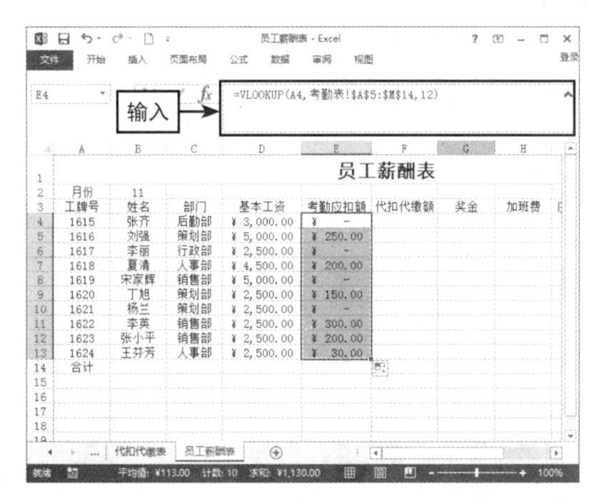


图 9-16

**step 03** 选择 F4 单元格，在编辑栏中输入计算公式 =VLOOKUP(A4, 代扣代缴表 !$A$4:$I$13, 9)，从代扣代缴表中引用代扣代缴额，并向下填充至 F13 单元格，如图 9-17 所示。

**step 04** 选择 G4 单元格，在编辑栏中输入计算公式 =VLOOKUP(A4, 考勤表 !$A$5:$M$14, 13)，从考勤表中引用全勤奖金数据，并向下填充至 G13 单元格，如图 9-18 所示。

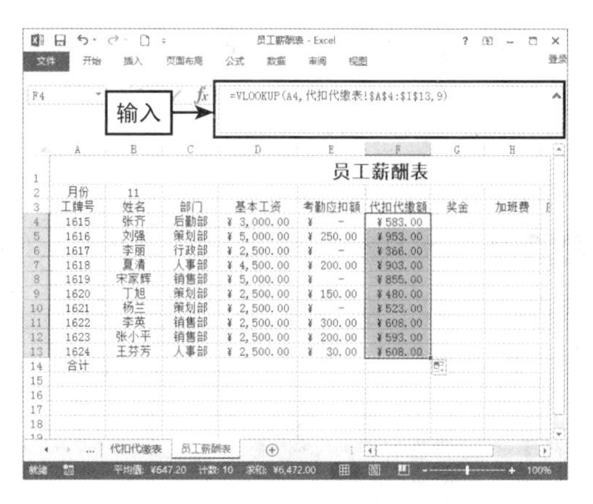


图 9-17

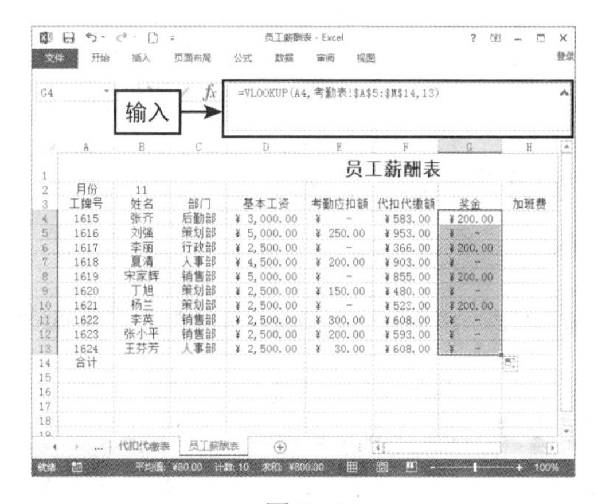


图 9-18

**step 05** 选择 H4 单元格，在编辑栏中输入计算公式 =VLOOKUP(A4, 加班统计表 !$A$4:$J$13, 10)，从加班统计表中引用加班费数据，并向下填充至 H13 单元格，如图 9-19 所示。

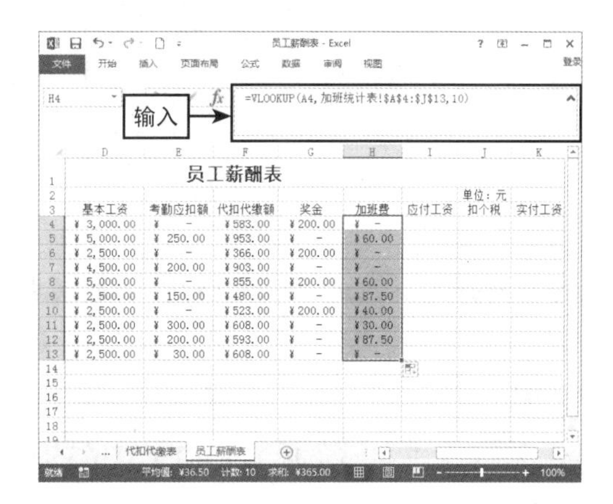


图 9-19

## 9.2.3 计算应付工资

数据引用完成后，需要运用基本计算公式计算应付工资及实付工资。

**step 01** 选择 I4 单元格，在编辑栏中输入计算公式，并向下填充至 I13 单元格，计算应付工资，如图 9-20 所示。

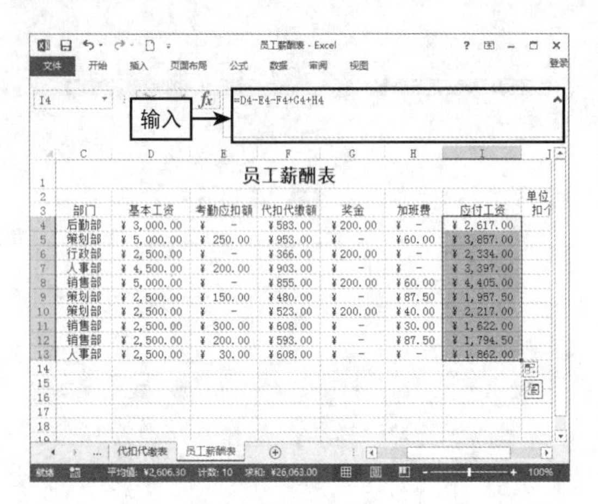

图 9-20

**step 02** 在工作表中输入“个税标准”辅助列表基础内容，并设置单元格格式，如图 9-21 所示。

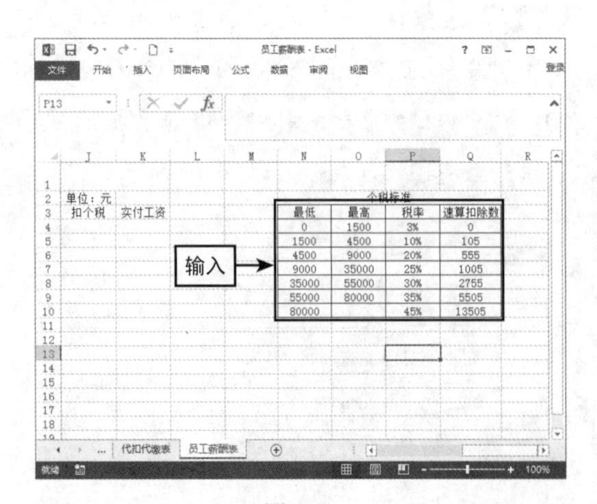

图 9-21

**step 03** 选择 J4 单元格，在编辑栏中输入计算公式 =IF(I4>3500,VLOOKUP((I4−3500),$N$3:$Q$10,3)*(I4−3500),0)−IF(I4>3500,VLOOKUP((I4−3500),$N$3:$Q$10,4))，并向下填充至 J13 单元格，计算扣个税额，如图 9-22 所示。

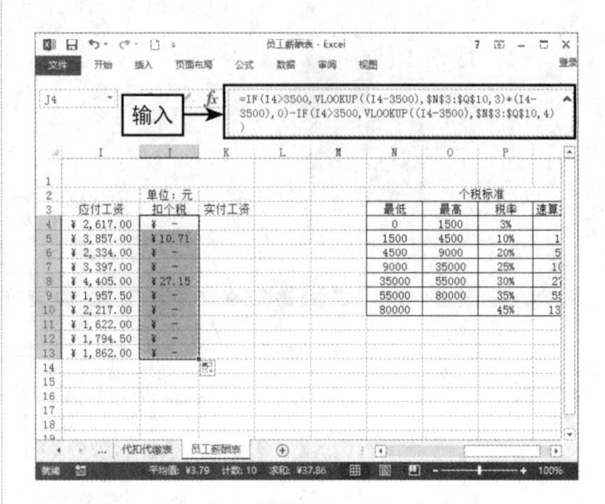

图 9-22

**step 04** 选择 K4 单元格，在编辑栏中输入计算公式，并向下填充至 K13 单元格，计算实付工资，如图 9-23 所示。

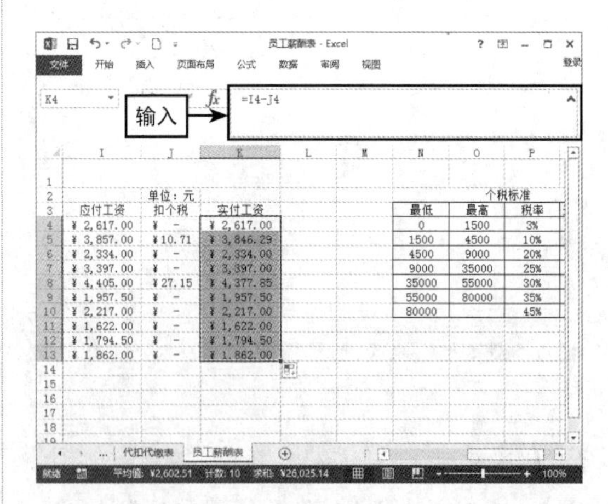

图 9-23

**step 05** 选择 D14 单元格，在编辑栏中输入求和公式，并向右填充至 K14 单元格，如图 9-24 所示。

**step 06** 选择 A3:K14 单元格区域，进入“开始”选项卡，在“样式”选项组中单击“单元格样式”下拉按钮，选择“注释”选项，所得如图 9-25 所示。

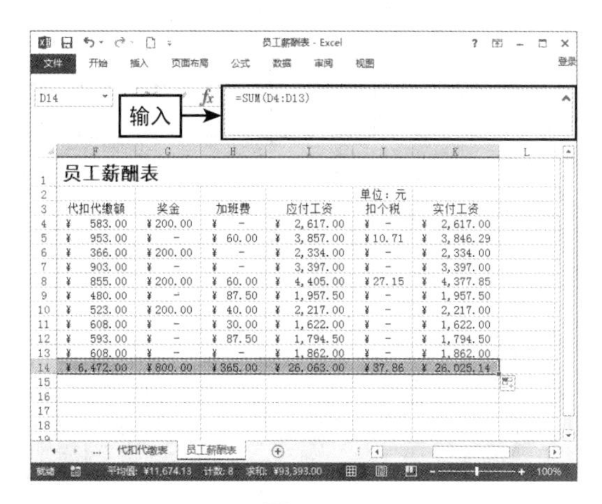

图 9-24

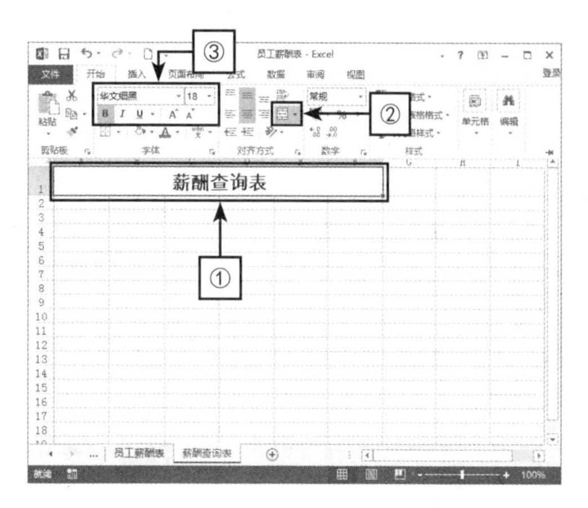

图 9-26

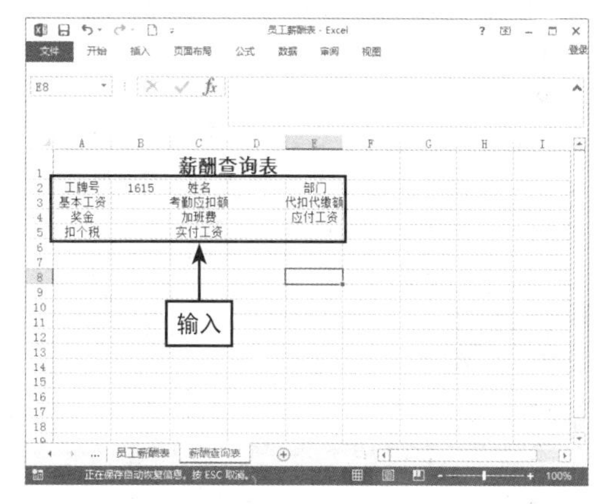

图 9-27

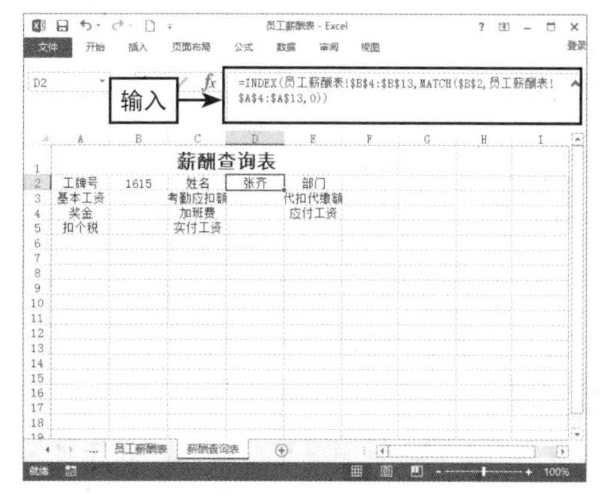

图 9-28

## 9.2.4　制作薪酬查询表

薪酬查询表主要用来查询员工的具体薪酬数据，实现根据工牌号查询薪酬数据的操作。

**step 01** 单击“新工作表”按钮，添加新建工作表，并重命名为“薪酬查询表”。

**step 02** 合并并居中 A1:F1 单元格区域，输入标题文本，在“字体”选项组中，将字体设置为“华文细黑”，将字号设置为 18 并加粗，如图 9-26 所示。

**step 03** 输入表格基础内容，并设置居中对齐格式，如图 9-27 所示。

**step 04** 选择 D2 单元格，在编辑栏中输入计算公式 =INDEX( 员工薪酬表 !$B$4:$B$13, MATCH($B$2, 员工薪酬表 !$A$4:$A$13,0))，如图 9-28 所示。

**提示：**

INDEX(array，row_num，column_num) 返回数组中指定的单元格或单元格数组的数值。

array 单元格区域或数组常量。

row_num 数组中某行的行序号，函数从该行返回数值。

column_num 数组中某列的列序号，函数从该列返回数值。

**提示：**

INDEX(reference，row_num，column_num，area_num) 返回引用中指定单元格或单元格区域的引用。

reference 对一个或多个单元格区域的引用。

area_num 选择引用中的一个区域，并返回该区域中 row_num 和 column_num 的交叉区域。

**提示：**

MATCH(lookup_value, lookup_array, match_type) 返回指定数值在指定数组区域中的位置。

lookup_value 需要在数据表（lookup_array）中查找的值。

lookup_array 可能包含有所要查找数值的连续的单元格区域。

match_type 为 1 时，查找小于或等于 lookup_value 的最大数值，lookup_array 必须按升序排列；为 0 时，查找等于 lookup_value 的第一个数值，lookup_array 按任意顺序排列；为 –1 时，查找大于或等于 lookup_value 的最小数值，lookup_array 必须按降序排列。

**step 05** 选择 F2 单元格，在编辑栏中输入计算公式 =INDEX( 员工薪酬表 !$C$4:$C$13, MATCH($B$2, 员工薪酬表 !$A$4:$A$13,0))，如图 9-29 所示。

**step 06** 以此类推，在相应单元格中输入计算公式，引用员工薪酬表中的数据，最终结果如图 9-30 所示。

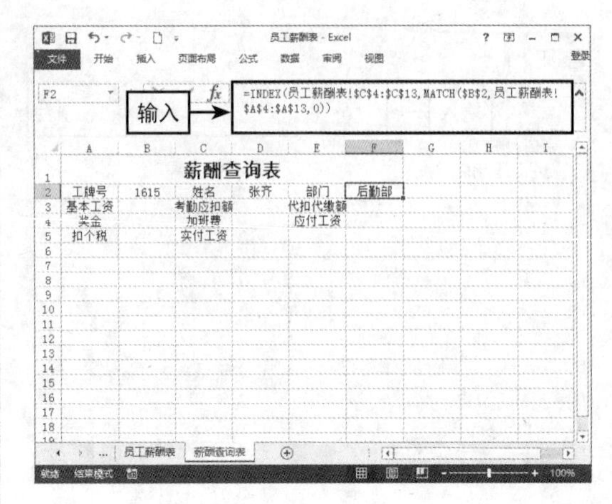


图 9-29

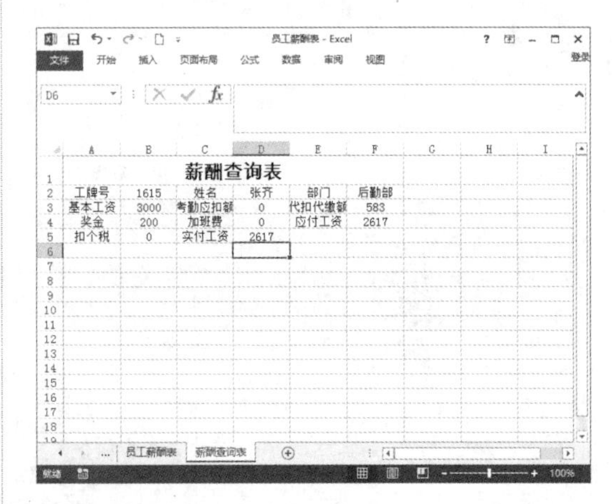


图 9-30

B3 单元格（基本工资）：=INDEX( 员工薪酬表 !$D$4:$D$13,MATCH($B$2, 员工薪酬表 !$A$4:$A$13,0))

D3 单元格（考勤应扣额）：=INDEX( 员工薪酬表 !$E$4:$E$13,MATCH($B$2, 员工薪酬表 !$A$4:$A$13,0))

F3 单元格（代扣代缴额）：=INDEX( 员工薪酬表 !$F$4:$F$13,MATCH($B$2, 员工薪酬表 !$A$4:$A$13,0))

B4 单元格（奖金）：=INDEX( 员工薪酬表 !$G$4:$G$13,MATCH($B$2, 员工薪酬表 !$A$4:$A$13,0))

D4 单元格（加班费）：=INDEX( 员工

薪酬表 !$H$4:$H$13,MATCH($B$2, 员工薪酬表 !$A$4:$A$13,0))

F4 单元格（应付工资）：=INDEX( 员工薪酬表 !$I$4:$I$13,MATCH($B$2, 员工薪酬表 !$A$4:$A$13,0))

B5 单元格（扣个税）：=INDEX( 员工薪酬表 !$J$4:$J$13,MATCH($B$2, 员工薪酬表 !$A$4:$A$13,0))

D5 单元格（实付工资）：=INDEX( 员工薪酬表 !$K$4:$K$13,MATCH($B$2, 员工薪酬表 !$A$4:$A$13,0))

**step 07** 选择 B3:B5、D3:D5 和 F3:F4 单元格区域，进入“开始”选项卡，在“数字”选项组中单击“数字格式”下拉按钮，选择“会计专用”选项，如图 9-31 所示。

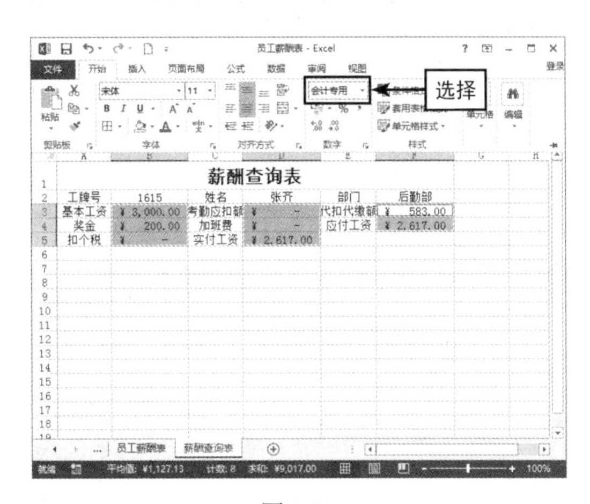


图 9-31

**step 08** 选择 A2:F5 单元格区域，进入“开始”选项卡，在“字体”选项组中单击“下框线”下拉按钮，选择“所有框线”选项。

**step 09** 在“单元格”选项组中单击“格式”下拉按钮，执行“自动调整列宽”命令，结果如图 9-32 所示。

**step 10** 选择 A2:F5 单元格区域，进入“开始”选项卡，在“样式”选项组中单击“单元格样式”下拉按钮，选择“适中”选项，结果如图 9-33 所示。

图 9-32

图 9-33

**step 11** 当更改输入的工牌号时，查询表的内容也相应发生变化，如图 9-34 所示。

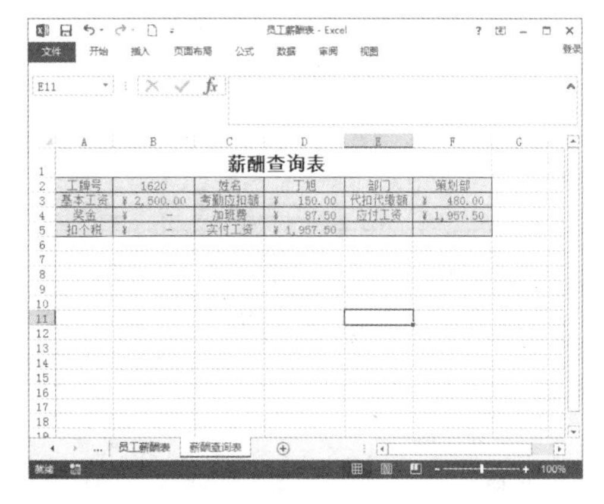


图 9-34

# 9.3 批量制作工资条

工资条是员工领取工资的一个详单，由员工薪酬表的数据制作而成。

## 9.3.1 建立工资条表格

制作工资条，首先要制作工资条表格。

**step 01** 在上一节制作的“员工薪酬表”中，新建工作表并重命名为“工资条表格”，如图 9-35 所示。

**step 02** 合并并居中 A1:K1 单元格区域，输入标题文本，在“字体”选项组中，将字体设置为“华文细黑”，将字号设置为 18 并加粗，如图 9-36 所示。

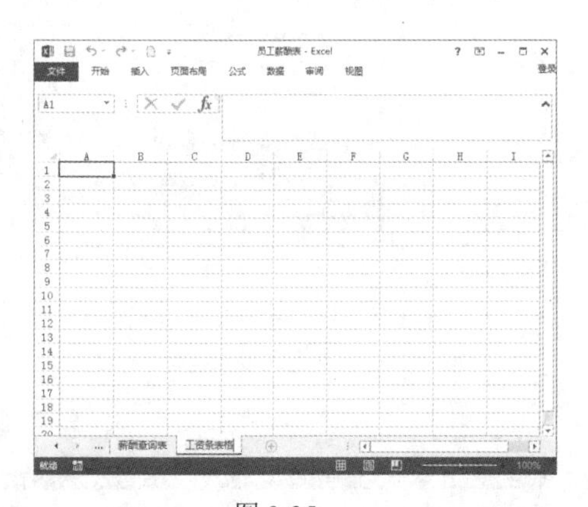

图 9-35

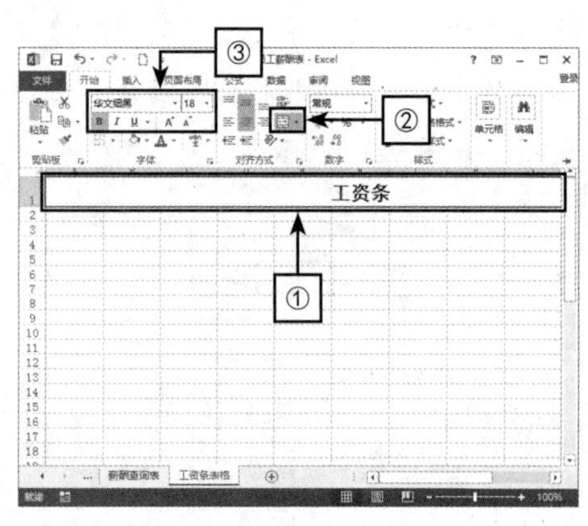


图 9-36

**step 03** 根据需要输入基础内容，并设置表格居中对齐方式，如图 9-37 所示。

**step 04** 选择 A2:K3 单元格区域，进入“开始”选项卡，在“字体”选项组中单击“下框线”下拉按钮，选择“所有框线”与“粗匣框线”选项，为表格添加内、外边框，结果如图 9-38 所示。

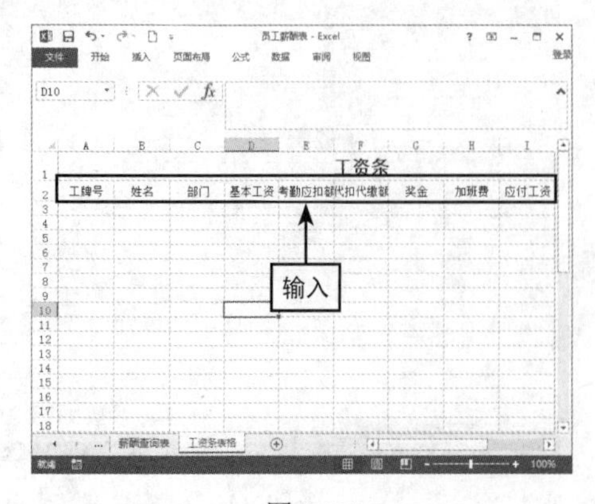


图 9-37

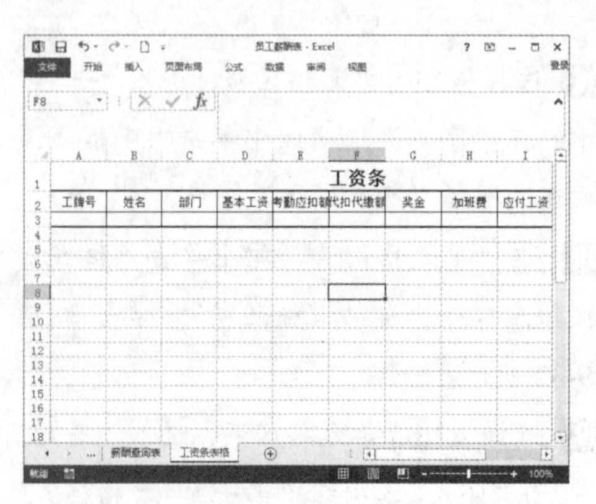


图 9-38

## 9.3.2　定义数据编辑区域名称

定义数据编辑区域名称可以使表格内容更加简洁、清晰。切换至“员工薪酬表”，选择 A3:K14 单元格区域，在名称框中定义其名称为“薪酬表”，如图 9-39 所示。

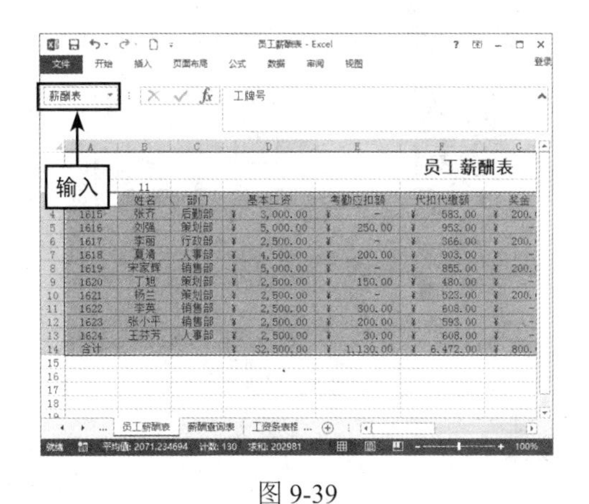


图 9-39

## 9.3.3　设置第一位员工的工资数据

切换回“工资条表格”，利用 Excel 的函数功能，可以将薪酬表中的数据引用至工资条中，具体步骤如下。

**step 01** 在 A3 单元格中输入工牌号 1615。

**step 02** 选择 B3 单元格，在编辑栏中输入计算公式，并向右填充至 K3 单元格，如图 9-40 所示。

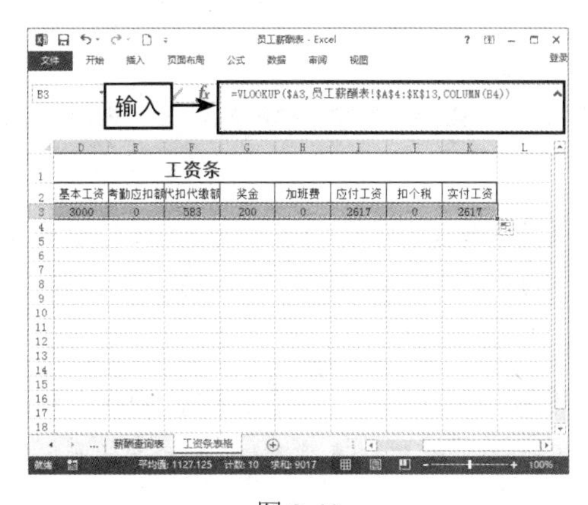


图 9-40

计算公式：=VLOOKUP($A3, 员工薪酬表!$A$4:$K$13,COLUMN(B4))。

**step 03** 选择 D3:K3 单元格区域和 D4:K14 单元格区域，进入“开始”选项卡，在“数字”选项组中单击“数字格式”下拉按钮，选择“会计专用”选项，如图 9-41 所示。

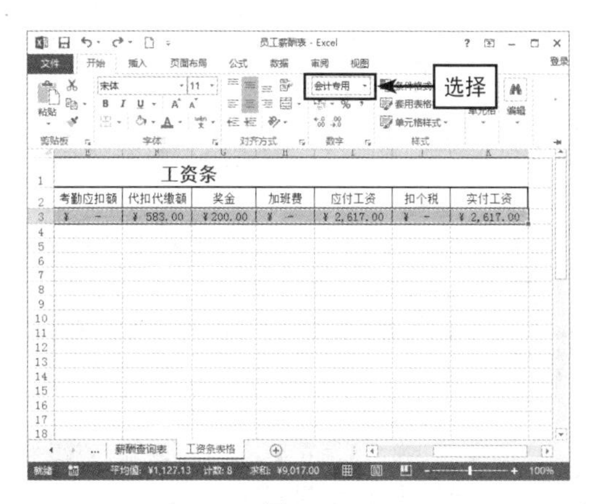


图 9-41

## 9.3.4　快速生成每位员工的工资条

利用填充的方法可根据生成的第一位员工的工资条快速生成每位员工的工资条。

**step 01** 为增强工资条的美观效果，选择第一行单元格区域，右击并执行“插入”命令，如图 9-42 所示。

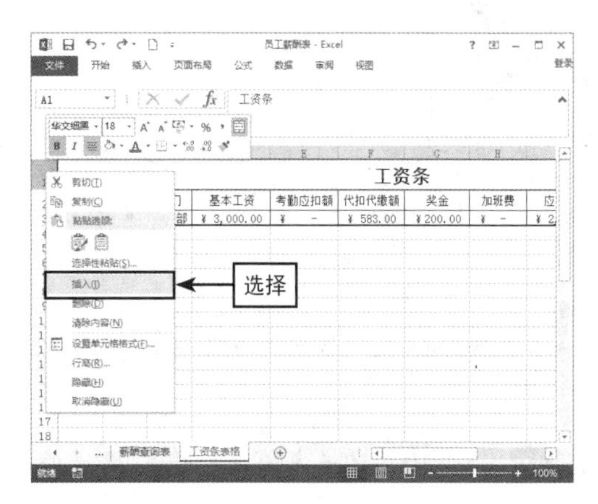


图 9-42

**step 02** 选择 A1:K4 单元格区域，按住右下角的填充手柄，向下填充至 K40 单元格，所得结果如图 9-43 所示。

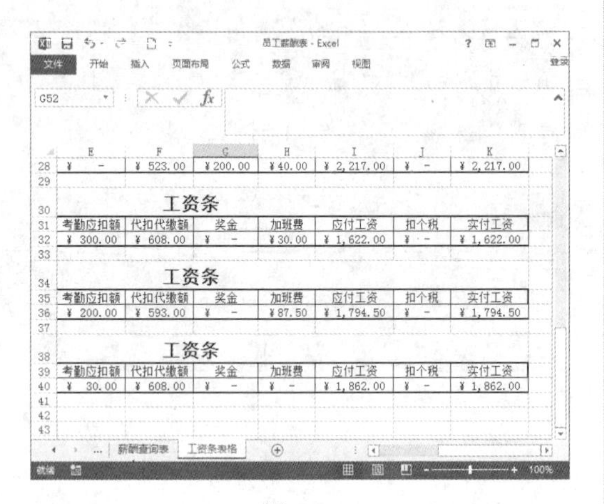


图 9-43

## 9.3.5 排序法制作工资条

除了上述利用 Excel 函数制作工资条的方法外，利用排序功能也可实现工资条的快速制作。

**step 01** 切换至“员工薪酬表”，右击工作表标签，执行“移动或复制”命令，如图 9-44 所示。

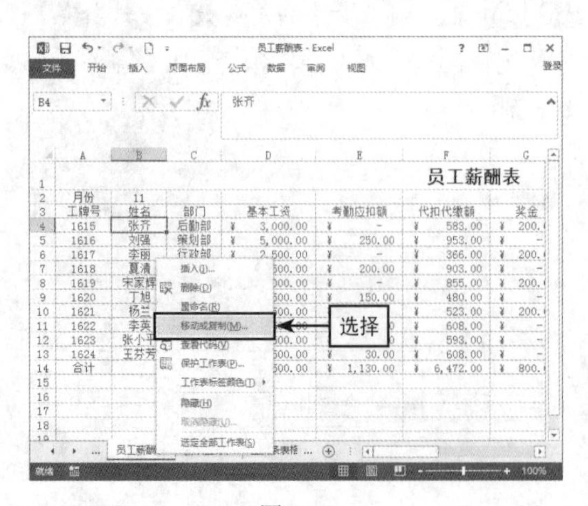


图 9-44

**step 02** 打开“移动或复制工作表”对话框，在“下列选定工作表之前”列表框中选择“（移至最后）”选项，选择“建立副本”复选框，单击“确定”按钮，如图 9-45 所示，并将复制的工作表重命名为“排序法”。

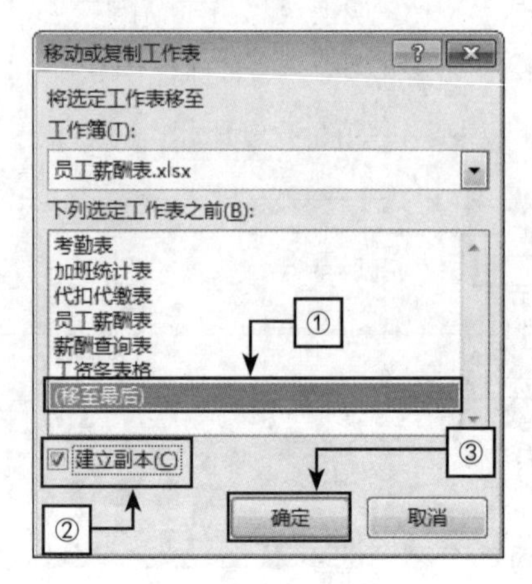


图 9-45

**step 03** 选择 A 列单元格区域，右击并执行“插入”命令，插入新列，在 A4 单元格中输入数值 1，按住 Ctrl 键的同时向下拖曳至 A13 单元格，如图 9-46 所示。

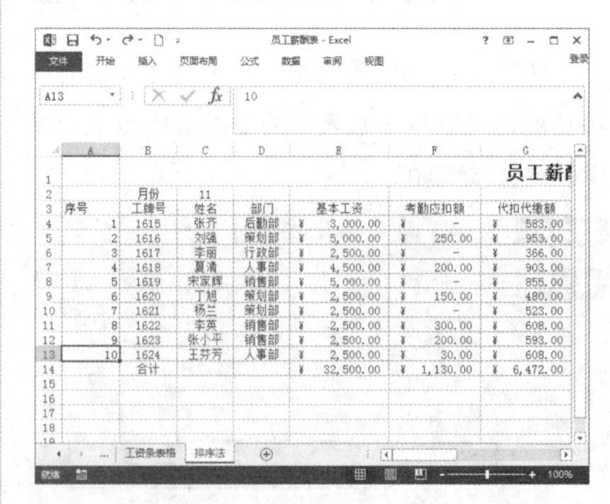

图 9-46

**step 04** 在 A15 单元格中输入数值 1.2，按住 Ctrl 键的同时向下拖曳至 A24 单元格，如图 9-47 所示。

**step 05** 选择 A4:L24 单元格区域，进入“数据”选项卡，在“排序和筛选”选项组中单击“升序”按钮，如图 9-48 所示。

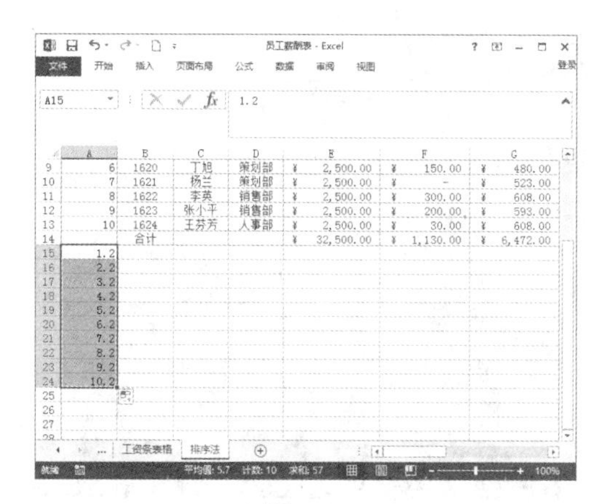

图 9-47

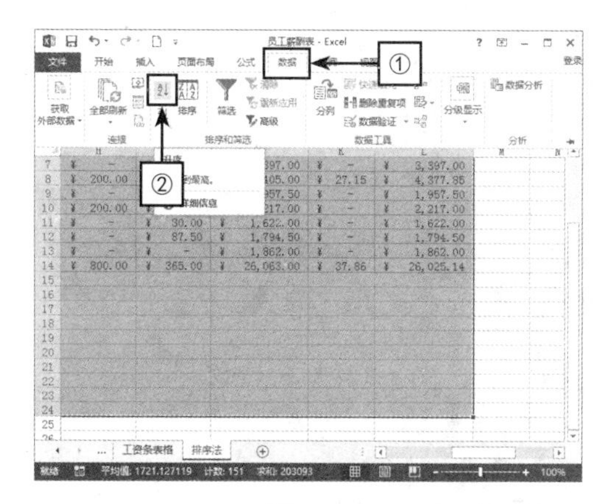

图 9-48

**step 06** 选择 A4:L24 单元格区域，进入“开始”选项卡，在“编辑”选项组中单击“查找和选择”下拉按钮，执行“定位条件”命令，如图 9-49 所示。

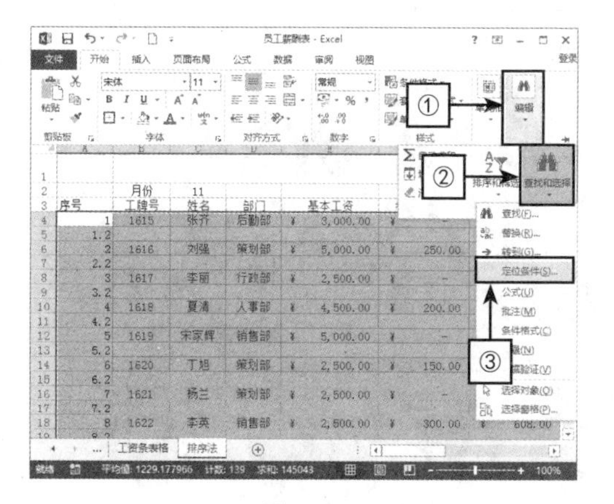

图 9-49

**step 07** 在打开的“定位”对话框中，单击“定位条件”按钮，将定位条件设置为“空值”，如图 9-50 所示，单击“确定”按钮。

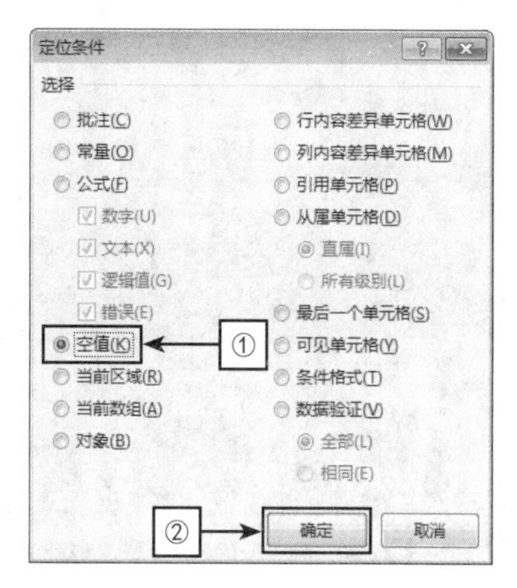


图 9-50

**step 08** 此时选中了所选区域的空行，在编辑栏中输入“=B$3”，按【Ctrl+Enter】组合键，完成工资条列标题的快速输入，如图 9-51 所示。

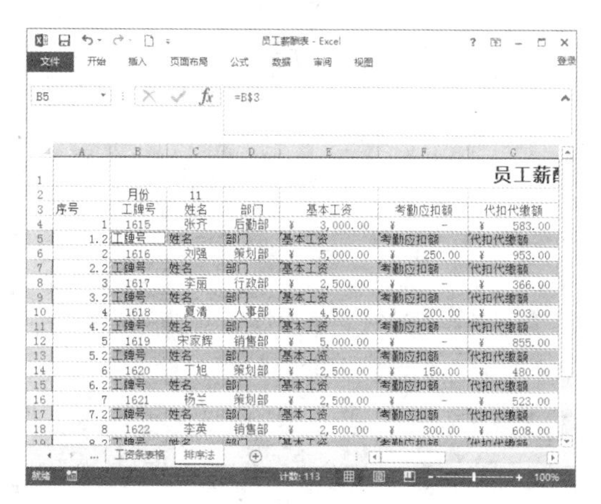

图 9-51

**step 09** 在 A25 单元格中输入数值 1.1，按住 Ctrl 键的同时向下拖曳至 A34 单元格。

**step 10** 选择 A4:L34 单元格区域，进入“数据”选项卡，在“排序和筛选”选项组中单击“升序”按钮，结果如图 9-52 所示。

**step 11** 按照相同的方法，将定位条件设置为“空值”。选择所选区域的空行，进入“开始”

选项卡，在“对齐方式”选项组中单击“合并后居中”下拉按钮，从中执行“跨越合并”命令，如图 9-53 所示。

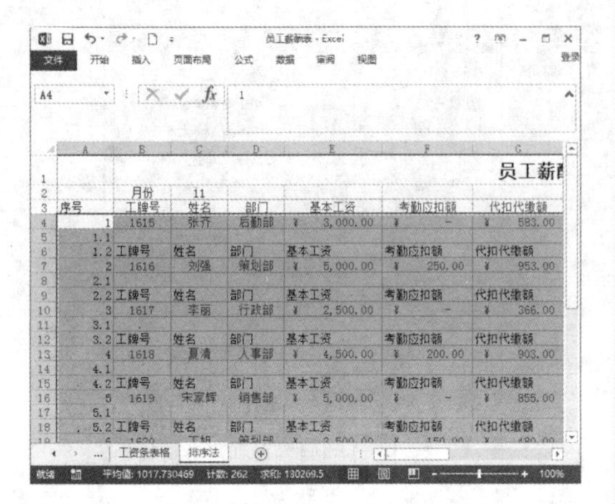

图 9-52

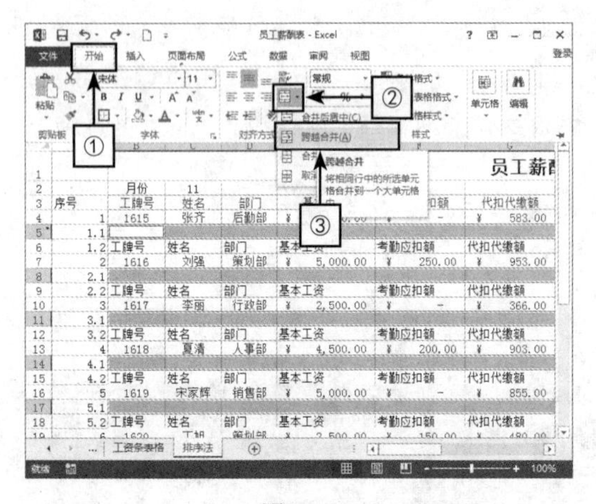


图 9-53

**step 12** 在编辑栏中输入“工资条”，按【Ctrl+Enter】组合键进行输入，在“字体”选项组中，将字体设置为“华文细黑”，将字号设置为 18 并加粗，所得结果如图 9-54 所示。

**step 13** 居中 A5:L34 单元格区域，选择 A 列单元格区域并右击，从快捷菜单中选择“删除”命令，如图 9-55 所示。

**step 14** 按照相同的方法，删除第 1、2 以及 32 至 34 行单元格区域。

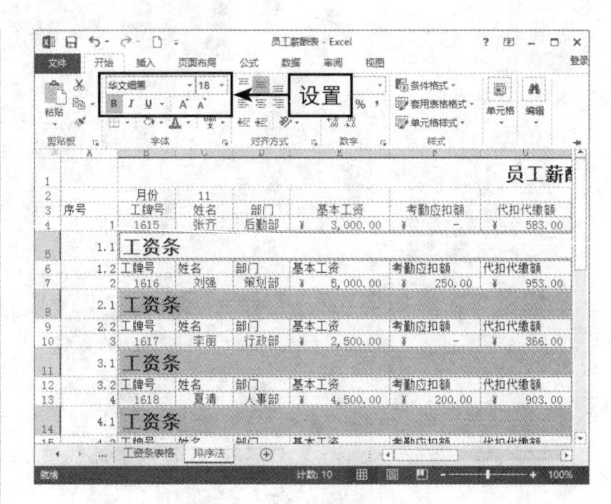


图 9-54

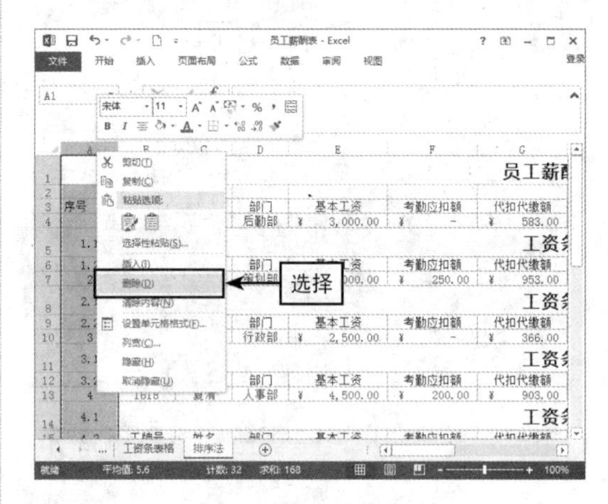


图 9-55

**step 15** 选择合并后的 A3 单元格，右击并选择“复制”命令，在第一行行标签处右击，执行“插入复制的单元格”命令，如图 9-56 所示。

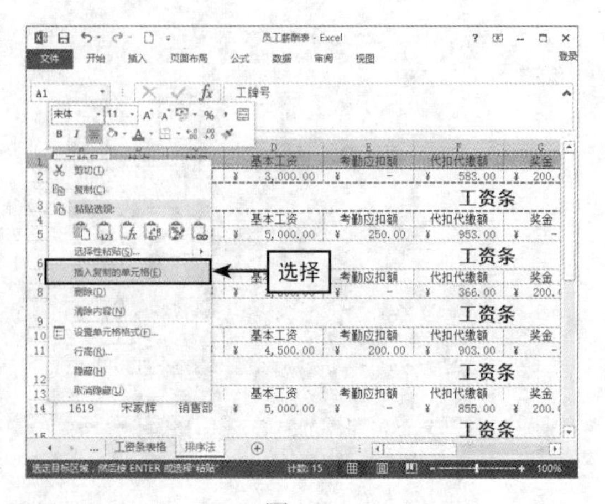


图 9-56

**step 16** 在弹出的“插入粘贴”对话框中选择“活动单元格下移”选项，单击“确定”按钮，如图 9-57 所示。

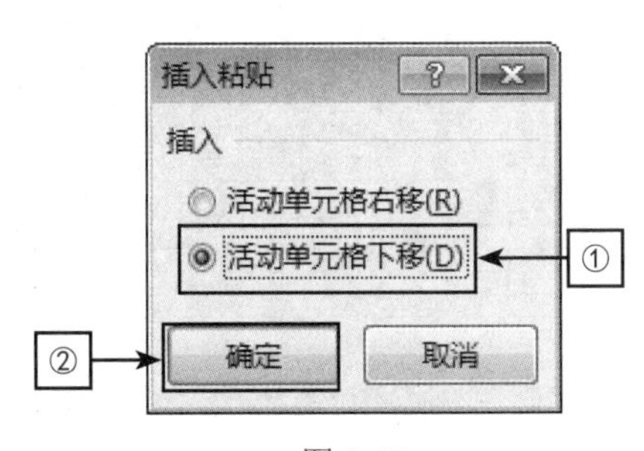


图 9-57

**step 17** 选择 A1:K30 单元格区域，设置边框格式，并在“字体”选项组中，设置填充背景颜色为“绿色，着色 6，淡色 60%”，最终效果如图 9-58 所示。

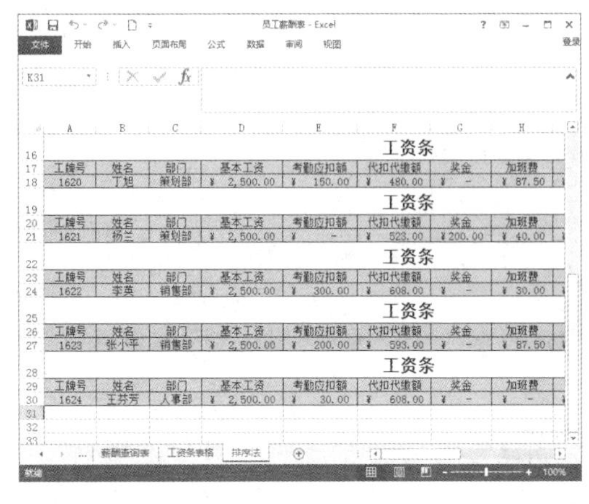


图 9-58

# 9.4　制作年度生产成本分析表

生产成本分析表是建立在实际生产成本统计基础之上的，生产成本通常由直接材料、直接人工、制造费用和其他费用构成。在年末的时候，生产部门需要对总年度的生产成本进行计算，制作年度生产成本分析表。

## 9.4.1　建立年度生产成本分析表

建立年度生产成本分析表主要包括输入基础内容、设置边框对齐格式等。

**step 01** 打开 Excel 2013，创建并保存“年度生产成本分析表”。

**step 02** 合并并居中 A1:N1 单元格区域，输入标题文本，在“字体”选项组中，将字体设置为“华文新魏”，将字号设置为 20 并加粗，如图 9-59 所示。

**step 03** 根据需要输入基础内容，并设置居中对齐方式，如图 9-60 所示。

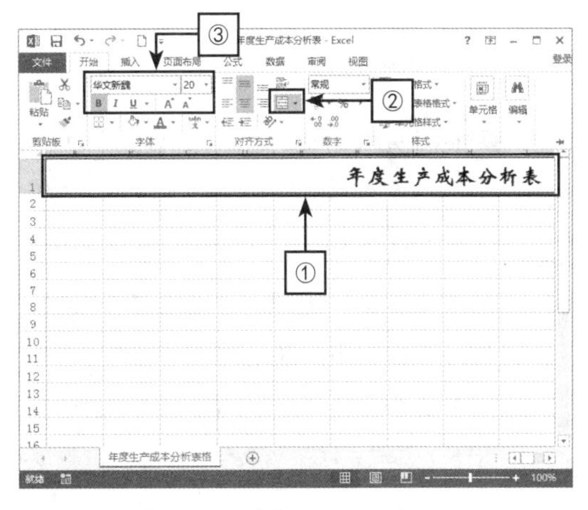


图 9-59

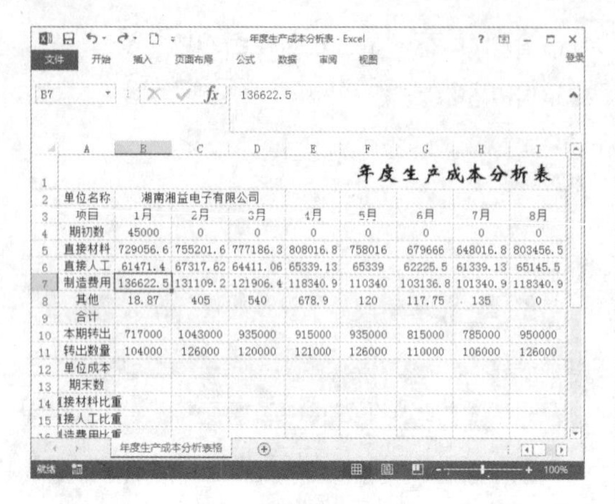

图 9-60

**step 04** 选择 B4:N13 单元格区域，进入“开始”选项卡，在“数字”选项组中单击“数字格式”下拉按钮，选择“货币”选项。

**step 05** 选择 B14:N18 单元格区域，在“数字”选项组中单击“数字格式”下拉按钮，选择“百分比”选项，结果如图 9-61 所示。

| | A | B | C | D | E | F |
|---|---|---|---|---|---|---|
| 3 | 项目 | 1月 | 2月 | 3月 | 4月 | 5月 |
| 4 | 期初数 | ¥45,000.00 | ¥0.00 | ¥0.00 | ¥0.00 | ¥0.00 |
| 5 | 直接材料 | ¥729,056.60 | ¥755,201.57 | ¥777,186.28 | ¥808,016.76 | ¥758,016.00 |
| 6 | 直接人工 | ¥61,471.40 | ¥67,317.62 | ¥64,411.06 | ¥65,339.13 | ¥65,339.00 |
| 7 | 制造费用 | ¥136,622.50 | ¥131,109.23 | ¥121,906.42 | ¥118,340.92 | ¥110,340.00 |
| 8 | 其他 | ¥18.87 | ¥405.00 | ¥540.00 | ¥678.90 | ¥120.00 |
| 9 | 合计 | | | | | |
| 10 | 本期转出 | ¥717,000.00 | ¥1,043,000.00 | ¥935,000.00 | ¥915,000.00 | ¥935,000.00 |
| 11 | 转出数量 | ¥104,000.00 | ¥126,000.00 | ¥120,000.00 | ¥121,000.00 | ¥126,000.00 |
| 12 | 单位成本 | | | | | |
| 13 | 期末数 | | | | | |
| 14 | 直接材料比重 | | | | | |
| 15 | 直接人工比重 | | | | | |
| 16 | 制造费用比重 | | | | | |
| 17 | 其他 | | | | | |
| 18 | 合计 | | | | | |

图 9-61

**step 06** 选择 A2:N18 单元格区域，进入“开始”选项卡，在“字体”选项组中单击“下框线”下拉按钮，选择“所有框线”与“粗匣框线”选项，所得结果如图 9-62 所示。

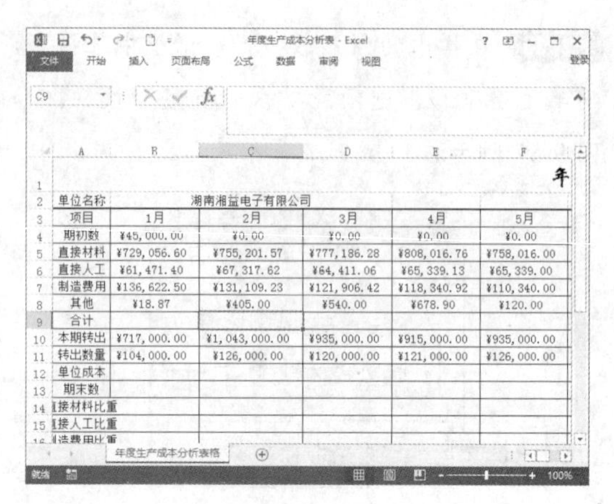

图 9-62

**step 07** 选择 A 列单元格区域，在“单元格”选项组中单击“格式”下拉按钮，执行“自动调整列宽”命令。

## 9.4.2 计算各月生产成本数据

计算各月生产成本数据，包括计算期初数合计值、单位成本、期末数等。

**step 01** 选择 B9 单元格，在编辑栏中输入求和公式，并向右填充至 M9 单元格，如图 9-63 所示。

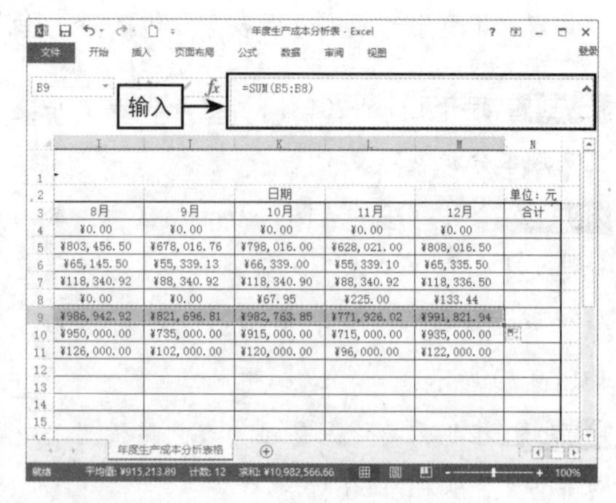


图 9-63

**step 02** 选择 B12 单元格，在编辑栏中输入计算公式 =IF(B11=0,"",B10/B11)，并向右填充至

M12 单元格，如图 9-64 所示。

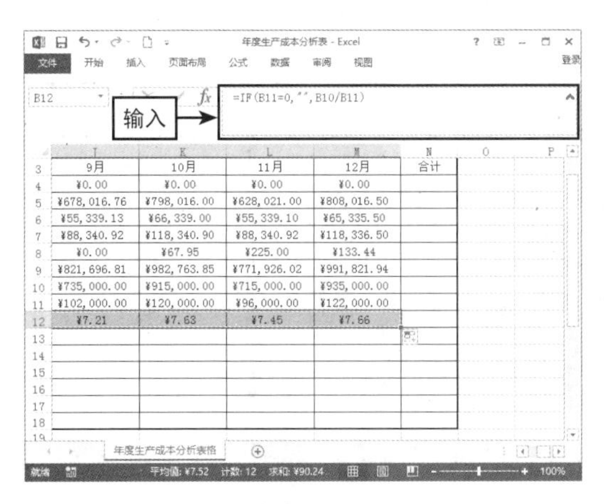


图 9-64

**step 03** 选择 C4 单元格，在编辑栏中输入计算公式 =B13，并向右填充至 M4 单元格。

**step 04** 选择 B13 单元格，在编辑栏中输入计算公式，并向右填充至 M13 单元格，如图 9-65 所示。

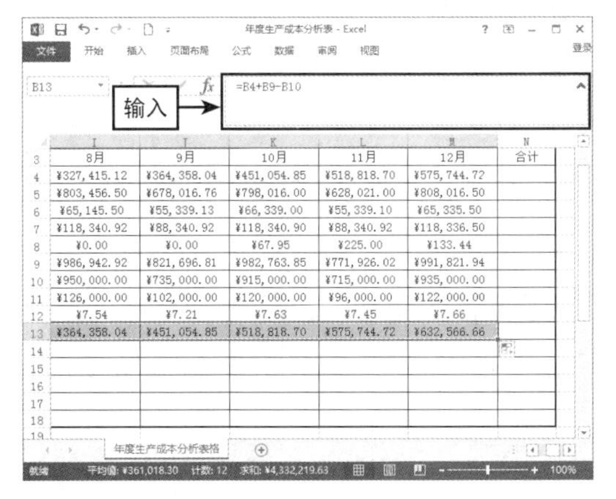


图 9-65

## 9.4.3　计算成本比例和合计数

成本比例主要指直接材料比重、直接人工比重、制造费用比重等，具体计算步骤如下。

**step 01** 选择 B14 单元格，在编辑栏中输入计算公式 =IF(B$9=0,"",B5/B$9)，如图 9-66 所示。

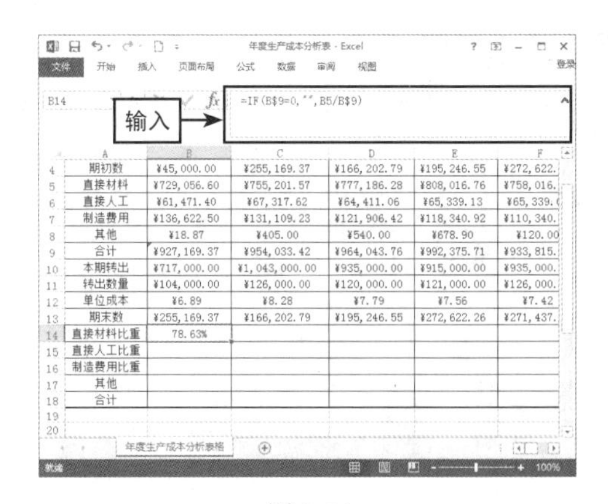


图 9-66

**step 02** 选择 B14:N18 单元格区域，进入“开始”选项卡，在“编辑”选项组中单击“填充”下拉按钮，执行“向右”命令，如图 9-67 所示。

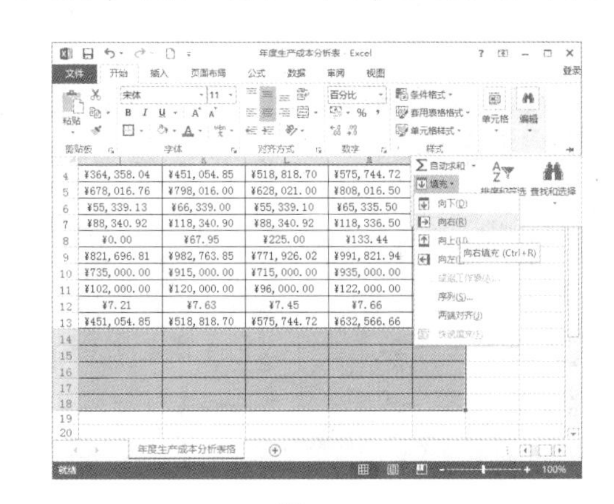

图 9-67

**step 03** 继续单击“填充”下拉按钮，执行“向下”命令，所得结果如图 9-68 所示。

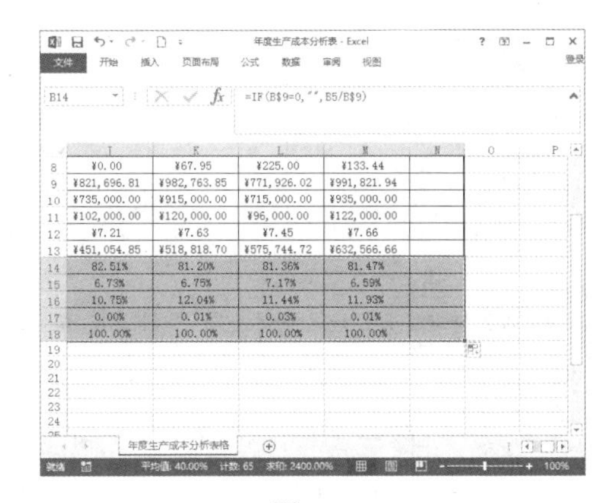

图 9-68

**step 04** 选择N5单元格，在编辑栏中输入求和公式，并向下填充至N13单元格，如图9-69所示。

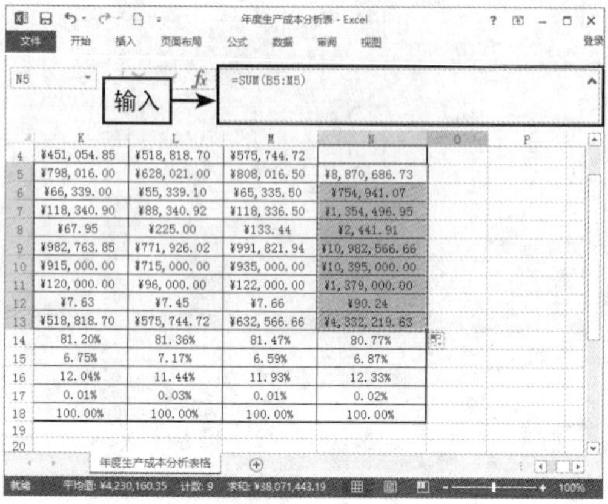

图 9-69

## 9.4.4 计算各月生产成本结构比例和排序

利用Excel函数功能，可以迅速、准确地计算成本结构所占比重，并可根据需要进行排序。

**step 01** 根据需要，在O3和P3单元格中输入相关文本内容，并设置单元格格式，如图9-70所示。

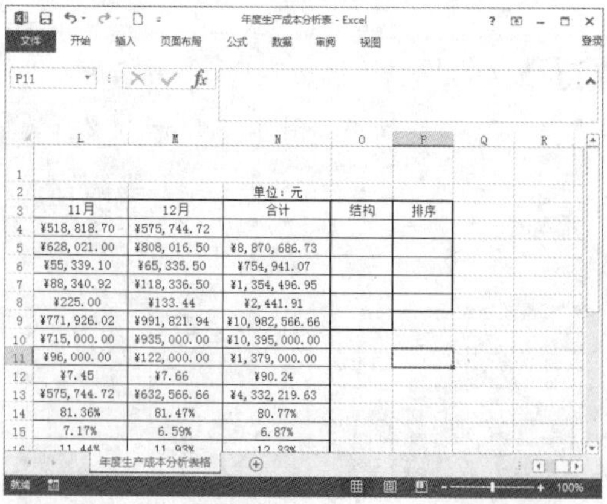

图 9-70

**step 02** 选择O5单元格，在编辑栏中输入计算公式 =IF($N$9=0,"",N5/$N$9)，向下填充至O9单元格，如图9-71所示。

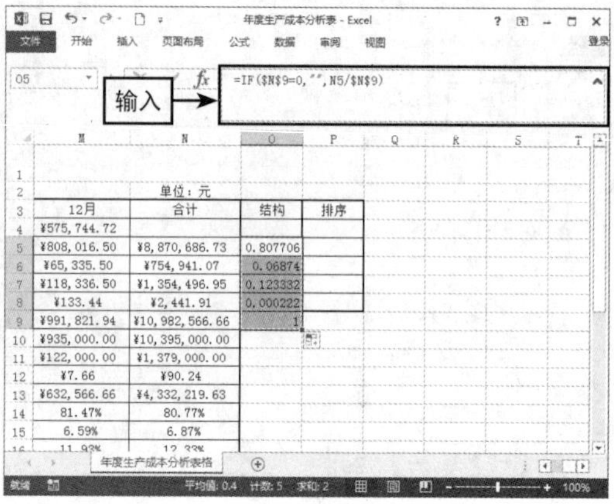

图 9-71

**step 03** 选择O5:O9单元格区域，进入“开始”选项卡，在“数字”选项组中单击“数字格式”下拉按钮，选择“百分比”选项。

**step 04** 选择P5单元格，在编辑栏中输入计算公式 =IF(O5="","",RANK(O5,$O$5:$O$8))，并向下填充至P8单元格，如图9-72所示。

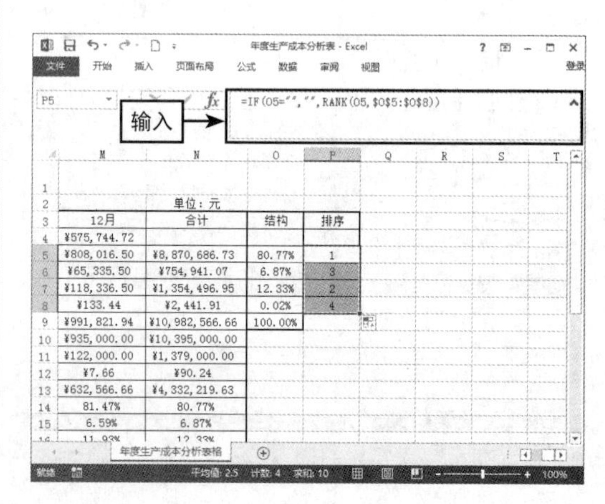


图 9-72

## 9.4.5 计算各月生产成本平均数和标准差

计算各月生产成本平均数和标准差能够反映成本数据的集中趋势及离散程度。

**step 01** 根据需要，在 O10 和 O11 单元格中输入相关文本内容，并设置单元格格式。

**step 02** 选择 P10:P11 单元格区域，进入“开始”选项卡，在“数字”选项组中单击“数字格式”下拉按钮，选择“货币”选项。

**step 03** 选择 P10 单元格，在编辑栏中输入计算公式 =IF(N9="","",N9/12)，如图 9-73 所示。

**step 04** 选择 P11 单元格，在编辑栏中输入计算公式 =SQRT(DEVSQ(B9:M9)/12)，如图 9-74 所示。

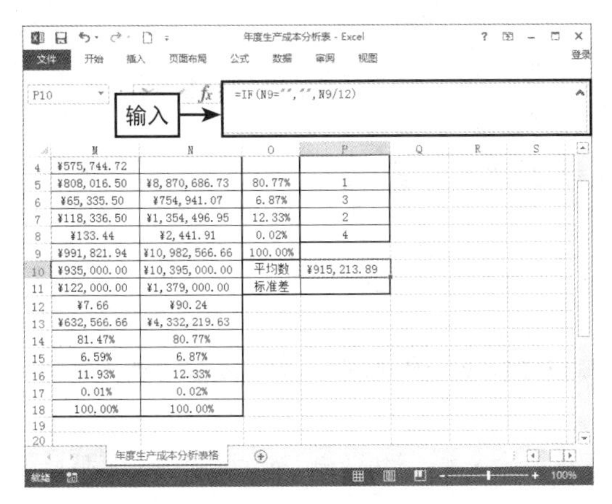


图 9-73

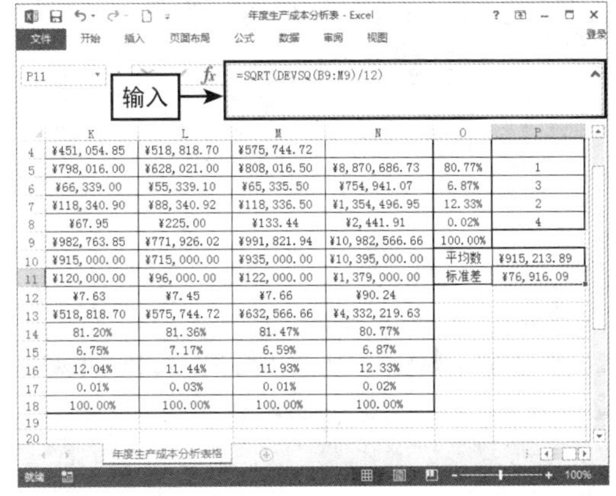


图 9-74

**提示：**

SQRT(number) 计算正平方根。

number 要计算平方根的数字，可以是直接输入的数字或单元格引用。

**提示：**

DEVSQ(number1,number2,...) 返回数据点与各自样本平均值偏差的平方和。

number1, number2, ... 需要计算偏差平方和的一组数值，也可以是指定单元格区域。

## 9.5　制作年度生产成本趋势分析图表

以上一节制作的年度生产成本分析表制作年度生产成本趋势分析图表，分析该年度生产成本投入趋势，反映生产的高峰期和低谷期，为企业决策提供分析依据。

### 9.5.1　插入图表

对年度生产成本分析表中的数据插入折线图，反映生成成本投入趋势。

**step 01** 打开“年度生产成本分析表”，选择 B3:M3 和 B9:M9 单元格区域，进入“插入”选项卡，在“图表”选项组中单击“插入折线图”下拉按钮，从下拉列表中执行“折线图”命令，如图 9-75 所示。

**step 02** 单击图表标题，将其重命名为“年度生产成本趋势分析图表”，调整折线图至合适的位置，如图 9-76 所示。

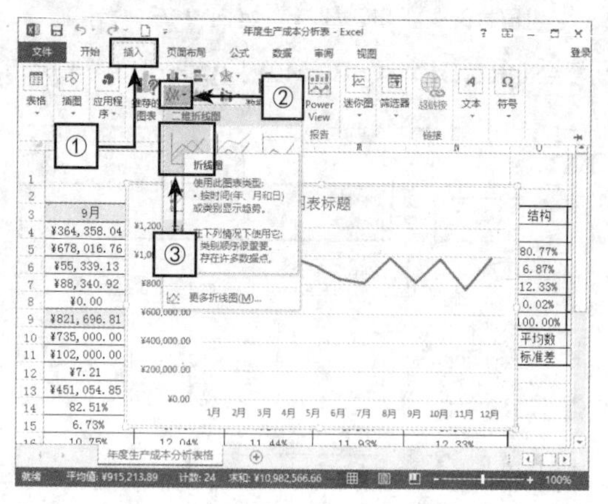

图 9-75

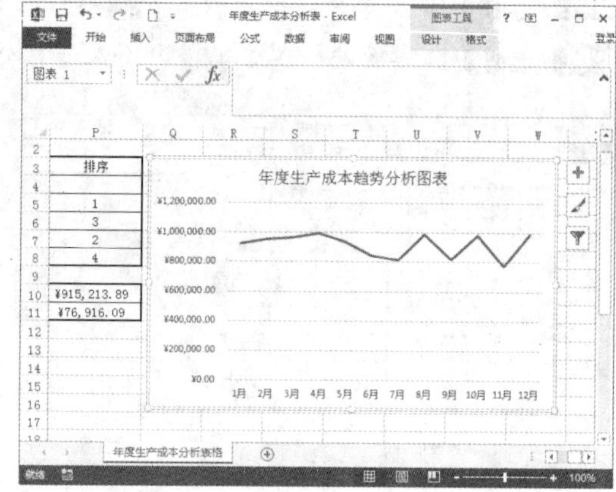

图 9-76

## 9.5.2 更改系列名称

当图表包含许多系列时，更改系列名称可以清晰地表示系列所指内容。

**step 01** 选择图表，切换至“设计”选项卡，在“数据”选项组中单击“选择数据”按钮，打开“选择数据源”对话框。

**step 02** 在“图例项（系列）”列表框中选择“系列 1”，单击“编辑”按钮，如图 9-77 所示。

**step 03** 打开“编辑数据系列”对话框，在“系列名称”文本框中输入系列名称，单击“确定”按钮，如图 9-78 所示。

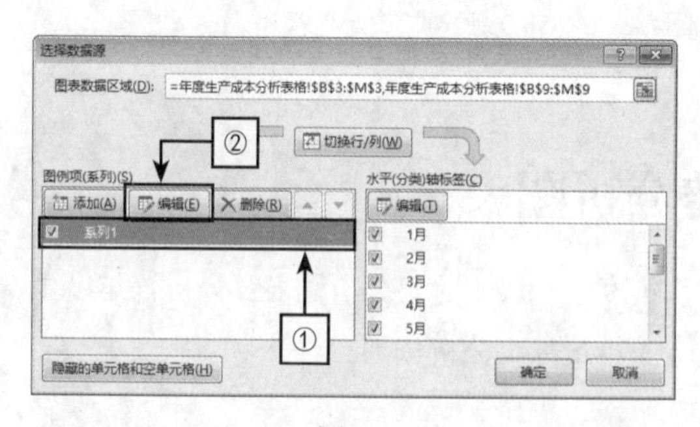

图 9-77

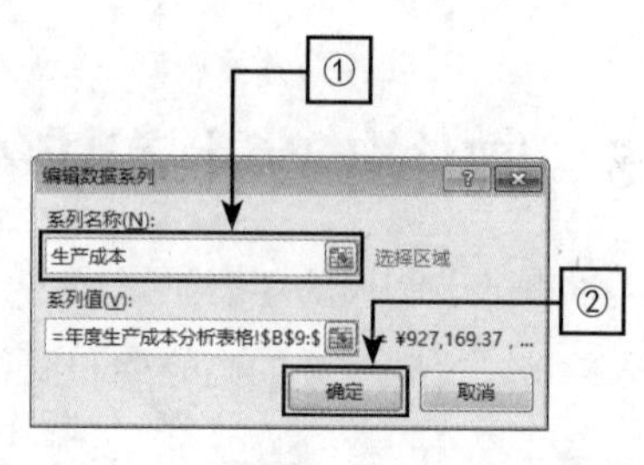

图 9-78

## 9.5.3 设置坐标轴格式

设置坐标轴格式可以对坐标轴的边界、单位、数字格式、对齐方式等进行设置，使图表尽可能满足表现要求。双击“垂直（值）轴”，打开“设置坐标轴格式”窗格，设置坐标轴的最小值、最大值、主要及次要单位，如图 9-79 所示。

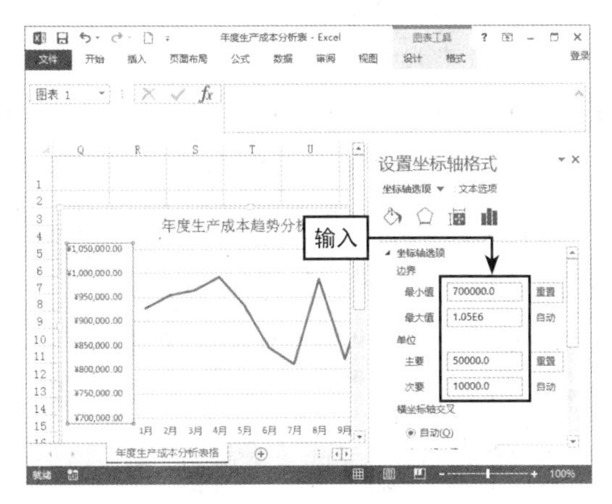


图 9-79

## 9.5.4　设置模拟运算表

模拟运算表通过一个或多个模拟运算设定，应用 Excel 公式，显示计算结果。

选择图表，进入“设计”选项卡，在“图表布局”选项组中单击“添加图表元素”下拉按钮，从下拉菜单中继续单击“数据表”下拉按钮，选择“显示图例项标示”命令，如图 9-80 所示，显示模拟运算表。

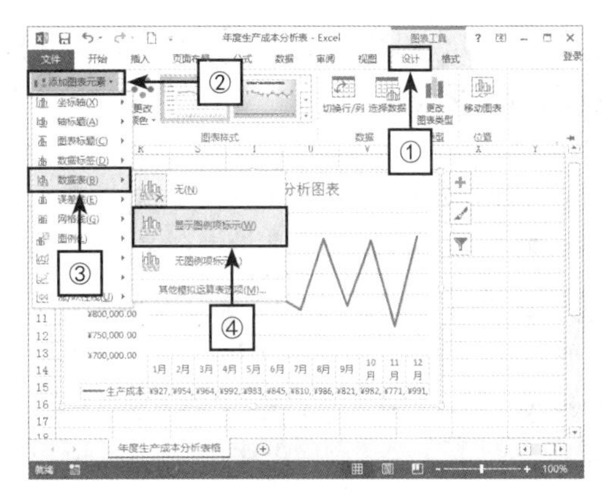


图 9-80

## 9.5.5　在底部显示图例

单击“图表元素”，选择“图例”下拉列表中的“底部”选项，在底部显示图例，如图 9-81 所示。

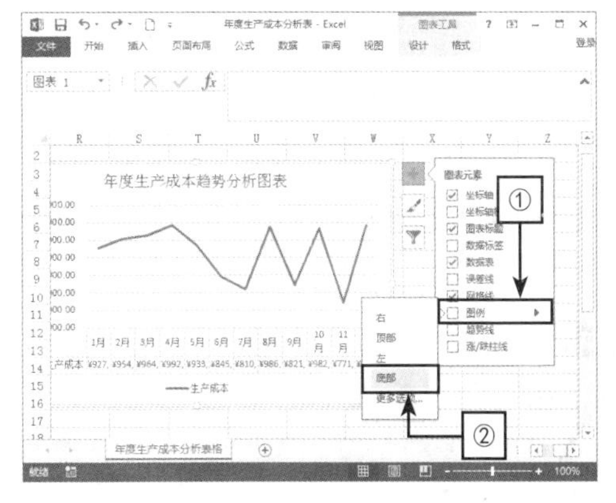


图 9-81

# 9.6　制作公司短期负债结构分析表

负债结构是指企业中各项负债占负债总额的比重。分析负债结构的目的主要是了解各项负债的性质和数额，进而判断企业负债的主要来源、偿还期限，揭示企业抵抗破产风险的能力和融资能力。

短期负债也称“流动负债”，是指将在 1 年 ( 含 1 年 ) 或者超过 1 年的一个营业周期内偿还的债务，公司短期负债结构分析表将不同的短期负债放在一起进行比较，反映企业当前短期负债的组成结构。

## 9.6.1 规划企业短期负债结构分析表的框架

规划企业短期负债结构分析表的框架主要包括制作表格标题、列标题、设置对齐方式等。

**step 01** 打开 Excel，创建“公司短期负债结构分析表”。

**step 02** 合并并居中 A1:F1 单元格区域，输入标题文本，在“字体”选项组中，将字体设置为“华康圆体 W7（P）”，将字号设置为 20，如图 9-82 所示。

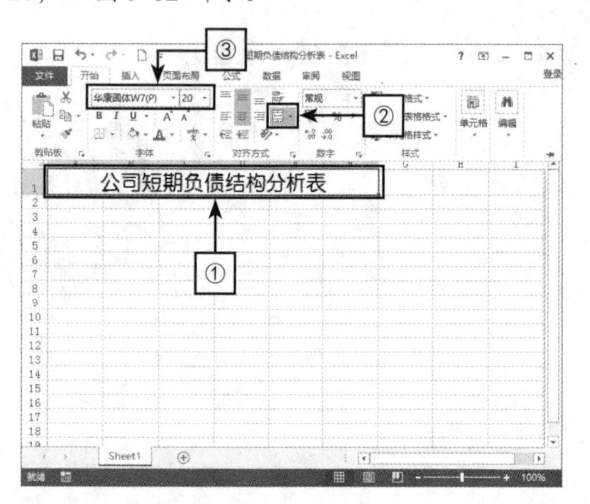


图 9-82

**step 03** 根据需要输入基础内容，设置行高为 16，并设置居中对齐方式，如图 9-83 所示。

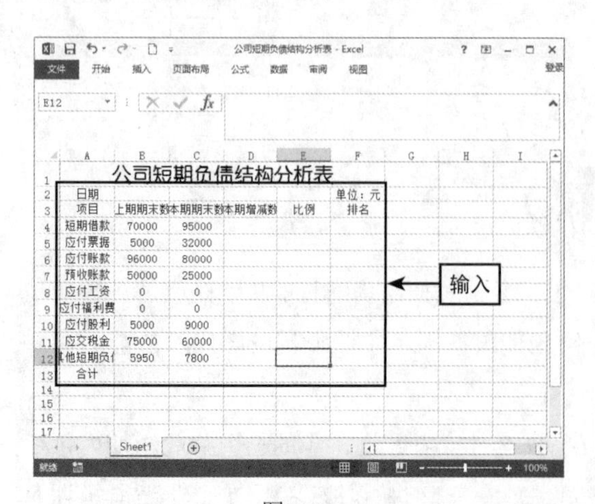


图 9-83

## 9.6.2 设置数字格式

B4:D13 单元格区域对应的金额可以设置为“货币”数字格式，“比例一列”可以设置为“百分比”数字格式。

**step 01** 选择 B4:D13 单元格区域，打开“设置单元格格式”对话框，在“数字”选项卡中选择“货币”选项，并设置负数格式，单击“确定”按钮，如图 9-84 所示。

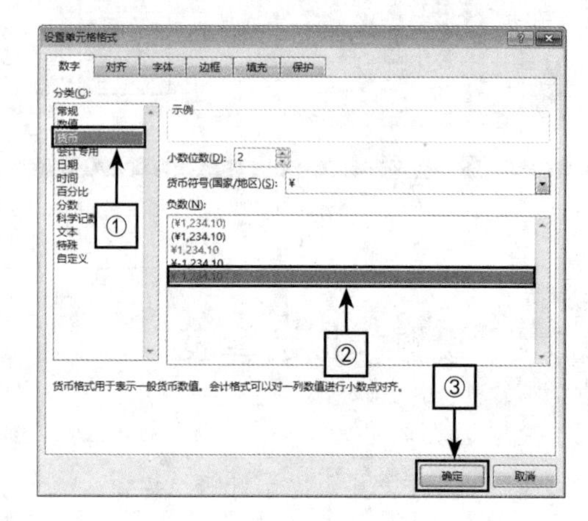


图 9-84

**step 02** 选择 E4:E13 单元格区域，进入“开始”选项卡，在“数字”选项组中单击“数字格式”下拉按钮，选择“百分比”选项，如图 9-85 所示。

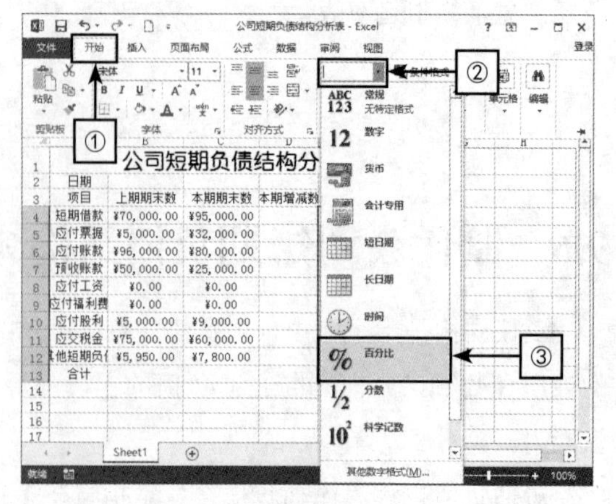


图 9-85

**step 03** 选择 A 列单元格区域，进入“开始”

选项卡，在“单元格”选项组中单击“格式”下拉按钮，执行“自动调整列宽”命令，自动设置最佳列宽。

## 9.6.3　计算比例和排名

利用“上期期末数”和“本期期末数”可以计算本期增减、比例和排名。

**step 01** 选择 D4 单元格，在编辑栏中输入计算公式，并向下填充至 D13 单元格，如图 9-86 所示。



公司短期负债结构分析表

| 项目 | 上期期末数 | 本期期末数 | 本期增减数 | 比例 | 排名 |
|---|---|---|---|---|---|
| 短期借款 | ¥70,000.00 | ¥95,000.00 | ¥25,000.00 | | |
| 应付票据 | ¥5,000.00 | ¥32,000.00 | ¥27,000.00 | | |
| 应付账款 | ¥96,000.00 | ¥80,000.00 | ¥-16,000.00 | | |
| 预收账款 | ¥50,000.00 | ¥25,000.00 | ¥-25,000.00 | | |
| 应付工资 | ¥0.00 | ¥0.00 | ¥0.00 | | |
| 应付福利费 | ¥0.00 | ¥0.00 | ¥0.00 | | |
| 应付股利 | ¥5,000.00 | ¥9,000.00 | ¥4,000.00 | | |
| 应交税金 | ¥75,000.00 | ¥60,000.00 | ¥-15,000.00 | | |
| 其他短期负债 | ¥5,950.00 | ¥7,800.00 | ¥1,850.00 | | |
| 合计 | | | ¥0.00 | | |

图 9-86

**step 02** 选择 B13 单元格，在编辑栏中输入求和公式，并向右填充至 C13 单元格，如图 9-87 所示。

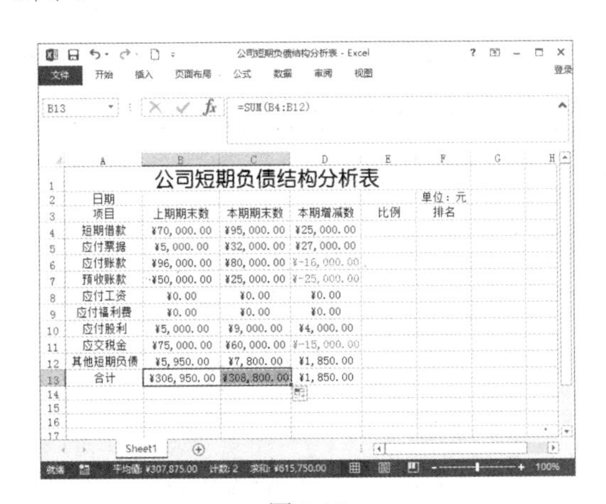


公司短期负债结构分析表

| 项目 | 上期期末数 | 本期期末数 | 本期增减数 | 比例 | 排名 |
|---|---|---|---|---|---|
| 短期借款 | ¥70,000.00 | ¥95,000.00 | ¥25,000.00 | | |
| 应付票据 | ¥5,000.00 | ¥32,000.00 | ¥27,000.00 | | |
| 应付账款 | ¥96,000.00 | ¥80,000.00 | ¥-16,000.00 | | |
| 预收账款 | ¥50,000.00 | ¥25,000.00 | ¥-25,000.00 | | |
| 应付工资 | ¥0.00 | ¥0.00 | ¥0.00 | | |
| 应付福利费 | ¥0.00 | ¥0.00 | ¥0.00 | | |
| 应付股利 | ¥5,000.00 | ¥9,000.00 | ¥4,000.00 | | |
| 应交税金 | ¥75,000.00 | ¥60,000.00 | ¥-15,000.00 | | |
| 其他短期负债 | ¥5,950.00 | ¥7,800.00 | ¥1,850.00 | | |
| 合计 | ¥306,950.00 | ¥308,800.00 | ¥1,850.00 | | |

图 9-87

**step 03** 选择 E4 单元格，在编辑栏中输入计算公式，并向下填充至 E13 单元格，如图 9-88 所示。

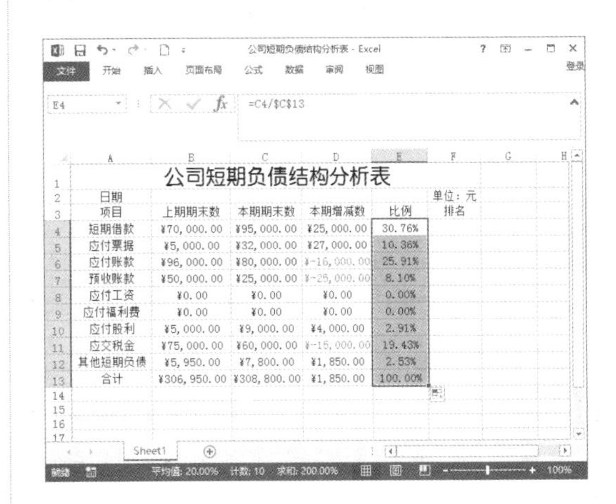


公司短期负债结构分析表

| 项目 | 上期期末数 | 本期期末数 | 本期增减数 | 比例 | 排名 |
|---|---|---|---|---|---|
| 短期借款 | ¥70,000.00 | ¥95,000.00 | ¥25,000.00 | 30.76% | |
| 应付票据 | ¥5,000.00 | ¥32,000.00 | ¥27,000.00 | 10.36% | |
| 应付账款 | ¥96,000.00 | ¥80,000.00 | ¥-16,000.00 | 25.91% | |
| 预收账款 | ¥50,000.00 | ¥25,000.00 | ¥-25,000.00 | 8.10% | |
| 应付工资 | ¥0.00 | ¥0.00 | ¥0.00 | 0.00% | |
| 应付福利费 | ¥0.00 | ¥0.00 | ¥0.00 | 0.00% | |
| 应付股利 | ¥5,000.00 | ¥9,000.00 | ¥4,000.00 | 2.91% | |
| 应交税金 | ¥75,000.00 | ¥60,000.00 | ¥-15,000.00 | 19.43% | |
| 其他短期负债 | ¥5,950.00 | ¥7,800.00 | ¥1,850.00 | 2.53% | |
| 合计 | ¥306,950.00 | ¥308,800.00 | ¥1,850.00 | 100.00% | |

图 9-88

**step 04** 选择 F4 单元格，在编辑栏中输入计算公式 =RANK(E4,$E$4:$E$12)，并向下填充至 F12 单元格，如图 9-89 所示。

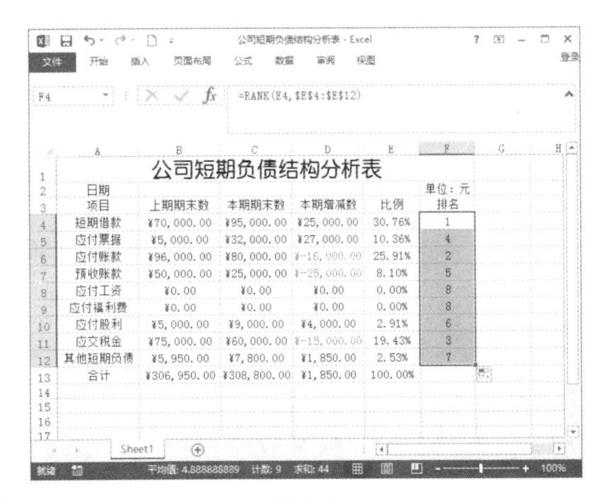


公司短期负债结构分析表

| 项目 | 上期期末数 | 本期期末数 | 本期增减数 | 比例 | 排名 |
|---|---|---|---|---|---|
| 短期借款 | ¥70,000.00 | ¥95,000.00 | ¥25,000.00 | 30.76% | 1 |
| 应付票据 | ¥5,000.00 | ¥32,000.00 | ¥27,000.00 | 10.36% | 4 |
| 应付账款 | ¥96,000.00 | ¥80,000.00 | ¥-16,000.00 | 25.91% | 2 |
| 预收账款 | ¥50,000.00 | ¥25,000.00 | ¥-25,000.00 | 8.10% | 5 |
| 应付工资 | ¥0.00 | ¥0.00 | ¥0.00 | 0.00% | 8 |
| 应付福利费 | ¥0.00 | ¥0.00 | ¥0.00 | 0.00% | 8 |
| 应付股利 | ¥5,000.00 | ¥9,000.00 | ¥4,000.00 | 2.91% | 6 |
| 应交税金 | ¥75,000.00 | ¥60,000.00 | ¥-15,000.00 | 19.43% | 3 |
| 其他短期负债 | ¥5,950.00 | ¥7,800.00 | ¥1,850.00 | 2.53% | 7 |
| 合计 | ¥306,950.00 | ¥308,800.00 | ¥1,850.00 | 100.00% | |

图 9-89

**step 05** 选择 B2 单元格，在编辑栏中输入计算公式，如图 9-90 所示。

**step 06** 选择 A3:F13 单元格区域，进入“开始”选项卡，在“样式”选项组中单击“套用表格格式”下拉按钮，选择“表样式中等深浅 3”样式，并启用“表包含标题”复选框，如图 9-91 所示。

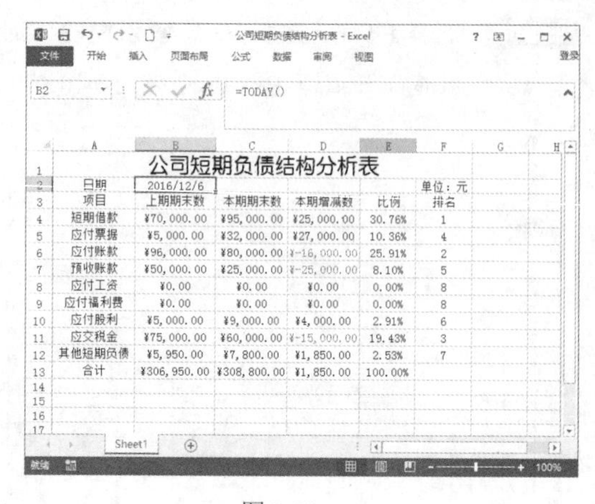

图 9-90

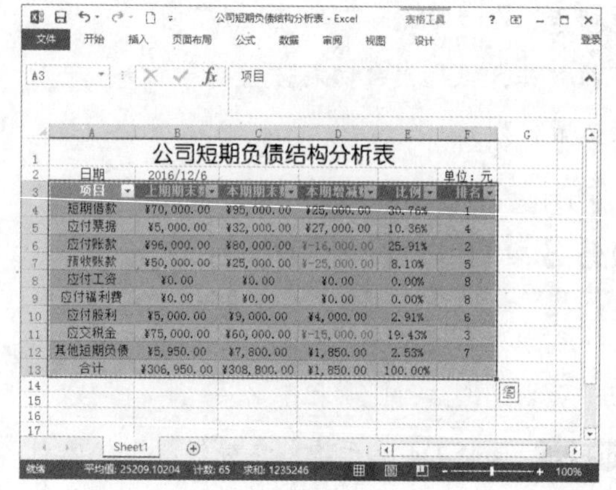

图 9-91

**step 07** 选中表格，切换至“设计”选项卡，在“工具”选项组中单击“转换为区域”按钮，在弹出的对话框中单击“是”按钮，所得结果如图 9-92 所示。

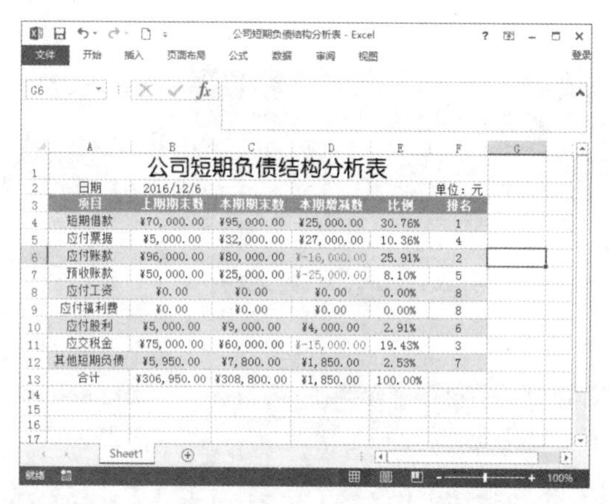

图 9-92

# 9.7 制作固定资产清单

固定资产是企业的劳动手段，也是企业赖以生产经营的主要资产，正确地核算固定资产，对企业的生产经营具有重要意义。

## 9.7.1 建立固定资产清单

在第 3 章中有介绍固定资产管理表的制作步骤，在管理表的基础上，添加固定资产折旧的相关字段，计算折旧费用。

**step 01** 打开“固定资产管理表”，更改工作表标题为“固定资产清单”，如图 9-93 所示。

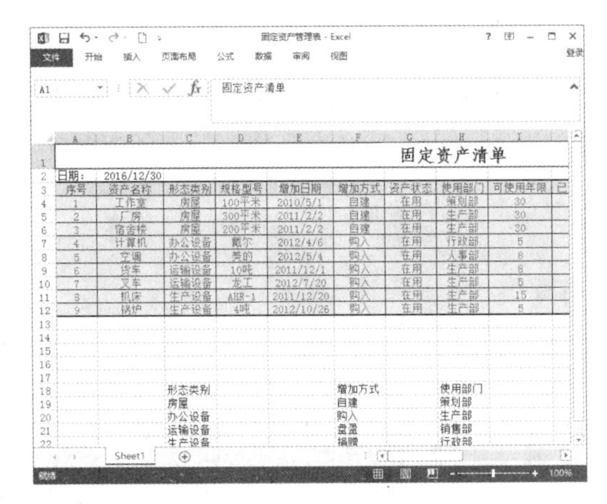

图 9-93

**step 02** 选择 O2:P7 单元格区域，进入“开始”选项卡，在“编辑”选项组中单击“清除”下拉按钮，执行“全部清除”命令，如图 9-94 所示。

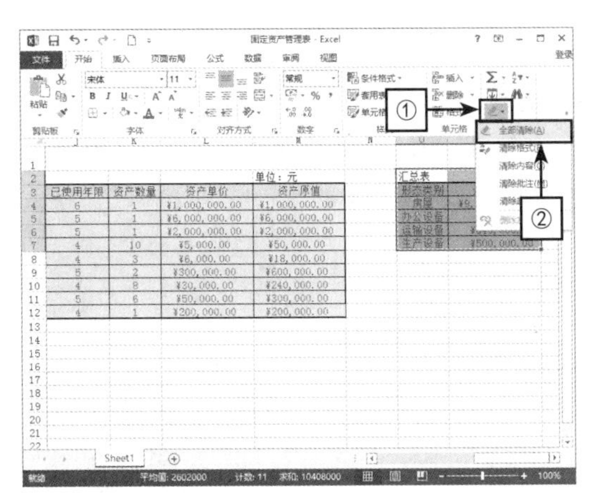


图 9-94

**step 03** 按 F12 键，将工作簿另存为“固定资产清单”。

**step 04** 根据需要输入相关文本内容，并设置表格居中对齐方式，如图 9-95 所示。

**step 05** 选择 O4:R12 单元格区域，进入“开始”选项卡，在“数字”选项组中单击“数字格式”下拉按钮，选择“货币”选项，设置数字格式。

**step 06** 选择 O4 单元格，在编辑栏中输入计算公式 =ROUND(L4*N4,2)，并向下填充至 O12 单元格，如图 9-96 所示。

图 9-95

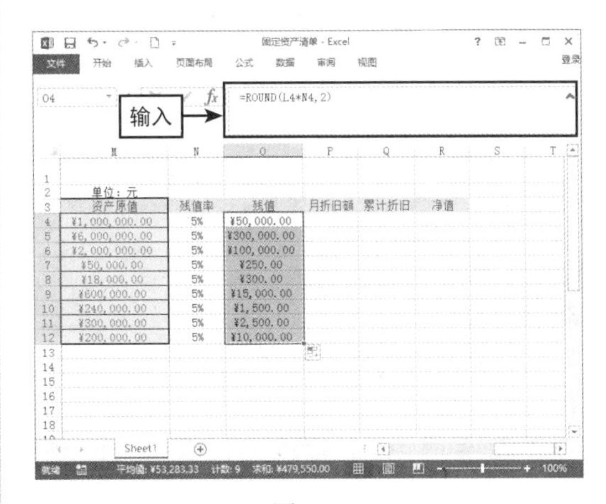


图 9-96

**step 07** 选择 P4 单元格，在编辑栏中输入计算公式，并向下填充至 P12 单元格，如图 9-97 所示。

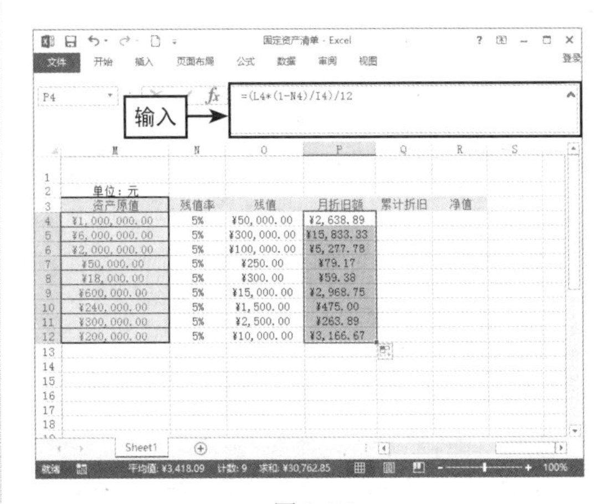


图 9-97

**step 08** 选择 Q4 单元格，在编辑栏中输入计算公式 =IF(TRUNC(($B$2−E4)/365*12)<I4*12,TRUNC(($B$2−E4)/365*12)*P4,I4*12*P4)，并向下填充至 Q12 单元格，如图 9-98 所示。

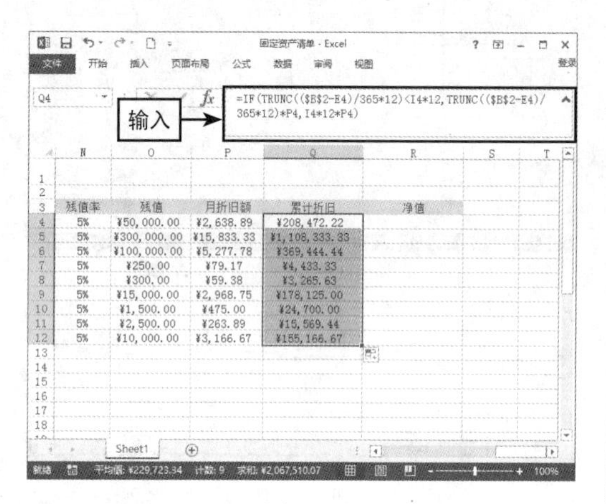


| | N | O | P | Q | R |
|---|---|---|---|---|---|
| 3 | 残值率 | 残值 | 月折旧额 | 累计折旧 | 净值 |
| 4 | 5% | ¥50,000.00 | ¥2,638.89 | ¥208,472.22 | |
| 5 | 5% | ¥300,000.00 | ¥15,833.33 | ¥1,108,333.33 | |
| 6 | 5% | ¥100,000.00 | ¥5,277.78 | ¥369,444.44 | |
| 7 | 5% | ¥250.00 | ¥79.17 | ¥4,433.33 | |
| 8 | 5% | ¥300.00 | ¥59.38 | ¥3,265.63 | |
| 9 | 5% | ¥15,000.00 | ¥2,968.75 | ¥178,125.00 | |
| 10 | 5% | ¥1,500.00 | ¥475.00 | ¥24,700.00 | |
| 11 | 5% | ¥2,500.00 | ¥263.89 | ¥15,569.44 | |
| 12 | 5% | ¥10,000.00 | ¥3,166.67 | ¥155,166.67 | |

图 9-98

## 提示：

TRUNC(number,num_digits) 截取日期或数字，返回指定的值。

number 需要截尾取整的数字。

num_digits 用于指定取整精度的数字，其默认值为 0。

**step 09** 选择 R4 单元格，在编辑栏中输入计算公式，并向下填充至 R12 单元格，如图 9-99 所示。

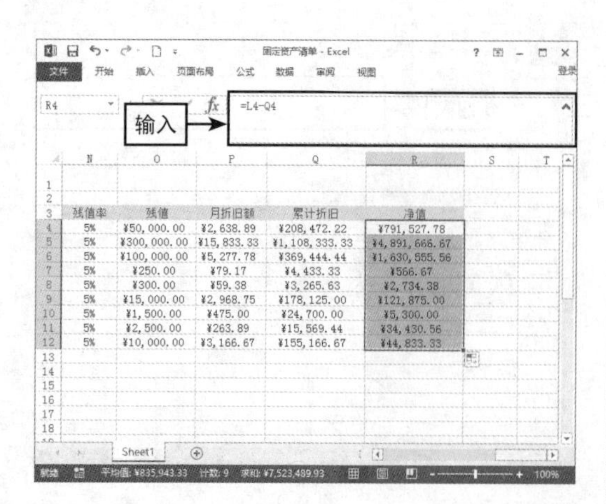


| | N | O | P | Q | R |
|---|---|---|---|---|---|
| 3 | 残值率 | 残值 | 月折旧额 | 累计折旧 | 净值 |
| 4 | 5% | ¥50,000.00 | ¥2,638.89 | ¥208,472.22 | ¥791,527.78 |
| 5 | 5% | ¥300,000.00 | ¥15,833.33 | ¥1,108,333.33 | ¥4,891,666.67 |
| 6 | 5% | ¥100,000.00 | ¥5,277.78 | ¥369,444.44 | ¥1,630,555.56 |
| 7 | 5% | ¥250.00 | ¥79.17 | ¥4,433.33 | ¥566.67 |
| 8 | 5% | ¥300.00 | ¥59.38 | ¥3,265.63 | ¥2,734.38 |
| 9 | 5% | ¥15,000.00 | ¥2,968.75 | ¥178,125.00 | ¥121,875.00 |
| 10 | 5% | ¥1,500.00 | ¥475.00 | ¥24,700.00 | ¥5,300.00 |
| 11 | 5% | ¥2,500.00 | ¥263.89 | ¥15,569.44 | ¥34,430.56 |
| 12 | 5% | ¥10,000.00 | ¥3,166.67 | ¥155,166.67 | ¥44,833.33 |

图 9-99

**step 10** 选择 A3:R12 单元格区域，进入“开始”选项卡，在“字体”选项组中单击“下框线”下拉按钮，选择“所有框线”与“粗匣框线”选项，如图 9-100 所示。

| | N | O | P | Q | R |
|---|---|---|---|---|---|
| 3 | 残值率 | 残值 | 月折旧额 | 累计折旧 | 净值 |
| 4 | 5% | ¥50,000.00 | ¥2,638.89 | ¥208,472.22 | ¥791,527.78 |
| 5 | 5% | ¥300,000.00 | ¥15,833.33 | ¥1,108,333.33 | ¥4,891,666.67 |
| 6 | 5% | ¥100,000.00 | ¥5,277.78 | ¥369,444.44 | ¥1,630,555.56 |
| 7 | 5% | ¥250.00 | ¥79.17 | ¥4,433.33 | ¥566.67 |
| 8 | 5% | ¥300.00 | ¥59.38 | ¥3,265.63 | ¥2,734.38 |
| 9 | 5% | ¥15,000.00 | ¥2,968.75 | ¥178,125.00 | ¥121,875.00 |
| 10 | 5% | ¥1,500.00 | ¥475.00 | ¥24,700.00 | ¥5,300.00 |
| 11 | 5% | ¥2,500.00 | ¥263.89 | ¥15,569.44 | ¥34,430.56 |
| 12 | 5% | ¥10,000.00 | ¥3,166.67 | ¥155,166.67 | ¥44,833.33 |

图 9-100

**step 11** 选择 N4:R12 单元格区域，进入“开始”选项卡，在“样式”选项组中单击“单元格样式”下拉按钮，选择“适中”选项，如图 9-101 所示。

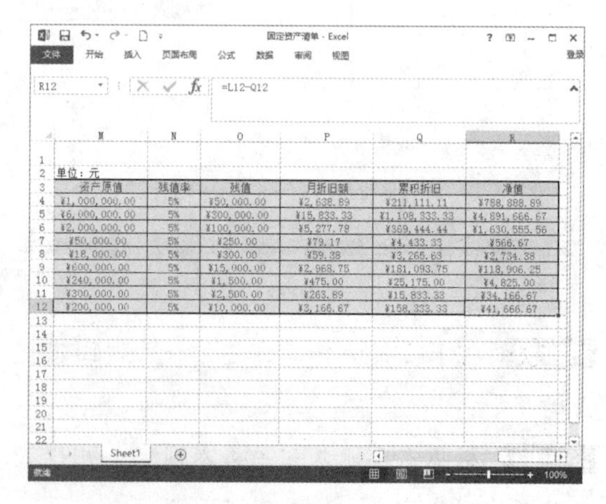


| | M | N | O | P | Q | R |
|---|---|---|---|---|---|---|
| 3 | 资产原值 | 残值率 | 残值 | 月折旧额 | 累积折旧 | 净值 |
| 4 | ¥1,000,000.00 | 5% | ¥50,000.00 | ¥2,638.89 | ¥211,111.11 | ¥788,888.89 |
| 5 | ¥6,000,000.00 | 5% | ¥300,000.00 | ¥15,833.33 | ¥1,108,333.33 | ¥4,891,666.67 |
| 6 | ¥2,000,000.00 | 5% | ¥100,000.00 | ¥5,277.78 | ¥369,444.44 | ¥1,630,555.56 |
| 7 | ¥50,000.00 | 5% | ¥250.00 | ¥79.17 | ¥4,433.33 | ¥566.67 |
| 8 | ¥18,000.00 | 5% | ¥300.00 | ¥59.38 | ¥3,265.63 | ¥2,734.38 |
| 9 | ¥600,000.00 | 5% | ¥15,000.00 | ¥2,968.75 | ¥181,093.75 | ¥118,906.25 |
| 10 | ¥240,000.00 | 5% | ¥1,500.00 | ¥475.00 | ¥25,175.00 | ¥4,825.00 |
| 11 | ¥300,000.00 | 5% | ¥2,500.00 | ¥263.89 | ¥15,833.33 | ¥34,166.67 |
| 12 | ¥200,000.00 | 5% | ¥10,000.00 | ¥3,166.67 | ¥158,333.33 | ¥41,666.67 |

图 9-101

**step 12** 选择 M2 单元格，将光标放置在单元格边缘，拖动 M2 单元格至 R2 单元格位置，如图 9-102 所示。

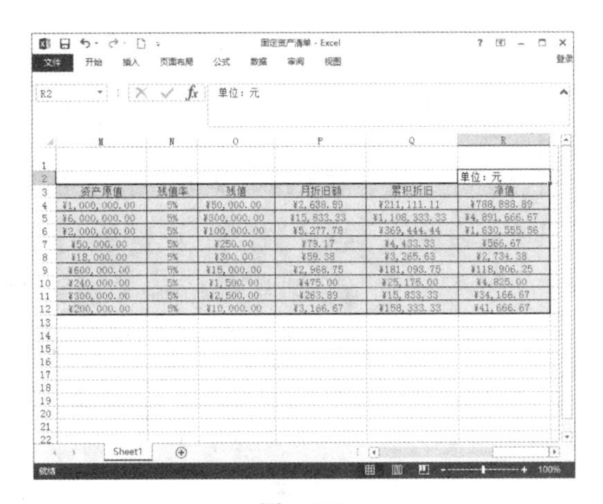

图 9-102

## 9.7.2　固定资产查询

利用 Excel 的筛选功能，可以快速对固定资产清单进行查询。

**step 01** 将 Sheet1 重命名为“固定资产清单”，右击工作表标签，执行“移动或复制”命令，如图 9-103 所示，建立工作表副本并重命名为“固定资产查询”。

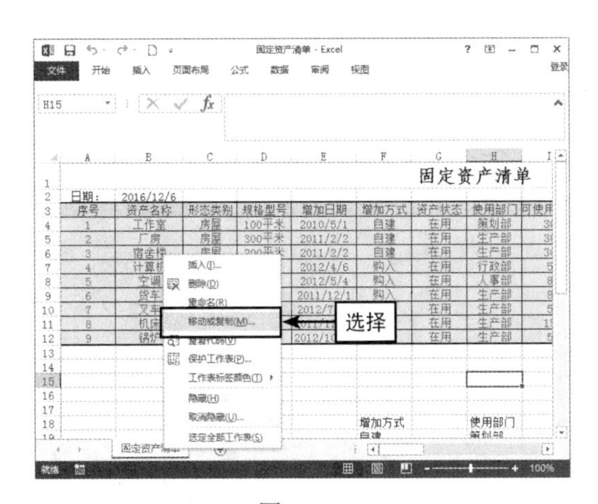

图 9-103

**step 02** 选择列标题所在行，进入“数据”选项卡，在“排序和筛选”选项组中单击“筛选”按钮，如图 9-104 所示。

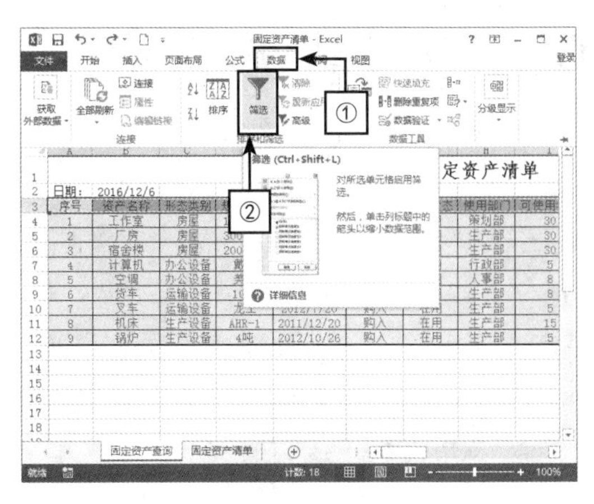

图 9-104

**step 03** 单击“形态类别”列标题右侧下拉按钮，选择“生产设备”复选框，如图 9-105 所示，单击“确定”按钮，得到的筛选结果如图 9-106 所示。

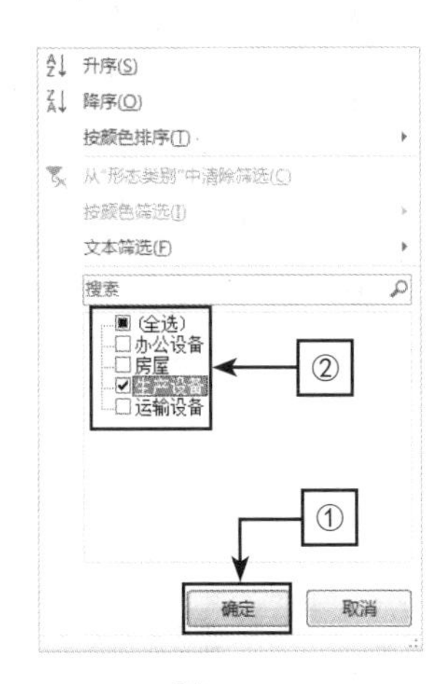

图 9-105

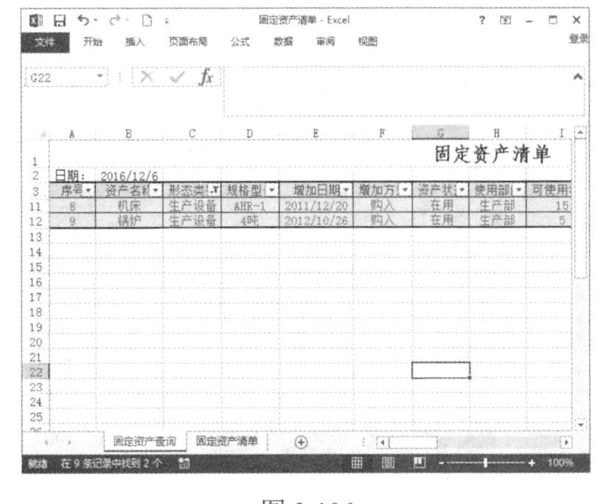

图 9-106

## 9.8 本章小结与职场感悟

❒ 本章小结

薪酬成本管理是企业管理的一个重要组成部分，它对于充分动员和组织企业全体人员，加强经济核算，改进企业管理，提高企业整体管理水平具有重大意义。本章从薪酬管理和成本管理两个方面入手，具体介绍如加班统计表、员工薪酬表、工资条等薪酬管理所需表格，以及年度生产成本分析表、年度生产成本趋势分析图表、公司短期负债结构分析表、固定资产清单等成本管理所需表格的制作步骤，为会计财务人员对企业薪酬成本管理工作提供便利。

❒ 职场感悟——把工作做到位

海尔集团董事局主席张瑞敏经常向员工灌输这样的理念："说了不等于做了，做了不等于做对了，做对了不等于做到位了，今天做到位了不等于永远做到位了"。在工作生活中，许多人总是优先"把工作做完"，而不是"把工作做到位"，惦记着在下班前能否把手头的工作做完，敷衍了事，草率应付老板交待的任务，为求速度，降低工作质量和标准，不管工作过程中有没有产生纰漏和错误，没有过多地考虑细节问题，并不在意是否达到了满意的效果，所做的工作不合格，而后又花时间和精力来修改之前的错误，影响工作情绪，降低工作的效率。

如果我们将"把工作做到位"作为自己工作的基本准则，争取第一次就把工作做到位，那么将为以后的工作省去不必要的麻烦，减少工作中由于粗心大意犯下的错误，并由此享受到工作的乐趣。一个人的成功，85% 取决于他的态度，只有全力以赴、尽职尽责地付出努力，在自己的专业领域把工作做完美，才能取得成功，实现自己的理想和目标。

# 第 10 章

## 会计财务：剖析采购投资的奥妙

本章内容

库存管理，是对制造业或服务业生产、经营全过程的各种物品、成品以及其他资源进行管理和控制，使库存量经常保持在合理的水平。库存管理是企业会计核算和管理的一个重要环节，其管理的质量将直接影响企业的采购、生产和销售业务的进行。

企业投资的目的是为了获得较多的投资收益，实现最大限度的投资增值，从而实现企业的财务目标。投资前需要认真进行市场调查分析，寻找投资机会，进行投资项目的可行性分析，科学决策确定投资项目，实现财务管理的目标。

# 10.1 制作产品一览表

产品一览表主要记录产品代码、类型、名称、规格、单位及成本单价等信息，在库存的系统化管理中起着关键性作用，产品出入库数据记录表、统计表、查询表等都可以引用产品一览表中的信息。

## 10.1.1 建立产品一览表

建立产品一览表主要包括制作表格标题、输入基础内容、设置对齐方式等操作。

**step 01** 启动 Excel 2013，创建并保存“产品一览表”。

**step 02** 合并并居中 A1:F1 单元格区域，输入表格标题，在“字体”选项组中，将字体设置为“华文中宋”，将字号设置为 20，如图 10-1 所示。

**step 03** 根据需要输入基础内容，并设置居中对齐方式，如图 10-2 所示。

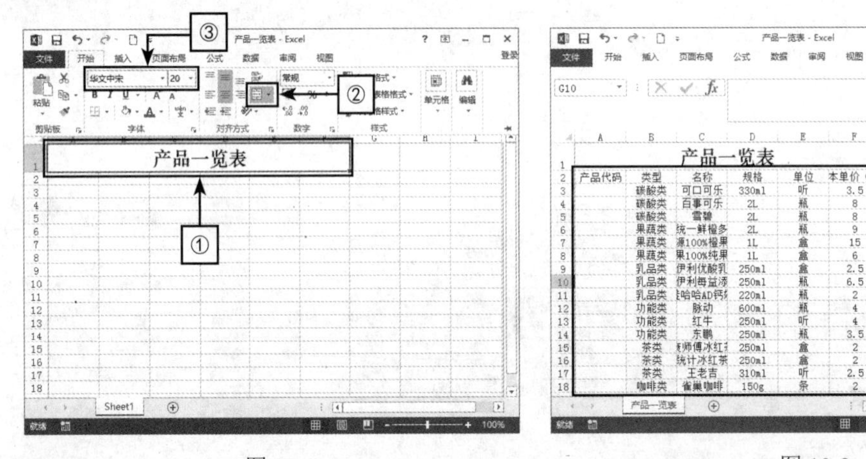


图 10-1　　图 10-2

**step 04** 选择 A3:A22 单元格区域，打开“设置单元格格式”对话框，选择“自定义”数字格式，在“类型”文本框中输入自定义代码 00#，如图 10-3 所示。

**step 05** 在 A3 单元格中输入数值 1，按住 Ctrl 键的同时向下填充至 A22 单元格，如图 10-4 所示。

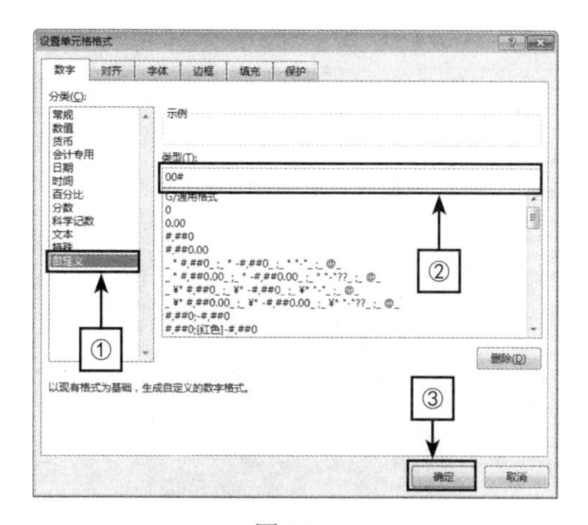


图 10-3

| | A | B | C | D | E | F |
|---|---|---|---|---|---|---|
| 5 | 003 | 碳酸类 | 雪碧 | 2L | 瓶 | 8 |
| 6 | 004 | 果蔬类 | 统一鲜橙多 | 2L | 瓶 | 9 |
| 7 | 005 | 果蔬类 | 源100%橙果 | 1L | 盒 | 15 |
| 8 | 006 | 果蔬类 | 果100%纯果 | 1L | 盒 | 6 |
| 9 | 007 | 乳品类 | 伊利优酸乳 | 250ml | 盒 | 2.5 |
| 10 | 008 | 乳品类 | 伊利每益添 | 250ml | 瓶 | 6.5 |
| 11 | 009 | 乳品类 | 哇哈哈AD钙 | 220ml | 瓶 | 2 |
| 12 | 010 | 功能类 | 脉动 | 600ml | 瓶 | 4 |
| 13 | 011 | 功能类 | 红牛 | 250ml | 听 | 4 |
| 14 | 012 | 功能类 | 东鹏 | 250ml | 瓶 | 3.5 |
| 15 | 013 | 茶类 | 康师傅冰红 | 250ml | 盒 | 2 |
| 16 | 014 | 茶类 | 统计冰红茶 | 250ml | 盒 | 2 |
| 17 | 015 | 茶类 | 王老吉 | 310ml | 听 | 2.5 |
| 18 | 016 | 咖啡类 | 雀巢咖啡 | 150g | 条 | 2 |
| 19 | 017 | 咖啡类 | 雀巢咖啡 | 180ml | 听 | 5 |
| 20 | 018 | 咖啡类 | 雀巢咖啡 | 268ml | 瓶 | 6.5 |
| 21 | 019 | 包装饮用水 | 农夫山泉 | 550ml | 瓶 | 2 |
| 22 | 020 | 包装饮用水 | 冰露 | 550ml | 瓶 | 1.5 |



图 10-4

**step 06** 选择 F3:F22 单元格区域，打开“设置单元格格式”对话框，选择“货币”数字格式，设置“小数位数”为 1，如图 10-5 所示。

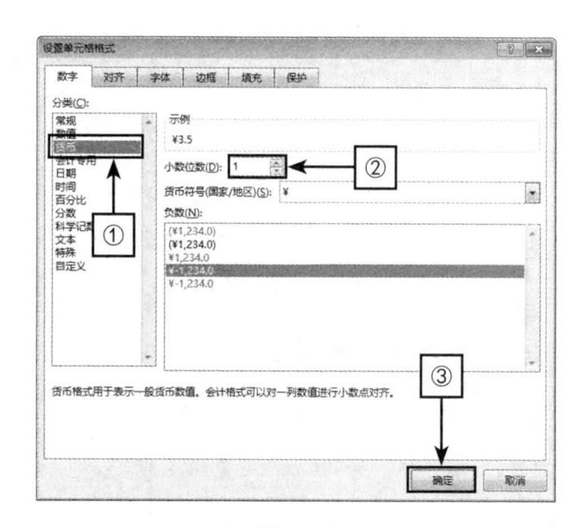


图 10-5

**step 07** 选择 A2:F22 单元格区域，进入“开始”选项卡，在“单元格”选项组中单击“格式”下拉按钮，执行“自动调整列宽”命令，自动设置最佳列宽。

**step 08** 选择 A2:F22 单元格区域，右击并打开“设置单元格格式”对话框，切换至“边框”选项卡，设置表格内、外边框格式，如图 10-6 所示。

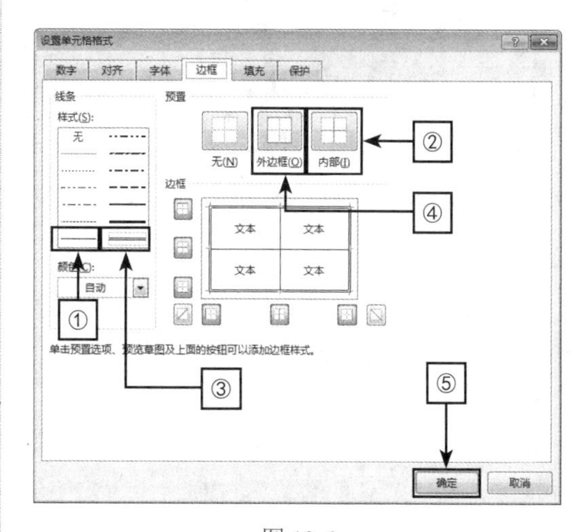


图 10-6

**step 09** 选择 A2:F2 单元格区域，进入“开始”选项卡，在“样式”选项组中单击“单元格样式”下拉按钮，选择“好”选项，结果如图 10-7 所示。

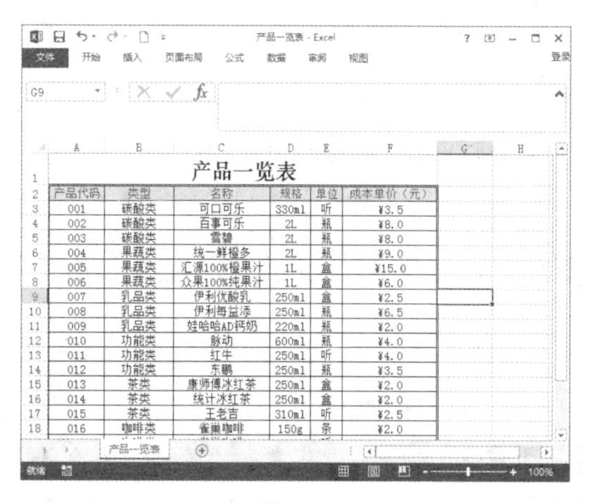

产品一览表

| 产品代码 | 类型 | 名称 | 规格 | 单位 | 成本单价（元） |
|---|---|---|---|---|---|
| 001 | 碳酸类 | 可口可乐 | 330ml | 听 | ¥3.5 |
| 002 | 碳酸类 | 百事可乐 | 2L | 瓶 | ¥8.0 |
| 003 | 碳酸类 | 雪碧 | 2L | 瓶 | ¥8.0 |
| 004 | 果蔬类 | 统一鲜橙多 | 2L | 瓶 | ¥9.0 |
| 005 | 果蔬类 | 汇源100%橙果汁 | 1L | 盒 | ¥15.0 |
| 006 | 果蔬类 | 众果100%纯果汁 | 1L | 盒 | ¥6.0 |
| 007 | 乳品类 | 伊利优酸乳 | 250ml | 盒 | ¥2.5 |
| 008 | 乳品类 | 伊利每益添 | 250ml | 瓶 | ¥6.5 |
| 009 | 乳品类 | 娃哈哈AD钙奶 | 220ml | 瓶 | ¥2.0 |
| 010 | 功能类 | 脉动 | 600ml | 瓶 | ¥4.0 |
| 011 | 功能类 | 红牛 | 250ml | 听 | ¥4.0 |
| 012 | 功能类 | 东鹏 | 250ml | 瓶 | ¥3.5 |
| 013 | 茶类 | 康师傅冰红茶 | 250ml | 盒 | ¥2.0 |
| 014 | 茶类 | 统计冰红茶 | 250ml | 盒 | ¥2.0 |
| 015 | 茶类 | 王老吉 | 310ml | 听 | ¥2.5 |
| 016 | 咖啡类 | 雀巢咖啡 | 150g | 条 | ¥2.0 |



图 10-7

**step 10** 选择 A3:F22 单元格区域，进入“开始”选项卡，在“样式”选项组中单击“单元格样式”

下拉按钮，选择“适中”选项，所得结果如图10-8所示。

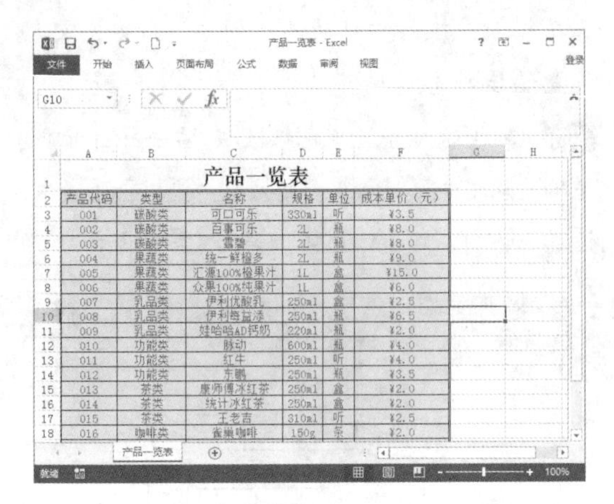

| 产品代码 | 类型 | 名称 | 规格 | 单位 | 成本单价（元） |
|---|---|---|---|---|---|
| 001 | 碳酸类 | 可口可乐 | 330ml | 听 | ¥3.5 |
| 002 | 碳酸类 | 百事可乐 | 2L | 瓶 | ¥8.0 |
| 003 | 碳酸类 | 雪碧 | 2L | 瓶 | ¥8.0 |
| 004 | 果蔬类 | 统一鲜橙多 | 2L | 瓶 | ¥9.0 |
| 005 | 果蔬类 | 汇源100%橙果汁 | 1L | 盒 | ¥15.0 |
| 006 | 果蔬类 | 众果100%纯果汁 | 1L | 盒 | ¥6.0 |
| 007 | 乳品类 | 伊利优酸乳 | 250ml | 盒 | ¥2.5 |
| 008 | 乳品类 | 伊利每益添 | 250ml | 瓶 | ¥6.5 |
| 009 | 乳品类 | 娃哈哈AD钙奶 | 220ml | 瓶 | ¥2.0 |
| 010 | 功能类 | 脉动 | 600ml | 瓶 | ¥4.0 |
| 011 | 功能类 | 红牛 | 250ml | 听 | ¥4.0 |
| 012 | 功能类 | 东鹏 | 250ml | 瓶 | ¥3.5 |
| 013 | 茶类 | 康师傅冰红茶 | 250ml | 盒 | ¥2.0 |
| 014 | 茶类 | 统计冰红茶 | 250ml | 盒 | ¥2.0 |
| 015 | 茶类 | 王老吉 | 310ml | 听 | ¥2.5 |
| 016 | 咖啡类 | 雀巢咖啡 | 150g | 袋 | ¥2.0 |

图 10-8

## 10.1.2 定义名称

选择A3:F22单元格区域，进入“公式”选项卡，在“定义的名称”选项组中单击“定义名称”下拉按钮，执行“定义名称”命令，如图10-9所示。弹出“新建名称”对话框，在“名称”文本框中输入定义的名称，如图10-10所示，单击“确定”按钮即可。

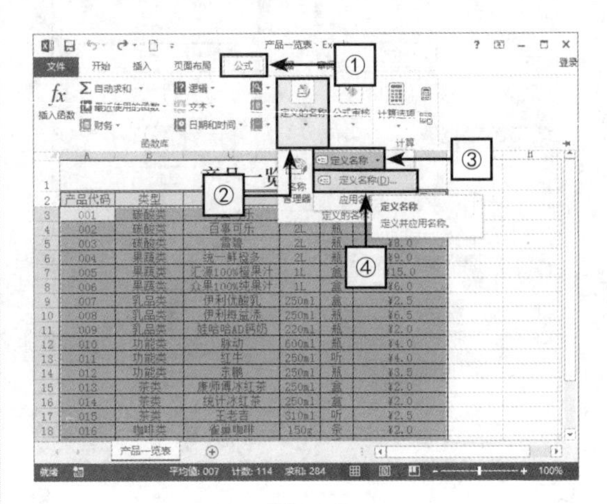


图 10-9

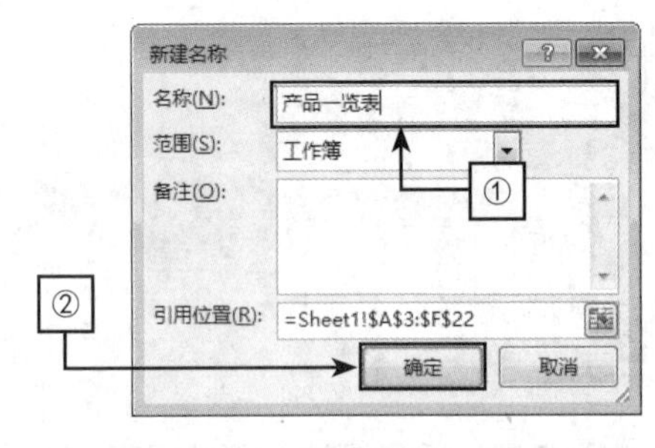


图 10-10

# 10.2 产品出入库数据记录表

产品出入库数据记录表除了记录产品的相关信息，还需记录出入库相关数据，如入库数量、入库金额、出库数量、出库金额等。

## 10.2.1 创建出入库数据记录表

在创建出入库数据记录表时，需要引用“产品一览表”中的产品信息，在此基础上添加入库时间、入库数量等内容。

**step 01** 打开“产品一览表”，添加新工作表并重命名为“产品出入库数据记录表”，如图10-11所示。

**step 02** 合并并居中A1:K1单元格区域，输入标题内容，将字体设置为“华文中宋”，将字号设置为20，如图10-12所示。

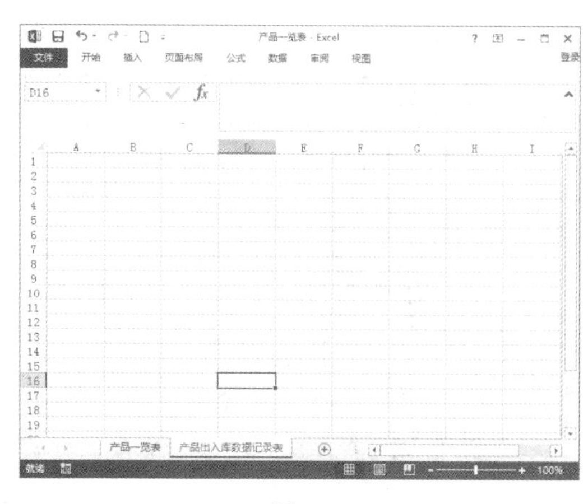

图 10-11

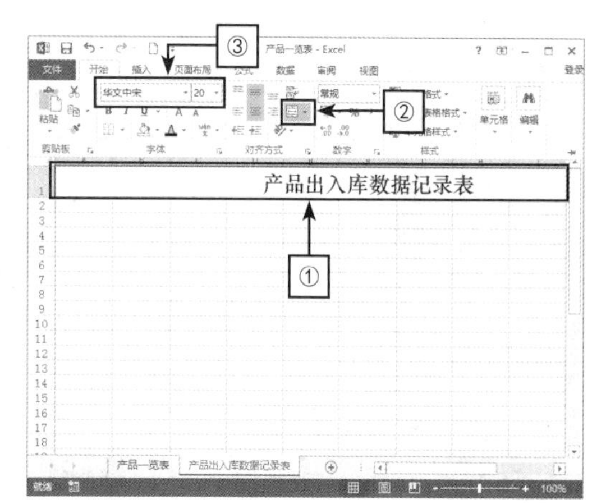


图 10-12

**step 03** 选择 B5:B35 单元格，打开“设置单元格格式”对话框，选择“自定义”数字格式，在“类型”文本框中输入自定义代码“00#”，如图 10-13 所示。

**step 04** 根据需要输入表格内容，合并相应单元格并设置对齐方式，如图 10-14 所示。

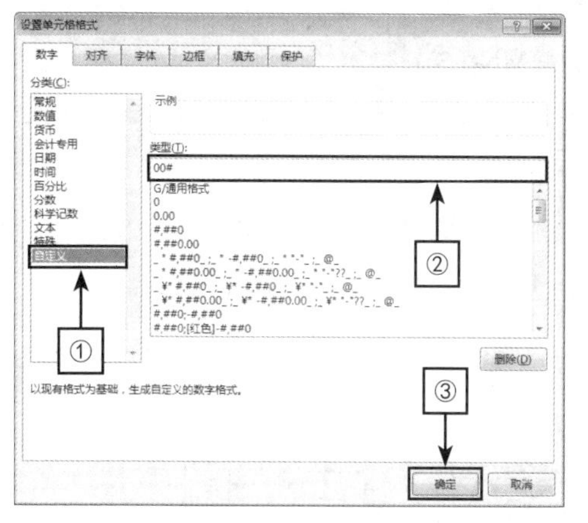


图 10-13

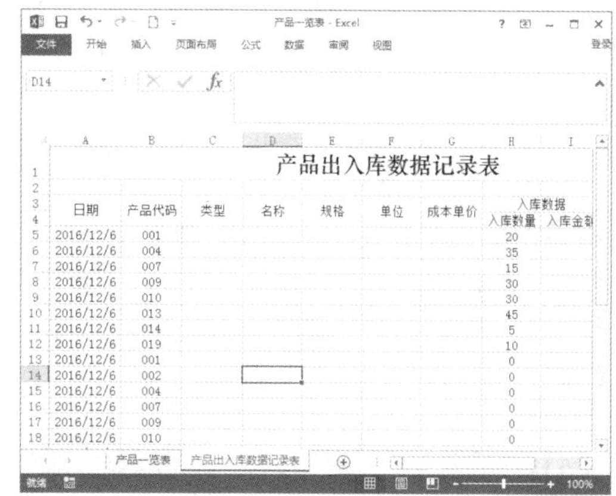


图 10-14

## 10.2.2　计算采购产品类型、名称规格、单位与单价

利用 Excel 函数功能，方便用户从“产品一览表”中引用类型、名称规格、单位与单价等相关数据。

**step 01** 选择 C5 单元格，在编辑栏中输入计算公式=VLOOKUP($B5,产品一览表,COLUMN(B3)),并向下填充至 C35 单元格，如图 10-15 所示。

**step 02** 选择 D5 单元格，在编辑栏中输入计算公式=VLOOKUP($B5,产品一览表,COLUMN(C3)),并向下填充至 D35 单元格，如图 10-16 所示。

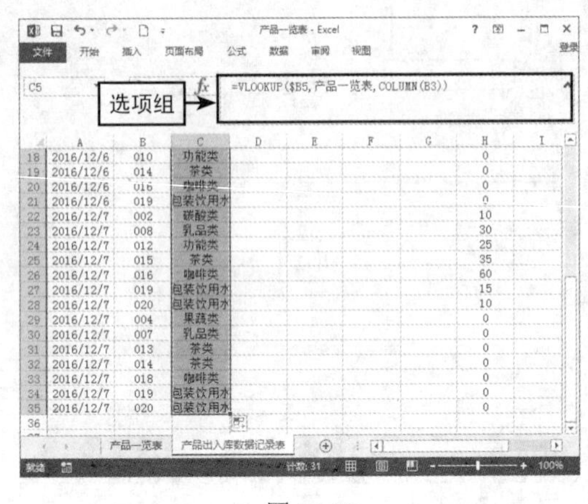


图 10-15

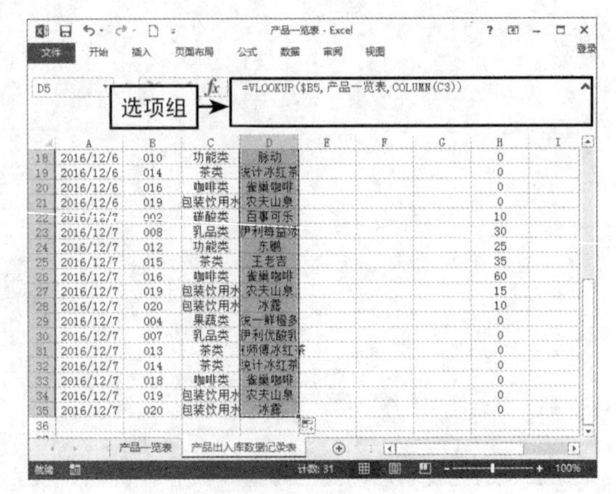


图 10-16

**step 03** 按照相同的方法，在 E5、F5、G5 单元格中分别输入以下公式，计算产品规格、单位以及成本单价。

E5 单元格：=VLOOKUP($B5, 产品一览表 ,COLUMN(D3))

F5 单元格：=VLOOKUP($B5, 产品一览表 ,COLUMN(E3))

G5 单元格：=VLOOKUP($B5, 产品一览表 ,COLUMN(F3))

**step 04** 选择 E5:G35 单元格区域，进入“开始”选项卡，在“编辑”选项组中，单击“填充”下拉按钮，执行“向下”命令，所得结果如图 10-17 所示。

**step 05** 选择 G5:G35、I5:I35 和 K5:K35 单元格区域，打开“设置单元格格式”对话框，选择“货币”数字格式，设置“小数位数”为 1，单击“确定”按钮，结果如图 10-18 所示。

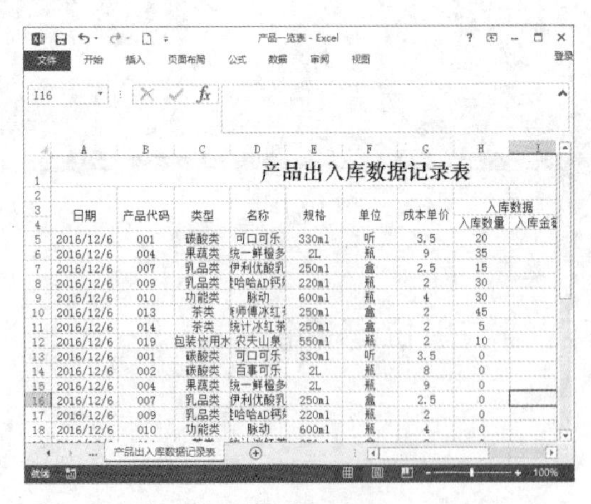


图 10-17

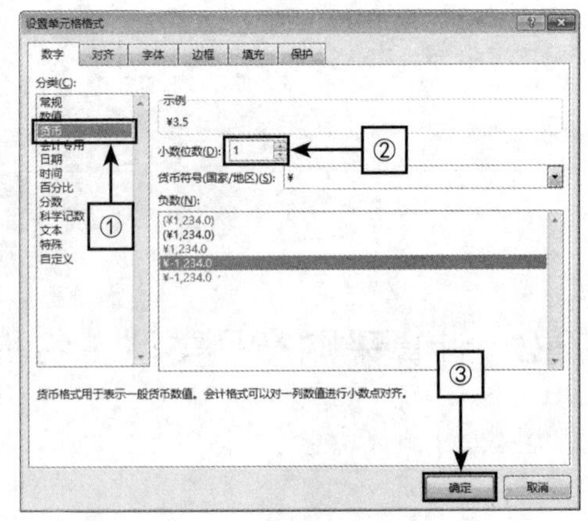


图 10-18

## 10.2.3 计算各种产品的入库与出库金额

利用基本公式即可计算各种产品的入库与出库金额。

**step 01** 选择 I5 单元格，在编辑栏中输入计算公式，双击 I5 单元格右下角的填充手柄，向下填充至 I35 单元格，如图 10-19 所示。

**step 02** 选择 K5 单元格，在编辑栏中输入计算公式，双击 K5 单元格右下角的填充手柄，向下填充至 K35 单元格，如图 10-20 所示。

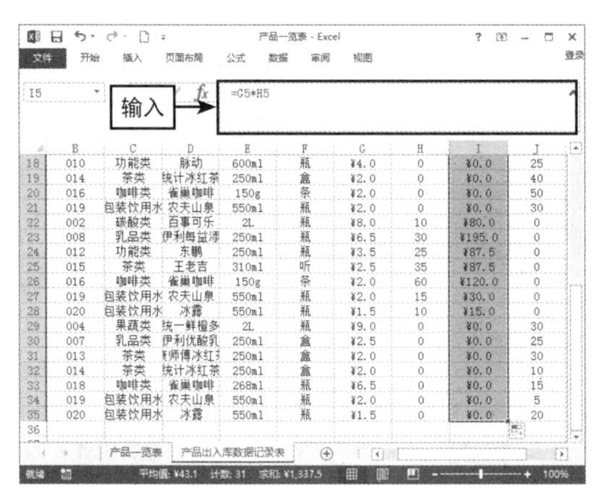


图 10-19

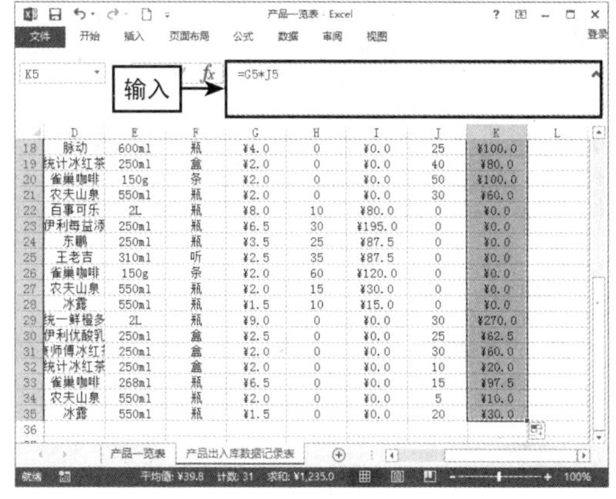


图 10-20

## 10.2.4　定义公式计算的区域名称

接下来分别为产品出入库数据记录表的“日期”“类型”“名称”“规格”“单位”“成本单价”“入库金额”“出库金额”区域定义名称。

**step 01** 选择 A5:A35 单元格区域，进入“公式”选项卡，在“定义的名称”选项组中单击“定义名称”下拉按钮，执行“定义名称”命令，如图 10-21 所示。

**step 02** 打开“新建名称”对话框，在“名称”文本框中输入定义的名称，如图 10-22 所示，单击“确定”按钮。

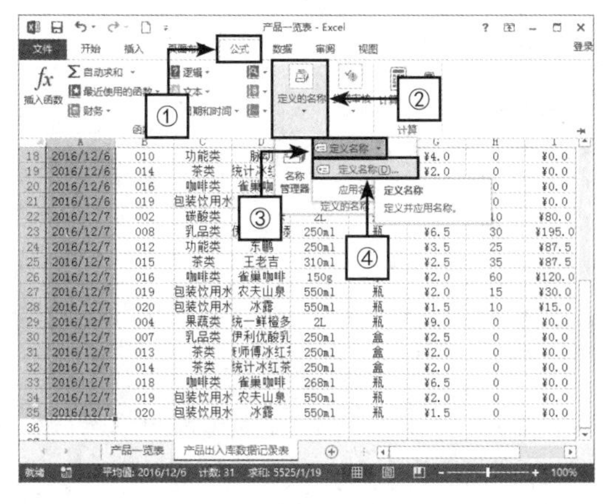


图 10-21

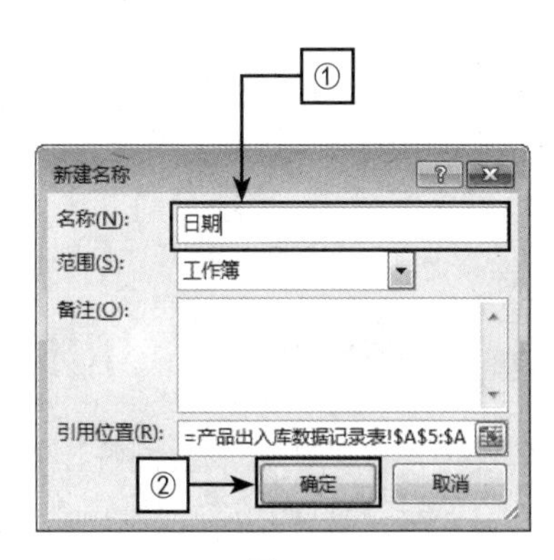


图 10-22

**step 03** 按照相同的方法，定义 B5:B35、C5:C35、D5:D35、E5:E35、F5:F35、G5:G35、H5:H35、I5:I35、J5:J35 和 K5:K35 单元格区域的名称。

**step 04** 进入“公式”选项卡，在“定义的名称”选项组中单击“名称管理器”按钮，如图 10-23 所示。

**step 05** 在打开的“名称管理器”对话框中可以看到定义的名称，如图 10-24 所示。

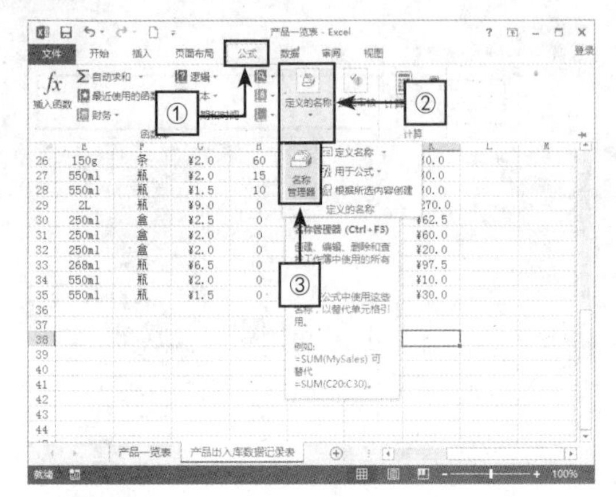

图 10-23

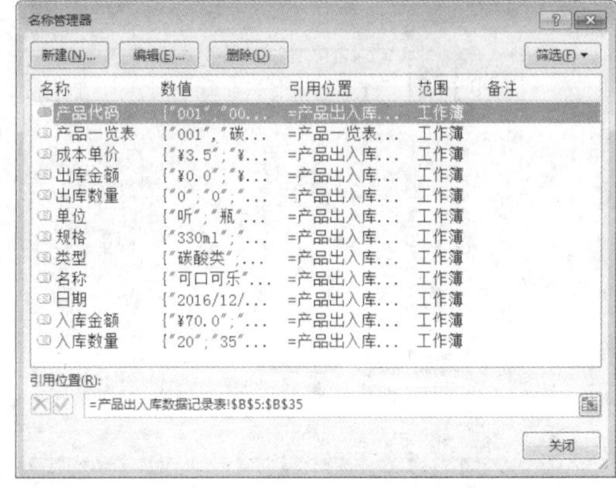


图 10-24

**step 06** 按照与“产品一览表”同样的设置，为表格设置列宽、边框及单元格样式，结果如图 10-25 所示。

D8 =VLOOKUP($B8,产品一览表,COLUMN(C6))

产品出入库数据记录表

| 日期 | 产品代码 | 类型 | 名称 | 规格 | 单位 | 成本单价 | 入库数据 | |
|---|---|---|---|---|---|---|---|---|
| | | | | | | | 入库数量 | 入库金额 |
| 2016/12/6 | 001 | 碳酸类 | 可口可乐 | 330ml | 听 | ¥3.5 | 20 | ¥70.0 |
| 2016/12/6 | 004 | 果蔬类 | 统一鲜橙多 | 2L | 瓶 | ¥9.0 | 35 | ¥315.0 |
| 2016/12/6 | 007 | 乳品类 | 伊利优酸乳 | 250ml | 盒 | ¥2.5 | 15 | ¥37.5 |
| 2016/12/6 | 009 | 乳品类 | 娃哈哈AD钙奶 | 220ml | 瓶 | ¥2.0 | 30 | ¥60.0 |
| 2016/12/6 | 010 | 功能类 | 脉动 | 600ml | 瓶 | ¥4.0 | 30 | ¥120.0 |
| 2016/12/6 | 013 | 茶类 | 康师傅冰红茶 | 250ml | 盒 | ¥2.0 | 45 | ¥90.0 |
| 2016/12/6 | 014 | 茶类 | 统计冰红茶 | 250ml | 盒 | ¥2.0 | 5 | ¥10.0 |
| 2016/12/6 | 019 | 包装饮用水 | 农夫山泉 | 550ml | 瓶 | ¥2.0 | 10 | ¥20.0 |
| 2016/12/6 | 001 | 碳酸类 | 可口可乐 | 330ml | 听 | ¥3.5 | 0 | ¥0.0 |
| 2016/12/6 | 002 | 碳酸类 | 百事可乐 | 2L | 瓶 | ¥8.0 | 0 | ¥0.0 |
| 2016/12/6 | 004 | 果蔬类 | 统一鲜橙多 | 2L | 瓶 | ¥9.0 | 0 | ¥0.0 |
| 2016/12/6 | 007 | 乳品类 | 伊利优酸乳 | 250ml | 盒 | ¥2.5 | 0 | ¥0.0 |
| 2016/12/6 | 009 | 乳品类 | 娃哈哈AD钙奶 | 220ml | 瓶 | ¥2.0 | 0 | ¥0.0 |
| 2016/12/6 | 010 | 功能类 | 脉动 | 600ml | 瓶 | ¥4.0 | 0 | ¥0.0 |

图 10-25

# 10.3 各类型产品的出入库数据统计表

各类型产品的出入库数据统计表是将产品出入库数据记录表中的各产品按照类型的差异进行统计。主要包括产品代码、类型、入库数量及金额、出库数量及金额等信息。

## 10.3.1　建立出入库数据统计表

建立出入库数据统计表主要包括输入基础内容、美化表格等操作。

**step 01** 新建工作表并重命名为“出入库数据统计表”。

**step 02** 合并并居中 A1:F1 单元格区域，输入标题文本，将字体设置为“华文中宋”，将字号设置为 20。

**step 03** 根据需要输入表格内容，合并相应单元格并设置对齐方式，如图 10-26 所示。

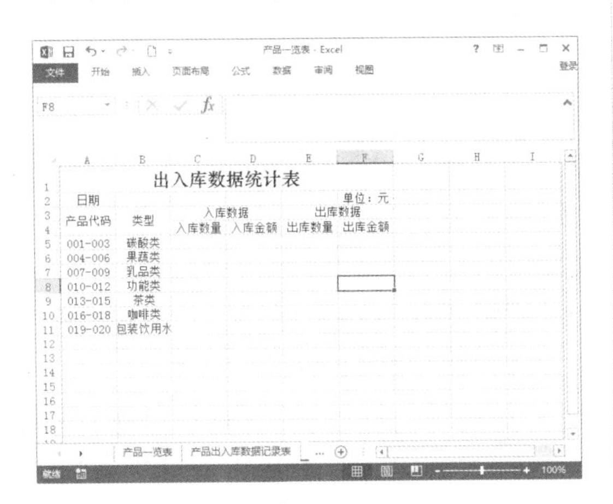


图 10-26

**step 04** 选择 D5:D11 和 F5:F11 单元格区域，将数字格式设置为“货币”，并设置“小数位数”为 1，如图 10-27 所示。

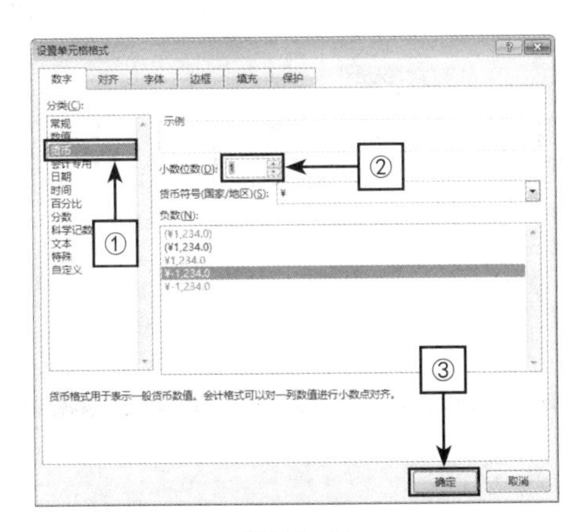


图 10-27

**step 05** 选择 A3:F11 单元格区域，进入“开始”选项卡，在“字体”选项组中单击“下框线”下拉按钮，选择“所有框线”选项，如图 10-28 所示。

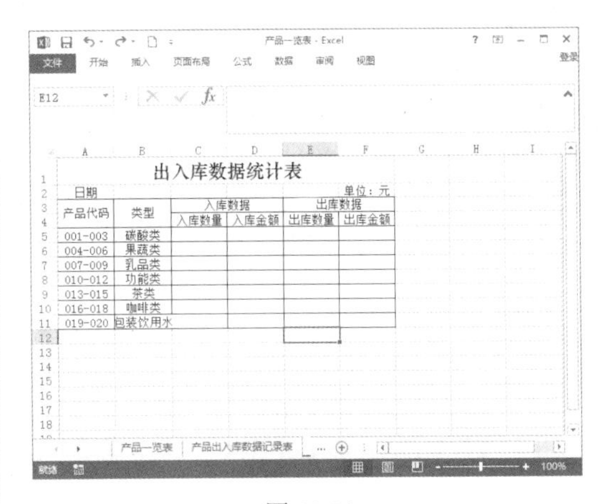


图 10-28

**step 06** 选择 A3:F4 单元格区域，进入“开始”选项卡，在“样式”选项组中单击“单元格样式”下拉按钮，选择“好”选项。

**step 07** 选择 A5:F11 单元格区域，进入“开始”选项卡，在“样式”选项组中单击“单元格样式”下拉按钮，选择“适中”选项，并自动调整 B 列的列宽，所得结果如图 10-29 所示。

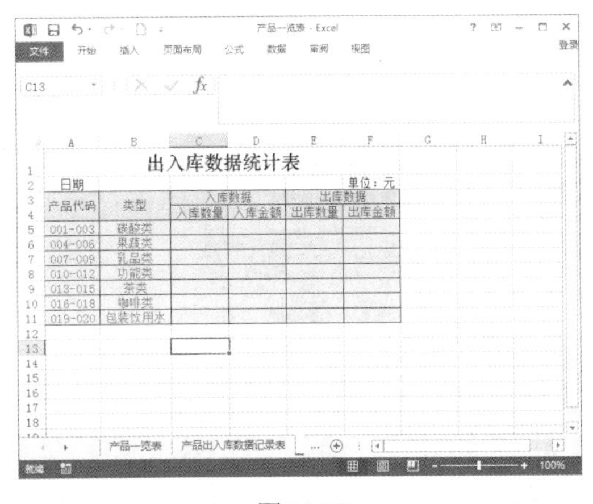


图 10-29

## 10.3.2　利用公式计算出入库数据

利用 Excel 公式功能，可以快速计算出入库数据，提高工作效率。

**step 01** 选择 B2 单元格，按【Ctrl+;】组合键，返回当前日期。

**step 02** 选择 C5 单元格，在编辑栏中输入计算公式 =SUMIF( 类型 ,B5, 入库数量 )，并向下填充至 C11 单元格，如图 10-30 所示。

**step 03** 选择 D5 单元格，在编辑栏中输入计算公式 =SUMIF( 类型 ,B5, 入库金额 )，并向下填充至 D11 单元格，如图 10-31 所示。

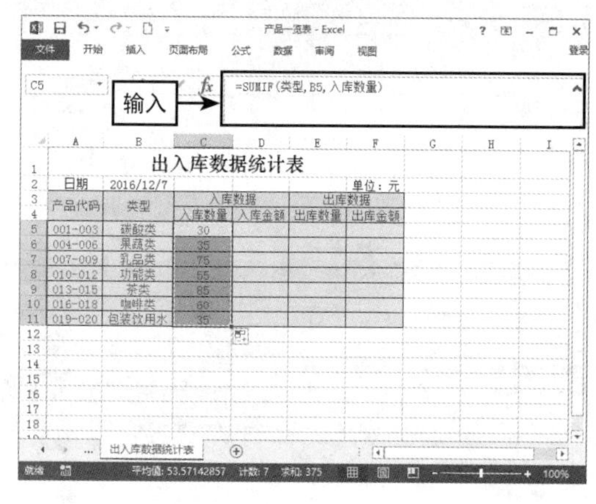


图 10-30

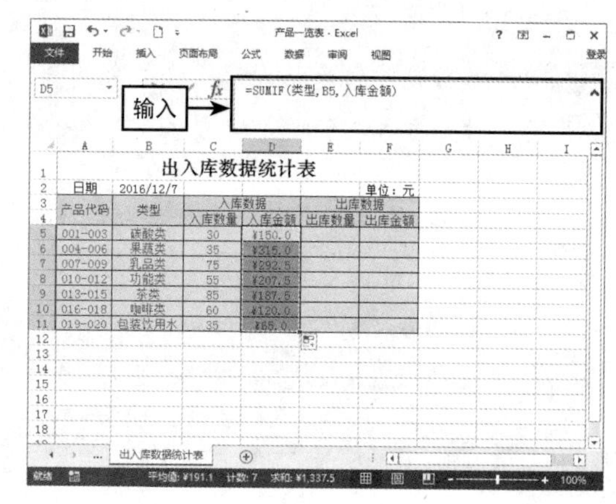


图 10-31

**step 04** 选择 E5 单元格，在编辑栏中输入计算公式 =SUMIF( 类型 ,B5, 出库数量 )，并向下填充至 E11 单元格，如图 10-32 所示。

**step 05** 选择 F5 单元格，在编辑栏中输入计算公式 =SUMIF( 类型 ,B5, 出库金额 )，并向下填充至 F11 单元格，如图 10-33 所示。

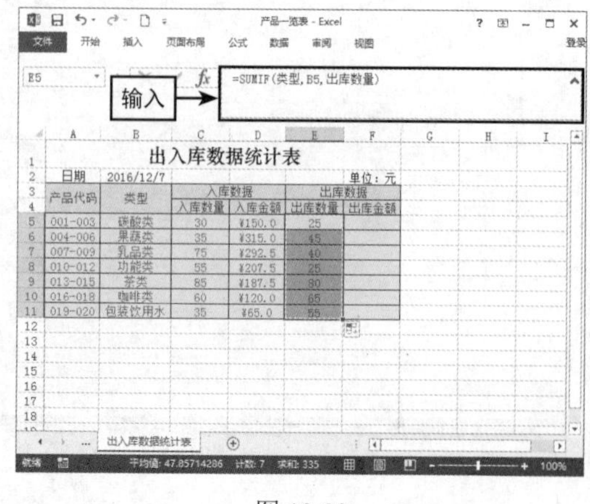


图 10-32

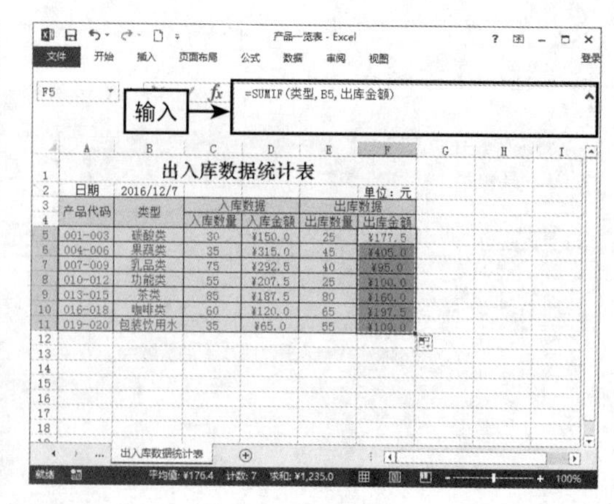


图 10-33

# 10.4　制作出入库数据查询表

出入库数据查询表可以查询不同日期内各产品的出入库信息。

## 10.4.1　通过下拉菜单选择查询日期

通过设置数据验证条件，制作下拉菜单，查询不同日期的出入库数据。

**step 01** 新建工作表并重命名为“出入库数据查询表”。

**step 02** 选择 A1:J1 单元格区域，输入标题文本，将字体设置为“华文中宋”，将字号设置为 20。

**step 03** 根据需要输入表格内容，并设置居中对齐方式，如图 10-34 所示。

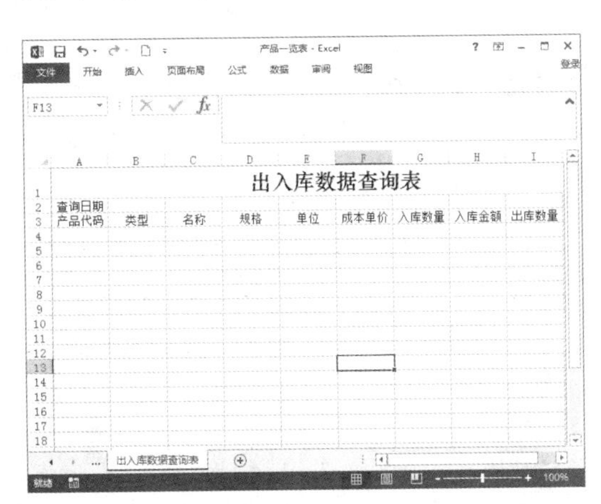

图 10-34

**step 04** 选择 A4:A23 单元格区域，打开“设置单元格格式”对话框，选择“自定义”数字格式，在“类型”文本框中输入自定义代码“00#”，如图 10-35 所示。

**step 05** 选择 F4:F23、H4:H23 和 J4:J23 单元格区域，将数字格式设置为“货币”，并设置“小数位数”为 1，如图 10-36 所示。

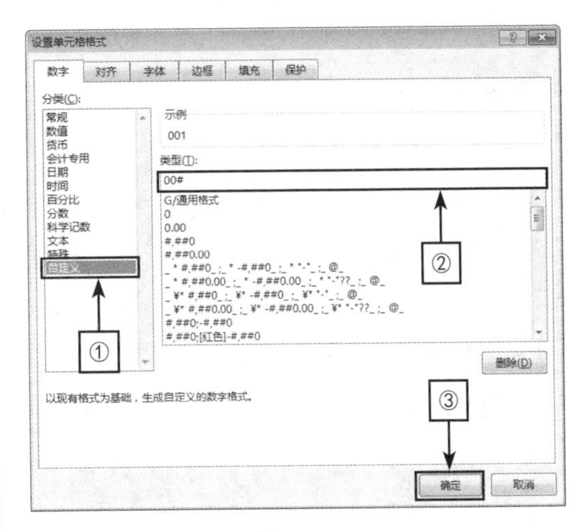

图 10-35

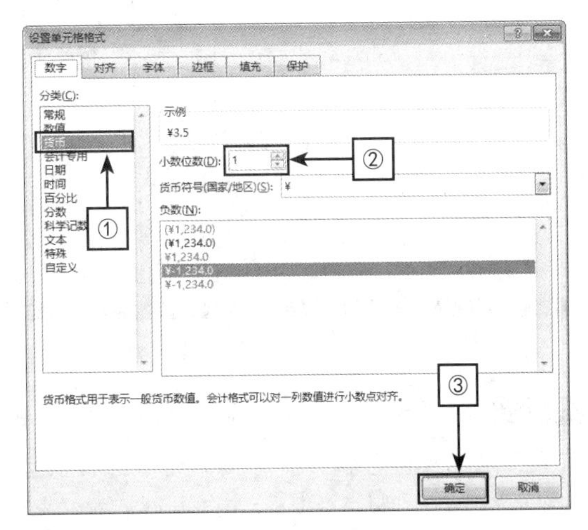

图 10-36

**step 06** 在 L 列中输入“日期”一列相关内容，并设置对齐方式，如图 10-37 所示。

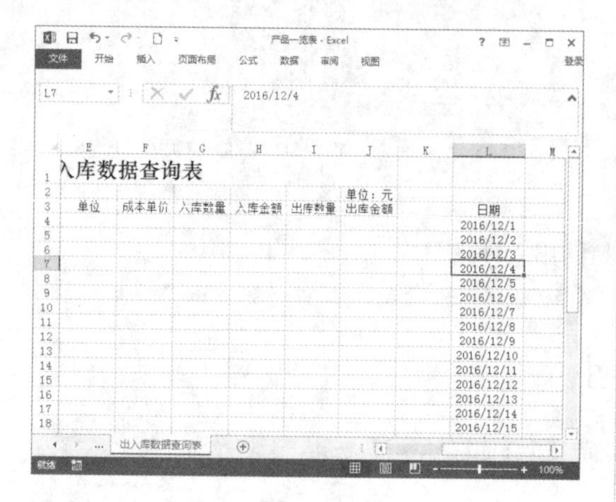

图 10-37

step 07 选择 B2 单元格，进入“数据”选项卡，在“数据工具”选项组中从“数据验证”下拉列表中执行“数据验证”命令，打开“数据验证”对话框，将“允许”设置为“序列”，单击“来源”文本框右侧的折叠按钮，选取添加的 L4:L34 单元格区域，单击“确定”按钮，如图 10-38 所示。

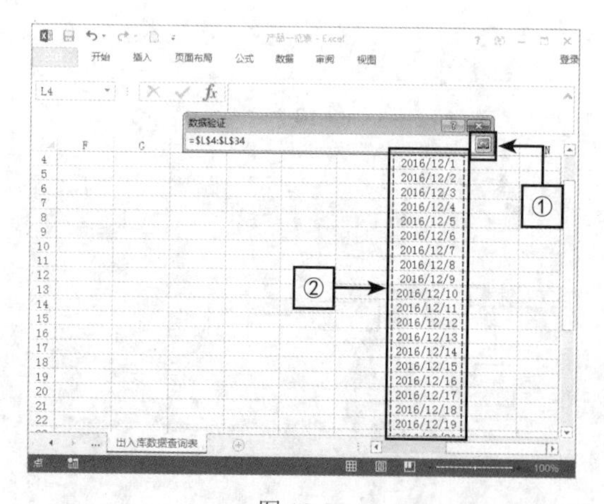


图 10-38

step 08 将 B2 单元格设置为“短日期”数字格式，从 B2 单元格下拉列表中可以选择需要查询的日期，如图 10-39 所示。

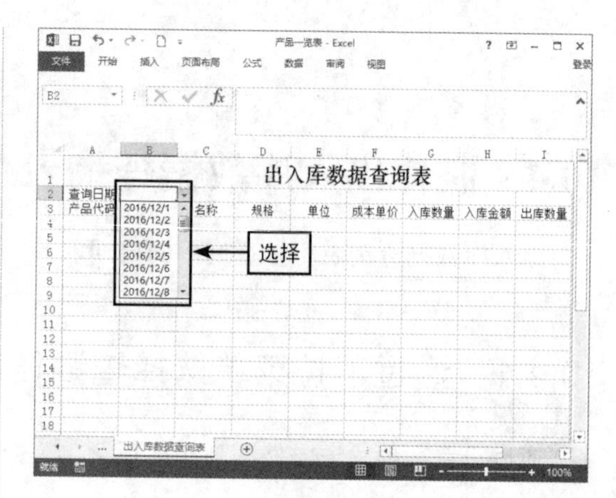


图 10-39

## 10.4.2 计算出入库数据

利用 Excel 函数可以从“产品一览表”中引用产品代码、类型、名称等信息，通过查询公式可计算指定产品的入库数量、入库金额等信息。

step 01 选择 A4 单元格，在编辑栏中输入计算公式 = 产品一览表 !A3，并向下填充至 A23 单元格，如图 10-40 所示。

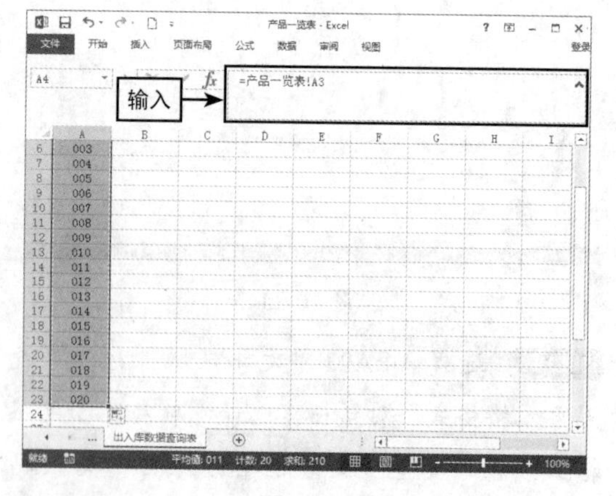


图 10-40

step 02 选择 B4 单元格，在编辑栏中输入计算公式 = 产品一览表 !B3，并向下填充至 B23 单元格，如图 10-41 所示。

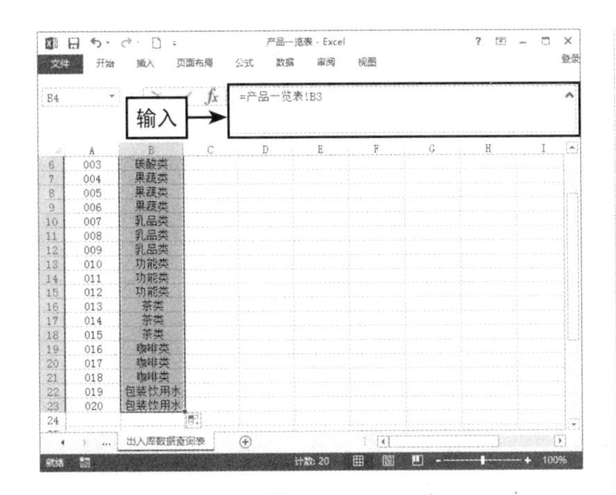


图 10-41

**step 03** 按照相同的方法，引用名称、规格、单位、成本单价相关信息，如图 10-42 所示。

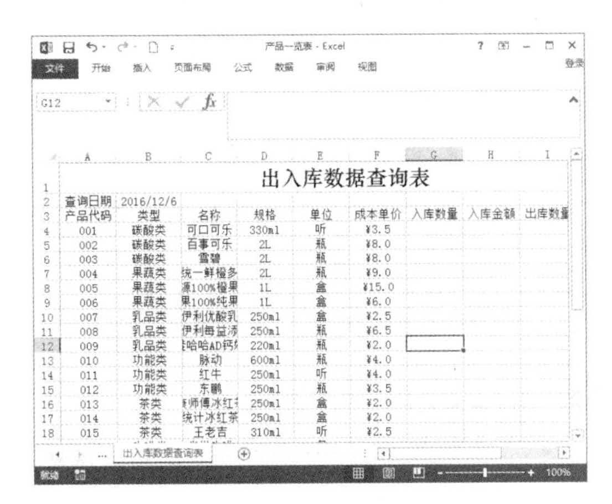


图 10-42

C4 单元格（名称）：= 产品一览表 !C3

D4 单元格（规格）：= 产品一览表 !D3

E4 单元格（单位）：= 产品一览表 !E3

F4 单元格（成本单价）：= 产品一览表 !F3

**step 04** 选择 G4 单元格，在编辑栏中输入计算公式 =IF($A4=0,0,SUMPRODUCT(( 产品代码 =$A4)*(DAY( 日期 )=DAY($B$2))* 入库数量 )), 并向下填充至 G23 单元格，如图 10-43 所示。

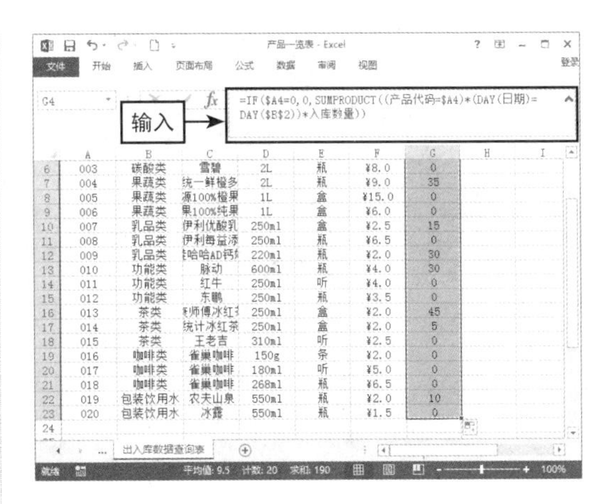


图 10-43

**提示：**

SUMPRODUCT（array1,array2,array3, ...） 在给定的几组数组中，将数组间对应的元素相乘，并返回乘积之和。

array1，array2，array3， ... 2 到 30 个数组，其相应元素需要进行相乘并求和。

**step 05** 选择 G4 单元格，在编辑栏中输入计算公式 =IF($A4=0,0,SUMPRODUCT(( 产品代码 =$A4)*(DAY( 日期 )=DAY($B$2))* 入库金额 )), 并向下填充至 G23 单元格，如图 10-44 所示。

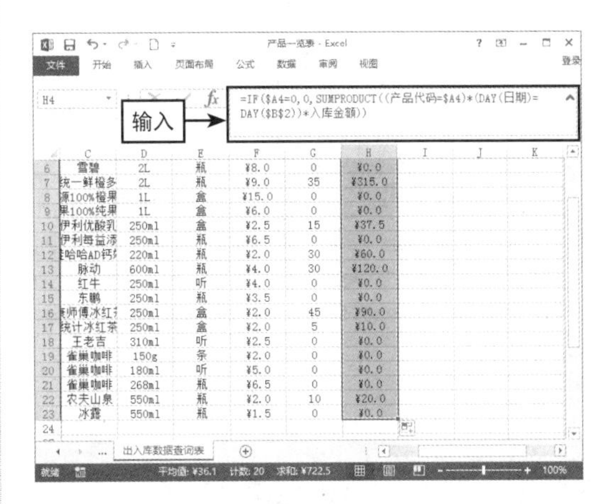


图 10-44

**step 06** 按照相同的方法，在 I4、J4 单元格中分别输入以下公式，并向下填充至 I23、J23 单元格，计算产品的出库数量及出库金额，如图 10-45 所示。

出入库数据查询表

| 名称 | 规格 | 单位 | 成本单价 | 入库数量 | 入库金额 | 出库数量 | 单位：元<br>出库金额 |
|---|---|---|---|---|---|---|---|
| 可口可乐 | 330ml | 听 | ¥3.5 | 20 | ¥70.0 | 5 | ¥17.5 |
| 百事可乐 | 2L | 瓶 | ¥8.0 | 0 | ¥0.0 | 20 | ¥160.0 |
| 雪碧 | 2L | 瓶 | ¥8.0 | 0 | ¥0.0 | 0 | ¥0.0 |
| 统一鲜橙多 | 2L | 瓶 | ¥9.0 | 35 | ¥315.0 | 15 | ¥135.0 |
| 源100%橙果 | 1L | 盒 | ¥15.0 | 0 | ¥0.0 | 0 | ¥0.0 |
| 果100%纯果 | 1L | 盒 | ¥6.0 | 0 | ¥0.0 | 0 | ¥0.0 |
| 伊利优酸乳 | 250ml | 盒 | ¥2.5 | 15 | ¥37.5 | 5 | ¥12.5 |
| 伊利每益添 | 250ml | 瓶 | ¥6.5 | 0 | ¥0.0 | 0 | ¥0.0 |
| 哇哈哈AD钙 | 220ml | 瓶 | ¥2.0 | 30 | ¥60.0 | 10 | ¥20.0 |
| 脉动 | 600ml | 瓶 | ¥4.0 | 30 | ¥120.0 | 25 | ¥100.0 |
| 红牛 | 250ml | 听 | ¥4.0 | 0 | ¥0.0 | 0 | ¥0.0 |
| 东鹏 | 250ml | 瓶 | ¥3.5 | 0 | ¥0.0 | 0 | ¥0.0 |
| 康师傅冰红 | 250ml | 盒 | ¥2.0 | 45 | ¥90.0 | 0 | ¥0.0 |
| 统计冰红茶 | 250ml | 盒 | ¥2.0 | 5 | ¥10.0 | 40 | ¥80.0 |
| 王老吉 | 310ml | 听 | ¥2.5 | 0 | ¥0.0 | 0 | ¥0.0 |

图 10-45

I4 单元格：=IF($A4=0,0,SUMPRODUCT (( 产品代码 =$A4)*(DAY( 日期 )=DAY($B$2))* 出库数量 ))

J4 单元格：=IF($A4=0,0,SUMPRODUCT (( 产品代码 =$A4)*(DAY( 日期 )=DAY($B$2))* 出库金额 ))

**step 07** 按照与“产品一览表”同样的设置，为表格设置列宽、边框及单元格样式，结果如图 10-46 所示。

**step 08** 当选择不同的查询日期时，数据查询表中的内容也会相应变化，如图 10-47 所示。

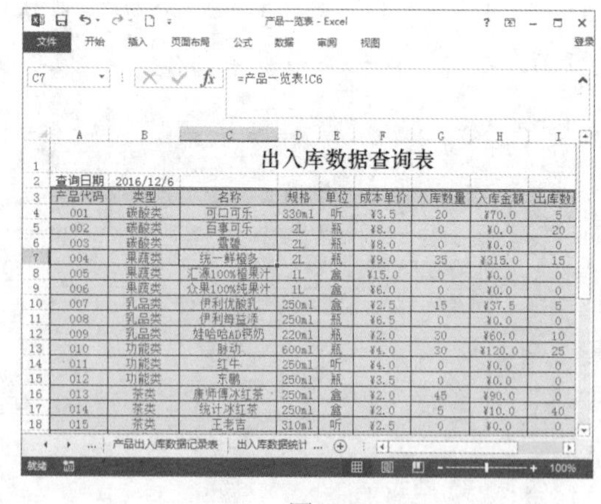

出入库数据查询表

查询日期 2016/12/6

| 产品代码 | 类型 | 名称 | 规格 | 单位 | 成本单价 | 入库数量 | 入库金额 | 出库数 |
|---|---|---|---|---|---|---|---|---|
| 001 | 碳酸类 | 可口可乐 | 330ml | 听 | ¥3.5 | 20 | ¥70.0 | 5 |
| 002 | 碳酸类 | 百事可乐 | 2L | 瓶 | ¥8.0 | 0 | ¥0.0 | 20 |
| 003 | 碳酸类 | 雪碧 | 2L | 瓶 | ¥8.0 | 0 | ¥0.0 | 0 |
| 004 | 果蔬类 | 统一鲜橙多 | 2L | 瓶 | ¥9.0 | 35 | ¥315.0 | 15 |
| 005 | 果蔬类 | 汇源100%橙果汁 | 1L | 盒 | ¥15.0 | 0 | ¥0.0 | 0 |
| 006 | 果蔬类 | 众果100%纯果汁 | 1L | 盒 | ¥6.0 | 0 | ¥0.0 | 0 |
| 007 | 乳品类 | 伊利优酸乳 | 250ml | 盒 | ¥2.5 | 15 | ¥37.5 | 5 |
| 008 | 乳品类 | 伊利每益添 | 250ml | 瓶 | ¥6.5 | 0 | ¥0.0 | 0 |
| 009 | 乳品类 | 娃哈哈AD钙奶 | 220ml | 瓶 | ¥2.0 | 30 | ¥60.0 | 10 |
| 010 | 功能类 | 脉动 | 600ml | 瓶 | ¥4.0 | 30 | ¥120.0 | 25 |
| 011 | 功能类 | 红牛 | 250ml | 听 | ¥4.0 | 0 | ¥0.0 | 0 |
| 012 | 功能类 | 东鹏 | 250ml | 瓶 | ¥3.5 | 0 | ¥0.0 | 0 |
| 013 | 茶类 | 康师傅冰红茶 | 250ml | 盒 | ¥2.0 | 45 | ¥90.0 | 0 |
| 014 | 茶类 | 统计冰红茶 | 250ml | 盒 | ¥2.0 | 5 | ¥10.0 | 40 |
| 015 | 茶类 | 王老吉 | 310ml | 听 | ¥2.5 | 0 | ¥0.0 | 0 |

图 10-46

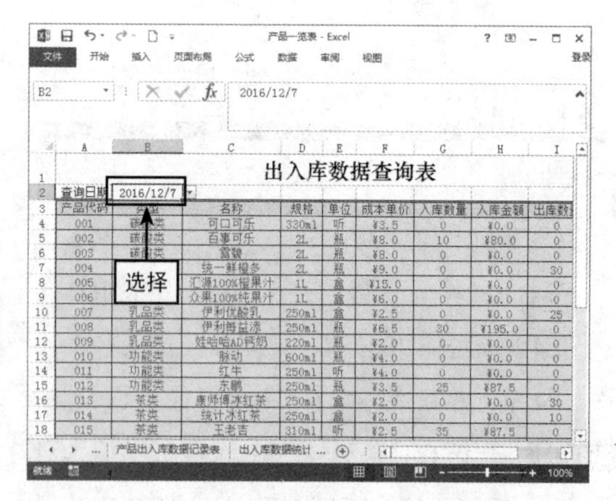


出入库数据查询表

查询日期 2016/12/7

| 产品代码 | 类型 | 名称 | 规格 | 单位 | 成本单价 | 入库数量 | 入库金额 | 出库数 |
|---|---|---|---|---|---|---|---|---|
| 001 | 碳酸类 | 可口可乐 | 330ml | 听 | ¥3.5 | 0 | ¥0.0 | 0 |
| 002 | 碳酸类 | 百事可乐 | 2L | 瓶 | ¥8.0 | 10 | ¥80.0 | 0 |
| 003 | 碳酸类 | 雪碧 | 2L | 瓶 | ¥8.0 | 0 | ¥0.0 | 0 |
| 004 | | 统一鲜橙多 | 2L | 瓶 | ¥9.0 | 0 | ¥0.0 | 30 |
| 005 | | 汇源100%橙果汁 | 1L | 盒 | ¥15.0 | 0 | ¥0.0 | 0 |
| 006 | | 众果100%纯果汁 | 1L | 盒 | ¥6.0 | 0 | ¥0.0 | 0 |
| 007 | 乳品类 | 伊利优酸乳 | 250ml | 盒 | ¥2.5 | 0 | ¥0.0 | 25 |
| 008 | 乳品类 | 伊利每益添 | 250ml | 瓶 | ¥6.5 | 30 | ¥195.0 | 0 |
| 009 | 乳品类 | 娃哈哈AD钙奶 | 220ml | 瓶 | ¥2.0 | 0 | ¥0.0 | 0 |
| 010 | 功能类 | 脉动 | 600ml | 瓶 | ¥4.0 | 0 | ¥0.0 | 0 |
| 011 | 功能类 | 红牛 | 250ml | 听 | ¥4.0 | 0 | ¥0.0 | 0 |
| 012 | 功能类 | 东鹏 | 250ml | 瓶 | ¥3.5 | 25 | ¥87.5 | 0 |
| 013 | 茶类 | 康师傅冰红茶 | 250ml | 盒 | ¥2.0 | 0 | ¥0.0 | 30 |
| 014 | 茶类 | 统计冰红茶 | 250ml | 盒 | ¥2.0 | 0 | ¥0.0 | 10 |
| 015 | 茶类 | 王老吉 | 310ml | 听 | ¥2.5 | 35 | ¥87.5 | 0 |

图 10-47

## 10.5 安全库存量预警表

安全库存预警表是对仓库存储的所有材料的库存数量，与安全库存量进行比较，当库存数量低于安全库存量时，系统会自动进行预警提示的报表。它的记录内容主要包括材料编码、类别、规格型号、单位、安全库存量、入库数量、出库数量等。

## 10.5.1　创建安全库存量预警表

创建安全库存量预警表主要包括制作表格框架、美化表格等操作。

**step 01** 打开 Excel，创建“安全库存量预警表”。

**step 02** 合并并居中 A1:J1 单元格区域，输入标题内容，将字体设置为“华文细黑”，将字号设置为 20 并加粗，如图 10-48 所示。

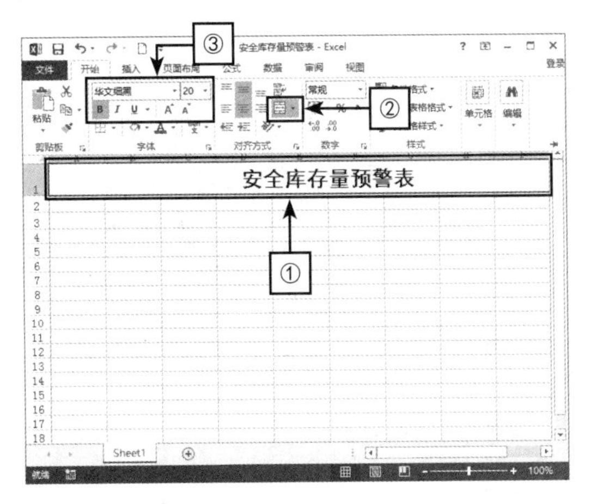


图 10-48

**step 03** 在第 3 行中，输入表格列标题文本内容，并单击“加粗”按钮，如图 10-49 所示。

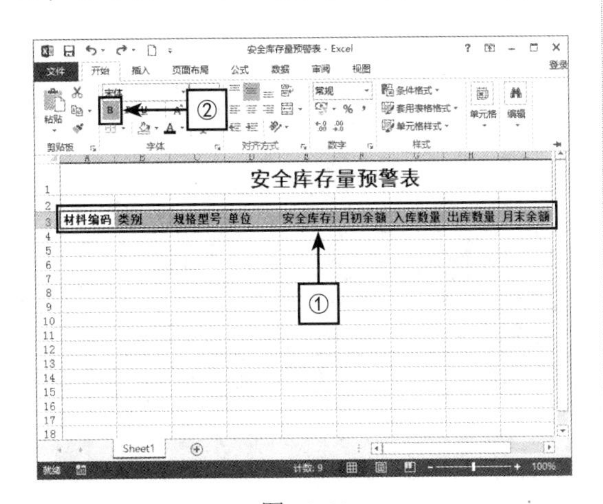


图 10-49

**step 04** 根据需要输入基础内容，并设置列宽及居中对齐方式，如图 10-50 所示。

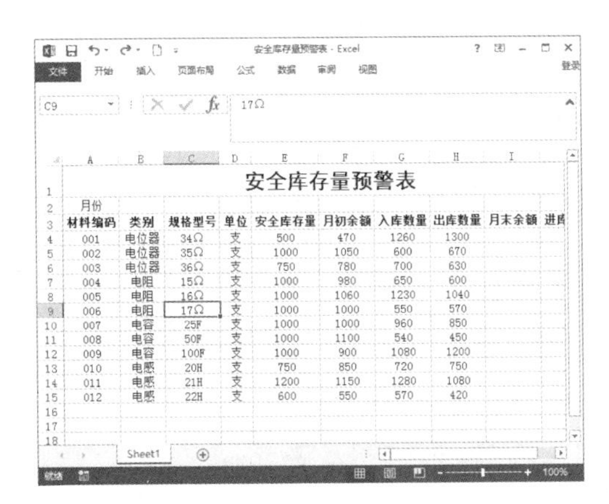

安全库存量预警表

月份

| 材料编码 | 类别 | 规格型号 | 单位 | 安全库存量 | 月初余额 | 入库数量 | 出库数量 | 月末余额 | 进货 |
|---|---|---|---|---|---|---|---|---|---|
| 001 | 电位器 | 34Ω | 支 | 500 | 470 | 1260 | 1300 | | |
| 002 | 电位器 | 35Ω | 支 | 1000 | 1050 | 600 | 670 | | |
| 003 | 电位器 | 36Ω | 支 | 750 | 780 | 700 | 630 | | |
| 004 | 电阻 | 15Ω | 支 | 1000 | 980 | 650 | 600 | | |
| 005 | 电阻 | 16Ω | 支 | 1000 | 1060 | 1230 | 1040 | | |
| 006 | 电阻 | 17Ω | 支 | 1000 | 1000 | 550 | 570 | | |
| 007 | 电容 | 25F | 支 | 1000 | 1000 | 960 | 850 | | |
| 008 | 电容 | 50F | 支 | 1000 | 1100 | 540 | 450 | | |
| 009 | 电容 | 100F | 支 | 1000 | 900 | 1080 | 1200 | | |
| 010 | 电感 | 20H | 支 | 750 | 850 | 720 | 750 | | |
| 011 | 电感 | 21H | 支 | 1200 | 1150 | 1280 | 1080 | | |
| 012 | 电感 | 22H | 支 | 600 | 550 | 570 | 420 | | |

图 10-50

**step 05** 选择 A3:J15 单元格区域，进入“开始”选项卡，在“字体”选项组中单击“下框线”下拉按钮，选择“所有框线”选项。

**step 06** 选择 A3:J3 单元格区域，进入“开始”选项卡，在“字体”选项组中单击“所有框线”下拉按钮，选择“粗匣框线”选项，为表格添加内、外边框，如图 10-51 所示。

安全库存量预警表

月份

| 材料编码 | 类别 | 规格型号 | 单位 | 安全库存量 | 月初余额 | 入库数量 | 出库数量 | 月末余额 | 进货 |
|---|---|---|---|---|---|---|---|---|---|
| 001 | 电位器 | 34Ω | 支 | 500 | 470 | 1260 | 1300 | | |
| 002 | 电位器 | 35Ω | 支 | 1000 | 1050 | 600 | 670 | | |
| 003 | 电位器 | 36Ω | 支 | 750 | 780 | 700 | 630 | | |
| 004 | 电阻 | 15Ω | 支 | 1000 | 980 | 650 | 600 | | |
| 005 | 电阻 | 16Ω | 支 | 1000 | 1060 | 1230 | 1040 | | |
| 006 | 电阻 | 17Ω | 支 | 1000 | 1000 | 550 | 570 | | |
| 007 | 电容 | 25F | 支 | 1000 | 1000 | 960 | 850 | | |
| 008 | 电容 | 50F | 支 | 1000 | 1100 | 540 | 450 | | |
| 009 | 电容 | 100F | 支 | 1000 | 900 | 1080 | 1200 | | |
| 010 | 电感 | 20H | 支 | 750 | 850 | 720 | 750 | | |
| 011 | 电感 | 21H | 支 | 1200 | 1150 | 1280 | 1080 | | |
| 012 | 电感 | 22H | 支 | 600 | 550 | 570 | 420 | | |

图 10-51

## 10.5.2　计算进货预警情况

计算进货预警情况之前，首先要计算本月月末库存余额，当库存余额量低于安全库存量时，系统将自动进行预警提示。

**step 01** 选择B2单元格，在编辑栏中输入计算公式，如图10-52所示。

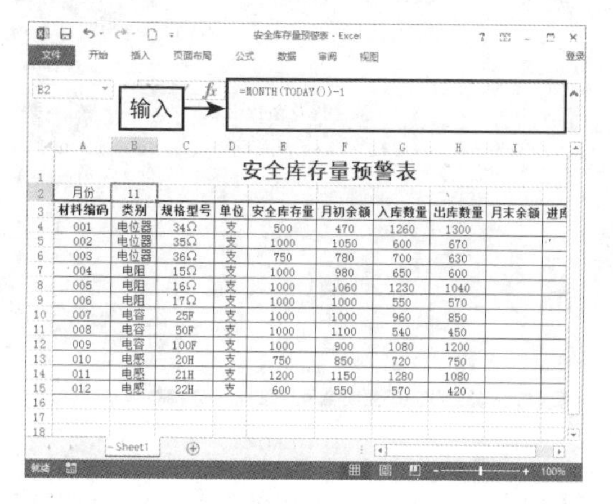


图 10-52

**step 02** 选择I4单元格，在编辑栏中输入计算公式，并向下填充至I15单元格，如图10-53所示。

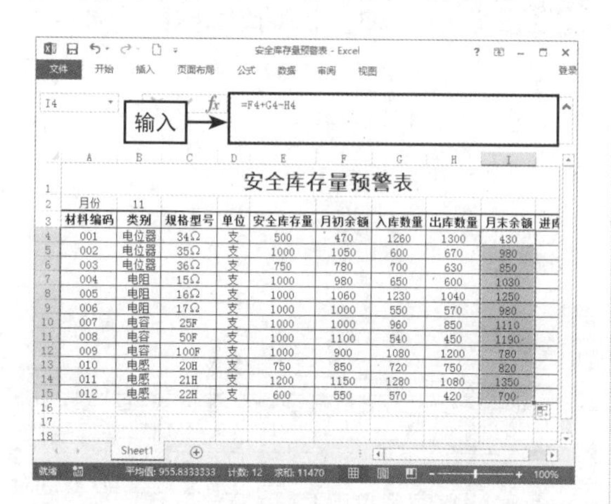


图 10-53

**step 03** 选择J4单元格，在编辑栏中输入计算公式 =IF(I4<=E4,"库存不足","库存充足")，并向下填充至J15单元格，如图10-54所示。

**step 04** 选择A3:J15单元格区域，进入"开始"选项卡，在"样式"选项组中单击"套用表格格式"下拉按钮，选择"表样式中等深浅12"样式，并选择"表包含标题"复选框，如图10-55所示。

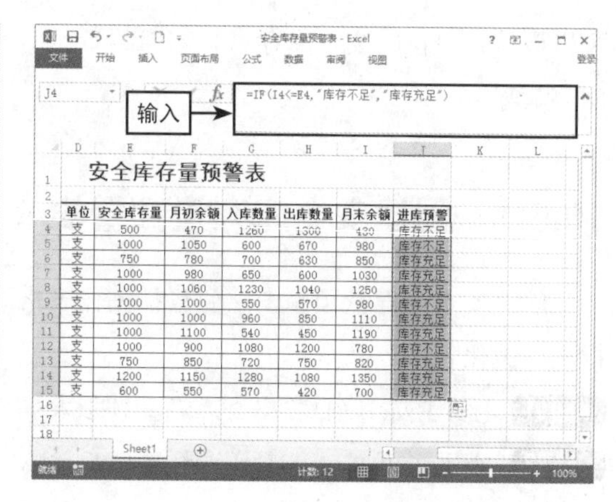


图 10-54

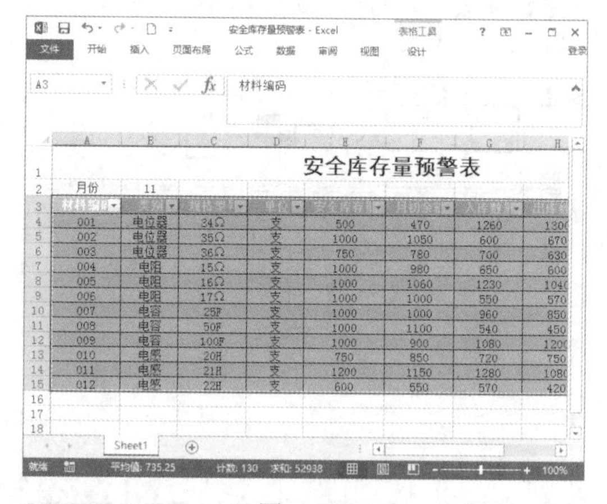


图 10-55

**step 05** 进入"设计"选项卡，在"工具"选项组中单击"转换为区域"按钮，在弹出的对话框中单击"是"按钮，所得结果如图10-56所示。

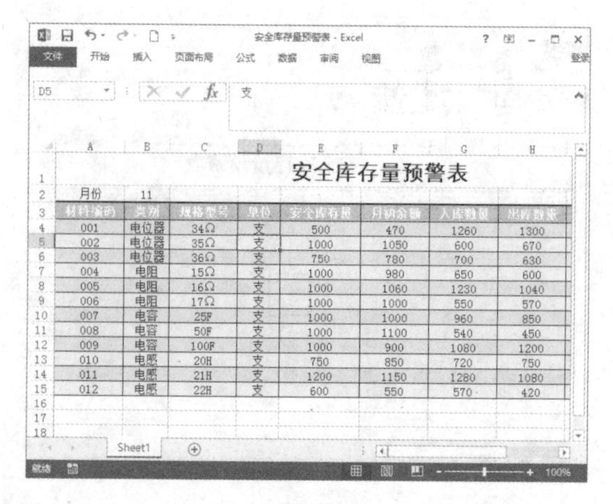


图 10-56

## 10.5.3　设置条件格式

对库存不足的单元格可以设置条件格式，凸显单元格。

**step 01** 选择 J4:J15 单元格区域，进入“开始”选项卡，在“样式”选项组中单击“条件格式”下拉按钮，并单击“突出显示单元格规则”下拉按钮，从中执行“等于”命令，如图 10-57 所示。

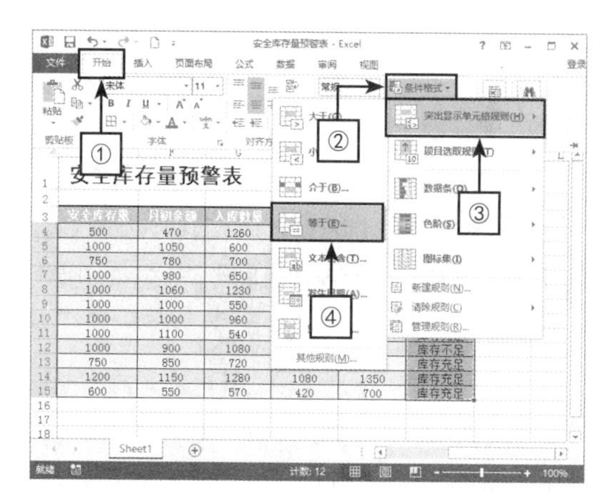

图 10-57

**step 02** 打开“等于”对话框，在“为等于以下值的单元格设置格式”文本框中输入“库存不足”，并在“设置为”下拉列表框中选择“自定义格式”选项，如图 10-58 所示。

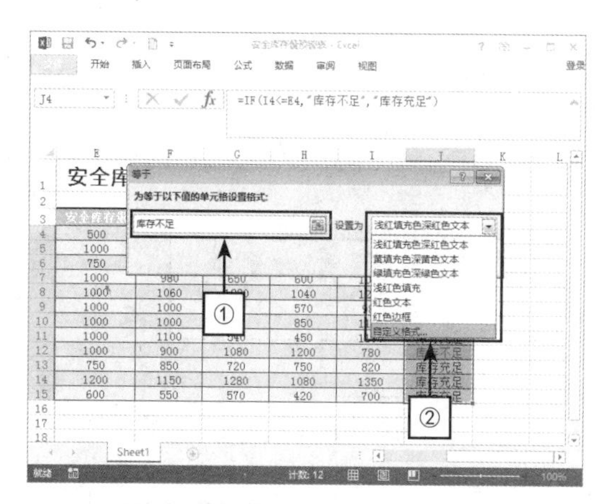

图 10-58

**step 03** 打开“设置单元格格式”对话框，选择“字体”选项卡，将“字形”设置为“加粗”，“颜色”设置为“白色，背景 1”，如图 10-59 所示。

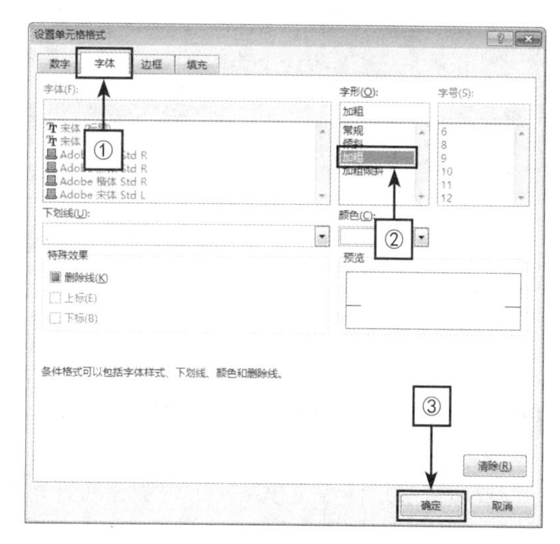

图 10-59

**step 04** 切换至“填充”选项卡，设置单元格填充颜色为红色，单击“确定”按钮，如图 10-60 所示。

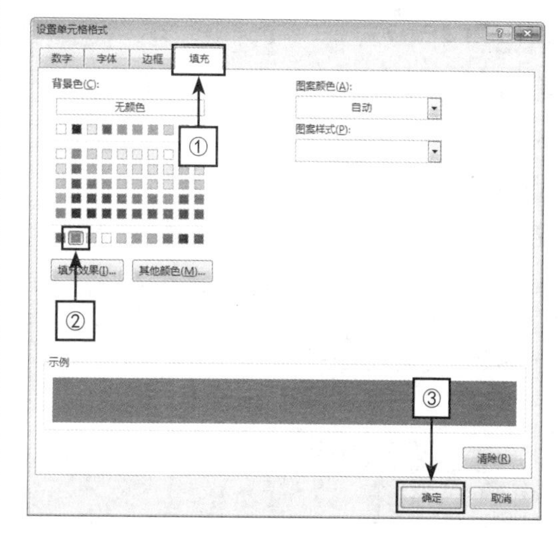

图 10-60

**step 05** 得到如图 10-61 所示的结果，进行预警提示。

安全库存量预警表

| 安全库存量 | 月初余额 | 入库数量 | 出库数量 | 月末余额 | 进货提醒 |
|---|---|---|---|---|---|
| 500 | 470 | 1260 | 1300 | 430 | 库存不足 |
| 1000 | 1050 | 600 | 670 | 980 | 库存不足 |
| 750 | 780 | 700 | 630 | 850 | 库存充足 |
| 1000 | 980 | 650 | 600 | 1030 | 库存充足 |
| 1000 | 1060 | 1230 | 1040 | 1250 | 库存充足 |
| 1000 | 1000 | 550 | 570 | 980 | 库存不足 |
| 1000 | 1000 | 960 | 850 | 1110 | 库存充足 |
| 1000 | 1100 | 540 | 450 | 1190 | 库存充足 |
| 1000 | 900 | 1080 | 1200 | 780 | 库存不足 |
| 750 | 850 | 720 | 750 | 820 | 库存充足 |
| 1200 | 1150 | 1280 | 1080 | 1350 | 库存充足 |
| 600 | 550 | 570 | 420 | 700 | 库存充足 |

图 10-61

# 10.6 构建投资静态指标评价模型

投资静态指标评价模型不考虑资金的时间价值，是贴现率为 0 时的评价方法。主要包括投资回收期、投资收益率等指标。该类指标一般适用于方案的初选，或者投资后各项目间经济效益的比较。

## 10.6.1 计算回收期和收益率

会计财务人员在构建投资静态指标评价模型时，可以根据已有数据计算回收期和收益率。

**step 01** 打开 Excel，创建“投资静态指标评价模型”。

**step 02** 合并并居中 A1:D1 单元格区域，输入标题内容，将字体设置为“华康圆体 W7（P）”，将字号设置为 18，如图 10-62 所示。

**step 03** 根据需要输入基础内容，合并所需单元格，并设置居中对齐方式。

**step 04** 选择 A 列及 C 列单元格区域，在“单元格”选项组中，单击“格式”下拉按钮，执行“自动调整列宽”命令，所得结果如图 10-63 所示。

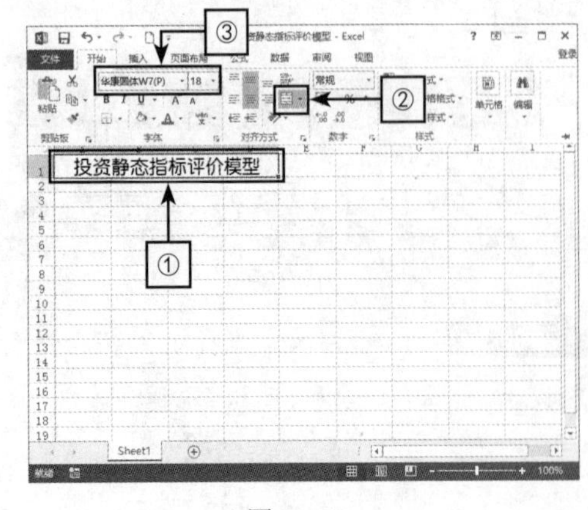


图 10-62

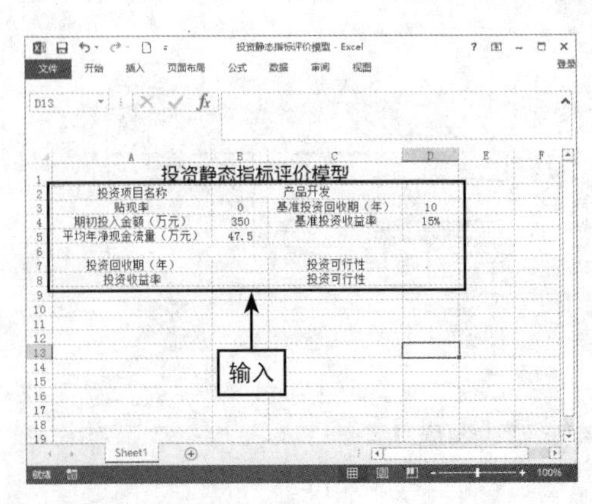


图 10-63

**step 05** 选择 A2:D8 单元格区域，进入“开始”选项卡，在“字体”选项组中单击“下框线”下拉按钮，选择“所有框线”与“粗匣框线”选项，为表格添加内、外边框，如图 10-64 所示。

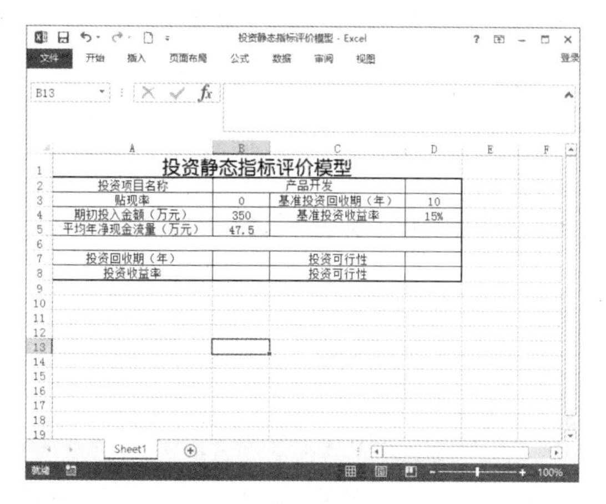


图 10-64

**step 06** 根据需要选择单元格区域，进入“开始”选项卡，在“样式”选项组中单击“单元格样式”下拉按钮，选择“适中”选项，结果如图 10-65 所示。

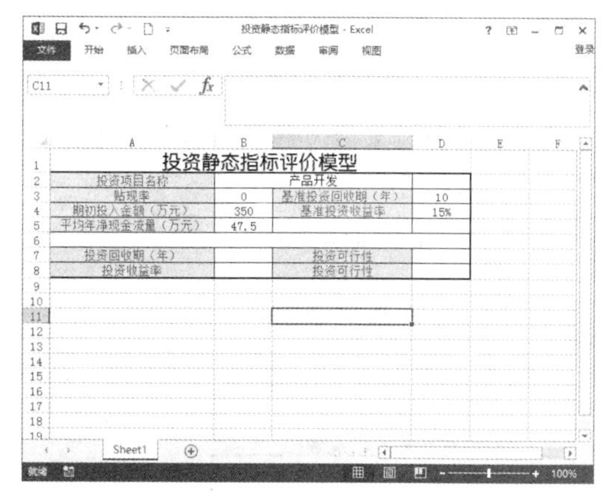


图 10-65

**step 07** 选择 B7 单元格，在编辑栏中输入计算公式 =CEILING(B4/B5,1)，如图 10-66 所示。

**step 08** 选择 B8 单元格，在编辑栏中输入计算公式，并设置其数字格式为“百分比”，结果如图 10-67 所示。

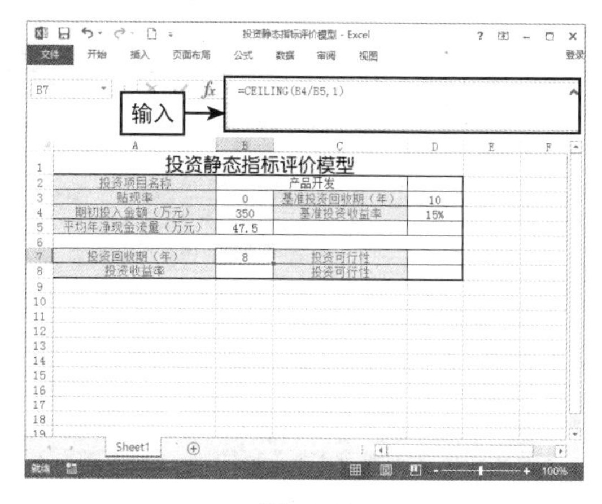


图 10-66

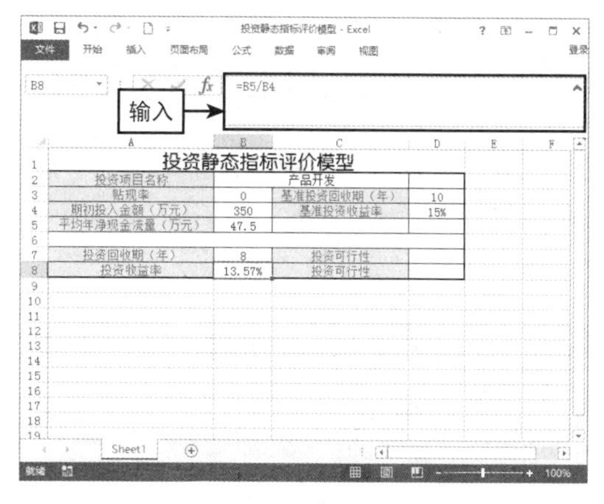


图 10-67

## 10.6.2　判断可行性

投资项目可行性分析的主要目的是运用各种方法计算出有关指标，对投资项目技术上的可行性和经济上的有效性进行论证，以便合理确定不同项目的优劣，选择最佳投资方案。

**step 01** 选择 D7 单元格，在编辑栏中输入计算公式 =IF(B7<=D3,"可行","不行")，如图 10-68 所示。

**step 02** 选择 D8 单元格，在编辑栏中输入计算公式 =IF(B8>D4,"可行","不行")，如图 10-69 所示。

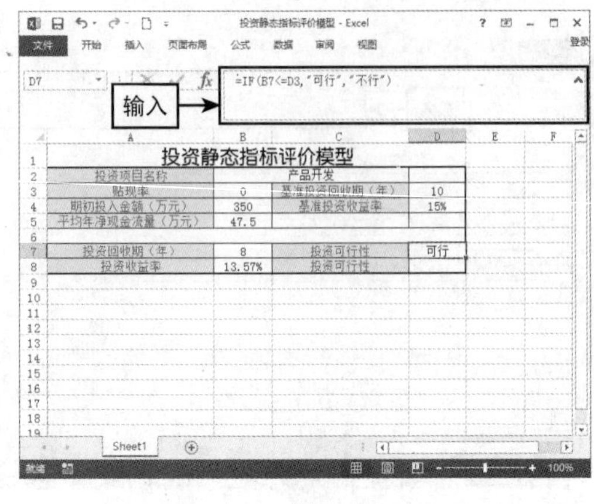


图 10-68

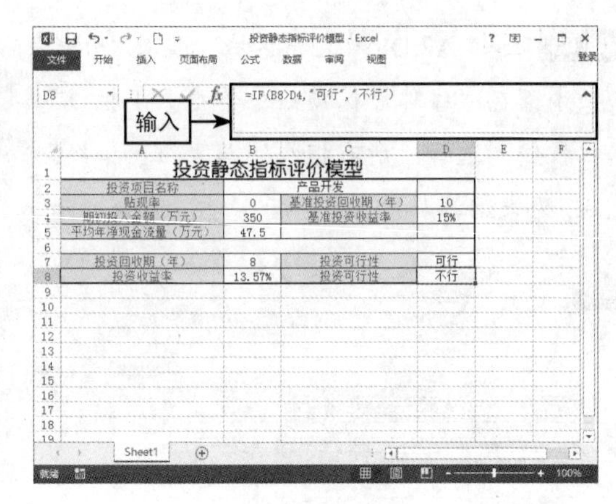


图 10-69

## 10.7 生产利润最大化求解

实现利润最大化是企业的财务目标，实现产量的边际收益与边际成本相等，即可实现企业利润最大化。

### 10.7.1 设置公式计算

利用公式可以计算生产利润小计、实际生产成本、实际生产时间、每天最高生产利润等数据内容。

**step 01** 打开 Excel 2013，创建“生产利润最大化求解”。

**step 02** 合并并居中 A1:F1 单元格区域，输入标题内容，将字体设置为“华文新魏”，将字号设置为 20 并加粗，如图 10-70 所示。

**step 03** 根据需要输入基础内容，并设置居中对齐方式，如图 10-71 所示。

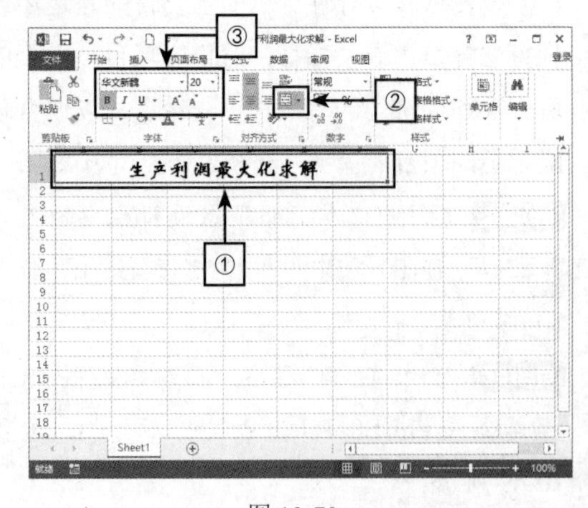


图 10-70

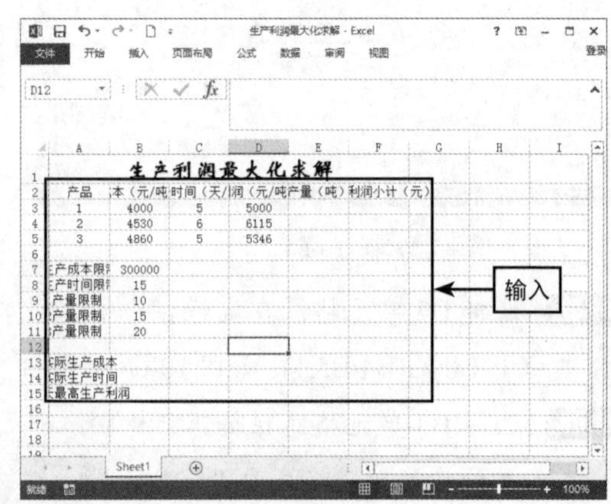


图 10-71

**step 04** 选择 B3:B5 和 D3:D5 单元格区域，进入“开始”选项卡，在“数字”选项组中单击“数字格式”下拉按钮，选择“数字”选项，如图 10-72 所示。

**step 05** 选择 F3:F5、B7、B13 和 B15 单元格区域，在“数字”选项组中单击“数字格式”下拉按钮，选择“货币”选项。

**step 06** 选择 A2:F15 单元格区域，进入“开始”选项卡，在“单元格”选项组中单击“格式”下拉按钮，执行“自动调整列宽”命令，自动设置最佳列宽，所得结果如图 10-73 所示。

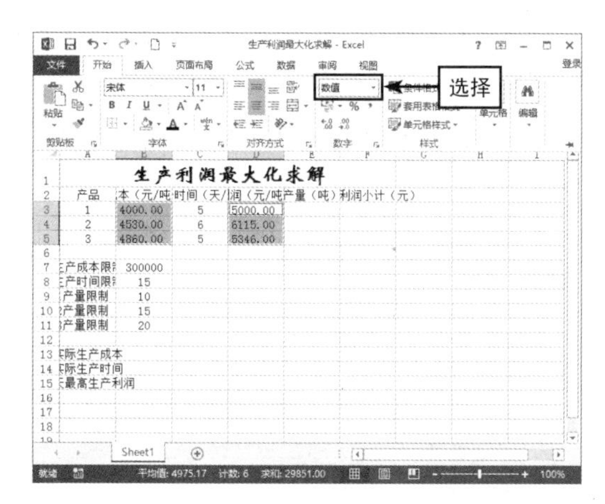


图 10-72

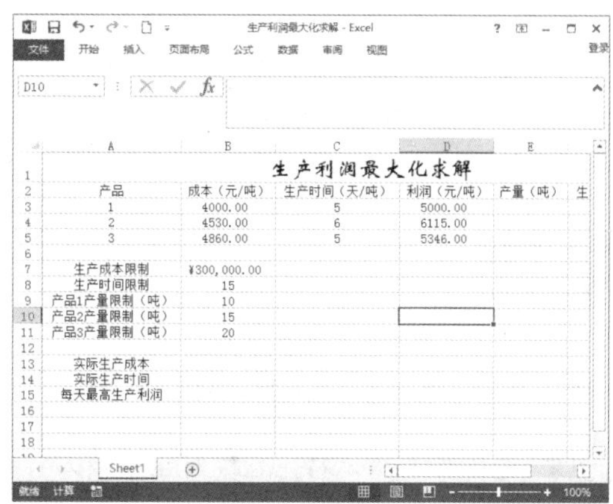


图 10-73

**step 07** 选择 F3 单元格，在编辑栏中输入计算公式，并向下填充至 F5 单元格，如图 10-74 所示。

**step 08** 选择 B13 单元格，在编辑栏中输入计算公式 =SUMPRODUCT(B3:B5,E3:E5)，如图 10-75 所示。

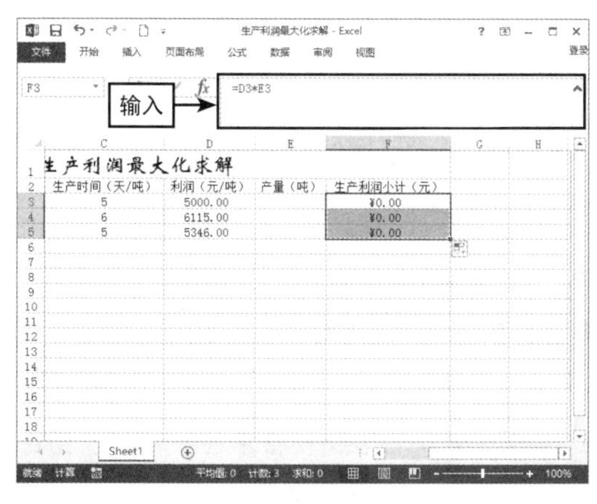


图 10-74

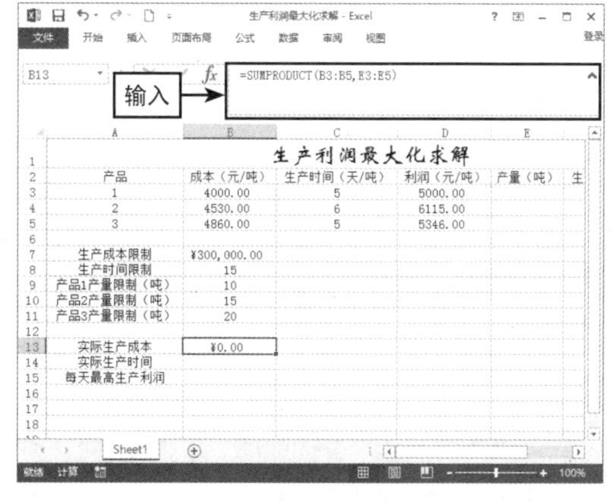


图 10-75

**step 09** 选择 B14 单元格，在编辑栏中输入计算公式 =INT(SUMPRODUCT(C3:C5,E3:E5) /60)，如图 10-76 所示。

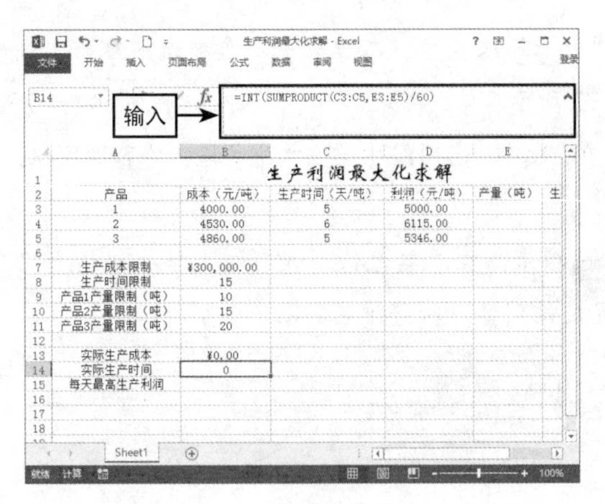


图 10-76

**提示：**

INT(number) 将数值向下取整为最接近的整数。number 需要进行向下舍入取整的实数。

**step 10** 选择 B15 单元格，在编辑栏中输入计算公式，如图 10-77 所示。

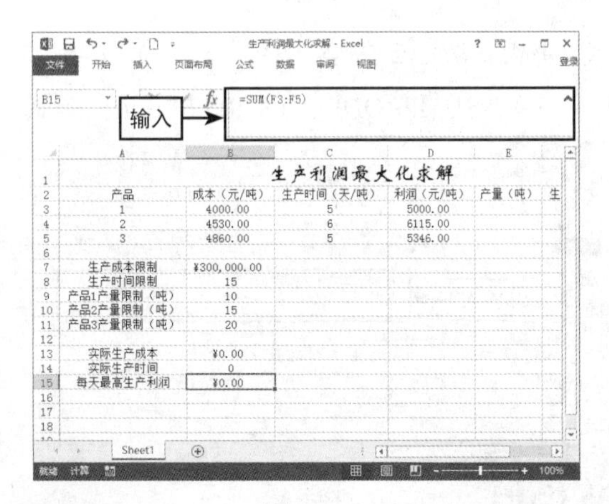


图 10-77

**step 11** 选择 A2:F5、A7:B11 和 A13:B15 单元格区域，进入“开始”选项卡，在“字体”选项组中单击“下框线”下拉按钮，选择“所有框线”与“粗匣框线”选项，如图 10-78 所示。

**step 12** 根据需要选择单元格区域，进入“开始”选项卡，在“样式”选项组中单击“单元格样式”下拉按钮，选择“好”选项，如图 10-79 所示。

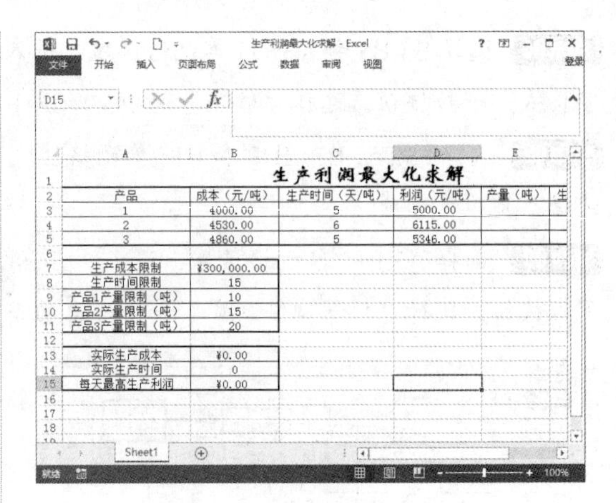

图 10-78

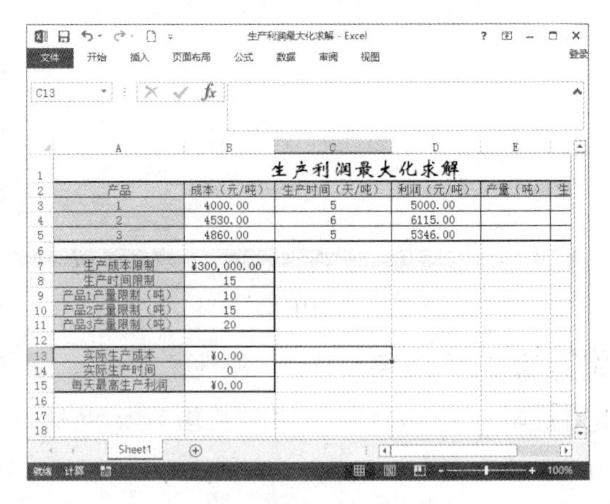

图 10-79

## 10.7.2 使用规划求解工具

适应 Excel 规划求解工具可快速求解分析生产利润最大化。

**step 01** 进入“文件”选项卡，执行“选项”命令，打开“Excel 选项”对话框，选择“加载项”选项卡，并单击右侧窗格中的“转到”按钮，如图 10-80 所示。

**step 02** 在打开的“加载宏”对话框中，勾选“可用加载宏”列表框中的“规划求解加载项”选项，单击“确定”按钮，如图 10-81 所示。

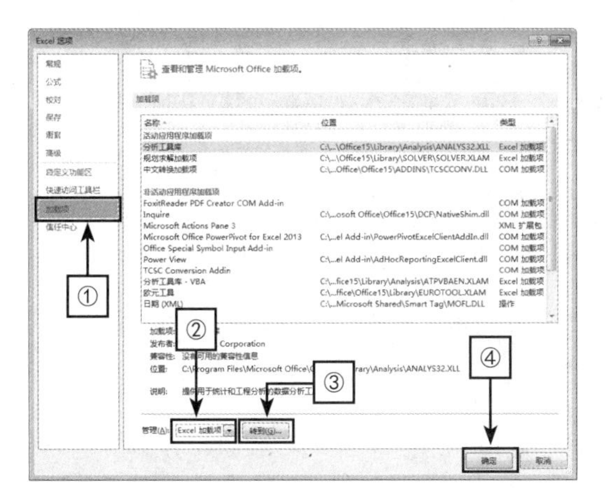

图 10-80

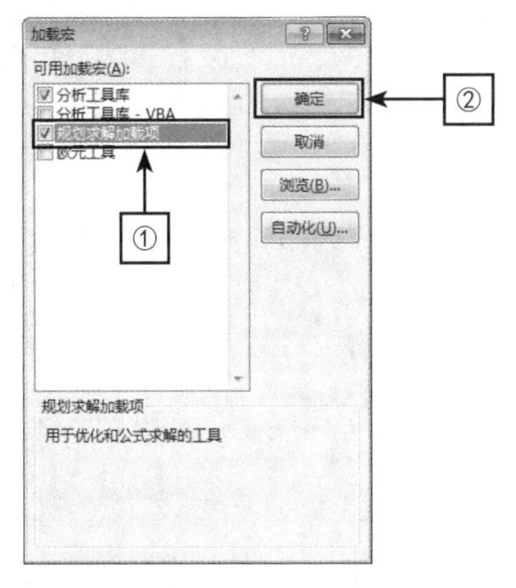

图 10-81

**step 03** 选择B15单元格，进入“数据”选项卡，在“分析”选项组中单击“规划求解”按钮，如图 10-82 所示。

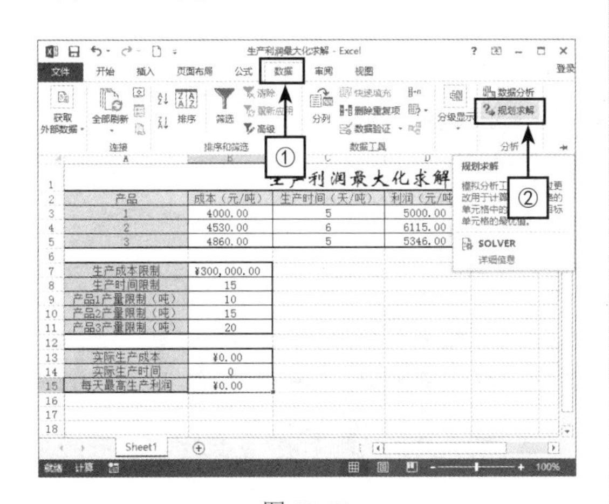

图 10-82

**step 04** 在打开的“规划求解参数”对话框中，选择“最大值”单选按钮，单击“通过更改可变单元格”文本框右侧的折叠按钮，选择可变单元格区域，单击“添加”按钮，如图 10-83 所示。

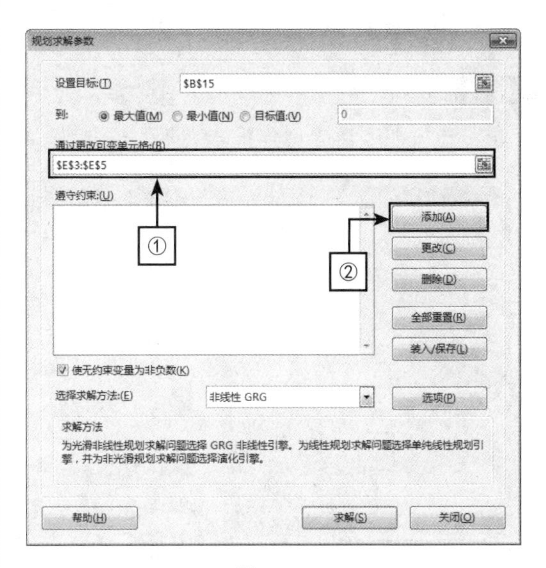

图 10-83

**step 05** 打开“添加约束”对话框，设置“单元格引用”为“$B$13”，“约束条件”为“<=”，“约束”为“=$B$7”，单击“添加”按钮，如图 10-84 所示。

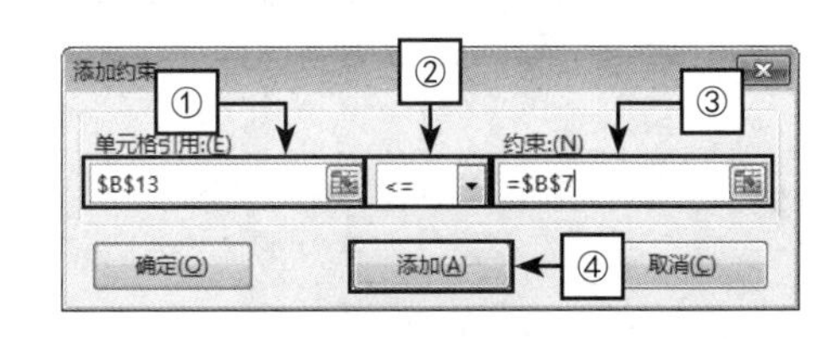

图 10-84

**step 06** 设置“单元格引用”为“$B$14”，“约束条件”为“<=”，“约束”为“=$B$8”，单击“添加”按钮，如图 10-85 所示。

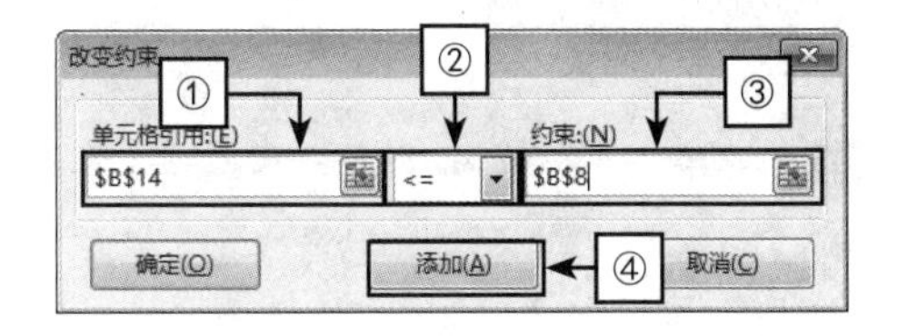

图 10-85

**step 07** 按照同样的方法添加规划求解其他约束条件，单击“确定”按钮，返回“规划求解参数”对话框，取消勾选“使无约束变量为非负数”复选框，单击“求解”按钮，如图 10-86 所示。

> **提示：**
>
> 将约束条件设置为“int”时，可在“约束”对话框中输入“整数”。

**step 08** 弹出“规划求解结果”对话框，提示已找到一解。在“报告”列表框中选择“运算结果报告”选项，选择“制作报告大纲”复选框，单击“确定”按钮，如图 10-87 所示。

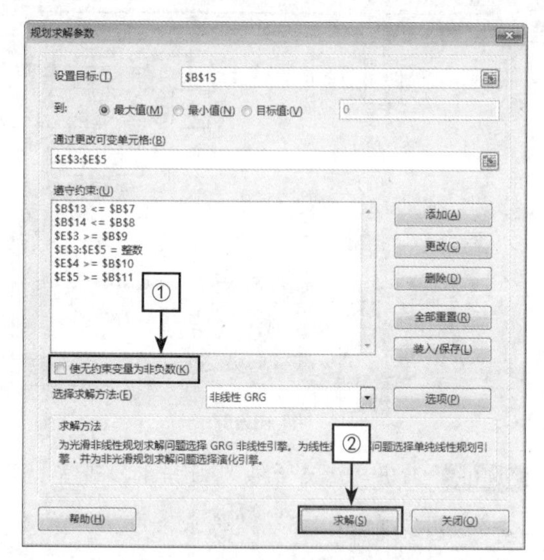


图 10-86

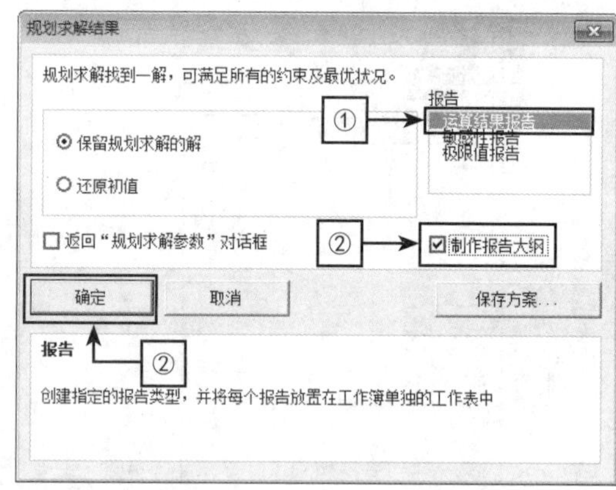


图 10-87

**step 09** 在 E3:E5 单元格区域中显示求解结果，如图 10-88 所示。

**step 10** 在生成的“运算结果报告 1”工作表中，显示规划求解生成的运算结果，如图 10-89 所示。

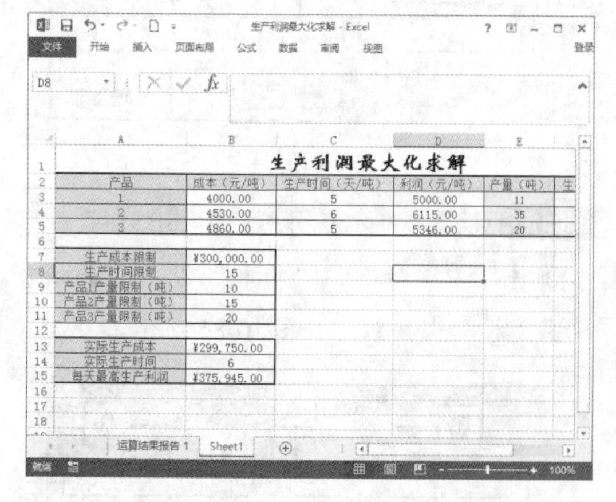


图 10-88

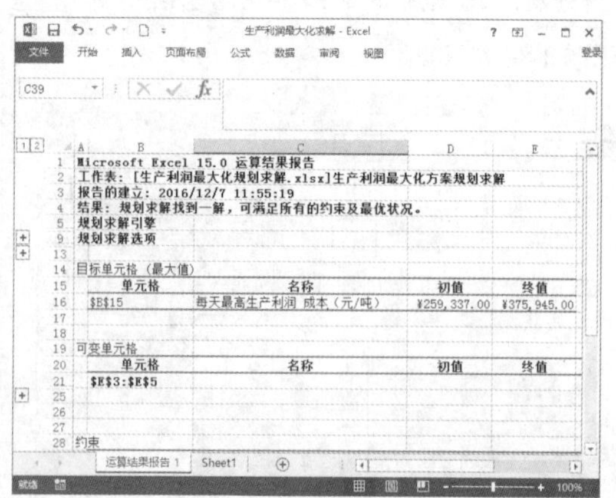


图 10-89

## 10.8　本章小结与职场感悟

❐ 本章小结

库存管理与采购和销售管理是紧密相连的，采购的原材料或商品以及企业生产的产品，都需要进行入库和出库的统计。由于投资收益的不稳定性，企业投资存在一定的风险，在投资决策过程中，需要对投资项目的可行性进行周密、系统地分析和研究，实现生产利润最大化。本章从库存管理与投资管理两方面着手， 主要介绍产品一览表、产品出入库数据记录表、出入库数据统计表、出入库数据查询表、安全库存量预警表、投资静态指标评价模型的制作，以及利用 Excel 规划求解工具求解生产利润最大化等内容。熟练运用 Excel 提供的函数和工具，解决库存管理和投资管理中的各种实际问题。

❐ 职场感悟——谦虚谨慎不卑不亢

“我唯一知道的事就是我一无所知”，这句话出自古希腊著名的思想家、哲学家、教育家苏格拉底之口，正是其谦虚、谨慎的态度使他不断接受新事物、汇聚新思想，成为西方哲学的奠基者。在和别人的交往过程中，如果能够保持谦虚、谨慎的态度，对我们的工作和生活是有很大的帮助的。在一个组织中，每个人负责的区域是不同的，没有人是全能的，每个人都有自己的优势和特点，这些往往能弥补我们自身的不足，遇到不懂的事物，需要我们虚心地向别人请教。不高估自己，也不看低别人，不妄自菲薄，不趾高气扬，尊重身边的同事，尊重任何一个职业，始终以虚心的态度去学习，去接纳新事物，提升自我，赢得他人的认可和尊重。

但是谦虚不等于软弱，在职场中我们除了保持谦虚、谨慎的态度外，还要锻炼坚强的内心，塑造不屈的性格，做到不卑不亢。人生来就带有缺陷，如果我们不幸没有技术、没有文凭、没有知识，只能做一些看似卑微的工作，也不能自己否定、贬低自己。职业是没有高低贵贱之分的，每一份工作都有它存在的意义，我们要意识到自身工作的价值，不因他人一句否定便如坠深渊，不被偏激情绪所打倒，不为挫折一蹶不振，遇到困难时，也该奋斗拼搏、锐意进取，让人生的缺陷成为自己前进的脚步、成为生命中深刻的印记。

# 附录 1

## 会计财务常用公式

| 分类 | 字段名称 | 计算方法 |
|---|---|---|
| 偿债能力 | 预收 / 营收比率 | = 预收账款 / 主营收入 |
| | 现金流动负债比率 | = 现金 / 流动负债 |
| | 流动比率 | = 流动资产 / 流动负债 |
| | 速动比率 | =( 流动资产 – 存货 )/ 流动负债 |
| | 负债资产率 (%) | = 负债总额 / 总资产 *100% |
| | | =( 一年到期的长期负债 + 长期负债 )/ 总资产 *100% |
| | 扣除预收帐款后的负债比率 | =( 负债合计 – 预收账款 )/ 总资产 *100% |
| 资本结构 | 现金比 (%) | = 现金余额 / 资产总额 *100% |
| | 权益负债比率 | = 股东权益 / 负债总额 |
| | 流动资产比 (%) | = 流动资产 / 总资产 *100% |
| | 流动负债比 (%) | = 流动负债 / 总资产 *100% |
| | 固定资产权益比率 | = 固定资产 / 股东权益 |
| | 固定比 (%) | =( 固定资产 + 无形资产及其他资产合计 )/ 总资产 *100% |
| | 股东权益比率 | = 股东权益 / 总资产 |
| | 负债权益比率 | = 负债总额 / 股东权益 |
| | 长期负债资产比 (%) | = 长期负债 / 总资产 *100% |
| 经营效率 | 总资产收益率 (%) | =[ 净利润 + 利息费用 *(1– 税率 )]/ 总资产 *100% |
| | 总资产周转率 | = 主营业务收入 /( 期初资产总额 + 期末资产总额 )/2 |
| | 应收账款周转率 | = 主营业务收入 /( 期初应收账款净额 + 期末应收账款净额 )/2 |
| | 应收账款周转天数 | =365/ 应收账款周转率 |
| | 应收账款同比增长率 (%) | =( 本期应收账款 – 上期应收账款 )/ 上期应收账款 *100% |
| | 流动资产周转率 | = 主营业务收入 /( 期初流动资产 + 期末流动资产 )/2 |
| | 流动资产周转天数 | =365/ 流动资产周转率 |
| | 固定资产周转率 | = 主营业务收入 /( 期初固定资产 + 期末固定资产 )/2 |
| | 固定资产周转天数 | =365/ 固定资产周转率 |
| | 股东权益周转率 | = 主营业务收入 /( 期初股东权益 + 期末股东权益 )/2 |
| | 存货周转率 | = 主营业务成本 /( 期初存货净额 + 期末存货净额 )/2 |
| | 存货周转天数 | =365/ 存货周转率 |
| | 存货同比增长率 (%) | =( 本期存货 – 上期存货 )/ 上期存货 *100% |
| 盈利能力 | 资产利润率 (%) | = 利润总额 /( 期初资产总额 + 期末资产总额 )/2*100% |
| | 资产净利率 (%) | = 净利润 /( 期初资产总额 + 期末资产总额 )/2 |
| | 主营业务利润率 (%) | = 主营业务利润 / 主营业务收入 *100% |
| | 主营业务利润比例 (%) | = 主营业务利润 / 利润总额 *100% |
| | 主营毛利率 (%) | =( 主营业务收入 – 主营业务成本 )/ 主营业务收入 *100% |
| | 主营净利率 (%) | = 净利润 / 主营业务收入 *100% |
| | 主营成本比例 (%) | = 主营业务成本 / 主营业务收入 *100% |

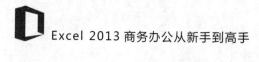

续表

| 分类 | 字段名称 | 计算方法 |
| --- | --- | --- |
| 盈利能力 | 营业外收支比例 (%) | = 营业外收支净额 / 利润总额 *100% |
| | 营业费用比例 (%) | = 营业费用 / 主营业务收入 *100% |
| | 投资收益比例 (%) | = 投资收益 / 利润总额 *100% |
| | 三项费用比例 (%) | =( 营业费用 + 管理费用 + 财务费用 )/ 主营业务收入 *100% |
| | 其他业务利润比例 (%) | = 其他业务利润 / 利润总额 *100% |
| | 每股资本公积金 | = 资本公积金 / 总股本 |
| | 每股盈余公积金 | = 盈余公积金 / 总股本 |
| | 每股未分配利润 | = 未分配利润 / 总股本 |
| | 每股可分配利润 | = 可供股东分配利润 / 总股本 |
| | 每股股利 | =( 已分配普通股股利 + 转作股本的普通股股利 )/ 总股本 |
| | 每股负债比 | = 负债总额 / 总股本 |
| | 流动负债率 (%) | = 流动负债 / 总负债 *100% |
| | 净利润率 (%) | = 净利润 / 主营业务收入 *100% |
| | 管理费用比例 (%) | = 管理费用 / 主营业务收入 *100% |
| | 股东权益收益率 (%) | =( 净利润 – 可赎回优先股股利 )/( 期初股东权益 + 期末股东权益 )/2*100% |
| | 财务费用比例 (%) | = 财务费用 / 主营业务收入 *100% |
| | 净资产报酬率 (%) | = 净利润 / 净资产 *100% |
| 现金流量 | 主营收入现金比例 (%) | = 销售商品、提供劳务收到的现金 / 主营业务收入 *100% |
| | 现金总资产比 (%) | = 经营活动产生的现金流量净额 / 资产总计 *100% |
| | 现金总负债比 (%) | = 经营活动产生的现金流量净额 / 负债总计 *100% |
| | 现金主营收入比 (%) | = 经营活动产生的现金流量净额 / 主营业务收入 *100% |
| | 现金流动负债比 (%) | = 经营活动产生的现金流量净额 / 流动负债 *100% |
| | 现金净利润比 (%) | = 经营活动产生的现金流量净额 / 净利润 *100% |
| | 每股投资活动产生的现金流量净额 | = 投资活动产生的现金流量净额 / 总股本 |
| | 每股筹资活动产生的现金流量净额 | = 筹资活动产生的现金流量净额 / 总股本 |
| | 每股经营活动现金流量净额 | = 经营活动产生的现金流量净额 / 总股本 |
| 投资收益 | 总资产报酬率 (%) | = 净利润 / 总资产 *100% |
| | 投资收益率 (%) | = 投资收益 /( 期初长、短期投资 + 期末长、短期投资 )/2*100% |
| | 扣除非经常性损益后的每股收益 | = 扣除非经常性损益后的净利润 / 总股本 |
| | 每股收益 | = 净利润 / 总股本 |
| | 每股净资产 | = 股东权益 / 总股本 |
| | 净资产收益率 (%) | = 净利润 / 股东权益 *100% |
| | 调整后的每股净资产 | =( 股东权益 – 三年以上的应收账款 – 待摊费用 – 待处理 ( 流动、固定 ) 资产净损失 – 开办费 – 长期待摊费用 ) |
| | 股息发放率 (%) | =( 已分配普通股股利 + 转作股本的普通股股利 )/( 净利润 – 优先股股息 )*100% |

续表

| 分类 | 字段名称 | 计算方法 |
| --- | --- | --- |
| 投资收益 | 股利发放 / 支付率 (%) | = 股利发放 / 支付率 =( 已分配普通股股利 + 转作股本的普通股股利 )/ 净利润 *100% |
|  | 股利率 (%) | = 每股股利 / 股票现价 *100% |
| 成长性 | 总资产增长率 (%) | =( 总资产 – 上期总资产 )/abs( 上期总资产 )*100% |
|  | 主营收入增长率 (%) | =( 本期主营业务收入 – 上期主营业务收入 )/abs( 上期主营业务收入 )*100% |
|  | 主营利润增长率 (%) | =( 本期主营利润 – 上期主营利润 )/abs( 上期主营利润 )*100% |
|  | 营业利润增长率 (%) | =( 本期营业利润 – 上期营业利润 )/abs( 上期营业利润 )*100% |
|  | 所有者权益增长率 (%) | =( 本期所有者权益 – 上期所有者权益 )/abs( 上期所有者权益 )*100% |
|  | 每股收益增长率 (%) | =( 本期每股收益 – 上期每股收益 )/abs( 上期每股收益 )*100% |
|  | 每股净资产增长率 (%) | =( 本期每股净资产 – 上期每股净资产 )/abs( 上期每股净资产 )*100% |
|  | 利润总额增长率 (%) | =( 本期利润总额 – 上期利润总额 )/abs( 上期利润总额 )*100% |
|  | 净资产收益率增长率 (%) | = 本期净利润 / 本期股东权益 – 上期净利润 / 上期股东权益 )/abs( 上期净利润 / 上期股东权益 )*100% |
|  | 净利润增长率 (%) | =( 本期净利润 – 上期净利润 )/abs( 上期净利润 )*100% |
|  | 固定资产增长率 (%) | =( 本期固定资产 – 上期固定资产 )/abs( 上期固定资产 )*100% |
|  | 主营利润增长率 (%) | =( 本期主营利润 – 上期主营利润 )/abs( 上期主营利润 )*100% |

# 附录 2

## 会计财务常用函数

| (1) 投资计算函数 | |
|---|---|
| 函数名称 | 函数功能 |
| EFFECT | 计算实际年利息率 |
| FV | 计算投资的未来值 |
| FVSCHEDULE | 计算原始本金经一系列复利率计算之后的未来值 |
| IPMT | 计算某投资在给定期间内的支付利息 |
| NOMINAL | 计算名义年利率 |
| NPER | 计算投资的周期数 |
| NPV | 在已知定期现金流量和贴现率的条件下计算某项投资的净现值 |
| PMT | 计算某项年金每期支付金额 |
| PPMT | 计算某项投资在给定期间里应支付的本金金额 |
| PV | 计算某项投资的净现值 |
| XIRR | 计算某一组不定期现金流量的内部报酬率 |
| XNPV | 计算某一组不定期现金流量的净现值 |
| (2) 折旧计算函数 | |
| 函数名称 | 函数功能 |
| AMORDEGRC | 计算每个会计期间的折旧值 |
| DB | 计算用固定定率递减法得出的指定期间内资产折旧值 |
| DDB | 计算用双倍余额递减或其他方法得出的指定期间内资产折旧值 |
| SLN | 计算一个期间内某项资产的直线折旧值 |
| SYD | 计算一个指定期间内某项资产按年数合计法计算的折旧值 |
| VDB | 计算用余额递减法得出的指定或部分期间内的资产折旧值 |
| (3) 偿还率计算函数 | |
| 函数名称 | 函数功能 |
| IRR | 计算某一连续现金流量的内部报酬率 |
| MIRR | 计算内部报酬率。此外正、负现金流量以不同利率供给资金计算 |
| RATE | 计算某项年金每个期间的利率 |
| (4) 债券及其他金融函数 | |
| 函数名称 | 函数功能 |
| ACCRINTM | 计算到期付息证券的应计利息 |
| COUPDAYB | 计算从付息期间开始到结算日期的天数 |
| COUPDAYS | 计算包括结算日期的付息期间的天数 |
| COUPDAYSNC | 计算从结算日期到下一个付息日期的天数 |
| COUPNCD | 计算结算日期后的下一个付息日期 |
| COUPNUM | 计算从结算日期至到期日期之间的可支付息票数 |
| COUPPCD | 计算结算日期前的上一个付息日期 |
| CUMIPMT | 计算两期之间所支付的累计利息 |

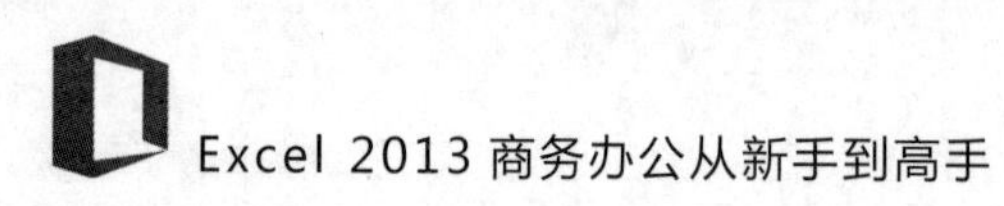


续表

| 函数名称 | 函数功能 |
|---|---|
| CUMPRINC | 计算两期之间偿还的累计本金 |
| DISC | 计算证券的贴现率 |
| DOLLARDE | 转换分数形式表示的货币为十进制表示的数值 |
| DOLLARFR | 转换十进制形式表示的货币分数表示的数值 |
| DURATION | 计算定期付息证券的收现平均期间 |
| INTRATE | 计算定期付息证券的利率 |
| ODDFPRICE | 计算第一个不完整期间面值 $100 的证券价格 |
| ODDFYIELD | 计算第一个不完整期间证券的收益率 |
| ODDLPRICE | 计算最后一个不完整期间面值 $100 的证券价格 |
| ODDLYIELD | 计算最后一个不完整期间证券的收益率 |
| PRICE | 计算面值 $100 定期付息证券的单价 |
| PRICEDISC | 计算面值 $100 的贴现证券的单价 |
| PRICEMAT | 计算面值 $100 的到期付息证券的单价 |
| PECEIVED | 计算全投资证券到期时可收回的金额 |
| TBILLPRICE | 计算面值 $100 的国库债券的单价 |
| TBILLYIELD | 计算国库债券的收益率 |
| YIELD | 计算定期付息证券的收益率 |
| YIELDDISC | 计算贴现证券的年收益额 |
| YIELDMAT | 计算到期付息证券的年收益率 |